Lizenzinformationen
für

WinSPS-S7 V6 Starter
und
SPS-VISU V4 Starter

WinSPS-S7 V6	
Seriennummer:	MHJS-WS76-0316-B381-A4BC-XPA7-5D3A
Downloadlink:	http://www.winplc7.com/v6/
Installation:	1. Installation der Demoversion 2. Start der Demoversion 3. Wählen Sie den Menüpunkt **Hilfe->Lizenzmanager** und folgen Sie den Anweisungen.
SPS-VISU V4	
Seriennummer:	MHJS-VIS4-0316-A744-A80F-0007-4D3B
Downloadlink:	http://www.mhj-download.de/visu/SPS-VISU-V4.ZIP **(Achtung: Groß-Kleinschreibung beachten!!!)**
Installation:	1. Installation der Demoversion 2. Starten des Programms ActivateApp.exe (Siehe Programmgruppe von SPS-VISU, oder im Startmenü nach „ActivateApp" suchen) 3. Es erscheint der Aktivierungsdialog. Folgen Sie den Anweisungen

STEP®7-Workbook

Einführung in die STEP®7-Programmiersprache
mit TIA-Portal®, STEP®7 V5.x und WinSPS-S7

Dipl.-Ing. (FH) Torsten Weiß

Dipl.-Ing. (FH) Matthias Habermann

3. Auflage

Inhaltsverzeichnis

1   Vorwort **13**

   1.1   Webseite zum Buch: www.STEP7-Workbook.de 14

   1.2   Vorbereitung 14

   1.3   Fragen, Anregungen 15

2   **Grundlagen der SPS-Technik** **16**

   2.1   Was ist eine speicherprogrammierbare Steuerung (SPS)? 16

   2.2   Was ändert sich bei Verwendung einer SPS? 18

   2.3   Aufbau einer speicherprogrammierbaren Steuerung 19

   2.4   Auswahlkriterien für die Hardwarezusammenstellung einer SPS 20

      2.4.1   Auswahl einer SPS-Familie 20

      2.4.2   Auswahl der CPU 21

      2.4.3   Auswahl der Signalmodule 23

      2.4.4   Auswahl der Sondermodule 24

   2.5   Wie wird eine SPS programmiert und gesteuert? 25

      2.5.1   Schritt 1: Hardwareaufbau des SPS-Systems 25

      2.5.2   Schritt 2: Hardwarekonfiguration 27

      2.5.3   Schritt 3: Erstellung und Übertragen des SPS-Programms 28

      2.5.4   Schritt 4: Test des SPS-Programms 29

   2.6   Übungen und Wiederholungsfragen **Übung ✔** 30

3   **Beispiel einer Anlage mit SPS-Steuerung** **31**

   3.1   Wiederholungsfragen **Übung ✔** 33

4   **Operandenbereiche sowie Adressierung von Operanden** **34**

   4.1   Eingangs- und Ausgangsoperanden 34

   4.2   Merkeroperanden 34

   4.3   Lokaloperanden 34

   4.4   Daten eines Datenbausteins 34

   4.5   Timer 34

   4.6   Zähler 35

   4.7   Peripherieeingänge 35

   4.8   Peripherieausgänge 35

   4.9   Operandenübersicht 35

   4.10   Bit, Byte, Wort und Doppelwort 36

      4.10.1   Bit 36

      4.10.2   Byte 36

      4.10.3   Wort 36

      4.10.4   Doppelwort 37

   4.11   Adressierung der Operanden 37

      4.11.1   Schreibweise von Bitoperanden 37

      4.11.2   Schreibweise von Byteoperanden 38

      4.11.3   Schreibweisen von Wortoperanden 38

      4.11.4   Schreibweisen von Doppelwortoperanden 39

      4.11.5   Hinweis zur Adressierung: Überschneidung von Operanden 40

      4.11.6   Hinweis zur Adressierung: Anordnung von Hi-Byte und Lo-Byte ... 40

   4.12   Wie erhalten Merker ihre Adressen? 41

   4.13   Wie bekommen Eingänge und Ausgänge ihre Adressen? 42

      4.13.1   Steckplatzorientierte Adressvergabe 46

   4.14   Adressierung von Zeiten und Zählern 47

Inhaltsverzeichnis

4.15	Remanenz	48
4.15.1	Einstellung der Remanenz für Merker, Zeiten und Zähler	48
4.15.2	Einstellung der Remanenz von Datenbausteinen	49
4.16	Begrenzung der Operanden je nach CPU-Typ	49
4.17	Wiederholungsfragen **Übung ✔**	51
5	**Symbolische Programmierung**	**51**
5.1	Die Symbolik- bzw. Variablentabelle	52
5.2	Welche Schritte sind notwendig, um symbolisch programmieren zu können?	52
5.3	Definition Symbol und Variable	52
5.4	Beispiel einer Symbolik- bzw. Variablentabelle	54
5.5	Regeln bei der Definition in der Symbol- bzw. Variablentabelle	56
5.6	Welche Operanden können in der Symbol- bzw. Variablentabelle angegeben werden?	57
5.7	Wiederholungsfragen **Übung ✔**	58
6	**Binäre Grundverknüpfungen**	**59**
6.1	Darstellungsarten in STEP®7	59
6.1.1	Beispiel zu AWL, FUP und KOP	60
6.1.2	Weitere Darstellungsarten in S7	62
6.2	Vorstellung der Grundverknüpfungen	63
6.3	Verknüpfungsergebnis VKE	66
6.3.1	VKE-Begrenzung	66
6.3.2	VKE-begrenzende Operationen	67
6.4	Gemischte UND/ODER-Funktionen ohne Klammerbefehle	67
6.5	Klammerbefehle	69
6.5.1	Wichtige Hinweise zu den Klammerbefehlen	69
6.5.2	Vorhandene Klammerbefehle	69
6.5.3	Beispiel 1 zu Klammerbefehlen	70
6.5.4	Beispiel 2 zu Klammerbefehlen	71
6.5.5	Anmerkung zu Klammerbefehlen	71
6.6	Übungen **Übung ✔**	72
6.6.1	Übungsaufgabe „Alarmanlage"	72
6.6.2	Übungsaufgabe „Steuerung einer automatischen Markise"	73
6.6.3	Übungsaufgabe „Steuerung einer Kamera"	74
6.6.4	Übungsaufgabe „Motor mit Überlastschutz"	75
7	**CPU-Funktionen der S7-Steuerung**	**76**
7.1	Bausteinstatus	76
7.1.1	Bausteinstatus in den Grund-Darstellungsarten	77
7.1.2	Symbol für den Beobachten-Modus in den S7-Programmiersystemen	77
7.1.3	Irrtümer beim Bausteinstatus	77
7.2	Variablentabelle bzw. Beobachtungstabelle	78
7.2.1	Status in der Symbolik- bzw. PLC-Variablentabelle	78
7.3	Diagnose- und Infofunktionen einer CPU	79
7.4	Weitere CPU-Funktionen	80
7.5	Übungen **Übung ✔**	80
8	**Speicherfunktionen (SR- und RS-Glieder)**	**81**
8.1	Erstes Beispiel zu den Speicheroperationen	82
8.2	Setz- und Rücksetzdominanz	83
8.3	Speicher in den Grund-Darstellungsarten	85

STEP®7-Workbook - www.STEP7-Workbook.de

8.4   Beispiel 2 zu Speicheroperationen 86

   8.4.1   Erzeugen der Symboliktabelle bzw. der PLC-Variablen.....................86

   8.4.2   Schreiben des SPS-Programms im OB1 87

   8.4.3   Test des SPS-Programms an der virtuellen Anlage 88

8.5   Der Ausgang „Q" des Speichers...88

8.6   Wie funktioniert eine Speicheroperation? 89

8.7   Beispiel 3 zu Speicheroperationen 90

   8.7.1   Erzeugen der Symboliktabelle bzw. der PLC-Variablen.....................90

   8.7.2   Schreiben des SPS-Programms im OB1 91

   8.7.3   Test des SPS-Programms an der virtuellen Anlage 92

8.8   Fazit zu Speichern 93

8.9   Übungen und Wiederholungsfragen **Übung** ✔ 93

   8.9.1   Übung „Gartentor"...94

   8.9.2   Übung „Montageplatz" 95

9   Programmstrukturen und Programmbearbeitung................................ 96

9.1   Lineare Programmierung 96

   9.1.1   Erstellen des linearen SPS-Programms 97

   9.1.2   Analyse des linearen SPS-Programmes 99

9.2   Strukturierte Programmierung 100

   9.2.1   Organisationsbausteine (OBs) 100

   9.2.2   Die Funktion (FC) 101

   9.2.3   Der Funktionsbaustein (FB) 102

   9.2.4   Der Datenbaustein (DB) 102

   9.2.5   Systemfunktionen (SFC) und Systemfunktionsbausteine (SFB) 102

   9.2.6   Systemdatenbausteine (SDB) 103

   9.2.7   Maximale Anzahl der Anwenderbausteine 103

   9.2.8   Aufruf einer FC 103

   9.2.9   Beispiel zur UC-Operation 104

   9.2.10   Beispiel zur CC-Operation 105

   9.2.11   Die CALL-Operation 106

   9.2.12   Aufruf eines FBs 107

   9.2.13   Operationen, um einen Baustein zu beenden 107

   9.2.14   Erstellen des strukturierten SPS-Programms 109

   9.2.15   Analyse des strukturierten SPS-Programmes................................110

9.3   Fazit zur linearen und strukturierten Programmierung 111

9.4   Bearbeitung eines SPS-Programms in der CPU................................112

   9.4.1   Prozessabbilder 112

   9.4.2   Betriebszustände einer S7-CPU...113

9.5   Beispiel zur Programmbearbeitung in der CPU 116

9.6   Reaktionszeit 117

   9.6.1   Reaktionszeit im günstigsten Fall 117

   9.6.2   Die Reaktionszeit im ungünstigsten Fall..118

9.7   Vorteile bei der Arbeit mit dem Prozessabbild................................119

9.8   Alarmgesteuerte Programmbearbeitung 120

   9.8.1   Beispiel für die alarmgesteuerte Programmbearbeitung 120

9.9   Übungen und Wiederholungsfragen **Übung** ✔ 123

   9.9.1   Übungsaufgabe „Pumpen"...124

   9.9.2   Übungsaufgabe „Wagen verschieben" 125

10   Flankenauswertung... 126

Inhaltsverzeichnis

10.1 Erstes Beispiel zur Flankenauswertung 127

10.1.1 Erzeugen der Symboliktabelle bzw. der PLC-Variablen.................................127

10.1.2 Schreiben des SPS-Programms im OB1 128

10.2 Wie funktioniert die Flankenerkennung? 130

10.3 Darstellung der Flankenbefehle in den verschiedenen Darstellungsarten 131

10.4 Übungen und Wiederholungsfragen **Übung ✔** 132

10.4.1 Übungsaufgabe Flankenauswertung..133

11 Bausteinparameter 134

11.1 Beispiel zu Bausteinparametern...134

11.1.1 Erstellen der Symbole bzw. Variablennamen 135

11.1.2 Erzeugen der FC1 136

11.1.3 Bedeutung der Deklarationsbereiche 136

11.1.4 Zuordnung der Parameter zu den Deklarationsbereichen................................138

11.1.5 Erstellung des SPS-Programms in der FC1 139

11.1.6 Aufruf der FC1 im OB1 142

11.1.7 Test des SPS-Programms 143

11.1.8 Erläuterung des Ablaufs 144

11.2 Erweiterung des Beispiels zu Bausteinparametern 145

11.2.1 Erweiterung der Symbol- bzw. Variablentabelle..146

11.2.2 Implementierung des neuen Anlagenteils in das SPS-Programm 146

11.2.3 Test des SPS-Programms 147

11.2.4 Erläuterung des Ablaufs 148

11.3 Fazit des Beispiels 149

11.4 Bibliotheksfähige Bausteine 149

11.5 Übungen und Wiederholungsfragen **Übung ✔** 149

12 Zeitarten in S7 150

12.1 Zeitfunktion mit einem Zeitwert laden 150

12.1.1 Laden einer Zeit über einen konstanten Zeitwert..151

12.1.2 Weitere Möglichkeiten, eine Zeitkonstante zu laden 152

12.2 Starten und Rücksetzen einer Zeit...153

12.3 Binäre Abfrage einer Zeit..153

12.4 Die Zeitart SI (Impuls) 154

12.4.1 Beispiel zur Zeitart SI..154

12.5 Die Zeitart SV (verlängerter Impuls) 155

12.5.1 Beispiel zur Zeitart SV 155

12.6 Die Zeitart SE (Einschaltverzögerung) 1566

12.6.1 Beispiel zur Zeitart SE...156

12.7 Die Zeitart SS (Speichernde Einschaltverzögerung)..157

12.7.1 Beispiel zur Zeitart SS 157

12.8 Die Zeitart SA (Ausschaltverzögerung) 158

12.8.1 Beispiel zur Zeitart SA 158

12.9 Beispiel 1 zu Zeiten: Bandsteuerung 159

12.9.1 Erstellen der Symbolik- bzw. Variablentabelle..160

12.9.2 Programmierung der FC1 160

12.9.3 Programmierung des OB1 162

12.9.4 Test des SPS-Programms 163

12.10 Beispiel 2 zu Zeiten: Lötstation..163

12.10.1 Erstellen der Symbolik- bzw. Variablentabelle..164

12.10.2 Programmierung der FC1 165

12.10.3 Programmierung des OB1 168

12.10.4 Test des SPS-Programms 168

12.11   Blinktakt...169

12.11.1 Beispiel 1: Blinktakt mit Timern 169

12.11.2 Das Taktmerkerbyte 170

12.11.3 Beispiel 2: Blinktakt mit Taktmerker 171

12.12   Übungen und Wiederholungsfragen Übung ✔ 171

12.12.1 Programmierübung „Schwimmerschalter" 172

12.12.2 Programmierübung „Automatische WC-Spülung"..173

12.12.3 Programmierübung „Dichtigkeitstest in einem Behälter" 174

13   Zähler in S7 176

13.1   Zähler setzen und rücksetzen 176

13.2   Abfragen eines Zählers 177

13.2.1   Binäre Abfrage eines Zählers..177

13.2.2   Aktuellen Zählerstand eines Zählers auslesen 177

13.3   Zähler mit einem Zählwert vorbelegen 178

13.3.1   Laden eines konstanten Zählwertes...178

13.3.2   Laden eines variablen Zählwertes 178

13.4   Der Vorwärtszähler..179

13.5   Der Rückwärtszähler..179

13.5.1   Beispiel zu einem Rückwärtszähler 179

13.6   Die verschiedenen Darstellungsarten des SIMATIC®-Zählers 183

13.7   Übungen und Wiederholungsfragen Übung ✔ 185

13.7.1   Programmieraufgabe „Verkehr" 185

13.7.2   Programmieraufgabe „Parkhaus" 186

13.7.3   Programmieraufgabe „Labyrinth"...187

13.7.4   Programmieraufgabe „Flaschenspiel"...188

13.7.5   Programmieraufgabe „Prüfvorrichtung"...189

13.7.6   Programmieraufgabe „Bad1"...190

14   Die Bausteinart „DB" 191

14.1   Aussehen der DB-Editoren 191

14.2   Was ist eine Struktur? 191

14.3   Beispiel zur Erläuterung von Globaldatenbausteinen 193

14.3.1   Beispiel zum Erstellen eines Globaldatenbausteins in den einzelnen S7-
Programmiersystemen...194

14.3.2   Zugriff auf Daten im DB 194

14.4   Zugriff auf DB-Daten über absolute Adressierung..196

14.5   Nachteile des absoluten Zugriffs auf DB-Variablen 197

14.6   Erklärung der Begriffe Anfangswert, Aktualwert, Startwert 199

14.6.1   Beobachten eines DBs..199

14.7   Die CPU-Funktion „RAM nach ROM kopieren"...200

14.8   Handhabung von DBs in den einzelnen Programmiersystemen 200

14.9   Übungsaufgaben Übung ✔ 200

15   Lade- und Transferoperationen 201

15.1   Laden von Bytes...201

15.2   Laden von Wörtern...202

15.3   Laden von Doppelwörtern..203

Inhaltsverzeichnis

15.4	Elementare Datentypen	204
15.5	Zusammengesetzte Datentypen	205
15.6	Laden von Konstanten	205
15.7	Bedingtes Laden und Transferieren	209
15.8	Wiederholungsfragen **Übung ✔**	210
16	**Register der CPU**	**211**
16.1	Akkumulatoren	211
16.2	Adressregister	211
16.3	DB-Register	211
16.4	Das Statuswort	212
16.5	Fazit	213
17	**Die Bausteinart FB**	**214**
17.1	Eigenschaften eines Funktionsbausteins	214
17.2	Beispiel zu Funktionsbausteinen	214
17.2.1	Erstellen der Symbolik- bzw. Variablentabelle	215
17.2.2	Programmierung des Funktionsbausteins	215
17.2.3	Programmierung der Funktion	217
17.2.4	Erster Aufruf des FBs mit dem Instanz-DB 1	218
17.2.5	Zweiter Aufruf des FBs mit dem Instanz-DB 2	218
17.2.6	Dritter Aufruf des FBs mit dem Instanz-DB 3	219
17.2.7	Angabe der Grenzwerte in den Instanz-DBs	220
17.2.8	Programmierung des OB1	221
17.2.9	Test des SPS-Programms	221
17.2.10	Fazit des Beispiels	222
17.3	Aufruf eines Funktionsbausteines ohne Angabe von Aktualparametern	223
17.4	Unterschied Instanzdatenbaustein und Globaldatenbaustein	223
17.5	Der Parameterbereich statische Lokaldaten	224
17.6	Übung und Wiederholungsfragen **Übung ✔**	224
17.6.1	Übungsaufgabe „Treppenhausschaltung einer großen Wohnanlage"	225
18	**Schrittkettenprogrammierung**	**226**
18.1	Beispiel zur Schrittkettenprogrammierung	226
18.1.1	Zerlegung des Gesamtablaufs in Einzelschritte	227
18.1.2	Erstellen der Symbolik- bzw. Variablentabelle	228
18.1.3	Planung des SPS-Programms	228
18.1.4	Warum die Schrittkette in einem FB programmieren?	228
18.1.5	FB erzeugen und die Parameter festlegen	229
18.1.6	Schritt 1	230
18.1.7	Schritt 2	231
18.1.8	Schritt 3	231
18.1.9	Schritt 4	232
18.1.10	Schritt 5	232
18.1.11	Schritt 6	233
18.1.12	Schritt 7	234
18.1.13	Schritt 8	234
18.1.14	Schritt 9	235
18.1.15	Schritt 10	236
18.1.16	Schritt 11	236
18.1.17	Verhindern eines erneuten Starts der Schrittkette	237

18.1.18 Programmierung der FC mit den Zuweisungen an die Ausgänge 239

18.1.19 Programmierung des OB1 243

18.1.20 Rücksetzen der Schrittkette beim Anlauf der CPU 246

18.1.21 Test des SPS-Programms 246

18.2   Regeln bei der Schrittkettenprogrammierung 247

18.3   GRAFCET 248

18.3.1 Erklärung einiger GRAFCET-Elemente 249

18.3.2 Erstellen des GRAFCET-Plans für die Lackieranlage 254

18.3.3 Test des GRAFCET-Plans 256

18.3.4 Fazit der Beschreibung des Ablaufs mit GRAFCET 258

18.4   Übung „Torfbefüllungsanlage" Übung ✔ 259

19 Zahlensysteme 261

19.1   Das Dezimalsystem 261

19.2   Das duale Zahlensystem 261

19.3   Hexadezimalsystem 262

19.4   Umwandlung einer Dualzahl in eine Hexzahl 265

19.5   Das BCD-Zahlensystem (binary coded decimal) 266

19.6   Wiederholungsfragen Übung ✔ 266

20 Vergleicher 267

20.1   Auswertung der Vergleichsfunktionen 271

20.2   Beispiel zu Vergleichern 271

20.2.1 Erstellen der Symbolik- bzw. Variablentabelle 271

20.2.2 Programmierung des OB1 272

20.2.3 Test des SPS-Programms 275

20.3   Fazit 275

20.4   Wiederholungsfragen und Übungen Übung ✔ 276

20.4.1 Wiederholungsfragen „Vergleicher" 276

20.4.2 Übung „Absaugvorrichtung" 276

21 Arithmetische Operationen 277

21.1   Wiederholungsfragen „Arithmetik" Übung ✔ 280

22 Sprungoperationen 281

22.1   Beispiel zu Sprungoperationen 282

22.1.1 Erstellen der Symbolik- bzw. Variablentabelle 282

22.1.2 Programmierung der FC1 282

22.1.3 Programmierung des OB1 285

22.1.4 Test und Analyse des SPS-Programms 285

22.2   Syntax der Sprungoperationen 288

22.3   Verwendung von Sprüngen in FUP/KOP 288

22.4   Probleme beim Überspringen von Operationen 290

22.4.1 Vorsicht beim Überspringen von Timern 290

22.4.2 Vorsicht bei Flankenoperationen 290

22.5   Fazit 291

22.6   Übungen und Wiederholungsfragen Übung ✔ 291

22.6.1 Wiederholungsfragen 291

22.6.2 Übung „Sprungbefehle 1" 292

22.6.3 Übung „Sprungbefehle 2" 293

23 Praktische Programmiertipps 294

Inhaltsverzeichnis

23.1   Verwaltungsfunktionen für das SPS-Programm 294
    23.1.1   Der Belegungsplan 294
    23.1.2   Die Querverweisliste 295
    23.1.3   Programm- oder Aufrufstruktur 296
    23.1.4   Inkonsistentes SPS-Programm 297
    23.1.5   Ursachen für Konsistenzfehler 299
23.2   Fehlersuche im SPS-Programm 300
    23.2.1   Der Diagnosepuffer 300
    23.2.2   Der Baustein-Stack (B-Stack) 300
    23.2.3   Der Unterbrechungs-Stack (U-Stack) 301
23.3   Aufrufumgebung 302
    23.3.1   Beispiel zur Aufrufumgebung 302
23.4   Auffinden von sporadischen Fehlern im SPS-Programm 306
23.5   Fazit 307
23.6   Übungen und Wiederholungsfragen **Übung** ✔ 307
24   Analogwertverarbeitung 308
24.1   Erstes Beispiel zur Analogwertverarbeitung 308
    24.1.1   Erstellen der Symbolik- bzw. Variablentabelle 308
    24.1.2   Programmierung des OB1 309
    24.1.3   Test des SPS-Programms 312
    24.1.4   Fazit des Beispiels 314
24.2   Zweites Beispiel zur Analogwertverarbeitung 315
    24.2.1   Erstellen der Symbolik- bzw. Variablentabelle 315
    24.2.2   Programmierung der FC1 315
    24.2.3   Programmierung des OB1 317
    24.2.4   Test des SPS-Programms 320
24.3   Fazit 321
24.4   Wiederholungsfragen **Übung** ✔ 322
25   Zweipunktregler 323
25.1   Beispiel zu Zweipunktregler 323
    25.1.1   Erstellen der Symbolik- bzw. Variablentabelle 323
    25.1.2   Erstellen der FC1 324
    25.1.3   Test des SPS-Programms 327
25.2   Fazit 328
26   Bussysteme 329
26.1   Kommunikationsebenen 329
26.2   Bus-Topologien 330
    26.2.1   Baum 330
    26.2.2   Linie 330
    26.2.3   Stern 330
    26.2.4   Ring 331
26.3   PROFIBUS-DP 331
    26.3.1   Gerätedefinitionen 331
    26.3.2   Gerätestammdatei (GSD) 331
    26.3.3   Netz-Aufbau 332
    26.3.4   Adressierung der Busteilnehmer 332
    26.3.5   Beispiel einer PROFIBUS-DP-Konfiguration 333
26.4   PROFINET 335

26.4.1 Gerätedefinitionen...335

26.4.2 Gerätestammdatei (GSD)..335

26.4.3 Netz-Aufbau...336

26.4.4 Adressierung..336

26.4.5 Beispiel einer PROFINET-Konfiguration...337

26.5 AS-Interface...339

26.5.1 Gerätedefinitionen...339

26.5.2 Netz-Aufbau...340

26.5.3 Adressierung der Busteilnehmer...340

26.5.4 Verwendung von AS-Interface-Geräten im S7-Umfeld.........................341

26.6 Fazit...341

26.7 Wiederholungsfragen **Übung** ✔...341

A.   Einführungsbeispiel TIA-Portal® **342**

A.1 Begriffserklärung...342

A.2 Aufgabenstellung...343

A.3 Start des TIA-Portals von Siemens..343

A.4 Gerät konfigurieren..344

A.4.1 Hinzufügen der CPU..345

A.5 IP-Adresse in der CPU einstellen...345

A.5.1 Auf welche IP-Adresse ist die CPU einzustellen...?.............................345

A.5.2 IP-Adresse der CPU in der Hardwarekonfiguration einstellen 346

A.6 Übersetzen der CPU-Konfiguration...348

A.7 Erstellen der Variablentabelle (Symbolik)...348

A.8 Erzeugen eines Bausteins und Einstellen der Darstellungsart.........................349

A.9 Erstellen des SPS-Programms...350

A.10 Bausteine übersetzen...353

A.11 Prozess-Simulation SPS-VISU starten und Anlagenprojekt laden bzw. erzeugen..............354

A.12 SPS-Programm in SPS übertragen...355

A.13 Bausteine beobachten über den Bausteinstatus...357

A.14 Test des SPS-Programms mit SPS-VISU...359

B.   Einführungsbeispiel SIMATIC®-Manager...**360**

B.1 Aufgabenstellung...360

B.2 Start des SIMATIC®-Managers von Siemens und Erzeugen eines Projektes......360

B.3 Neue Station 300 einfügen..361

B.4 Hardwarekonfiguration der S7-CPU..363

B.4.1 Profilschiene einfügen...363

B.4.2 Auf welche IP-Adresse ist die CPU einzustellen? 364

B.4.3 Einfügen der CPU und Einstellen der IP-Adresse 364

B.5 Erzeugen eines Bausteins und Einstellen der Darstellungsart.........................366

B.6 Erstellen der Symboliktabelle...369

B.7 Erstellen des SPS-Programms...370

B.8 Einstellen der PG/PC-Schnittstelle des SIMATIC®-Managers 372

B.9 Prozess-Simulation SPS-VISU starten und Anlagen-Projekt laden bzw. erzeugen 374

B.10 Übertragen der Bausteine in die CPU...375

B.11 Baustein beobachten über den Bausteinstatus...376

B.11.1 Betriebszustand der CPU in RUN schalten...377

B.12 Test des SPS-Programms mit SPS-VISU...378

C.   Einführungsbeispiel WinSPS-S7 V5 ....**379**

C.1 Aufgabenstellung...379

Inhaltsverzeichnis

C.2 Start von WinSPS-S7 und Öffnen der Standard-Projektmappe 379
C.3 Erstellen der Symboliktabelle 382
C.4 Öffnen des Bausteins OB1 382
C.5 Erstellen des SPS-Programms 384
C.6 Einstellen des Ziels in WinSPS-S7 V5 386
C.7 Prozess-Simulation SPS-VISU starten und Anlagen-Projekt laden bzw. erzeugen 386
C.8 Übertragen der Bausteine in die CPU 387
C.9 Baustein beobachten über den Bausteinstatus 387
    C.9.1 Betriebszustand der CPU in RUN schalten 388
C.10 Test des SPS-Programms mit SPS-VISU 389
C.11 Ansprechen einer externen CPU mit WinSPS-S7 V5 391
D. **Die Beobachtungstabelle (Status-Variable) im TIA-Portal®** **393**
E. **Die Variablentabelle (Status-Variable) in WinSPS-S7 V5** **395**
F. **Die Variablentabelle (Status-Variable) des SIMATIC®-Managers** **397**
G. **Erstellen eines Globaldatenbausteins mit dem TIA-Portal®** **400**
    G.1 Erzeugen eines neuen Globaldatenbausteins 400
    G.2 Der DB-Editor 402
        G.2.1 Erläuterung der Spalten innerhalb des DB-Editors 402
        G.2.2 Eingabe der DB-Variablen 403
    G.3 Zugriff auf den DB 405
H. **Erstellen eines Globaldatenbausteins mit dem SIMATIC®-Manager** **406**
    H.1 Erzeugen eines neuen Globaldatenbausteins 406
    H.2 Der DB-Editor 408
        H.2.1 Eingabe der DB-Variablen 409
    H.3 Zugriff auf den DB 411
I. **Erstellen eines Globaldatenbausteins mit WinSPS-S7 V5** **412**
    I.1 Erzeugen eines neuen Globaldatenbausteins 412
    I.2 Der DB-Editor 413
        I.2.1 Erläuterung der Spalten innerhalb der Tabellen des DB-Editors 414
        I.2.2 Eingabe der DB-Variablen 414
    I.3 Zugriff auf den DB 418
J. **Index** **419**

STEP®7-Workbook - www.STEP7-Workbook.de

1   Vorwort

Das vorliegende Buch beschäftigt sich mit der Programmiersprache STEP®7. Sie ist die am häufigsten verwendete Programmiersprache für SPS-Steuerungen in Europa. Mit STEP®7 werden die CPU-Familien S7-300®/400 von SIEMENS programmiert.

Wie bei jeder Programmiersprache erlernt man auch „STEP®7" am schnellsten, wenn man selbst praktische Übungen durchführt. Wir hätten Sie jetzt am liebsten in eine Industriehalle eingeladen, in der viele verschiedene Test-Anlagen aufgebaut sind, mit denen Sie Ihre Lösungen ausprobieren können. Das scheitert aber an der finanziellen Hürde. Wir haben aber dazu eine sehr gute Alternative: Wir liefern Ihnen die Anlagensimulation „SPS-VISU" samt vielen virtuellen Anlagen frei Haus! Dessen Software-SPS ist genauso zu programmieren wie eine reale S7-300®-CPU.

Auch die S7-Programmiersoftware „WinSPS-S7" ist Bestandteil dieses Buches. Mit diesen mitgelieferten, nicht zeitlich begrenzten Vollversionen (Starter-Editionen) können Sie die Theorie sofort in die Praxis umsetzen.

Sie können aber auch Ihre vorhandene STEP®7 V5.x- bzw. das TIA-Portal® (beide von SIEMENS) verwenden.
Das vorliegende Buch geht auf die folgenden drei S7-Programmiersysteme ein:

- TIA-Portal® von Siemens
- SIMATIC®-Manager von Siemens
- WinSPS-S7 von MHJ-Software

Sie können die Übungen in diesem Buch mit einem der drei Tools bearbeiten. Um die Übungen interessanter zu machen, werden virtuelle Anlagen für SPS-VISU mitgeliefert. SPS-VISU ist kompatibel mit allen hier genannten Programmiertools. Weiteres dazu finden Sie im nächsten Abschnitt „Vorbereitung".

Die Oberflächen und Darstellungen der einzelnen Programmiertools unterscheiden sich teilweise erheblich. Es macht auch einen Unterschied, ob das SPS-Programm mit dem SIMATIC®-Manager oder dem TIA-Portal® erstellt wird, obwohl beide Programme von Siemens stammen.

Da in immer kürzeren Abständen neue Versionen der Programmierumgebungen erscheinen, ist es wichtig, dass man sich als SPS-Programmierer weniger auf die Programmoberflächen bezieht. Ziel ist es, die SPS-Programmierung mit der Sprache STEP®7 von Siemens zu erlernen, um Automatisierungsaufgaben lösen zu können. Das Werkzeug hierfür wird sich stetig ändern, die Theorie dahinter ist immer die Gleiche.

Viele der im Buch gemachten Aussagen gelten für die gesamte SPS-Technik und nicht nur für SIMATIC®-S7. Andere SPS-Systeme arbeiten „unter der Haube" ähnlich, auch wenn sich die Syntax der Programmiersprache etwas unterscheidet. Hat man die Funktionsweise einer SPS verinnerlicht, dann fällt die Einarbeitung in die verschiedenen SPS-Systeme nicht mehr schwer, da man auf viel Bekanntes trifft.
In diesem Buch werden die S7-Themen allgemein erläutert und nur, wenn die Notwendigkeit besteht, explizit auf ein Programmiersystem eingegangen. Die Handhabung bzw. die Besonderheiten der drei Programmiersysteme werden in entsprechenden Kapiteln im Anhang erläutert. Des Weiteren stehen Videos zur Verfügung, die ebenfalls auf bestimmte Sachverhalte der einzelnen Programmiersysteme eingehen.

1| Vorwort

1.1 Webseite zum Buch: www.STEP7-Workbook.de

Zu diesem Buch gibt es eine eigene Webseite: www.STEP7-Workbook.de Hier findet der Leser:

- **Letzte Informationen zum Buch**
- Ergänzungen zum Buch
- Begleitende Lern-Videos
- Wichtige Downloads zum Buch
- Alle Buchabbildungen in einer
  Bildergalerie (für Lehrkräfte)
- Lösungen zu den Übungsaufgaben

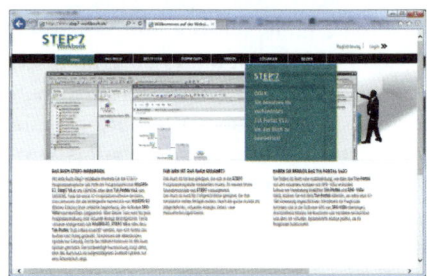

1.2 Vorbereitung

Bei Verwendung von WinSPS-S7 und SPS-VISU:
Gehen Sie auf die Downloadseite von www.STEP7-Workbook.de und **laden Sie sich jeweils die
Demoversion von WinSPS-S7 und SPS-VISU herunter**. Bestandteil dieses Buches ist je eine
Seriennummer von WinSPS-S7 und SPS-VISU. Mit dieser Seriennummer können Sie die Demoversion
in eine Vollversion umwandeln.
**Die virtuellen Anlagen für SPS-VISU werden über ein separates Installationsprogramm auf den
Rechner kopiert. Laden Sie dieses Setup ebenfalls herunter.**
Nach der Installation von WinSPS-S7 und SPS-VISU müssen beide Programme gestartet werden.
Beide Programme sind über eine Software-Schnittstelle miteinander verbunden.
Wenn Sie mit WinSPS-S7 ein STEP®7-Programm erstellen und in den Simulator übertragen, dann
befindet sich das STEP®7-Programm auch gleichzeitig in der Software-SPS von SPS-VISU.
Im Anhang finden Sie ein Einführungskapitel zu WinSPS-S7 und SPS-VISU. Sie sollten dieses einmal
durcharbeiten, damit Sie wissen, wie die beiden Programme zusammenarbeiten.

Bei Verwendung von STEP®7 V5.x oder TIA-Portal® und SPS-VISU:
Wenn Sie das STEP®7-Programm mit STEP®7 V5.5 oder dem TIA-Portal® erstellen möchten, dann
installieren Sie SPS-VISU auf dem gleichen PC. Gehen Sie auf die Downloadseite von www.STEP7-
Workbook.de und **laden Sie sich die Demoversion von SPS-VISU herunter**. Bestandteil dieses Buches
ist eine Seriennummer von SPS-VISU. Mit dieser Seriennummer können Sie die Demoversion in eine
Vollversion umwandeln. **Die virtuellen Anlagen für SPS-VISU werden über ein separates
Installationsprogramm auf den Rechner kopiert. Laden Sie dieses Setup ebenfalls herunter.**
SPS-VISU und die SIEMENS-Software verbinden sich über TCP/IP. In der SIEMENS-Software müssen
Sie eine S7-300® CPU (315-2EH13-0AB0) konfigurieren und dabei die richtige IP-Adresse einstellen.
Wie das genau funktioniert können Sie im Anhang nachlesen. Dort wird die Zusammenarbeit von
SPS-VISU und der SIEMENS-Software ausführlich beschrieben.

1.3 Fragen, Anregungen

Haben Sie Fragen oder Anregungen?

Schicken Sie eine E-Mail an die Autoren: step7-workbook@mhj.de

Oder besuchen Sie unser Forum www.SPS-Treff.de.

Hier finden Sie den Forumsbereich „Step7-Workbook".

2 Grundlagen der SPS-Technik

2.1 Was ist eine speicherprogrammierbare Steuerung (SPS)?

Um eine SPS zu erklären, ist es zunächst einfacher, Beispiele für deren Verwendung aufzuzählen:

- Automatisierung eines Wohnhauses:
  - ✓ Garagentürsteuerung
  - ✓ Ein- und Ausschalten einer Beleuchtungsanlage
  - ✓ Aufbau einer Alarmanlage
  - ✓ Fenster-Rollladen-Steuerung
  - ✓ usw.
- Steuerung eines Fahrstuhls:
  - ✓ Steuerung der Fahrbewegung mit Beschleunigen und Abbremsen
  - ✓ Öffnen und Schließen der Fahrstuhltür
- Abfüllen von Getränken:
  - ✓ Selektierung der „Guten" und „Schlechten"
  - ✓ Säuberung der Glasflaschen
  - ✓ Einfüllen des Getränks
  - ✓ Verschließen der Flasche
  - ✓ Aufkleben der Etiketten
- Steuerung einer Stanzvorrichtung:
  - ✓ Material festklemmen
  - ✓ Material stanzen
  - ✓ Material freigeben

Eine SPS ist ein Computer, der speziell für Steuerungsaufgaben entwickelt wurde. Das Verhalten der SPS kann man über das SPS-Programm festlegen. Es wird auf einem PC erstellt und dann in die SPS übertragen. Dieses Programm kann immer wieder geändert werden, um so neuen Anforderungen gerecht zu werden.

Um mit der Umwelt bzw. der zu steuernden Anlage Kontakt aufzunehmen, besitzt eine SPS Eingangs- und Ausgangsbaugruppen. Eine Baugruppe ist, einfach ausgedrückt, eine weitere Einheit der SPS, mit der man die Leistungsfähigkeit erweitern kann. Mit den Eingangsbaugruppen können Signale (z.B. von einem Schalter) an die SPS weitergegeben werden. Mit den Ausgangsbaugruppen kann die SPS z.B. eine Lampe oder einen Motor ein- und ausschalten.

Bei der **verbindungsprogrammierten Steuerung** baut man die Steuerungslogik (das Programm) mit Hilfe der Schütztechnik bzw. Relaistechnik auf. Ein Schütz (oder Relais) ist, einfach ausgedrückt, ein Schalter, den man durch Anlegen einer elektrischen Spannung ein- und ausschalten kann.

Meistens besteht ein Schütz aus mehreren dieser Schalter (Öffner und Schließer), die durch Anlegen einer Spannung gleichzeitig geschlossen bzw. geöffnet werden können. Durch Reihen- und Parallelschaltung dieser Kontakte kann man eine beliebige Verknüpfung aufbauen.

Bei der SPS wird die Steuerungslogik mit Hilfe eines Softwareprogramms aufgebaut.

Daraus ergeben sich folgende **Vorteile** für die **SPS-Technik**:

- Kleinerer Platzbedarf der Steuerungslogik im Schaltschrank, da die Schütze für den Steuerstromkreis entfallen.
- Wenn Änderungen vorgenommen werden müssen, wird einfach das Programm in der SPS geändert – ein Umverdrahten ist oft nicht mehr erforderlich.
- Eine SPS hat nicht so starke Verschleißerscheinungen wie ein Schütz: Die Kontakte des Schützes können verschmutzen.
- Regelungsaufgaben können auch von der SPS übernommen werden. Früher benötigte man eine separate Regelungseinheit.
- Eine SPS ist meist kostengünstiger als eine Lösung in Schütztechnik.
- Ein SPS-Programm kann von einem geübten Programmierer schneller erstellt werden als der Aufbau und die Verdrahtung der Schütze.
- Wenn mehrere identische Schaltschränke gebaut werden müssen, muss das Programm nur einmal erstellt werden.
- Programmänderungen müssen nicht vor Ort stattfinden, da das Programm auf einem PC oder einem Programmiergerät geändert wird.
- Die Ausfallzeiten einer Maschine werden minimiert, weil das Programm mit Hilfe des PCs geändert werden kann, ohne dass die Maschine ausgeschaltet werden muss.
- Die Fehlersuche gestaltet sich meist einfacher, weil z.B. durch eine Visualisierung auf dem PC oder auch an der Anlage (sog. HMI-Panels) anstehende Fehler sofort angezeigt werden können. Die Informationen dazu können aus der SPS bezogen werden.

Die Schütztechnik bezeichnet man auch als **verbindungsprogrammierte Steuerung (VPS)**, weil die einzelnen Geräte (Schütze, Zeitrelais) durch Leitungen verbunden sind. Die „Programmierung" wird somit fest über die Verdrahtung vorgenommen.

Der programmverarbeitende Teil einer SPS wird als **CPU** (**C**entral **P**rocessing **U**nit) bezeichnet. Auf den nachfolgenden Seiten wird dieser Begriff als Synonym für die SPS verwendet.

Eine SPS ist **speicherprogrammiert**, da die Steuerungslogik mit Hilfe eines Softwareprogramms in ihr abgespeichert ist.

Da die SPS-Hersteller inzwischen auch sog. Kleinsteuerungen (z.B. LOGO von Siemens, Easy von Eaton, Micro-SPS, SLIO-SPS von VIPA) anbieten, wird die verbindungsprogrammierte Steuerung fast vollständig verdrängt.
Schütze und Relais müssen allerdings immer dort eingesetzt werden, wo große Lasten (Ströme) zu schalten sind (z.B. im Hauptstromkreis).

2.2   Was ändert sich bei Verwendung einer SPS?

Gegenüber einer verbindungsprogrammierten (also verdrahteten) Steuerung ändert sich im Wesentlichen nur der Teil, der für die Steuerung der angeschlossenen Geräte verantwortlich ist, der sog. Steuerstromkreis. Die nachfolgende Schützschaltung (Steuerstromkreis) wird im unteren Bild als Anlage mit einer SPS dargestellt.

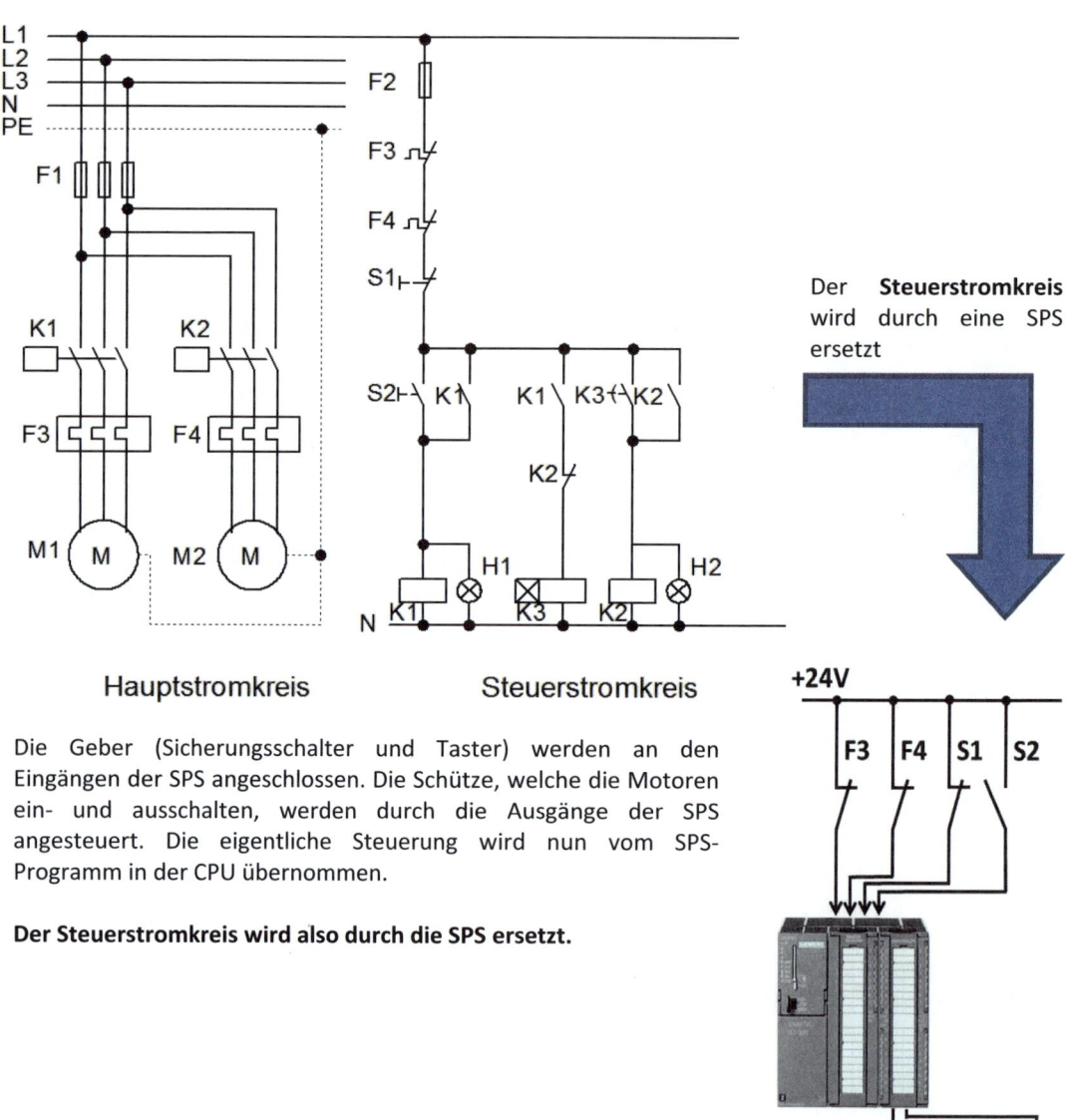

Der **Steuerstromkreis** wird durch eine SPS ersetzt

Hauptstromkreis   Steuerstromkreis   +24V

Die Geber (Sicherungsschalter und Taster) werden an den Eingängen der SPS angeschlossen. Die Schütze, welche die Motoren ein- und ausschalten, werden durch die Ausgänge der SPS angesteuert. Die eigentliche Steuerung wird nun vom SPS-Programm in der CPU übernommen.

Der Steuerstromkreis wird also durch die SPS ersetzt.

2.3 Aufbau einer speicherprogrammierbaren Steuerung

In diesem Abschnitt wird der grundsätzliche Aufbau einer SPS erläutert.

Dieser Aufbau ist im Prinzip bei jedem SPS-Hersteller gleich.

Nachfolgend wird der Aufbau einer SPS in Stichworten am Beispiel einer S7-300® von Siemens dargestellt. Bei dieser SPS-Familie handelt es sich um ein modulares System, d.h. je nach Bedarf können bis zu einem bestimmten Maximalausbau weitere Module zur SPS hinzugefügt werden.

Baugruppenträger: Eine SPS besteht in der Regel aus verschiedenen Einzelkomponenten. Diese Komponenten werden auf ein sogenanntes Rack oder einen Baugruppenträger montiert.	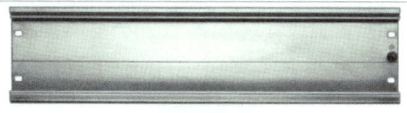
Netzteil oder Power-Supply-Baugruppe: Da die SPS mit Spannung versorgt werden muss, ist ein Netzteil notwendig. Dieses Netzteil liefert eine stabile und gefilterte Spannung für die übrigen Komponenten der SPS.	
CPU-Baugruppe: Das eigentliche Herzstück der SPS stellt die CPU-Baugruppe (**C**entral **P**rocessing **U**nit) dar. In dieser Baugruppe wird das SPS-Programm bearbeitet. Mit der Auswahl einer CPU-Baugruppe bestimmt man die Leistungsfähigkeit der SPS: • Die zur Verfügung stehenden Befehle, • die maximale Größe (Speicherausbau) des SPS-Programms und • die Geschwindigkeit, mit der ein Befehl abgearbeitet wird, sind von der CPU-Baugruppe abhängig.	
Eingangsbaugruppen: Damit die SPS Signale aus der Anlage registrieren kann, sind Eingangsbaugruppen notwendig. Eingangsbaugruppen können digitale Signale (z.B. von einem Schalter) oder analoge Signale (z.B. eine Temperatur über einen Sensor) erfassen. Bei modularen SPS-Systemen können mehrere Baugruppen einer SPS zugeordnet werden.	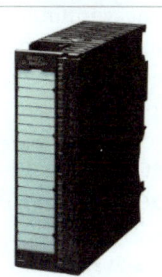

Ausgangsbaugruppen:
Um Befehle an andere Geräte absetzen zu können, sind Ausgangsbaugruppen notwendig. Hier gibt es wiederum digitale Ausgangsbaugruppen, um z.B. ein Relais oder einen Leistungsschütz anzusteuern. Mit analogen Ausgangsbaugruppen kann ein variabler Spannungswert an ein anderes Gerät (z.B. einen Servomotor) weitergegeben werden. Bei modularen SPS-Systemen können mehrere Baugruppen einer SPS zugeordnet werden.

Sonderbaugruppen:
Sonderbaugruppen stehen für ganz spezielle Anwendungsfälle zur Verfügung. Dies sind z.B.:
- Zählerbaugruppen:
  Für schnelle Zählvorgänge, z.B. 30kHz
- Reglerbaugruppen:
  Für Regelaufgaben in der Anlage
- Kommunikationsbaugruppen:
  Mit Schnittstellen zu Bussystemen, z.B. PROFIBUS-DP, PROFINET oder AS-Interface

2.4 Auswahlkriterien für die Hardwarezusammenstellung einer SPS

In der obigen Tabelle wurden einzelne Komponenten einer SPS am Beispiel der sehr verbreiteten SPS-Familie S7-300® von Siemens gezeigt. Nachfolgend sollen Entscheidungshilfen aufgeführt werden, die helfen, sich für die eine oder andere SPS-Familie zu entscheiden.

2.4.1 Auswahl einer SPS-Familie

Zunächst muss man sich für einen bestimmten SPS-Typ entscheiden. Im Groben kann man hierbei eine Einteilung in modulare und nicht modulare Systeme vornehmen. Daraus ergibt sich dann die zu verwendende SPS-Familie.

Nicht modulare SPS-Systeme:
Wie der Name vermuten lässt, können nicht modulare Systeme über die vorgegebenen Ein- und Ausgänge hinaus nicht oder nur wenig erweitert werden.
Diese Systeme kommen also immer dann zum Einsatz, wenn sichergestellt ist, dass die vorgegebenen Eingänge und Ausgänge für die Anlage ausreichend sind und auch etwaige Erweiterungen damit abgedeckt werden können. Dabei sollte auch immer eine gewisse Reserve einberechnet werden. Diese SPS-Systeme kommen meist bei einem geringeren E/A-Bedarf im Bereich bis 16 Eingängen und 16 Ausgängen zum Einsatz.

Modulare SPS-Systeme:
Modulare SPS-Systeme sind flexibler zu gestalten. Sind sie nicht bis zu ihrer Maximalgrenze ausgereizt, können Erweiterungen in Form von zusätzlichen Modulen (z.B. Ein- oder Ausgangsmodulen) ohne Probleme vorgenommen werden (einen ausreichenden Platz für die Erweiterungen im Schaltschrank vorausgesetzt).
Durch diese flexible Form der Erweiterung sind auch hohe Freiheitsgrade bzgl. Funktionserweiterungen an der Anlage vorhanden. Der etwaige zusätzliche Bedarf an Eingängen und/oder Ausgängen kann über zusätzliche Module abgedeckt werden.

2.4.2   Auswahl der CPU

Wurde die SPS-Familie ausgewählt, ist im nächsten Schritt die CPU zu selektieren. Die CPUs einer SPS-Familie unterscheiden sich unter anderem in folgenden Punkten:

- Durch den für das SPS-Programm zu Verfügung stehenden Speicher.
- Durch die Geschwindigkeit, in der die CPU die SPS-Operationen abarbeitet. Dies ist auch ein Maß für die Reaktionszeit der SPS.
- Durch die zur Verfügung stehenden Schnittstellen für Programmierung und dezentrale Peripherie (Bussysteme).
- Durch etwaig vorhandene sog. Onboard-Peripherie, also Eingänge, Ausgänge und Sondermodule, die fest im Gehäuse der CPU integriert sind.

Nachfolgend nun Überlegungen zu den einzelnen genannten Unterscheidungsmerkmalen.

2.4.2.1   Wie viel Speicher wird für das SPS-Programm benötigt?

Diese Frage kann leider nicht pauschal beantwortet werden. Dies hängt sehr stark von den für die Anlage notwendigen Eingängen und Ausgängen ab. Je mehr Eingänge und Ausgänge vorhanden sind, desto mehr Verknüpfungen sind notwendig, um ihren Status auszuwerten bzw. zu setzen.

Daneben gilt es zu beachten, ob beim Steuervorgang hauptsächlich boolesche Verknüpfungen (z.B. UND, ODER) oder aber auch Berechnungen und Regelaufgaben durchgeführt werden müssen.

Des Weiteren ist zu berücksichtigen, dass etwaige in der SPS abzulegende Rezeptdaten einen nicht unerheblichen Teil an Speicher belegen können.

2.4.2.2   Wie wichtig ist die Geschwindigkeit der CPU?

Jede SPS-Operation, die von der CPU ausgeführt werden muss, benötigt Ausführungszeit. Die CPUs unterscheiden sich teilweise in diesen Ausführungszeiten.

Sind in der zu steuernden Anlage Vorgänge vorhanden, die eine bestimmte Reaktionszeit voraussetzen, so müssen diese Zeiten bei der Auswahl der CPU einbezogen werden.

2.4.2.3   Welche zusätzlichen Schnittstellen oder Bussysteme müssen auf der CPU vorhanden sein?

Schnittstelle für dezentrale Peripherie

Als dezentrale Peripherie werden die Eingänge und Ausgänge bezeichnet, die nicht direkt an der CPU angeschlossen sind, sondern über ein Bussystem mit der CPU verbunden werden.

Überschreitet die Größe einer Anlage ein bestimmtes Maß, dann ist es sinnvoll, neben dem Hauptschaltschrank noch weitere Unterschaltschränke in der Anlage zu verbauen. Damit sind dann die Kabellängen zu den Sensoren und Aktoren an der Anlage kürzer.

Die Verbindung zwischen dem Hauptschaltschrank und den Unterschaltschränken wird über ein Bussystem hergestellt. Dadurch genügt eine Leitung als Verbindung (die Busleitung) und es ist keine vieladrige Verbindungsleitung notwendig, mit der jedes Signal einzeln über eine Ader des Kabels zu übertragen ist. Als Beispiel solcher Bussysteme sei PROFIBUS-DP, PROFINET oder auch EtherCAT genannt.

Im nachfolgenden Bild ist ein sog. DP-Slave zu sehen, der über PROFIBUS-DP mit einer CPU verbunden werden kann. Dabei erfolgt die Anbindung über die im Bild zu sehende farbige Busleitung.

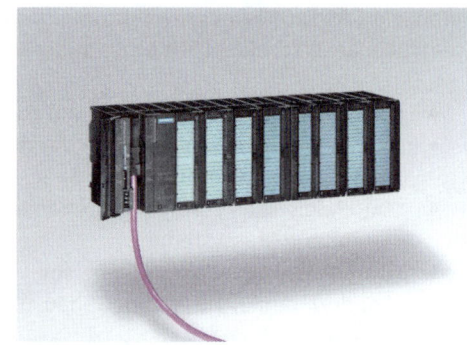

Bild: ET200M von Siemens als PROFIBUS -DP Slave

Soll ein solches Bussystem zum Einsatz kommen, so ist es sinnvoll, eine CPU zu verwenden, die bereits mit einer Busschnittstelle ausgestattet ist. Diese Schnittstelle ist dann im Gehäuse der CPU integriert. Im folgenden Bild ist als Beispiel für eine solche CPU mit DP-Schnittstelle eine S7-315-DP von Siemens zu sehen.

Profibus-DP-Schnittstelle der CPU

Bild: S7-315 von Siemens mit PROFIBUS-DP-Schnittstelle

Schnittstelle für HMI-Gerät oder Visualisierung

Neben Schnittstellen für die dezentrale Peripherie können noch weitere Schnittstellen auf der CPU notwendig sein. Häufig wird bei Anlagen ein sog. HMI-Gerät (**H**uman **M**achine **I**nterface) für ihre Bedienung verwendet. Typische HMI-Geräte sind Touchpanels, welche Bediengrafiken anzeigen, die dem Anlagen-Bediener eine intuitive Anlagenbedienung ermöglichen sollen. Im folgenden Bild ist ein Vertreter dieser Geräteklasse zu sehen.

Bild: Touchpanel TP177B von Siemens

Ein solches Touchpanel muss ebenfalls an eine CPU angebunden werden. Die Vielfalt dieser Geräte ist groß, weshalb je nach verwendetem Gerät unterschiedliche Anbindungen möglich sind. Meist erfolgt die Anbindung über PROFIBUS-DP, PROFINET, Ethernet oder MPI (bei S7-300®/S7-400®). Somit ist auch eine solche Schnittstelle auf der CPU vorzusehen.

Neben HMI-Geräten, die direkt an der Anlage verbaut werden, können auch PC-Visualisierungen auf die CPU bzw. deren Operanden zugreifen. Visualisierungen können dabei ebenso als HMI angesehen werden. Diese Softwareprodukte ermöglichen auch die Bedienung oder Überwachung in Form von Anlagengrafiken.

Da PCs von Haus aus über Ethernet-Schnittstellen verfügen, ist dies auch die meistgenutzte Schnittstelle zur CPU.

Schnittstelle für Fernzugriff auf die CPU

Die Verfügbarkeit einer Anlage ist ein wichtiger Punkt für den Anlagenbetreiber. Somit sollte ein Anlagenstillstand möglichst kurz sein. Um eine hohe Anlagenverfügbarkeit gewährleisten zu können, ist meist eine Fernwartung notwendig. Dabei greift der SPS-Programmierer über eine Telefonverbindung (Festnetz oder Funknetz) oder aber über das Internet (VPN-Verbindung) auf die CPU zu und versucht den Grund des Anlagenstillstandes zu lokalisieren.

Je nach Zugriffsart ist die entsprechende Schnittstelle auf der CPU vorzusehen.

Kann die CPU am Anlagenstandort ohne Probleme an das Internet angebunden werden, so ist die gesicherte Fernwartung, z.B. über einen VPN-Zugang, die effektivste und kostengünstigste Lösung. Hierzu muss dann eine Ethernet-Schnittstelle auf der CPU vorhanden sein.

2.4.3 Auswahl der Signalmodule

Wird für die Realisierung der Anlagensteuerung eine modulare SPS-Familie verwendet, so gilt es den Bedarf an digitalen und analogen Ein- und Ausgängen abzuschätzen.

Hierfür muss der Anlagenvorgang genauestens bekannt sein. Denn es gilt beispielsweise jede anzufahrende Endlage sensorisch zu erfassen.

Weiterhin ist zu klären, ob die digitalen Ausgänge den Strombelastungen der Aktoren gewachsen sind. Wichtig ist dabei auch der sog. maximale Summenstrom einer Baugruppe (bzw. der Kanalgruppen). Dieser sagt aus, wie hoch die max. Strombelastung sein darf, wenn alle Ausgänge einer Baugruppe (oder einer Kanalgruppe) gleichzeitig das Signal ‚1' ausgeben. Diese Angaben sind den Handbüchern der Module zu entnehmen.

Häufig wird dieses Problem umgangen, indem die Ausgänge der SPS nicht direkt mit den Aktoren verbunden werden. Ein Ausgang beeinflusst dabei ein Relais (Koppel-Relais), das die eigentliche „Last" schaltet. Im Bild rechts ist ein solches Relais dargestellt. Die Herstellerbandbreite solcher Relais ist groß, als Beispiele seien Siemens, Phoenix Contact, Eltako und Finder genannt.

Bild: Koppelrelais der Fa. Siemens

Für analoge Eingangs- und Ausgangsbaugruppen gilt Ähnliches wie beim jeweiligen digitalen Pendant. Man muss den Anlagenvorgang genaustens kennen und im Falle der analogen Eingangsbaugruppen wissen, welches analoge Signal die Sensoren (Temperatursensoren, Lagesensoren usw.) liefern. Die Baugruppen unterscheiden sich meist in den einstellbaren Eingangs- bzw. Ausgangssignalen (+-10V, 4...20mA, Pt100, Pt1000 usw.) sowie in der Genauigkeit. Auch hier sind die entsprechenden Handbücher zu den Modulen zu Rate zu ziehen.

2.4.4   Auswahl der Sondermodule

Sondermodule kommen immer dort zum Einsatz, wo „normale" Eingangs- und Ausgangsbaugruppen nicht verwendet werden können. Als Beispiele seien schnelle Zählvorgänge (z.B. >5kHz), Positionierbaugruppen und Kommunikationsbaugruppen genannt.

Manche dieser Sonderaufgaben können über Onboardperipherie von CPUs abgedeckt werden. So sind beispielsweise im Spektrum der SPS-Familie S7-300® von Siemens CPUs vorhanden, welche über schnelle Zählereingänge verfügen. Der Einsatz einer solchen CPU ist in einem solchen Fall wirtschaftlich lohnend, wenn die CPU auch ansonsten den Anforderungen der Anlagensteuerung genügt.

2.5   Wie wird eine SPS programmiert und gesteuert?

Im letzten Kapitel wurden ausführlich der Aufbau und die Auswahlkriterien eines SPS-Systems erörtert. Nun soll kurz erläutert werden, wie man ein solches SPS-System in Betrieb nimmt bzw. welche Hilfsmittel dazu benötigt werden.

Folgende Schritte sind notwendig, um eine SPS betriebsbereit zu machen:

Schritt 1:
Montieren der einzelnen Baugruppen auf dem Baugruppenträger des SPS-Systems und Verbinden der Module über einen etwaigen Rückwandbus; Anschluss des Netzteils (PS-Baugruppe) und Verdrahten mit der CPU und den Signalmodulen

Schritt 2:
Konfiguration (Hardwarekonfiguration) der einzelnen Baugruppen

Schritt 3:
Erstellung des SPS-Programms und Übertragen des Programms in die SPS

Schritt 4:
Test des SPS-Programms in der CPU

Auf die einzelnen Schritte soll nachfolgend etwas näher eingegangen werden.

2.5.1   Schritt 1: Hardwareaufbau des SPS-Systems

Schritt 1 ist je nach SPS-Typ im Detail unterschiedlich. Hier gibt das Handbuch des eingesetzten SPS-Systems nähere Auskunft. Das Prinzip ist aber bei allen SPS-Systemen gleich.

In der nachfolgenden Darstellung wird der Aufbau am Beispiel einer S7-300® von Siemens veranschaulicht.

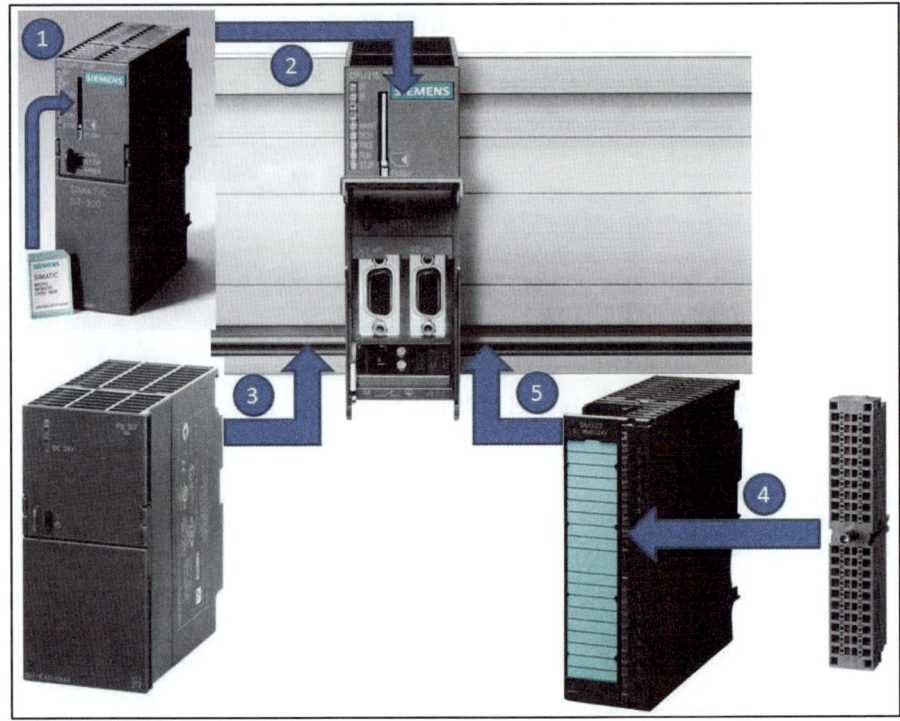

Bild: Hardwareaufbau

1. Die MMC (Micro-Memory-Card) in den dafür vorgesehenen Slot der CPU stecken.
2. CPU auf dem Baugruppenträger platzieren.
3. Spannungsversorgungsbaugruppe (PS-Baugruppe) auf dem Baugruppenträger links neben der CPU platzieren und die CPU mit Spannung versorgen.
4. Signalbaugruppe mit dem passenden Frontstecker bestücken. Dieser muss je nach Baugruppe 20- oder 40-polig sein.
5. Signalbaugruppe über einen Busverbinder mit der CPU verbinden und rechts neben der CPU auf dem Baugruppenträger platzieren. Der Busverbinder gehört dabei zum Lieferumfang der Signalbaugruppe. Über die entsprechenden Anschlüsse die Spannungsversorgung aus der PS-Baugruppe beziehen.

Weitere Baugruppen werden ebenfalls über Busverbinder rechts neben der letzten Baugruppe platziert.
Es ist zu beachten, dass auf diese Weise **maximal 8 Signalbaugruppen** rechts neben der CPU angeordnet werden können. Bei einem höheren Bedarf an Baugruppen muss der Aufbau mehrzeilig erfolgen. Dabei wird die Verbindung der einzelnen Baugruppenträger über sog. **IM-Baugruppen** hergestellt. Auf diese Weise können bis zu **4 Zeilen** aufgebaut werden. Darin können dann insgesamt **32 Signalbaugruppen** gesteckt werden.

Zur S7-300° von Siemens kompatible Systeme der Fa. **VIPA** erlauben einen Aufbau von bis **zu 31 Baugruppen** in einer Zeile. Bei diesem System sind auch keine MMC-Karten für die CPU notwendig, da diese CPUs über einen integrierten Ladespeicher für den SPS-Programmcode verfügen.

2.5.2   Schritt 2: Hardwarekonfiguration

Für Schritt 2 kommen Softwarepakete der Hersteller oder von Drittanbietern zum Einsatz. Diese unterstützen den Programmierer schon bei der Hardwarezusammenstellung, da hier etwaige Fehler bei der Hardwarekonfiguration erkannt und gemeldet werden.

Desweiteren wird bei den einzelnen Modulen nur die Eigenschaft zur Auswahl gegeben, welche in der Baugruppe vorhanden ist. Am Beispiel einer analogen Eingangsbaugruppe bedeutet dies, dass nur die Messbereiche eingestellt werden können, die in der Baugruppe verfügbar sind. Eine Baugruppe wird dabei über die Bestellnummer des Herstellers spezifiziert.

Nachfolgend ist ein Ausschnitt einer Hardwarekonfiguration am Beispiel einer S7-300® von Siemens innerhalb eines S7-Programmiersystems zu sehen.

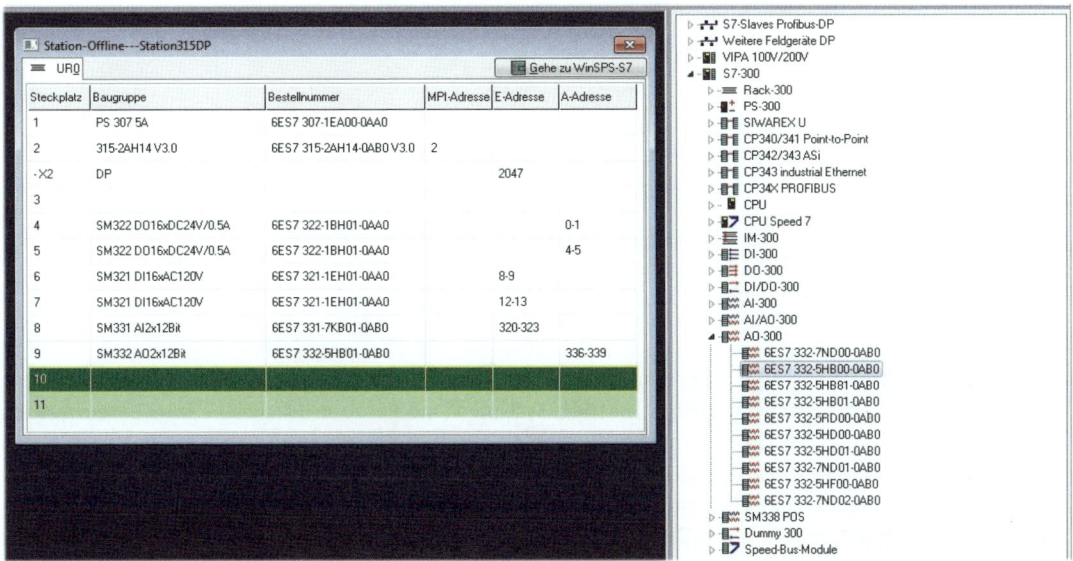

Bild: Hardwarekonfiguration einer Systems S7-300® von Siemens in WinSPS-S7

Die Baugruppen werden dabei aus einem Katalog entnommen und im Rack (der Tabelle) platziert. Für die Einstellung der Parameter einer Baugruppe wird diese im Rack selektiert und der Dialog über Doppelklick zur Ansicht gebracht.

Es ist darauf zu achten, dass die konfigurierte Zusammensetzung der SPS (CPU mit Baugruppen) genau dem Hardwareaufbau entspricht. Bei Unterschieden wird es zu Fehlern kommen, bis eine 100%ige Übereinstimmung vorhanden ist.

2.5.3 Schritt 3: Erstellung und Übertragen des SPS-Programms

Für das Erstellen des SPS-Programms gilt ähnliches wie für die Hardwarekonfiguration. Es wird ein Softwaretool verwendet, das den Programmierer unterstützt. Wie diese Unterstützung (Eingabe des SPS-Programms, Verwaltung, Diagnose, Simulation uvm.) aussieht, wird im Laufe des Buches noch ausführlich gezeigt. Für die Erstellung des SPS-Programms werden Editoren in den Programmiersystemen verwendet, die den SPS-Programmierer schon bei der Programmeingabe unterstützen. Im folgenden Bild ist ein S7-Programmteil innerhalb der S7-Programmiersoftware TIA-Portal® von Siemens zu sehen.

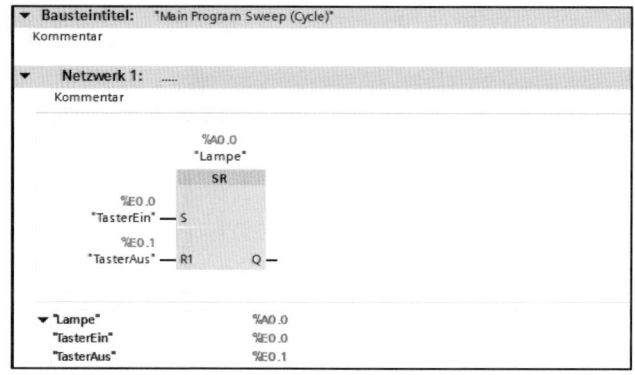

Bild: SPS-Programm in Darstellung FUP innerhalb eines S7-Programmiersystems

Die meisten SPS-Softwaretools werden auf handelsüblichen PCs bzw. Notebooks installiert. Diese Softwarepakete setzen meist auf dem Betriebssystem Windows von Microsoft auf. Somit gilt es, einen solchen PC nach der Hardwarekonfiguration bzw. der SPS-Programmerstellung mit der CPU zu verbinden, damit die Daten in sie übertragen werden kann. Die verschiedenen SPS-Systeme auf dem Markt besitzen hierzu teilweise proprietäre Schnittstellen, die auch physikalisch zu keiner PC-Schnittstelle kompatibel sind. Als Beispiel sei die MPI-Schnittstelle (**M**ulti **P**oint **I**nterface) der S7-300®/S7-400® von Siemens genannt.

Um die CPU über diese Programmierschnittstelle anzusprechen, müssen Programmieradapter verwendet werden. Der Anschluss der Programmieradapter erfolgt dabei über die serielle Schnittstelle (RS232), USB oder Ethernet. Des Weiteren werden Interfacekarten für PCI oder auch PCMCIA angeboten.

Durch die fortschreitende PC-Entwicklung und den Wegfall einiger Schnittstellen (RS232, PCMCIA usw.) sind im Wesentlichen die Programmieradapter für Ethernet und USB übrig geblieben. Hier erwiesen sich insbesondere Drittanbieter als sehr innovationsfördernd.

Eine weitere Entschärfung des Problems mit Programmieradaptern brachte die Entwicklung von CPUs mit integrierter Ethernet-Schnittstelle. Hier war die Fa. VIPA mit dem STEP®7-kompatiblen SPS-System SPEED7 ein Vorreiter. In diesem System wurden auch CPUs der unteren Leistungsklassen mit einer Ethernet-Schnittstelle ausgestattet und konnten so komfortabel über Ethernet angesprochen werden.

Neuentwickelte SPS-Systeme bieten oftmals eine Ethernet-Schnittstelle (oder auch PROFINET-Schnittstelle) auf der CPU, die dann mit der Netzwerkkarte des PCs oder Notebooks verbunden werden kann. Da allerdings die Laufzeit von Anlagen mit S7-Systemen in Jahrzehnte angegeben wird, muss ein S7-Programmierer noch lange mit Programmieradaptern für MPI ausgestattet sein.

Aus diesem Grund sind in der folgenden Darstellung einige davon zu sehen:

Beschreibung	Darstellung
NetLink PRO Compact Ethernet nach MPI oder PROFIBUS-DP Adapter. Anschluss an der Ethernet-Schnittstelle des PCs.	
NetLink++ Ethernet nach MPI oder PROFIBUS-DP Adapter. Anschluss an der Ethernet-Schnittstelle des PCs.	
CP5711 von Siemens USB nach MPI oder PROFIBUS-DP Adapter. Anschluss an der USB-Schnittstelle des PCs.	

Die beiden Adapter NetLink PRO Compact und NetLink++ sind sich sehr ähnlich. Beide werden über Ethernet angesprochen und bieten somit ein hohes Maß an Flexibilität, auch was die mögliche Entfernung zur Anlagen-CPU bei der Programmierung angeht. Denn mit Ethernet stellen Kabellängen von z.B. 10 m kein Problem dar. Auch die Fernwartung über das Internet ist mit diesen Adaptern realisierbar. Bei der Erstinbetriebnahme der Adapter muss eine passende TCP/IP-Adresse konfiguriert werden. Beide Adapter werden von Drittanbietern angeboten.

Der CP5711 von Siemens ist an die USB-Schnittstelle des PCs anzuschließen. Dadurch sind beispielsweise keine Einstellungen wie TCP/IP-Adressen notwendig. Allerdings ist die Flexibilität durch den Einsatz der USB-Schnittstelle eingeschränkt. Insbesondere der Abstand zur Anlagen-CPU ist auf unter 5m begrenzt, und ohne Zusatzkomponenten bestehen keine Fernwartungsmöglichkeiten über das Internet.

2.5.4   Schritt 4: Test des SPS-Programms

Wurden die Hardwarekonfiguration und das SPS-Programm in die SPS übertragen, so muss nun ein Test des SPS-Programms durchgeführt werden.

In den seltensten Fällen ist ein erstelltes SPS-Programm fehlerfrei. Einige Programmiersysteme bieten sog. Simulatoren, in denen ein Programm getestet werden kann, bevor es in die Hardware-SPS übertragen wird. Damit können dann grobe Fehler vorab behoben werden, die unter Umständen zu Materialschäden an einer Anlage bei der Inbetriebnahme führen würden.

Je nach Größe der zu steuernden Anlage fallen diese Simulationen mehr oder weniger umfangreich aus. Hier kommen dann auch die Programmiersoftware ergänzende Softwareprodukte, wie z.B. Prozess-Simulationen, zum Einsatz, in denen Teile der zu steuernden Anlage abgebildet und zu Testzwecken verwendet werden. Als Beispiel sei die auch in diesem Buch verwendete Prozess-Simulation SPS-VISU genannt, mit der eine Anlage grafisch aufgebaut und diese virtuelle Anlage dann für die Simulation des SPS-Programms genutzt werden kann.

2.6   Übungen und Wiederholungsfragen Übung ✔

Übung:

Sie müssen sich nun entscheiden, mit welchem Programmiersystem Sie die Übungen in diesem Buch durchführen. „WinSPS-S7" ist Bestandteil dieses Buches. Sie können aber auch „STEP®7 V5.x" oder „TIA-Portal®" verwenden. Im Anhang finden Sie zu jedem der drei Systeme ein ausführliches Einführungsbeispiel. Dieses sollten Sie jetzt selber aktiv nachvollziehen, damit Sie für die ersten eigenen Schritte vorbereitet sind.

Wiederholungsfragen:

1. Warum hat sich die SPS gegenüber der verbindungsprogrammierten Steuerung durchgesetzt?
2. Welche Gerätschaften müssen vorhanden sein, um ein AG zu programmieren?
3. Nennen Sie jeweils drei mögliche Geber und Aktoren.
4. Welche Aufgaben haben die Eingangs- und Ausgangsbaugruppen der SPS und welche Aufgaben hat das SPS-Programm (Software) in der SPS?
5. Bitte ergänzen Sie im folgenden Text mit „Eingangsbaugruppe" oder „Ausgangsbaugruppe":
    Eine Lichtschranke wird an einer _____ angeschlossen.
    Ein Schütz wird an einer _____ angeschlossen.
    Ein Temperatursensor wird an einer _____ angeschlossen.

3 Beispiel einer Anlage mit SPS-Steuerung

Ein Beispiel soll den Zusammenhang der einzelnen Komponenten einer SPS deutlich machen. Folgende Funktionalität ist dabei zu programmieren:

> Auf einem Band werden Flaschen transportiert. Auf den Flaschen sind Etiketten mit Barcodes aufgebracht. Über eine Lichtschranke wird erfasst, ob sich eine Flasche im Bereich eines Lesesensors befindet, welcher den Barcode auswertet. Wird ein ungültiger Barcode erfasst, so soll die Flasche mittels eines Zylinders vom Band gestoßen werden.

Für dieses Beispiel sind Eingänge und Ausgänge an der SPS notwendig. Ein Eingang wird im SPS-Programm wie folgt angesprochen: „E X.Y". X stellt dabei die sog. Byte-Adresse dar, Y repräsentiert die Bit-Adresse.
Beispiel: „E 0.0", „A 0.0".
Eine ausführliche Erklärung der Adressierung folgt im weiteren Verlauf des Buches. In der folgenden Tabelle sind alle Geräte aufgelistet, die in diesem Beispiel an die SPS angeschlossen werden:

Betriebsmittel	Eingang oder Ausgang an der SPS	SPS-Belegung
Lichtschranke Beispiel: Fa. Baumer	Eingang	E0.0
Barcode-Lesesensor Beispiel: Fa. Siemens AG	Eingang	E0.1
Zylinder Beispiel: Fa. Festo AG	Ausgang	A0.0

In der **ersten Spalte** der Tabelle sind die Betriebsmittel gelistet, welche an die SPS angeschlossen werden. In der **zweiten Spalte** ist vermerkt, ob das jeweilige Gerät an eine Eingangs- oder Ausgangsbaugruppe angeschlossen wird. In der **dritten Spalte** ist die Zuordnung des Gerätes zu sehen, d.h. welcher Eingang bzw. Ausgang in der SPS belegt wird.

Wenn man einen Geber oder Sensor (z.B. eine Lichtschranke) an die SPS anschließt, ist es wichtig zu wissen, welche Signale der Sensor liefert (analog oder digital).
In unserem Beispiel gehen wir davon aus, dass die Lichtschranke den Wert ‚0' liefert, wenn eine Glasflasche vorhanden ist. Wenn keine Flasche vorhanden ist, wird ‚1' geliefert. Der Barcode-Leser bzw. dessen Auswerteinheit liefert ‚1', wenn die Flasche einen korrekten Barcode aufgedruckt hat; ansonsten wird der Wert ‚0' geliefert.

3| Beispiel einer Anlage mit SPS-Steuerung

Diese beiden Sensoren (Lichtschranke und Barcode-Leser) werden an eine **digitale Eingangsbaugruppe** angeschlossen, da immer nur 0 V oder 24 V geliefert wird.

Der Zylinder wird an eine **digitale Ausgangsbaugruppe** angeschlossen, da der Zylinder entweder 24 V (Zylinder fährt vor) oder 0 V (Zylinder fährt zurück) benötigt. Dies wird im nachfolgenden Bild gezeigt:

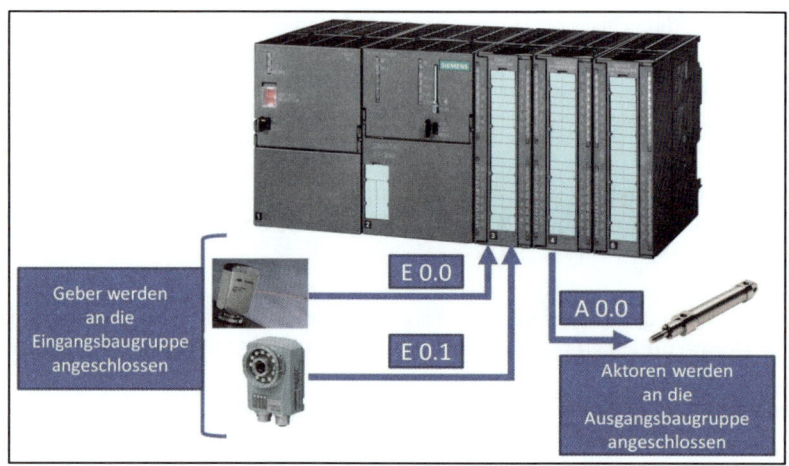

Bild: Anschluss der Sensoren und Aktoren an die Baugruppen der SPS

Die Lichtschranke und die Auswerteeinheit des Barcodeleser geben die Signale weiter an die Eingangsbaugruppe (DIGITAL INPUT). Durch das SPS-Programm kann man den Status der Lichtschranke und des Barcodelesers auswerten. Mit einem Softwarebefehl kann der Zylinder, der an eine Ausgangsbaugruppe (DIGITAL OUTPUT) angeschlossen ist, ausgefahren werden. Den genauen Zusammenhang der einzelnen Geräte kann man der folgenden Tabellen ersehen.

Lichtschranke	Signal der Lichtschranke	Wert des Operanden E0.0
Flasche ist vorhanden	0V	0
Flasche ist nicht vorhanden	24V	1

Da die Lichtschranke mit dem Eingang E0.0 verbunden ist, hat Eingang E0.0 den Zustand ‚0', wenn die Lichtschranke das Signal ‚0V' an die SPS liefert. Demzufolge ist eine Flasche vorhanden, sobald Eingang E0.0 den Zustand ‚0' hat.

Barcode-Lesesensor	Signal der Auswerteeinheit	Wert des Operanden E0.1
Barcode ist in Ordnung	24V	1
Barcode ist nicht in Ordnung	0V	0

Da die Auswerteeinheit des Barcode-Lesesensors mit dem Eingang E0.1 verbunden ist, hat Eingang E0.1 den Zustand ‚1', wenn der Lesesensor das Signal ‚24V' an die SPS liefert. Demzufolge ist der Barcode korrekt, sobald Eingang E0.1 den Zustand ‚1' hat.

Zylinder	Signal des Ausgangs A0.0	Reaktion des Zylinders
	24V	Zylinder fährt aus
	0V	Zylinder fährt ein

Der Zylinder ist am Ausgang A0.0 angeschlossen. Hat der Ausgang A0.0 im SPS-Programm den Zustand ‚1', so wird an der Ausgangsbaugruppe eine Spannung von 24 V ausgegeben. Damit fährt der Zylinder aus. Der Zylinder fährt wieder zurück, sobald Ausgang A0.0 den Zustand ‚0' hat, da in diesem Fall keine Spannung mehr an der Ausgangsbaugruppe ansteht.

3.1   Wiederholungsfragen Übung ✔

1.   Nennen Sie ein Beispiel für einen Sensor. An welcher Baugruppe wird er angeschlossen?
2.   Nennen Sie ein Beispiel für einen Aktor. An welcher Baugruppe wird er angeschlossen?

4 Operandenbereiche sowie Adressierung von Operanden

In den vorangegangenen Kapiteln wurden bereits Operanden benannt. Es wurde erläutert, dass Sensoren an Eingänge der SPS angeschlossen werden. Die Aktoren sind an den Ausgangsbaugruppen angeschlossen. Diese beiden Operandenbereiche Eingänge und Ausgänge stellen somit die Schnittstelle zur Anlage oder Maschine dar. Mit diesen beiden Operandenbereichen muss zwingend in jedem SPS-Programm gearbeitet werden.

Will man beispielsweise den Zustand eines Tasters, der an einer Eingangsbaugruppe des SPS angeschlossen ist, im SPS-Programm abfragen, so verwendet man einen Operanden des Typs E (Eingänge). Operanden des Typs A (Ausgänge) dienen dazu, Zustände aus der SPS an die Peripherie (Aktoren) weiterzugeben.

Neben den Eingängen und Ausgängen sind allerdings noch weitere Operandenbereiche in einer SPS vorhanden, die ebenfalls in den folgenden Abschnitten benannt werden sollen.

4.1 Eingangs- und Ausgangsoperanden

Bei den Operanden des Typs E und A handelt es sich um sogenannte Bitoperanden, d.h., sie haben entweder den Zustand ‚1' oder ‚0'.

Die Eingänge sind ein Spiegel der Zustände der Eingangsbaugruppen. Zustände der Ausgänge werden dagegen an die Ausgangsbaugruppen weitergegeben.

Eingänge und Ausgänge können als Bit, Byte, Wort und Doppelwort angesprochen werden.

4.2 Merkeroperanden

Darüber hinaus gibt es noch Operanden vom Typ M (Merker). Dieser Operandenbereich dient zum Verarbeiten und „Merken" interner Zwischenergebnisse. Sie sind vergleichbar mit Hilfsschützen in der Schütztechnik. Merkerzustände sind in einem bestimmten Speicherbereich der CPU abgelegt. Im Gegensatz zu Eingängen und Ausgängen werden Merker nur intern verarbeitet. Sie werden also nicht in die Peripherie geschrieben und spiegeln auch keine Zustände aus der Peripherie wieder. Auch Merker können als Bit, Byte, Wort und Doppelwort angesprochen werden.

4.3 Lokaloperanden

Lokaloperanden sind in einem Speicherbereich abgelegt, der je nach CPU-Typ eine bestimmte Größe hat. Zur Laufzeit des SPS-Programms wird jedem Baustein ein ungenutzter Teil dieses Speichers zugewiesen. Hier kann der Anwender temporäre Variablen anlegen. Diese Variablen haben nur innerhalb des Bausteins Bestand, d.h., beim nächsten Programmdurchlauf ist ihr Wert wieder gelöscht. Lokaloperanden werden dazu verwendet, bausteininterne Zwischenergebnisse zu speichern.

<u>Achtung</u>: Die Initialwerte (Anfangszustände) von Lokaldaten sind in jedem Zyklus unbestimmt.

4.4 Daten eines Datenbausteins

Einen besonderen Operandenbereich stellt der Bereich Daten (D) dar. Dieser kann erst verwendet werden, wenn ein Datenbaustein aktiv ist. Mit diesen Operanden ist es möglich, Inhalte von Datenwörtern zu verarbeiten (Näheres dazu im weiteren Verlauf des Buches).

4.5 Timer

Operanden vom Typ T ermöglichen es, Zeitverhalten innerhalb eines SPS-Programms zu realisieren. Dazu stehen verschiedene Zeittypen zur Verfügung. Auf Timer wird in einem gesonderten Kapitel explizit eingegangen.

4.6 Zähler

Operanden vom Typ **Z** bieten eine Zählfunktion. Dabei kann ein Vorwärts- und Rückwärtszähler realisiert werden. Auch Zähler werden in einem eigenen Kapitel genauer beschrieben.

4.7 Peripherieeingänge

Mit diesen Operanden können die physikalischen Eingänge direkt eingelesen werden – im Gegensatz zum Operandenbereich E, wo auf die Daten im Prozessabbild der Eingänge zugegriffen wird. Operanden des Typs PE können als Byte, Wort und Doppelwort angesprochen werden. Das Lesen eines einzelnen Bits ist nicht möglich. Der Begriff „Prozessabbild" wird im Verlauf des Buches ausführlich erläutert.

4.8 Peripherieausgänge

Der Operandenbereich PA ermöglicht das direkte Verändern der physikalischen Ausgänge – im Gegensatz zum Operandenbereich A, wo die Daten im Prozessabbild der Ausgänge manipuliert werden. Operanden des Typs PA können als Byte, Wort und Doppelwort angesprochen werden. Das Schreiben eines einzelnen Bits ist nicht möglich.

4.9 Operandenübersicht

Operand	Als Wort	Beispiel	Kurzbeschreibung
E	Eingang	E0.0 EW0 ED10	Eingänge bieten die Möglichkeit, Zustände aus der Peripherie (aus den Eingangsbaugruppen) intern zu verarbeiten.
A	Ausgang	A38.6 AB40 AD12	Ausgänge bieten die Möglichkeit, Zustände an die Peripherie (an die Ausgangsbaugruppen) weiterzugeben.
PE	Peripherie-Eingänge	PEB12 PEW14	Direkter Lesezugriff auf die Eingangsbaugruppen, auch über die max. Adresse des Prozessabbildes hinaus.
PA	Peripherie-Ausgänge	PAB1 PAD20	Direkter Schreibzugriff auf die Ausgangsbaugruppen, auch über die max. Adresse des Prozessabbildes hinaus.
M	Merker	M12.1 MB10 MW2 MD34	Merker dienen dazu, Zwischenergebnisse zu speichern. Merker werden zur programminternen Verarbeitung verwendet.
L	Lokaldaten	L10.2 LB10 LW30 LD6	Lokaldaten sind ein bausteininterner, temporärer Speicherbereich, in dem der Anwender Variablen anlegen kann.
D	Daten	DBX0.0 DBB1 DBW2	Daten bieten die Möglichkeit, Variablen im SPS-Programm abzulegen und weiterzuverarbeiten. Der Datenbereich wird auch genutzt, um größere Datenmengen abzulegen.
T	Zeiten	T3	Mit Zeiten kann ein Zeitverhalten innerhalb des SPS-Programms realisiert werden.
Z	Zähler	Z1	Zähler stellen eine Zählfunktion zur Verfügung. Es sind Vorwärts- und Rückwärtszähler realisierbar.

4.10 Bit, Byte, Wort und Doppelwort

Um die Ausführungen dieses Kapitels verständlicher zu machen, sollen zunächst die Begriffe Bit, Byte, Wort und Doppelwort erläutert werden.

4.10.1 Bit

Ein Bit ist die kleinste darstellbare Informationseinheit. Ein Bit kann nur die Zustände ‚1' oder ‚0' annehmen. Spricht man z.B. den Eingang E0.0 über den Befehl „U E0.0" an, so handelt es sich um eine Bitoperation, da der Eingang nur den Zustand ‚1' oder ‚0' annehmen kann.

4.10.2 Byte

Ein Byte besteht aus 8 aufeinanderfolgenden Bits. Das Eingangsbyte EB0 besteht beispielsweise aus den Bits E0.0 bis E0.7. Dies ist nachfolgend dargestellt.

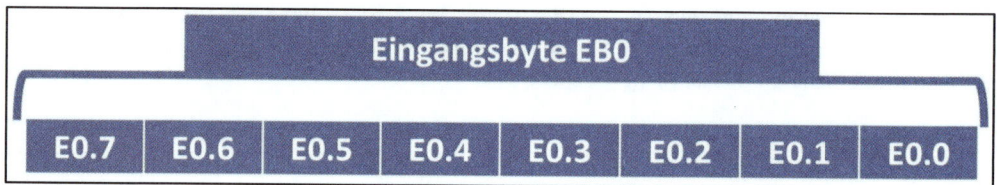

Bild: Ein Byte besteht aus 8 Bits

4.10.3 Wort

Ein Wort (Word) setzt sich aus 16 aufeinanderfolgenden Bits bzw. aus 2 Bytes zusammen (siehe Bild).

Bild: Ein Wort besteht aus zwei Bytes

Wie zu erkennen ist, besteht das Eingangswort EW0 aus den beiden Eingangsbytes EB0 und EB1. Dies bedeutet wiederum, dass mit dem Eingangswort EW0 die Eingänge E0.0 bis E0.7 und die Eingänge E1.0 bis E1.7 angesprochen werden.

4.10.4 Doppelwort

Ein Doppelwort (DWord) besteht aus 32 aufeinanderfolgenden Bits bzw. aus 4 Bytes oder 2 Wörtern.

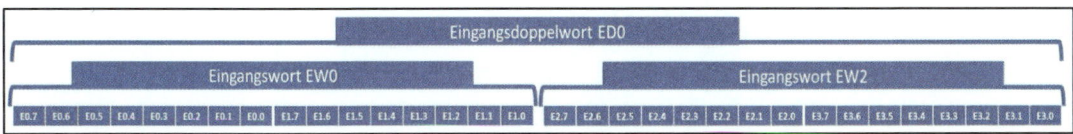

Bild: Ein Doppelwort besteht aus zwei Wörtern

Das Eingangsdoppelwort ED0 besteht aus den beiden Eingangswörtern EW0 und EW2. In diesen beiden Worten sind die Eingangsbytes EB0, EB1, EB2 und EB3 gekapselt.
Die Begriffe Bit, Byte, Wort, Doppelwort sagen also aus, aus wie vielen Bits ein Operand besteht.

4.11 Adressierung der Operanden

Bei der Verwendung eines Operanden muss immer dessen Adresse mit angegeben werden.

In STEP®7 sind folgende Operandenarten möglich:

Operandenart	Datenbreite in Bit	Beispiel
Bitoperand	1	E4.4, M4.5, DBX10.7
Byteoperand	8	EB4, MB4, DBB10
Wortoperand	16	EW4, MW4, DBW10
Doppelwortoperand	32	ED4, MD4, DBD10

4.11.1 Schreibweise von Bitoperanden

Bei Bitoperanden muss immer die Byte- und Bitadresse angegeben werden. Byte- und Bitadresse werden immer durch einen Punkt getrennt:

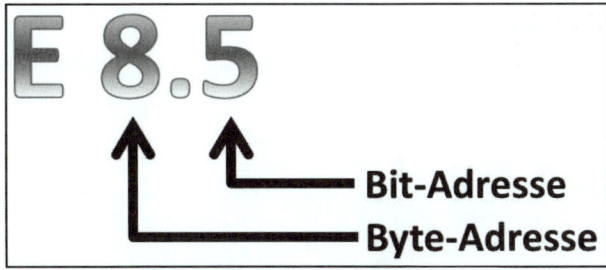

Bild: Schreibweise bei Zugriff auf Bitoperand

Die Bitadresse muss hierbei immer zwischen 0 und 7 liegen. Die maximale Byteadresse ist vom AG-Typ abhängig. Unter STEP®7 können folgende Operanden als Bit adressiert werden:

Operandenart	Bezeichnung	Beispiel
E	Eingänge	E4.4
A	Ausgänge	A51.3
M	Merker	M6.7
DBX	Datenbit aus Globaldatenbaustein	DBX3.4
DIX	Datenbit aus Instanzdatenbaustein	DIX10.1
L	Lokaldaten	L33.5

4.11.2 Schreibweise von Byteoperanden

Bei Byteoperanden entfällt die Angabe der Bitadresse, da ein gesamtes Byte angesprochen wird. Der Buchstabe „B" am Operanden signalisiert, dass die angesprochene Breite einem Byte (somit 8 Bits) entspricht.

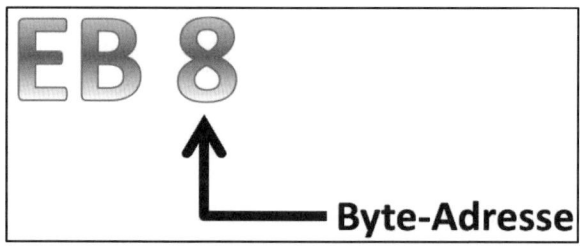

Bild: Schreibweise bei Zugriff auf einen Byteoperanden

Unter STEP®7 können folgende Operanden als Byte adressiert werden:

Operandenart	Bezeichnung	Beispiel
EB	Eingänge	EB4
AB	Ausgänge	AB51
MB	Merker	MB6
DBB	Datenbyte aus Globaldatenbaustein	DBB3
DIB	Datenbyte aus Instanzdatenbaustein	DIB10
LB	Lokaldaten	LB33
PEB	Peripherieeingänge	PEB12
PAB	Peripherieausgänge	PAB22

4.11.3 Schreibweisen von Wortoperanden

Wird ein Operand als Wort angesprochen, so wird dies durch den Buchstaben „W" am Operanden signalisiert.

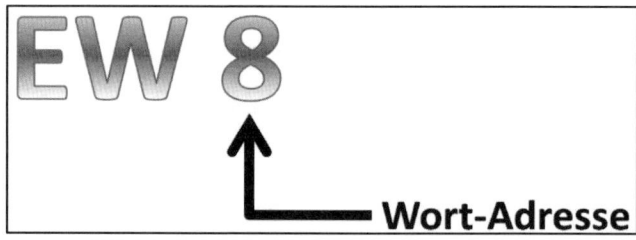

Bild: Schreibweise bei Zugriff auf einen Wortoperanden

Unter STEP®7 können folgende Operanden „wortweise" angesprochen werden:

Operandenart	Bezeichnung	Beispiel
EW	Eingänge	EW4
AW	Ausgänge	AW52
MW	Merker	MW6
DBW	Datenwort aus Globaldatenbaustein	DBW2

DIW	Datenwort aus Instanzdatenbaustein	DIW10
LW	Lokaldaten	LW32
PEW	Peripherieeingänge	PEW12
PAW	Peripherieausgänge	PAW22

Wird auf einen Wortoperanden zugegriffen, werden immer zwei Bytes angesprochen.

Beispiel

Der Inhalt des Eingangswortes n wird geladen.

> L   EW n

Es wird EB n und EB (n+1) in den Akku1 geladen, wobei EB n das Hi-Byte (das höherwertige) ist.
Hi-Byte: Befindet sich ein Zahlenwert innerhalb des angesprochenen Wortes, so sind die höherwertigen Bits innerhalb dieses Hi-Bytes vertreten.

4.11.4   Schreibweisen von Doppelwortoperanden

Wird ein Operand als Doppelwort angesprochen, so ist dies am Buchstaben „D" am Operanden zu erkennen.

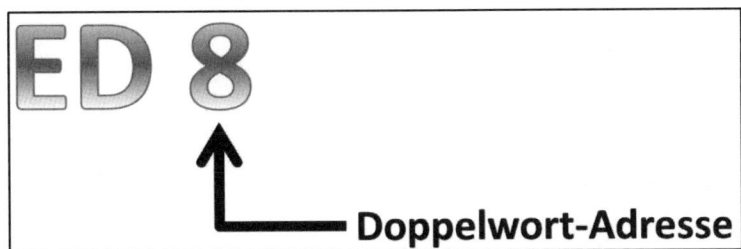

Bild: Schreibweise bei Zugriff auf einen Doppelwortoperanden

Unter STEP®7 können folgende Operanden als Doppelwort angesprochen werden:

Operandenart	Bezeichnung	Beispiel
ED	Eingänge	ED4
AD	Ausgänge	AD52
MD	Merker	MD6
DBD	Datendoppelwort aus Globaldatenbaustein	DBD2
DID	Datendoppelwort aus Instanzdatenbaustein	DID10
LD	Lokaldaten	LD32
PED	Peripherieeingänge	PED12
PAD	Peripherieausgänge	PAD22

Wird auf einen Doppelwortoperanden zugegriffen, werden immer **vier Bytes** angesprochen.

Beispiel

> Der Inhalt des Eingangsdoppelwortes n wird geladen.

       L   ED *n*

Es wird EB *n*, EB (*n*+1), EB (*n*+2) und EB (*n*+3) in den Akku 1 geladen, wobei EB *n* das höchstwertige Byte (Hi-Byte) ist.
Hi-Byte: Befindet sich ein Zahlenwert innerhalb des angesprochenen Doppelwortes, so sind die höherwertigen Bits innerhalb dieses Hi-Bytes vertreten.

4.11.5 Hinweis zur Adressierung: Überschneidung von Operanden

 Bei der Programmierung sollte die Überschneidung von Operanden vermieden werden.

Beispiel

> Aus welchen Bytes bestehen die beiden Wörter AW32 und AW33?

Das Ausgangswort AW32 besteht aus AB32 und AB33.
Das Ausgangswort AW33 besteht aus AB33 und AB34.

Dies bedeutet, dass AB33 in AW 32 **und** in AW33 enthalten ist. Um diese Überschneidung zu vermeiden, sollten **immer geradzahlige Adressen verwendet** werden: AW 32, AW 34, AW 36

4.11.6 Hinweis zur Adressierung: Anordnung von Hi-Byte und Lo-Byte

Die Anordnung von Hi- und Lo-Byte muss beachtet werden, wenn z.B. eine Zahl direkt auszuwerten ist.
Das Hi-Byte ist in S7 immer das Byte mit der niederwertigsten Adresse.

Beispiel:

> Das MW20 besteht aus MB20 und MB21. MB20 ist hier das Hi- und MB21 das Lo-Byte.
> Steht im MW20 die Zahl 24000 dezimal (entsprich 5DC0 hex), so befinden sich folgende Bitmuster in den Merkerbytes 20 und 21.

	MW20(=5DC0 hex)
MB**20** (=5D hex)	MB**21** (=C0 hex)
Hi-Byte	**Lo-Byte**

4.12 Wie erhalten Merker ihre Adressen?

Bei Merkern handelt es sich bekanntlich um Operanden, die nur zur internen Verarbeitung von Informationen in der SPS dienen. Merker bilden somit keine Schnittstelle zur Umwelt, wie dies bei Eingängen und Ausgängen der Fall ist. Merker sind ein Speicherbereich innerhalb der SPS, der über Bit-, Byte-, Wort- und Doppelwortbefehle angesprochen werden kann. Der Speicher ist byteorientiert aufgebaut. Nachfolgend wird über eine Grafik veranschaulicht, wie bei einer Bitoperation auf diesen Speicher zugegriffen wird.

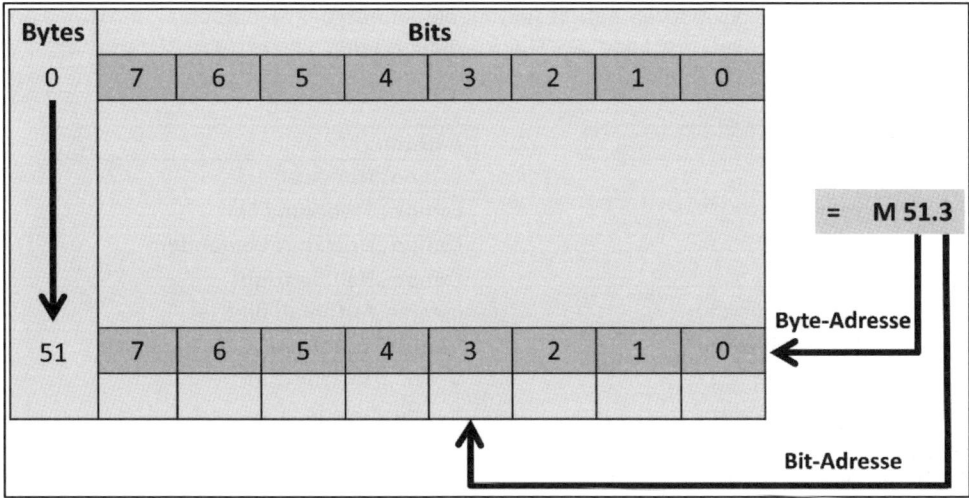

Bild: Zugriff auf ein Merkerbit

Die Byteadresse gibt die Zeile im Speicher der Merker an, die Bitadresse die Spalte.
Mit Hilfe der obigen Darstellung des Speichers wird auch der Begriff byteorientiert veranschaulicht. Er bedeutet, dass jede Zeile des Speicherbereichs aus 8 Bits (1 Byte) besteht, also eine Breite von 8 Bits besitzt.

Wird ein Merkerwort angegeben, so sieht der Zugriff folgendermaßen aus.

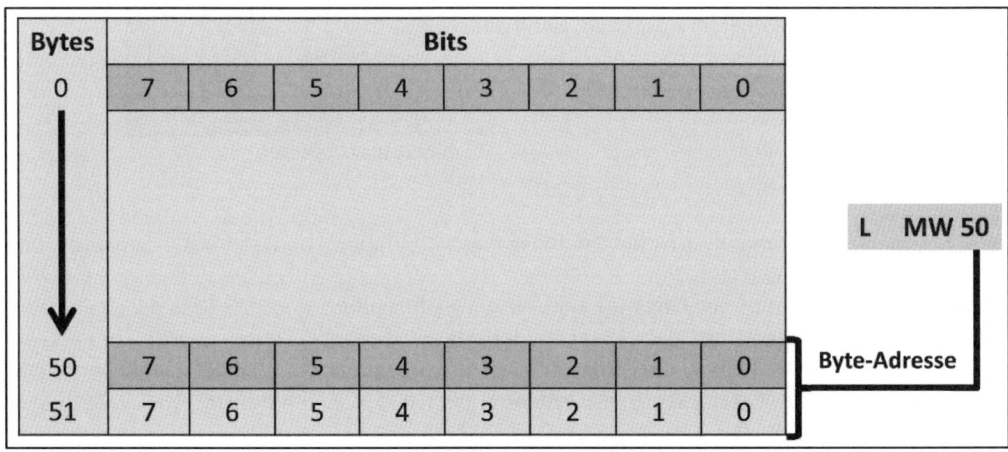

Bild: Zugriff auf ein Merkerwort

4.13 Wie bekommen Eingänge und Ausgänge ihre Adressen?

Es ist bereits bekannt, wie man Eingänge und Ausgänge als Bit-, Byte- und Wortoperanden adressiert. Bisher wurde allerdings nicht explizit gezeigt, wie die Eingänge und Ausgänge ihre Adresse erhalten. Dies soll nachfolgend erklärt werden.

Die Erklärung wird anhand eines kleinen Beispiels vorgenommen. Wir nehmen an, dass eine kleine Anlage mit Hilfe einer SPS zu steuern ist. Um diese Aufgabe zu lösen, werden die in der nachfolgenden Tabelle aufgelisteten Sensoren und Aktoren nötig.

Wie schon häufig erwähnt, sind Aktoren Betriebsmittel, die an Ausgangsbaugruppen anzuschließen sind. Sensoren geben ihre Signalzustände an Eingangsbaugruppen weiter, damit diese im SPS-Programm verarbeitet werden können.

Sensoren
Schalter „Not-Aus"
Taster „Steuerung Ein"
Taster „Steuerung Aus"
Druckluft vorhanden
Schalter „Hand/Automatik"
Endschalter „Tür geschlossen"
Endschalter „Tür offen"
Endschalter „Zylinder 1 vorn"
Endschalter „Zylinder 1 hinten"
Endschalter „Zylinder 2 vorn"
Endschalter „Zylinder 2 hinten"

Aktoren
Lampe „Not-Aus"
Lampe „Steuerung Ein"
Lampe „Druckluft vorhanden"
Lampe „Handbetrieb"
Lampe „Automatikbetrieb"
Ventil „Tür öffnen"
Ventil „Tür schließen"
Ventil „Zylinder 1"
Ventil „Zylinder 2"

Die aufgelisteten Sensoren müssen jeweils an einen digitalen Eingang der SPS angeschlossen werden. Dazu sind **11 Eingänge** notwendig. Die Aktoren benötigen jeweils einen digitalen Ausgang, weshalb die zu verwendende SPS über **9 Ausgänge** verfügen muss.

Für diese Aufgabe soll eine 313er CPU der Fa. Siemens zum Einsatz kommen. Diese Kompakt-CPU verfügt über 24 digitale Eingänge und 16 digitale Ausgänge, ist also für diesen Anwendungsfall ideal.

Auf der rechten Seite sehen Sie ein Bild der CPU.

Bild: SIEMENS 313C

Rechts neben der CPU befinden sich die Ein-/Ausgangsbaugruppen, an welche die Sensoren und Aktoren anzuschließen sind.

Wie können nun die Adressen der Eingänge und Ausgänge festgelegt werden? Dies geschieht über die sog. **Hardwarekonfiguration**. Der Begriff der Hardwarekonfiguration wurde bereits im Zusammenhang mit den Aufgaben der Programmiersoftware genannt. Wie der Name vermuten lässt, werden hierbei die Parameter und Optionen der in der SPS verwendeten Baugruppen eingestellt.

Zu diesen Parametern gehören auch die Adressen der Ein- und Ausgänge. Dies soll nun anhand des Beispiels vorgeführt werden. Im Beispiel wird der SIMATIC®-Manager von Siemens für die

Hardwarekonfiguration verwendet. Bei anderen Programmiersystemen ist zwar die Oberfläche ein wenig anders, das Prinzip ist aber identisch.

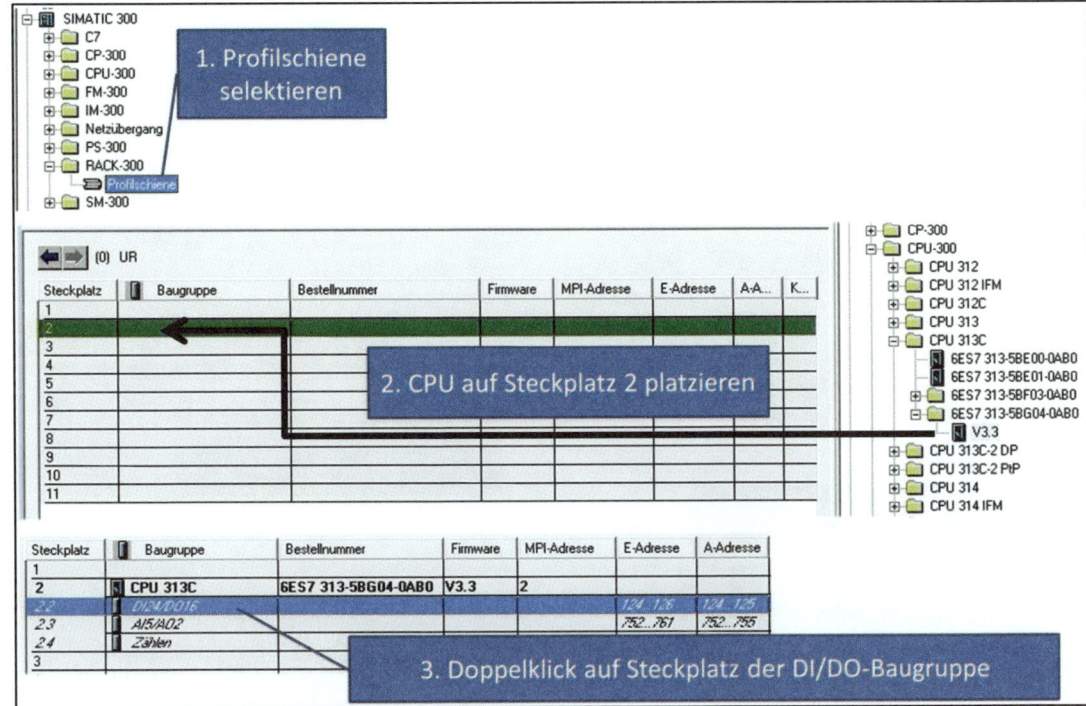

Bild: Hardwarekonfiguration der 313C im SIMATIC®-Manager Schritte 1 bis 3

Beschreibung der ersten Schritte:

1. Nach dem Start des Hardwarekonfigurators wird in der Rubrik „SIMATIC® 300" eine Profilschiene selektiert.
2. Aus dem Hardwarekatalog wird die im Beispiel verwendete CPU 313C mit der entsprechenden Bestellnummer ausgewählt und per Drag-and-Drop oder Doppelklick in den Steckplatz 2 des Baugruppenträgers eingefügt.
3. Da es sich um eine Kompakt-CPU mit integrierten Eingängen und Ausgängen handelt, erscheint nach dem Einfügen auch ein Steckplatz für die digitalen Eingänge und Ausgänge der CPU. Über einen Doppelklick wird der Konfigurationsdialog sichtbar gemacht.

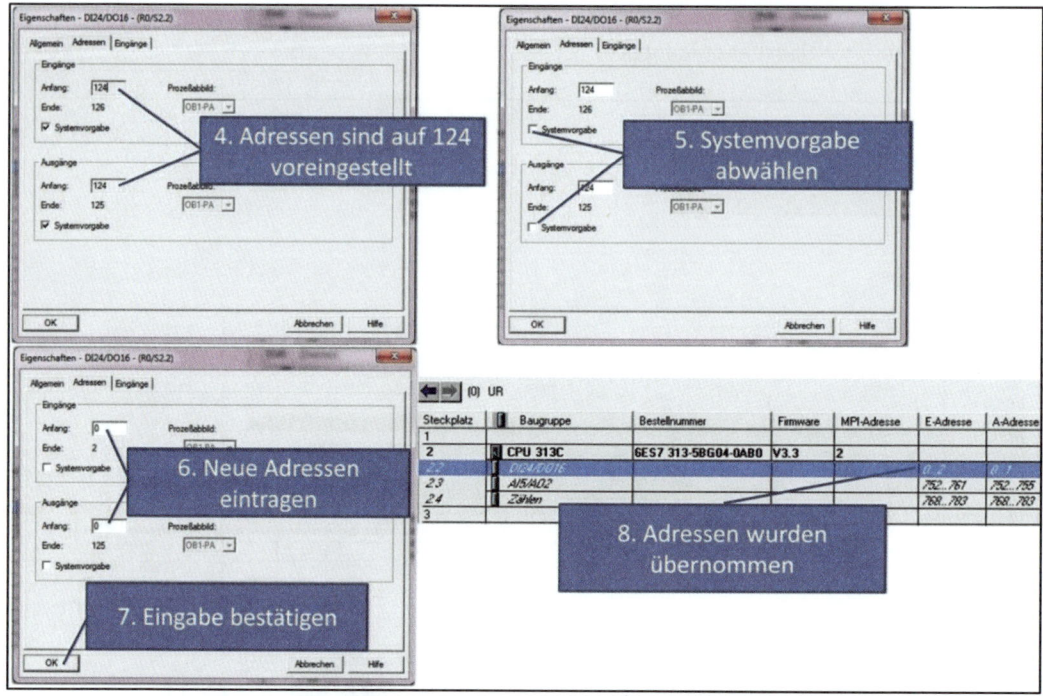

Bild: Hardwarekonfiguration der 313C im SIMATIC®-Manager Schritte 4 bis 8

4. Die Adressen der digitalen Eingänge und Ausgänge sind bei dieser CPU standardmäßig auf die Adresse 124 eingestellt.
5. Um die Adressen ändern zu können, muss die Option „Systemvorgabe" abgewählt werden.
6. Nun können die neuen Adressen angegeben werden. Im Beispiel sollen die Adressen bei 0 beginnen.
7. Über den Button „OK" bestätigt man den Dialog.
8. Im Rack sind daraufhin die neuen Adressen angegeben.

Jetzt kann man die Hardwarekonfiguration in die CPU übertragen. Beim Anschluss der Sensoren an die Baugruppe erhalten diese die nachfolgend aufgeführten Adressen:

Sensoren	Adresse
Schalter „Not-Aus"	E0.0
Taster „Steuerung Ein"	E0.1
Taster „Steuerung Aus"	E0.2
Druckluft vorhanden	E0.3
Schalter „Hand/Automatik"	E0.4
Endschalter „Tür geschlossen"	E0.5
Endschalter „Tür offen"	E0.6
Endschalter „Zylinder 1 vorn"	E0.7
Endschalter „Zylinder 1 hinten"	E1.0
Endschalter „Zylinder 2 vorn"	E1.1
Endschalter „Zylinder 2 hinten"	E1.2

Soll im SPS-Programm beispielsweise der Endschalter „Tür geschlossen" abgefragt werden, so ist Eingang E0.5 anzusprechen, denn an dieser Adresse ist der entsprechende Sensor angeschlossen. Nun zu den Aktoren an den Ausgängen.

Aktoren	Adresse
Lampe „Not-Aus"	A0.0
Lampe „Steuerung Ein"	A0.1
Lampe „Druckluft vorhanden"	A0.2
Lampe „Handbetrieb"	A0.3
Lampe „Automatikbetrieb"	A0.4
Ventil „Tür öffnen"	A0.5
Ventil „Tür schließen"	A0.6
Ventil „Zylinder 1"	A0.7
Ventil „Zylinder 2"	A1.0

Möchte man im SPS-Programm programmieren, dass die Lampe „Steuerung Ein" leuchtet, so ist Ausgang A0.1 auf den Status ‚1' zu setzen. An der Ausgangsbaugruppe ist die Lampe „Steuerung Ein" angeschlossen.

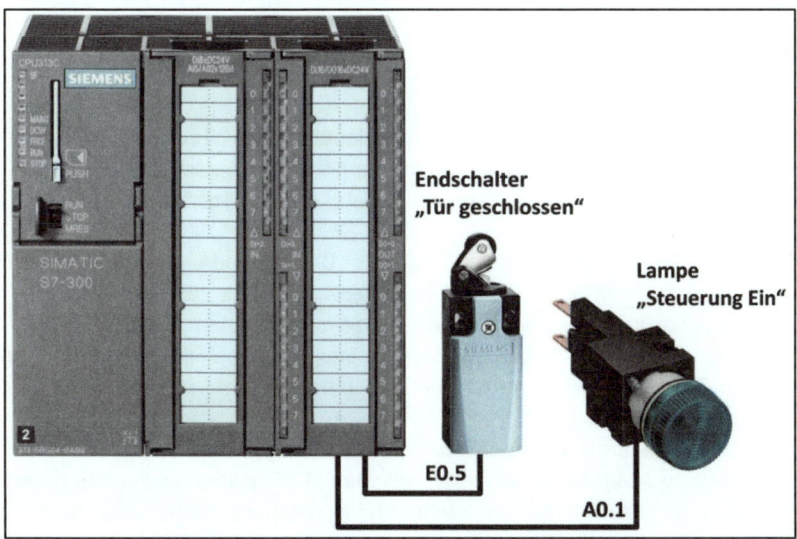

Bild: Anschluss eines Sensors und eines Aktors an die SPS

Damit wurde gezeigt, wie Eingänge und Ausgänge ihre Adressen beziehen. Diese können vom SPS-Programmierer über die Hardwarekonfiguration festgelegt werden. Das Programmiersystem unterstützt den Programmierer dabei. Es achtet beispielsweise darauf, dass es zu keinen Adressüberschneidungen kommt. Denn die Adressen innerhalb eines Operandenbereichs (also z.B. innerhalb der Eingänge) müssen eindeutig sein.

4.13.1 Steckplatzorientierte Adressvergabe

Über die Hardwarekonfiguration können die Adressen der Eingänge und Ausgänge frei vergeben werden (im Rahmen der Möglichkeiten der CPU).

Wird eine SPS ohne Hardwarekonfiguration zusammengebaut und eingeschaltet, so werden den Eingangs- und Ausgangsbaugruppen Adressen zugewiesen, die vom Steckplatz der Baugruppe abhängen. Hierbei spricht man von einer **steckplatzorientierten Adressvergabe**.

Diese Adressvergabe folgt den nachfolgenden Regeln:

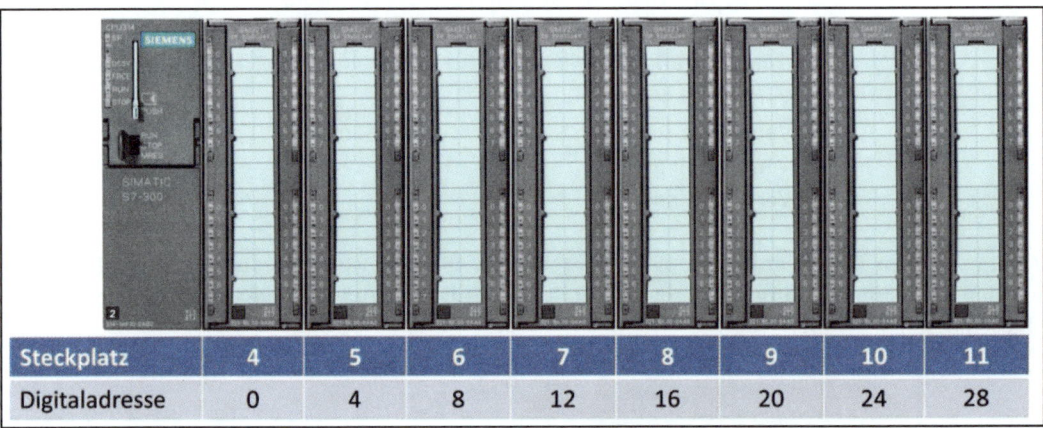

Steckplatz	4	5	6	7	8	9	10	11
Digitaladresse	0	4	8	12	16	20	24	28

Bild: Steckplatzorientierte Adressvergabe

Der Steckplatz der CPU hat die Nummer 2. Rechts daneben, auf Steckplatz 3, kann eine sog. IM-Baugruppe gesteckt werden, welche nur bei einem mehrzeiligen Aufbau benötigt wird. Steckplatz 3 ist reserviert, d.h. die erste Ein-/Ausgangsbaugruppe kann erst auf **Steckplatz 4** platziert werden.

Auf Steckplatz 4 wird mit der digitalen Adresse 0 begonnen. Handelt es sich um eine Eingangsbaugruppe, so beginnen deren Eingänge mit der Byteadresse 0. Wird eine Ausgangsbaugruppe gesteckt, so beginnen die Ausgänge mit der Byteadresse 0.

Egal wie viele Eingänge oder Ausgänge eine gesteckte Baugruppe belegt, die Adresse auf dem rechts daneben folgenden Steckplatz wird immer um vier Bytes erhöht. Somit hat die Baugruppe auf Steckplatz 5 die Startadresse 4.

Der Offset um vier Bytes ist darin begründet, dass es zu Anfang im Spektrum der Familie S7-300® von Siemens digitale Ein- und Ausgangsbaugruppen mit max. 32 Eingängen oder Ausgängen gab. Somit konnte sich bei diesem Offset keine Überschneidung ergeben, auch wenn später eine andere Baugruppe (z.B. eine 32er für eine 16er) in den Steckplatz gesteckt wurde.

Daraus lässt sich auch der große Nachteil der steckplatzorientierten Adressvergabe erkennen. Wird z.B. auf dem Steckplatz 4 eine 16er digitale Eingangsbaugruppe gesteckt, so belegt diese physikalisch die beiden Eingangsbytes 0 und 1. Wird des Weiteren auf dem Steckplatz 5 ebenfalls eine 16er digitale Eingangsbaugruppe gesteckt, so beginnt deren Adresse beim Eingangsbyte 4.

Die beiden Eingangsbytes 2 und 3 bleiben als Lücken, die Adressierung ist also nicht fortlaufend.

Dieser Nachteil kann durch die bereits beschriebene Hardwarekonfiguration beseitigt werden.

4.14 Adressierung von Zeiten und Zählern

Zeiten und Zähler werden in einem späteren Kapitel explizit vorgestellt. Ihre Adressierung soll aber schon hier vorab erwähnt werden.

Bei S7 stehen Zeitbausteine zur Verfügung, um z.B. detaillierte Zeitverzögerungen programmieren zu können. Ebenso sind Zähler-Bausteine vorhanden, um die Funktionalität eines Zählers bereitzustellen.

Unter STEP®7 stehen theoretisch 65535 Zeiten (Timer) und Zähler zur Verfügung. Die tatsächliche Anzahl ist von der verwendeten CPU abhängig und liegt typischerweise bei 256. Die genaue Anzahl kann dem Handbuch der verwendeten CPU entnommen werden.

Nachfolgend ist ein Adressbeispiel für einen Zeitbaustein (Timer) zu sehen.

Bild: Adressierung eines Zeitbausteins (Timer)

Timernummer:
Die Timernummer oder Timeradresse spezifiziert den verwendeten Timerbaustein.
Die erste Timernummer ist 0.

Ein Zähler wird in ähnlicher Weise adressiert.

Adressierung eines Zählers

Zählernummer:
Die Zählernummer oder Zähleradresse spezifiziert den Zähler, auf den eine Operation angewendet werden soll. Die Adressierung beginnt bei 0.

4.15 Remanenz

Die Operanden des Typs M (Merker), T (Timer oder Zeiten), Z (Zähler) und Inhalte von Datenbausteinen können remanent ausgeführt werden.

Remanenz bedeutet, dass der Zustand der Operanden auch bei Wegfall der Spannungsversorgung der CPU erhalten bleibt.

Die aktuellen CPUs der Reihe S7-300® von Siemens sind mit sog. MMC-Speicherkarten ausgerüstet (auf denen sich auch das SPS-Programm befindet). Beim Abschalten der Versorgungsspannung der CPU wird der Status der remanenten Operanden auf dieser MMC gespeichert. Dafür ist keine Pufferbatterie oder ähnliches notwendig, somit ist der Remanenzspeicher wartungsfrei.

4.15.1 Einstellung der Remanenz für Merker, Zeiten und Zähler

Welche Merker, Zeiten und Zähler in einer CPU remanent sein sollen, kann in der Hardwarekonfiguration der CPU eingestellt werden. Öffnet man die Eigenschaften einer CPU und wechselt zur Ansicht „Remanenz", so zeigen sich die folgenden Einstellungsmöglichkeiten (hier ein Ausschnitt aus dem TIA-Portal®):

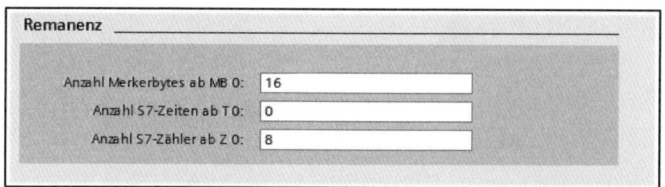

Bild: Remanenz-Einstellung eine CPU S7-300® von Siemens

Anzahl der Merkerbytes ab MB0:

Über diese Einstellung kann die Anzahl der remanenten Merkerbytes ab der Byteadresse 0 eingestellt werden. In obiger Einstellung sind die Merkerbytes MB0 bis MB15 remanent ausgeführt, d.h. diese behalten auch nach der Spannungswiederkehr ihren letzten Status.

Die max. einstellbare Anzahl an Bytes ist von der verwendeten CPU abhängig.

Anzahl S7-Zeiten ab T0:

Hier kann die Anzahl der remanenten Zeiten vorgegeben werden. Die Standardeinstellung ist 0, womit keine Zeiten remanent ausgeführt sind. Wird hier beispielsweise die Anzahl 20 angegeben, bedeutet dies, dass die Timer T0 bis T19 remanent ausgeführt sind. Diese Timer besitzen somit nach Spannungswiederkehr den zuletzt (vor Spannungsausfall) eingestellten Zeitwert. Die max. einstellbare Anzahl an Zeiten ist von der verwendeten CPU abhängig.

Anzahl S7-Zähler ab Z0:

Standardmäßig sind 8 Zähler (Z0 bis Z7) remanent ausgeführt. Besitzen diese Zähler vor Spannungsausfall einen bestimmten Zählwert, so ist dieser auch nach Spannungswiederkehr noch vorhanden. Die max. einstellbare Anzahl an Zählern ist von der verwendeten CPU abhängig.

Beispiel

Ein remanenter Zähler hat vor dem Spannungsausfall den Zählwert 21. Somit beträgt der Zählerstand nach dem Wiedereinschalten der Spannungsversorgung weiterhin 21.

4.15.2 Einstellung der Remanenz von Datenbausteinen

In Datenbausteinen befinden sich keine SPS-Operationen, sondern Daten. So werden z.B. die produzierten Teile pro Schicht in einem solchen DB (Datenbaustein) abgelegt.
In den aktuellen CPUs der Reihe S7-300®/400 von Siemens sind alle Datenbausteine (bis zu einer von der CPU vorgegebenen max. Speichergröße) remanent ausgeführt. Dies bedeutet, die Inhalte der DBs sind auch nach Spannungswiederkehr in dem Zustand vorhanden, wie er bei Spannungswegfall bestand. Dies ist auch meist so gewünscht.

Soll ein Datenbaustein <u>nicht</u> remanent sein, so muss dies in dessen Eigenschaften explizit eingestellt werden. Die dabei einzustellende Option hat die Bezeichnung „**Non-Retain**".

Um die Eigenschaften eines Datenbausteins aufzurufen, wird der DB im jeweiligen S7-Programmiersystem selektiert und anschließend die rechte Maustaste für den Aufruf des Kontextmenüs betätigt. Im Kontextmenü ist der Menüpunkt „Eigenschaften" oder „Objekteigenschaften" vorhanden. Dieser Menüpunkt wird ausgewählt. Daraufhin ist ein Dialog mit den Optionen zu sehen (nachfolgend im Programmiersystem WinSPS-S7).

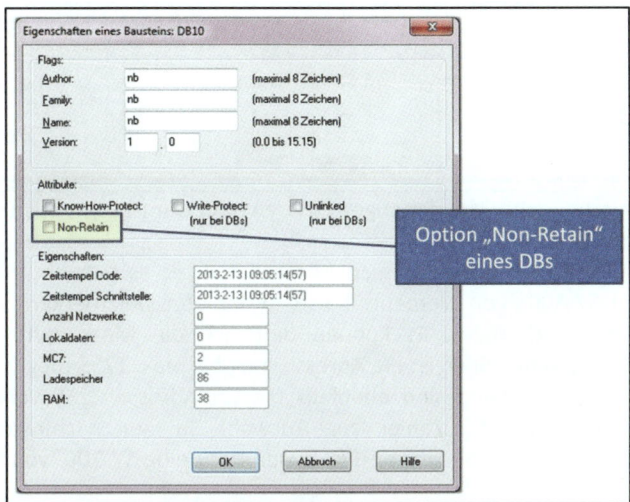

Bild: WinSPS-S7: Die Option „Non-Retain" eines Datenbausteins

Wird die Option selektiert und der DB in die CPU übertragen, dann ist er nicht mehr remanent. Bei Spannungswiederkehr werden dann die Dateninhalte (Aktualwerte) des DBs mit den Anfangswerten initialisiert. Die genaue Definition von Anfangswerten und Aktualwerten erfolgt im Kapitel zu Datenbausteinen.
Soviel vorweg: Das SPS-Programm arbeitet mit den Aktualwerten eines Datenbausteins und auch nur diese können vom SPS-Programm verändert werden. Die Anfangswerte dienen nur zu Initialisierungszwecken.

4.16 Begrenzung der Operanden je nach CPU-Typ

Der theoretische Adressbereich der einzelnen Operanden ist sehr hoch und liegt meist bei 65535. Dabei handelt es sich allerdings um die Grenze des Sprachraums von S7.
Die CPUs der Reihen S7-300®/400 von Siemens stellen praktisch weitaus weniger Operanden der einzelnen Bereiche zur Verfügung.

4| Operandenbereiche sowie Adressierung von Operanden

Selbst Hochleistungs-CPUs wie die 319-PN/DP bieten „nur" 2048 Zeitbausteine, d.h. man kann die Zeiten T0 bis T2047 verwenden. Diese Anzahl ist von der theoretischen Grenze weit entfernt.

Welche Operandenbereiche in einer CPU zur Verfügung stehen, kann ihrem Handbuch entnommen werden. Hat man eine CPU zur Verfügung, können ihre Grenzen auch mit der Programmiersoftware ausgelesen werden.
Dies geschieht über den sog. Baugruppenzustand. Führt man diese CPU-Funktion innerhalb der Programmiersoftware aus, so können folgende Infos aus der CPU bezogen werden:

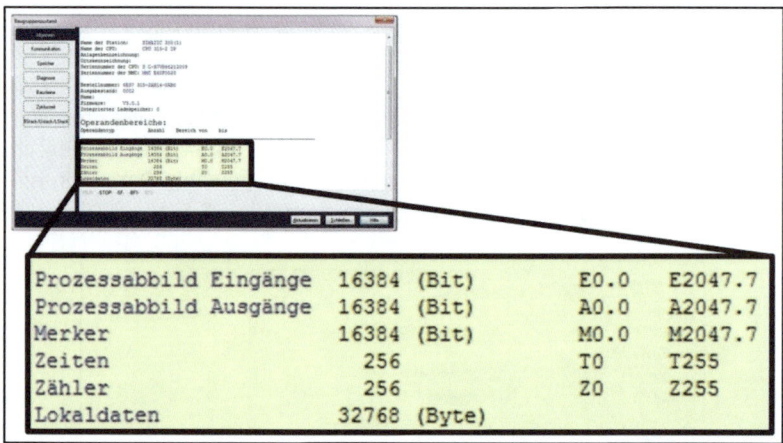

Prozessabbild Eingänge	16384	(Bit)	E0.0	E2047.7
Prozessabbild Ausgänge	16384	(Bit)	A0.0	A2047.7
Merker	16384	(Bit)	M0.0	M2047.7
Zeiten	256		T0	T255
Zähler	256		Z0	Z255
Lokaldaten	32768	(Byte)		

Bild: Operandenbereiche der angeschlossenen CPU im Baugruppenzustand

Im Beispiel ist eine CPU-315DP angeschlossen. Hierbei handelt es sich um eine Mittelklasse-CPU innerhalb der Familie S7-300® von Siemens. Diese CPU bietet bei Merkern die Möglichkeit der Adressierung von max. 2048 Bytes. Es können demnach die Merkerbytes MB0 bis MB2047 verwendet werden. Bei Zeitbausteinen ist die Adressierung bis max. T255 möglich. Damit stehen 256 Zeitbausteine zur Verfügung. Zähler sind ebenfalls bis zur Adresse Z255 verwendbar. Dem SPS-Programmierer stehen somit 256 Zähler zur Auswahl. In der nachfolgenden Tabelle sind exemplarisch die Operandenbereiche einiger CPU-Typen der Reihe S7-300® von Siemens dargestellt.

Operand	S7-312C	S7-313C	S7-314C-2 DP	S7-317-PN/DP
Eingänge PAE	E0.0 – E1023.7	E0.0 – E1023.7	E0.0 – E2047.7	E0.0 – E8191.7
Ausgänge PAA	A0.0 – A1023.7	A0.0 – A1023.7	A0.0 – A2047.7	A0.0 – A8191.7
Merker	M0.0 – M255.7	M0.0 – M255.7	M0.0 – M255.7	M0.0 – M4095.7
Zähler	T0 – T255	T0 – T255	T0 – T255	T0 – T511
Zeiten	Z0 – Z255	Z0 – Z255	Z0 – Z255	Z0 – Z511

Man erkennt, dass die Unterschiede zwischen den einzelnen CPUs gravierend sein können.

4.17 Wiederholungsfragen Übung ✔

a)   Nenne drei verschiedene Operandenbereiche einer S7-Steuerung
b)   Aus wie vielen Bytes besteht ein Wort, ein Doppelwort?
c)   Aus welchen Bytes besteht das Merkerdoppelwort MD20?
d)   Aus welchen Bytes besteht das Merkerdoppelwort MD22? Welche Bytes überschneiden sich mit dem Merkerdoppelwort MD20?
e)   Welche Operandenbereiche können bitweise verarbeitet werden?
f)   Mit welchem Tool werden die Adressen einer S7-Steuerung eingestellt?
g)   Erkläre den Begriff „Remanenz".

5   Symbolische Programmierung

Wenn symbolisch programmiert wird, werden die Operanden nicht mehr durch ihre Absolutadresse (z.B. E12.3), sondern durch ein Symbol (z.B. „EndschZyl1Hinten") ausgedrückt.
Das Symbol wird dabei vom SPS-Programmierer definiert und der Absolutadresse zugewiesen.

Ein SPS-Programm in absoluter Programmierung hat folgendes Aussehen:

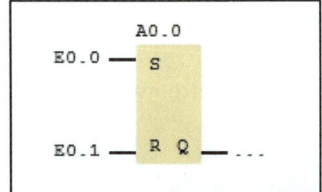

Bild: SPS-Programm mit absoluten Operanden

Der gleiche Programmteil mit symbolischen Operanden:

Bei der symbolischen Programmierung ist ein Vorteil sofort erkennbar: Das Programm ist für den Betrachter sehr viel lesbarer als ohne Symbole. In diesem Fall kann sogar auf weitere Kommentare verzichtet werden.

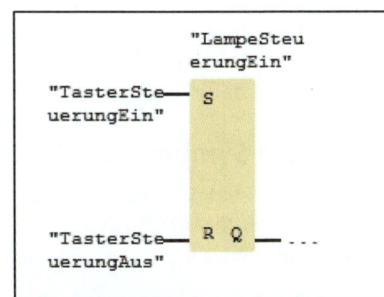

Bild: SPS-Programm mit Symbolen

Des Weiteren ist zu erkennen, dass die Symbole in Anführungszeichen gesetzt sind. Das Anführungszeichen ist in S7 die Kennung dafür, dass ein Symbol oder Variablenname folgt. Aus diesem Grund dürfen auch keine Anführungszeichen in Symbolen bzw. Variablennamen verwendet werden.

5 | Symbolische Programmierung

5.1 Die Symbolik- bzw. Variablentabelle

Jeder Eintrag in der Symbolik- bzw. Variablentabelle besteht im Wesentlichen aus vier Angaben:

Symbol bzw. Name	Bezeichnung für den Operanden. Diese kann Buchstaben, Ziffern und Sonderzeichen enthalten (außer Anführungsstrichen). Beim SIMATIC®-Manager und WinSPS-S7 ist die Anzahl der Zeichen auf 24 begrenzt. Im TIA-Portal® besteht diese Begrenzung nicht.
Operand mit Absolutadresse	Angabe des Absolutoperanden, dem das Symbol bzw. der Name zugeordnet werden soll.
Datentyp	Bestimmt die Eigenschaften der Daten bzw. wie diese zu interpretieren sind.
Kommentar	Kommentar für das Symbol bzw. den Variablennamen. Hier können ergänzende Angaben gemacht werden, die zusätzlich im SPS-Code angezeigt werden. Die Anzahl der Zeichen ist beim SIMATIC®-Manager und in WinSPS-S7 auf 80 Zeichen begrenzt. Im TIA-Portal® besteht keine Begrenzung.

5.2 Welche Schritte sind notwendig, um symbolisch programmieren zu können?

Folgende Schritte sind notwendig, um im SPS-Programm ein Symbol bzw. einen Variablennamen verwenden zu können:

1. Erstellen der Symboliktabelle (SIMATIC®-Manager, WinSPS-S7) bzw. der PLC-Variablentabelle (TIA-Portal®).
2. Einschalten der Symbolik-Funktionalität in der Software. Dies ist oftmals im Projekt schon voreingestellt.
3. Jetzt können die Symbole bzw. Variablennamen bei der Programmierung verwendet werden. In der SPS-Operation sind dabei die Anführungsstriche anzugeben. Diese sind in S7 das Zeichen dafür, dass ein Symbol bzw. Variablenname folgt.

5.3 Definition Symbol und Variable

Mit dem TIA-Portal® hat Siemens den Begriff der PLC-Variablen in S7 eingeführt. Die Bezeichnung „Symboliktabelle" im SIMATIC®-Manager und WinSPS-S7 wurde in „Variablentabelle" umbenannt. Das Konzept ist allerdings weiterhin das Gleiche.

Eine globale Variable im TIA-Portal® entspricht einer Zeile in der Symboltabelle des SIMATIC®-Managers (oder WinSPS-S7).
Der Name einer globalen Variablen (sprich: der Variablenname) ist gleichbedeutend mit dem Symbol.
Auch im TIA-Portal® wird an vielen Stellen weiterhin von der symbolischen Programmierung (bzw. Adressierung) gesprochen, insbesondere in der Hilfe. Grund genug, beide Begrifflichkeiten synonym zu betrachten.

Wird im weiteren Verlauf des Buches von einem Symbol gesprochen, so ist dies gleichbedeutend mit einem Variablennamen.

Die nachfolgende Grafik verdeutlicht dies nochmals:

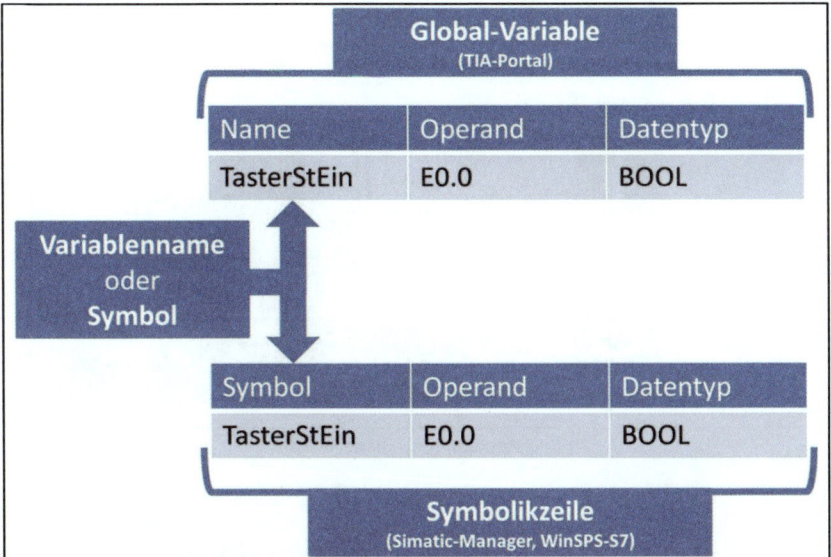

Bild: Gegenüberstellung globale Variable und Symbolikzeile

5.4 Beispiel einer Symbolik- bzw. Variablentabelle

Es soll das SPS-Programm für folgende Anordnung geschrieben werden.

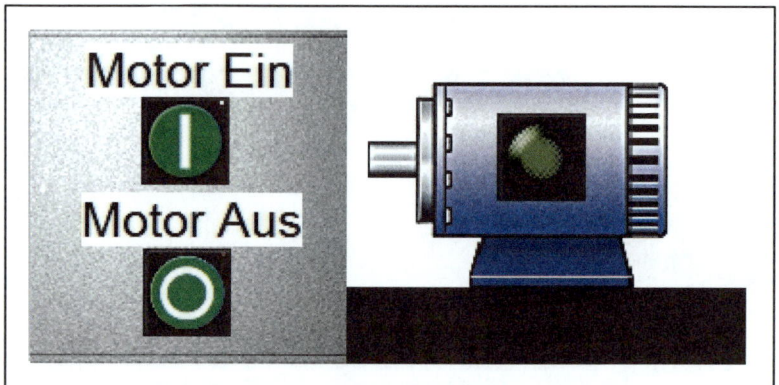

Bild: Anordnung für dieses Beispiel

Ein Taster „Motor Ein" schaltet einen Motor ein. Mit dem Taster „Motor Aus" kann er wieder ausgeschaltet werden. In der Zuordnungsliste erfolgt die Zuordnung der Sensoren und Aktoren zu den Ein- und Ausgängen der SPS.

Betriebsmittel	Adresse
Taster „Motor Ein", Schließer	E0.0
Taster „Motor Aus", Öffner	E0.1
Motor	A0.0

Die Symbolik- bzw. Variablentabelle für dieses Beispiel hat folgendes Aussehen:

	Status	Symbol /	Adresse		Datentyp	Kommentar
1		Taster Motor Ein	E	0.0	BOOL	Taster, Schließer
2		Taster Motor Aus	E	0.1	BOOL	Taster, Öffner
3		Motor	A	0.0	BOOL	
4						

Bild: Symbolik- oder Variablentabelle für dieses Beispiel

Die Tabelle kommt einer Abschrift der Zuordnungsliste gleich; lediglich der Datentyp ist zusätzlich anzugeben.

Das SPS-Programm für dieses Beispiel hat somit folgendes Aussehen:

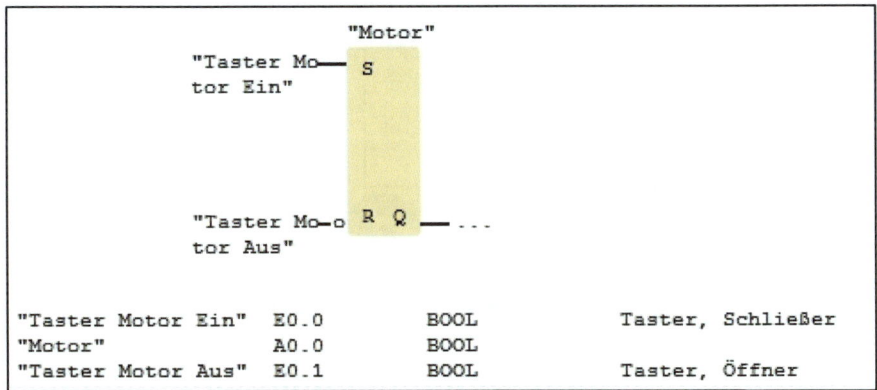

Bild: SPS-Programm für dieses Beispiel

In Worten hat das SPS-Programm folgende Funktion:
- Wird der Taster „Motor Ein" betätigt, so wird der Ausgang A0.0 „Motor" auf den Status ‚1' gesetzt.
- Bei Betätigung des Taster „Motor Aus" wird der Ausgang A0.0 „Motor" rückgesetzt (erhält also den Status ‚0').

Der Kreis am Anschluss des Taster „Motor Aus" ist eine sog. Negation. Der Taster ist als Öffner ausgelegt, liefert also bei Betätigung den Status ‚0' an den Eingang. Da wir aber den Status ‚1' für das Rücksetzen benötigen, muss der Status ‚0' in den Status ‚1' konvertiert werden. Dies erreicht man über die Negation.

Somit wurde ein SPS-Programm entwickelt unter Verwendung von Symbolen bzw. Variablennamen. Man sollte kein SPS-Programm ohne Symbole oder Variablennamen schreiben.

Es gehört zu einem guten Programmierstil, bei der Programmierung generell mit der Symbolik- bzw. Variablentabelle zu beginnen.

In den aktuellen S7-Programmiersystemen ist die Programmierung mit Symbolen bzw. Variablennamen verpflichtend. Wird im SPS-Code eine absolute Adresse angegeben und ist dafür noch kein Variablenname vorhanden, so wird ein Standardvariablenname erzeugt. Hier ist dann oftmals die Absolutadresse Bestandteil des Variablennamens bzw. des Symbols.

5 | Symbolische Programmierung

Dies ist im nachfolgend dargestellten Beispiel zu sehen:

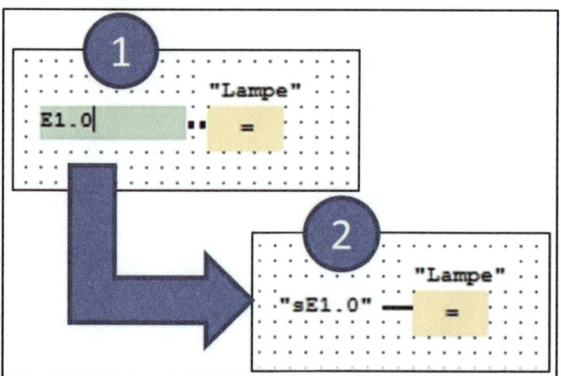

Bild: Absolutoperand ohne Symbol bzw. Variablennamen

1. Für den Operanden E1.0 ist noch keine Definition in der Symbol- oder Variablentabelle vorhanden.
2. Nach Eingabe des Operanden wird ein Standardsymbol bzw. Standardvariablenname angelegt. Dabei wird der Standardvariablenname aus einem Präfix (in obiger Darstellung der Buchstabe „s") und der Absolutadresse gebildet.

Der Standardname kann (und sollte auch) jederzeit in der Symbol- bzw. Variablentabelle verändert werden. Hier sollte dann eine sinnfällige, der Aufgabe des Operanden entsprechende Bezeichnung verwendet werden.

5.5 Regeln bei der Definition in der Symbol- bzw. Variablentabelle

Folgende Regeln sind bei der Definition einer globalen Variablen bzw. einer Symbolikzeile zu beachten.

- Für jeden Operanden ist nur ein Symbol oder Variablenname zulässig. Jeder Operand kann somit nur einmalig in der Tabelle definiert werden.
- Die Symbole bzw. Variablennamen müssen eindeutig sein, sie müssen sich also unterscheiden. Dabei wird <u>nicht</u> zwischen Groß- und Kleinschreibung unterschieden. Dies bedeutet beispielsweise, dass die Symbole „lampe" und „LAMPE" vom Programmiersystem als identische Bezeichnungen angesehen werden.
- Das Symbol bzw. der Variablenname darf keine Anführungsstriche enthalten, denn dies ist das Schlüsselzeichen für die Verwendung von Symbolen im SPS-Code. Andere Sonderzeichen sind erlaubt.
- Im SIMATIC®-Manager und WinSPS-S7 sind für das Symbol max. 24 Zeichen erlaubt.
- Im SIMATIC®-Manager und WinSPS-S7 sind für den Symbolkommentar max. 80 Zeichen erlaubt.

Über die Einhaltung dieser Regeln „wacht" die Programmiersoftware bei der Eingabe in die Tabelle. Wird eine Regel missachtet, so erfolgt eine Fehlermeldung.

5.6 Welche Operanden können in der Symbol- bzw. Variablentabelle angegeben werden?

In der nebenstehenden Tabelle sind die Operanden angegeben, die in einer Symbol- bzw. Variablentabelle deklariert werden können. Einige der aufgeführten Operanden wurden bisher noch nicht erläutert; dies wird dann in den entsprechenden Kapiteln nachgeholt. Die Angabe in der Tabelle ist der Vollständigkeit wegen.

Wie in der Tabelle zu sehen ist, können Datenwörter nicht durch einen Symbol- oder Variablennamen ersetzt werden.
Um ein Datenwort eindeutig bestimmen zu können, ist die Angabe des Datenbausteins notwendig. Die kombinierte Angabe „DB100.DBW10" ist in der Symbol- bzw. Variablentabelle nicht vorgesehen.
Dies hat folgenden Grund:
Wenn in S7 ein Datenbaustein erstellt wird, sind Variablen im Kopf des Datenbausteins zu deklarieren. Diese Variablen können einen beliebigen Namen haben. Datenwörter können über diese Variablen angesprochen werden.

Beispiel:

Die Variable „DB100.Betriebsstunden" repräsentiert je nach Datentyp (BYTE, WORD, ...) einen bestimmten Datenbereich im Datenbaustein. Datenbausteine können demnach auch ohne Deklaration in der Symbol- oder Variablentabelle symbolisch programmiert werden.

Operand	Bezeichnung	Beispiel
E	Eingang	E12.3
EB	Eingangsbyte	EB12
EW	Eingangswort	EW12
ED	Eingangsdoppelwort	ED12
A	Ausgang	A12.3
AB	Ausgangsbyte	AB12
AW	Ausgangswort	AW12
AD	Ausgangsdoppelwort	AD12
M	Merker	M20.1
MB	Merkerbyte	MB20
MW	Merkerwort	MW20
MD	Merkerdoppelwort	MD20
PEB	Peripherie-Eingangsbyte	PEB10
PEW	Peripherie-Eingangswort	PEW10
PED	Peripherie-Eingangsdoppelwort	PED10
PAB	Peripherie-Ausgangsbyte	PAB10
PAW	Peripherie-Ausgangswort	PAW10
PAD	Peripherie-Ausgangsdoppelwort	PAD10
T	Timer, Zeiten	T5
Z	Zähler, Counter	Z2
FB	Funktionsbaustein	FB32
FC	Funktion	FC10
OB	Organisationsbaustein	OB1
DB	Datenbaustein	DB25
SFB	Systemfunktionsbaustein	SFB12
SFC	Systemfunktion	SFC1

Näheres dazu folgt im Kapitel zu Datenbausteinen.

5.7 Wiederholungsfragen Übung ✔

a) Welche Vorteile bringt die symbolische Programmierung?

b) Welche Eigenschaften müssen je Symbol festgelegt werden?

c) Welche Operandenart ist in der Symboliktabelle nicht enthalten?

6 Binäre Grundverknüpfungen

Die Verknüpfungsoperationen sind die am meisten verwendeten Befehle in der STEP®7-Programmiersprache. Mit diesen Befehlen sind Reihen- und Parallelschaltungen von mehreren Operanden (z.B. Eingängen) programmierbar.

In den nächsten Abschnitten werden die verschiedenen Verknüpfungsbefehle vorgestellt. Bei den Erklärungen wird ebenfalls gezeigt, wie diese Verknüpfungen in den einzelnen Darstellungsarten der Sprache S7 dargestellt werden. Die verschiedenen Darstellungsarten wurden bisher noch nicht explizit benannt, was zunächst nachgeholt wird.

6.1 Darstellungsarten in STEP®7

Die Programmiersprache STEP®7 kennt die nachfolgenden Darstellungsarten:

Darstellungsart	Beschreibung	
AWL	Anweisungsliste	Die Anweisungsliste ist die Grundlage aller anderen Darstellungsarten. Hier ist der gesamte Befehlssatz von STEP®7 programmierbar. Entspricht der Sprache „Anweisungsliste" (Statement List) aus der Norm DIN EN-61131-3, allerdings mit wesentlichen Unterschieden bzgl. der Operationen. AWL ist eine textuelle Programmiersprache.
FUP	Funktionsplan	Im Funktionsplan werden Blocksymbole zur Darstellung des SPS-Programms verwendet. Entspricht der Sprache „Funktionsplan" (Function Block Diagramm) aus der Norm DIN EN-61131-3. FUP ist eine grafische oder visuelle Programmiersprache.
KOP	Kontaktplan	Der Kontaktplan ist eine der Schützschaltung sehr ähnliche Darstellungsart. Entspricht der Sprache „Kontaktplan" (Ladder Diagramm) aus der Norm DIN EN-61131-3. KOP ist eine grafische oder visuelle Programmiersprache.

Die genannten Darstellungsarten stellen sozusagen die Grunddarstellungsarten dar. Dabei ist die AWL eine textuelle Programmiersprache, während FUP und KOP als grafische Programmiersprachen bezeichnet werden. Dies äußert sich dadurch, dass die Programmierung bei FUP und KOP mit Hilfe von grafischen Blöcken erfolgt. Dagegen werden in AWL lexikalische Elemente (Befehle bzw. Operationen) zur Formulierung des Programms verwendet.

Die Darstellungen Funktionsplan und Kontaktplan können nicht auf den gesamten Befehlsvorrat zugreifen, der unter STEP®7 zur Verfügung steht. Dies ist nur mit der Darstellungsart AWL möglich.

6| Binäre Grundverknüpfungen

6.1.1   Beispiel zu AWL, FUP und KOP

Die drei Darstellungsarten sollen anhand eines Beispiels gegenübergestellt werden. Ziel ist es, die nachfolgend dargestellte Schützschaltung umzusetzen.

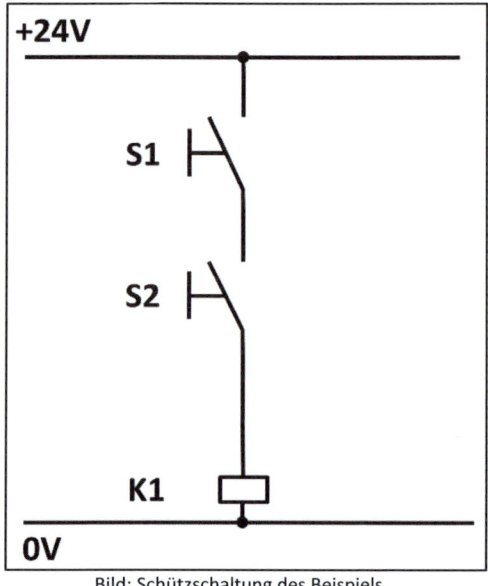

Folgende Funktion wird durch die Schützschaltung erreicht:
Nur wenn beide Taster S1 und S2 betätigt werden, zieht der Schütz K1 an.

Diese Funktionalität soll in einem SPS-Programm umgesetzt werden. Dabei wird der Taster S1 an den Eingang E0.0 und der Taster S2 an den Eingang E0.1 der SPS angeschlossen. Das Schütz K1 bezieht seine Spannung vom Ausgang A0.0.

Bild: Schützschaltung des Beispiels

6.1.1.1   Umsetzung in Funktionsplan (FUP)

In der Darstellungsart FUP erfolgt die Darstellung der Funktionen durch Rechtecke, wobei die Eingänge an der linken Seite angeordnet sind. Rechts sind die Ausgänge oder das Funktionsergebnis platziert.

Im folgenden Bild ist die Umsetzung der Schützschaltung zu sehen.
Da es sich bei der Schützschaltung um eine reine Reihenschaltung handelt, wird im FUP eine UND-Verknüpfung (Zeichen „&") verwendet. Bei einer UND-Verknüpfung müssen alle Eingänge den Zustand ‚1' (Spannung liegt an) führen, damit der Ausgang (hier A0.0) mit Spannung versorgt wird.

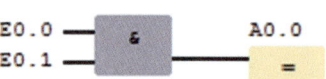

Bild: Umsetzung der Schaltung in FUP

Soll ein Eingang auf den Zustand ‚0' abgefragt werden, so muss man die Abfrage negiert programmieren. „Negiert" bedeutet, dass das ankommende Signal invertiert wird (aus ‚1' wird ‚0' und aus ‚0' wird ‚1'). Die Negation wird dabei mit einem kleinen Kreis am Ende des Striches dargestellt (siehe Bild).

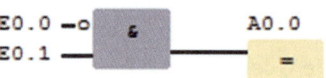

Bild: Negierte Abfrage des Eingangs E0.0

6.1.1.2 Umsetzung in Kontaktplan (KOP)

Die Darstellungsart KOP erinnert in ihrem Aufbau an Stromlaufpläne. Allerdings wird der Kontaktplan horizontal aufgebaut.
Im folgenden Bild ist die Funktionalität der Schützschaltung in der Darstellung KOP abgebildet.

Wie im Bild zu erkennen ist, werden die Eingänge mit Hilfe von eckigen Klammern dargestellt. Die dargestellten Eingänge kann man sich als Schließer in der Schütz-

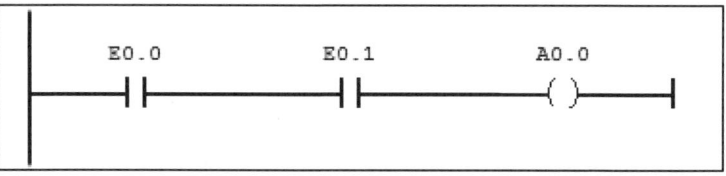

technik vorstellen. Analog dazu wäre der Ausgang als Schützspule vorstellbar. Somit ist zu erkennen, dass der Ausgang A0.0 vom Ergebnis der Reihenschaltung der Eingänge E0.0 und E0.1 abhängig ist. Die Verwandtschaft zum Stromlaufplan ist also sehr groß.

Will man einen Eingang auf den Zustand ‚0' abfragen, so muss man diese Abfrage wiederum negiert programmieren. Die Darstellung einer Negation in KOP sieht wie im Bild rechts aus.
Um bei der Analogie des KOP zum Stromlaufplan zu bleiben, könnte man diese negierte Abfrage mit einem Schützkontakt vergleichen, der als Öffner ausgelegt ist.

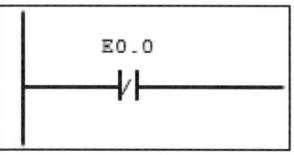

Bild: Negierte Abfrage des E0.0

6.1.1.3 Umsetzung in Anweisungsliste (AWL)

Die Anweisungsliste (AWL) ist die „mächtigste" aller Darstellungsarten. Mit ihr können sämtliche Befehle der Sprache STEP®7 programmiert werden. Nachfolgend ist wiederum die Funktionalität der Schützschaltung dargestellt, diesmal in der Darstellungsform AWL.

```
0          U    E        0.0          //UND-Eingang E0.0
1          U    E        0.1          //UND-Eingang E0.1
2          =    A        0.0          //Dann Ausgang A0.0
```

Bild: Umsetzung der Schützschaltung in AWL

In AWL kann rechts neben der Operation ein Kommentar angegeben werden. Dieser Kommentar wird mit den Zeichen „//" begonnen. Im Bild beispielsweise „//UND-Eingang E0.0".
Will man einen Eingang auf den Zustand ‚0' abfragen (also negiert), so geschieht dies in der Darstellungsart AWL durch das Hinzufügen des Buchstabens „N" bei der Anweisung.

```
1          UN   E        0.0          //UND NICHT Eingang E0.0
```

Bild: Negierte Abfrage des E0.0 in AWL

Die Befehlszeile liest sich dann „und nicht Eingang 0.0", womit zum Ausdruck kommt, dass der Zustand ‚0' des Eingangs abgefragt werden soll.

6.1.2 Weitere Darstellungsarten in S7

Die drei genannten Darstellungsarten AWL, FUP und KOP sind die Grunddarstellungsarten in S7. Darüber hinaus existieren noch zwei weitere Darstellungsarten.

6.1.2.1 S7-GRAPH

Bei S7-GRAPH handelt es sich um eine grafische Programmiersprache für Ablaufsteuerungen. In diesem Buch wird anstatt S7-GRAPH die Ablaufsprache GRAFCET erläutert, da diese in der Norm definiert ist und bei der fachübergreifenden Beschreibung von Prozessen zum Einsatz kommt. Nachfolgend ist eine S7-GRAPH-Darstellung zu sehen:

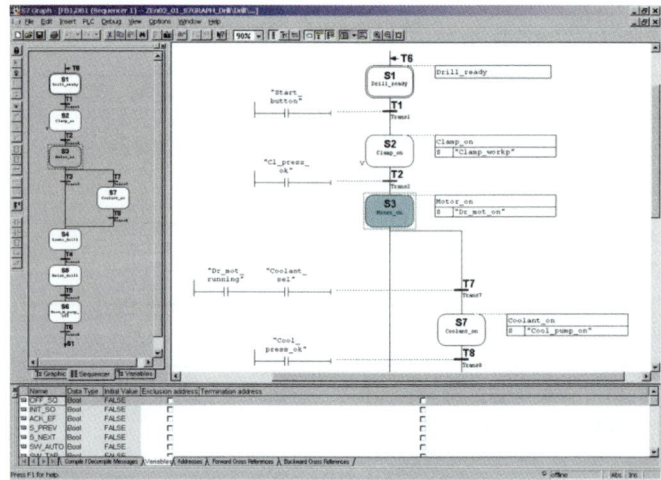

Bild: Darstellung als S7-GRAPH

6.1.2.2 SCL

Neben der AWL ist in S7 die Sprache SCL (Structured Control Language) als textuelle Programmiersprache vorhanden. Bei SCL handelt es sich um eine PASCAL-ähnliche Sprache, die Stärken insbesondere bei der Schleifenprogrammierung hat.

SCL ist angelehnt an die in der Norm IEC 61131-3 definierte Hochsprache ST (Structured Text).

Die oben zur Darstellung von AWL, FUP und KOP gezeigte Schützschaltung würde in SCL wie folgt umgesetzt werden:

```
IF E0.0=TRUE AND E0.1=TRUE
   THEN A0.0:=TRUE;
   ELSE A0.0:=FALSE;
END_IF;
```

Bild: Umsetzung der Schützschaltung in SCL

6.2 Vorstellung der Grundverknüpfungen

Nun, da wir die verschiedenen Darstellungsarten in S7 benannt haben, folgt die Vorstellung der Grundverknüpfungen.

UND

Mit der UND-Verknüpfung lässt sich eine Reihenschaltung von verschiedenen Operanden aufbauen. Die Anzahl der Operanden, die in Reihe geschaltet werden, ist beliebig.

AWL	FUP	KOP
U E 0.0 U E 0.1 = A 0.0	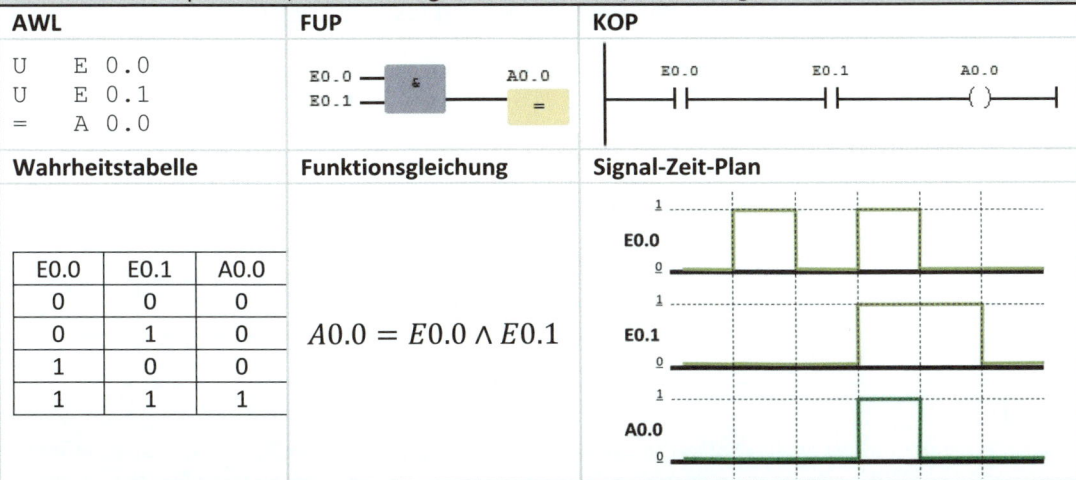	

Wahrheitstabelle	Funktionsgleichung	Signal-Zeit-Plan

E0.0	E0.1	A0.0
0	0	0
0	1	0
1	0	0
1	1	1

$$A0.0 = E0.0 \wedge E0.1$$

ODER

Die ODER-Verknüpfung zwischen zwei Eingängen ergibt als Ergebnis ‚1', wenn mindestens ein Eingang den Signalzustand ‚1' hat.

AWL	FUP	KOP
O E 0.0 O E 0.1 = A 0.0		

Wahrheitstabelle	Funktionsgleichung	Signal-Zeit-Plan

E0.0	E0.1	A0.0
0	0	0
0	1	1
1	0	1
1	1	1

$$A0.0 = E0.0 \vee E0.1$$

XOR

Die EXKLUSIV-ODER-Verknüpfung zwischen zwei Eingängen ergibt als Ergebnis ,1', wenn nur einer der beiden Eingänge den Signalzustand ,1' hat.

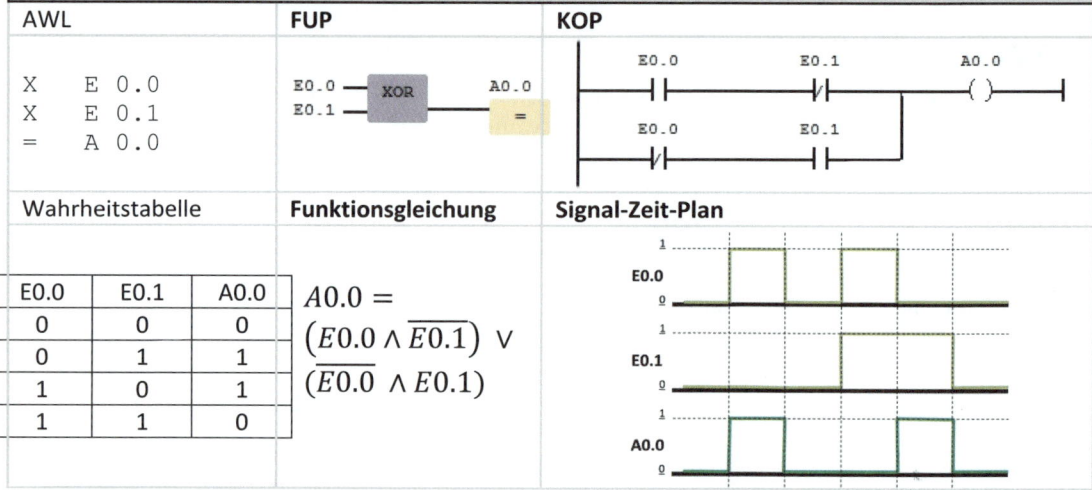

AWL	FUP	KOP
X E 0.0 X E 0.1 = A 0.0		

Wahrheitstabelle	Funktionsgleichung	Signal-Zeit-Plan

E0.0	E0.1	A0.0
0	0	0
0	1	1
1	0	1
1	1	0

$$A0.0 = \left(E0.0 \wedge \overline{E0.1}\right) \vee \left(\overline{E0.0} \wedge E0.1\right)$$

NICHT

Die NICHT-Verknüpfung gibt es bei der Programmiersprache STEP®7 nur in Zusammenhang mit einer UND/ODER/XOR-Verknüpfung. Bei der NICHT-Verknüpfung wird der Zustand des Signals (z.B. eines Eingangs) als invertiert betrachtet: Ein ,1'- Signal wird als ,0' interpretiert und ein ,0'-Signal wird als ,1' interpretiert. Daraus ergibt sich, dass die NICHT-Verknüpfung den Signalzustand ,0' abfragt.
Da es keine separate NICHT-Verknüpfung in STEP®7 gibt, wird als Beispiel die UND-Verknüpfung verwendet.

AWL	FUP	KOP
UN E 0.0 UN E 0.1 = A 0.0		

Wahrheitstabelle	Funktionsgleichung	Signal-Zeit-Plan

E0.0	E0.1	A0.0
0	0	1
0	1	0
1	0	0
1	1	0

$$A0.0 = \overline{E0.0} \wedge \overline{E0.1}$$

UND-NICHT (NAND)

Die UND-NICHT-Verknüpfung negiert (invertiert) das Ergebnis der UND-Verknüpfung. Es gibt in der STEP®7-Programmiersprache den Befehl „NOT", der das Verknüpfungsergebnis (VKE) invertiert.

AWL	FUP	KOP

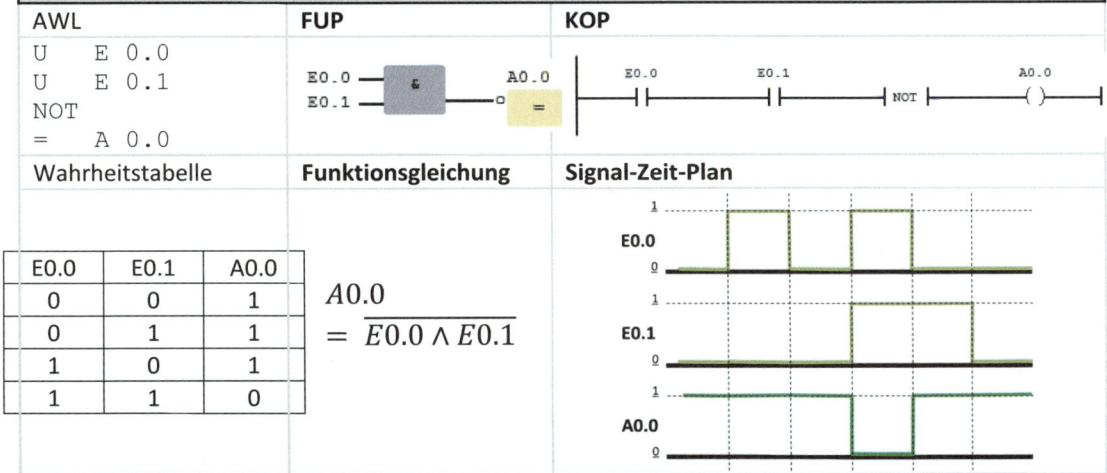

```
U    E 0.0
U    E 0.1
NOT
=    A 0.0
```

Wahrheitstabelle	Funktionsgleichung	Signal-Zeit-Plan

E0.0	E0.1	A0.0
0	0	1
0	1	1
1	0	1
1	1	0

$$A0.0 = \overline{E0.0 \wedge E0.1}$$

ODER-NICHT (NOR)

Die ODER-NICHT-Verknüpfung negiert (invertiert) das Ergebnis der ODER-Verknüpfung. Es gibt in der STEP®7-Programmiersprache den Befehl „NOT", der das Verknüpfungsergebnis (VKE) invertiert.

AWL	FUP	KOP

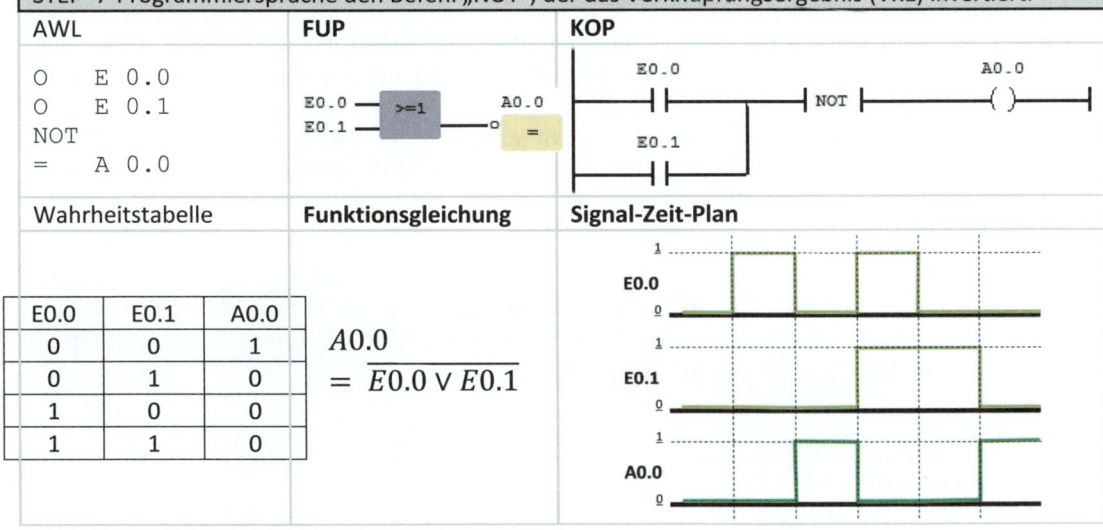

```
O    E 0.0
O    E 0.1
NOT
=    A 0.0
```

Wahrheitstabelle	Funktionsgleichung	Signal-Zeit-Plan

E0.0	E0.1	A0.0
0	0	1
0	1	0
1	0	0
1	1	0

$$A0.0 = \overline{E0.0 \vee E0.1}$$

6.3 Verknüpfungsergebnis VKE

Bei einer Verknüpfung zweier Operanden wird das Ergebnis der Verknüpfung als VKE (Verknüpfungsergebnis) bezeichnet.

Beispiel

Im nachfolgend dargestellten Programmteil in der Darstellungsart AWL soll das Verknüpfungsergebnis (VKE) näher betrachtet werden.

Zeile	AWL	Status Operand	VKE
0001	O E 0.0	0	0
0002	O E 0.1	1	1
0003	O E 0.2	0	1
0004	= A 0.0	1	1

Erklärung

Das VKE ist ein Zwischenspeicher, der entweder ‚1' oder ‚0' ist.

Wird eine Verknüpfung neu begonnen (Zeile 1), wird das VKE auf den Wert des Operanden (‚0' oder ‚1') gesetzt. Bei den nachfolgenden Verknüpfungen (Zeile 2 und Zeile 3) wird der Operand mit dem VKE verknüpft. Dies wird solange durchgeführt, bis das VKE einem Operanden zugewiesen wird (Zeile 4) oder, exakter ausgedrückt, bis ein VKE-begrenzender Befehl bearbeitet wird. In Zeile 4 wird das VKE dem Operanden A0.0 zugewiesen, d.h., der Ausgang A0.0 wird auf den Wert des VKE gesetzt.

6.3.1 VKE-Begrenzung

Nachdem das VKE zugewiesen worden ist, wird das VKE begrenzt und es kann eine neue Verknüpfung begonnen werden. VKE-begrenzende Befehle sind z.B. Zuweisungen (= A0.0, = M0.0) oder Setz- und Rücksetzbefehle (S A0.0, R A0.0).

Wenn eine neue Verknüpfung gestartet wird, spricht man auch von einer **Erstabfrage**. Das VKE wird auf den Wert des Operanden gesetzt, egal ob es sich um eine UND- oder eine ODER-Verknüpfung handelt.

Beispiel

Die zwei folgenden Programmteile verhalten sich **exakt gleich**, da nach der Zuweisung (= A4.0) das VKE begrenzt wird. Das VKE wird dadurch bei der nächsten Verknüpfung auf den Wert des Operanden (E0.1) gesetzt, unabhängig von der Verknüpfung.

Zeile	AWL
0001	= A 4.0
0002	U E 0.1
0003	U E 0.2
0004	= A 0.0

Zeile	AWL
0001	= A 4.0
0002	O E 0.1
0003	U E 0.2
0004	= A 0.0

Beispiel

Die zwei folgenden Programmteile verhalten sich **exakt gleich**, da nach der Zuweisung (= A4.0) das VKE begrenzt wird. Das VKE wird dadurch bei der nächsten Verknüpfung auf den Wert des invertierten Operanden (E0.1) gesetzt, unabhängig von der Verknüpfung.

Zeile	AWL
0001	= A 4.0
0002	UN E 0.1
0003	U E 0.2
0004	= A 0.0

Zeile	AWL
0001	= A 4.0
0002	ON E 0.1
0003	U E 0.2
0004	= A 0.0

6.3.2 VKE-begrenzende Operationen

In der folgenden Tabelle sind alle Operationen aufgelistet, die das VKE begrenzen.
Der Vollständigkeit wegen sind auch Operationen aufgelistet, die evtl. noch nicht bekannt sind.

VKE-begrenzende Operationen	Beispiele
Zuweisungen	= M0.0, = A0.0, ...
Klammer-Auf-Befehle	U(, O(, X(, UN(, ON(, XN(
Setz- und Rücksetzbefehle	S M0.0, S A10.0, R T1, R A 30.1
Zeitoperationen	SE T1, SA T10, ...
Zähloperationen	ZV Z1, ZR Z1, ...
Sprungbefehle	SPA M001, SPN M002, ...
Rücksprungbefehle	BE, BEB, BEA

6.4 Gemischte UND/ODER-Funktionen ohne Klammerbefehle

In den bisherigen Abschnitten wurden nur reine UND- oder reine ODER-Verknüpfungen vorgestellt.
Um eine beliebige Bedingung aufstellen zu können, ist es aber notwendig, die Grundverknüpfungen miteinander zu kombinieren.
In diesem Abschnitt werden zuerst Beispiele ohne Klammerung gezeigt. Im nächsten Abschnitt wird dann die Klammersetzung beschrieben.
Werden in einer Verknüpfung keine Klammern eingesetzt, gilt folgende Regel:
Eine UND-Verknüpfung wird vor einer ODER-Verknüpfung bearbeitet.

Beispiel

In den nachfolgend dargestellten AWL-Operationen wird die obige Regel angewendet.

Zeile	AWL
0001	U E 0.1
0002	U E 0.2
0003	O E 0.3
0004	U E 0.4
0005	U E 0.5
0006	O E 0.6
0007	= A 0.0

Es ergeben sich folgende zusammengehörige Blöcke:

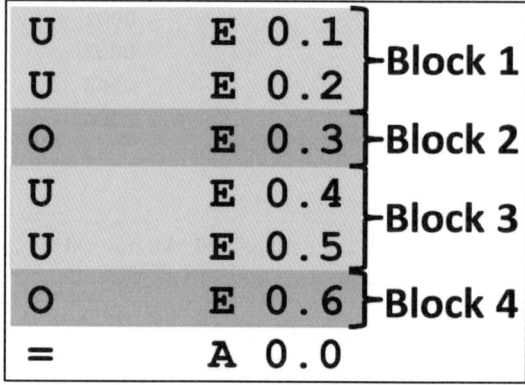

Bild: Einteilung des Programms in Blöcke

Daraus resultiert folgende Verschaltung der Blöcke zum Gesamtergebnis:

A0.0 = [(Block1 ODER Block2) UND Block3] ODER Block4

Jetzt wird das gleiche Beispiel „mit Leben" erfüllt. Es werden verschiedene Eingänge auf ‚1' geschaltet. Man kann dies am „Status des Operanden" erkennen. In der Spalte „VKE" sieht man das Verknüpfungsergebnis.

Situation 1:

Zeile	AWL	Status Operand	VKE
0001	U E 0.1	0	0
0002	U E 0.2	0	0
0003	O E 0.3	0	0
0004	U E 0.4	0	0
0005	U E 0.5	0	0
0006	**O E 0.6**	1	1
0007	= A 0.0	1	1

In dieser Situation ist nur der Eingang E0.6 auf dem Status ‚1'. Da dieser Eingang am Ende ODER-verknüpft ist, hat auch der Ausgang A0.0 den Status ‚1'. Mit anderen Worten: der Block 4 ist erfüllt.

Situation 2:

Zeile	AWL	Status Operand	VKE
0001	U E 0.1	1	1
0002	U E 0.2	1	1
0003	O E 0.3	0	1
0004	U E 0.4	1	1
0005	U E 0.5	1	1
0006	O E 0.6	0	1
0007	= A 0.0	1	1

In der Situation 2 sind alle Eingänge auf ‚1' geschaltet, die mit einer UND-Verknüpfung verbunden sind.
Auch in diesem Fall ist der Ausgang A0.0 auf ‚1' geschaltet, denn die Blöcke 1 und 3 liefern das Ergebnis ‚1'.

Situation 3:

Zeile	AWL	Status Operand	VKE
0001	U E 0.1	1	1
0002	U E 0.2	1	1
0003	O E 0.3	0	1
0004	U E 0.4	1	1
0005	**U E 0.5**	0	0
0006	O E 0.6	0	0
0007	= A 0.0	0	0

Bei Situation 3 ist der Ausgang A0.0 ausgeschaltet, weil der Eingang E0.5 den Status ‚0' besitzt.

6.5 Klammerbefehle

In diesem Abschnitt werden die Klammerbefehle erläutert.
Mit diesen Befehlen kann man die Reihenfolge einer Verknüpfung festlegen.

6.5.1 Wichtige Hinweise zu den Klammerbefehlen

Folgende Hinweise sind bei der Verwendung von Klammerbefehlen zu beachten:
- Es müssen genauso viele Klammern geschlossen werden, wie geöffnet wurden.
- Eine Verknüpfung mit Klammern darf nicht über Netzwerkgrenzen hinausgehen.
- Innerhalb einer Klammer sollte man keine Sprungmarken platzieren, da sonst das Ergebnis nicht nachvollziehbar ist.
- Klammern dürfen auch verschachtelt sein. Die maximale Klammer-Verschachtelung muss im Gerätehandbuch der jeweiligen CPU nachgelesen werden.
- **Ein Klammer-Auf-Befehl ist immer VKE-begrenzend, d.h., es fängt eine neue Verknüpfung an.**
- **Ein Klammer-Zu-Befehl ist nicht VKE-begrenzend, da die Klammer-Zu-Operation als Zwischenspeicher verwendet wird.**

6.5.2 Vorhandene Klammerbefehle

Die nachfolgende Tabelle zeigt die in S7 verfügbaren Klammerbefehle.

Operation	Beschreibung
U(	UND-Klammer öffnen
O(	ODER-Klammer öffnen
X(	EXKLUSIV-ODER-Klammer öffnen
UN(	UND-Klammer öffnen negiert
ON(	ODER-Klammer öffnen negiert
XN(	EXKLUSIV-ODER-Klammer öffnen negiert
)	Klammer schließen

6.5.3   Beispiel 1 zu Klammerbefehlen

Die rechts stehende Schützschaltung ist in ein SPS-Programm umzusetzen.

Das SPS-Programm für diese Schaltung hat folgendes Aussehen:

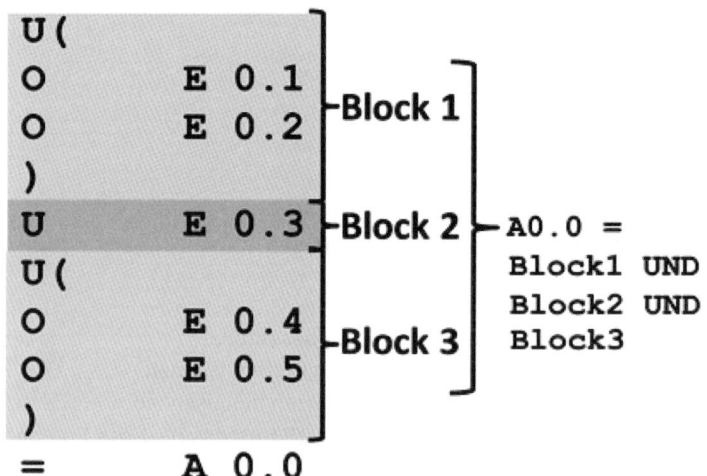

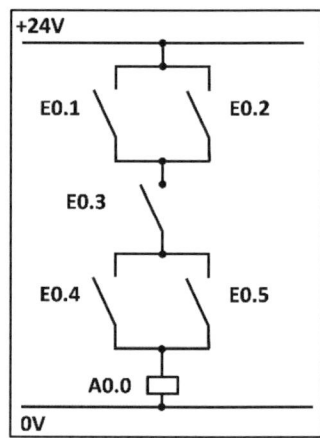

```
U (
    O           E 0.1  ┐
    O           E 0.2  ├ Block 1
)                      ┘
U           E 0.3  ] Block 2      A0.0 =
U (                                 Block1 UND
    O           E 0.4  ┐            Block2 UND
    O           E 0.5  ├ Block 3    Block3
)                      ┘
=           A 0.0
```

Erläuterung der Lösung:
Die Klammerung der ODER-Verknüpfungen bewirkt, dass die ODER-Verknüpfung vor der UND-Verknüpfung bearbeitet wird.
Innerhalb der Klammer fängt eine neue Verknüpfung an, da der Klammer-Auf-Befehl VKE-begrenzend ist. Der Klammer-Zu-Befehl ist nicht VKE-begrenzend. Deshalb kann nach einem Klammer-Zu-Befehl das Ergebnis der Klammer weiter verknüpft werden.

Innerhalb einer Klammer kann wieder eine Klammer geöffnet werden. Dies ist aber nicht so übersichtlich wie einfache Klammern und ist deshalb zu vermeiden.
Es können auch beliebige Zuweisungen bzw. Setzbefehle innerhalb einer Klammer programmiert werden.

6.5.4   Beispiel 2 zu Klammerbefehlen

Möchte man einen Block aus UND-Verknüpfungen ODER-verknüpfen, dann kann man den Befehl „O"
verwenden. Eine Klammerung ist nicht notwendig, da eine UND-Verknüpfung vor einer ODER-
Verknüpfung bearbeitet wird.

Folgende Schützschaltung ist in ein SPS-Programm umzusetzen.

Schützschaltung:

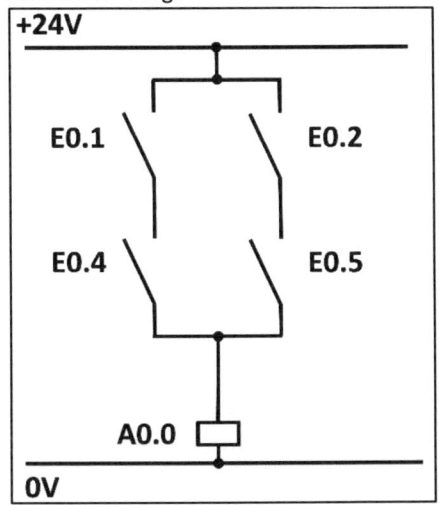

Umsetzung in AWL:

Zeile	AWL
0001	U E 0.1
0002	U E 0.4
0003	O
0004	U E 0.2
0005	U E 0.5
0006	= A 0.0

Der Oder-Befehl ist ein separater STEP®7-Befehl.
Die Funktionsweise des ODER-Befehls kann man sich so vorstellen:
An der Stelle, an der der ODER-Befehl programmiert wird, bearbeitet die CPU einen ODER-Klammer-
Auf-Befehl. Wenn ein VKE-begrenzender Befehl (z.B. „= A0.0", „SE T1", „SA0.0") oder ein weiterer
ODER-Befehl („O(", „O M4.4") bearbeitet wird, dann wird die ODER-Klammer wieder geschlossen.

6.5.5   Anmerkung zu Klammerbefehlen

Wenn in FUP/KOP programmiert wird, werden die Klammern selbstständig vom FUP/KOP-Editor
gesetzt. Ein FUP/KOP-Programmierer kommt deshalb mit Klammerbefehlen normalerweise nicht in
Berührung.
Da aber jeder SPS-Programmierer sich auch in fremde Programme einarbeiten muss, die vielleicht in
AWL geschrieben worden sind, sollte die Funktionsweise der Klammerbefehle bekannt sein.
Hinzu kommt, dass einige S7-Befehle existieren, die nicht in FUP/KOP darstellbar sind. Befinden sich
solche Befehle in einem Netzwerk, dann ist die Anweisungsliste unerlässlich.

6.6   Übungen Übung ✔

6.6.1   Übungsaufgabe „Alarmanlage"

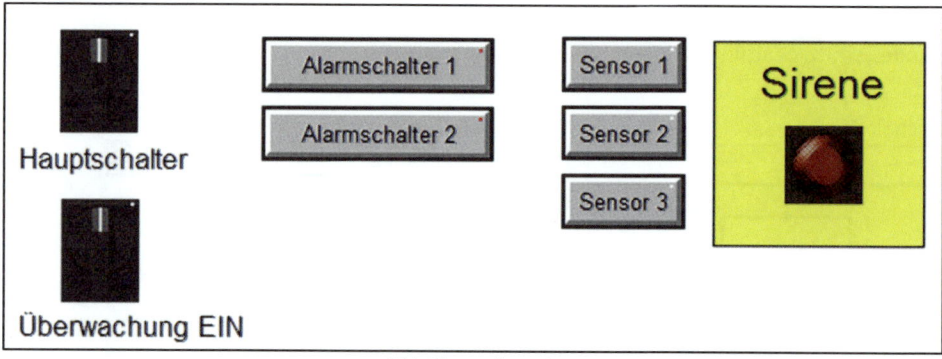

Bild: Alarmanlage.vis

Das SPS-Programm für eine Alarmanlage soll erstellt werden. An der Anlage sind 3 Sensoren angeschlossen, die an Fenstern angebracht sind und das Zerbrechen des Glases melden. Weiterhin befinden sich innerhalb des Hauses 2 Alarmschalter. Diese Alarmschalter lösen bei Betätigung einen Alarm aus. Die Überwachung der Fenster kann über einen Schalter aktiviert werden. Die Alarmschalter sind davon nicht betroffen. Die gesamte Anlage wird über einen Hauptschalter ein- bzw. ausgeschaltet. Bei einem Alarm wird eine Sirene außerhalb des Hauses ausgelöst.

Zuordnungstabelle:

Betriebsmittel	Signal	Anschluss an die SPS:
Hauptschalter	Liefert ‚1', wenn eingeschaltet	E0.0
Schalter „Überwachung Ein"	Liefert ‚1', wenn eingeschaltet	E0.1
Alarmschalter 1	Liefert ‚1', wenn nicht betätigt	E0.2
Alarmschalter 2	Liefert ‚1', wenn nicht betätigt	E0.3
Sensor 1	Liefert ‚1', wenn Fenster OK	E0.4
Sensor 2	Liefert ‚1', wenn Fenster OK	E0.5
Sensor 3	Liefert ‚1', wenn Fenster OK	E0.6
Sirene	Ertönt, wenn Ausgang = 1	A4.0

Aufgaben:

* Entwickeln Sie das SPS-Programm für die Alarmanlage. Die Eingabe kann wahlweise in AWL, FUP oder KOP erfolgen.
* Überprüfen Sie Ihre Lösung mit SPS-VISU (Alarmanlage.VIS). Siehe „Eigene Dateien" Ordner „Step7-Workbook"

 Tipp zur Simulation:
Achten Sie darauf, dass Sie geänderte Bausteine anschließend auch in die SPS (Software-SPS) übertragen.

6.6.2 Übungsaufgabe „Steuerung einer automatischen Markise"

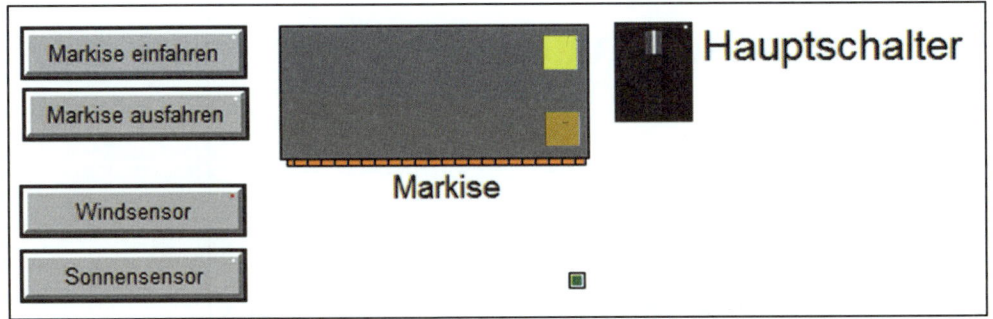

Bild: Markise.VIS

Die Steuerung einer automatischen Markise soll programmiert werden. Die Markise verfügt über einen Sensor, der bei einer bestimmten Sonneneinstrahlung die Markise ausfahren lässt.
Weiterhin wird die Windstärke erfasst. Wenn diese ein bestimmtes Maß überschreitet, so wird die Markise eingefahren. Außerdem kann die Markise manuell aus- und eingefahren werden, wobei auch der Windsensor zu berücksichtigen ist. Über einen Hauptschalter wird die Steuerung ein- bzw. ausgeschaltet.

Zuordnungstabelle:

Betriebsmittel	Signal	Anschluss an die SPS:
Taster „Markise ausfahren"	Liefert ‚1', wenn betätigt	E0.0
Taster „Markise einfahren"	Liefert ‚1', wenn betätigt	E0.1
Windsensor	Liefert ‚0', wenn Markise wegen Windstärke einfahren muss	E0.2
Sonnensensor	Liefert ‚1', wenn Markise ausfahren soll	E0.3
Hauptschalter	Liefert Signal ‚1', wenn eingeschaltet	E0.4
Endschalter „Markise ist ausgefahren"	Liefert Signal ‚1', wenn betätigt	E0.5
Endschalter „Markise ist eingefahren"	Liefert Signal ‚1', wenn betätigt	E0.6
Motor „Markise ausfahren"	Fährt aus bei Zustand ‚1'	A4.0
Motor „Markise einfahren"	Fährt ein bei Zustand ‚1'	A4.1

Anmerkung:
In dieser Aufgabe müssen zwei Ausgänge angesteuert werden. Dabei soll jeder Ausgang in einem separaten Netzwerk programmiert werden.

Aufgaben:
- Entwickeln Sie das SPS-Programm in WinSPS-S7. Die Eingabe kann wahlweise in AWL, FUP oder KOP erfolgen.
- Überprüfen Sie die Funktion des SPS-Programms durch die Simulation mit SPS-VISU (Markise.VIS). Siehe „Eigene Dateien" Ordner „Step7-Workbook"

6.6.3   Übungsaufgabe „Steuerung einer Kamera"

Bild: Kamera.vis

Die Ansteuerung einer Überwachungskamera soll programmiert werden. Die Kamera hat einen Automatikbetrieb, in dem sie immer wieder von links nach rechts und zurück schwenkt. Die rechte bzw. linke Endlage wird über Endschalter begrenzt. Der Vorgang soll solange wiederholt werden, wie der Automatikschalter eingeschaltet ist. Belegt die Kamera beim Wiedereinschalten keinen Endschalter, so soll sie eine Referenzfahrt nach rechts ausführen.

Zuordnungstabelle:

Betriebsmittel	Signal	Anschluss an die SPS:
Schalter „Automatik Ein"	Liefert ‚1', wenn betätigt	E0.0
Endschalter links	Liefert ‚1', wenn betätigt	E0.1
Endschalter rechts	Liefert ‚1', wenn betätigt	E0.2
Motor nach links	Fährt bei Status ‚1'	A4.0
Motor nach rechts	Fährt bei Status ‚1'	A4.1

Anmerkung:

In dieser Aufgabe müssen zwei Ausgänge angesteuert werden. Dabei soll jeder Ausgang in einem separaten Netzwerk programmiert werden.

Aufgaben:

- Entwickeln Sie das SPS-Programm in WinSPS-S7. Die Eingabe kann wahlweise in AWL, FUP oder KOP erfolgen.
- Überprüfen Sie die Funktion des SPS-Programms durch die Simulation mit SPS-VISU (Kamera.VIS). Siehe „Eigene Dateien" Ordner „Step7-Workbook"

6.6.4 Übungsaufgabe „Motor mit Überlastschutz"

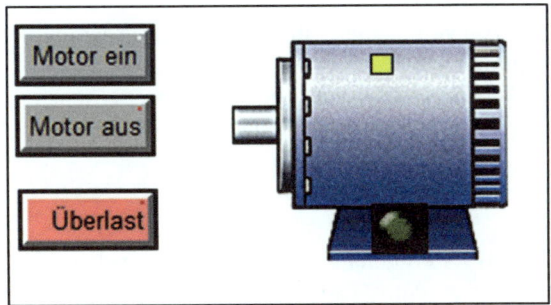

Bild: Motor-Überlast.vis

Ein Motor wird über einen Ein-Taster eingeschaltet und kann über einen Aus-Taster wieder ausgeschaltet werden. Der Motor verfügt über einen Überlastschutz, der ihn beim Ansprechen ebenfalls abschalten soll.

Zuordnungstabelle:

Betriebsmittel	Signal	Anschluss an die SPS:
Taster „Motor Ein"	Liefert ‚1', wenn betätigt	E0.0
Taster „Motor Aus"	Liefert ‚0', wenn betätigt	E0.1
Überlastschutz	Liefert ‚0', bei Überlast	E0.2
Motor	Motor läuft bei Status ‚1'	A4.0

Anmerkung:
Der Motor wird über Taster ein- bzw. ausgeschaltet. Dies bedeutet z.B. beim Ein-Taster, dass der Eingang E0.0 nur zum Zeitpunkt der Betätigung den Status ‚1' hat. Danach ist der Status des Eingangs E0.0 wieder Null. Das ist bei der Programmierung und der Simulation zu beachten.

Aufgaben:
- Entwickeln Sie das SPS-Programm in WinSPS-S7. Die Eingabe kann wahlweise in AWL, FUP oder KOP erfolgen.
- Überprüfen Sie die Funktion des SPS-Programms durch die Simulation mit SPS-VISU (Motor-Überlast.VIS). Siehe „Eigene Dateien" Ordner „Step7-Workbook"

7 CPU-Funktionen der S7-Steuerung

Die CPUs der Reihe S7-300®/400 von Siemens stellen dem SPS-Programmierer Funktionen zum Test und zur Diagnose zur Verfügung.
Einige dieser Funktionen sollen in diesem Kapitel gezeigt werden. Manche werden nur benannt, um dann in späteren Kapiteln zum Einsatz zu kommen, wenn die entsprechenden theoretischen Voraussetzungen vorhanden sind.

7.1 Bausteinstatus

Der Bausteinstatus, auch Beobachten genannt, wurde bereits in den vorausgegangenen Beispielen gezeigt. Diese Funktion erlaubt es dem SPS-Programmierer, ein SPS-Programm zu debuggen. Der Bausteinstatus wird beim Test und bei der Inbetriebnahme verwendet, um logische Fehler im SPS-Programm zu beheben.
Das Beobachten steht in allen drei Grund-Darstellungsarten von S7 zur Verfügung. Es kann also ein in AWL, FUP oder KOP erstelltes SPS-Programm gleichermaßen beobachtet werden.

In der Darstellungsart AWL (Anweisungsliste) ist der Zeilenbezug des Statusbetriebs am besten zu erkennen. Hier sind auch die in jeder Zeile anzuzeigenden Informationen einstellbar. Dazu gehört auch die Darstellungsart (Zahlenformat) der CPU-Register.

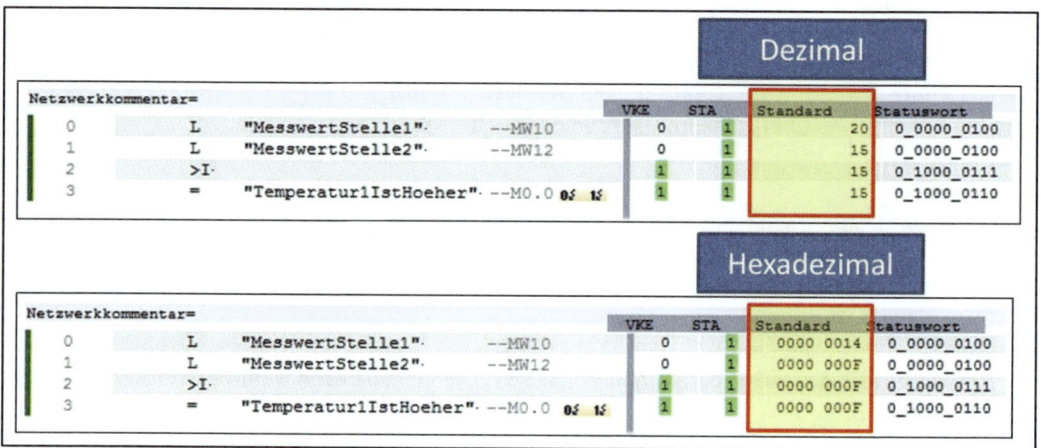

Bild: Auszug aus einem Bausteinstatus mit versch. Zahlenformaten

Im Beispiel wird jeweils das gleiche Netzwerk im Bausteinstatus betrachtet. In der oberen Darstellung hat der Programmierer das Zahlenformat für die Registerdarstellung (in diesem Fall von Akku1) auf „dezimal" oder auch „Integer" eingestellt.
Darunter ist die Darstellung bei Selektion des hexadezimalen Zahlenformates zu sehen.
Der Programmierer kann also entscheiden, in welchem Format die Ausgabe erscheinen soll. Er wird die Einstellung je nach Inhalt der Operanden variieren.

7.1.1 Bausteinstatus in den Grund-Darstellungsarten

In der nachfolgenden Darstellung ist der Bausteinstatus eines identischen Netzwerkes in AWL, FUP und KOP zu sehen.

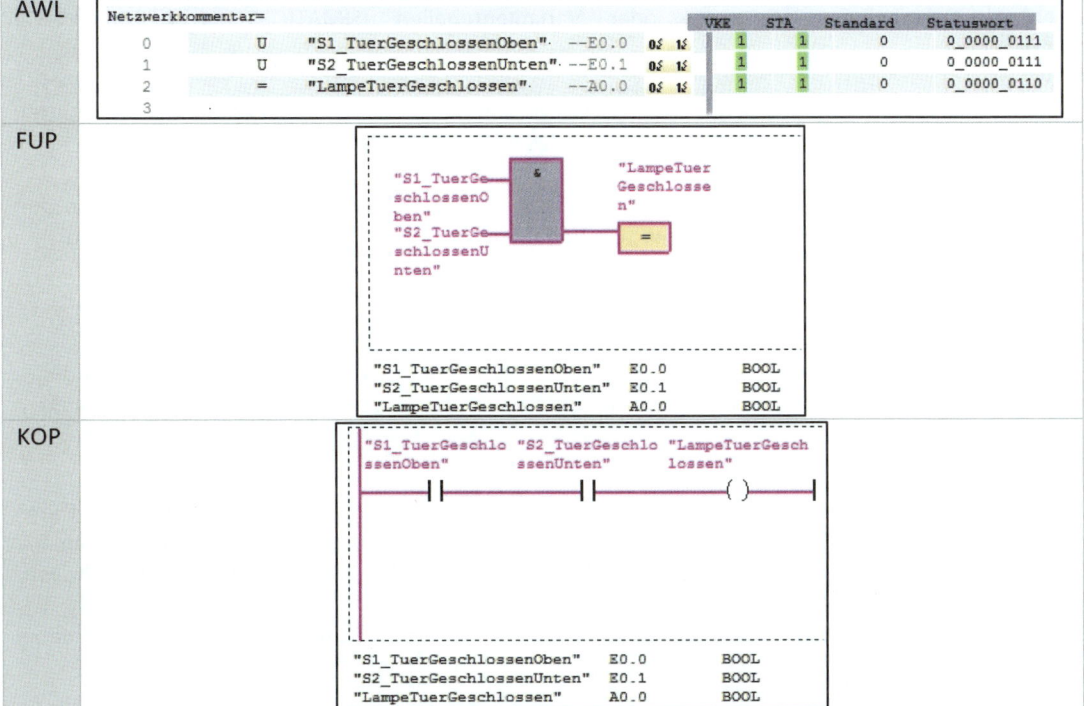

7.1.2 Symbol für den Beobachten-Modus in den S7-Programmiersystemen

Das Symbol der Brille hat sich in der S7-Welt als Symbol für den Bausteinstatus bzw. den Beobachten-Modus etabliert. Immer wenn ein Menüpunkt oder ein Mausbutton mit einem solchen Brillen-Symbol versehen ist, kann damit eine Statusfunktion ausgelöst werden. Rechts ist exemplarisch der Mausbutton aus dem TIA-Porta®l zu sehen, der oberhalb eines Bausteineditors den Bausteinstatus startet oder beendet.

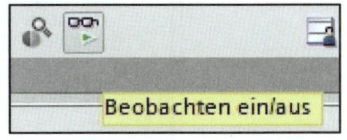

7.1.3 Irrtümer beim Bausteinstatus

Wie schon erwähnt, ist der Bausteinstatus zeilenbezogen. Dieser Sachverhalt wird am ehesten in der Darstellungsart AWL deutlich, gilt aber ebenso für FUP und KOP.

Dies bedeutet, der Status eines Operanden wird als Momentaufnahme an dieser Stelle (in diesem Netzwerk) angezeigt.

Dieser Status muss aber nicht das Endresultat sein. Dies gilt speziell bei Ausgängen, denn bei Ausgängen wird erst am Ende des OB1 ein Resümee gezogen. Das genaue Verhalten wird im Kapitel „Programmstrukturen und Programmbearbeitung" erläutert.

Es ist durchaus möglich, dass der Bausteinstatus in einem Netzwerk den Status eines Ausgangs mit ‚1' anzeigt, dieser Ausgang aber an der Ausgangsbaugruppe den Status ‚0' besitzt.

7.2 Variablentabelle bzw. Beobachtungstabelle

Neben einem Baustein kann auch der Status bzw. der Zustand von Operanden beobachtet werden. Dies ist z.B. bei der Verdrahtungskontrolle hilfreich oder bei der Kalibrierung von analogen Sensoren. Die Tabellen, in denen man Operanden für den Statusbetrieb eintragen kann, werden als Beobachtungstabellen (TIA-Portal®) oder Variablentabellen (SIMATIC®-Manager, WinSPS-S7) bezeichnet.

Die Handhabung ist immer gleich. In die Tabelle werden die gewünschten Operanden mit absoluten Adressen und/oder deren Symbolen eingetragen. Danach ist der Statusbetrieb zu starten.

Wie die Tabellen der einzelnen Programmiersysteme zu erzeugen und auszufüllen sind, kann den Kapiteln „Die Beobachtungstabelle" bzw. „Die Variablentabelle" im Anhang entnommen werden.

Beispiel

> Am Eingang E2.3 ist der Sensor für die hintere Endlage eines Zylinders anzuschließen. Nach der Verdrahtung soll überprüft werden, ob bei Betätigung des Sensors der Eingang den Status ‚1' hat.

Diese Aufgabe kann sehr gut über eine Variablen- bzw. Beobachtungstabelle gelöst werden. Dabei wird der Operand E2.3 in die Tabelle eingetragen und der Statusbetrieb gestartet. In allen S7-Programmiersystemen sind die auslösenden Mausbuttons für den Statusbetrieb mit einem Brillen-Symbol versehen.
Im nachfolgenden Bild ist die Beobachtungstabelle des TIA-Portals zu sehen. Der Operand hat dabei den Status ‚1', was als „TRUE" dargestellt wird.

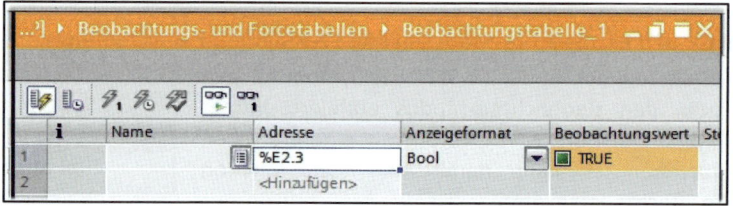

Bild: Beobachtungs- oder Variablentabelle im TIA-Portal

In einer solchen Tabelle können natürlich auch mehrere Operanden gleichzeitig angezeigt werden. Die Anzeige von z.B. 20 Operanden stellt kein Problem dar.

Bei Byte-, Wort- oder Doppelwortoperanden ist auch die Darstellungsart selektierbar. Somit hat der Programmierer die Möglichkeit, beispielsweise die von analogen Sensoren gelieferten Werte außerhalb des SPS-Programms zu kontrollieren. Auch die Kalibrierung z.B. von Messeinrichtungen ist sehr gut möglich.

7.2.1 Status in der Symbolik- bzw. PLC-Variablentabelle

Schon mehrfach wurde erwähnt, dass zu Beginn eines SPS-Projektes zunächst die Absolutadressen mit Symbolen zu versehen sind. Somit ist in jedem SPS-Projekt die Symbolik- oder PLC-Variablentabelle vorhanden. Darin befinden sich zwangsläufig alle benötigten Operanden. Es ist also naheliegend, diese Tabelle ebenfalls für den Statusbetrieb zu verwenden. Dies hat den Vorteil, dass der SPS-Programmierer keine zusätzliche Tabelle auszufüllen hat.

In WinSPS-S7 V5 und dem TIA-Portal® besteht die Möglichkeit, den Statusbetrieb auch in der Symbol-bzw. PLC-Variablentabelle zu aktivieren. Im folgenden Bild ist der Statusbetrieb am Beispiel von WinSPS-S7 zu sehen:

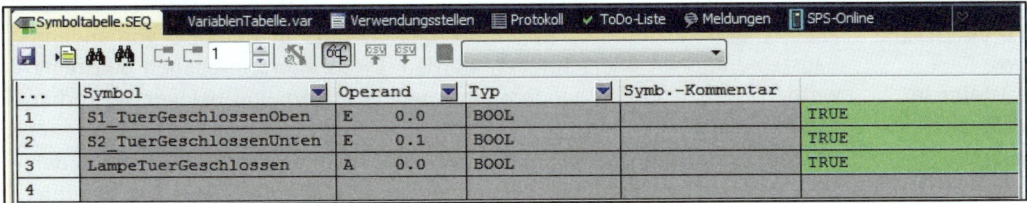

Bild: Symboltabelle in WinSPS-S7 V5 im Statusbetrieb

7.3 Diagnose- und Infofunktionen einer CPU

Die CPU bietet zahlreiche Diagnose- und Infofunktionen, mit denen beispielsweise der freie Speicher innerhalb der CPU, die Zykluszeit des SPS-Programms und die Anzahl der belegten Kommunikationsressourcen abgefragt werden können. Im TIA-Portal® sind diese Funktionen unter dem Überbegriff „**Online & Diagnose**" zu finden. Im SIMATIC®-Manager und WinSPS-S7 wird der Begriff „**Baugruppenzustand**" verwendet. Da die CPU eine große Menge an Daten und Informationen liefert, werden diese nochmals in Gruppen unterteilt. Nachfolgend werden die Oberbegriffe aufgeführt und kurz beschrieben, welche Infos darunter zu finden sind.

Allgemein und Leistungsdaten	Folgende Infos können aus diesen Registern entnommen werden: • Bestellnummer der CPU, Firmwarestand der CPU • Gerätenamen, Anlagen- und Ortskennzeichen • Seriennummer der in der CPU verwendeten MMC-Karte • Anzahl Eingänge, Ausgänge, PAE, PAA, Merker, Zeiten und Zähler • Mögliche Organisationsbausteine • Vorhandene integrierte Bausteine (SFCs und SFBs)
Diagnosepuffer	Der Diagnosepuffer zeigt die letzten relevanten Ereignisse innerhalb der CPU an. Dazu gehören z.B.: • Betriebszustandsübergänge von „Stop" nach „Run" oder umgekehrt • Zentrale und dezentrale Baugruppenausfälle • Alarmereignisse, Fehlerereignisse, Netzausfälle und Netzwiederkehr • ... Der Diagnosepuffer wird auch zur Fehlersuche innerhalb des SPS-Programms verwendet, wenn der Fehler zum „Stop" der CPU führt.
Speicher	• Anzeige der Art des Speichers und dessen Aufteilung in Ladespeicher und Arbeitsspeicher • Anzeige des freien Speichers (Lade- und Arbeitsspeicher) • Möglichkeit des Komprimierens, um gelöschte Bausteine aus dem Speicher zu entfernen
Kommunikation	• Anzeige der freien und belegten Kommunikationsressourcen • Anzeige der reservierten Kommunikationsressourcen, unterteilt in die verschiedenen Kommunikationsarten • Anzeige der max. Anzahl der Kommunikationsressourcen der CPU
Zykluszeit	• Anzeige der maximalen, minimalen und aktuellen Zykluszeit

7.4 Weitere CPU-Funktionen

Hier folgen weitere CPU-Funktionen, die von den Begriffen her bekannt sein sollten.

Bausteine in CPU übertragen bzw. Bausteine in Gerät laden	Damit können SPS-Bausteine von der Programmiersoftware in die angeschlossene CPU übertragen werden. Bereits in der CPU vorhandene Bausteine können überschrieben werden. Diese überschriebenen Bausteine werden nicht gelöscht, sondern für ungültig erklärt und belegen weiterhin Speicherplatz.
Bausteine löschen	Wie die Bezeichnung der Funktion andeutet, können damit Bausteine in der CPU gelöscht werden. Die Bausteine werden allerdings nur für ungültig erklärt und belegen weiterhin Speicher in der CPU.
Komprimieren	Durch Komprimieren werden gelöschte oder für ungültig erklärte Bausteine aus dem Speicher entfernt. Der Speicher steht somit wieder zur Verfügung.
Uhrzeit einstellen (in der CPU)	Die meisten CPUs verfügen über eine Echtzeituhr. Diese kann mit Hilfe dieser Funktion auf z.B. die PC-Zeit gesetzt werden.
Betriebszustand der CPU einstellen	Wie bereits erwähnt, kennt die CPU die beiden Betriebszustände RUN und STOP. Diese können vom Programmiersystem in der CPU eingestellt werden. Voraussetzung ist, dass sich der Betriebsartenschalter der CPU in der Stellung „RUN" befindet. Des Weiteren fällt die CPU wieder in den STOP-Zustand zurück, wenn ein Fehler im SPS-Programm vorhanden ist, den die CPU mit dem STOP-Zustand quittieren muss.

7.5 Übungen Übung ✔

1. Schauen Sie sich das Baustein-Beobachten an: Öffnen Sie ein S7-Projekt (z.B. Ihre Lösung der Aufgabe „Alarmanlage") und öffnen Sie den OB1 im Beobachten-Modus. Stellen Sie sicher, dass Sie vorher die Bausteine übertragen haben und dass sich die Software-SPS im Zustand RUN befindet. Schauen Sie sich die einzelnen Register (VKE, STA, ...) an, während Sie in SPS-VISU die verschiedenen Buttons betätigen.

2. Tragen Sie die Operanden, die Sie im Programm verwendet haben, in der Status-Variablen-Tabelle ein und beobachten Sie auch dort die aktuellen Werte.

8 Speicherfunktionen (SR- und RS-Glieder)

Für die Ausführung von Speicheroperationen sind zwei Befehle notwendig:

1. Der Befehl, um einen Bitoperanden auf den Status ‚1' zu setzen
2. Der Befehl, um einen Bitoperanden auf den Status ‚0' zu setzen, den Operanden somit rückzusetzen

Für das Setzen eines Bitoperanden auf den Status ‚1' wird der sog. **Setzbefehl** verwendet. Ein solcher Befehl hat in der AWL die nachfolgend dargestellte Syntax:

Bild: Setzoperation in AWL

Die Operation wird durch den Buchstaben „S" symbolisiert, der für „Setzen" steht. Danach folgt der Operand, auf den sich der Setzbefehl bezieht. Im Beispiel ist dies ein Ausgangsoperand. Hinter dem Operand folgt noch die Bitadresse. Im Beispiel wird die Bitadresse 0 des Ausgangsbytes 0 angesprochen.

Nun folgt der Gegenpart zur Setzoperation, der einen Bitoperanden auf den Status ‚0' setzt. Dabei handelt es sich um den sog. **Rücksetzbefehl**.

Bild: Rücksetzoperation in AWL

Die Operation wird dabei durch den Buchstaben „R" symbolisiert, der für „Rücksetzen" steht. Anschließend folgt der Operand, auf den sich die Operation bezieht.

8| Speicherfunktionen (SR- und RS-Glieder)

Die Speicheroperationen (der Setz- bzw. Rücksetzbefehl) haben folgende Eigenschaften:

- VKE-abhängig, d.h. sie werden nur ausgeführt, wenn das VKE ‚1' ist
- Das VKE wird nicht beeinflusst (verändert)
- VKE-begrenzend (siehe Kapitel „Verknüpfungsergebnis VKE")

Die Speicheroperationen sind mit der Zuweisung verwandt. Der Unterschied zwischen der Zuweisung und den Speicheroperationen besteht darin, dass die Zuweisung unabhängig vom Verknüpfungsergebnis (VKE) ausgeführt wird. Dagegen werden Speicheroperationen nur dann ausgeführt, wenn das VKE den Zustand ‚1' hat.

Somit können folgende Regeln definiert werden:

Der Setzbefehl setzt einen Bitoperand (z.B. A 1.3) auf den Zustand ‚1', wenn das VKE ‚1' ist. Hat das VKE den Status ‚0', wird der Operand nicht beeinflusst.

Der Rücksetzbefehl setzt einen Bitoperand (z.B. A 1.3) auf den Zustand ‚0', wenn das VKE ‚1' ist. Hat das VKE den Status ‚0', wird der Operand auch hier nicht beeinflusst.

8.1   Erstes Beispiel zu den Speicheroperationen

Folgendes kleines Beispiel soll mit Hilfe von Speicheroperationen gelöst werden.

> Ein kleiner Motor soll über 2 Schalter ein- bzw. ausgeschaltet werden.

Technologieschema:

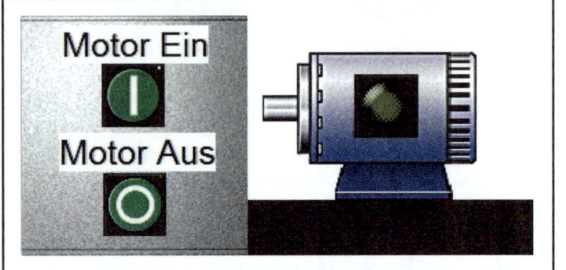

Zuordnung:

Betriebsmittel	Adresse
Taster „Motor Ein", Schließer	E0.0
Taster „Motor Aus", Schließer	E0.1
Motor	A0.0

Die Lösung dieser Aufgabe stellt sich mit den Speicheroperationen sehr einfach dar.
Nachfolgend ist die AWL zu sehen:

```
U       E    0.0
S       A    0.0
U       E    0.1
R       A    0.0
```

Erläuterung:

Zunächst wird der Status des Eingangs E0.0 abgefragt, an dem der Taster „Ein" angeschlossen ist. Wenn der Eingang E0.0 den Status ‚1' besitzt, so wird der Setzbefehl ausgeführt. Als Folge davon hat der Ausgang A0.0 den Status ‚1', d.h. der Motor dreht sich.

Da der Schalter „Ein" als Taster ausgelegt ist, kehrt er nach seiner Betätigung wieder in die Ruhelage zurück. Dies bedeutet, der Eingang E0.0 hat wieder den Status ‚0'.

Auf den Ausgang A0.0 hat dies allerdings keine Auswirkungen, denn der Setzbefehl wird nur ausgeführt, wenn das VKE den Wert ‚1' hat. Somit behält der Ausgang A0.0 den Status ‚1' bei.

Wird nun der Schalter „Aus" betätigt, so hat der Eingang E0.1 den Status ‚1'. Deshalb wird der Rücksetzbefehl ausgeführt und der Ausgang A0.0 wieder auf den Status ‚0' rückgesetzt.

Das Beispiel zeigt auch, dass ein einzelner Setz- bzw. Rücksetz-Befehl kaum Sinn ergeben würde. Im obigen Beispiel hätte eine Programmierung des Setzbefehls ohne den Rücksetzbefehl zur Folge, dass der Motor nach dem Einschalten über den Schalter „Ein" niemals mehr ausgeschaltet werden könnte. Desgleichen würde das alleinige Programmieren des Rücksetzbefehls keinen Sinn ergeben, da keine Möglichkeit bestünde, den Motor einzuschalten.

Somit kann eine weitere Regel für den Einsatz von Setz- und Rücksetzoperationen definiert werden:

Wenn eine Setz-Operation programmiert wird, muss auch eine entsprechende Rücksetz-Operation vorhanden sein, sonst wird ein einmal gesetzter Operand niemals wieder zurückgesetzt.

8.2 Setz- und Rücksetzdominanz

Was passiert nun, wenn beide Schalter, also sowohl der Schalter „Ein" als auch der Schalter „Aus" betätigt werden? Um diese Frage beantworten zu können, muss man sich die Arbeitsweise der CPU vorstellen. Die SPS-Befehle werden sequentiell, d.h. hintereinander abgearbeitet. Gehen wir nun davon aus, dass beide Schalter betätigt sind, so stellt sich der Sachverhalt wie folgt dar:

Bild: Bausteinstatus, wenn sowohl der Ein- als auch der Aus-Taster betätigt sind

Zeile 0	Da der Schalter „Ein" betätigt ist, liefert die Abfrage des Eingangs den Status ‚1', somit wird das VKE auf den Wert ‚1' gesetzt.
Zeile 1	Der Setz-Befehl wird ausgeführt, somit wird der Ausgang A0.0 auf den Status ‚1' gesetzt.
Zeile 2	Der Schalter „Aus" ist ebenfalls betätigt. Dies bedeutet, die Abfrage des Eingangs E0.1 liefert das VKE ‚1'.
Zeile 3	Da das VKE den Wert ‚1' hat, wird der Rücksetz-Befehl ausgeführt. Somit hat der Ausgang A0.0 wieder den Status ‚0'.

Das Resultat lautet somit: Sind beide Schalter betätigt, dann hat der Ausgang den Status ‚0'.

8| Speicherfunktionen (SR- und RS-Glieder)

Da hierbei der Rücksetzbefehl der dominante Befehl ist, wird diese Anordnung der Speicherbefehle als **rücksetzdominant** bezeichnet.

Die Erläuterung hat gezeigt, dass die Dominanz von der Reihenfolge der Setz- und Rücksetzbefehle abhängig ist. Aus diesem Grund besteht auch die Möglichkeit, Speicheroperationen so zu programmieren, dass eine Setzdominanz entsteht.

Unser Beispiel erfüllt die Kriterien einer Setzdominanz, wenn man es wie folgt ändert:

```
U    E        0.1
R    A        0.0
U    E        0.0
S    A        0.0
```

Wie zu erkennen ist, wurde die Reihenfolge der Setz- und Rücksetz-Befehle getauscht. Dies wirkt sich wie folgt aus:

Netzwerkkommentar=					VKE	STA
0	U	E	0.1·	0⌁ 1⌁	1	1
1	R	A	0.0·	0⌁ 1⌁	1	0
2	U	E	0.0·	0⌁ 1⌁	1	1
3	S	A	0.0·	0⌁ 1⌁	1	1

Bild: Bausteinstatus bei Setz-Dominanz

Zeile 0	Da der Schalter „Aus" betätigt ist, liefert die Abfrage des Eingangs den Status ‚1', somit wird das VKE auf den Wert ‚1' gesetzt.
Zeile 1	Der Rücksetz-Befehl wird ausgeführt, somit wird der Ausgang A0.0 auf den Status ‚0' gesetzt.
Zeile 2	Der Schalter „Ein" ist ebenfalls betätigt. Dies bedeutet, die Abfrage des Eingangs E0.0 liefert das VKE ‚1'.
Zeile 3	Da das VKE den Wert ‚1' hat, wird der Setz-Befehl ausgeführt. Somit hat der Ausgang A0.0 den Status ‚1'.

Das Resultat lautet somit: Sind beide Schalter betätigt, dann hat der Ausgang den Status ‚1'.

Da der Setz-Befehl hierbei der dominante Befehl ist, wird diese Anordnung der Speicherbefehle als **setzdominant** bezeichnet.

Aus dieser Erkenntnis können nun folgende Resümees gezogen werden:

Soll der Ausgang gesetzt werden, falls beide Eingänge den Status ‚1' besitzen, so muss der Setzbefehl nach dem Rücksetzbefehl stehen (Setzdominanz).

Soll der Ausgang zurückgesetzt werden, falls beide Eingänge den Status ‚1' besitzen, so muss der Rücksetzbefehl nach dem Setzbefehl stehen (Rücksetzdominanz).

8.3 Speicher in den Grund-Darstellungsarten

Die Erläuterungen des Speichers erfolgten bisher in der AWL, da in dieser Darstellungsart der Zeilenbezug anschaulicher ist und somit die Sachverhalte der Dominanz besser erläutert werden konnten.

Natürlich sind Speicher auch in den Darstellungsarten FUP und KOP vorhanden. In den Katalogen findet man diese innerhalb der Rubrik „Bitverknüpfungen".

Der nachfolgende Speicher wird dabei über das Kürzel „SR" bzw. „RS" gekennzeichnet.

SR-Speicher

Mit diesem Speicher wird eine Rücksetzdominanz erreicht, wenn sowohl am Setzbefehl als auch am Rücksetz-Befehl das VKE ‚1' ansteht.

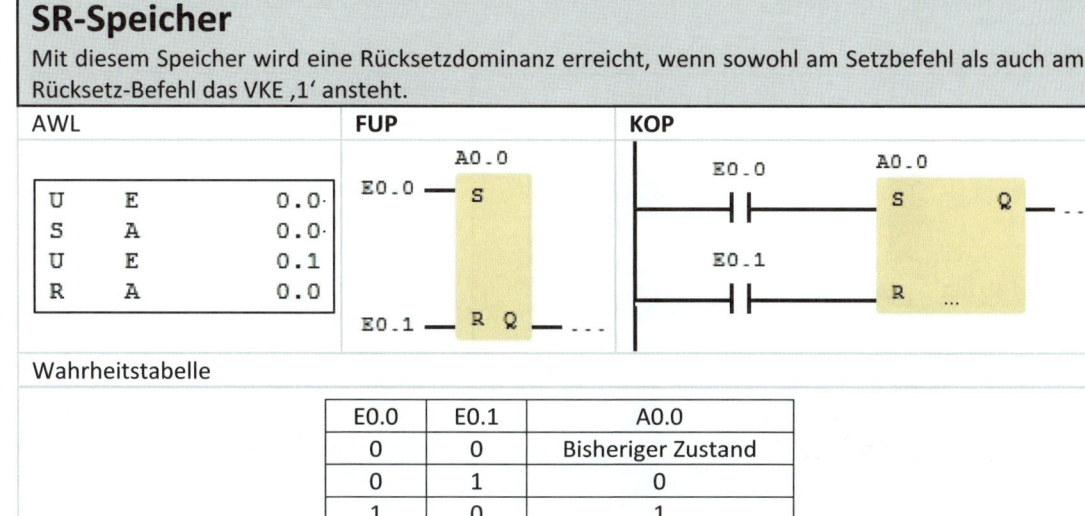

AWL	FUP	KOP

Wahrheitstabelle

E0.0	E0.1	A0.0
0	0	Bisheriger Zustand
0	1	0
1	0	1
1	1	0

Nun zum RS-Speicher, welcher über das Kürzel „RS" im Katalog zu erreichen ist.

RS-Speicher

Mit diesem Speicher wird eine Setz-Dominanz erreicht, wenn sowohl am Setz-Befehl als auch am Rücksetz-Befehl das VKE ‚1' ansteht.

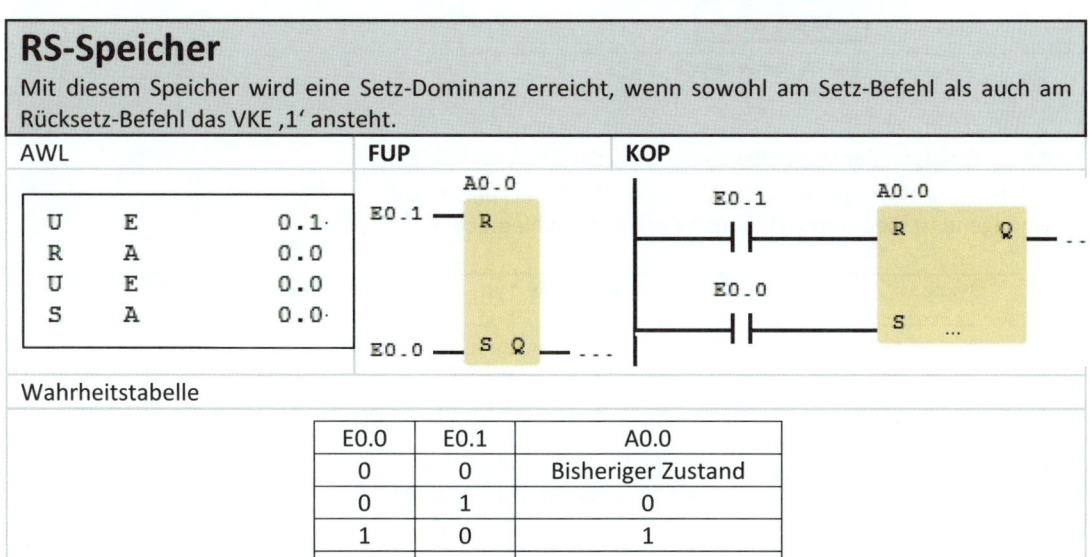

AWL	FUP	KOP

Wahrheitstabelle

E0.0	E0.1	A0.0
0	0	Bisheriger Zustand
0	1	0
1	0	1
1	1	1

8.4   Beispiel 2 zu Speicheroperationen

Ein Behälter wird über eine Pumpe mit Flüssigkeit gefüllt, sobald die Steuerung eingeschaltet wurde und die Flüssigkeit den minimalen Füllstand unterschreitet.
Hat der Füllstand des Behälters den maximalen Wert erreicht, so soll sich die Pumpe wieder abschalten.

Technologieschema:

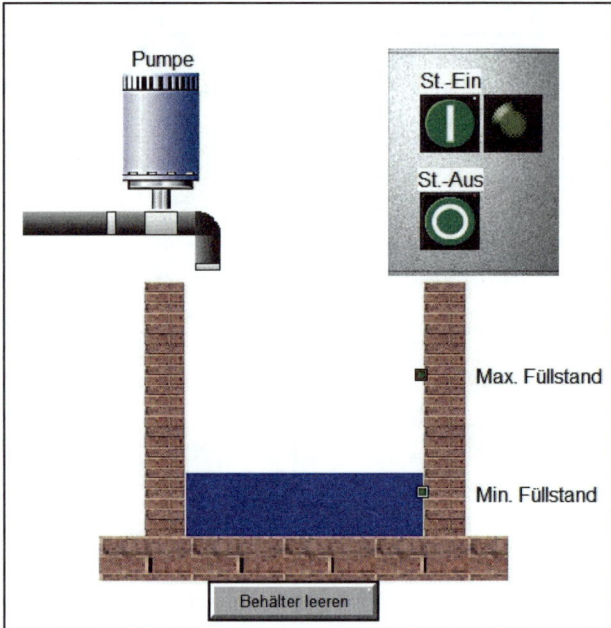

Bild: SR_Behaelter.VIS

Betriebsmittel:

Betriebsmittel	Adresse
Taster „Steuerung Ein", Schließer	E0.0
Taster „Steuerung Aus", Öffner	E0.1
Sensor „Maximaler Füllstand", liefert ‚0', wenn von Flüssigkeit umspült	E0.2
Sensor „Minimaler Füllstand", liefert ‚0', wenn von Flüssigkeit umspült	E0.3
Pumpenmotor	A0.0
Lampe „Steuerung Ein"	A0.1

8.4.1   Erzeugen der Symboliktabelle bzw. der PLC-Variablen

Im ersten Schritt werden den Operanden die Symbole zugeordnet.
Nachfolgend ist die Symboliktabelle bzw. PLC-Variablentabelle zu sehen.

...	Symbol	Operand		Typ	Symb.-Kommentar
1	TasterStEin	E	0.0	BOOL	Taster, Schließer
2	TasterStAus	E	0.1	BOOL	Taster, Öffner
3	SensorMax	E	0.2	BOOL	Liefert 0 wenn umspült
4	SensorMin	E	0.3	BOOL	Liefert 0 wenn umspült
5	Pumpe	A	0.0	BOOL	
6	LampeStEin	A	0.1	BOOL	

Bild: Symbolik- bzw. Variablentabelle

8.4.2   Schreiben des SPS-Programms im OB1

Das SPS-Programm für diese Aufgabenstellung soll im OB1 abgelegt werden.

Der Baustein wird geöffnet; als Darstellungsart ist FUP einzustellen.

Im Netzwerk 1 des OB1 soll der Merker M0.0 programmiert werden. Dieser signalisiert, ob die Steuerung eingeschaltet ist oder nicht. Dies erreicht man dadurch, dass der Taster „Steuerung Ein" den Merker M0.0 setzt und das Betätigen des Tasters „Steuerung Aus" zum Rücksetzen des Merkers führt.

Zu beachten ist, dass der Status ‚0' des E0.1 „TasterStAus" den Merker rücksetzt, denn der Taster ist als Öffner ausgelegt. Somit liefert er im Ruhezustand den Status ‚1' und bei Betätigung den Status ‚0'. Folglich ist der Anschluss am R-Eingang zu negieren (zu erkennen an dem nicht ausgefüllten Kreis). Als Speicher wurde ein SR-Block aus Bitverknüpfungen verwendet, womit er rücksetzdominant ist.

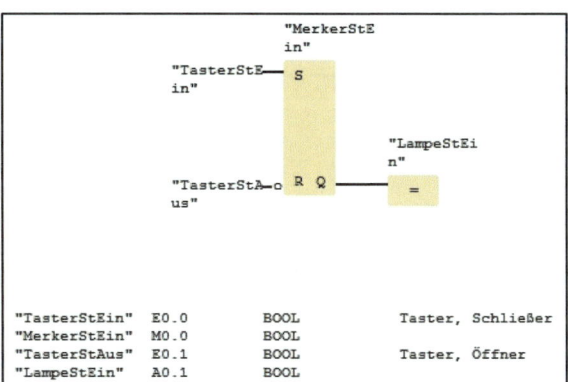

"TasterStEin"	E0.0	BOOL	Taster, Schließer
"MerkerStEin"	M0.0	BOOL	
"TasterStAus"	E0.1	BOOL	Taster, Öffner
"LampeStEin"	A0.1	BOOL	

Bild: Netzwerk 1

Im Netzwerk 2 wird der Ausgang A0.0 „Pumpe" ausprogrammiert. Auch hierbei soll ein Speicher zum Einsatz kommen.

Der Ausgang A0.0 „Pumpe" wird gesetzt, wenn die Steuerung eingeschaltet und der Füllstand unter den minimalen Pegel gefallen ist. Der Ausgang ist zurückzusetzen, wenn der obere Füllstand erreicht ist oder die Steuerung abgeschaltet wird.

Am R-Eingang des SR-Blocks ist ein ODER-Block platziert. Sowohl der M0.0 „MerkerStEin" als auch der E0.2 „SensorMax" sind dabei negiert anzugeben. Die Pumpe soll zum einen abschalten, wenn die Steuerung ausgeschaltet wird, und in diesem Fall hat der Merker M0.0 den Status ‚0'. Zum anderen ist die Pumpe abzuschalten, wenn der E0.2 „SensorMax" von Flüssigkeit umspült ist, was er mit dem Status ‚0' am Eingang meldet.

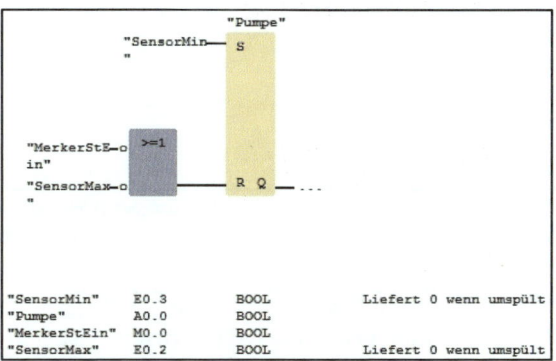

"SensorMin"	E0.3	BOOL	Liefert 0 wenn umspült
"Pumpe"	A0.0	BOOL	
"MerkerStEin"	M0.0	BOOL	
"SensorMax"	E0.2	BOOL	Liefert 0 wenn umspült

Bild: Netzwerk 2

8.4.3   Test des SPS-Programms an der virtuellen Anlage

Damit ist das SPS-Programm komplett. Der OB1 wird gespeichert und kann in die S7-SoftSPS von SPS-VISU (oder eine reale CPU) übertragen werden.

Der Test des Programms kann mit Hilfe des Anlagenprojektes „SR_Behaelter" in SPS-VISU durchgeführt werden. Dies ist nachfolgend zu sehen:

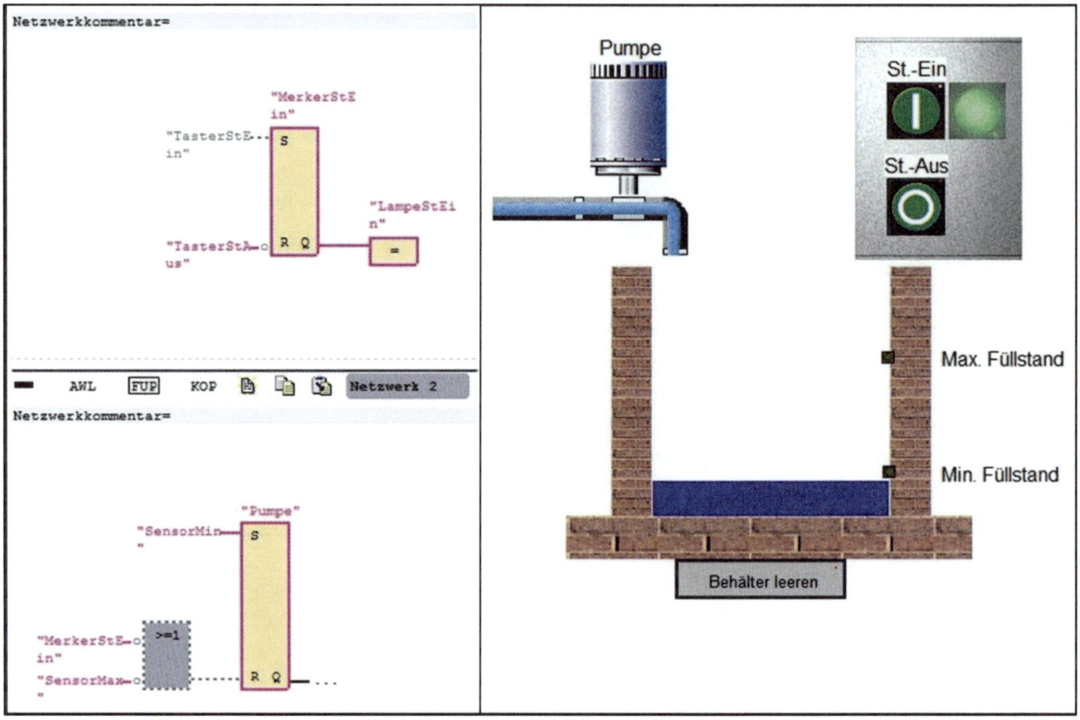

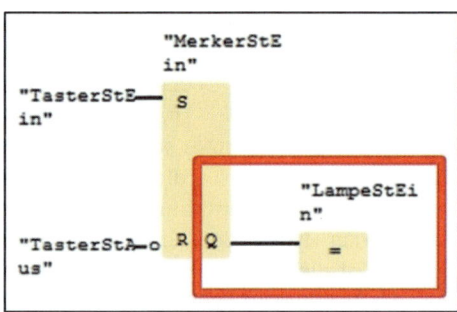

Bild: Test des SPS-Programms mit SPS-VISU

8.5   Der Ausgang „Q" des Speichers

In den grafischen Darstellungsarten ist am Speicherglied neben den beiden Eingängen „S" und „R" auch der Ausgang „Q" zu sehen. Dieser Ausgang dient dazu, das binäre Ergebnis des Speichers weiterverknüpfen zu können.

Diese Möglichkeit wurde schon im letzten Beispiel angewendet und zwar im Zusammenhang mit der Lampe „Steuerung Ein". Diese Lampe soll leuchten, wenn die Steuerung eingeschaltet ist. Die Lampe ist am Ausgang A0.1 angeschlossen.

Die Lampe wurde dabei direkt vom Status des Merkers M0.0 „MerkerStEin" abhängig gemacht, denn er ist der Merker für „Steuerung ein". Es wurde also am Ausgang „Q" eine Zuweisung platziert und auf die Lampe adressiert. Hier nochmals das Netzwerk 1 mit dem entsprechenden Programmteil. Die AWL für dieses Netzwerk stellt sich wie folgt dar:

```
U    E    0.0
S    M    0.0
UN   E    0.1
R    M    0.0
U    M    0.0
=    A    0.1
```

In der AWL ist der Buchstabe „Q" aus dem FUP/KOP nicht vorhanden. In der AWL wird lediglich der Status des Merkers M0.0 durch eine UND-Verknüpfung erfasst und über den Zuweisungsbefehl an den Ausgang A0.1 weitergegeben. Dies verdeutlicht sehr gut die Realisierung im SPS-Code.

8.6   Wie funktioniert eine Speicheroperation?

Eine Speicheroperation kann auch mit wenigen UND- und ODER-Befehlen aufgebaut werden.

Zuerst muss man sich die Funktionsweise einer Speicheroperation nochmals klar machen:
Der Ausgang A0.0 soll ‚1' sein, sobald der Eingang E0.0 (Setzeingang) ‚1' oder wenn der Ausgang A0.0 selbst ‚1' ist.
Der Ausgang A0.0 soll ‚0' sein, wenn der Eingang E0.1 (Rücksetzeingang) ‚1' ist. Wenn beide Eingänge (Setz- und Rücksetzeingang) auf ‚1' stehen, dann soll der Ausgang ‚0' sein (Rücksetzdominanz).

Die Lösung dieser Aufgabe könnte man so schreiben:

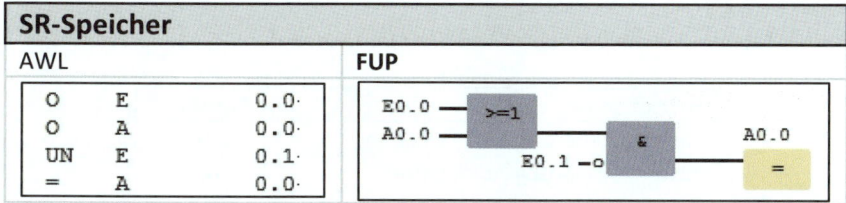

Das Verhalten „setzdominant" kann man ebenfalls mit wenigen Verknüpfungen realisieren:

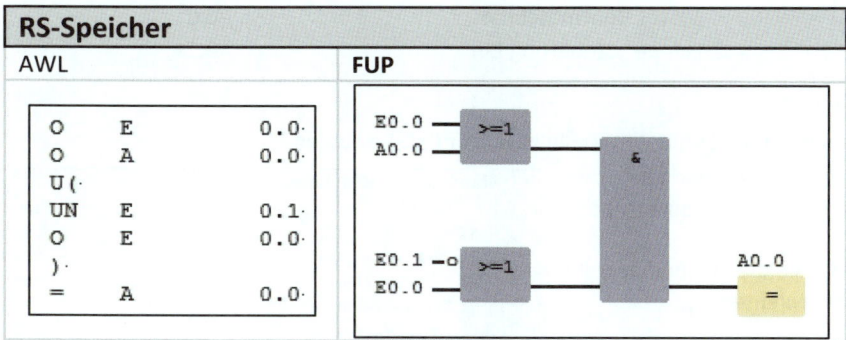

8.7   Beispiel 3 zu Speicheroperationen

Es soll das Programm für eine Bohrvorrichtung erstellt werden. Die Vorrichtung stellt sich wie folgt dar:

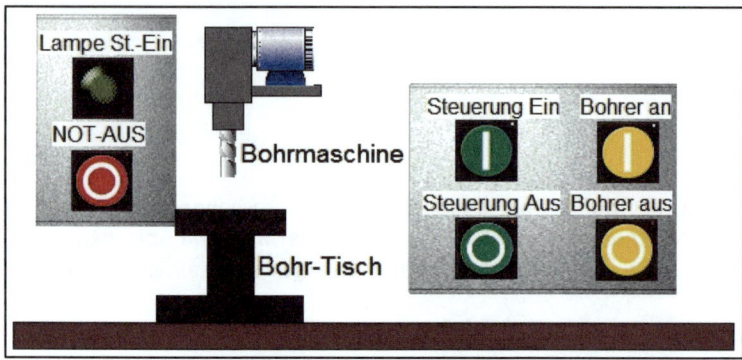

Bild: Technologieschema der Aufgabenstellung, SR_Bohrmaschine.VIS

Über den Taster „Steuerung Ein" kann die Steuerung eingeschaltet werden. Die eingeschaltete Steuerung wird über eine Lampe signalisiert.

Wenn die Steuerung eingeschaltet ist, kann der Motor der Bohrmaschine ebenfalls eingeschaltet werden. Das Einschalten erfolgt über den Taster „Bohrer an", das Abschalten über den Taster „Bohrer aus".

An der Maschine ist ein NOT-AUS-Schalter angebracht, bei dessen Betätigung der Bohrer sofort abgeschaltet wird. Des Weiteren wird bei NOT-Aus die Steuerung abgeschaltet.

In der folgenden Tabelle sind die Betriebsmittel den Operanden der SPS zugeordnet.

Betriebsmittel	Adresse
Taster „Steuerung Ein", Schließer	E0.0
Taster „Steuerung Aus", Öffner	E0.1
Taster „Bohrer an", Schließer	E0.2
Taster „Bohrer aus", Öffner	E0.3
Schalter „Not-Aus", Öffner	E0.4
Motor Bohrmaschine	A0.0
Lampe „Steuerung Ein"	A0.1

8.7.1   Erzeugen der Symboliktabelle bzw. der PLC-Variablen

Im ersten Schritt werden den Operanden die Symbole zugeordnet.

Rechts sehen Sie die Symboliktabelle bzw. PLC-Variablentabelle:

Standard-Variablentabelle			
	Name	Datentyp	Adresse
1	TasterStEin	Bool	%E0.0
2	TasterStAus	Bool	%E0.1
3	TasterBohrerAn	Bool	%E0.2
4	TasterBohrerAus	Bool	%E0.3
5	SchalterNotAus	Bool	%E0.4
6	MotorBohrmaschine	Bool	%A0.0
7	LampeStEin	Bool	%A0.1

8.7.2   Schreiben des SPS-Programms im OB1

Das SPS-Programm für diese Aufgabenstellung soll im OB1 abgelegt werden. Der Baustein wird geöffnet; als Darstellungsart ist FUP einzustellen.

Im Netzwerk 1 des OB1 soll ein Merker gesetzt werden, sobald die Steuerung eingeschaltet wird. Der Merker ist notwendig, da es sich beim Schalter „Steuerung Ein" um einen Taster handelt. Dies bedeutet, dass der Schalter nach der Betätigung wieder in seine Ruhelage zurückkehrt.
Der Merker „Steuerung Ein" wird vom Taster „Steuerung Aus" oder vom NOT-AUS-Schalter rückgesetzt. Nachfolgend ist der FUP für das erste Netzwerk zu sehen.

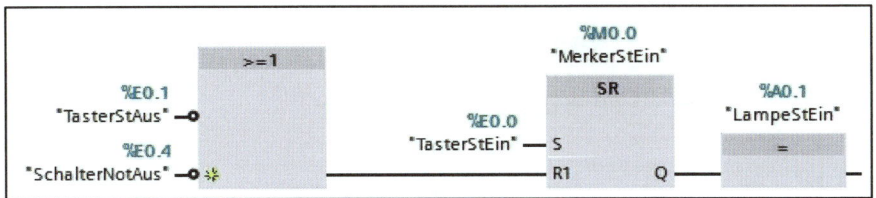

Bild: Netzwerk 1 des OB1 (TIA-Portal®)

Die beiden Eingänge E0.1 „TasterStAus" und E0.4 „SchalterNotAus" müssen negiert abgefragt werden, denn sowohl der Taster „Steuerung Aus" als auch der Taster „NOT-AUS" sind als Öffner ausgelegt. Somit liefern sie bei Betätigung das Signal ‚0' an die Eingänge.
Am Ausgang „Q" des Speichers für den Merker M0.0 ist die Lampe „Steuerung Ein" direkt angeschlossen, denn diese soll signalisieren, dass die Steuerung eingeschaltet ist. Die Lampe hat damit immer den gleichen Status wie der Merker M0.0, der als Merker „Steuerung Ein" verwendet wird.

Im Netzwerk 2 werden die Befehle für die Bohrmaschine programmiert.
Die Bohrmaschine soll laufen, wenn die Steuerung eingeschaltet ist und der Taster „Bohrer Ein" betätigt wurde.
Die Bohrmaschine schaltet sich ab, sobald der Taster „Bohrer Aus" betätigt wurde oder die Steuerung ausgeschaltet wird. Der Schalter „NOT-AUS" muss hierbei nicht nochmals berücksichtigt werden, da er schon die Steuerung abschaltet.
Im Bild rechts sehen Sie dazu den FUP:

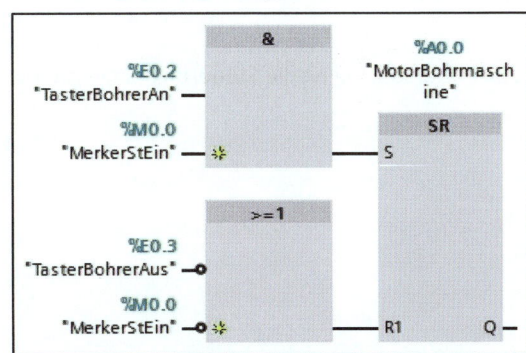

Bild: Netzwerk 2 des OB1

Am Setzeingang des Speichers für den Ausgang A0.0 ist eine UND-Verknüpfung programmiert. Diese gewährleistet, dass der Ausgang nur gesetzt wird, wenn die Steuerung eingeschaltet und der Schalter „Bohrer Ein" betätigt wird.

Am Rücksetz-Eingang wird der Eingang E0.3 „TasterBohrerAus" negiert abgefragt. Da der Taster als Öffner ausgelegt ist, wird bei Betätigung das Signal ‚0' an den Eingang geliefert.

Das SPS-Programm ist damit komplett. Der OB1 wird über die Tasten [STRG] + [S] gespeichert.

8.7.3 Test des SPS-Programms an der virtuellen Anlage

Für den Test des SPS-Programms ist das Anlagenprojekt „SR_Bohrmaschine" von SPS-VISU zu laden. Anschließend kann der OB1 von der Programmiersoftware in die S7-SoftSPS von SPS-VISU übertragen werden.

Über die RUN-Mausbuttons in SPS-VISU startet man die Prozess-Simulation. Daraufhin kann die Anlage bedient werden und die Auswirkungen auf das SPS-Programm innerhalb der Programmierumgebung über den Beobachten-Modus (also dem Bausteinstatus) betrachtet werden.

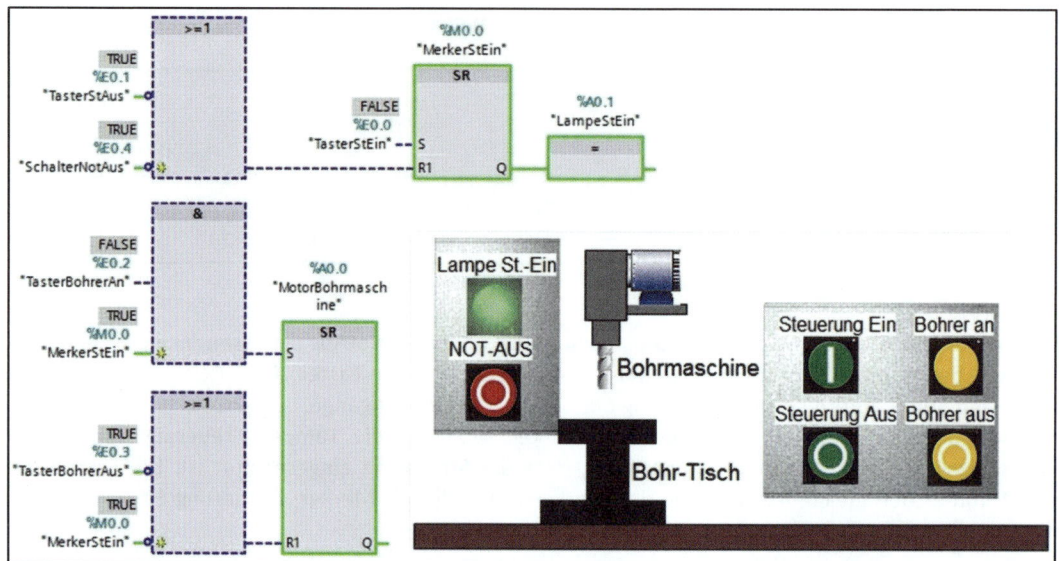

Bild: Test des SPS-Programms über Beobachten

In obiger Darstellung ist die Steuerung eingeschaltet und ebenso die Bohrmaschine.

8.8 Fazit zu Speichern

In diesem Kapitel wurden die Speicheroperationen vorgestellt, mit denen man einen Bitoperand (E, A, M) auf den Wert ‚1' setzen oder auf den Wert ‚0' zurücksetzen kann.

Der Zustand eines gesetzten Operanden wird dabei solange gespeichert, bis er wieder zurückgesetzt wird.

Nachfolgend werden die wichtigsten Regeln bei der Verwendung von Speicheroperationen zusammengefasst.

- Wenn ein Operand gesetzt wird, so muss er auch wieder zurückgesetzt werden.
- Ein Operand sollte in einem Programm immer nur einmal gesetzt bzw. zurückgesetzt werden.
  Ist eine hohe Anzahl an Bedingungen für einen Operanden vorhanden, so werden diese auf Zwischenspeicher (z.B. Merker) gelegt. Danach können diese Zwischenspeicher wiederum verknüpft und das Ergebnis dem eigentlichen Operanden zugewiesen werden.
- Ein Operand sollte entweder mit Speicheroperationen oder mit Zuweisungen benutzt werden. Die gleichzeitige Verwendung von „= A4.0" und „S A4.0" macht ein Programm nur schwer durchschaubar.
- Bei der Verwendung von Speichern muss klar sein, dass die Operation nur dann ausgeführt wird, wenn das VKE den Zustand ‚1' hat.

8.9 Übungen und Wiederholungsfragen Übung ✔

- a) Wie heißt die Operation, um einen Speicher auf den Status ‚1' zu setzen?
- b) Wie heißt die Operation, um einen Speicher auf den Status ‚0' zu setzen?
- c) Welche Eigenschaften besitzen die Speicheroperationen im Zusammenhang mit dem VKE?
- d) Warum sollte ein Setz- bzw. Rücksetzbefehl nur paarweise programmiert werden?
- e) Ein Speicher ist rücksetzdominant programmiert. Welchen Status hat der Speicheroperand am Ende des SPS-Programms, wenn die Bedingungen für das Setzen und das Rücksetzen erfüllt sind?
- f) Mit welchem Buchstaben wird der Ausgang eines Speichergliedes in FUP/KOP bezeichnet?
- g) Ein Schalter ist als Öffner ausgelegt und am Eingang E0.1 angeschlossen.
  Welchen Status hat der Eingang E0.1, wenn der Schalter betätigt ist?
- h) Wie kann der Ausgang eines Speichergliedes verwendet werden?
- i) Der Merker M0.0 soll über den Eingang E0.0 gesetzt und über den Eingang E0.1 rückgesetzt werden. Der Speicher soll rücksetzdominant programmiert werden. Die Programmierung hat in AWL zu erfolgen, die AWL muss allerdings in FUP/KOP wandelbar sein. Schreiben Sie die dafür nötigen AWL-Befehle.
- j) Wann spricht man von einer Verriegelung eines Speichers?
- k) Wie lange behält ein Speicher seinen Status?
- l) Nennen Sie mind. 3 Regeln für die Verwendung von Speichern.

8| Speicherfunktionen (SR- und RS-Glieder)

8.9.1   Übung „Gartentor"

Es soll das SPS-Programm für ein elektrisches Gartentor erstellt werden.
Nachfolgend ist die Anordnung zu sehen.

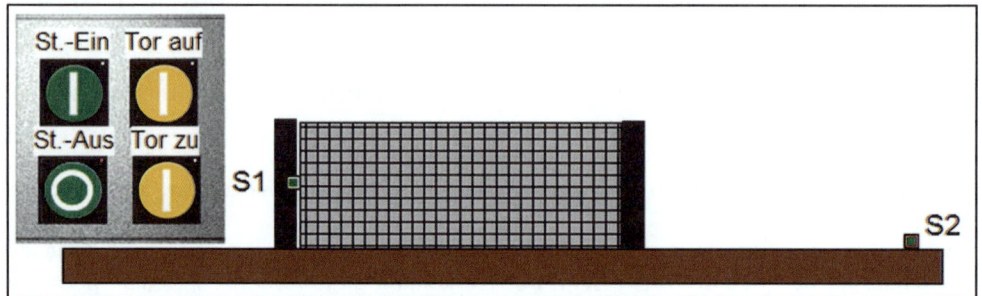

Bild: Im Bild ist das Tor geschlossen.

Vorgang:

Über den Schalter „Steuerung Ein" wird die Steuerung eingeschaltet, der Schalter ist dabei als Taster
ausgelegt. Nachdem die Steuerung eingeschaltet ist, kann das Tor über die beiden Schalter „Tor auf"
und „Tor zu" bewegt werden. Beide Schalter sind als Taster konzipiert. Das Tor wird über die beiden
Endschalter S1 und S2 in den Endlagen begrenzt. Wenn sich das Tor in eine Richtung bewegt, kann
keine Umschaltung in die andere Richtung erfolgen.
Wenn die Steuerung abgeschaltet wird, muss das Tor sofort stoppen.

Zuordnungstabelle:

Betriebsmittel	Signal	Anschluss an die SPS:
Taster „Steuerung ein"	Liefert ‚1', wenn betätigt	E0.0
Taster „Steuerung aus"	Liefert ‚0', wenn betätigt	E0.1
Tor auf	Liefert ‚1', wenn betätigt	E0.2
Tor zu	Liefert ‚1', wenn betätigt	E0.3
Endschalter S1 – Tor ist geschlossen	Liefert Signal ‚0', wenn betätigt	E0.4
Endschalter S2 – Tor ist offen	Liefert Signal ‚0', wenn betätigt	E0.5
Motor Tor auf	Motor läuft bei Status ‚1'	A4.0
Motor Tor zu	Motor läuft bei Status ‚1'	A4.1

Anmerkung:

Es ist zu beachten, dass die Endschalter S1 und S2 als Öffner ausgelegt sind, d.h. sie liefern bei
Betätigung das Signal ‚0' an den jeweiligen Eingang.

Aufgabe:

Erstellen Sie ein SPS-Programm für diese Anlage und testen Sie Ihre Lösung mit
SPS-VISU (**Tor.VIS**).

8.9.2   Übung „Montageplatz"

An einem Montageplatz soll ein von Hand eingelegtes Werkstück über eine Vorrichtung eingespannt werden. Nachfolgend ist die Anordnung zu sehen.

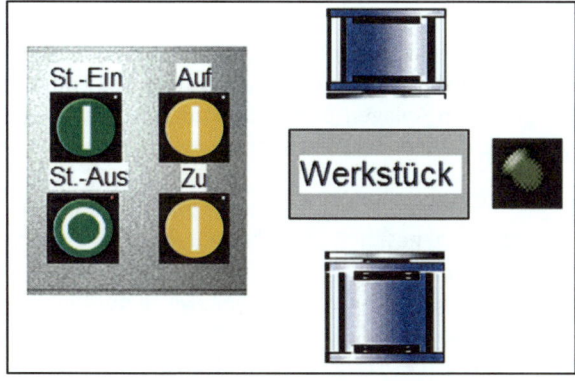

Über den Schalter „Steuerung Ein" wird die Steuerung eingeschaltet. Dieser ist als Taster ausgelegt. Der Zustand der Steuerung (Ein oder Aus) wird über eine Lampe angezeigt. Wird bei eingeschalteter Steuerung der Schalter „Zu" betätigt, so wird das Werkstück eingespannt. Während des Spannvorgangs muss der Ausgang der Zylinder den Status ‚1' beibehalten. Über den Schalter „Auf" kann das Werkstück wieder ausgespannt werden. Die beiden Schalter „Auf" und „Zu" sind als Taster ausgelegt.

Zuordnungstabelle:

Betriebsmittel	Signal	Anschluss an die SPS:
Taster „Steuerung ein"	Liefert ‚1', wenn betätigt	E0.0
Taster „Steuerung aus"	Liefert ‚0', wenn betätigt	E0.1
Taster „Werkstück einspannen"	Liefert ‚1', wenn betätigt	E0.2
Taster „Werkstück freigeben"	Liefert ‚1', wenn betätigt	E0.3
Zylinder ausfahren	Zylinder fährt aus, wenn Ausgang ‚1' ist.	A4.0
Lampe „Steuerung Ein"	Leuchtet bei Zustand ‚1'	A4.1

Aufgabe:

Erstellen Sie ein SPS-Programm für diese Anlage und testen Sie Ihre Lösung mit SPS-VISU (Montageplatz.VIS). Siehe „Eigene Dateien" Ordner „Step7-Workbook"

9 Programmstrukturen und Programmbearbeitung

Bisher wurden in diesem Handbuch alle SPS-Programme im Baustein OB1 erstellt.
Der OB1 wird nach dem Übertragen in die SPS vom Betriebssystem der CPU aufgerufen.
Bei größeren Anlagen bzw. größeren SPS-Programmen wird das Programm nicht mehr nur in den OB1 geschrieben, weil dies sehr schnell dazu führt, dass das SPS-Programm unübersichtlich wird.

In diesem Kapitel werden die notwendigen Operationen vorgestellt, um ein SPS-Programm strukturiert zu gestalten. Dies bedeutet, das SPS-Programm in mehrere Bausteine zu unterteilen.
Die Möglichkeiten der strukturierten Programmierung sollen anhand eines Beispiels verdeutlicht werden. Dabei wird auch die Arbeitsweise der CPU analysiert.

9.1 Lineare Programmierung

Für folgenden Aufbau einer Lüftungsanlage soll ein SPS-Programm entwickelt werden.

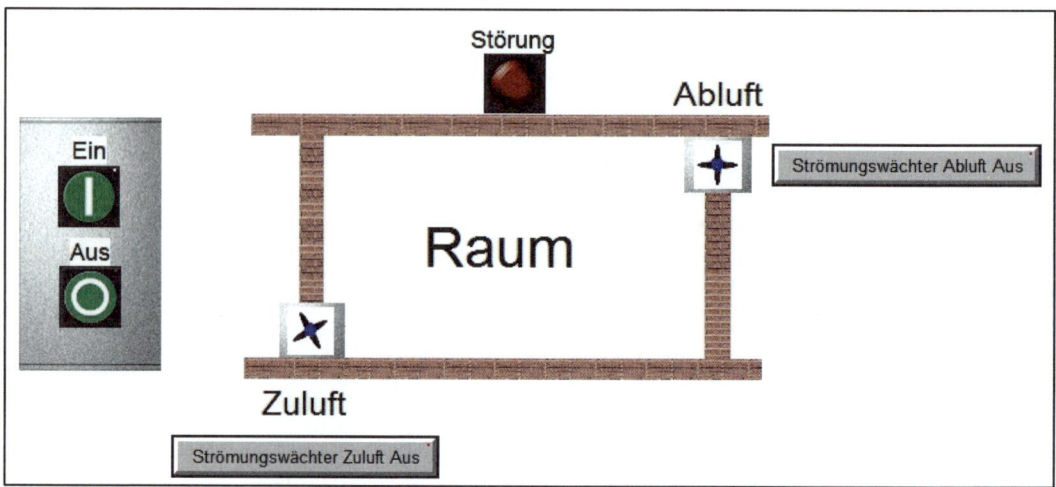

Bild: Technologieschema des Beispiels (Raumbelüftung.VIS)

Ein Raum enthält einen Abluftventilator und einen Zuluftventilator. Beide Ventilatoren werden durch jeweils einen Strömungswächter überwacht. Diese liefern das Signal ‚0', wenn keine Luftströmung vorhanden ist.
Im Raum darf zu keinem Zeitpunkt ein Überdruck entstehen. Der Zuluftventilator darf nur eingeschaltet werden, wenn die sichere Funktion des Abluftventilators vom Strömungswächter gemeldet wird. Eine Störungslampe leuchtet, sobald ein Strömungswächter bei eingeschaltetem Ventilator keinen Luftstrom mehr misst. Die Lampe muss dabei über den Taster „Aus" quittiert werden.

Betriebsmittel	Adresse
Taster „Ein", Schließer	E0.0
Taster „Aus", Öffner	E0.1
Strömungswächter Abluft, liefert ‚0 ', wenn kein Luftstrom vorhanden	E0.2
Strömungswächter Zuluft, liefert ‚0', wenn kein Luftstrom vorhanden	E0.3
Motor Abluftventilator	A0.0
Motor Zuluftventilator	A0.1
Lampe „Störung"	A0.2

Das SPS-Programm für dieses Beispiel soll linear programmiert werden. Dies bedeutet, das gesamte SPS-Programm wird in den OB1 geschrieben.

9.1.1 Erstellen des linearen SPS-Programms

Begonnen wird mit der Symboliktabelle bzw. mit den PLC-Variablen. Hier kann man sich weitestgehend an die oben angegebene Zuordnungstabelle halten, weshalb die Symboltabelle nicht nochmals abgebildet wird.

Anschließend folgt die eigentliche Programmerstellung im OB1. Rechts ist das **Netzwerk 1** zu sehen, in dem die Bedingungen für den Abluftventilator definiert sind.

Der Taster „Ein" schaltet den Abluftventilator ein. Tritt eine Störung auf oder die Betätigung des Tasters „Aus", schaltet das Netzwerk den Ventilator wieder ab. Zu beachten ist, dass der Taster „Aus" als Öffner ausgelegt ist. Somit muss die Abfrage des betätigten Zustandes negiert erfolgen.

Im **Netzwerk 2** befindet sich der Programmteil für den Zuluftventilator. Sobald der Abluftventilator eingeschaltet ist und sein Strömungswächter einen Luftstrom meldet, kann auch der Zuluftventilator eingeschaltet werden.

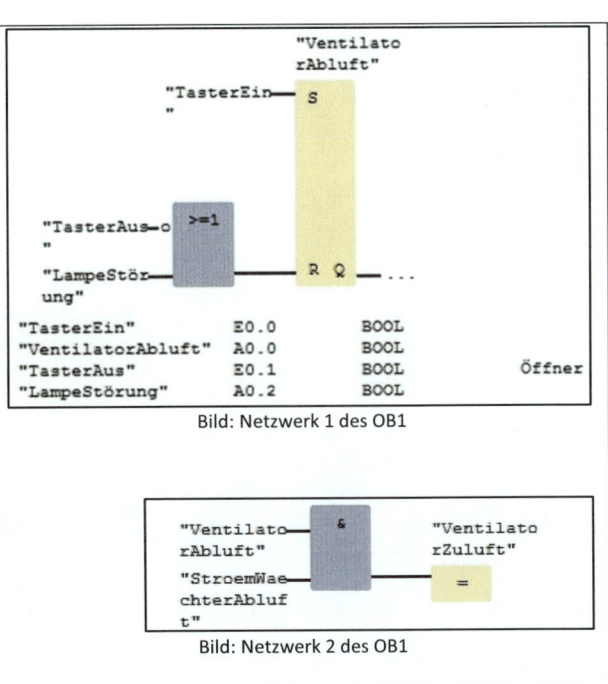

Bild: Netzwerk 1 des OB1

Bild: Netzwerk 2 des OB1

Im abschließenden **Netzwerk 3** befinden sich die Operationen für die Störungslampe.

Immer dann, wenn ein Ventilator zugeschaltet ist und dessen Strömungswächter keinen Luftstrom meldet, liegt eine Störung vor. Somit wird der Ausgang mit der Störungslampe gesetzt. Erst die Quittierung über den Taster „Aus" setzt die Lampe wieder zurück.

Damit ist das Programm fertiggestellt und kann gespeichert werden.

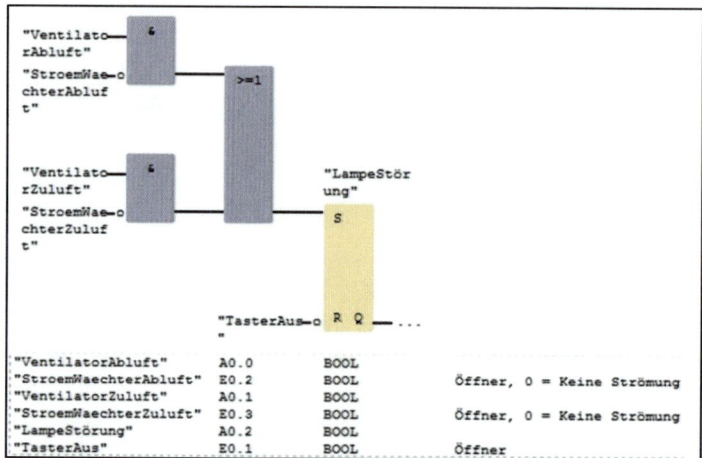

Bild: Netzwerk 3 des OB1

9.1.2 Analyse des linearen SPS-Programmes

Dieses Beispiel wurde wie bisher gewohnt programmiert. Das gesamte SPS-Programm ist im OB1 untergebracht. Es sind keine weiteren Bausteine (Unterprogramme) im SPS-Programm vorhanden. Diese Programmierweise wird als lineare Programmierung bezeichnet.

Nachfolgend wird die Arbeitsweise der CPU bei der linearen Programmierung veranschaulicht:

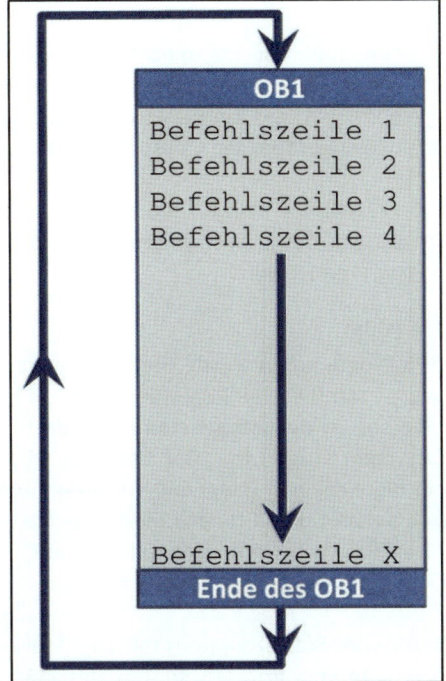

Bild: Arbeitsweise der CPU bei der linearen Programmierung

Das Bild zeigt folgenden Sachverhalt:

 Die CPU verarbeitet sequentiell die im OB1 programmierten SPS-Befehle. Der OB1 wird dabei selbständig ohne Hilfe des SPS-Programmierers vom Betriebssystem aufgerufen. Nach der Bearbeitung der SPS-Befehle wird der Vorgang wiederholt.

9.2 Strukturierte Programmierung

Bei der strukturierten Programmierung wird ein STEP®7-Programm in einzelne Bausteine aufgeteilt. Einen Baustein kann man sich als Ansammlung von Befehlen vorstellen, die ein bestimmtes Teilproblem lösen. Man kann die Bausteine deshalb auch als Unterprogramme bezeichnen.

Die Bausteine werden vom Organisationsbaustein OB1 verwaltet. Das bedeutet, von diesem Baustein aus wird in die einzelnen Unterprogramme verzweigt. Das eigentliche Steuerungsprogramm ist in Funktionen (FC) oder in Funktionsbausteinen (FB) untergebracht.

Zum besseren Verständnis werden zunächst die einzelnen Bausteinarten vorgestellt. Bei den Erklärungen wird teilweise auf Sachverhalte eingegangen, die bislang noch nicht erklärt wurden. Diese Sachverhalte werden zu einem späteren Zeitpunkt in eigenständigen Kapiteln angesprochen und erläutert. Bei den Ausführungen werden der Vollständigkeit halber auch diese Sachverhalte genannt.

Anschließend werden Befehle vorgestellt, die man für die Verzweigung in einzelne Unterprogramme benötigt. Zuletzt folgt die Umsetzung des zuvor in linearer Programmierweise erstellten SPS-Programms in die strukturierte Programmierung.

9.2.1 Organisationsbausteine (OBs)

Bei allen bisher entwickelten SPS-Programmen wurde der OB1 verwendet. Auch im letzten Beispiel der linearen Programmierung waren sämtliche SPS-Befehle im OB1 untergebracht.

Beim OB1 handelt es sich um den sog. **zyklusgetriggerten Baustein** (freier Zyklus), d.h. der Baustein wird automatisch vom Betriebssystem aufgerufen. Der Baustein OB1 stellt die „Wurzel" des SPS-Programms dar, von dem aus in die einzelnen Bausteine verzweigt wird. Wurde das SPS-Programm im OB1 vollständig bearbeitet, so beginnt die CPU nach einer sog. Betriebssystemroutine wieder mit dem ersten Befehl im OB1. Der Baustein wird also solange aufgerufen, wie sich die CPU im Betriebszustand RUN befindet.

Beim Aufruf eines OBs wird dieser vom Betriebssystem mit sog. Startinformationen versorgt. Diese Startinformationen werden in den temporären Lokaldaten des OBs abgelegt. Die Informationen haben eine Länge von 20 Bytes.

Somit müssen bei allen OBs Lokaldaten von mind. 20 Bytes vorhanden sein. Diese Reservierung wird dem SPS-Programmierer von der Programmiersoftware bei der Erzeugung eines OBs abgenommen.

In der nachfolgenden Darstellung ist ein neu erzeugter OB1 zu sehen.

		Name	Datentyp	Offset	Kommentar
1		▼ Temp			
2		OB1_EV_CLASS	Byte	0.0	Bits 0-3 = 1 (Coming event), Bits 4-7 = 1 (Event class 1)
3		OB1_SCAN_1	Byte	1.0	1 (Cold restart scan 1 of OB 1), 3 (Scan 2-n of OB 1)
4		OB1_PRIORITY	Byte	2.0	Priority of OB Execution
5		OB1_OB_NUMBR	Byte	3.0	1 (Organization block 1, OB1)
6		OB1_RESERVED_1	Byte	4.0	Reserved for system
7		OB1_RESERVED_2	Byte	5.0	Reserved for system
8		OB1_PREV_CYCLE	Int	6.0	Cycle time of previous OB1 scan (milliseconds)
9		OB1_MIN_CYCLE	Int	8.0	Minimum cycle time of OB1 (milliseconds)
10		OB1_MAX_CYCLE	Int	10.0	Maximum cycle time of OB1 (milliseconds)
11		OB1_DATE_TIME	Date_And_Time	12.0	Date and time OB1 started

Bild: Schnittstelle des OB1

Die Parameter befinden sich in der sog. Parametertabelle. Auf die Bedeutung von Parametern wird in einem späteren Kapitel explizit eingegangen.

Die Parameter dürfen bei OBs nicht gelöscht werden!

Neben dem OB1 gibt es noch weitere OBs. Jeder Organisationsbaustein ist einer sog. Prioritätsklasse zugeordnet, von denen es insgesamt 28 gibt.

Durch die Prioritätsklasse wird festgelegt, welcher OB vom Betriebssystem aufgerufen wird, sobald mehrere **Ereignisse für den Aufruf** von OBs gleichzeitig eintreten. Die Prioritätsklasse legt ebenfalls fest, ob ein gerade bearbeiteter OB unterbrochen wird, um ein weiteres Ereignis zu bedienen.

Sollen mehrere OBs zeitgleich zur Ausführung kommen, wobei sie der gleichen Prioritätsklasse angehören, so werden die einzelnen Bausteine sequentiell (hintereinander) bearbeitet.

Die Prioritätsklassen für die einzelnen Organisationsbausteine können im System S7-400® von Siemens über die Hardwarekonfiguration der CPU vorgegeben werden (mit Ausnahme der OBs 1, 121 und 122). Bei der Systemfamilie S7-300® von Siemens sind die Prioritätsklassen fest eingestellt.

Bei den OBs 121 und 122 handelt es sich um Bausteine, die vom Betriebssystem aufgerufen werden, sobald ein Programmierfehler (OB121) oder ein Zugriffsfehler (OB122) aufgetreten ist. Die OBs gehören dabei der gleichen Prioritätsklasse an, in welcher der Fehler auftrat.

Welche Prioritätsklassen zur Auswahl stehen, ist von der verwendeten CPU abhängig.

In der nachfolgenden Tabelle werden einige Organisationsbausteine der Systemfamilie S7-300® von Siemens aufgelistet, wobei die voreingestellten Prioritätsklassen mit angegeben sind.

Baustein	Prioritätsklasse
OB1 (zyklische Programmbearbeitung)	1
OB10 (Uhrzeitalarme)	2
OB20–OB21 (Verzögerungsalarme)	3–4
OB32–OB35 (Weckalarme)	9–12
OB40 (Prozessalarme)	16
OB55–OB57 (Status-, Update-, herstellerspez.-Alarm)	2
OB61 (Taktsynchronalarm)	25
OB80–OB87 (Asynchrone Fehler)	26
OB100 (Anlauf)	27
OB121 (Synchronfehler)	Prioritätsklasse des OBs, in dem der Fehler auftritt
OB122 (Peripheriezugriffsfehler)	Prioritätsklasse des OBs, in dem der Fehler auftritt

9.2.2 Die Funktion (FC)

Eine Funktion stellt ein Unterprogramm dar. Eine FC kann Formalparameter besitzen, die beim Aufruf der Funktion mit Aktualparametern zu versorgen sind. Formalparameter sind Werte oder Operanden, die innerhalb des SPS-Programms der Funktion verarbeitet werden. Bei einer Funktion sind alle Formalparameter mit Aktualparametern zu versorgen.

Formalparameter:

Als Formaloperand wird ein Parameter (oder auch Variable) eines Bausteins bezeichnet.

Aktualoperanden:

Als Aktualoperanden werden die Parameter bezeichnet, die beim Aufruf eines Bausteins an ihn übergeben werden.

Funktionen werden immer dann verwendet, wenn keine statischen Lokaldaten (dazu mehr im Kapitel „Funktionsbausteine") zur Ausführung benötigt werden.

9.2.3   Der Funktionsbaustein (FB)

Im Gegensatz zu Funktionen haben Funktionsbausteine die Möglichkeit, Daten zu speichern. Diese Fähigkeit wird durch einen Datenbaustein erreicht, der dem Aufruf (der Instanz) eines Funktionsbausteins zugeordnet ist. Ein solcher Datenbaustein wird als Instanz-DB bezeichnet. Ein Instanz-DB besitzt die gleiche Datenstruktur wie der ihm zugeordnete FB, d.h. in ihm werden die Parameter des FBs abgelegt. Die Inhalte der Parameter sind damit bis zur nächsten Bearbeitung des FBs zwischengespeichert.
Deshalb müssen bei einem FB-Aufruf nicht zwingend Parameter angegeben werden. Ein nicht versorgter Eingangsparameter wird z.B. mit dem Wert im Instanz-DB vorbelegt.
Ein Funktionsbaustein kann sog. statische Variablen besitzen, die innerhalb des FBs definiert werden können und ebenfalls im Instanz-DB abgelegt sind. Auf diese Werte kann dann beim nächsten Aufruf, mit dem gleichen Instanz-DB, wiederum zugegriffen werden.
Da ein Instanz-DB nur eine spezielle Form eines Datenbausteins darstellt, ist es auch möglich, außerhalb des FBs auf dessen Daten zuzugreifen.

Wird ein Funktionsbaustein aus einem anderen Funktionsbaustein heraus aufgerufen, so besteht die Möglichkeit, dass der aufgerufene FB seine Daten im Instanz-DB des aufrufenden FBs ablegt. Man legt also in den statischen Lokaldaten beispielsweise eine Variable mit dem Typ „FB1" an. Dies wird als **Lokalinstanz** bezeichnet.

9.2.4   Der Datenbaustein (DB)

In einem Datenbaustein werden Daten abgelegt. Der Baustein enthält somit keine STEP®7-Befehle. Unter STEP®7 werden zwei Typen von Datenbausteinen unterschieden: der „normale" Globaldatenbaustein mit einer vom Programmierer festgelegten Datenstruktur und der Instanz-DB, der die Datenstruktur des Funktionsbausteins besitzt, dem er zugeordnet ist.

Ein Datenbaustein kann mit einem Schreibschutz versehen werden, um zu verhindern, dass auf seine Inhalte schreibend zugegriffen wird.

9.2.5   Systemfunktionen (SFC) und Systemfunktionsbausteine (SFB)

Bei den Systembausteinen SFC und SFB handelt es sich um Bausteine, die dem STEP®7-Programmierer eine bestimmte Funktionalität bieten. Diese Bausteine können vom Anwender nur aufgerufen werden. Es besteht nicht die Möglichkeit, diese Bausteine selbst zu programmieren.

Systemfunktionen und Systemfunktionsbausteine sind fest im Betriebssystem der CPU hinterlegt. Sie können nicht vom Programmierer gelöscht werden. Sie belegen allerdings auch keinen Speicher in der SPS.

9.2.6 Systemdatenbausteine (SDB)

Auch die Systemdatenbausteine können nicht vom Anwender erstellt werden. Diese Bausteine werden von der Programmiersoftware erzeugt, um darin die Hardware-Konfigurationsdaten einer Baugruppe abzulegen.

Mit dieser Bausteinart kommt der SPS-Programmierer normalerweise nicht in Berührung. In den Programmiersystemen können allerdings Objekte oder Ordner vorhanden sein, die diese Bausteine kapseln.

9.2.7 Maximale Anzahl der Anwenderbausteine

Die Bausteinarten FC, FB und DB können bis zur Zahl 65535 adressiert werden, allerdings handelt es sich dabei um die theoretische Grenze. Die reale Grenze wird vom verwendeten CPU-Typ und dessen verfügbarem Speicher festgelegt.

Die CPUs verfügen über ein sog. Nummernband. Die Nummern innerhalb dieses Bandes können für die Bausteine verwendet werden. Ab der Firmwareversion V2.6 der CPUs wurde dieses Nummernband vereinheitlicht. Diese Maßnahme verbesserte die Möglichkeit der Verwendung von Bausteinen bei unterschiedlichen CPUs innerhalb der Systemfamilie S7-300° von Siemens.

Nachfolgend sind die Bereiche für die Bausteinnummern angegeben. Des Weiteren findet sich in der Tabelle die max. Anzahl der Bausteine:

Bausteinart	Bereich des Nummernbandes	Max. Anzahl
Funktionen (FCs)	0–7999	1024
Funktionsbausteine (FBs)	0–7999	1024
Datenbausteine (DBs)	1–16000	1024

Die genauen Angaben einer CPU können dem Gerätehandbuch entnommen werden. Besteht die Möglichkeit, mit der Programmiersoftware auf die CPU zu zugreifen, so finden sich die Informationen im Baugruppenzustand (SIMATIC°-Manager, WinSPS-S7) bzw. unter Online & Diagnose (TIA-Portal®).

Man erkennt, dass die praktische Grenze der Bausteinadressen bei weitem niedriger liegt als die theoretische Grenze von S7. Die theoretische Grenze ist die Grenze des Sprachraums, von der die CPUs noch weit entfernt sind.

9.2.8 Aufruf einer FC

STEP®7 bietet drei Befehle, um eine FC aufzurufen. Es sind dies:

- CALL FCn:
  Absoluter Aufruf einer Funktion mit der Nummer n. Die Aktualparameter werden nach dem Aufruf angegeben. Absoluter Aufruf bedeutet, dass die Verzweigung nicht vom Verknüpfungsergebnis (VKE) abhängig ist.
- UC FCn:
  Absoluter Aufruf einer Funktion mit der Nummer n. Die aufgerufene Funktion darf keine Bausteinparameter besitzen. Der Aufruf ist nicht vom VKE abhängig.
- CC FCn:
  Bedingter Aufruf einer Funktion mit der Nummer n. Die aufgerufene Funktion darf keine Bausteinparameter besitzen. Der Aufruf der Funktion erfolgt nur, wenn das VKE den Status ‚1' hat, eine zuvor gestellte Bedingung also wahr ist.

Mit Hilfe dieser drei Befehle kann in eine FC verzweigt werden. Besitzt die FC keine Parameter, so ist auch ein bedingter, also vom VKE abhängiger Aufruf möglich (Befehl „CC"). Bei einer Funktion mit Parameter gibt es keinen Befehl für einen bedingten Aufruf. Hierbei muss der Befehl „CALL" verwendet werden. Will man eine Funktion mit Parameter bedingt aufrufen, so ist dies in AWL nur mit Hilfe eines **Sprungbefehls** zu realisieren; in FUP/KOP kann der **EN-Eingang** des CALL-Blocks verwendet werden.

9.2.9   Beispiel zur UC-Operation

In einem SPS-Programm soll aus dem OB1 heraus in die Funktion FC1 verzweigt werden. Dabei ist ein absoluter Aufruf zu programmieren. Innerhalb der Funktion FC1 soll die Funktion FC2 absolut aufgerufen werden.

Nachfolgend ist der Programmteil des OB1 in den Grunddarstellungsarten zu sehen:

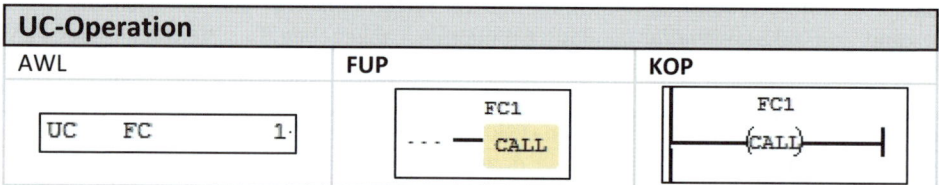

Dies wird im Netzwerk 1 des OB1 programmiert. Die FUP/KOP-Operation ist dabei dem Katalog zu entnehmen. Sie befindet sich in der Rubrik „Programmsteuerung" und hat die Bezeichnung „CALL".

Um aus der Funktion FC1 in die FC2 zu verzweigen, ist folgende Befehlszeile in der FC1 zu programmieren.

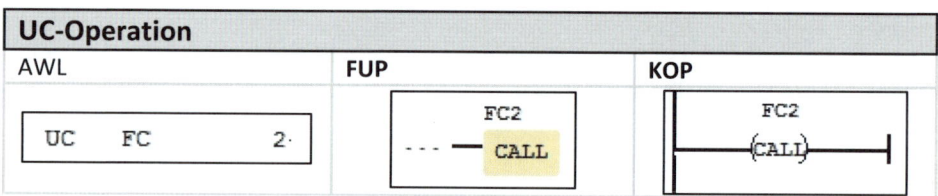

Damit ist das Programm fertiggestellt.
In der nachfolgend dargestellten Grafik wird die Arbeitsweise der CPU in diesem Beispiel veranschaulicht.

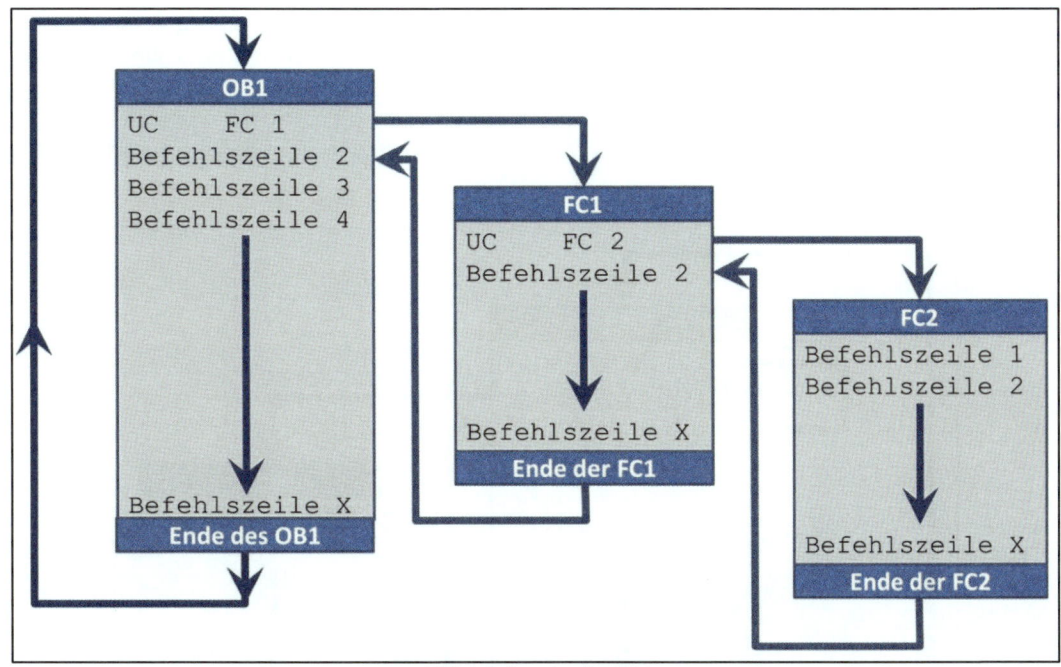

Bild: Arbeitsweise der CPU

Sobald die CPU auf den Befehl „UC FC1" trifft, wird vom OB1 in die Funktion FC1 verzweigt, d.h. als nächstes wird der erste Befehl in der Funktion FC1 ausgeführt. Dies ist der Befehl „UC FC2" und somit wird die Funktion FC2 aufgerufen und deren Befehlszeilen bearbeitet. Wurden die Befehle innerhalb der FC2 abgearbeitet und trifft die CPU auf den letzten Befehl der FC2, so wird in die FC1 zurückgesprungen, und zwar zum nächsten Befehl hinter dem Aufruf der FC2.

Trifft die CPU auf den letzten Befehl der FC1, so wird die Programmbearbeitung im OB1 fortgesetzt, und zwar mit dem nächsten Befehl hinter dem Aufruf der Funktion FC1.

Diese Arbeitsweise wird wiederholt, solange sich die CPU im Betriebszustand RUN befindet.

9.2.10   Beispiel zur CC-Operation

Die Funktion FC1 ist aus dem OB1 heraus aufzurufen. Allerdings soll der Aufruf nur ausgeführt werden, wenn der Eingang E0.0 den Status ‚1' hat.

Nachfolgend ist der Programmteil des OB1 in den Grunddarstellungsarten zu sehen:

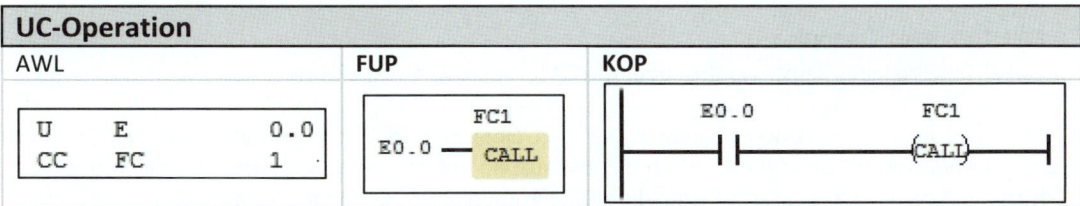

In AWL wird die Operation „CC" verwendet, die vom VKE abhängig ist. Im Beispiel beeinflusst der Eingang E0.0 das VKE.

In FUP/KOP kommt auch hier der CALL-Block zum Einsatz. Im Gegensatz zum absoluten Aufruf eines Bausteins wird hier aber der Eingang des CALL-Blocks belegt. Dies hat zur Folge, dass nur beim Status ‚1' des Eingangs der Aufruf der FC ausgeführt wird.

Auch hierbei soll die Arbeitsweise der CPU veranschaulicht werden. Dies zeigt die nachfolgende Grafik.

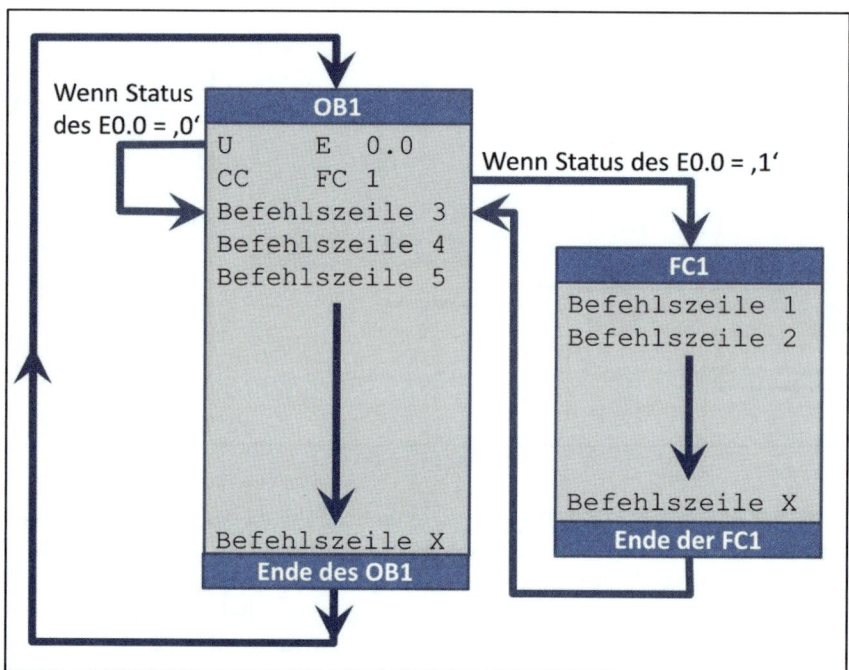

Bild: Arbeitsweise der CPU bei einem bedingten Bausteinaufruf

<u>Verhalten, wenn der Eingang E0.0 den Status ‚0' hat:</u>
Hat der Eingang E0.0 den Status ‚0', so wird der Sprung in die Funktion FC1 nicht ausgeführt. Die CPU bearbeitet dann sofort die Befehlszeile 3 im Baustein OB1.

<u>Verhalten, wenn der Eingang E0.0 den Status ‚1' hat:</u>
Hat der Eingang E0.0 den Status ‚1', dann wird beim Befehl „CC FC1" der Sprung in die FC1 ausgeführt. Es werden dann die Befehlszeilen in der FC1 bearbeitet. Nach dem letzten Befehl in der FC1 wird in den Baustein OB1 zurückgekehrt. Anschließend bearbeitet die CPU die Befehlszeile hinter dem Aufruf der FC1.

9.2.11 Die CALL-Operation
In FUP/KOP wird jeder Bausteinaufruf über die CALL-Operation ausgeführt.

In AWL gibt es hier eine Unterscheidung. Die CALL-Operation in AWL ist ein absoluter Aufruf eines Bausteins (wie die UC-Operation), sofern dieser Baustein mit Parametern versorgt werden muss. Besitzt ein Baustein Parameter, so kann die UC-Operation nicht verwendet werden, hier ist zwingend die CALL-Operation zu verwenden.

Auf die CALL-Operation wird im weiteren Verlauf des Buches noch näher eingegangen.

9.2.12 Aufruf eines FBs

Wie bei einer FC stehen dem SPS-Programmierer auch für den Aufruf eines Funktionsbausteins drei Befehle zur Verfügung:

- **CALL FBn, DBm:**
  Absoluter Aufruf eines Funktionsbausteins mit der Nummer n. Die Aktualparameter werden nach dem Aufruf angegeben. Der angegebene DB ist der sog. **Instanz-DB** für diesen Aufruf. Im Instanz-DB werden die Daten des FB abgelegt, er dient dem FB als „Gedächtnis". Der Instanz-DB hat die gleiche Datenstruktur wie der FB.
- **UC FBn:**
  Absoluter Aufruf eines FBs mit der Nummer n. Der aufgerufene FB darf keine Formalparameter besitzen.
- **CC FBn:**
  Bedingter Aufruf eines FB mit der Nummer n. Der aufgerufene FB darf keine Formalparameter besitzen.

Mit Hilfe dieser drei Befehle kann in einen FB verzweigt werden. Besitzt der FB keine Formalparameter, so ist auch ein bedingter Aufruf möglich (Befehl „CC"). Bei einem Funktionsbaustein mit Formalparameter gibt es keinen Befehl für einen bedingten Aufruf, sodass der Befehl „CALL" verwendet werden muss. Will man einen Funktionsbaustein mit Formalparameter bedingt aufrufen, so ist dies in AWL nur mit Hilfe eines Sprungbefehls zu realisieren.

Die Aufrufe eines Funktionsbausteins mit den Befehlen „UC" und „CC" werden so programmiert wie der Aufruf einer FC. Das Gleiche gilt für die Darstellungsarten FUP/KOP. Deshalb gelten hierbei auch die Beispiele im Zusammenhang mit dem Aufruf einer FC.

Auf den Befehl „CALL" (mit der Angabe eines Instanz-DBs) wird in einem gesonderten Kapitel explizit eingegangen.

9.2.13 Operationen, um einen Baustein zu beenden

Die Sprache STEP®7 kennt drei Operationen, um einen Baustein zu beenden und den Rücksprung in den aufrufenden Baustein auszulösen:
- BEA (Baustein-Ende absolut)
- BEB (Baustein-Ende bedingt)
- BE (Baustein-Ende)

Diese Befehle werden nachfolgend erläutert.

BEA-Operation

Der Befehl „BEA" bewirkt den Rücksprung in den aufrufenden Baustein. Der Befehl wird unabhängig vom VKE ausgeführt. Der Unterschied zum Befehl „BE" (siehe unten) besteht darin, dass hinter „BEA" noch weitere STEP®7-Anweisungen stehen dürfen.
Die Anweisungen hinter „BEA" werden nur bearbeitet, wenn die CPU nicht den Befehl „BEA" ausführt. Dies erreicht man dadurch, dass der Befehl übersprungen wird. Sprungoperationen werden in einem gesonderten Kapitel des Buches vorgestellt.
Die BEA-Operation kann nicht in FUP/KOP dargestellt werden.

BEB-Operation

Mit dem Befehl „BEB" kann ebenfalls der Rücksprung zum aufrufenden Baustein veranlasst werden. Es handelt sich dabei um ein bedingtes Bausteinende, d.h. der Rücksprung wird durchgeführt, wenn das Verknüpfungsergebnis (VKE) den Status ‚1' hat.
Hinter dem Befehl „BEB" können noch weitere Anweisungen stehen.
Auch die BEB-Operation kann nicht in FUP/KOP dargestellt werden.

BE-Operation

Der Befehl „BE" stellt das Ende eines jeden Codebausteins dar. Dies bedeutet, dass dieser Befehl in jedem Bausteintyp, außer dem Datenbaustein, programmiert ist. Die Programmierung muss allerdings nicht vom SPS-Programmierer vorgenommen werden. Wird ein neuer Baustein erzeugt, wird der Befehl „BE" automatisch am Ende des Bausteins eingefügt. Für den Anwender ist dies nicht sichtbar.
In den Beispielen zu den Aufrufen einer Funktion („UC", „CC") wurde erwähnt, dass die CPU beim letzten Befehl eines Bausteins in den aufrufenden Baustein zurückspringt. Dieser Rücksprung wird vom Befehl „BE" ausgelöst.

9.2.14 Erstellen des strukturierten SPS-Programms

Im Kapitel „Lineare Programmierung" wurde ein SPS-Programm für eine Lüftungsanlage entwickelt. Dieses Programm soll nun in der strukturierten Programmierung erstellt werden. Das eigentliche SPS-Programm befindet sich dabei in der Funktion FC1. Diese Funktion wird dann aus dem Baustein OB1 heraus aufgerufen.

Nach dem Erzeugen der FC1 können die Netzwerke des OB1 kopiert und in die FC1 eingefügt werden, denn das eigentliche SPS-Programm ändert sich nicht. Anschließend sind die Netzwerke im OB1 zu löschen.

Die FC1 hat somit folgendes Aussehen:

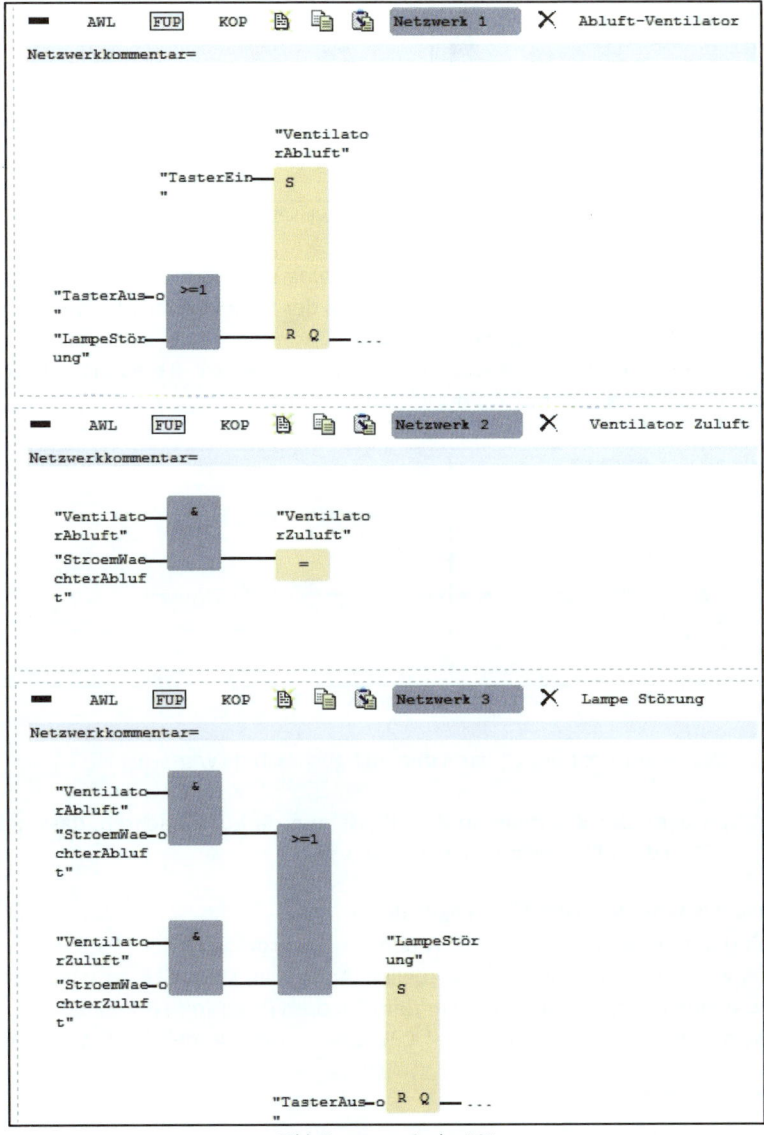

Bild: Programm in der FC1

Im OB1 muss nun der Aufruf der FC1 programmiert werden.
Die nachfolgende Darstellung zeigt das Vorgehen bei der Programmierung in FUP.

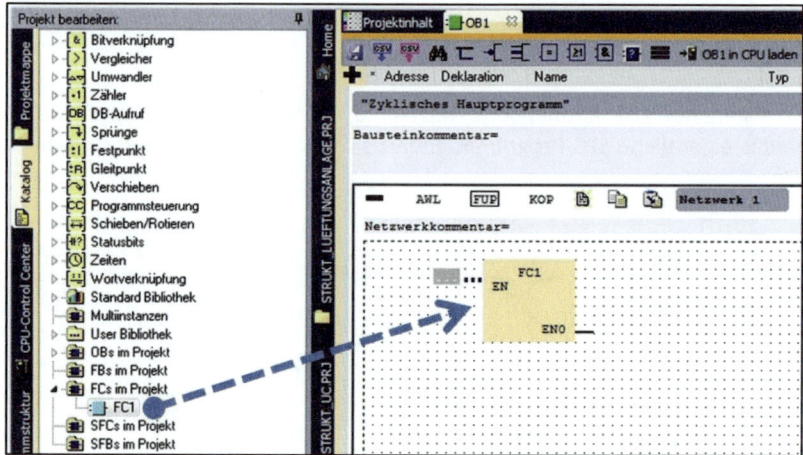

Bild: Aufruf der FC1 in WinSPS-S7

Da die FC1 als Baustein vorhanden ist, kann sie im Katalog selektiert und per Drag-and-Drop in das Netzwerk eingefügt werden. Ebenso ist diese Aktion aus der Projektmappe heraus möglich; auch hier wird die FC selektiert und in das Netzwerk eingefügt.

Dies ist die generelle Vorgehensweise, um den Aufruf eines Bausteins zu programmieren. Nachfolgend ein Ausschnitt aus dem TIA-Portal® von Siemens.

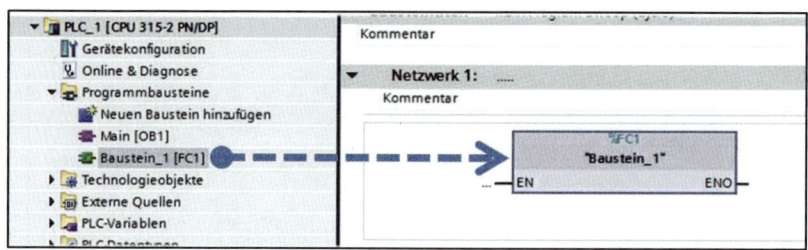

Bild: Aufruf der FC1 im TIA

Nach dem Einfügen des Aufrufs der FC1 kann der OB1 gespeichert werden.

 Beim Übertragen der Bausteine in die SPS ist nun darauf zu achten, dass neben dem OB1 auch die FC1 in die SPS übertragen werden muss.

9.2.15   Analyse des strukturierten SPS-Programmes

Nachdem die CPU in den Betriebszustand RUN überführt wurde, wird das SPS-Programm bearbeitet. Testet man das Programm mit Hilfe der virtuellen Anlage in SPS-VISU, so wird man anhand der Funktionsweise keinen Unterschied gegenüber dem linearen Programm erkennen.
Allerdings sieht die interne Arbeitsweise der CPU doch etwas anders aus. Diese ist nachfolgend dargestellt.

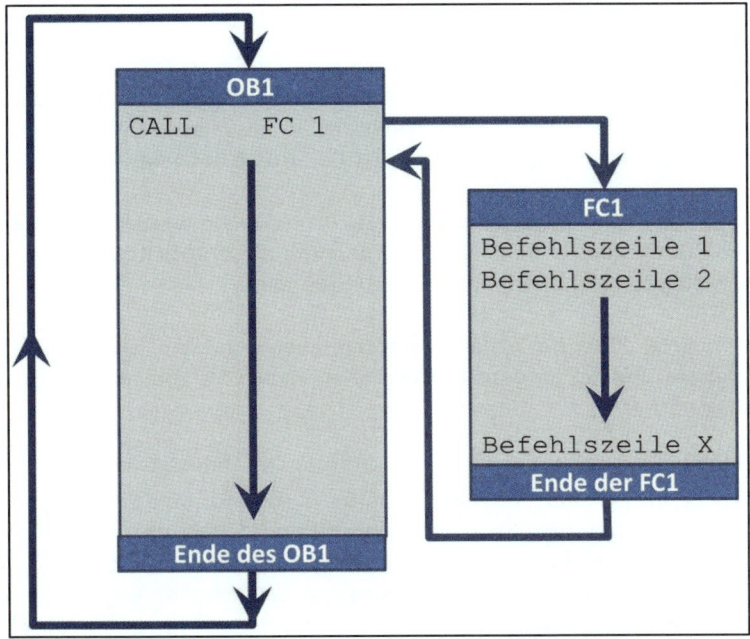

Bild: Bearbeitung des SPS-Programms bei der strukturierten Programmierung

Im OB1 befindet sich ja nur der Aufruf der FC1. Aus diesem Grund wird sofort in diese verzweigt und die darin befindlichen Operationen ausgeführt. Beim Erreichen des Endes der FC1 springt die CPU in den aufrufenden Baustein zurück, im Beispiel in den OB1. Genauer gesagt wird an die Stelle nach dem Aufruf der FC1 gesprungen. Wären weitere Operationen oder auch Bausteinaufrufe programmiert, dann würde diese nun nacheinander abgearbeitet werden.

9.3 Fazit zur linearen und strukturierten Programmierung

Im gezeigten Beispiel sind die Vorteile der strukturierten Programmierung noch nicht so deutlich sichtbar. Dies wird sich ändern, wenn mit Parametern der Bausteine gearbeitet wird.

Aus momentaner Sicht dient die strukturierte Programmierung dazu, ein Programm übersichtlicher zu gestalten, indem die Gesamtaufgabenstellung in Einzelaufgaben zerlegt wird. Diese Einzelaufgaben werden dann in unterschiedlichen Bausteinen gelöst. Der Vorteil besteht nun darin, dass die Suche beim Auftreten eines Fehlers von vornherein auf einen bestimmten Baustein begrenzt werden kann.

Im weiteren Verlauf des Buches werden weitere Vorteile hinzukommen, z.B. die Wiederverwendbarkeit von Bausteinen und die Codeersparnis. Dazu müssen aber zunächst die theoretischen Voraussetzungen geschaffen werden.

9.4   Bearbeitung eines SPS-Programms in der CPU

Wenn in den vorausgegangenen Kapiteln ein SPS-Programm fertig gestellt und in die CPU übertragen wurde, war der nächste Schritt die Umschaltung des Betriebszustandes der CPU in den Zustand RUN. Die Notwendigkeit dieser Maßnahme wurde damit erklärt, dass das SPS-Programm in der CPU nur bearbeitet wird, wenn sich die CPU in eben diesem RUN-Zustand befindet.

Diese „Bearbeitung" soll nun in diesem Kapitel genauer erläutert werden. Dabei wird die interne Arbeitsweise der CPU detaillierter dargestellt. Die Kenntnis dieser Arbeitsweise ist sehr wichtig, um sich manches Verhalten der CPU überhaupt erklären zu können.

Zunächst müssen einige Begriffe benannt werden, die in diesem Zusammenhang auftreten. Anschließend folgt ein Beispiel, in dem das Verhalten einer CPU vom Anlauf bis zum zyklischen Betrieb praktisch gezeigt wird.

9.4.1   Prozessabbilder

In den bisherigen Beispielen und Erklärungen wurde immer nur von Eingängen und Ausgängen gesprochen. Dabei entstand der Eindruck, dass innerhalb des SPS-Programms bei der Verwendung eines Eingangs der Status aus der Eingangsbaugruppe geholt und verarbeitet wird. Der Einfachheit halber wurde auch angenommen, dass ein Ausgang bei seinem Ansprechen direkt an der Ausgangsbaugruppe verändert wird. Diese Annahmen sind allerdings nicht ganz korrekt.

Wenn innerhalb eines SPS-Programms ein Eingang oder Ausgang verwendet wird, so bezieht man sich auf das sog. Prozessabbild der Eingänge (PAE) bzw. Ausgänge (PAA).
Dieses Prozessabbild ist ein Speicherbereich innerhalb der CPU, in dem die Zustände der Eingänge und Ausgänge abgelegt sind.

Der Speicherbereich für die Eingänge, das sog. Prozessabbild der Eingänge (PAE), wird zu einem bestimmten Zeitpunkt mit dem Signalzustand der Peripherie aktualisiert. Während der zyklischen Bearbeitung wird dann meistens mit den Zuständen im PAE gearbeitet. Diese Vorgehensweise hat einen Haken: Wenn sich während der zyklischen Bearbeitung der Zustand eines Eingangs an der Eingangsbaugruppe ändert, dann bleibt der Status des Bits im PAE zunächst davon unberührt, d.h. man arbeitet mit dem „alten" Zustand des Eingangs. Diese Zeitverzögerung ist allerdings bei den meisten SPS-Programmen nicht relevant, da die Zykluszeit im Bereich von Millisekunden liegt.

Wird ein Ausgang innerhalb des SPS-Programms verändert, dann wird der Status des Ausgangs im Prozessabbild der Ausgänge (PAA) verändert, nicht direkt an der Ausgangsbaugruppe. Zu einem bestimmten Zeitpunkt werden dann die Zustände des PAA an die Ausgangsbaugruppen weitergegeben. Erst dann hat die Änderung des Ausgangs Auswirkungen in der Peripherie.
Auch hierbei gilt, dass diese Arbeitsweise in den meisten SPS-Programmen vernachlässigt werden kann, da die Zykluszeit im Bereich von Millisekunden liegt und damit die Reaktionszeit ausreichend ist.

Als Reaktionszeit wird dabei die Zeit zwischen dem Eintreten eines Ereignisses und der Reaktion auf dieses Ereignis in der Peripherie, also an der Baugruppe, bezeichnet.

Dazu später mehr.

9.4.2 Betriebszustände einer S7-CPU

Eine S7-CPU kennt folgende Zustände:

- STOP-Betrieb
- ANLAUF-Betrieb
- RUN-Betrieb
- HALT-Betrieb

9.4.2.1 STOP-Betrieb

Im „STOP"-Betrieb wird das Anwenderprogramm nicht bearbeitet. Alle Ausgänge sind auf ‚0' geschaltet.

Das Betriebssystem der CPU erledigt im STOP-Betrieb folgende Arbeiten:

- Diagnose der Hardware
- Prüfen, ob die Bedingungen für einen Anlauf stimmen
- Prüfen, ob Systemsoftwareprobleme vorliegen
- Globaldaten empfangen

Erklärung zu Globaldaten:

Die S7-CPUs verfügen von Haus aus über die Möglichkeit, mit anderen CPUs zu kommunizieren. Dazu werden die CPUs untereinander vernetzt. Eine dieser Kommunikationsarten ist die sog. Globaldatenkommunikation, bei der bestimmte Datenbereiche zwischen den CPUs ausgetauscht werden können.

9.4.2.2 ANLAUF-Betrieb

Der Anlauf unterscheidet sich in **Wiederanlauf** (nur bei S7-400* möglich), **Neustart** und **Kaltstart** (nur bei S7-400* möglich). Exemplarisch soll hier nur der bei der Systemfamilie S7-300* von Siemens mögliche Neustart erläutert werden.

Neustart

Der Neustart setzt sich aus folgenden Schritten zusammen:

1. Ausgangsbaugruppen sperren
2. Eingangsprozessabbild (PAE) löschen
3. Ausgangsprozessabbild (PAA) löschen
4. Peripherieausgänge löschen
5. Nicht remanente Daten löschen
6. Baugruppen parametrieren
7. OB100 (Neustart) bearbeiten
8. Ausgangsbaugruppen freigeben
9. Jetzt ist der RUN-Betrieb aktiv

Zu 1. Ausgangsbaugruppen sperren:

Dies bedeutet, dass an den Ausgängen der Status ‚0' ausgegeben wird.

Manche Ausgangsbaugruppen, z.B. Analogbaugruppen, bieten auch die Möglichkeit einen sog. Ersatzwert auszugeben. Dieser Ersatzwert kann in der Hardwarekonfiguration der Baugruppe angegeben werden. Wurde ein solcher Wert eingestellt, so wird er anstatt des Wertes ‚0' ausgegeben.

Zu 2. Prozessabbild der Eingänge (PAE) löschen:

Die Daten innerhalb des PAE werden gelöscht.

Zu 3. Prozessabbild der Ausgänge (PAA) löschen:
Die Daten innerhalb des PAA werden gelöscht.

Zu 4. Peripherie-Ausgänge löschen:
Es werden die Baugruppenspeicher der Ausgangsbaugruppen gelöscht.

Zu 5. Nicht remanente Daten löschen:
Jetzt werden die nicht remanenten Daten, wie z.B. Merker, Zeiten und Zähler, gelöscht.
Ebenso gehen die Inhalte der nicht remanenten Datenbausteine verloren.

Zu 6. Baugruppen parametrieren:
Die Baugruppen werden von der CPU mit ihren Parametern versorgt.

Zu 7. OB100 (Neustart) bearbeiten:
Jetzt beginnt die Bearbeitung des für diese Anlaufart zuständigen OBs. Es handelt sich dabei um den OB100, der automatisch vom Betriebssystem aufgerufen wird. Hier kann der SPS-Programmierer Befehle programmieren, die er für notwendig bei einem Neustart hält. Dazu gehört beispielsweise die Initialisierung von Operanden und Daten. Dieser OB wird nur einmalig beim Neustart aufgerufen.

Zu 8. Ausgangsbaugruppen freigeben:
Nun werden die Ausgangsbaugruppen freigegeben, d.h. der im Speicher der Ausgangsbaugruppen befindliche Status wird an die Baugruppen ausgegeben.

Zu 9. Jetzt ist der RUN-Betrieb aktiv:
Die CPU befindet sich nun im zyklischen Betrieb.

9.4.2.3   RUN-Betrieb

Der RUN-Betrieb bearbeitet folgende Schritte:
1. Zyklusüberwachungszeit starten
2. PAE (Prozessabbild der Eingänge) aktualisieren
3. OB1 mit allen Unterprogrammen bearbeiten
4. PAA (Prozessabbild der Ausgänge) in die Hardware übertragen
5. Betriebssystemroutine, z.B.
   – Bausteine senden und empfangen
   – Globaldaten senden und empfangen

Zu 1. Zyklusüberwachungszeit starten:
Die Zyklusüberwachungszeit ist die Zeit, die längstens für einen Zyklusdurchlauf benötigt werden darf. Die Zykluszeit wird überwacht, um beispielsweise eine Endlosschleife im SPS-Programm zu erkennen. In einem solchen Fall würde das Ende des OB1 nie erreicht werden. Wird die max. Zykluszeit überschritten, so geht die CPU in den STOP-Zustand über, d.h. das SPS-Programm wird nicht mehr bearbeitet.
Die max. Zykluszeit kann, wenn nötig, parametriert werden. Standardmäßig ist sie auf 150ms eingestellt.

Zu 2. PAE (Prozessabbild der Eingänge) aktualisieren:
Hier wird der Zustand der Eingangsbaugruppen eingelesen und im PAE abgelegt. Somit wird während des Zyklus mit diesen Zuständen gearbeitet.

<u>Zu 3. OB1 mit allen Unterprogrammen bearbeiten:</u>

Bei diesem Punkt wird das Anwenderprogramm bearbeitet. Dabei werden noch weitere Aufgaben vom Betriebssystem erledigt. Es sind beispielsweise:

- Normale sequentielle Bearbeitung des Anwenderprogramms
- Zeitbausteine (Timer) aktualisieren
- Zykluszeit überwachen
- Reagieren auf Fehler und Aufruf eines Fehler-OBs
- Reagieren auf verschiedene Ereignisse, z.B.:
  - Weckalarme
  - Uhrzeitalarme
  - Verzögerungsalarme
  - Prozessalarme

<u>Zu 4. PAA (Prozessabbild der Ausgänge) in die Hardware übertragen:</u>

Hier werden die Zustände des PAA an die Ausgangsbaugruppen weitergegeben. Damit haben die im SPS-Programm gemachten Veränderungen im PAA Auswirkungen auf die Ausgangsbaugruppen.

<u>Zu 5. Betriebssystemroutine:</u>

Jetzt folgen noch weitere vom Betriebssystem zu erledigende Aufgaben, so z.B. die Kommunikation mit weiteren CPUs, der Programmiersoftware, Visualisierungen und HMI-Geräten.

9.5   Beispiel zur Programmbearbeitung in der CPU

Im nachfolgenden Beispiel wird anhand eines kleinen SPS-Programms der Vorgang innerhalb der CPU veranschaulicht.

> Das SPS-Programm besteht nur aus dem OB1. Dabei wird der Eingang E1.2 über eine UND-Verknüpfung abgefragt und das Ergebnis dem Ausgang A0.2 zugewiesen.

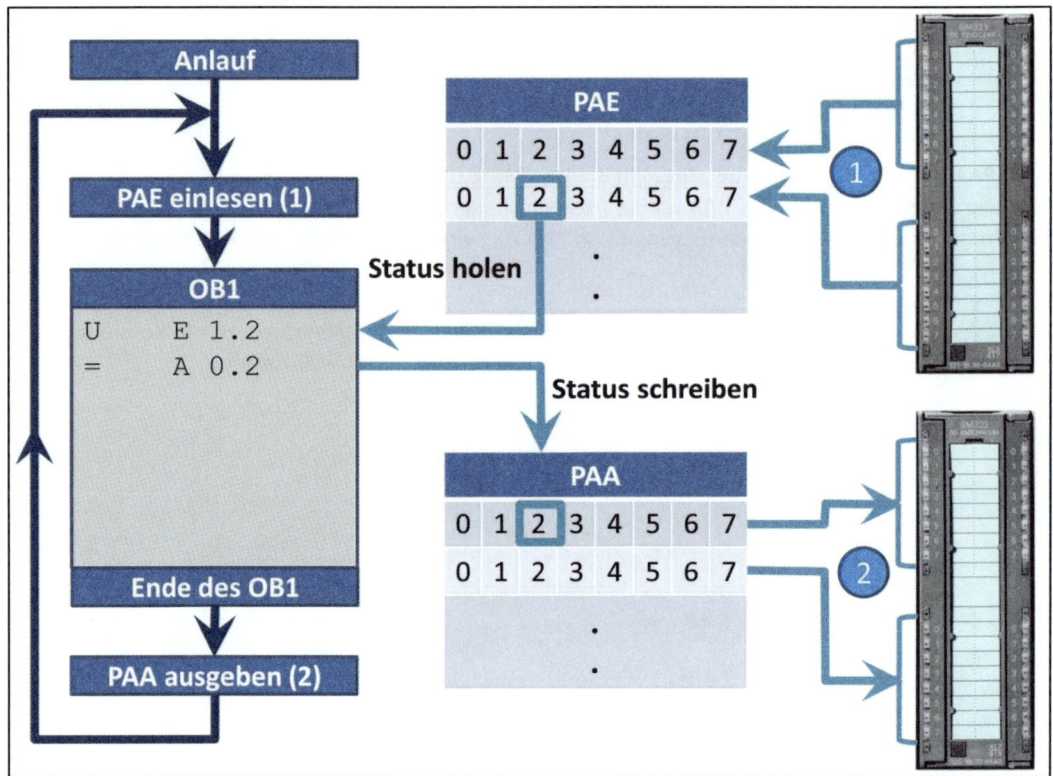

Bild: Darstellung der Vorgänge innerhalb der CPU

Nach dem Anlauf wird das PAE eingelesen (1). Dabei werden die Zustände der Eingänge aus den Eingangsbaugruppen in das Prozessabbild der Eingänge transferiert.

Dann wird das SPS-Programm ausgehend vom OB1 bearbeitet. Bei dem Befehl „U E1.2" wird der Status des Eingangs aus dem PAE geholt und verknüpft. Bei der Zuweisung an den Ausgang A0.2 wird der Status des Ausgangs in das entsprechende Bit im Prozessabbild der Ausgänge geschrieben.

Nachdem das Ende des OB1 erreicht wurde, wird das PAA an die Ausgangsbaugruppen transferiert (2). Erst dann hat die Änderung des Ausgangs innerhalb des SPS-Programms den Status an der Baugruppe verändert.

9.6 Reaktionszeit

Als Reaktionszeit wird die Zeitspanne ab dem Eintreten eines Ereignisses bis zur entsprechenden Reaktion an den Ausgängen der SPS bezeichnet.

Das nachfolgende Beispiel soll zeigen, wie unterschiedlich die Reaktionszeit sein kann.

Gegeben sei ein kleines SPS-Programm im OB1. Dabei wird der Status des Eingangs E0.0 dem Ausgang A0.0 zugewiesen.

Das SPS-Programm hat somit folgendes Aussehen:

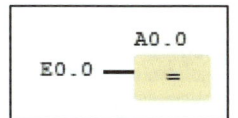

Bild: Programmteil für dieses Beispiel

9.6.1 Reaktionszeit im günstigsten Fall

Zunächst soll die Reaktionszeit im günstigsten Fall ermittelt werden. Dieser Fall ist nachfolgend zu sehen.

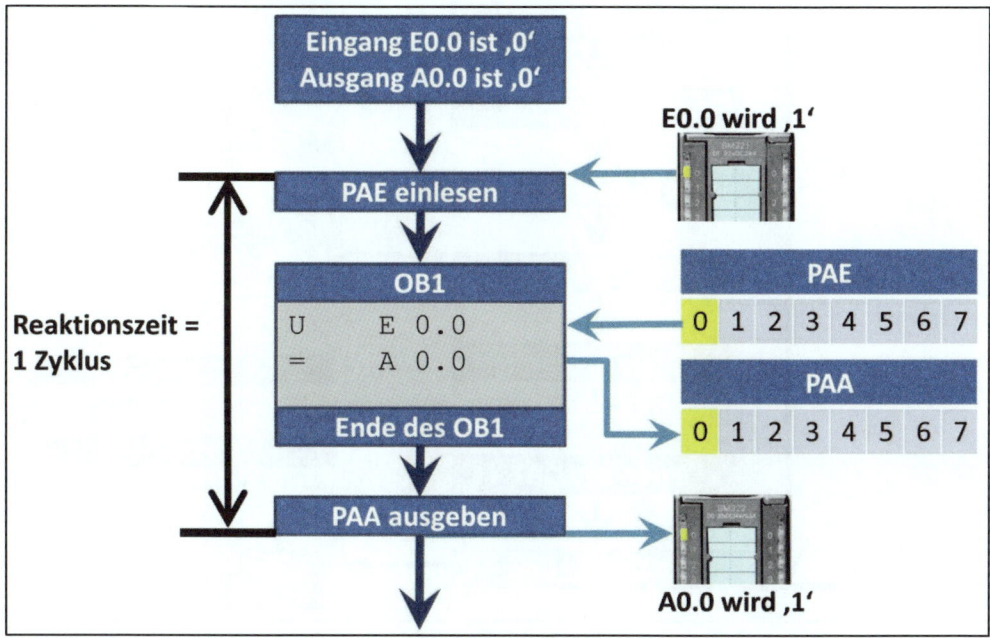

Bild: Reaktionszeit Fall 1

Als Ausgangssituation wird angenommen, dass der Eingang E0.0 und der Ausgang A0.0 den Status ‚0' besitzen.

Vor dem Einlesen des PAE nimmt der Eingang E0.0 den Status ‚1' an. Somit wird dieser Status im PAE erfasst.

Anschließend wird das SPS-Programm bearbeitet, wobei der Status des Eingangs aus dem PAE ausgelesen und dem Ausgang zugewiesen wird. Da der Eingang im PAE den Status ‚1' hat, bekommt das entsprechende Bit des Ausgangs im PAA ebenfalls den Status ‚1'.
Nach der Bearbeitung des OB1 wird das PAA an die Ausgangsbaugruppen übergeben. Somit wechselt der Ausgang A0.0 auf der Baugruppe auf den Status ‚1'.

Die Reaktionszeit entspricht somit einer Zykluszeit.

9.6.2   Die Reaktionszeit im ungünstigsten Fall
Nun soll eine weitere Konstellation betrachtet werden, bei der die Reaktionszeit deutlich über dem zuvor angenommenen Fall liegt.

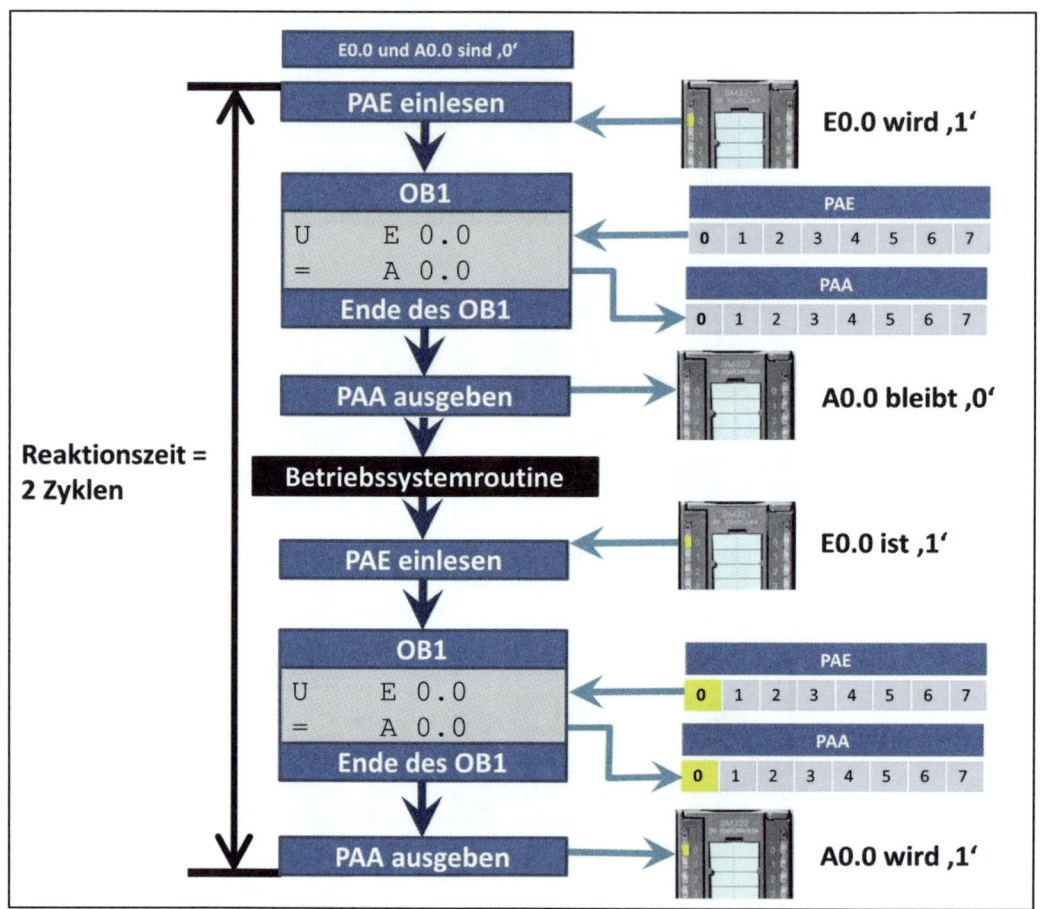

Bild: Reaktionszeit Fall 2

In diesem Beispiel wird die gleiche Ausgangssituation vorausgesetzt. Der Eingang E0.0 und der Ausgang A0.0 haben den Status ‚0'.
Dann wird das PAE eingelesen und **nach** diesem Vorgang ändert sich der Status des Eingangs an der Baugruppe. Somit wird der Signalwechsel nicht mehr erfasst. Im ersten Zyklus steht somit für den

Eingang E0.0 der Status ‚0' im PAE. Dies hat zur Folge, dass der Ausgang A0.0 ebenfalls auf den Status ‚0' gesetzt wird, der auch an die Baugruppe transferiert wird.

Erst beim zweiten Einlesen des PAE wird der Signalwechsel des Eingangs übernommen, im PAE steht somit der Status ‚1'. Dieser Status wird daraufhin dem Ausgang A0.0 zugewiesen. Damit ist auch das Bit im PAA auf den Status ‚1' gesetzt.

Beim Ausgeben des PAA an die Ausgangsbaugruppen wird der Signalwechsel dann auch in der Peripherie vollzogen.

Die Reaktion hat dabei allerdings 2 Zyklen gedauert.

Die beiden Beispiele haben gezeigt, dass die Reaktionszeit stark vom Zeitpunkt des Ereignisses abhängt.

Die max. auftretende Reaktionszeit beträgt 2 Zyklen.

Man muss allerdings bedenken, dass die Zykluszeit im Bereich von Millisekunden liegt. Somit kann dieses Verhalten in den meisten SPS-Programmen vernachlässigt werden.

9.7 Vorteile bei der Arbeit mit dem Prozessabbild

Das Prozessabbild hat, wie in den letzten beiden Beispielen gezeigt, den Nachteil einer verzögerten Reaktionszeit. Wie schon erwähnt, ist dieser Nachteil aber meist unbedeutend. Nachfolgend sind nun die Vorteile aufgeführt.

1. Alle Eingänge im Prozessabbild sind zu einem bestimmten Zeitpunkt aktualisiert worden. Die Eingänge im Prozessabbild werden während des Zyklus nicht mehr von der Hardware (Prozess) verändert. Dies bedeutet, dass das Prozessabbild ein konsistentes Abbild des Prozesses ist.

   Beispiel

   > Die CPU bearbeitet Verknüpfungsoperationen mit UND- und ODER-Befehlen, wobei ein Eingang mehrmals in dieser Verknüpfung abgefragt wird.

   Würde der Eingang bei der 2. Abfrage den Zustand ändern, treten logische Fehler bei der Zuweisung des Ergebnisses auf.

   Aus diesem Grund ist die Verwendung eines Prozessabbildes unerlässlich.

2. In einem Anwenderprogramm kann es vorkommen, dass ein Ausgang während des Zyklus mehrmals verändert wird. Der Programmierer geht im Normalfall davon aus, dass der Zustand des Ausgangs am Zyklusende auch an der Baugruppe ansteht.
   Wäre kein Prozessabbild der Ausgänge vorhanden, würde der Zustand des Ausgangs an der Baugruppe innerhalb des Zyklus mehrmals wechseln.
   Dies ist vom Programmierer normalerweise nicht erwünscht.

3. Der Zugriff auf das Prozessabbild ist schneller als der direkte Zugriff auf die Peripherie.

9.8 Alarmgesteuerte Programmbearbeitung

Bei der alarmgesteuerten Programmbearbeitung reagiert die CPU auf ein bestimmtes Ereignis. Dieses Ereignis führt dann zu einer Unterbrechung des „normalen" zyklischen Programms.

Wurde das SPS-Programm in der „Alarmschleife" bearbeitet, setzt die CPU ihre Arbeit an der zuvor unterbrochenen Stelle im zyklischen Programmteil fort.

Folgende Alarme sollen benannt werden:
- Uhrzeitalarme:
  Für diese Alarmart stehen die sog. Uhrzeitalarm-OBs zur Verfügung. Dabei kann der Zeitpunkt (Uhrzeit und Datum) des Auslösens eingestellt werden.
- Weckalarme:
  Hier werden die Weckalarm-OBs verwendet. Weckalarme können in einem vom Programmierer eingestellten Intervall aufgerufen werden. Sie werden z.B. verwendet, wenn man eine feste Zeitbasis benötigt.
- Verzögerungsalarme:
  Diese Alarmart ermöglicht eine zeitverzögerte Bearbeitung, wobei die Verzögerung über Systemfunktionen einstellbar ist. Auch hier werden entsprechende OBs aufgerufen.
- Prozessalarme:
  Bei dieser Alarmart kommen die Prozessalarm-OBs zur Anwendung. Prozessalarme können beispielsweise von Eingangs- und Ausgangsbaugruppen ausgelöst werden. Die Art und Weise kann man in der Hardwarekonfiguration der Baugruppe festlegen.

9.8.1 Beispiel für die alarmgesteuerte Programmbearbeitung

Die alarmgesteuerte Programmbearbeitung soll am Beispiels eines Uhrzeitalarms verdeutlich werden.

An einer Anlage soll täglich um 17.00 Uhr eine Lampe aufleuchten. Diese Lampe soll den Maschinenbediener an bestimmte Tätigkeiten erinnern. Es ist ein Taster vorzusehen, über den die Meldung quittiert werden kann. Nach der Quittierung soll die Lampe nicht mehr leuchten.

Betriebsmittel	Adresse
Taster „Quittierung", Schließer	E0.0
Lampe „Meldung"	A0.0

9.8.1.1 Erstellen des SPS-Programms

Wie zu Beginn eines jeden SPS-Programms wird zunächst die Symbolik- bzw. die PLC-Variablentabelle erstellt.

Als SPS-Programmbausteine kommen der OB1 und der OB10 zum Einsatz. Im OB1 steht das zyklische SPS-Programm. Beim OB10 handelt es sich um einen Uhrzeitalarm-OB, der vom Betriebssystem der CPU aufgerufen wird, wenn das Ereignis des Alarms eingetreten ist.

Der OB10 wird in der Programmiersoftware erzeugt und das nachfolgend dargestellte SPS-Programm im Baustein programmiert.

```
SET           //Setzt das VKE auf ‚1'
S   A   0.0   //Lampe „Meldung"
```

Über die Operation „SET" wird das VKE ohne Bedingung auf ‚1' gesetzt. Somit wird der Ausgang A0.0 (also die Lampe „Meldung") in der nächsten Zeile auf den Status ‚1' gesetzt.
Mehr Programmcode wird im OB10 nicht benötigt.

Nun folgt der OB1. Hier muss nun die Funktionalität programmiert werden, um den Ausgang A0.0 wieder rückzusetzen. Das Rücksetzen hat zu erfolgen, wenn der Taster „Quittierung" betätigt wird.

```
U   E      0.0   //Taster „Quittierung"
R   A      0.0   //Lampe „Meldung"
```

Damit ist der benötigte SPS-Code vorhanden. Die beiden Bausteine OB1 und OB10 können in die SPS übertragen werden.

9.8.1.2   Parametrierung des Uhrzeitalarms

Der OB10 befindet sich zwar in der CPU, allerdings fehlt noch das Ereignis, das ihn zur Ausführung bringt. Dieses Ereignis muss in der Hardwarekonfiguration der CPU parametriert werden. Dazu sind die Eigenschaften bzw. Optionen der CPU aufzurufen.

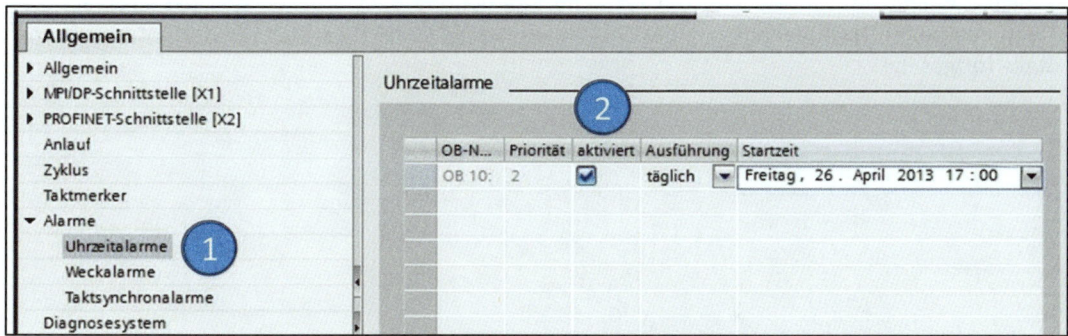

Bild: Konfiguration eines Uhrzeitalarms

1.   In der Rubrik „Alarme" wird der Punkt „Uhrzeitalarme" selektiert.
2.   Im System S7-300® von Siemens kann nun der Alarm für den OB10 parametriert werden. Im Beispiel wird dazu die Ausführung auf täglich gesetzt und die Startzeit eingestellt. Für das Beispiel wird dabei die Uhrzeit 17.00 Uhr parametriert. Zuletzt ist der Alarm noch zu aktivieren, d.h. der Haken bei „aktiviert" muss gesetzt werden.

Nach dem Speichern kann man die Konfiguration in die CPU übertragen.

9.8.1.3   Erläuterungen zur Funktion

Wenn sich die beiden OBs 1 und 10 in der CPU befinden und auch die Konfiguration in die CPU übertragen wurde, dann muss diese nur noch in den Betriebszustand RUN versetzt werden.

Tritt nun das Ereignis ein, so wird der Ausgang A0.0 auf den Status ‚1' gesetzt. Über den Eingang E0.0 ist es dann möglich, den Ausgang wieder rückzusetzen.
Dies wird in der nachfolgenden Darstellung veranschaulicht.

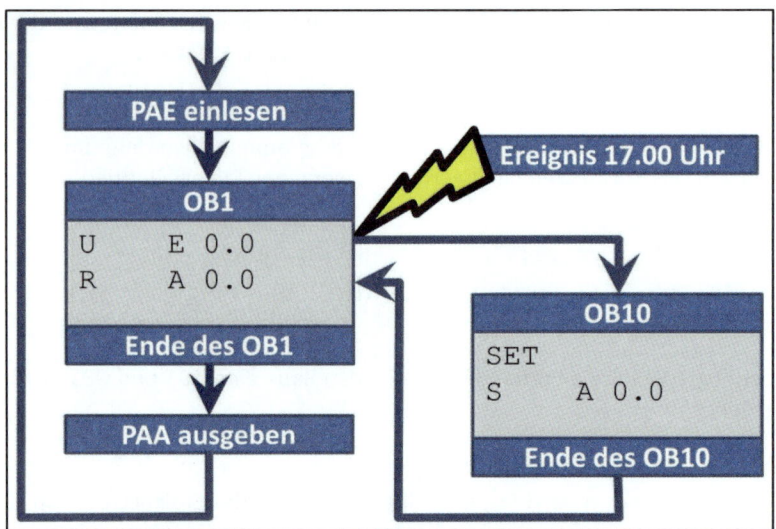

Bild: Darstellung des Ablaufs beim Auftreten des Uhrzeitalarms

Sobald das Ereignis eintritt, wird die zyklische Bearbeitung unterbrochen und das Programm im OB10 bearbeitet. Nach Beendigung des OB10 wird das zyklische Programm an der unterbrochenen Stelle fortgesetzt.

9.9   Übungen und Wiederholungsfragen Übung ✔

a) Wie wird die Programmierung genannt, bei der das gesamte SPS-Programm im OB1 untergebracht ist?

b) Wie wird die Programmierung genannt, bei der das SPS-Programm in verschiedenen Bausteinen untergebracht ist?

c) Was passiert, wenn die CPU am Ende des OB1 angekommen ist?

d) Muss der Baustein OB1 vom SPS-Programmierer aufgerufen werden?

e) Nennen Sie einen S7-Baustein, in dem keine S7-Befehle stehen.

f) Wie hoch ist die max. durch die Sprache S7 vorgegebene Anzahl von Funktionen (FC)?

g) Wie heißt der Befehl, mit dem sich eine Funktion ohne Parameter bedingt aufrufen lässt?

h) Welcher Befehl kann eine Funktion mit Parametern aufrufen?

i) Welche 3 Befehle sind in S7 für das Beenden eines Bausteins vorhanden?

j) Was ist der Unterschied zwischen den Befehlen BEA und BE?

k) Muss der Befehl BE vom SPS-Programmierer eingegeben werden?

l) Wie heißt der Eingang des Blocks in FUP, mit dem ein bedingter Bausteinaufruf realisiert werden kann?

m) Wie nennt sich der Speicherbereich, auf den zugegriffen wird, wenn man einen Eingang innerhalb eines SPS-Programms anspricht?

n) Wie nennt sich der Speicherbereich, auf den zugegriffen wird, wenn man einen Ausgang innerhalb eines SPS-Programms anspricht?

o) Nennen Sie 4 Betriebszustände einer CPU.

p) In welcher Betriebsart wird das SPS-Programm im OB1 nicht bearbeitet?

q) Bei welcher Anlaufart wird der OB100 bearbeitet?

r) Bei welcher Anlaufart werden auch die remanenten Daten gelöscht?

s) Auf welchen Wert ist die max. Zykluszeit standardmäßig eingestellt und wie kann dieser Wert verändert werden?

t) Nennen Sie die Abläufe, die sich in der CPU abspielen, wenn sie sich im Zustand RUN befindet?

u) Was bedeutet der Begriff „Reaktionszeit"?

v) Mit welcher max. Reaktionszeit ist im ungünstigsten Fall zu rechnen?

w) Nennen Sie 2 Vorteile bei der Arbeit mit den Prozessabbildern.

x) Nennen Sie 3 Alarmarten in S7.

y) Bei welcher Alarmart kann das Datum und die Uhrzeit für das Alarmereignis angegeben werden?

9.9.1   Übungsaufgabe „Pumpen"

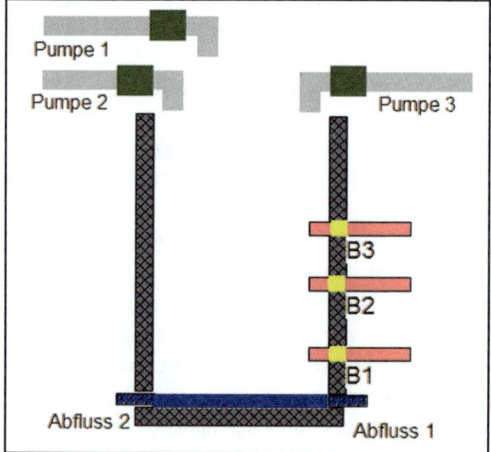

Bild: Pumpen.VIS

Es soll das Programm für drei Pumpen erstellt werden:

- Wenn der Flüssigkeitsstand unter „B3" sinkt, dann soll Pumpe 1 eingeschaltet werden.
- Wenn der Flüssigkeitsstand unter „B2" sinkt, dann soll zusätzlich Pumpe 2 eingeschaltet werden.
- Wenn der Flüssigkeitsstand unter „B1" sinkt, dann soll zusätzlich Pumpe 3 eingeschaltet werden.
- Alle Pumpen werden wieder abgeschaltet, wenn „B3" vom Wasser umspült ist.

Zuordnungstabelle:

Betriebsmittel	Signal	Anschluss an die SPS:
Schwimmschalter B3	Liefert ‚1', wenn <u>nicht</u> von Wasser umspült!	E0.0
Schwimmschalter B2	Liefert ‚1', wenn <u>nicht</u> von Wasser umspült!	E0.1
Schwimmschalter B1	Liefert ‚1', wenn <u>nicht</u> von Wasser umspült!	E0.2
Pumpe 1	Schaltet sich ein, wenn Ausgang ‚1'	A4.3
Pumpe 2	Schaltet sich ein, wenn Ausgang ‚1'	A4.4
Pumpe 3	Schaltet sich ein, wenn Ausgang ‚1'	A4.5

Aufgabe:
Erstellen Sie ein SPS-Programm für diese Anlage und testen Sie Ihre Lösung mit SPS-VISU (Pumpen.VIS). Siehe „Eigene Dateien" Ordner „Step7-Workbook".

9.9.2   Übungsaufgabe „Wagen verschieben"

Über eine Seilwinde soll ein Wagen auf eine bestimmte Position geschoben werden:

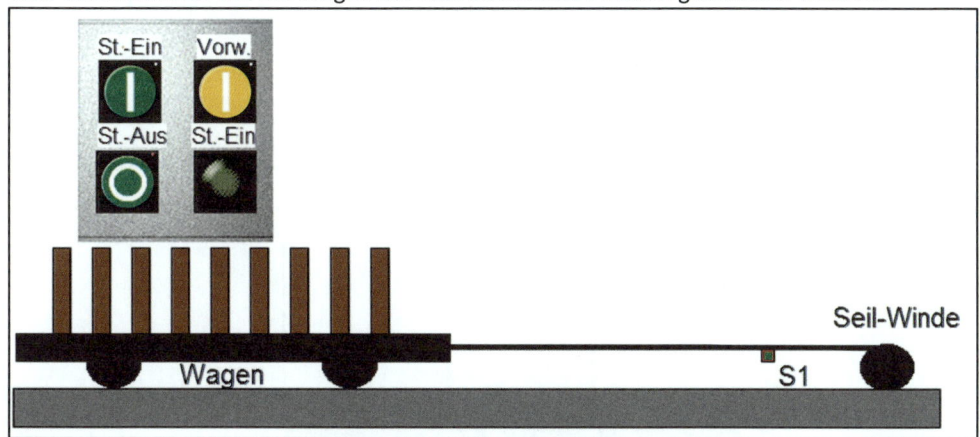

Bild: Wagen.VIS

Vorgang:
Über den Schalter „Steuerung Ein" wird die Anlage eingeschaltet. Dies wird über die Lampe „Steuerung Ein" signalisiert. Dann kann der Wagen mit Hilfe des Schalters „Vorwärts" bewegt werden. Die Fahrt wird dabei über den Endschalter „S1" begrenzt.

Zuordnungsliste:

Betriebsmittel	Signal	Anschluss an die SPS:
Taster „Steuerung Ein"	Liefert ‚1', wenn gedrückt	E0.0
Taster „Steuerung Aus"	Liefert ‚0', wenn gedrückt	E0.1
Taster „Vorwärts"	Liefert ‚1', wenn gedrückt	E0.2
Endschalter S1	Liefert ‚0', wenn betätigt	E0.3
Motor Seilwinde	Läuft, wenn Ausgang ‚1'	A4.0
Lampe „Steuerung Ein"	Leuchtet, wenn Ausgang ‚1'	A4.1

Aufgabe:
Erstellen Sie ein SPS-Programm für diese Anlage und testen Sie Ihre Lösung mit SPS-VISU „Wagen.VIS".

10 Flankenauswertung

In diesem Kapitel soll die Auswertung einer Flanke erläutert werden. Dazu ist zunächst der Begriff der Flanke zu definieren.
Man kennt zwei Flankenarten, die positive Flanke und die negative Flanke.

Die positive Flanke
Eine positive Flanke steht an, wenn sich bei einem Bitoperanden ein Zustandswechsel von ‚0' nach ‚1' ereignet (siehe Bild).

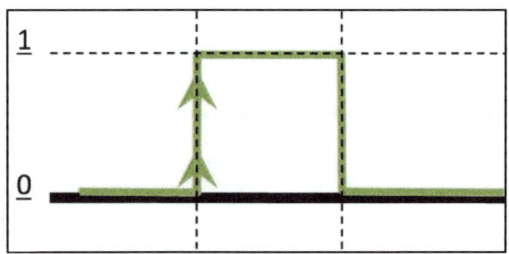

Bild: Steigende oder positive Flanke

Die negative Flanke
Den umgekehrten Fall stellt eine negative Flanke dar: der Wechsel des Zustands von ‚1' nach ‚0'. Dies ist nachfolgend dargestellt:

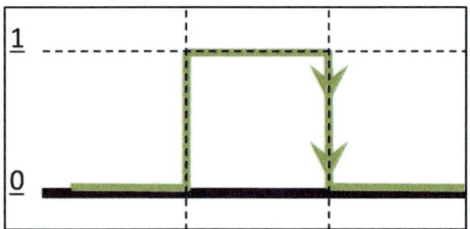

Bild: Abfallende oder negative Flanke

In STEP®7 sind Befehle implementiert, die eine positive oder negative Flanke erkennen und das VKE auf den Zustand ‚1' setzen. Es handelt sich dabei um die Befehle „FP" (Flanke positiv) und „FN" (Flanke negativ).
Bei diesen Befehlen muss ein Bitoperand angegeben werden, der als sog. „Flankenmerker" bezeichnet wird.

Dieser Bitoperand muss zwei Bedingungen erfüllen:
1. Er darf im gesamten SPS-Programm sonst nicht verwendet werden.
2. Der Zustand des Operanden muss im darauf folgenden Zyklus der gleiche sein.

Damit sind folgende Operanden als Flankenmerker verwendbar:
*   Merker
*   Datenbits (Bitoperanden aus Datenbausteinen)
*   Bit-Variable aus den statischen Lokaldaten eines FBs

10.1 Erstes Beispiel zur Flankenauswertung

Ein klassisches Beispiel zur Erläuterung der Flankenbefehle ist das „Eltako"-Verhalten.
Ein Eltako ist ein Schalter, der durch kurzzeitiges Anlegen einer elektrischen Spannung geschlossen werden kann. Wird bei geschlossenem Zustand nochmals eine elektrische Spannung angelegt, dann öffnet sich der Schalter wieder.

In einem Flur befinden sich zwei Lampen, die über die Taster S1 bis S4 ein- bzw. ausgeschaltet werden können. Bei jeder Betätigung eines Tasters soll sich der Zustand der Lampen ändern.
Leuchten die Lampen und wird ein Taster betätigt, so sollen die Lampen dunkel werden.
Sind die Lampen ausgeschaltet, bewirkt die Betätigung eines Tasters das Einschalten der Lampen.

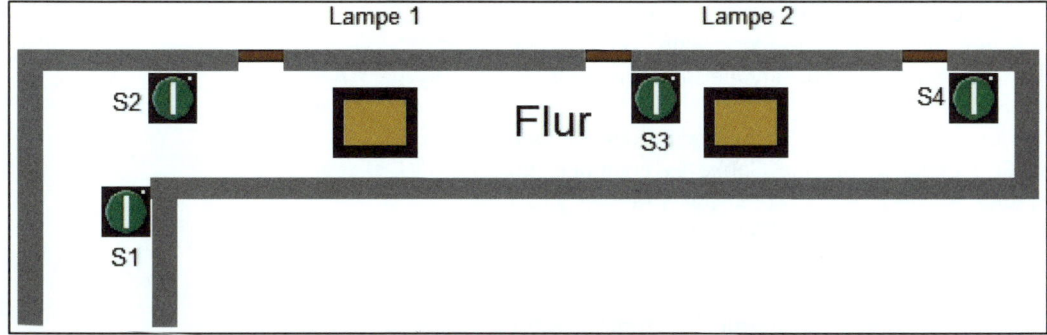

Bild: Technologieschema zur Aufgabenstellung (Eltako.VIS)

Nun die Zuordnung der Betriebsmittel zu den Eingängen und Ausgängen der SPS.

Betriebsmittel	Adresse
Taster S1, Schließer	E0.0
Taster S2, Schließer	E0.1
Taster S3, Schließer	E0.2
Taster S4, Schließer	E0.3
Lampen	A0.0

10.1.1 Erzeugen der Symboliktabelle bzw. der PLC-Variablen

Im ersten Schritt werden den Operanden die Symbole zugeordnet.
Nachfolgend ist die Symboliktabelle bzw. PLC-Variablentabelle zu sehen.

...	Symbol	Operand		Typ	Symb.-Kommentar
1	Taster_S1	E	0.0	BOOL	
2	Taster_S2	E	0.1	BOOL	
3	Taster_S3	E	0.2	BOOL	
4	Taster_S4	E	0.3	BOOL	
5	Lampen	A	0.0	BOOL	

Bild: Symbolik- bzw. PLC-Variablentabelle

10.1.2   Schreiben des SPS-Programms im OB1

Das SPS-Programm soll in den OB1 geschrieben werden.
Der Programmteil im Netzwerk 1 soll eine positive Flanke an den Tastern S1 bis S4 erfassen und in einem Merker (M0.0) abspeichern.

Im Bild des **Netzwerk 1** ist neben den bereits bekannten ODER- und Zuweisungsblöcken ein neuer Block mit der Aufschrift „P" zu sehen. Hierbei handelt es sich um den Block zur Erkennung einer positiven Flanke. Dieser befindet sich im FUP/KOP-Katalog innerhalb der Rubrik „Bitverknüpfungen".

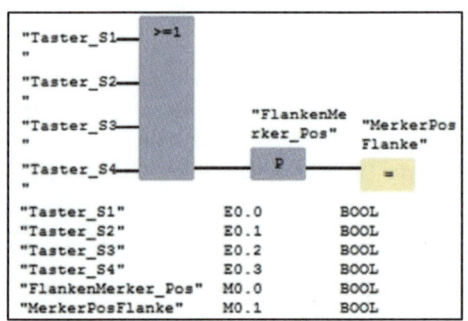

Bild: Netzwerk 1 des OB1

Das Besondere am Block „P" (bzw. P_TRIG) ist, dass er die positive Flanke des VKE erkennt. Das bedeutet, dass an dem Block eine Verknüpfung platziert werden kann, im Beispiel eine ODER-Verknüpfung.
Über dem P-Block ist ein Bitoperand anzugeben, den die CPU benötigt, um die Flanke zu erkennen. Im Beispiel ist dies der M0.0 „FlankenMerker_Pos". <u>Dieser darf im restlichen SPS-Programm sonst nicht verwendet werden</u>!
Auf der rechten Seite des P-Blocks ist der Ausgang, an dem die Zuweisung zum M0.1 „MerkerPosFlanke" angeschlossen ist. Dieser Merker hat beim Auftreten einer pos. Flanke für einen Zyklus den Status ‚1'.

<u>Anmerkung:</u>
Im TIA-Portal® wird der P-Block als „P_TRIG" bezeichnet. Die Funktion ist identisch.

Nun zum **Netzwerk 2**, in dem es gilt die neg. Flanke der Taster zu erfassen, d.h. das Loslassen eines Tasters.
Das Netzwerk hat ein ähnliches Aussehen wie das Netzwerk 1. Allerdings wird anstatt des P-Blocks (bzw. P_TRIG) ein Block mit der Bezeichnung „N" (oder auch N_TRIG) verwendet. Dieser erfasst im Gegensatz zum P-Block die negative Flanke einer Verknüpfung, also die neg. Flanke des VKE.

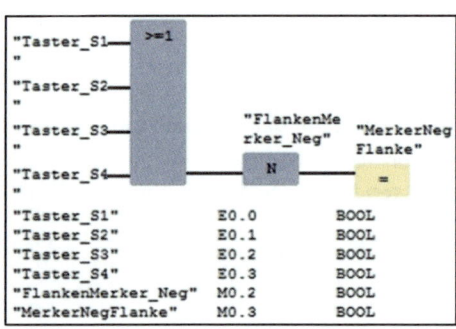

Bild: Netzwerk 2 des OB1

Das **Netzwerk 3** beinhaltet den Programmteil, in dem ein Hilfsmerker gesetzt wird. Dieser Hilfsmerker soll den Status ‚1' haben, wenn die Lampen bei der nächsten pos. Flanke an den Tastern rückzusetzen sind.

Der Merker M0.4 „BeiNaechsterPosLReset" wird über das Erkennen einer neg. Flanke gesetzt. Sollten die Lampen nicht eingeschaltet sein, dann setzt die gleiche neg. Flanke den Merker wieder zurück.

Der Merker bleibt somit nur gesetzt, wenn die Lampen eingeschaltet sind. Denn dann sind diese ja beim nächsten Betätigen eines Tasters wieder abzuschalten.

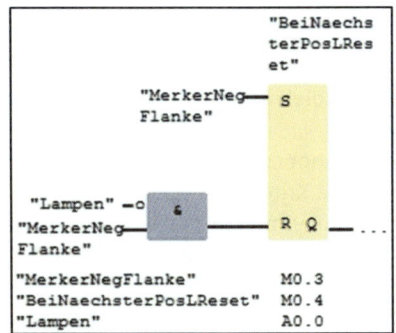

Bild: Netzwerk 3 des OB1

Im **Netzwerk 4** werden schließlich die erfassten Flanken und Zustände verknüpft und der Ausgang A0.0 „Lampen" für die Lampen gesetzt. Steht eine pos. Flanke an und soll diese nicht zum Rücksetzen der Lampen führen, so wird der Ausgang A0.0 „Lampen" gesetzt.

Hat der Merker M0.4 „BeiNaechsterPosLReset" den Status ‚1', dann muss die pos. Flanke an den Tastern zum Rücksetzen der Lampen und somit des A0.0 „Lampen" führen.

Damit ist das SPS-Programm komplett, es wird gespeichert und in die SPS übertragen.

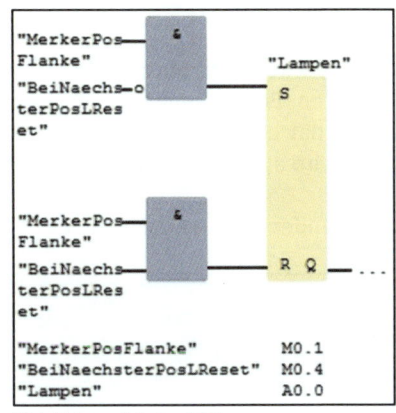

Bild: Netzwerk 1 des OB1

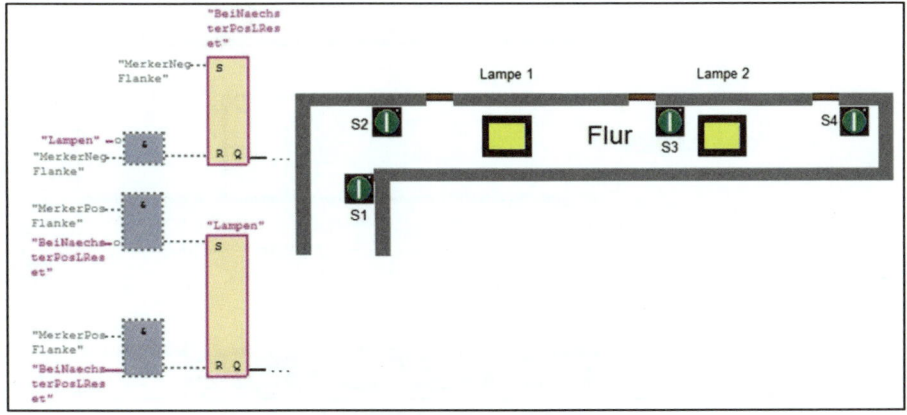

Bild: Netzwerke 3 und 4 beim Beobachten des Status

Im Bild ist die Situation festgehalten, in der die Lampen über die letzte Tasterbetätigung eingeschaltet wurden. Dies bedeutet, die nächste Betätigung der Taster und somit die nächste pos. Flanke muss die Lampen wieder ausschalten. Aus diesem Grund ist auch der Merker „BeiNaechsterPosLReset" auf dem Status ‚1'.

10.2 Wie funktioniert die Flankenerkennung?

Wir wollen uns nun anschauen, wieso die CPU die Flanke erkennen kann. Dazu soll das Netzwerk 2 des letzten Beispiels etwas genauer unter die Lupe genommen werden.

Bei den Flankenoperationen P (P_TRIG) und N (N_TRIG) muss jeweils ein Operand angegeben werden. Welche Kriterien dieser Operand zu erfüllen hat, wurde schon erwähnt. Oftmals wird dabei von einem Flankenmerker gesprochen. Dieser Flankenmerker wird von der CPU für die Erkennung einer Flanke benötigt. Der Operand nach der P-(P_TRIG-) bzw. N-(N_TRIG-)Operation wird meist als Impulsmerker bezeichnet.

Im Flankenmerker wird das VKE vor der P-Operation bei der letzten Bearbeitung der Operation gespeichert.
Wird nun einer der Taster S1 bis S4 betätigt, so hat das VKE vor dem P-Block den Zustand ‚1' und der Flankenmerker den Zustand ‚0'. Somit erkennt die CPU den Wechsel von ‚0' nach ‚1' als positive Flanke. Als Folge wird der Impulsmerker auf den Zustand ‚1' gesetzt.
Bei der nächsten Bearbeitung der P-Operation ist das VKE weiter auf dem Zustand ‚1', der Flankenmerker hat ebenfalls den Zustand ‚1'. Somit ist keine positive Flanke mehr vorhanden, der Impulsmerker wird auf den Zustand ‚0' gesetzt.

In der nachfolgenden Darstellung wird das Erkennen der positive Flanke nochmals verdeutlicht:

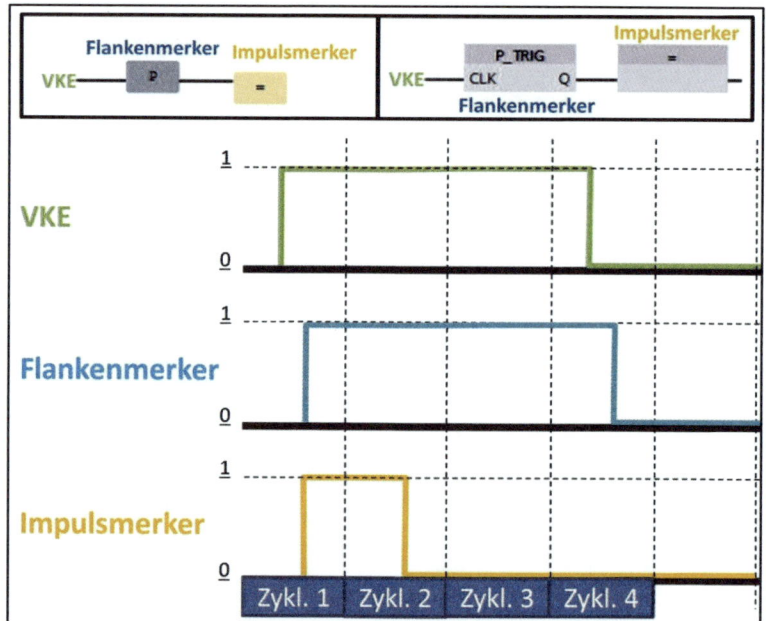

Bild: Flankenerkennung der CPU

Zyklus 1:
Das VKE am Block wechselt von ‚0' nach ‚1'; zu diesem Zeitpunkt hat der Flankenmerker den Zustand ‚0'. Somit erkennt die CPU, dass ein Wechsel von ‚0' nach ‚1' stattgefunden hat. Als Folge wird der Zustand des Impulsmerkers auf ‚1' gesetzt.

Zyklus 2:

Der Impulsmerker hat wie der Flankenmerker den Zustand ‚1'. Somit steht keine pos. Flanke mehr an und der Impulsmerker wird auf den Zustand ‚0' gesetzt.

Zyklus 3:

Es hat sich bzgl. des VKE und des Flankenmerkers keine Veränderung ergeben, somit bleibt der Impulsmerker auf dem Zustand ‚0'.

Zyklus 4:

Das VKE wechselt seinen Zustand auf ‚0'. Aus diesem Grund wird auch der Zustand des Flankenmerkers auf den Zustand ‚0' gesetzt.

10.3 Darstellung der Flankenbefehle in den verschiedenen Darstellungsarten

Nachfolgend werden die Flankenbefehle in den verschiedenen Grunddarstellungsarten dargestellt. Leider unterscheiden sich die Darstellungen der FUP/KOP-Blöcke innerhalb der S7-Programmierumgebungen von Siemens. Deswegen werden sowohl die Darstellungen für den SIMATIC®-Manager und WinSPS-S7 wie auch die Darstellung innerhalb des TIA-Portals angegeben.

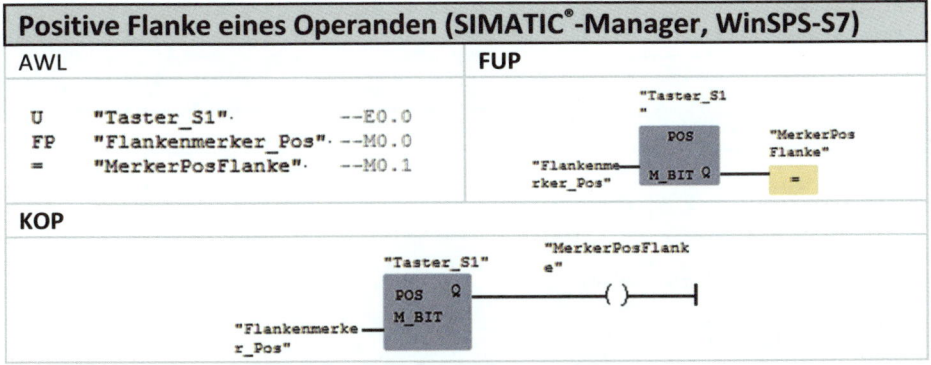

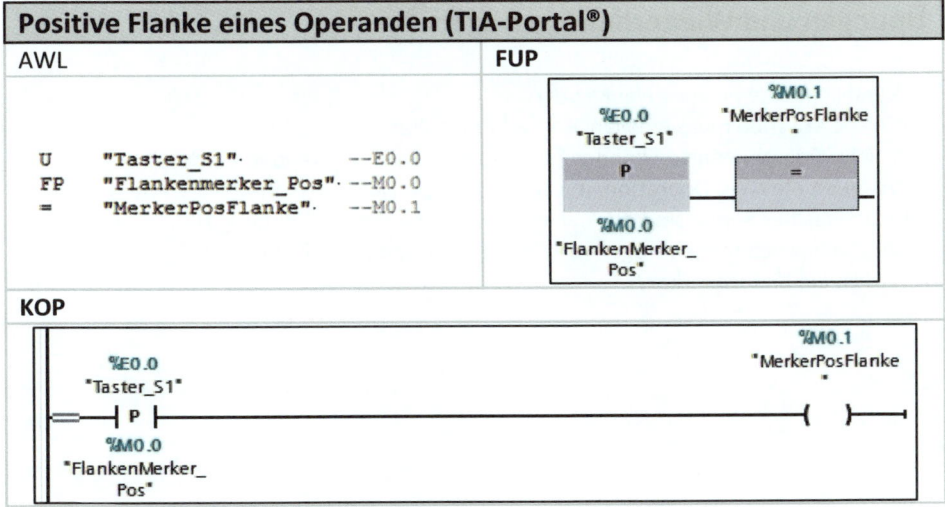

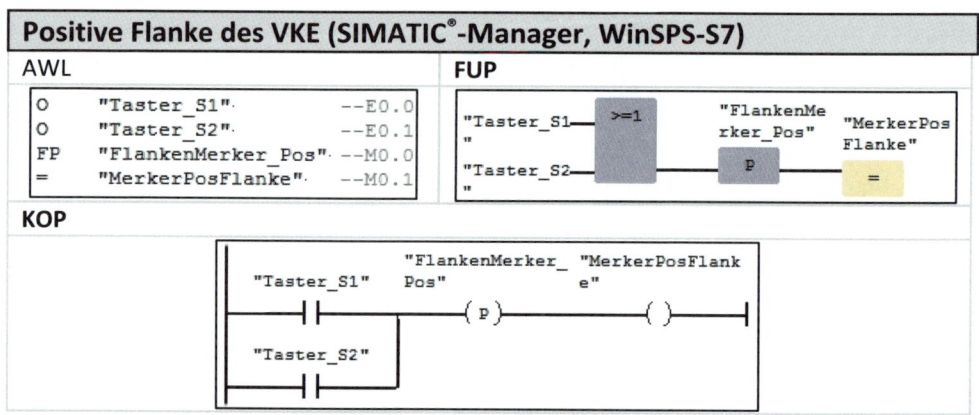

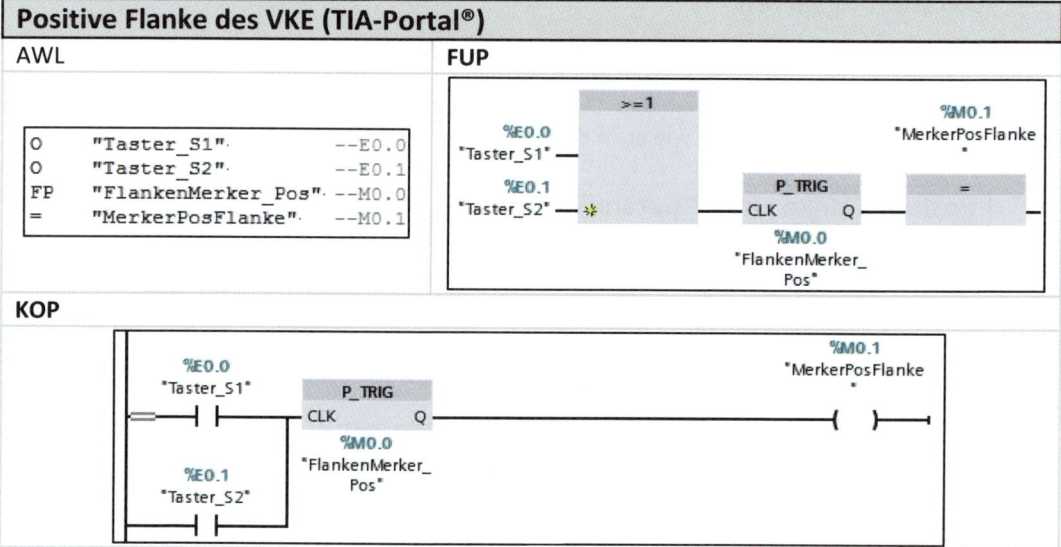

10.4 Übungen und Wiederholungsfragen Übung ✔

    a)   Wann liegt eine positive Flanke vor?

    b)   Welche Kriterien muss ein Flankenmerker erfüllen?

    c)   Welche Operandenarten können als Flankenmerker verwendet werden?

    d)   Wie heißt die AWL-Operation, mit der eine negative Flanke ermittelt werden kann?

    e)   Unter welcher Rubrik sind die Flankenoperationen im FUP-Katalog zu finden?

    f)   Welche Bezeichnungen tragen die Flankenoperationsblöcke in FUP/KOP?

    g)   Was ist ein Impulsmerker?

10.4.1 Übungsaufgabe Flankenauswertung

Das SPS-Programm für folgende Anordnung (siehe rechts) soll erstellt werden. Auf einem Band sollen Teile auf ihre Größe getestet werden. Dazu sind zwei Zylinder auf dem Band angebracht. Wenn ein Teil den Sensor S1 berührt, sollen die Zylinder ausfahren. Das Teil ist OK, wenn die Zylinder ihre vordere Endlage erreichen.

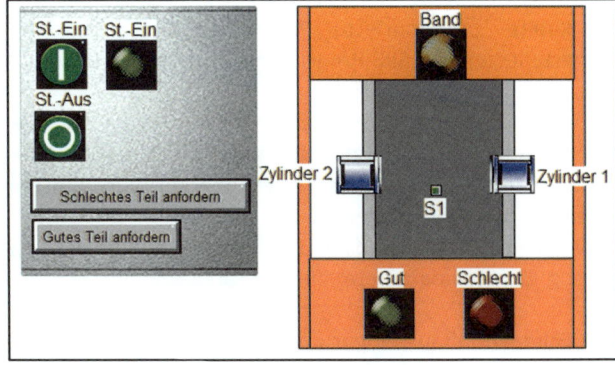

Dabei müssen die vorderen Endlagenschalter 2 Sekunden nach dem Ausfahren der Zylinder erreicht sein. Ist einer der Endschalter nach dieser Zeit nicht gedrückt, so ist das Teil fehlerhaft. Zwei Lampen sollen anzeigen, ob das momentan geprüfte Teil fehlerhaft oder in Ordnung ist.
Das Band läuft, wenn die Steuerung eingeschaltet ist und wenn beide Zylinder eingefahren sind.

Zuordnungsliste:

Betriebsmittel	Signal	Anschluss an die SPS:
Taster „Steuerung Ein"	Liefert ‚1', wenn betätigt	E0.0
Taster „Steuerung Aus"	Liefert ‚0', wenn betätigt	E0.1
S1	Liefert ‚1', wenn betätigt	E0.2
Zylinder 1 hinten	Liefert ‚0', wenn betätigt	E0.3
Zylinder 1 vorn	Liefert ‚0', wenn betätigt	E0.4
Zylinder 2 hinten	Liefert ‚0', wenn betätigt	E0.5
Zylinder 2 vorn	Liefert ‚0', wenn betätigt	E0.6
Bandmotor	Schaltet ein, wenn Ausgang = ‚1'	A4.0
Zylinder 1 und 2	Fährt aus, wenn Ausgang = ‚1'	A4.1
Lampe „Steuerung Ein"	Leuchtet, wenn Ausgang = ‚1'	A4.2
Lampe „Teil OK"	Leuchtet, wenn Ausgang = ‚1'	A4.3
Lampe „Teil fehlerhaft"	Leuchtet, wenn Ausgang = ‚1'	A4.4
Lampe „Band ist ein"	Leuchtet, wenn Ausgang = ‚1'	A4.5

Aufgabe:
Erstellen Sie das SPS-Programm und prüfen Sie Ihre Lösung mit SPS-VISU (Pruefdorn.VIS)

Hinweis:
Bei dieser Aufgabe werden „Timer" benötigt. Diese sind im Buch bisher nicht behandelt worden. Bearbeiten Sie diese deshalb die Aufgabe erst dann, wenn Sie das Kapitel „Zeitarten in S7" gelesen haben.

11 Bausteinparameter

Im Kapitel „Strukturierte Programmierung" wurden die Instrumentarien und Operationen vorgestellt, um ein SPS-Programm auf mehrere Unterprogramme zu verteilen, also strukturiert zu gestalten.
Als Vorteile wurden die erleichterte Fehlersuche und die Übersichtlichkeit des SPS-Codes genannt. Da die theoretischen Voraussetzungen fehlten, konnte der größte Vorteil noch nicht erörtert werden. Dies ist die Wiederverwendbarkeit von Bausteinen, sowohl projektübergreifend als auch innerhalb eines SPS-Projektes.
In diesem Kapitel sollen dazu die theoretischen Voraussetzungen geschaffen werden. Dabei kommen die sog. Bausteinparameter zum Einsatz.

Mit Hilfe von Bausteinparametern können einem Baustein Werte oder Operanden übergeben werden, die innerhalb des Bausteins zu verarbeiten sind. Des Weiteren können Bausteinparameter dazu dienen, Werte an den aufrufenden Baustein zurückzuliefern.
Mit Bausteinparametern ist es auch möglich, Funktionen oder Funktionsbausteine so zu programmieren, dass sie in unterschiedlichen SPS-Projekten zum Einsatz kommen können.
Ein Baustein mit Parametern ist vergleichbar mit einem Unterprogramm, dem man Variablen übergibt.

Die Thematik soll mit Hilfe eines Beispiels erläutert werden.

11.1 Beispiel zu Bausteinparametern

Beim Beispiel werden mit Hilfe eines Punktschweißgeräts zwei Schweißpunkte an der Karosserie eines Fahrzeugs angebracht. Die Anordnung ist in der folgenden Darstellung zu sehen.

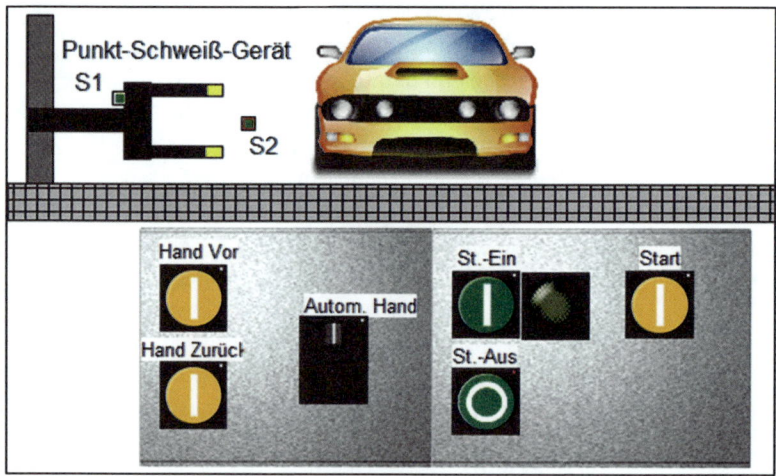

Bild: Technologieschema des Beispiels

Folgender Vorgang ist mit dem SPS-Programm zu realisieren:

- Einschalten der Steuerung über den Taster „Steuerung Ein"
- Der Schalter „Automatik/Hand" bleibt in der Stellung „Automatik"
- Starten des Vorgangs über den Taster „Start"
- Das Schweißgerät fährt nach vorne auf den Endschalter S2.
- Das Schweißgerät fährt wieder zurück in seine hintere Endlage bei S1.
- Hat das Schweißgerät die hintere Endlage erreicht, so ist der Automatikvorgang beendet.

Es soll auch die Möglichkeit bestehen, das Schweißgerät manuell zu bedienen. Dazu muss der Schalter „Automatik/Hand" in die Stellung „Hand" gebracht werden. Dann ist es möglich, das Schweißgerät über die beiden Taster „Hand Vor" und „Hand Zurück" zu bewegen.

In der folgenden Tabelle ist die Zuordnung der Betriebsmittel zu den SPS-Operanden zu sehen:

Betriebsmittel	Adresse
Taster „Steuerung Ein", Schließer	E0.0
Taster „Steuerung Aus", Öffner	E0.1
Taster „Start", Schließer	E0.2
Schalter Automatik-Hand, ‚1' = Hand	E0.3
Taster „Handbetrieb vor", Schließer	E0.4
Taster „Handbetrieb zurück", Schließer	E0.5
Endschalter S1, Öffner	E0.6
Endschalter S2, Öffner	E0.7
Schweißgerät vor	A0.0
Schweißgerät zurück	A0.1
Lampe „Steuerung Ein"	A0.2

11.1.1 Erstellen der Symbole bzw. Variablennamen

Wie gewohnt, wird zunächst die Symbol- bzw. Variablentabelle erstellt. Diese hat folgendes Aussehen:

Symbol	Operand		Typ	Symb.–Kommentar
TasterStEin_1	E	0.0	BOOL	Schließer
TasterStAus_1	E	0.1	BOOL	Öffner
TasterStart_1	E	0.2	BOOL	Schließer
SchAutoHand_1	E	0.3	BOOL	1 bei Hand
TasterHandVor_1	E	0.4	BOOL	Schließer
TasterHandZurueck_1	E	0.5	BOOL	Schließer
EndschS1Hinten	E	0.6	BOOL	Öffner
EndschS2Vorn	E	0.7	BOOL	Öffner
SchweißgerätVor_1	A	0.0	BOOL	
SchweißgerätZurück_1	A	0.1	BOOL	
LampeStEin_1	A	0.2	BOOL	
MStEin_1	M	0.0	BOOL	
MAuto_1	M	0.1	BOOL	

Bild: Symbol- bzw. Variablentabelle für dieses Beispiel

Neben den aus der Zuordnungstabelle bereits bekannten Betriebsmitteln werden die beiden Merker M0.0 „MStEin_1"und M0.1 „MAuto_1" als Merker für „Steuerung Ein" bzw. „Automatik" festgelegt. Alle Symbole werden mit dem Zusatz „_1" versehen. Die Sinnfälligkeit dafür wird sich im weiteren Verlauf des Beispiels erschließen.

11.1.2 Erzeugen der FC1

Das SPS-Programm für diese Anlage soll in die FC1 geschrieben werden. Alle benötigten Operanden werden der Funktion beim Aufruf übergeben.
Im Programmiersystem wird die FC1 erzeugt und der Editor geöffnet. Die Programmierung erfolgt in FUP.
Im oberen Bereich des Editors für die FC1 ist die Bausteinschnittstelle bzw. Parametertabelle vorhanden. Sie ist in der folgenden Darstellung im TIA-Portal® und WinSPS-S7 V5 (identische Benennung wie im SIMATIC®-Manager) zu sehen:

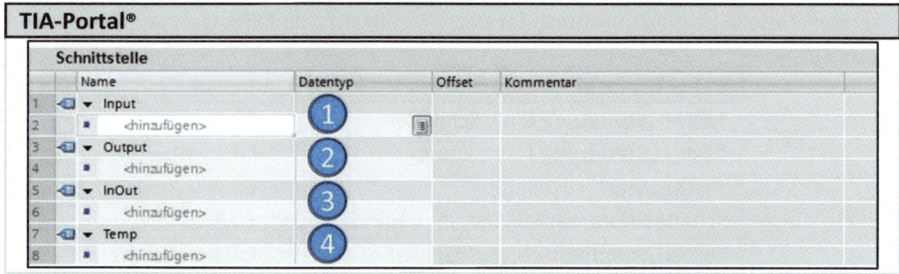

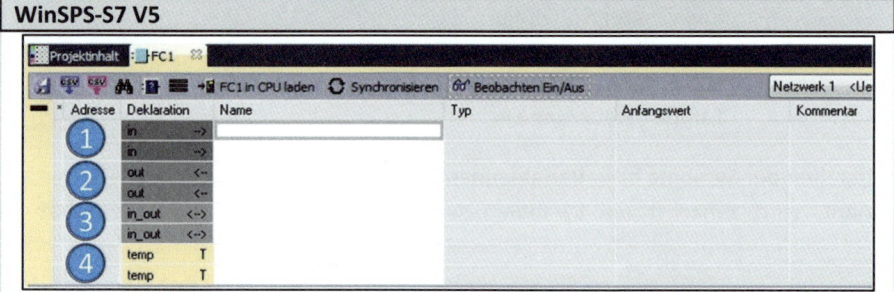

In den Tabellen für die Parameter sind verschiedene Deklarationsbereiche zu erkennen. Diese haben die Bezeichnung „Input" bzw. „in", „Output" bzw. „out", „InOut" bzw. „in_out" sowie „Temp" bzw. „temp".
Bevor die Parametertabelle mit den benötigten Parametern ausgefüllt wird, soll die Bedeutung der einzelnen Deklarationsbereiche (1–4) beschrieben werden.

11.1.3 Bedeutung der Deklarationsbereiche

Die Parameter der einzelnen Deklarationsbereiche haben spezielle Eigenschaften. Je nach Verwendung eines Parameters im Baustein ist er dem entsprechenden Deklarationsbereich zuzuordnen. Aus diesem Grund müssen zunächst diese Eigenschaften benannt werden. Zu welchem Deklarationsbereich ein Parameter gehört, legt der Programmierer dadurch fest, dass der Parameter am entsprechenden Schlüsselwort des Deklarationsbereiches einfügt (also z.B. „Input" oder „in")

11.1.3.1   Eingangsparameter (1)

Der Bereich der Eingangsparameter ist mit dem Schlüsselwort „Input" oder „in" bezeichnet.
Eingangsparameter werden dazu verwendet, Werte an den Baustein zu übergeben, die innerhalb des Bausteins **nur lesend** verarbeitet werden. Wird schreibend auf einen solchen Parameter zugegriffen, kann vom SPS-Programmierer nur schwer festgestellt werden, ob dies Auswirkungen auf den übergebenen Parameter hat; dazu später mehr. Man sollte sich somit merken:
Eingangsparameter sollten innerhalb eines Bausteins nur gelesen und nicht schreibend beeinflusst werden.

11.1.3.2   Ausgangsparameter (2)

Der Deklarationsteil für die Ausgangsparameter wird mit dem Schlüsselwort „Output" oder „out" gekennzeichnet. Ausgangsparameter dienen dazu, Werte aus einem Baustein heraus an den aufrufenden Baustein zurückzugeben.
Ausgangsparameter sollten nur schreibend beeinflusst werden.

11.1.3.3   Durchgangsparameter (3)

Der Bereich der Durchgangsparameter ist mit dem Schlüsselwort „InOut" oder „in_out" bezeichnet.
Durchgangsparameter können innerhalb des Bausteins **gelesen und beschrieben** werden. Diese Parameterart wird verwendet, wenn der Wert eines übergebenen Operanden für den Programmablauf im Baustein auszuwerten ist (Lesezugriff) und wenn er innerhalb des Bausteins verändert werden soll.
Durchgangsparameter sind zu verwenden, wenn ein Parameter innerhalb des Bausteins sowohl gelesen als auch beschrieben wird.

11.1.3.4   Temporäre Lokaldaten (4)

Der Deklarationsbereich für die temporären Lokaldaten wird mit dem Schlüsselwort „Temp" bzw. „temp" bezeichnet. In diesem Bereich kann der SPS-Programmierer Variablen anlegen, die z.B. Zwischenergebnisse innerhalb des Bausteins speichern. Diese Variablen sind <u>bausteinlokal</u>, d.h. sie sind nur innerhalb dieses Bausteins gültig. Der Inhalt der Variablen geht bei Beendigung des Bausteins verloren.
Die Variablen in den temporären Lokaldaten werden nicht vom aufrufenden Baustein übergeben.
<u>Anmerkung:</u>
Es ist zu beachten, dass die Anzahl der Lokaldatenbytes begrenzt ist. Dabei wird der zur Verfügung stehende Speicher auf die einzelnen Prioritätsklassen aufgeteilt. In der S7-300® Familie sind dies typischerweise 32kByte pro Ablaufebene und ca. 2kByte pro Baustein.

 Variablen aus diesem Bereich dürfen nicht als Flankenmerker verwendet werden.

11.1.3.5 Statische Lokaldaten

Die statischen Lokaldaten sind im Editor der FC nicht zu sehen, da sie nur bei FBs möglich sind. Der Bereich der statischen Lokaldaten wird über das Schlüsselwort „Static" bzw. „var" bezeichnet.
Diese Daten werden im Instanz-DB des Funktionsbausteins abgelegt und zwischengespeichert. Auf ihren Wert kann dann beim nächsten Aufruf (mit dem gleichen Instanz-DB) wieder zugegriffen werden. Auf die statischen Lokaldaten wird bei der Erklärung der Funktionsbausteine und Instanz-DBs näher eingegangen.

11.1.4 Zuordnung der Parameter zu den Deklarationsbereichen

Nun, da die Bedeutung der einzelnen Deklarationsbereiche bekannt ist, soll festgelegt werden, welcher Parameter für welchen Deklarationsbereich angelegt wird. Da alle für das SPS-Programm benötigten Operanden als Parameter übergeben werden sollen, verwenden wir die Zuordnungstabelle als Vorgabe.
Die Taster „Steuerung Ein", „Steuerung Aus", „Start", „Hand Vor", „Hand Zurück" und der Schalter „Autom./Hand" werden mit Sicherheit nur gelesen.
Das Beeinflussen der Eingänge, an denen die Taster angeschlossen sind, macht keinen Sinn. Aus diesem Grund sind dies klassische Eingangsparameter. Dies gilt auch für die Endschalter „S1" und „S2".

Hinweis:
Beim SIMATIC®-Manager und WinSPS-S7 V5 sind für einen Parameternamen max. 24 Zeichen zulässig. Des Weiteren dürfen keine Umlaute enthalten sein. Im TIA-Portal® besteht diese Einschränkung nicht.

In der folgenden Darstellung sind die für den Baustein notwendigen Parameter zu sehen.

Deklaration	Name	Typ	Anfangswert	Kommentar
in	EndVorn	BOOL		Endschalter vorne
in	EndHinten	BOOL		Endschalter hinten
in	TStEin	BOOL		Taster Steuerung Ein
in	TStAus	BOOL		Taster Steuerung Aus
in	TAutoStart	BOOL		Taster Start
in	SchAutoHand	BOOL		Schalter Automatik/Hand
in	THandVor	BOOL		Taster Hand vor
in	THandZurueck	BOOL		Taster Hand zurück
out	LampeStEin	BOOL		Lampe Steuerung Ein
in_out	SchwVor	BOOL		Schweissgerät vor
in_out	SchwZurueck	BOOL		Schweissgerät zurück
in_out	MStEin	BOOL		Merker Steuerung Ein
in_out	MAuto	BOOL		Merker Automatik

Bild: Parameter der FC1

In der Darstellung ist zu sehen, dass die Parameter einen Datentyp erhalten. Da wir ausschließlich Bit-Parameter verwenden, haben sie alle den Datentyp BOOL.
Für das Beispiel werden zahlreiche Eingangsparameter (Deklarationsbereich „Input" bzw. „in") verwendet, also Parameter, die innerhalb des Bausteins nur in Leseoperationen verwendet werden.

Daneben ist nur ein Ausgangsparameter (Deklarationsbereich „Output" bzw. „out") vorhanden. Hierbei handelt es sich um den Parameter, der die Lampe „Steuerung Ein" repräsentiert. Dieser soll im weiteren Verlauf des Bausteins nur beschrieben werden.

Bei den Durchgangsparametern (Deklarationsbereich „InOut" bzw. „in_out") handelt es sich um Parameter, die sowohl lesend als auch schreibend beeinflusst werden können.

Die ersten beiden Durchgangsparameter sind Repräsentanten von Operanden aus der Zuordnungsliste. Danach folgen Repräsentanten von Merkern, die in der Funktion benötigt werden. Diese Parameter werden normalerweise im Laufe der Programmierung der Funktion (FC) hinzugefügt. Die Parametertabelle kann auch während der Bearbeitung der Funktion verändert werden.

11.1.5 Erstellung des SPS-Programms in der FC1

Nun folgt das SPS-Programm im Netzwerk 1. In diesem Netzwerk wird ein Bitoperand gesetzt, sobald der Taster „Steuerung Ein" betätigt wird. Der Bitoperand wird rückgesetzt, sobald man den Taster „Steuerung Aus" betätigt.

Bei der Programmierung werden dabei anstatt der Operanden (bzw. ihrer Symbole) die Parameter der Funktion verwendet. Nachfolgend ist das Netzwerk 1 zu sehen.

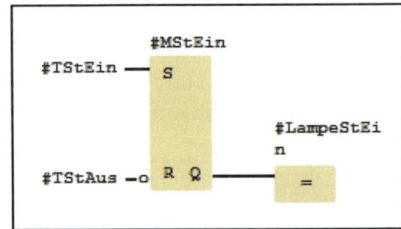

Bild: Programm im Netzwerk 1 der FC1

Man erkennt, dass bei der Verwendung der Parameter das Zeichen „#" vor dem Parameternamen anzugeben ist. Bei Verwendung dieses Zeichens „erkennt" der Editor, dass ein Parameter benutzt wird.

Bei den Programmiersystemen TIA-Portal® und WinSPS-S7 V5 wird bei der Eingabe des Zeichens sofort eine Auswahl sichtbar, in der alle Parameter des Bausteins zu sehen sind. Beim SIMATIC®-Manager ist die Tastenkombination [STRG] + [J] zu betätigen.

Aus der Liste wird nun der gewünschte Parameter selektiert und in den SPS-Code eingefügt. In der nachfolgenden Darstellung ist dies am Beispiel des Parameters „LampeStEin" dargestellt.

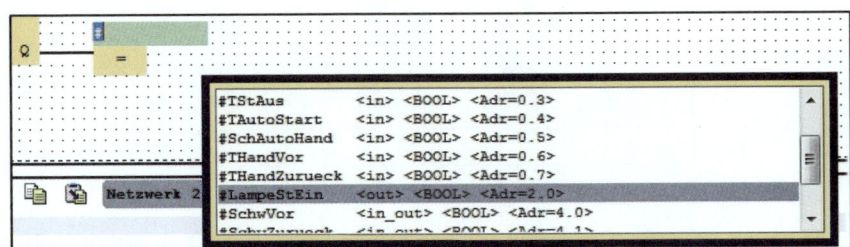

Bild: Auswahlfenster mit den Parametern des Bausteins

Im gesamten Netzwerk 1 werden ausschließlich Parameter des Bausteins verwendet.

Die Parameter können als Platzhalter für Operanden angesehen werden, wobei beim Aufruf des Bausteins bestimmt wird, durch welche Operanden die Platzhalter ersetzt werden.

Die Parameter haben dabei nichts mit Symbolen zu tun, denn bei Symbolen ist die Zuordnung des Symbols zum Operanden fest vorgegeben.

11| Bausteinparameter

Nun folgt das Programm im Netzwerk 2. In diesem steht das Programm für den Merker „Automatik".
Dieser Merker soll den Status ‚1' haben, sobald der Automatikbetrieb aktiv ist.

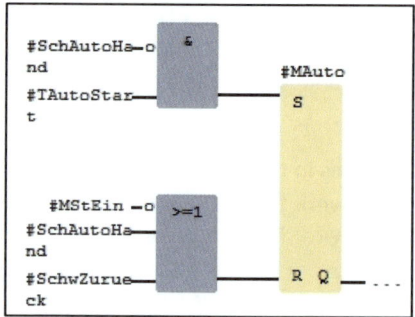

Bild: Programm im Netzwerk 2 der FC1

In diesem Netzwerk wird der Parameter „MAuto" gesetzt, sobald der Parameter „SchAutoHand" den
Status ‚0' besitzt und der Parameter „TAutoStart" den Status ‚1'. Diese Parameter repräsentieren
den Schalter „Automatik/Hand" bzw. den Taster „Start". Rückgesetzt wird der Parameter, wenn die
Steuerung ausgeschaltet wird, man auf Handbetrieb umschaltet oder das Schweißgerät zurückfährt.

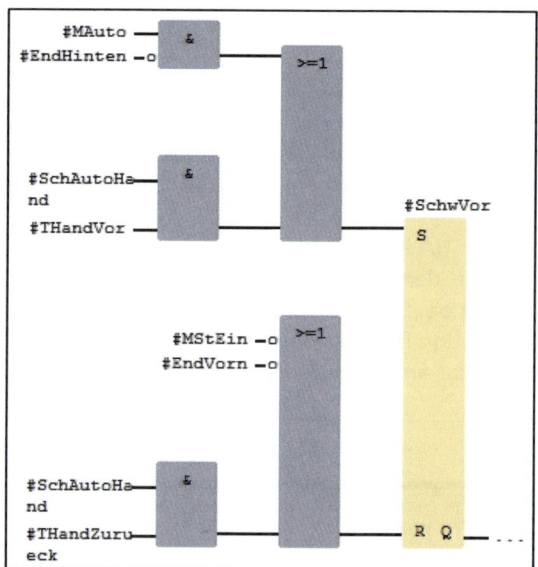

Bild: Programm im Netzwerk 3 der FC1

Im oberen Bild ist das Programm im Netzwerk 3 zu sehen. Dabei handelt es sich um die Bedingung
für die Vorwärtsbewegung des Schweißgerätes. Diese wird durch den Parameter „SchwVor"
repräsentiert.
Im Automatikbetrieb wird die Bewegung ausgelöst, sofern sich das Schweißgerät in der hinteren
Endlage befindet. Im Handbetrieb wird der Befehl über den Taster „Hand vor" abgesetzt.
Sobald der vordere Endschalter erreicht ist, wird die Bewegung gestoppt. Da der Endschalter als
Öffner ausgelegt ist, muss dabei der Status ‚0' abgefragt werden. Auch das Ausschalten der
Steuerung führt zum Stopp der Bewegung. Wird im Handbetrieb der Taster „Hand Zurück" betätigt,
wird die Fahrt in die andere Richtung ausgeführt und somit die Bewegung nach vorne gestoppt.

Das Netzwerk 4 ist das letzte Netzwerk der Funktion, im dem die Rückwärtsbewegung des Schweißgeräts ausprogrammiert wird.

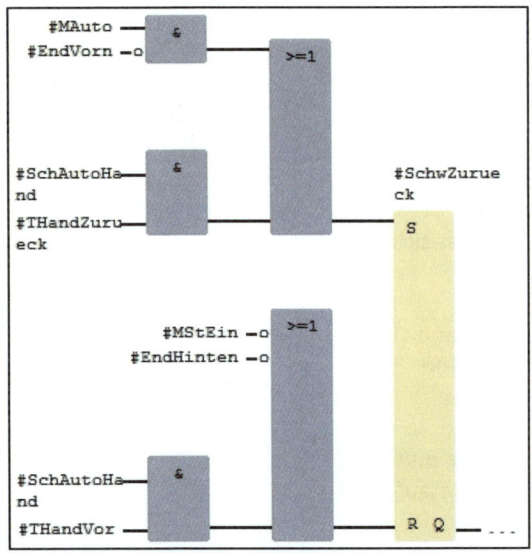

Bild: Netzwerk 4 der FC1

Im Automatikbetrieb soll das Schweißgerät zurückfahren, sobald der vordere Endschalter ausgelöst wurde. Da dieser als Öffner ausgelegt ist und somit bei Betätigung der Status ‚0' ansteht, ist die Abfrage zu negieren. Im Handbetrieb wird die Rückbewegung über den Taster „Hand zurück" ausgelöst. Die Bewegung wird gestoppt, wenn der hintere Endschalter erreicht ist. Er ist ebenfalls negiert abzufragen, da der Endschalter als Öffner ausgelegt ist und somit bei Betätigung den Status ‚0' liefert.

Das Abschalten der Steuerung führt zum sofortigen Stopp der Bewegung. Wird im Handbetrieb der Taster „Hand Vor" betätigt, wird die Fahrt in die andere Richtung ausgeführt und somit die Bewegung nach hinten gestoppt.

Damit ist die Funktion komplett und kann gespeichert werden.

Anmerkung:

In der Funktion wurden keine Operanden verwendet, sondern nur die Parameter der Funktion. Bei der Programmierung steht noch nicht fest, welche Operanden von den Parametern repräsentiert werden. Dies wird erst beim Aufruf der Funktion festgelegt. Bei der Programmierung der FC ist nur klar, welche Funktion hinter einem Parameter steckt. So ist z.B. festgelegt, dass der Parameter „LampeStEin" einen Ausgang repräsentiert, an dem eine Lampe angeschlossen ist. Er signalisiert, dass die Steuerung eingeschaltet wurde. Welcher Ausgang sich dahinter verbirgt, ist zunächst nicht relevant.

Auch die Art des Operanden ist nicht festgelegt, es muss also nicht unbedingt ein Ausgang sein.

11| Bausteinparameter

11.1.6 Aufruf der FC1 im OB1

Die FC1 würde nach dem Übertragen in die SPS nicht bearbeitet werden, denn sie wird ja von keinem OB aufgerufen. Ebenso würden die Parameter keine Operanden repräsentieren, denn diese müssen erst beim Aufruf angegeben werden.

Für die Programmierung des Aufrufs wird die FC1 aus dem Katalog entnommen (Rubrik „FC Bausteine" oder „FCs im Projekt"). Im TIA-Portal® befindet sich die FC1 innerhalb der Rubrik „Programmbausteine".

Ein Doppelklick oder eine Drag-and-Drop-Aktion fügt die FC1 in das Netzwerk 1 des OB1 ein.

```
                    FC1
    - - -    EN
                          LampeStEin  — ???(BOOL)
??? (BOOL) — EndVorn
??? (BOOL) — EndHinten
??? (BOOL) — TStEin
??? (BOOL) — TStAus
??? (BOOL) — TAutoStart
??? (BOOL) — SchAutoHa.
??? (BOOL) — THandVor
??? (BOOL) — THandZuru.
??? (BOOL) — SchwVor
??? (BOOL) — SchwZurue.
??? (BOOL) — MStEin
??? (BOOL) — MAuto
                                      ENO
```

Bild: FC1 nach dem Einfügen in das Netzwerk des OB1

Es wird eine Box gezeichnet, die den FC1 darstellt. Die Box hat Anschlüsse auf der linken und rechten Seite.

Die Anschlüsse sind mit den Namen der Parameter der FC bezeichnet. Dabei befinden sich die Eingangs- und Durchgangsparameter auf der linken Seite, während die Ausgangsparameter rechts angeordnet sind. An jedem Anschluss sind momentan die Zeichen "???" zu sehen. Diese müssen durch entsprechende Operanden ersetzt werden. Durch das Ersetzen der Fragezeichen durch einen Operanden wird festgelegt, dass der Parameter bei diesem Aufruf der Funktion den angegebenen Operanden repräsentiert.

Es werden häufig auch die Begriffe Formalparameter und Aktualparameter verwendet.
Der Formalparameter ist in diesem Fall der Parameter der Funktion. Als Aktualparameter wird der Operand bezeichnet, der an den Parameter übergeben wird.

Im nächsten Schritt sollen die Operanden an die Funktion übergeben werden. Wir wollen mit dem Parameter „EndVorn" beginnen. Dieser repräsentiert den vorderen Endschalter des Schweißgerätes, weshalb der Operand E0.7 bzw. dessen Symbol „EndschS2Vorn" am Anschluss anzugeben ist.

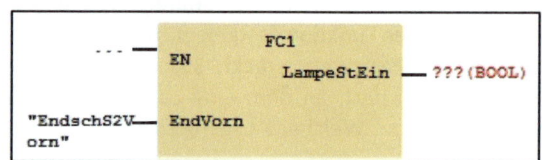

Bild: Angabe des E0.7 „EndschS2Vorn" am Formalparameter „EndVorn" der FC1

Damit wird festgelegt, dass der Parameter „EndVorn" der FC1 bei diesem Aufruf der FC1 den Operanden E0.7 „EndschS2Vorn" repräsentiert. Die Hülle „EndVorn" ist mit dem Inhalt „EndschS2Vorn" gefüllt.

In gleicher Weise werden die anderen Formalparameter der FC1 mit Aktualparametern versehen. Vollständig belegt hat der Aufruf das nachfolgend dargestellte Aussehen (siehe rechts).

Der OB1 ist somit fertiggestellt und kann gespeichert werden.

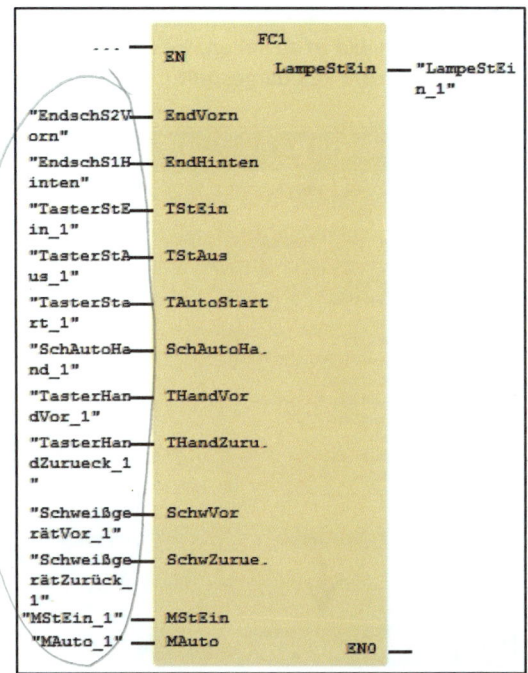

Bild: Aufruf der FC1 im Netzwerk 1 des OB1

11.1.7 Test des SPS-Programms

Der Test des Programms wird mit Hilfe der Anlage „Schweissen_1" von SPS-VISU durchgeführt. Nach dem Start von SPS-VISU und Laden der Anlage werden die beiden Bausteine OB1 und FC1 in die SPS übertragen und die Simulation gestartet. Es ist zu beachten, dass sich die SPS im Betriebszustand RUN befindet. Interessant ist dabei der Bausteinstatus (bzw. das Beobachten) der FC1. Im folgenden Bild ist der Statusbetrieb der Netzwerke 1 und 2 innerhalb der FC1 zu sehen.

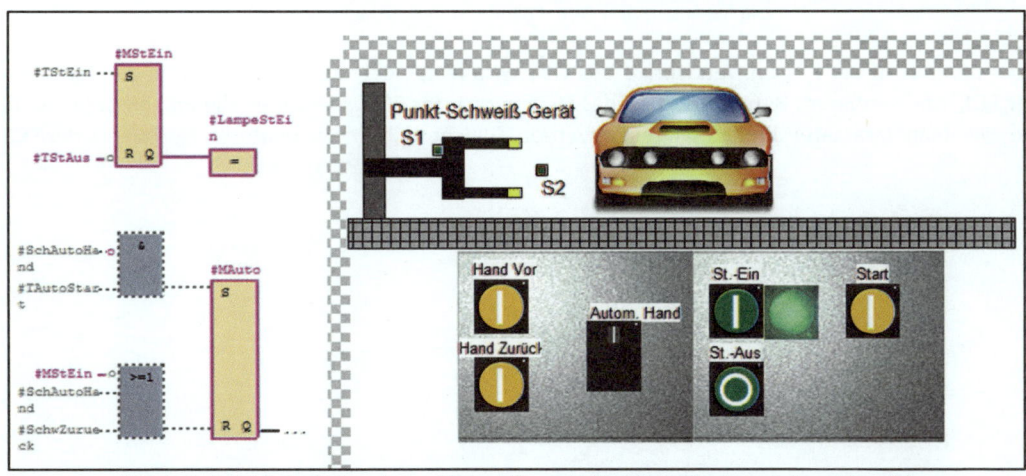

Bild: Statusbetrieb der Netzwerk 1 und 2 der FC1 zum Zeitpunkt des Starts im Automatikbetrieb

Die Steuerung wurde dabei eingeschaltet und im Automatikbetrieb der Taster „Start" betätigt.

11.1.8 Erläuterung des Ablaufs

Im folgenden Bild ist zu sehen, was beim Aufruf der FC1 genau passiert. Dabei sind die ersten beiden Netzwerke in der FC1 dargestellt.

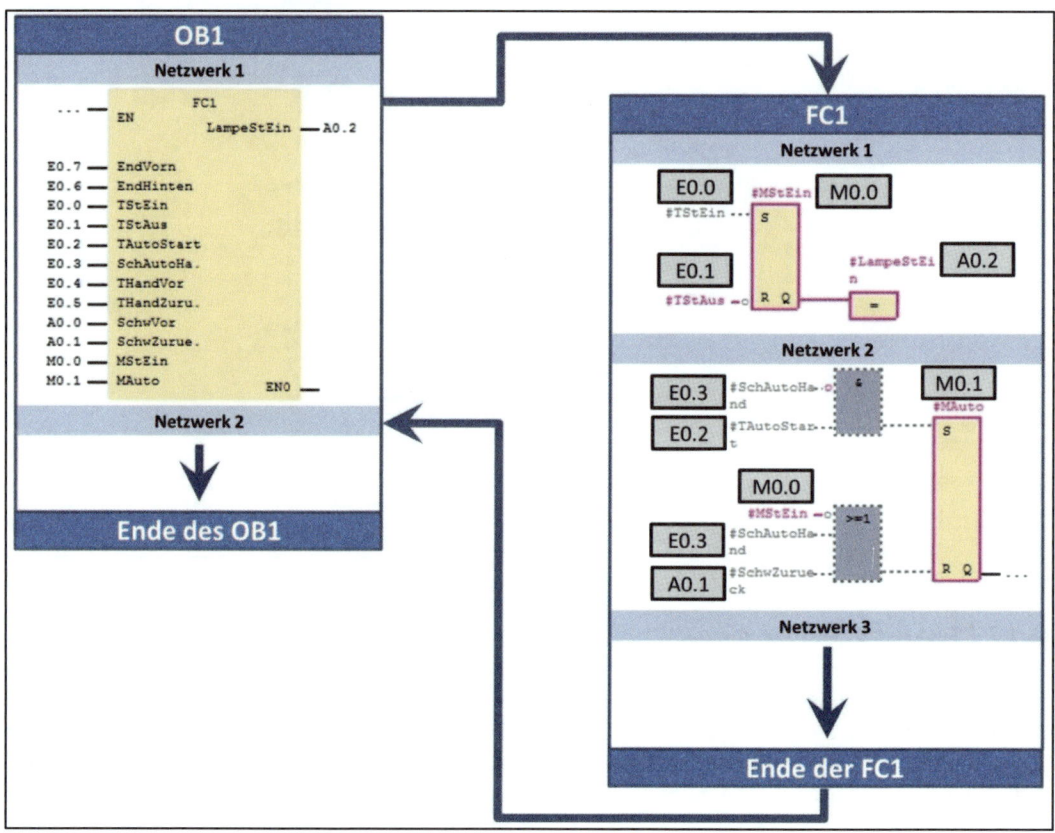

Bild: Veranschaulichung des Bausteinaufrufs mit Parametern

Über den Aufruf der FC1 im Netzwerk 1 des OB1 wird festgelegt, welche Operanden die Parameter der FC1 repräsentieren. Betrachtet man das Netzwerk 1 der FC1, so können die Entsprechungen für die einzelnen Parameter direkt angegeben werden. Gleiches gilt für die weiteren Netzwerke der FC1.

11.2 Erweiterung des Beispiels zu Bausteinparametern

Bisher sind die Vorteile der Programmierung mit Bausteinparametern noch nicht offensichtlich geworden. Dies soll sich nun ändern.

Die zuvor programmierte Anlage ist um ein zweites Schweißgerät zu erweitern. Dieses Schweißgerät soll mit der gleichen SPS gesteuert, ansonsten aber völlig autark sein. Das Gerät bekommt eigene Bedienelemente. Die Anlage sieht somit wie nachfolgend aus:

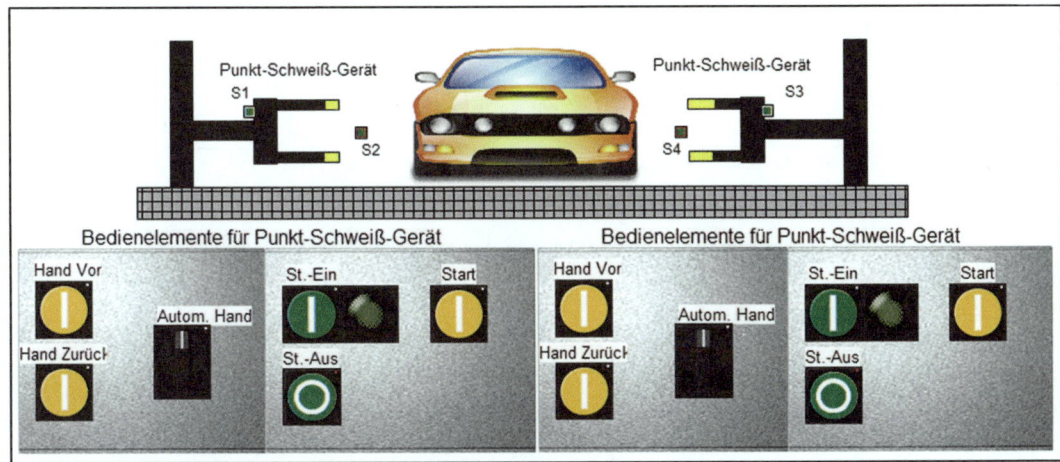

Bild: Erweiterte Anlage

Die Funktion des zweiten Schweißgeräts ist völlig identisch. Die Ein- und Ausgangsbelegungen können der Zuordnungsliste entnommen werden.

Betriebsmittel	Adresse
Taster „Steuerung Ein", Schließer	E1.0
Taster „Steuerung Aus", Öffner	E1.1
Taster „Start", Schließer	E1.2
Schalter Automatik-Hand, ‚1' = Hand	E1.3
Taster „Handbetrieb vor", Schließer	E1.4
Taster „Handbetrieb zurück", Schließer	E1.5
Endschalter S1, Öffner	E1.6
Endschalter S2, Öffner	E1.7
Schweißgerät vor	A0.3
Schweißgerät zurück	A0.4
Lampe „Steuerung Ein"	A0.5

11.2.1 Erweiterung der Symbol- bzw. Variablentabelle

Im ersten Schritt werden im SPS-Projekt die neuen Symbol- bzw. Variablennamen eingetragen.

Symbol	Operand		Typ	Symb.-Kommentar
TasterStEin_2	E	1.0	BOOL	Schließer
TasterStAus_2	E	1.1	BOOL	Öffner
TasterStart_2	E	1.2	BOOL	Schließer
SchAutoHand_2	E	1.3	BOOL	1 bei Hand
TasterHandVor_2	E	1.4	BOOL	Schließer
TasterHandZurueck_2	E	1.5	BOOL	Schließer
EndschS3Hinten	E	1.6	BOOL	Öffner
EndschS4Vorn	E	1.7	BOOL	Öffner
SchweißgerätVor_2	A	0.3	BOOL	
SchweißgerätZurück_2	A	0.4	BOOL	
LampeStEin_2	A	0.5	BOOL	
MStEin_2	M	0.2	BOOL	
MAuto_2	M	0.3	BOOL	

Bild: Zusätzliche Symbole bzw. Variablen für den erweiterten Anlagenteil

11.2.2 Implementierung des neuen Anlagenteils in das SPS-Programm

Die Programmierung des zweiten Schweißgerätes ist sehr schnell erledigt, da sich die Funktionsweise <u>nicht</u> gegenüber dem ersten Schweißgerät unterscheidet, sondern nur die verwendeten <u>Operanden</u> anders sind.

Die Programmerweiterung kann mit einem zusätzlichen Aufruf der FC1 erledigt werden.

Dieser Aufruf erfolgt im Netzwerk 2 des OB1. Zu diesem Zweck wird im OB1 das Netzwerk 2 erzeugt.

Nun fügt man, wie im Netzwerk 1, einen weiteren Aufruf der FC1 in das Netzwerk 2 ein. Die Formalparameter der FC1 werden daraufhin mit den Operanden aus dem neu hinzugekommenen Anlagenteil versorgt. Der neue Aufruf der FC1 im Netzwerk 2 hat somit folgendes Aussehen (siehe rechts):

Damit sind die notwendigen Änderungen bereits durchgeführt und das zweite Schweißgerät integriert. Der Baustein OB1 kann gespeichert werden.

	FC1		
EN		LampeStEin —	"LampeStEin_2"
"EndschS4Vorn" —	EndVorn		
"EndschS3Hinten" —	EndHinten		
"TasterStEin_2" —	TStEin		
"TasterStAus_2" —	TStAus		
"TasterStart_2" —	TAutoStart		
"SchAutoHand_2" —	SchAutoHa.		
"TasterHandVor_2" —	THandVor		
"TasterHandZurueck_2" —	THandZuru.		
"SchweißgerätVor_2" —	SchwVor		
"SchweißgerätZurück_2" —	SchZurue.		
"MStEin_2" —	MStEin		
"MAuto_2" —	MAuto	ENO —	

"EndschS4Vorn"	E1.7	BOOL	Öffner
"EndschS3Hinten"	E1.6	BOOL	Öffner
"TasterStEin_2"	E1.0	BOOL	Schließer
"TasterStAus_2"	E1.1	BOOL	Öffner
"TasterStart_2"	E1.2	BOOL	Schließer
"SchAutoHand_2"	E1.3	BOOL	1 bei Hand
"TasterHandVor_2"	E1.4	BOOL	Schließer
"TasterHandZurueck_2"	E1.5	BOOL	Schließer
"LampeStEin_2"	A0.5	BOOL	
"SchweißgerätVor_2"	A0.3	BOOL	
"SchweißgerätZurück_2"	A0.4	BOOL	
"MStEin_2"	M0.2	BOOL	
"MAuto_2"	M0.3	BOOL	

Bild: Aufruf der FC1 im Netzwerk 2 für den neuen Anlagenteil

11.2.3   Test des SPS-Programms

Der Test des Programms wird mit Hilfe der Anlage „Schweissen_2" von SPS-VISU durchgeführt. Nach dem Start von SPS-VISU und Laden der Anlage werden die beiden Bausteine OB1 und FC1 in die SPS übertragen und die Simulation gestartet. Es ist zu beachten, dass sich die SPS im Betriebszustand RUN befindet.

Im folgenden Bild wird der Statusbetrieb bzw. der Beobachten-Modus der Netzwerke 1 und 2 des OB1 bei der darunter dargestellten Anlagensituation angezeigt. Dabei ist links der Status des Netzwerk 1 und rechts der Aufruf der FC im Netzwerk 2 zu sehen.

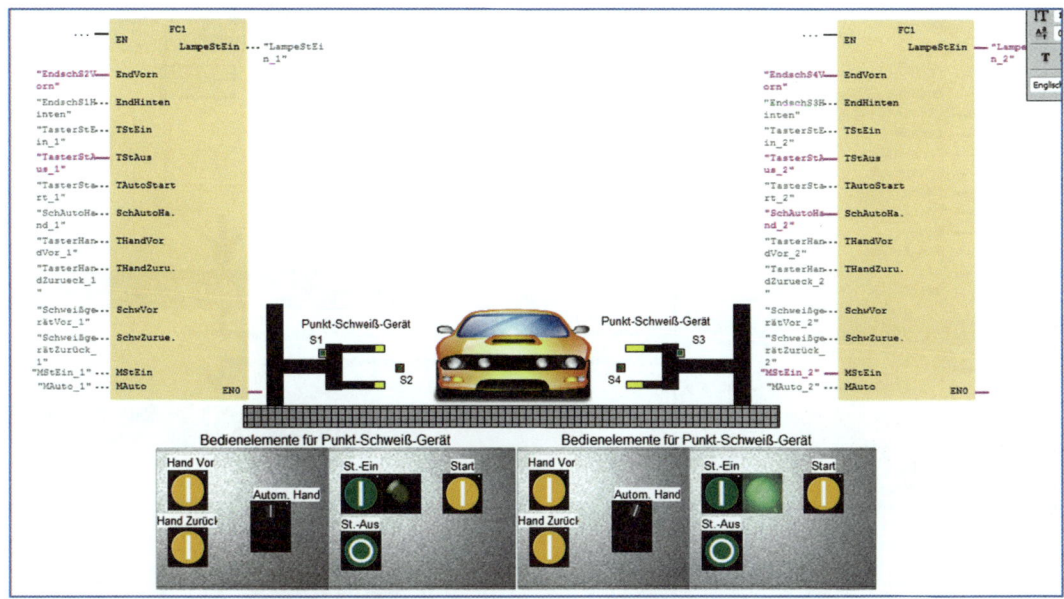

Bild: Bausteinstatus bzw. Beobachten der Netzwerke 1 und 2 des OB1

Im rechten Anlagenteil ist die Steuerung eingeschaltet, was auch im Status zu erkennen ist, da der „MStEin_2" mit dem Status ‚1' angezeigt wird. Ebenso hat die der Ausgang „LampeStEin_2" den Status ‚1', was ebenso im rechten Anlagenteil durch das Leuchten der Lampe „St.-Ein" zu sehen ist.
Der Automatik-Hand-Umschalter im rechten Anlagenteil hat die Stellung „Hand". Aus diesem Grund ist auch der Status des „SchAutoHand_2" mit ‚1' dargestellt.

11.2.4 Erläuterung des Ablaufs

Wie muss man sich die Arbeitsweise des SPS-Programms vorstellen? Es ist so, dass der Programmteil in der FC1 zwei Mal bearbeitet wird, allerdings mit unterschiedlichen Operanden. Man könnte die FC1 noch beliebig oft aufrufen.

Die folgende Grafik erläutert die Arbeitsweise nochmals.

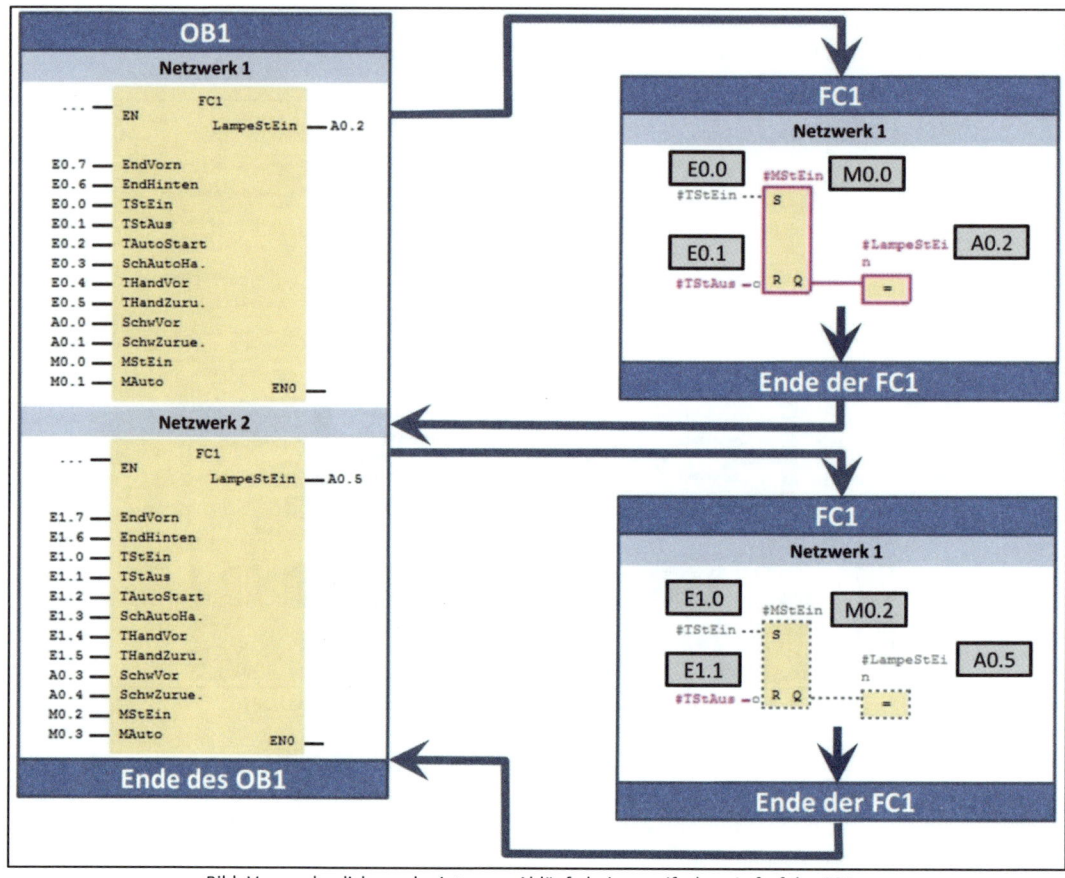

Bild: Veranschaulichung der internen Abläufe beim zweifachen Aufruf der FC1

Im Bild ist zu sehen, wie die FC1 beim ersten Aufruf mit den Operanden des ersten Anlagenteils abgearbeitet wird. Beim zweiten Aufruf im Netzwerk 2 werden die Operanden des zweiten Anlagenteils übergeben, weshalb die FC1 nun mit ihnen bearbeitet wird.

In der dargestellten Situation ist im Anlagenteil 1 die Steuerung eingeschaltet, weshalb der Merker M0.0 den Status ‚1' hat.

Im Anlagenteil 2 ist die Steuerung nicht eingeschaltet, somit hat der Merker M0.2 den Status ‚0'.

Daran ist zu erkennen, dass die beiden Anlagenteile völlig autark verarbeitet werden, da in der FC1 nicht auf absolute Operanden (z.B. E0.0) zugegriffen wird, sondern nur Parameter verarbeitet werden.

11.3 Fazit des Beispiels

In diesem Beispiel wurde offensichtlich, welche Vorteile sich ergeben, wenn man eine Funktion so programmiert, dass sie ausschließlich mit den übergebenen Parametern arbeitet.

- Man kann die Funktion mehrmals innerhalb eines SPS-Programms verwenden.
- Man kann die Funktion in anderen Projekten verwenden, ohne dabei klären zu müssen, ob etwaige in der Funktion benutzte Operanden an einer anderen Stelle des SPS-Programms bereits verwendet werden, denn es werden nur die beim Aufruf der Funktion übergebenen Operanden verarbeitet.

Hätte man die Funktionalität der Anlagenteile nicht in eine Funktion ausgelagert, so müsste man das SPS-Programm für den Anlagenteil 2 von Neuem programmieren. Dies kostet nicht nur zusätzlichen Speicher in der SPS, der zweite Anlagenteil erhöht auch die Wahrscheinlichkeit von Fehlern und somit den Wartungsaufwand.

11.4 Bibliotheksfähige Bausteine

Von einem bibliotheksfähigen Baustein wird gesprochen, wenn innerhalb eines Bausteins nicht auf Absolutoperanden wie Eingänge, Ausgänge, Merker, Timer, Zähler oder Datenbausteine zugegriffen wird. Der Baustein arbeitet damit nur mit den an ihn übergebenen Parametern und eventuell temporären Variablen (Temp-Bereich). Der Baustein FC1 des zuletzt erstellten Programms ist ein Beispiel dafür.

So programmierte Bausteine können projektübergreifend verwendet werden und werden deswegen auch als bibliotheksfähig bezeichnet. Man kann sie in einer eigenen Bibliothek ablegen und in verschiedenen SPS-Projekten auf ihre Funktionalität zurückgreifen, indem man den benötigten Baustein in das SPS-Programm einbindet.

11.5 Übungen und Wiederholungsfragen Übung ✔

a) Welcher Deklarationsbereich beinhaltet Parameter, deren Wert nur in dem Baustein, in dem sie deklariert sind, Gültigkeit haben?

b) Welche Vorgaben gelten bzgl. des Namens für einen Parameter?

c) Wie viele Zeichen dürfen max. für den Kommentar eines Parameters verwendet werden?

d) Wann wird festgelegt, mit welchen Operanden ein FC arbeitet?

e) Was ist ein Aktualparameter?

f) In welcher Reihenfolge werden die Deklarationsbereiche aufgelistet, wenn der Aufruf einer Funktion in AWL erfolgt?

g) Durch welche Zeichen sind die Formalparameter und Aktualparameter beim Aufruf einer Funktion in AWL voneinander getrennt?

h) Mit welcher Systematik wird das Element einer Struktur angesprochen?

i) Warum wird der Zeitstempel für die Schnittstelle eines Bausteins nicht verändert, wenn man einen Temp-Parameter hinzufügt?

12 Zeitarten in S7

Bei den meisten Steuerungsaufgaben müssen zeitgesteuerte Vorgänge irgendeiner Art eingebaut werden. Beispiele dafür sind der Hochlauf eines Motors oder die zeitliche Überprüfung eines mechanischen Vorgangs.

Deshalb stellt die Programmiersprache STEP®7 fünf verschiedene Zeittypen zur Verfügung:
- Impuls SI
- verlängerter Impuls SV
- Einschaltverzögerung SE
- speichernde Verzögerung SS
- Ausschaltverzögerung SA

Der Name der einzelnen Zeitfunktionen verdeutlicht schon ihr jeweiliges Anwendungsgebiet. So wird die SI-Zeit vor allem verwendet, um einen kurzen Impuls z.B. an einen Merker oder Ausgang weiterzugeben, auch wenn der Operand, der die Zeit ansteuert, viel länger seinen Zustand behält.

Nachfolgend werden zunächst theoretische Sachverhalte im Zusammenhang mit Zeitbausteinen erläutert, die der Vollständigkeit wegen benannt werden müssen. Die einzelnen Sachverhalte werden dann nach der expliziten Benennung der einzelnen Zeitvarianten in Beispielen vorgeführt.

12.1 Zeitfunktion mit einem Zeitwert laden

Eine Zeitfunktion kann durch Ladeoperationen mit einem Anfangswert belegt werden.
In der Darstellungsart AWL geschieht dies durch Ladeoperationen. In FUP/KOP wird der entsprechende Wortoperand an den Eingang „TW" (Timer-Wert) des Zeitbausteins angegeben.
Das Betriebssystem zählt diesen Anfangswert in einem bestimmten Zeitintervall bis auf null zurück. Damit ist die Zeit abgelaufen. Dieser Anfangszeitwert muss beim Start der Zeit im Akku1 vorhanden sein.
Es stehen u.a. folgende Möglichkeiten zur Verfügung, um einen Zeitwert zu laden:

AWL-Operation	FUP/KOP Ansicht	Beschreibung
L S5T# ...	T0 ???.? — S (SI) S5T#20S — TW DUAL — ... DEZ — ... ... — R ... Q — ...	Laden eines konstanten Zeitwertes. Der Zeitwert ist BCD-codiert aufgebaut.
L DBW ...	T0 ???.? — S (SI) DB1.DBW10 — TW DUAL — ... DEZ — ... ... — R ... Q — ...	Laden eines Datenwortes. Der Zeitwert muss BCD-codiert vorliegen.
L EW ...	T0 ???.? — S (SI) EW10 — TW DUAL — ... DEZ — ... ... — R ... Q — ...	Laden eines Eingangswortes. Der Zeitwert muss BCD-codiert vorliegen.

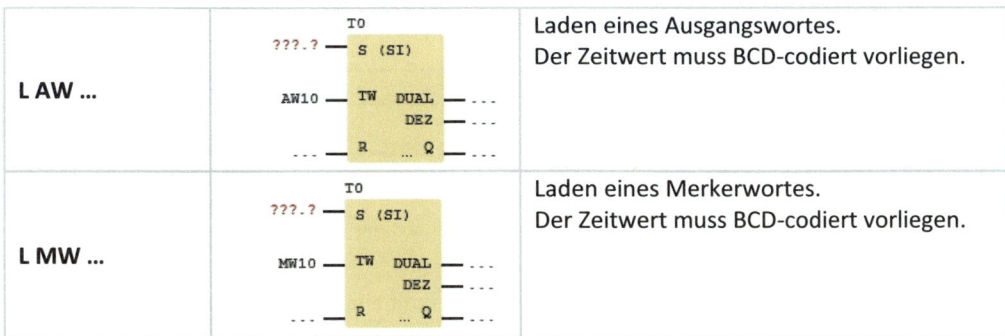

AWL-Operation	FUP/KOP Ansicht	Beschreibung
L AW ...		Laden eines Ausgangswortes. Der Zeitwert muss BCD-codiert vorliegen.
L MW ...		Laden eines Merkerwortes. Der Zeitwert muss BCD-codiert vorliegen.

AWL-Operation	FUP/KOP Ansicht	Beschreibung
L LW ...		Laden eines Lokaldatenwortes. Der Zeitwert muss BCD-codiert vorliegen.

12.1.1 Laden einer Zeit über einen konstanten Zeitwert

Über den AWL-Befehl „L S5T#" kann eine Zeit mit einem konstanten Zeitwert geladen werden. Dabei ist die Angabe in Stunden, Minuten, Sekunden und Millisekunden möglich. In FUP/KOP wird die Konstante am Eingang „TW" des Zeitbausteins angegeben.

Beispiel 1

Es soll ein konstanter Zeitwert mit 1 Stunde 12 Minuten und 30 Sekunden geladen werden.

In der Tabelle ist die entsprechende AWL-Operation mit der Konstanten zu sehen. Daneben wird in der Tabelle der Zeitbaustein in FUP/KOP dargestellt, wobei die Zeitkonstante am TW-Eingang angegeben ist:

AWL-Operation	FUP/KOP
L S5T#1H12M30S	S5T#1H12M30S — TW DUAL — ... DEZ — ... ... — R ... Q — ...

Beispiel 2

Es soll ein konstanter Zeitwert mit 3 Sekunden und 210 Millisekunden geladen werden.

Die Lösung wird in der folgenden Tabelle dargestellt.

AWL-Operation	FUP/KOP
L S5T#3S210MS	S5T#3S210M─┬ TW DUAL ─ . . . S │ DEZ ─ . . . . . . ─┤ R . . . Q ─ . . .

Intern wird die Angabe als Multiplikation eines Zeitfaktors mit einer Zeitbasis dargestellt.
Die Zeitbasis kann vier verschiedene Werte annehmen:

- 0.01s (10ms)
- 0.1s (100ms)
- 1s
- 10s

Der max. Zeitfaktor beträgt 999. **Somit ergibt sich ein max. Zeitwert von 9990s.**

Bei der Eingabe des Zeitwertes als Konstante mit „S5T#" wählt der Editor automatisch den richtigen Zeitfaktor aus.

Der Zeitfaktor bestimmt auch die Genauigkeit der ablaufenden Zeit, d.h. ein Zeitbaustein mit der Zeitbasis 0,01s läuft mit einer Genauigkeit von 0,01s.

12.1.2   Weitere Möglichkeiten, eine Zeitkonstante zu laden

Der Zeitwert eines Zeitbausteins kann auch durch Eingangs-, Ausgangs-, Merker-, Lokaldaten- oder Datenwörter geladen werden.

Das geladene Wort muss dabei folgendes Aussehen haben:

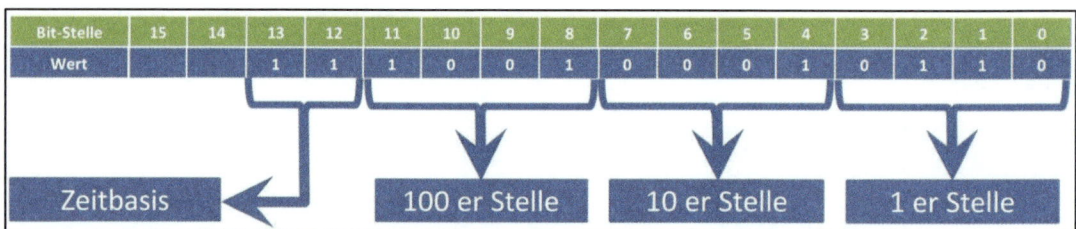

Bild: Aufbau des Zeitwortes zum Laden in einen Zeitbaustein

Der Wert muss BCD-codiert hinterlegt sein, wobei die Bits 12 und 13 die Zeitbasis angeben. Hierbei hat das Bit 12 die Wertigkeit 2^0 (1 dezimal) und das Bit 13 die Wertigkeit 2^1 (2 dezimal).

Die Zeitbasis hat folgende Codierung:

Zeitbasis	0	1	2	3
Zeitfaktor	0,01s (10ms)	0,1s (100ms)	1s	10s

Im Bild beträgt die Zeit somit 916 * 10s = 2H32M40S

Der momentane Zeitwert eines Zeitbausteins kann BCD-codiert ausgegeben werden. Hierzu dient der AWL-Befehl „Lade codiert" (LC). In FUP/KOP ist dazu der Ausgang „DEZ" des Zeitbausteins mit einem Wortoperanden belegt. Es besteht ebenso die Möglichkeit, den Zeitwert dualcodiert auszugeben, dabei wird der AWL-Befehl „Lade" (L) programmiert. In FUP/KOP ist hierzu am Ausgang „DUAL" des Zeitbausteins ein Wortoperand anzugeben. Diese Möglichkeit wird noch in Beispielen gezeigt.

12.2 Starten und Rücksetzen einer Zeit

Ein Zeitbaustein kann durch das Wechseln des VKE-Zustands am Starteingang (in FUP/KOP mit „S" bezeichnet) gestartet werden. Bei den Zeitarten SI, SV, SE und SS bewirkt ein Wechsel des VKEs vom **Zustand ‚0' zum Zustand ‚1'** (positive Flanke) das Starten der Zeit. Eine Ausnahme stellt der Zeitbaustein SA dar (Ausschaltverzögerung). Bei dieser Zeit führt ein Wechsel des VKEs vom Zustand ‚1' nach ‚0' (neg. Flanke) zum Starten der Zeit. Beim Starten wird der Zeitwert, der sich im Akku1 befinden muss, als Anfangswert übernommen. Es wird dann im Zeitraster bis auf null gezählt.

Zum Rücksetzen einer Zeit muss das VKE am Rücksetzeingang den Zustand ‚1' haben. Ist dies der Fall, so wird der programmierte Zeitwert auf null gesetzt. Solange das VKE am Rücksetzeingang den Zustand ‚1' behält, liefert eine binäre Abfrage des Zeitgliedes den Zustand ‚0'.

Anders als beim Starteingang ist beim Rücksetzeingang kein Flankenwechsel des VKEs notwendig, damit die Aktion ausgeführt wird.

12.3 Binäre Abfrage einer Zeit

Ein Zeitbaustein kann über binäre Operationen auf seinen Zustand abgefragt werden. Es ist somit möglich, eine Zeit abzufragen und das Ergebnis in andere binäre Verknüpfungen einzubinden. Nachfolgend sind diese Operationen aufgelistet:

AWL	FUP	KOP	Beschreibung
U T …			UND-Verknüpfung
UN T …			UND-Verknüpfung negiert
O T …			ODER-Verknüpfung
ON T …			ODER-Verknüpfung negiert
X T …		-	Exklusiv-ODER-Verknüpfung

XN T ...		-	Exklusiv-ODER-Verknüpfung negiert

12.4 Die Zeitart SI (Impuls)

Mit der Zeitart SI kann ein Impuls aufbereitet werden, d.h. wenn das VKE am Starteingang von ‚0'
nach ‚1' wechselt, läuft die geladene Zeit ab.

Während die Zeit abläuft, liefert die binäre Abfrage der Zeit den Zustand ‚1', nach Ablauf der Zeit den
Zustand ‚0'. Wird das VKE am Starteingang ‚0', so wird die Zeit ebenfalls auf ‚0' gesetzt.

Nachfolgend ist das Impuls-Zeit-Diagramm für die Zeitart SI zu sehen:

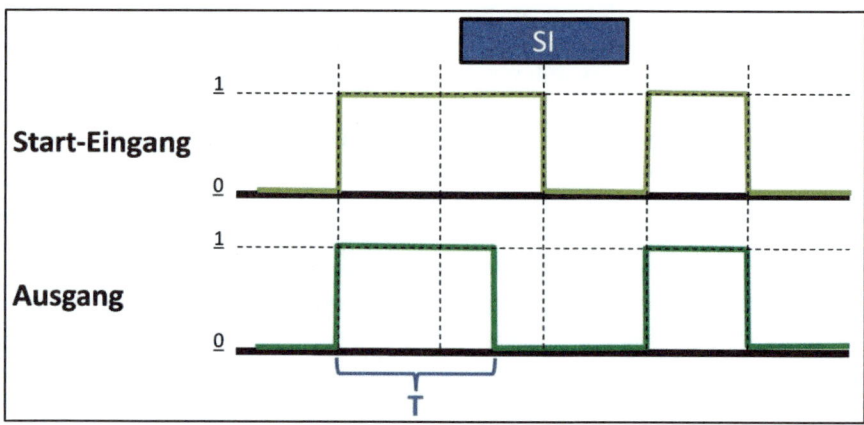

Bild: Impuls-Zeit-Diagramm für die Zeitart SI

12.4.1   Beispiel zur Zeitart SI

Sobald der Eingang E0.0 den Zustand ‚1' führt, soll eine Lampe für 7 Sekunden aufleuchten. Die
Lampe ist am Ausgang A1.0 angeschlossen. Wenn der Eingang seinen Zustand vor Ablauf der 7
Sekunden auf ‚0' wechselt, so muss die Lampe ebenfalls ausgehen.

Lösung in den Darstellungsarten AWL und FUP:

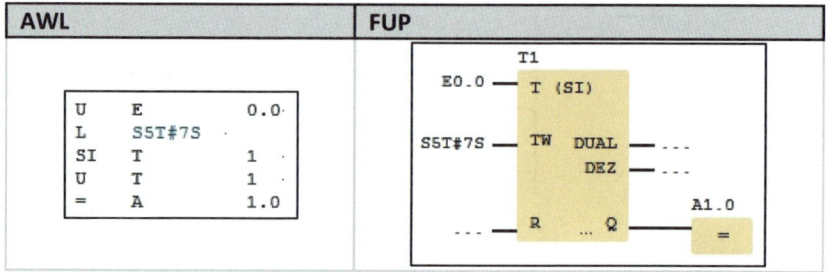

12.5 Die Zeitart SV (verlängerter Impuls)

Mit der Zeitart SV kann ein Impuls aufbereitet werden. Der Unterschied zur Zeitart SI besteht darin, dass die geladene Zeit auf jeden Fall abläuft, auch wenn das VKE am Starteingang auf den Zustand ‚0' wechselt. Es kann somit ein Impuls von konstanter Dauer realisiert werden.

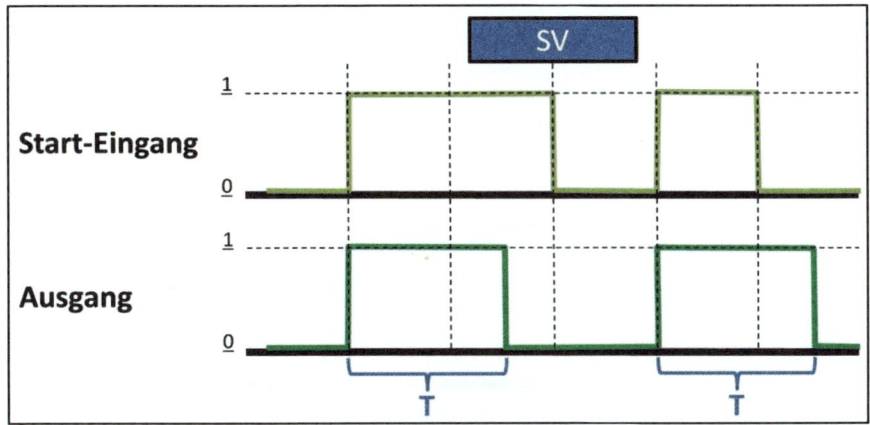

Bild: Impuls-Zeit-Diagramm für die Zeitart SV

12.5.1 Beispiel zur Zeitart SV

Sobald der Eingang E0.0 den Zustand ‚1' führt, soll eine Lampe für 7 Sekunden aufleuchten. Die Lampe ist am Ausgang A1.0 angeschlossen. Wenn der Eingang seinen Zustand vor Ablauf der 7 Sekunden auf ‚0' wechselt, muss die Lampe weiterhin leuchten.

Lösung in den Darstellungsarten AWL und FUP:

AWL	FUP
U E 0.0	
L S5T#7S	
SV T 1	
U T 1	
= A 1.0	

FUP:

```
                       T1
        E0.0 ───  T (SV)

      S5T#7S ───  TW    DUAL ── · · ·
                        DEZ  ── · · ·
                                          A1.0
       · · · ───  R    ... Q ──          [ = ]
```

12.6 Die Zeitart SE (Einschaltverzögerung)

Mit der Zeitart SE kann ein verzögertes Einschalten realisiert werden.

Wechselt das VKE am Starteingang auf den Zustand ‚1', läuft die geladene Zeit ab. Nach Ablauf der Zeit liefert die binäre Abfrage den Zustand ‚1'. Wechselt das VKE am Starteingang auf den Zustand ‚0', wird die Zeit auf ‚0' gesetzt.

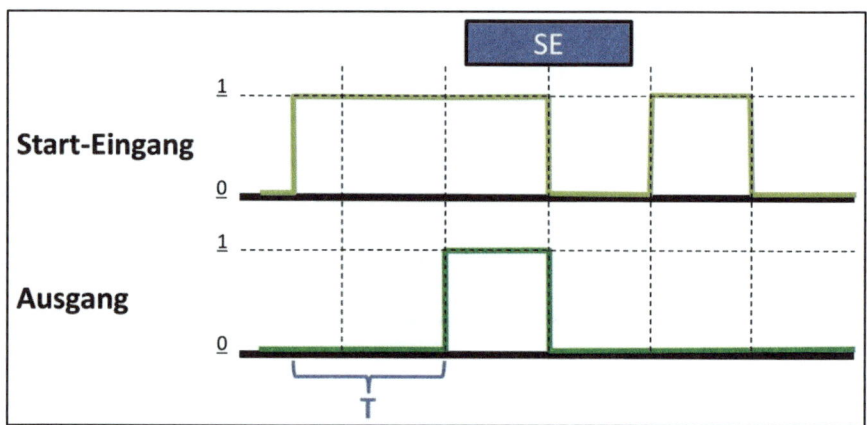

Bild: Impuls-Zeit-Diagramm für die Zeitart SE

12.6.1 Beispiel zur Zeitart SE

Drei Sekunden, nachdem der Eingang E0.0 den Zustand ‚1' führt, soll eine Lampe aufleuchten. Wechselt der Zustand des Eingangs wieder auf ‚0', so soll die Lampe ebenfalls nicht mehr leuchten. Die Lampe ist am Ausgang A1.0 angeschlossen.

Lösung in den Darstellungsarten AWL und FUP:

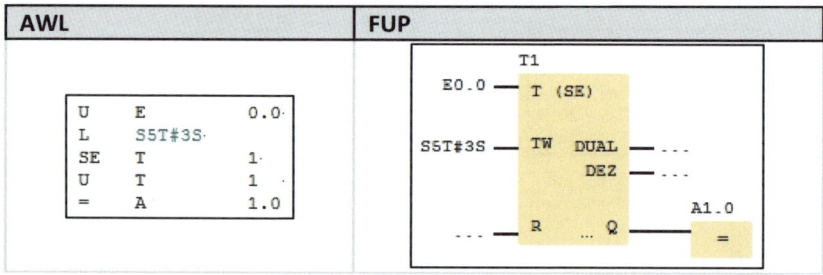

12.7 Die Zeitart SS (Speichernde Einschaltverzögerung)

Mit der Zeitart SS kann ein verzögertes Einschalten realisiert werden.

Der Unterschied zur Zeitart SE besteht darin, dass die Zeit nicht zurückgesetzt wird, wenn ein Wechsel des VKEs am Starteingang auf den Zustand ‚0' stattfindet.

Diese Zeitart muss somit explizit rückgesetzt werden.

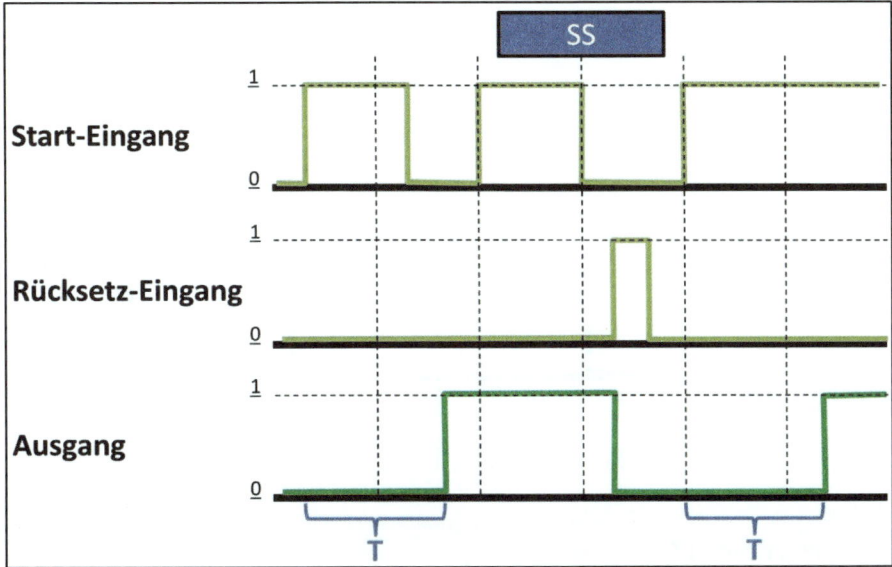

Bild: Impuls-Zeit-Diagramm für die Zeitart SS

12.7.1 Beispiel zur Zeitart SS

Drei Sekunden, nachdem der Eingang E0.0 den Zustand ‚1' führt, soll eine Lampe aufleuchten. Wechselt der Zustand des Eingangs wieder auf ‚0', so soll die Lampe weiterhin leuchten.

Lösung in den Darstellungsarten AWL und FUP:

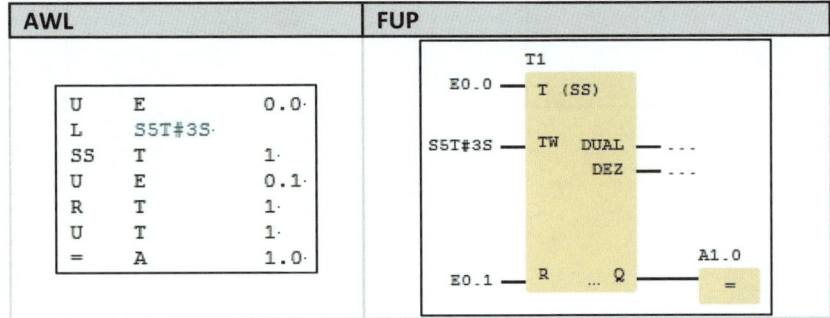

12.8 Die Zeitart SA (Ausschaltverzögerung)

Mit der Zeitart SA kann eine Ausschaltverzögerung realisiert werden. Wechselt das VKE am Starteingang auf den Zustand ‚0', läuft die geladene Zeit ab. Wenn das VKE am Starteingang während dieser Zeit wiederum auf ‚1' wechselt, wird die Zeit wieder auf den Anfangswert gesetzt.

Eine binäre Abfrage der Zeit liefert den Zustand ‚1', solange das VKE am Starteingang den Zustand ‚1' hat oder die Zeit läuft.

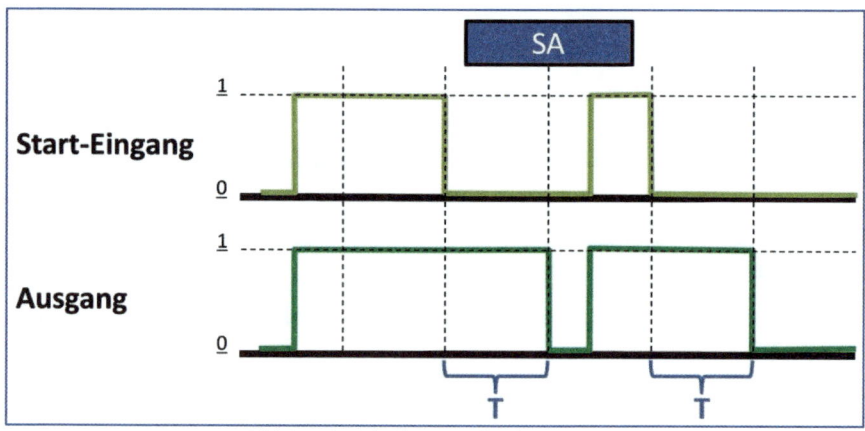

Bild: Impuls-Zeit-Diagramm für die Zeitart SA

12.8.1 Beispiel zur Zeitart SA

Wenn der Eingang E0.0 den Zustand ‚1' führt, soll eine Lampe aufleuchten. Wechselt der Zustand des Eingangs auf ‚0', soll die Lampe noch weitere 4 Sekunden leuchten und danach dunkel werden. Die Lampe ist am Ausgang A1.0 angeschlossen.

Lösung in den Darstellungsarten AWL und FUP:

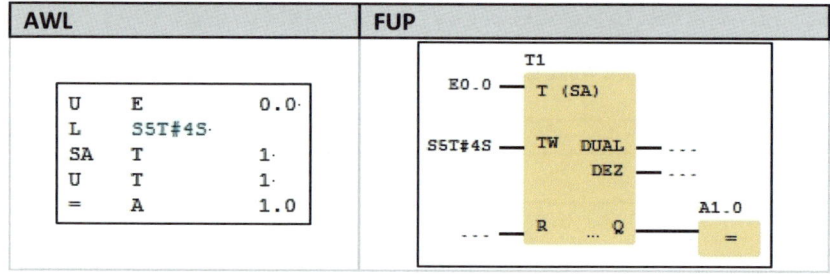

12.9 Beispiel 1 zu Zeiten: Bandsteuerung

Es soll das SPS-Programm für das nachfolgend dargestellte Technologieschema entwickelt werden.

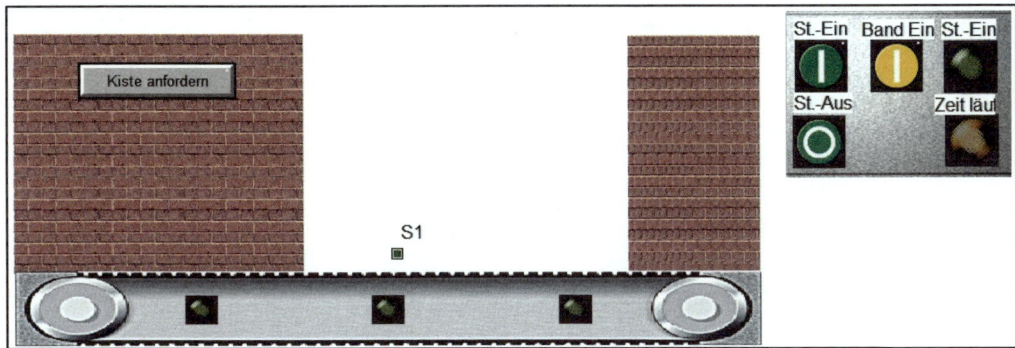

Bild: Technologieschema des Beispiels

1. Einschalten der Steuerung über den Taster „Steuerung Ein".
2. Einschalten des Bandes über den Taster „Band Ein".
3. Kiste anfordern.
4. Drei Sekunden, nachdem die Kiste den Endschalter S1 berührt hat, soll das Band abschalten.
5. Nun kann das Band wiederum über den Taster „Band Ein" eingeschaltet werden, damit die Kiste abgeräumt wird.
6. Jetzt kann eine weitere Kiste angefordert werden.

Die Betriebsmittel sind wie folgt an die SPS angeschlossen:

Betriebsmittel	Adresse
Taster „Steuerung Ein", Schließer	E0.0
Taster „Steuerung Aus", Öffner	E0.1
Taster „Band Ein", Schließer	E0.2
Endschalter S1, Schließer	E0.3
Bandmotor	A0.0
Lampe „Steuerung Ein"	A0.1
Lampe „Zeit läuft"	A0.2

Das SPS-Programm wird in die Funktion FC1 geschrieben. Diese FC1 wird über den Organisationsbaustein OB1 ohne Bedingung aufgerufen.

12.9.1 Erstellen der Symbolik- bzw. Variablentabelle

Wie gewohnt, wird im ersten Schritt die Symbol- bzw. Variablentabelle erstellt.

Symbol	Operand		Typ	Symb.-Kommentar
TasterStEin	E	0.0	BOOL	
TasterStAus	E	0.1	BOOL	Öffner
TasterBandEin	E	0.2	BOOL	
EndschS1	E	0.3	BOOL	
BandMotor	A	0.0	BOOL	
LampeStEin	A	0.1	BOOL	
LampeZeitLaeuft	A	0.2	BOOL	
MerkerStEin	M	0.0	BOOL	
Nachlaufzeit	T	0	TIMER	

Bild: Symbole für das SPS-Programm

In der Tabelle wurden auch bereits vorab das Symbol für den Merker „Steuerung Ein" sowie die Nachlaufzeit angegeben. Diese könnten auch während der Programmierung hinzugefügt werden.

12.9.2 Programmierung der FC1

Das Programm in der FC1 wird in der Darstellungsart FUP erstellt. Im Netzwerk 1 ist der M0.0 „Steuerung Ein" ausprogrammiert.

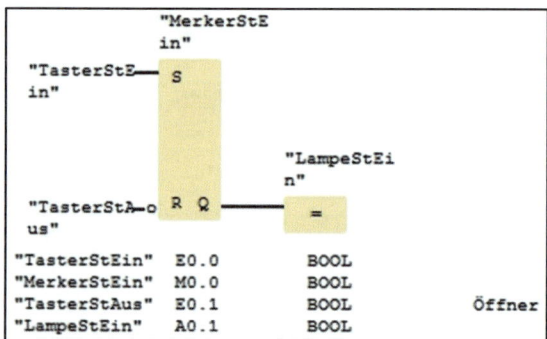

Bild: Netzwerk 1 der FC1

Der Taster „Steuerung Ein" setzt den Merker. Über den Taster „Steuerung Aus" wird er rückgesetzt. Da der Taster „Steuerung Aus" als Öffner ausgelegt ist, liefert er bei Betätigung den Status ‚0' an den Eingang. Deshalb wird der Eingang negiert abgefragt. Der Status des Merkers ist direkt an die Lampe „Steuerung Ein" zu übergeben.
Im Netzwerk 2 steht das Programm für den Bandmotor. Es hat folgendes Aussehen:

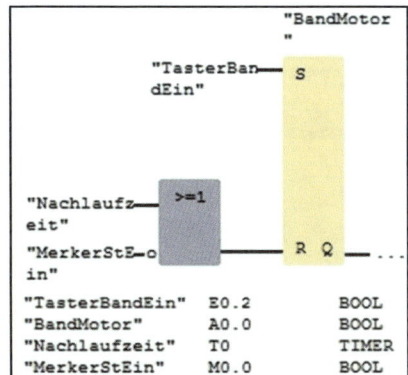

Bild: Netzwerk 2 der FC1

Der Bandmotor wird über den Taster „Band Ein" eingeschaltet. Ist die Nachlaufzeit abgelaufen oder wurde die Steuerung abgeschaltet, führt dies zum Rücksetzen des Ausgangs für den Bandmotor, d.h. das Band stoppt.

Im Netzwerk 3 ist das Programm für einen Hilfsmerker untergebracht. Dieser Merker wird gesetzt, sobald der Endschalter S1 den Status ‚1' besitzt, also eine Kiste den Endschalter berührt – aber nur dann, wenn auch der Bandmotor eingeschaltet ist. Das ist die Bedingung zum Starten der Zeit.
Der Hilfsmerker wird rückgesetzt beim Abschalten der Steuerung oder wenn die Nachlaufzeit abgelaufen ist.

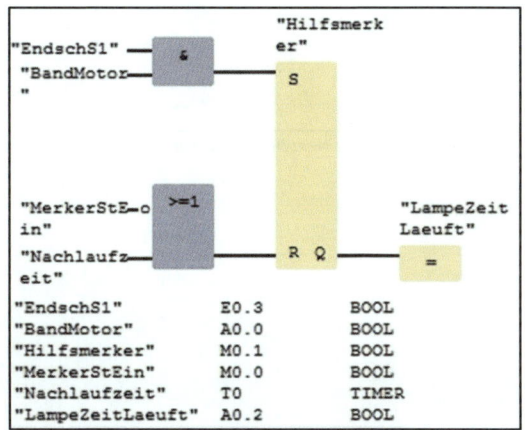

Bild: Netzwerk 3 der FC1

Solange der Merker gesetzt ist, läuft auch die Zeit ab. Aus diesem Grund wird die Lampe, die das Ablaufen der Zeit anzeigen soll, direkt am Ausgang des Merkers angeschlossen.

Nun folgt der Zeitbaustein. Es soll dabei ein Baustein des Typs „SE", also eine Einschaltverzögerung, verwendet werden. Da in diesem Beispiel auch der Rücksetzeingang des Timers benötigt wird, ist aus dem Katalog ein Timer mit allen Ein- und Ausgängen zu selektieren.

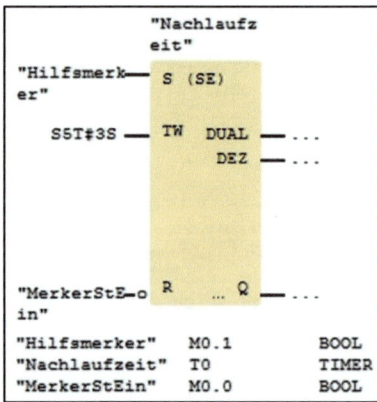

Bild: Netzwerk 4 der FC1

Damit ist das Programm in der FC1 komplett, die gespeichert wird.

12.9.3 Programmierung des OB1

Da das eigentliche SPS-Programm in der FC1 steht, gestaltet sich der Programmteil im OB1 sehr einfach.

Im Editor des OB1 ist lediglich der Aufruf der FC1 zu programmieren. Der OB hat somit folgenden Inhalt:

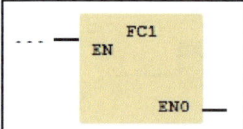

Bild: Netzwerk 1 des OB1

12.9.4 Test des SPS-Programms

Zum Test wird die Anlage „Zeiten_BandSteuerung" in SPS-VISU verwendet. Nach dem Start von SPS-VISU und dem Laden des Projektes ist das SPS-Programm (Baustein OB1 und FC1) zu übertragen. Dann schaltet man die S7-SoftSPS in den Betriebszustand RUN.

Beim Test wird der Bausteinstatus der FC1 betrachtet. Interessant ist dabei z.B. das Netzwerk 4 mit dem Timer. In der nachfolgenden Darstellung ist der Statusbetrieb zu sehen. Dabei hat die Kiste bereits den Endschalter S1 passiert und die Nachlaufzeit des Timers läuft.

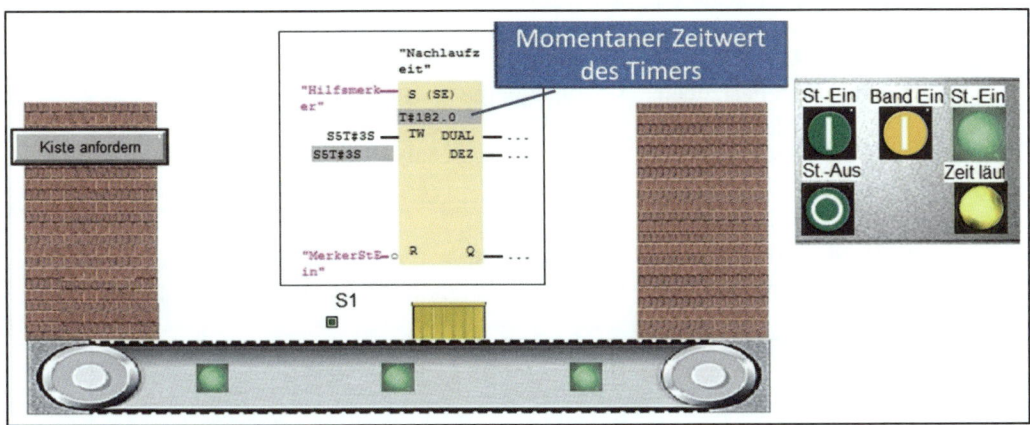

Bild: Anlagenzustand mit Statusanzeige des Netzwerkes 4 der FC1

Der momentane Zeitwert des Timers ist im Block des Zeitbausteines zu sehen. Im Beispiel ist dies „S5T#182.0", und daraus ergibt sich folgender Zeitwert:

182 * 10ms = 1820ms = 1,82 Sekunden

12.10 Beispiel 2 zu Zeiten: Lötstation

Es soll das SPS-Programm für einen Lötautomaten entwickelt werden. Nachfolgend ist die Anordnung zu sehen:

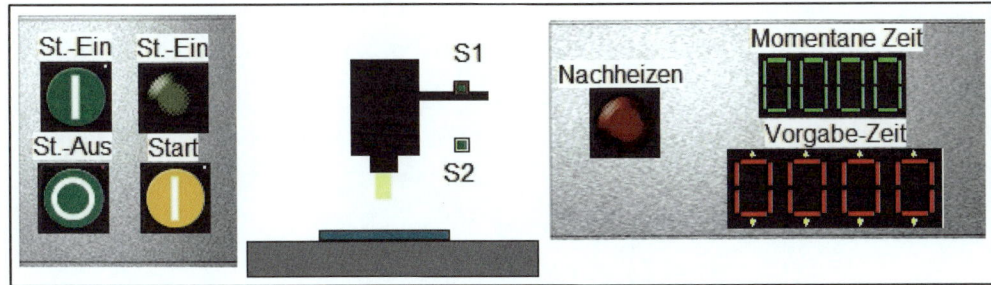

Bild: Technologieschema der Lötstation

1. Über den Taster „Steuerung Ein" wird die Anlage eingeschaltet. Dies wird über die Lampe „Steuerung Ein" signalisiert.
2. Über BCD-Ziffernsteller kann die Zeit für den Lötvorgang eingestellt werden. Dabei stellen die drei rechten Ziffern den Zeitfaktor dar. An der vierten Ziffer kann die Zeitbasis von 0 bis 3 selektiert werden.
3. Der Taster „Start" startet den Vorgang.
4. Der Lötkolben fährt nach unten. Hat er die untere Endlage bei S2 erreicht, schaltet sich die zusätzliche Heizung ein und die eingestellte Zeit läuft ab. Die Restzeit wird dabei über eine BCD-Anzeige ausgegeben.
5. Sobald die Zeit abgelaufen ist, schaltet sich die zusätzliche Heizung aus und der Lötkolben fährt nach oben, bis er den oberen Endschalter S1 erreicht hat.

Wenn die Steuerung während des Vorgangs abgeschaltet wird, soll der Vorgang sofort stoppen.

12.10.1 Erstellen der Symbolik- bzw. Variablentabelle

Wie gewohnt, wird im ersten Schritt die Symbolik- bzw. Variablentabelle erstellt.

Symbol	Operand		Typ	Symb.-Kommentar
TasterStEin	E	0.0	BOOL	
TasterStAus	E	0.1	BOOL	Öffner
EndschS1Oben	E	0.2	BOOL	Öffner
EndschS2Unten	E	0.3	BOOL	Öffner
TasterStart	E	0.4	BOOL	
Zeitvorgabe	EW	2	WORD	
LoetkNachUnten	A	0.0	BOOL	
LoetkNachOben	A	0.1	BOOL	
LoetkNachheizen	A	0.2	BOOL	
LampeStEin	A	0.3	BOOL	
AnzMomentanerZeitwert	AW	2	WORD	
LoetZeit	T	0	TIMER	

Bild: Symbole für das SPS-Programm

12.10.2 Programmierung der FC1

Das Hauptprogramm der Anlage soll in der FC1 erstellt werden.
Dabei ist die Darstellungsart FUP zu selektieren.
Im Netzwerk 1 wird das Programm für den Merker „Steuerung Ein" erstellt.

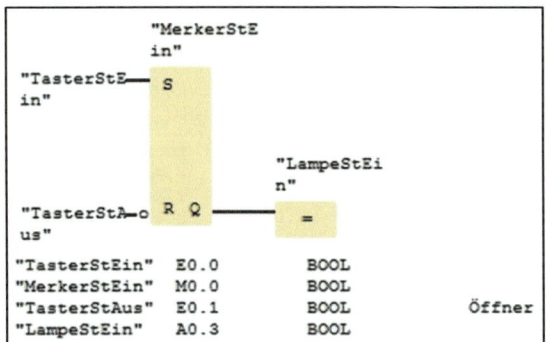

Bild: Netzwerk 1 der FC1

Der Merker wird über den Taster „Steuerung Ein" gesetzt. Der Taster „Steuerung Aus" setzt den Merker zurück, wobei zu beachten ist, dass er als Öffner ausgelegt ist.

Im Netzwerk 2 wird die Bewegung des Lötkolbens nach unten ausprogrammiert.

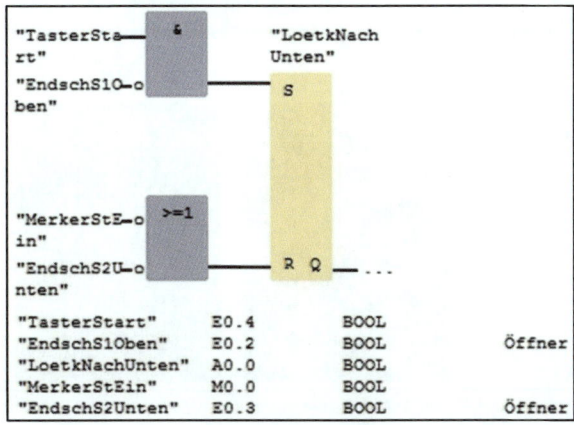

Bild: Netzwerk 2 der FC1

Wenn sich der Lötkolben in der oberen Endlage befindet und der Taster „Start" betätigt wird, wird der Ausgang A0.0 „LoetkNachUnten" gesetzt. Hat der Lötkolben seine untere Endlage erreicht oder wurde die Steuerung abgeschaltet, wird der Ausgang rückgesetzt.
Im Netzwerk 3 befindet sich der Timerbaustein für die Lötdauer.

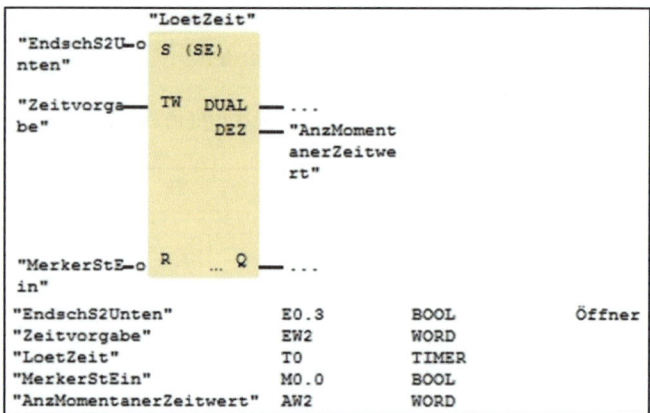

Bild: Netzwerk 3 der FC1

Sobald der Lötkolben den unteren Endschalter erreicht, läuft die Zeit ab. Der Zeitwert wird dabei über die BCD-Ziffernsteller vorgegeben. Da der Timer den Zeitwert ohnehin im BCD-Format erwartet, muss keine Umwandlung vorgenommen werden. Im Kapitel „Weitere Möglichkeiten, eine Zeitkonstante zu laden" wurde der notwendige Aufbau für ein Zeitwort angesprochen.
Nachfolgend ist nun zu sehen, wie die BCD-Ziffernsteller das Zeitwort einstellen:

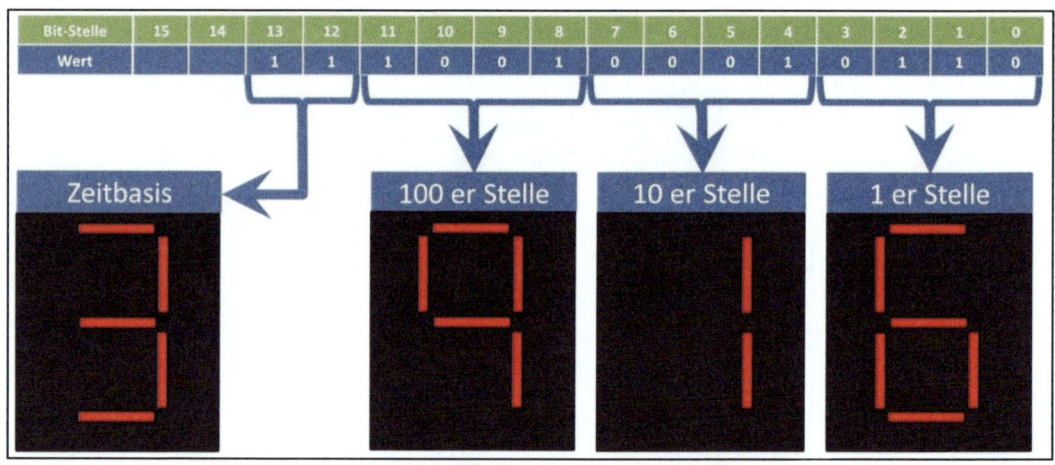

Bild: Einfluss der BCD-Ziffernsteller auf den Zeitwert des Timers

Die drei rechten Ziffern geben somit den Zeitfaktor vor. Mit den ersten beiden Bits der vierten Ziffer wird die Zeitbasis eingestellt, womit Werte von 0 bis 3 möglich sind.

Der momentane Zeitwert wird an die BCD-Anzeige übergeben, die am Ausgangswort AW2 „AnzMomentanerZeitwert" angeschlossen ist. Hierfür wird der Ausgang „DEZ" des Timers verwendet, da an diesen Ausgang der momentane Zeitwert im BCD-Format geliefert wird. Somit können die BCD-Anzeigen den Wert direkt verarbeiten.
Sobald man die Steuerung abschaltet, wird auch der Timer sofort rückgesetzt.

Nun zum Netzwerk 4, in dem die Befehle abgelegt sind, die den Lötkolben wieder nach oben bewegen lassen.

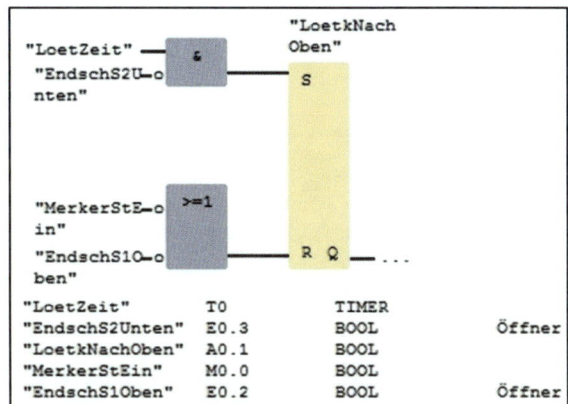

Bild: Netzwerk 4 der FC1

Ist die Lötzeit abgelaufen und befindet sich der Lötkolben in der unteren Endlage, wird der Ausgang A0.1 „LoetkNachOben" gesetzt. Sobald der Lötkolben die obere Endlage erreicht oder die Steuerung abgeschaltet wird, wird der Ausgang A0.1 „LoetkNachOben" rückgesetzt.

Zuletzt folgt das Netzwerk 5, in dem der Ausgang A0.2 „LoetkNachheizen" angesteuert wird.
An diesem ist eine zusätzliche Heizung des Lötkolbens angeschlossen, die während des Lötvorgangs zusätzlich notwendig ist.

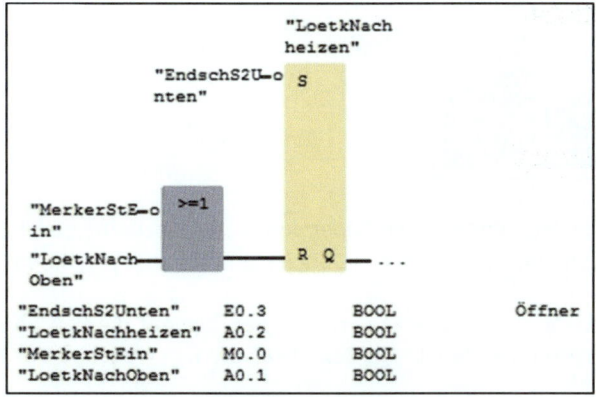

Bild: Netzwerk 5 der FC1

Mit dem Netzwerk 5 ist der Baustein FC1 komplett und kann über die Tasten [STRG] + [S] abgespeichert werden.

12.10.3 Programmierung des OB1
Da das eigentliche SPS-Programm in der FC1 implementiert wurde, muss sie innerhalb des OB1 nur noch aufgerufen werden.

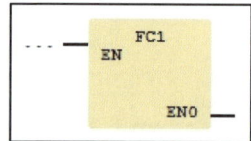

Bild: Netzwerk 1 des OB1 mit dem Aufruf der FC1

12.10.4 Test des SPS-Programms
Zum Test wird die Anlage „Zeiten_Loetstation" in SPS-VISU verwendet. Nach dem Start von SPS-VISU und dem Laden des Projektes wird das SPS-Programm (die Bausteine OB1 und FC1) übertragen. Dann schaltet man die S7-SoftSPS in den Betriebszustand RUN.

Beim Test des SPS-Programms geht man wie folgt vor:
- Zunächst wird die Zeit eingestellt, die der Lötkolben in der unteren Endlage verweilen soll. Diese kann über die BCD-Ziffernschalter selektiert werden. Dabei ist eine Zeit von 10s einzustellen. Dieser Zeitwert kann erreicht werden, indem man eine Zeitbasis von 100ms wählt und einen Zeitfaktor von 100. Die Zeitbasis entspricht der Zahl ‚1' in der linken Ziffer, denn die Zahl ‚1' ist die Codierung für die Zeitbasis 100ms. Damit wird der Zifternsteller wie folgt eingestellt:

- Das Einschalten der Steuerung wird über den Taster „Steuerung Ein" erreicht.
- Der Taster „Start" löst daraufhin den Vorgang aus, d.h. der Lötkolben fährt nach unten.

Sobald der Lötkolben seine untere Endlage erreicht hat, beginnt die Zeit abzulaufen. Dies kann an den BCD-Anzeigen abgelesen werden. Ist die Zeit abgelaufen, bewegt sich der Lötkolben wieder nach oben.

Im nachfolgenden Bild ist eine solche Situation zu sehen. Dabei befindet sich der Lötkolben in der unteren Endlage und die Lötzeit hat begonnen abzulaufen. Die Restzeit wird über die BCD-Anzeige angezeigt. Zusätzlich wurde im Bild die Status-Anzeige des Netzwerks 4 der FC1 eingefügt. Hier ist der Timer programmiert. Im Statusbetrieb wird am Timer ebenfalls die Rest-Zeit angezeigt.

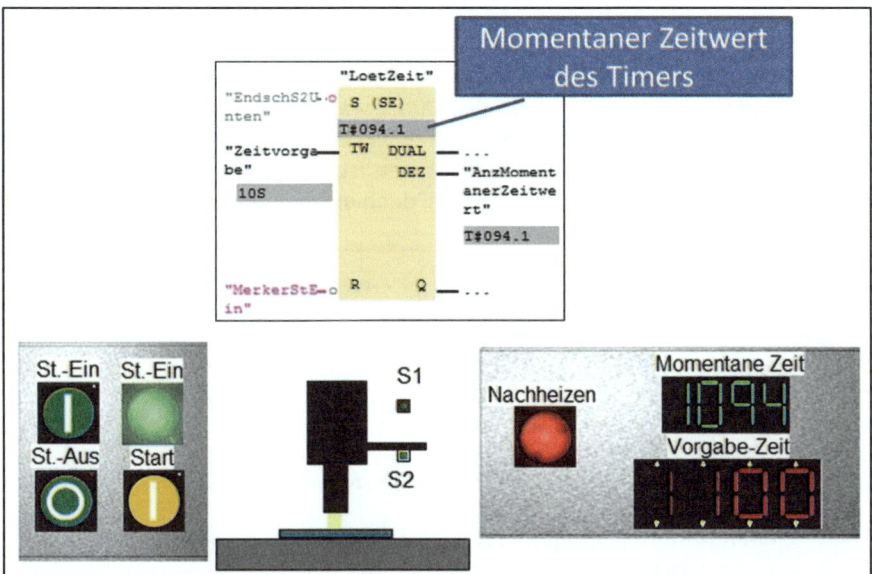

Bild: Test des SPS-Programms für die Lötkolbenanlage

12.11 Blinktakt

Möchte man den Bediener einer Anlage auf einen besonderen Vorfall aufmerksam machen, so sind blinkende Leuchten besonders geeignet. Diese werden besser wahrgenommen als eine dauerhaft leuchtende Lampe.

12.11.1 Beispiel 1: Blinktakt mit Timern

In einer Anlage soll der Bediener über Blinkzeichen davon in Kenntnis gesetzt werden, dass sich ein Stau auf einem Band ereignet hat, der manuell zu beheben ist.
Ist ein solcher Stau vorhanden, so hat der Merker M10.0 den Status ‚1'. In diesem Fall soll eine Lampe am Ausgang A2.3 mit einer Frequenz von 2 Hz blinken.

Lösung:
Zwei SE-Timer werden zum Erzeugen des Blinktaktes verwendet. Das Programm hat dabei folgendes Aussehen:

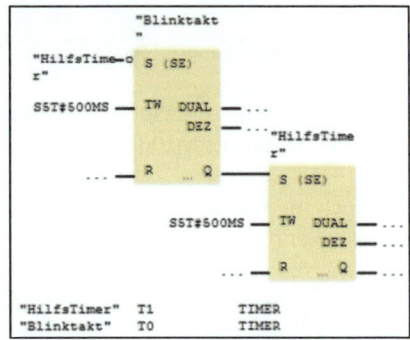

Im Beispiel werden die beiden Timer T0 „Blinktakt" und T1 „HilfsTimer" verwendet. Dabei stellt T1 „Blinktakt" den Blinktakt zur Verfügung. Beide Timer sind auf den Zeitwert 500ms eingestellt. Somit beträgt die Impulszeit und die Pausenzeit jeweils 500ms, was der Frequenz von 2Hz entspricht.

Zur Vervollständigung der Lösung muss nun der Blinktakt zur Ansteuerung des Ausgangs A2.3 „LampeStauAnzeige", an den die Lampe angeschlossen ist, verwendet werden. Dabei ist auch der Merker M10.0 „BandStauAufgetreten" einzubinden, denn dieser signalisiert den Bandstau.

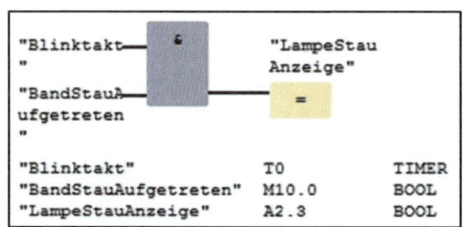

Bild: Verwendung des Blinktakts zur Anzeige des Band-Staus

Damit ist der Programmteil fertiggestellt und genügt den gestellten Vorgaben.

12.11.2 Das Taktmerkerbyte

Die CPUs der Reihen S7-300® und S7-400® von Siemens stellen ein sog. Taktmerkerbyte zur Verfügung. Dabei werden die einzelnen Bits eines Merkerbytes in unterschiedlicher Frequenz vom Betriebssystem der CPU getriggert. Diese Bits können dann innerhalb des SPS-Programms beispielsweise zum Erzeugen eines Blinktaktes verwendet werden.

Der SPS-Programmierer kann entscheiden, welches Merkerbyte als Taktmerkerbyte zu verwenden ist. Die Festlegung wird dabei in der Hardwarekonfiguration der CPU getroffen. In den Eigenschaften der CPU ist die Rubrik „Taktmerker" vorhanden. Hier kann zunächst festgelegt werden, ob ein Taktmerkerbyte verwendet wird. Des Weiteren wird die Byteadresse für das zu verwendende Merkerbyte angegeben.

In der nachfolgenden Darstellung ist dies am Beispiel des TIA-Portals zu sehen.

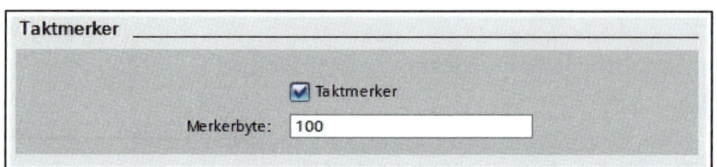

Bild: Taktmerkereinstellung in den Eigenschaften der S7-CPU am Beispiel des TIA-Portals

Hier wurde zunächst die Option selektiert und das Merkerbyte 100 als Adresse angegeben. Somit toggeln die Merkerbits M100.0 bis M100.7 in unterschiedlichen Frequenzen.

Bleibt noch zu klären, in welcher Frequenz die einzelnen Bits toggeln. Hierzu gibt die folgende Tabelle Auskunft.

Bit-Stelle	7	6	5	4	3	2	1	0
Frequenz in Hz	0,5	0,625	1	1,25	2	2,5	5	10

Anmerkung:

Man sollte sich angewöhnen, immer das gleiche Merkerbyte als Taktmerkerbyte zu verwenden. Im SPS-Programm sollten diese Merker nicht schreibend beeinflusst werden!

12.11.3 Beispiel 2: Blinktakt mit Taktmerker

> Nun, da die Möglichkeit der Taktmerker bekannt ist, kann für das Beispiel der Anzeige eines Bandstaus auch eine Lösung ohne die Verwendung von Timern realisiert werden.
> Die Lampe soll bei der Anzeige des Staus mit einer Frequenz von 2Hz blinken.

Wenn man davon ausgeht, dass das Merkerbyte MB100 als Taktmerkerbyte definiert wurde, dann ist das Bit MB100.3 zu verwenden.

Damit reduziert sich die Lösung für das Beispiel auf ein Netzwerk.

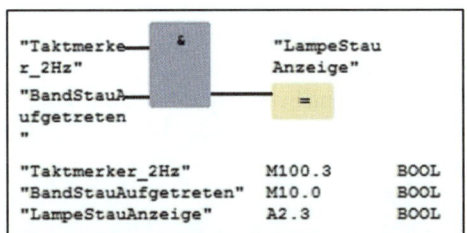

Bild: Netzwerk für Anzeige des Band-Staus

Anstatt des beim letzten Beispiel verwendeten Timers wird nun das Taktmerkerbit M100.3 „Taktmerker_2Hz" in die Verknüpfung eingebunden. Das „händische" Erzeugen des Blinktaktes ist nun nicht mehr notwendig, man hat sich die Verwendung der beiden Timer „gespart".

12.12 Übungen und Wiederholungsfragen Übung ✔

a) Nennen sie die fünf Zeittypen in S7.
b) Nennen Sie 2 Möglichkeiten, einen Zeitwert zu laden.
c) Wie lautet der Befehl, um den Zeitwert 12 Sekunden zu laden?
d) Wie viele Zeitbasen stehen bei einem Zeitwert zur Verfügung?
e) Nennen Sie die Zeitbasen von S7.
f) Wie wird ein Zeitwert intern gebildet?
g) Wie hoch ist der max. Zeitfaktor?
h) Wie hoch ist die Genauigkeit eines Timers in S7?
i) Wieso kann die Zeit 1H30M11S in S7 nicht eingestellt werden?
j) Welche Zeitart muss explizit rückgesetzt werden?
k) Wie kann in AWL der aktuelle Zeitwert des Timers T0 im BCD-Format geladen werden?
l) Welche Bezeichnung hat der Ausgang des Timer-Blocks in FUP/KOP, an dem der Timer binär abgefragt werden kann?

12.12.1 Programmierübung „Schwimmerschalter"

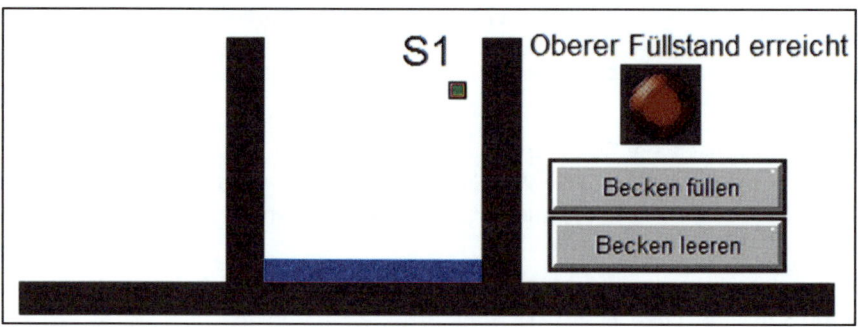

Bild: SchwimmSchalter.VIS

In einem Becken soll der obere Füllstand über einen Schwimmerschalter erfasst und über eine Lampe angezeigt werden. Damit nicht schon beim Befüllen des Beckens eine Welle der Flüssigkeit die Meldung des Erreichens des oberen Füllstands verursacht, soll das Ansprechen des Schwimmerschalters um 2 Sekunden verzögert werden.
Das Füllen und Leeren des Beckens muss nicht programmiert werden.

Zuordnungsliste:

Betriebsmittel	Signal	Anschluss an die SPS:
Schwimmerschalter S1	Liefert ‚0', wenn von Flüssigkeit umgeben	E0.3
Lampe „Oberer Füllstand erreicht"	Leuchtet, wenn Ausgang = ‚1'	A4.0

Aufgabe:
Erstellen Sie ein SPS-Programm für diese Anlage und testen Sie Ihre Lösung mit SPS-VISU „SchwimmSchalter.VIS".

12.12.2 Programmierübung „Automatische WC-Spülung"

Bild: WC.VIS

Es soll das Programm für ein Urinal erstellt werden. Über dem Urinal befindet sich eine Lichtschranke. Wenn eine Person länger als 5 Sekunden vor dem Urinal steht und dann den Platz wieder verlässt, soll die Spülung für 3 Sekunden aktiviert werden. Die Spülung soll dabei auch nicht durch ein erneutes Unterbrechen der Lichtschranke gestoppt werden.

Zuordnungsliste:

Betriebsmittel	Signal	Anschluss an die SPS:
Lichtschranke	Liefert ‚0', wenn eine Person vor dem Urinal steht	E0.0
Ventil „Spülung"	Ventil für Spülung öffnet, wenn Ausgang = ‚1'	A4.0

Aufgabe:
Erstellen Sie ein SPS-Programm für diese Anlage und testen Sie Ihre Lösung mit SPS-VISU (WC.VIS).

12.12.3 Programmierübung „Dichtigkeitstest in einem Behälter"

Es soll das SPS-Programm für folgende Anordnung geschrieben werden:

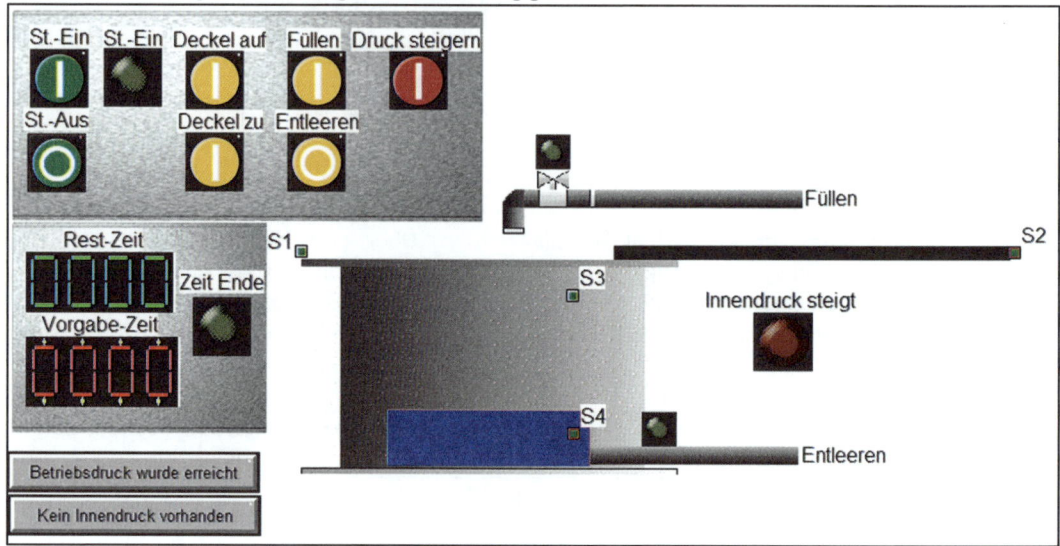

Bild: Drucktest.VIS

Vorgang:

1. Steuerung einschalten über Taster „Steuerung Ein".
2. Behälter füllen über Taster „Füllen". Daraufhin wird der Behälter bis zum Endschalter S3 gefüllt.
3. Deckel schließen über den Taster „Deckel zu". Der Deckel fährt daraufhin nach links, bis der Endschalter „S1" erreicht wird.
4. Druck erhöhen über den Taster „Druck erhöhen".
5. Über den Schalter „Betriebsdruck erreicht" wird der entsprechende Sensor simuliert, der das Erreichen des Betriebsdrucks signalisiert.
6. Wurde der Betriebsdruck erreicht, läuft die eingestellte Zeit ab.
7. Ist die Zeit abgelaufen, wird dies über die Lampe „Zeit Ende" angezeigt.
8. Der Deckel kann über den Taster „Deckel auf" geöffnet werden, wenn der Sensor „Kein Innendruck vorhanden" meldet, dass kein Innendruck mehr vorhanden ist. Dieser Sensor wird über den Schalter „Kein Innendruck vorhanden" simuliert.
9. Der Deckel öffnet sich, bis der Endschalter S2 erreicht ist.
10. Nun kann der Behälter entleert werden. Dazu betätigt man den Taster „Entleeren". Anschließend wird der Behälter entleert, bis die Flüssigkeit den Endschalter S4 unterschritten hat.

Bedingungen:

- Wenn die Steuerung während einer Aktion abgeschaltet wird, so muss diese sofort unterbrochen werden.
- Das Öffnen und Schließen des Deckels muss gegeneinander verriegelt sein, d.h. die Umschaltung darf nur über Stillstand erfolgen.

- Der Deckel des Behälters darf nur geschlossen werden, wenn der Behälter voll ist und die Befüllung momentan nicht im Gange ist.
- Das Öffnen des Behälters ist nur möglich, wenn im Behälter kein Innendruck mehr vorhanden ist und momentan kein Innendruck aufgebaut wird.
- Das Steigern des Innendrucks darf nur bei geschlossenem Behälter möglich sein; auch muss der Behälter vollständig gefüllt sein.
- Die Test-Zeit beginnt abzulaufen, wenn der Betriebsdruck im Behälter vorhanden ist.
- Das Befüllen und Entleeren des Behälters muss gegenseitig verriegelt sein.
- Das Entleeren und Befüllen darf nur bei offenem Behälter erfolgen.

Zuordnungsliste:

Betriebsmittel	Signal	Anschluss an die SPS:
Taster „Steuerung Ein"	Liefert ‚1', wenn betätigt	E0.0
Taster „Steuerung Aus"	Liefert ‚0', wenn betätigt	E0.1
Taster „Deckel auf"	Liefert ‚1', wenn betätigt	E0.2
Taster „Deckel schließen"	Liefert ‚1', wenn betätigt	E0.3
Taster „Behälter füllen"	Liefert ‚1', wenn betätigt	E0.4
Taster „Behälter leeren"	Liefert ‚1', wenn betätigt	E0.5
Taster „Druck steigern"	Liefert ‚1', wenn betätigt	E0.6
S1 Deckel zu	Liefert ‚1', wenn betätigt	E0.7
S2 Deckel auf	Liefert ‚1', wenn betätigt	E1.0
S3 oberer Füllstand	Liefert ‚1', wenn betätigt	E1.1
S4 unterer Füllstand	Liefert ‚1', wenn betätigt	E1.2
Betriebsdruck vorhanden	Liefert ‚1', wenn Betriebsdruck erreicht	E1.3
Kein Innendruck vorhanden	Liefert ‚1', wenn kein Innendruck vorhanden ist	E1.4
Vorgabe Zeit	4 BCD-Ziffersteller	EW2
Ventil Behälter füllen	Öffnet bei Zustand ‚1'	A4.0
Ventil Behälter leeren	Öffnet bei Zustand ‚1'	A4.1
Druck im Behälter erhöhen	Bei Zustand ‚1' wird der Druck erhöht	A4.2
Motor Behälter-Deckel auf	Deckel auf bei Zustand ‚1'	A4.3
Motor Behälter-Deckel zu	Deckel zu bei Zustand ‚1'	A4.4
Lampe Steuerung ein		A4.5
Lampe „Zeit Ende"		A4.6
Restzeit		AW6

Aufgabe:
Erstellen Sie ein SPS-Programm für diese Anlage und testen Sie Ihre Lösung mit SPS-VISU (Drucktest.VIS).

13 Zähler in S7

Ein Zählerbaustein ist in der Lage, einzelne Impulse zu zählen. So kann mit Zählerbausteinen beispielsweise das Zählen von Teilen auf einer Bandanlage realisiert werden.

Jedoch ist zu beachten, dass nur die steigende Flanke eines Impulses gezählt wird, also nur der Signalwechsel von ‚0' nach ‚1'. Der Begriff „steigende Flanke" wurde bereits im Kapitel „Flankenauswertung" erläutert.

Ein Zähler kann sowohl als Rückwärts- wie auch als Vorwärtszähler verwendet werden. Die Zählrichtung wird über die Programmierung vorgegeben.

13.1 Zähler setzen und rücksetzen

Ein Zähler wird gesetzt, sobald das Verknüpfungsergebnis (VKE) am Setzeingang von ‚0' auf ‚1' wechselt. Durch das Setzen ist es möglich, einen Zähler mit einem Wert vorzubelegen.

Dabei wird zunächst der Zählerwert in den Akku1 geladen und danach der Setzbefehl ausgeführt.

Beispiel

Der Zähler Z1 soll über eine pos. Flanke am E0.0 auf den Zählerwert 10 gesetzt werden.

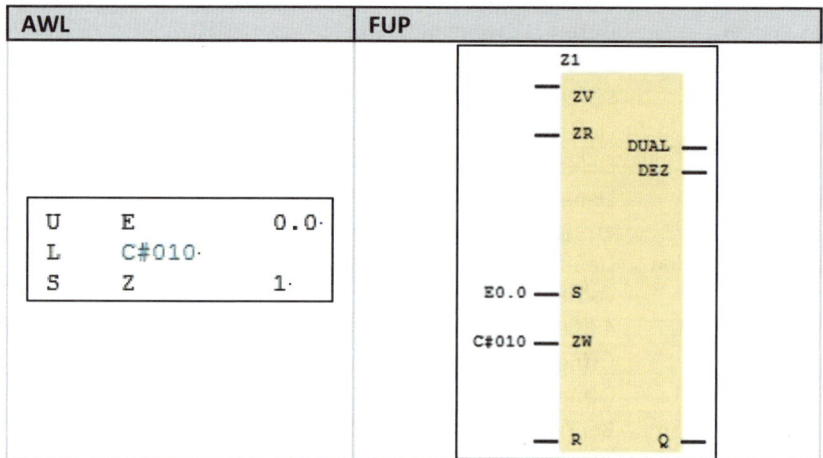

Ein Zähler wird rückgesetzt, wenn das Verknüpfungsergebnis (VKE) am Rücksetzeingang des Zählers den Zustand ‚1' hat. Solange das VKE den Zustand ‚1' beibehält, bleibt der Zähler rückgesetzt.

Dies hat zur Folge, dass der Zählwert auf null gelegt und die binäre Abfrage des Zählers den Zustand ‚0' liefert.

Zum Rücksetzen ist <u>kein Flankenwechsel</u> am Rücksetzeingang notwendig.

Beispiel

> Der Zähler Z1 wird über den Zustand ‚1' des E0.1 rückgesetzt. Solange der E0.1 den Status ‚1' besitzt, bleibt der Zähler auf dem Zählwert null.

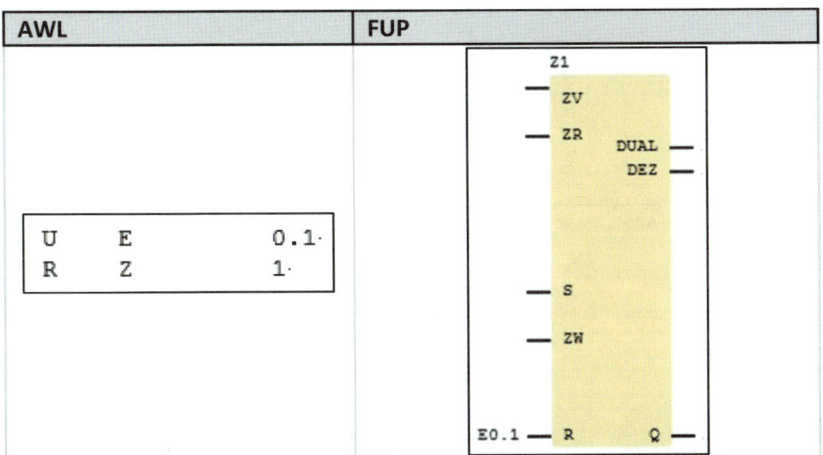

13.2 Abfragen eines Zählers

13.2.1 Binäre Abfrage eines Zählers

Durch binäre Operationen kann der Zustand eines Zählers abgefragt werden.

Es ist somit möglich, einen Zähler abzufragen und das Ergebnis in andere binäre Verknüpfungen einzubinden. Das Ergebnis einer Abfrage liefert den Wert ‚1', solange der Zählerstand <u>größer</u> als Null ist.

Beispiel

> Der Ausgang A0.0 soll den Status ‚1' haben, wenn der Eingang E0.0 den Status ‚1' besitzt und der Zählerstand von Z1 von null verschieden ist.

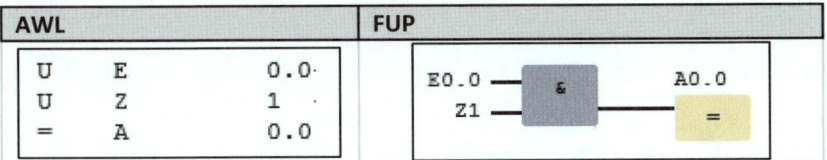

13.2.2 Aktuellen Zählerstand eines Zählers auslesen

Der aktuelle Zählwert des Zählers kann über die Operationen „Lade codiert" (LC) oder „Lade" (L) BCD- bzw. dual-codiert in den Akku1 geladen werden. Damit ist es möglich, den Wert im SPS-Programm weiter zu verarbeiten oder auch an der Peripherie auszugeben.

Beispiel

> Der Zählerstand des Zählers Z1 soll dualcodiert an das Ausgangswort AW0 und BCD-codiert an das Ausgangswort AW2 übergeben werden.

AWL	FUP
``` L Z 1 //Laden des Zählwertes im Dual-Code T AW 0· LC Z 1 //Laden des Zählwertes im BCD-Code T AW 2· ```	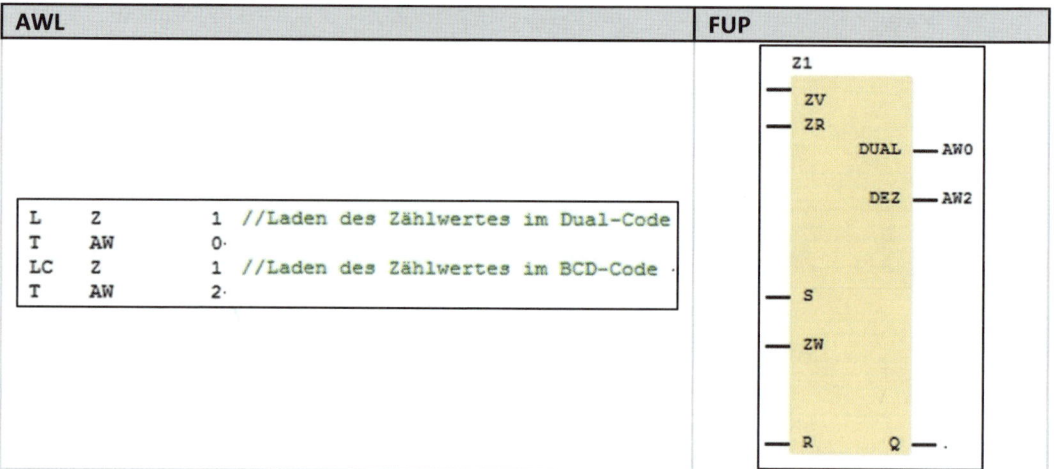

13.3 Zähler mit einem Zählwert vorbelegen

Wie schon bei der Beschreibung des Setzeingangs des Zählers erwähnt, kann ein Zähler mit einem Zählwert vorbelegt werden.

Den zu ladenden Wert übernimmt der Zähler nur bei einer positiven Flanke am Setzeingang. Tritt eine positive Flanke am Setzeingang auf, so muss der Zählwert im Akku1 vorhanden sein.

13.3.1 Laden eines konstanten Zählwertes

Über das Präfix „C#" wird in S7 eine Zählerkonstante definiert. Hinter dem Präfix kann ein Zahlenwert von **0 bis 999** angegeben werden.

Dies wurde bereits im Beispiel zum Setzen eines Zählers gezeigt.

13.3.2 Laden eines variablen Zählwertes

Ein Zählwert kann auch aus einem Eingangs-, Ausgangs-, Merker- oder Datenwort geladen werden. Dabei muss der Wert BCD-codiert im Wort vorhanden sein.

Die folgende Darstellung zeigt den notwendigen Aufbau. Hierbei ist der Zählwert 539 im Wort enthalten.

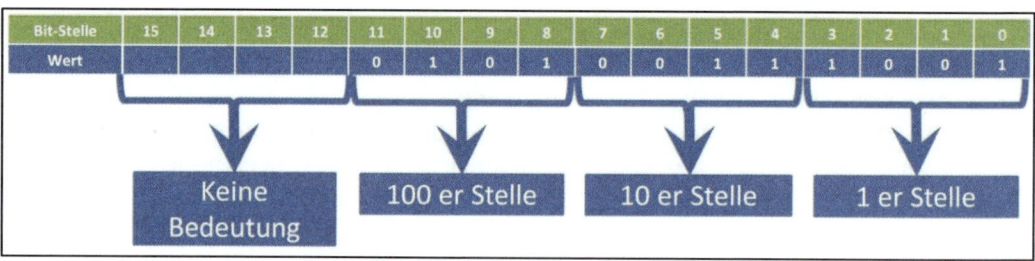

Bild: Notwendiger Aufbau eines Zählwertes

13.4 Der Vorwärtszähler

Bei einem Vorwärtszähler wird der Wert des Zählers mit jeder <u>positiven Flanke</u> des Verknüpfungsergebnisses (VKE) am ZV-Eingang um 1 erhöht.
Sollte der maximale Zählerstand von 999 erreicht sein, wird der Zählerstand nicht weiter erhöht.
Eine binäre Abfrage des Zählers liefert ‚1', wenn der Zählerstand nicht null ist.

Beispiel

Es werden Flaschen über ein Band zu einer Sammelstelle transportiert. Über einen Sensor am E3.4 soll die Anzahl der transportierten Flaschen erfasst werden. Dabei ist ein Taster am E1.2 vorzusehen, um den Zählerstand rückzusetzen.

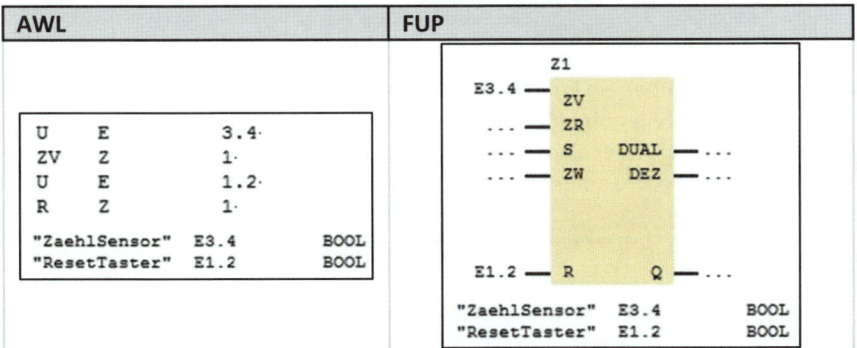

Um den Zähler vorwärts zählen zu lassen, verwendet man den AWL-Befehl „ZV", bzw. belegt den ZV-Eingang des Zählerblocks. Die Bezeichnung „ZV" steht dabei für „zähle vorwärts".

13.5 Der Rückwärtszähler

Bei einem Rückwärtszähler wird der Wert des Zählers mit <u>jeder positiven Flanke</u> des Verknüpfungsergebnisses (VKE) am ZR-Eingang um 1 verringert.
Sollte der minimale Zählerstand von 0 erreicht sein, wird der Zählerstand nicht weiter verringert.
Ein Zähler kann keine negativen Werte darstellen.
Eine binäre Abfrage des Zählers liefert ‚1', wenn der Zählerstand nicht null ist.

13.5.1 Beispiel zu einem Rückwärtszähler

Es soll das SPS-Programm für folgende Anordnung erstellt werden:

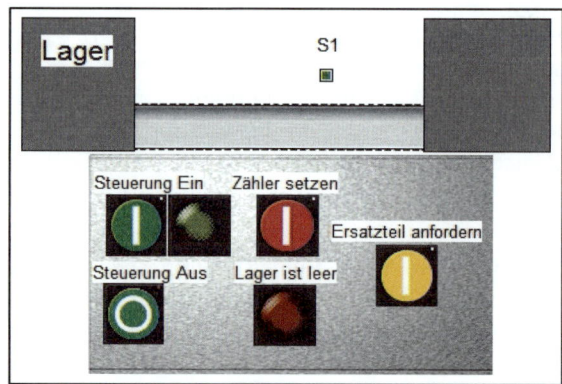

Bild: Technologieschema

Aus einem Lager können über ein Band Ersatzteile angefordert werden. Das Lager wird dabei immer mit 5 Teilen dieses Ersatzteils aufgefüllt.

Auf dem Band befindet sich der Sensor S1, der von jedem Ersatzteil betätigt wird. Sobald 5 Teile angefordert wurden, soll eine Lampe signalisieren, dass der Lagerbestand null ist. Über einen Taster kann der Zählerstand wieder auf die Anzahl 5 gesetzt werden.

Das Band schaltet sich ein, sobald die Steuerung eingeschaltet ist.

13.5.1.1 Erstellen der Symbolik- bzw. Variablentabelle

Wie gewohnt, wird im ersten Schritt die Symbol- bzw. Variablentabelle erstellt.

Symbol	Operand		Typ	Symb.-Kommentar
TasterStEin	E	0.0	BOOL	
TasterStAus	E	0.1	BOOL	Öffner
TasterZaehlerSetzen	E	0.2	BOOL	
SensorS1	E	0.3	BOOL	
TasterErsatzAnfordern	E	0.4	BOOL	
LampeLagerLeer	A	0.0	BOOL	
Bandmotor	A	0.1	BOOL	
LampeStEin	A	0.2	BOOL	
MerkerStEin	M	0.0	BOOL	
ZaehlerRestbestand	Z	0	COUNTER	

Bild: Symbol- bzw. Variablentabelle

13.5.1.2 Programmierung der FC1

Das SPS-Programm soll in die FC1 geschrieben werden. Dabei wird der Funktionsplan als Darstellungsart verwendet.

Im Netzwerk 1 der FC1 befindet sich der Programmteil für den Merker M0.0 „Steuerung Ein".

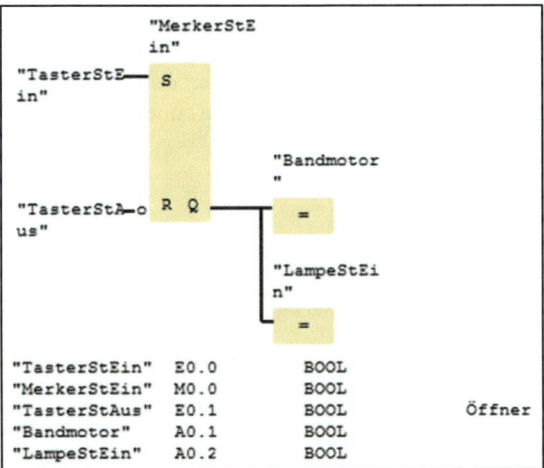

Bild: Netzwerk 1 der FC1

Der Taster „Steuerung Ein" setzt den M0.0 „MerkerStEin". Das Rücksetzen wird über die Betätigung des Tasters „Steuerung Aus" ausgelöst. Da dieser als Öffner ausgelegt ist, liefert er im betätigten Zustand den Status ‚0' und ist somit zu negieren.

Sowohl der Bandmotor als auch die Lampe „Steuerung Ein" sind direkt vom Status des M0.0 „MerkerStEin" abhängig.

Nun zum Netzwerk 2, in dem sich die Programmzeilen für den Zähler befinden.

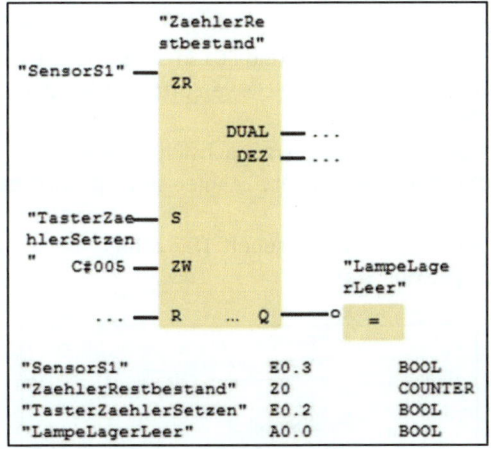

Bild: Netzwerk 2 der FC1

Sobald der Taster „Zähler setzen" betätigt wird, soll der Zählerstand auf die Zahl 5 gesetzt werden. Aus diesem Grund soll der Eingang E0.2 „TasterZaehlerSetzen" die positive Flanke für das Setzen des Zählers liefern. Der Zählerstand 5 wird durch das Laden der Konstanten „C#005" am ZW-Eingang des Blocks in den Akku1 kopiert und somit vom Zählerbaustein geladen.

Eine positive Flanke am E0.3 „SensorS1" verringert den Zählerstand. Der Sensor liefert somit die positive Flanke für den Eingang „ZR" des Zählers.

Die Abkürzung „ZR" steht dabei für „zähle rückwärts", d.h. bei einer positiven Flanke wird der Zählerstand um 1 verringert.

Hat der Zählerstand den Wert null erreicht, so soll dies über eine Lampe signalisiert werden. Die binäre Abfrage des Zählers liefert den Status ‚1', wenn der Zählerstand von null verschieden ist. Aus diesem Grund ist der Zähler negiert abzufragen. Somit hat der Ausgang A0.0 „LampeLagerLeer" den Status ‚0', wenn der Zählerstand von null verschieden ist, und den Status ‚1', wenn der Zählerstand null erreicht wird. Dies entspricht der gewünschten Funktion, denn die Lampe soll leuchten, sobald das Lager leer ist.

Beim Betrachten des Zählerblocks fällt auf, dass er keinen ZV-Eingang für das Vorwärtszählen besitzt. Dies liegt daran, dass bei diesem Programm kein Vorwärtszähler benötigt wird. **Deshalb ist aus dem Befehlskatalog ein Zähler mit der Bezeichnung „Z_RUECK" zu selektieren.**

Die FC1 ist somit komplett und kann gespeichert werden.

13.5.1.3 Programmierung des OB1
Das Programm innerhalb des OB1 besteht wieder nur aus dem Aufruf der FC1. Sämtliche Logik wurde ja bereits in der FC1 abgesetzt.

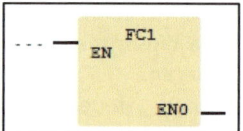

Bild: Netzwerk 1 des OB1

13.5.1.4 Test des SPS-Programms
Zum Test des Programms wird die Anlage „Rueckwaertsz_Band" von SPS-VISU verwendet. Nach dem Laden sind zunächst die beiden Bausteine OB1 und FC1 in die S7-SoftSPS zu übertragen.
Nun kann die S7-SoftSPS und die Simulation in RUN versetzt und mit dem Test begonnen werden.

Beim Einschalten der Steuerung ist das Lager zunächst leer, was über die Lampe „Lager ist leer" symbolisiert wird. Durch Betätigung des Tasters „Zähler setzen" wird es aufgefüllt und die Lampe erlischt.
Dies ist im Status des Netzwerks 2 der FC1 zu sehen. Der Zähler wurde auf den Wert 5 gesetzt, und somit liefert seine binäre Abfrage den Status ‚1'.

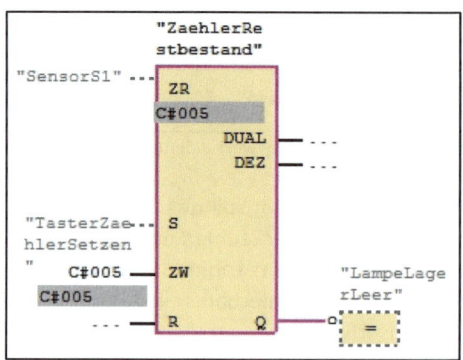

Bild: Status des Netzwerks 2 der FC1

Da der Ausgang A0.0 „LampeLagerLeer" negiert am Ausgang des Zählers angeschlossen ist, hat er den Status ‚0'.
Im nächsten Schritt kann nun über den Taster „Ersatzteil anfordern" ein Teil angefordert werden, das sogleich über das Band transportiert wird.

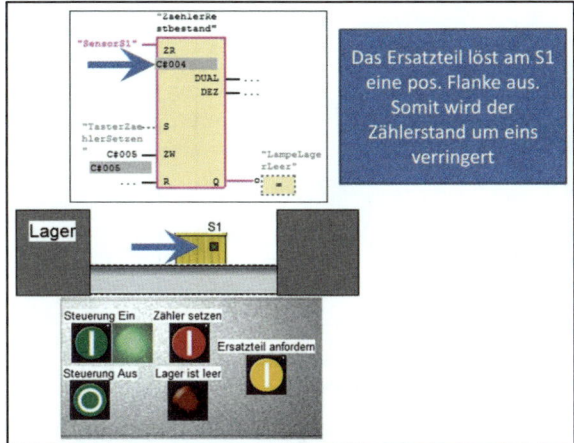

Bild: Ersatzteil wird zu S1 transportiert

Auf diese Weise kann man weitere Ersatzteile anfordern. Sobald der Zählerstand des Zählers bis auf null dekrementiert wurde, leuchtet die Lampe „Lager ist leer", da die binäre Abfrage des Zählers den Status ‚0' liefert.

13.6 Die verschiedenen Darstellungsarten des SIMATIC®-Zählers

Betrachtet man die Rubrik „Zähler" innerhalb des Katalogs im S7-Programmiersystem, so stellt man fest, dass hier mindestens 6 verschiedene Einträge vorhanden sind. Da es ja eigentlich nur zwei verschiedene Zählerarten gibt (vorwärts und rückwärts), ist diese Anzahl verwunderlich.

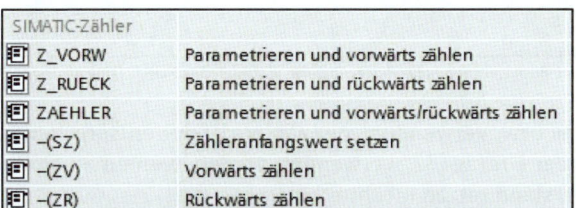

SIMATIC-Zähler	
Z_VORW	Parametrieren und vorwärts zählen
Z_RUECK	Parametrieren und rückwärts zählen
ZAEHLER	Parametrieren und vorwärts/rückwärts zählen
–(SZ)	Zähleranfangswert setzen
–(ZV)	Vorwärts zählen
–(ZR)	Rückwärts zählen

Bild: Zähler im Katalog des TIA-Portals

Bei näherer Betrachtung fällt allerdings auf, dass es sich dabei nicht um unterschiedliche Zählerarten handelt, sondern um Zählerblöcke mit unterschiedlichen Anschlüssen. Dies bedeutet, bei den einzelnen Einträgen sind immer nur bestimmte Anschlüsse des Zählerblocks zugänglich.

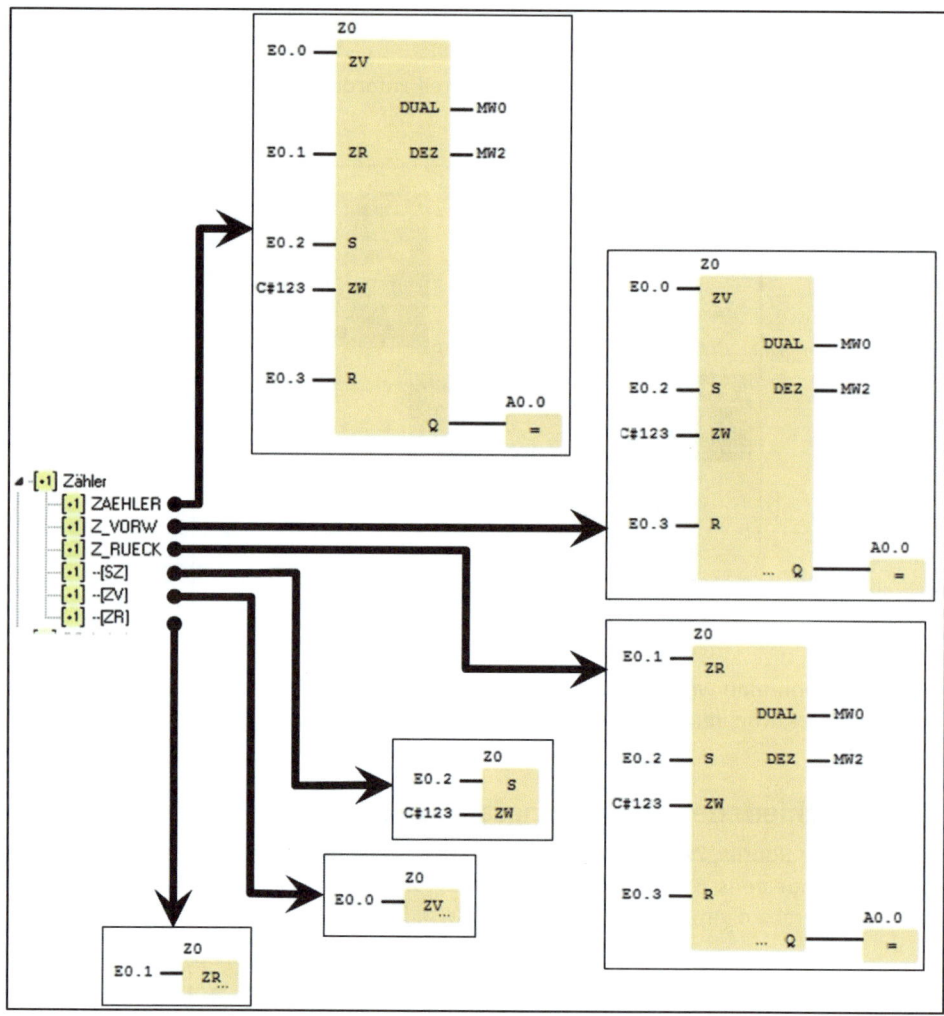

Bild: Zählerblöcke in der Rubrik „Zähler" des FUP/KOP-Katalogs

Je nach Aufgabenstellung bzw. Verwendung des Zählers ist der entsprechende Block zu selektieren. So kann beispielsweise der Eintrag „SZ" verwendet werden, wenn man einen Zählerbaustein nur auf einen bestimmten Zählerstand setzen möchte.

Bei dieser Variante sind die anderen Eingänge und Ausgänge nicht zugänglich. Wird dieser Zähler dann in die Darstellungsart AWL umgewandelt, sind für die nicht vorhandenen Eingänge und Ausgänge auch keine NOP-Operationen zu sehen. NOP-Operationen werden ja normalerweise in AWL verwendet, um nicht beschaltete Ein- und Ausgänge an Blöcken zu kennzeichnen.

Die folgende Abbildung zeigt einen SZ-Eintrag in der Darstellungsart AWL:

```
U     E        0.2
L     C#123    
S     Z0       
```

Bild: Zählerblock „SZ" in der Darstellungsart AWL

13.7 Übungen und Wiederholungsfragen Übung ✔

a) Was passiert, wenn an einem Zählerbaustein mit dem Zählerstand 0 eine pos. Flanke am ZR-Eingang ansteht?
b) In welchem Zahlenbereich bewegt sich der Zählerstand eines Zählers?
c) Wie lauten die AWL-Befehle, wenn ein Zähler (Z10) bei einer pos. Flanke am Eingang E10.0 auf den Zählerstand 25 geladen werden soll?
d) Wann liefert ein Zähler bei einer binären Abfrage den Status ‚1'?
e) Wie lauten die AWL-Befehle, um den aktuellen Stand eines Zählers BCD-codiert in das Merkerwort MW2 zu schreiben?
f) An welchem Ausgang muss ein Wortoperand angegeben werden, wenn bei einem in FUP programmierten Zählerbaustein der Zählerstand dualcodiert geladen werden soll?
g) Welche AWL-Operation muss bei einem in AWL dargestellten Zähler angegeben werden, wenn ein Eingang oder Ausgang des Zählers nicht belegt ist und dieser auch in FUP darstellbar sein soll?

13.7.1 Programmieraufgabe „Verkehr"

Es ist das SPS-Programm für folgende Anordnung zu erstellen:

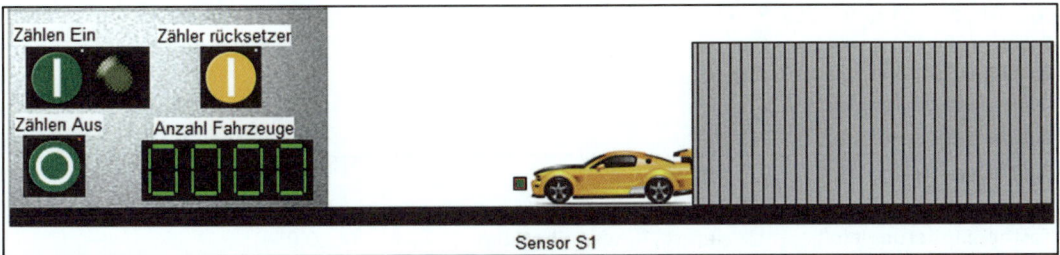

Bild: Verkehr.VIS

Im Rahmen einer Verkehrszählung soll das Fahrzeugaufkommen an einer Straße ermittelt werden. An der Straße ist eine Lichtschranke angebracht, die von vorbeifahrenden Fahrzeugen unterbrochen wird.

Betriebsmittel	Signal	Anschluss an die SPS:
Taster „Zählen ein"	Liefert ‚1', wenn betätigt	E0.0
Taster „Zählen aus"	Liefert ‚0', wenn betätigt	E0.1
Taster „Zähler zurücksetzen"	Liefert ‚1', wenn betätigt	E0.2
Sensor S1	Liefert ‚0', wenn betätigt	E0.3
Lampe „Zählen ist eingeschaltet"	Leuchtet, bei Zustand ‚1'	A4.0
Anzahl Fahrzeuge	BCD-Anzeige	AW6

Aufgabe:
Erstellen Sie das SPS-Programm und prüfen Sie Ihre Lösung mit SPS-VISU (Verkehr.VIS)

13.7.2   Programmieraufgabe „Parkhaus"

Es soll ein SPS-Programm für folgende Anordnung erstellt werden:

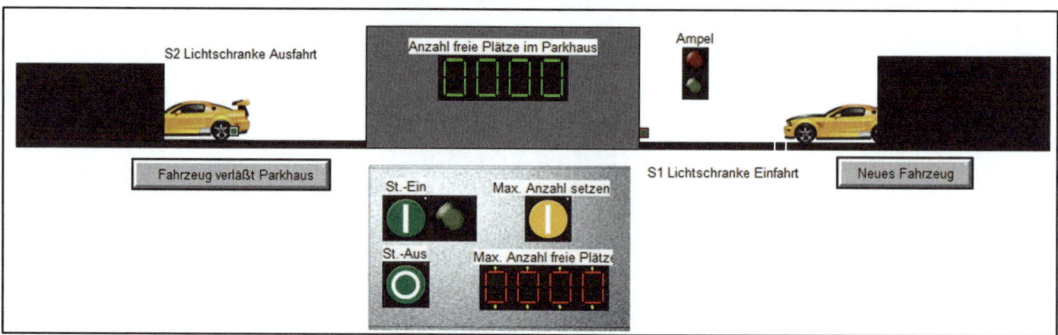

Bild: Parkhaus.VIS

Das SPS-Programm für eine Parkhauseinfahrt soll entwickelt werden. Die max. im Parkhaus zur Verfügung stehenden Parkplätze können über BCD-Ziffern vorgegeben werden. Die angegebene Anzahl wird dabei bei Betätigung des Tasters „Max. Anzahl setzen" übernommen.

Am Eingang des Parkhauses befindet sich eine Ampel, die grün signalisiert, wenn noch freie Plätze vorhanden sind. Sobald alle Plätze durch Fahrzeuge belegt sind, wechselt die Ampel auf das Signal rot. An der Einfahrt des Parkhauses ist die Lichtschranke S1 angebracht, mit der einfahrende Fahrzeuge erfasst werden. Eine weitere Lichtschranke ist an der Ausfahrt platziert, um die aus dem Parkhaus kommenden Fahrzeuge zu registrieren.

Zuordnungsliste:

Betriebsmittel	Signal	Anschluss an die SPS:
Taster „Steuerung ein"	Liefert ‚1', wenn betätigt	E0.0
Taster „Steuerung aus"	Liefert ‚0', wenn betätigt	E0.1
Taster „Max. Anzahl setzen"	Liefert ‚1', wenn betätigt	E0.2
Lichtschranke S1	Liefert ‚0', wenn betätigt	E0.3
Lichtschranke S2	Liefert ‚0', wenn betätigt	E0.4
BCD-Ziffern	Zifernsteller	EW2
Lampe „Steuerung Ein"	Lampe leuchtet bei Zustand ‚1'	A4.0
Ampel „rot"	Lampe leuchtet bei Zustand ‚1'	A4.1
Ampel „grün"	Lampe leuchtet bei Zustand ‚1'	A4.2
BCD-Anzeige „Anzahl Fahrzeuge"	BCD-Anzeige	AW6

Aufgabe:

Erstellen Sie das SPS-Programm und prüfen Sie Ihre Lösung mit SPS-VISU (Parkhaus.VIS)

13.7.3 Programmieraufgabe „Labyrinth"

Es soll das SPS-Programm für ein Spiel entwickelt werden. Ziel des Spiels ist es, die Kiste in der vorgegebenen Zeit durch das Labyrinth vom Start zum Ziel zu führen. Dabei soll die Wand des Labyrinths nicht berührt werden. Das Spiel ist gewonnen, wenn man in der vorgegebenen Zeit das Ziel erreicht und der Punktestand größer 0 ist. Die Kiste wird mit Hilfe der 4 Taster „Auf", „Ab", „Rechts" und „Links" gesteuert. Die Steuerung muss dabei nicht ausprogrammiert werden. Folgende Bedingungen müssen ausprogrammiert werden: Sobald die Kiste die Lichtschranke

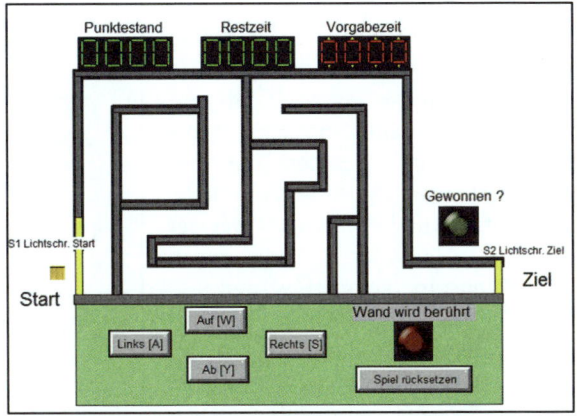

am Start unterbricht, wird ein Timer auf den an BCD-Zifferstellern vorgegebenen Zeitwert gesetzt und die Zeit beginnt abzulaufen. Der Zähler, der den Punktestand erfasst, wird auf den Wert 100 gesetzt. Die noch verbleibende Zeit wird an einer BCD-Anzeige ausgegeben. Wenn die Wand berührt wird, ist der Punktestand um 1 zu verringern. Eine Lampe signalisiert die Berührung. Wird die Wand 3 Sekunden ohne Unterbrechung berührt, werden alle verbliebenen Punkte abgezogen.

Wird die Lichtschranke am Ziel unterbrochen, ist der Punktestand größer 0 und die Zeit noch nicht abgelaufen, so hat der Spieler gewonnen. Der Sieg wird über die Lampe am Ziel angezeigt. Mit dem Taster „Spiel rücksetzen" können die Anzeigeelemente in die Ausgangsposition gesetzt werden. An jeder Wand ist ein Sensor angebracht, der eine Berührung meldet. Die Sensoren sind an den Eingängen E1.0 bis E3.6 angeschlossen.

Zuordnungstabelle:

Betriebsmittel	Signal	Anschluss an die SPS:
S1 Lichtschranke Start	Liefert ‚0', wenn unterbrochen	E0.0
S2 Lichtschranke Ziel	Liefert ‚0', wenn unterbrochen	E0.1
Taster „Spiel zurücksetzen"	Liefert ‚1', wenn betätigt	E0.2
Wandsensoren	Liefert ‚1', wenn betätigt	E1.0–E3.6
Vorgabezeit	BCD-Ziffernschalter	EW4
Lampe „Wand wird berührt"	Leuchtet bei Zustand ‚1'	A4.0
Lampe „Gewonnen"	Lampe leuchtet bei Zustand ‚1'	A4.1
Anzeige „Restzeit"	BCD-Anzeige	AW6
Anzeige „Punktestand"	BCD-Anzeige	AW8

Aufgabe: Erstellen Sie ein SPS-Programm für diese Anordnung und testen Sie Ihre Lösung mit SPS-VISU „Labyrinth.VIS".

Anmerkung: Nach dem Start der Simulation in SPS-VISU (über die Taste [F8]) sollten zunächst die Anzeigeelemente des Spiels mit Hilfe des Tasters „Spiel rücksetzen" in die Ausgangsposition gesetzt werden.

13.7.4 Programmieraufgabe „Flaschenspiel"

Es soll das SPS-Programm für ein Spiel mit der nachfolgend dargestellten Anordnung erstellt werden.
Ziel des Spieles ist es, in der vorgegebenen Zeit möglichst viele herunterfallende Flaschen mit der Kiste zu fangen. Die Kiste kann dabei horizontal und vertikal bewegt werden. Folgende Bedingungen müssen ausprogrammiert werden:

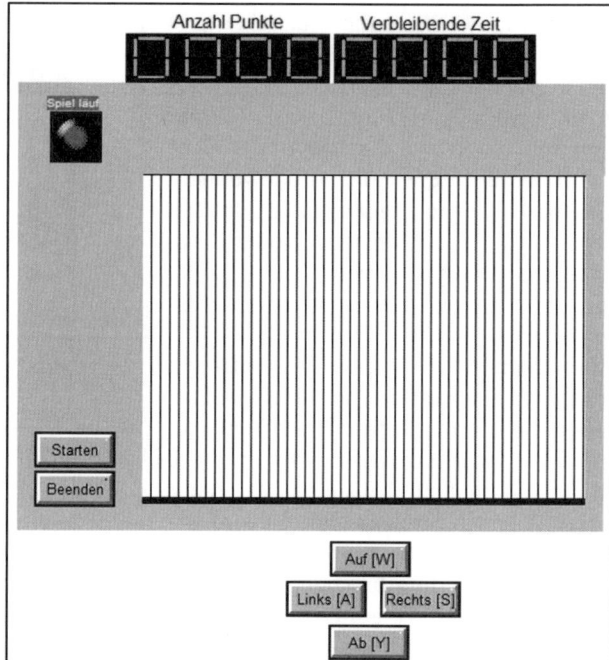

- Über den Taster „Starten" wird das Spiel gestartet. Ab diesem Zeitpunkt beginnt die Spielzeit abzulaufen. Dem Spieler steht eine Spielzeit von 30 Sekunden zur Verfügung. Sobald die Zeit läuft, wird dies über eine Lampe signalisiert. Die Restzeit wird oberhalb des Spielfeldes angezeigt.
- Während der Spielzeit werden die von der Kiste gefangenen Flaschen über einen Zähler erfasst und der Zählerstand als Punktestand oberhalb der Spielfläche angegeben.
- Wenn die Spielzeit abgelaufen ist, erlischt die Lampe und es werden keine weiteren Punkte erfasst.
- Es ist auch möglich, das Spiel vorzeitig zu beenden, und zwar über den Taster „Beenden".

Zuordnungstabelle:

Betriebsmittel	Signal	Anschluss an die SPS:
Taster „Spiel starten"	Liefert ‚1', wenn betätigt	E0.0
Taster „Spiel beenden"	Liefert ‚0', wenn betätigt	E0.1
Sensor „Flasche wurde gefangen"	Liefert ‚1', wenn betätigt	E0.2
Lampe „Spiel läuft"	Liefert ‚0', wenn betätigt	A4.0
BCD-Anzeige „Anzahl Punkte"	BCD-Anzeige	AW6
BCD-Anzeige „Verbleibende Spielzeit"	BCD-Anzeige	AW8

Aufgabe: Erstellen Sie ein SPS-Programm für diese Anordnung und testen Sie Ihre Lösung mit SPS-VISU „Flaschenspiel.VIS".

13.7.5 Programmieraufgabe „Prüfvorrichtung"

Es soll das SPS-Programm für folgende Anordnung erstellt werden.
Auf einem Band sollen gefertigte Teile geprüft werden. Die Teile müssen über drei Fahnen an der rechten Seite verfügen. Sind diese nicht oder nur unvollständig vorhanden, soll dies gemeldet werden. Zu diesem Zweck sind am Band zwei Lichtschranken angebracht. Wenn ein Teil die Lichtschranke LI1 passiert, soll der Prüfvorgang beginnen. Dabei werden die vorhandenen Fahnen durch

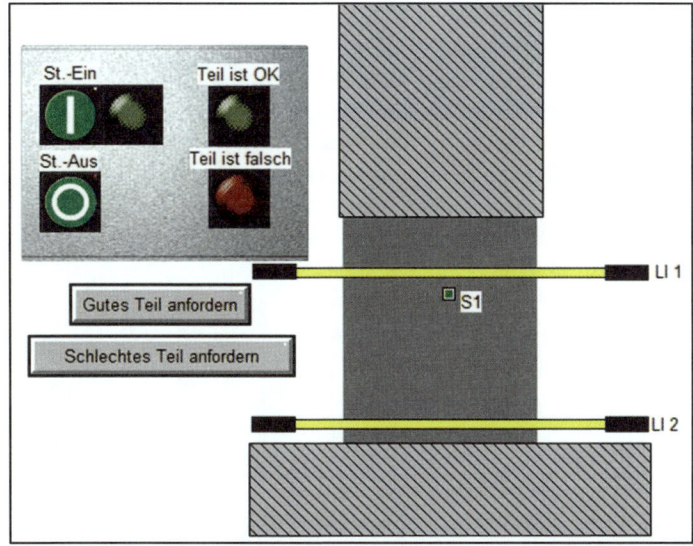

den Sensor S1 erfasst. Erreicht das Teil die Lichtschranke LI2, ist die Prüfung abgeschlossen und das Ergebnis wird über die Lampen „Teil ist OK" bzw. „Teil ist falsch" signalisiert. Diese Anzeige soll solange bestehen bleiben, bis das nächste Teil die Lichtschranke LI1 unterbricht. Es ist sichergestellt, dass während der Prüfung eines Teils kein weiteres Teil die Lichtschranke LI1 erreicht. Der Bandmotor soll eingeschaltet werden, sobald die Steuerung eingeschaltet ist. Über diese wird der Motor auch wieder abgeschaltet. Die Taster „Gutes Teil anfordern" und „Schlechtes Teil anfordern" sind zur Simulation vorhanden, um die Vorrichtung durch Anforderung eines korrekten bzw. fehlerhaften Teils zu testen. Dies muss nicht ausprogrammiert werden.

Zuordnungsliste:

Betriebsmittel	Signal	Anschluss an die SPS:
Taster „Steuerung ein"	Liefert ‚1', wenn betätigt	E0.0
Taster „Steuerung ein"	Liefert ‚0', wenn betätigt	E0.1
LI1 Teil vorhanden	Lichtschranke, liefert ‚0', wenn betätigt	E0.2
Sensor S1	Liefert ‚1', wenn betätigt	E0.3
LI2 Ende	Lichtschranke, liefert ‚0', wenn betätigt	E0.4
Bandmotor	Band läuft, wenn Zustand ‚1'	A4.0
Lampe „Teil Ok"	Leuchtet bei Zustand ‚1'	A4.1
Lampe „Teil fehlerhaft"	Leuchtet bei Zustand ‚1'	A4.2
Lampe „Steuerung Ein"	Leuchtet bei Zustand ‚1'	A4.3

Aufgabe: Erstellen Sie ein SPS-Programm für diese Anordnung und testen Sie Ihre Lösung mit SPS-VISU „Pruefvorrichtung1.VIS".

13.7.6 Programmieraufgabe „Bad1"

Es soll das SPS-Programm für folgende Anordnung erstellt werden.

In einem Korb befinden sich Teile, die in einem Becken gereinigt werden sollen. Im Automatikbetrieb wird der Korb 5 Mal in das Bad abgesenkt und wieder gehoben. Es ist auch möglich, den Korb manuell zu bedienen. Dazu muss der Schalter „Autom./Hand" in die Stellung „Hand" gebracht werden. Daraufhin kann man den Korb über die Taster „Hand Auf" und „Hand Ab" in seiner Lage verändern.

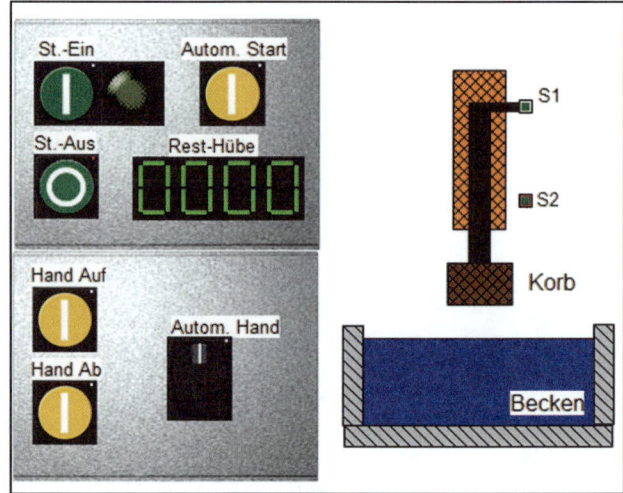

Zuordnungstabelle:

Betriebsmittel	Signal	Anschluss an die SPS:
Taster „Steuerung ein"	Liefert ‚1', wenn betätigt	E0.0
Taster „Steuerung aus"	Liefert ‚0', wenn betätigt	E0.1
Taster „Autom. Start"	Liefert ‚1', wenn betätigt	E0.2
Schalter „Hand/Automatik"	Liefert ‚1' bei Handbetrieb	E0.3
Taster „Korb auf"	Liefert ‚1', wenn betätigt	E0.4
Taster „Korb ab"	Liefert ‚1', wenn betätigt	E0.5
Endschalter „S1 oben"	Liefert ‚0', wenn betätigt	E0.6
Endschalter „S2 unten"	Liefert ‚0', wenn betätigt	E0.7
Korb aufwärts	Fährt aufwärts bei Zustand ‚1'	A4.0
Korb abwärts	Fährt abwärts bei Zustand ‚1'	A4.1
Lampe „Steuerung ein"	Leuchtet bei Zustand ‚1'	A4.2
BCD-Ausgabe		AW6

Aufgabe:
Erstellen Sie ein SPS-Programm für diese Anordnung und testen Sie Ihre Lösung mit SPS-VISU „Becken1.VIS".

14 Die Bausteinart „DB"

In einem Datenbaustein (DB) werden Daten abgelegt. Dieser Baustein enthält somit keine STEP®7-Befehle.

Unter STEP®7 werden zwei Typen von Datenbausteinen unterschieden: der „normale" Datenbaustein (**Globaldatenbaustein**) mit einer vom Programmierer festgelegten Datenstruktur und der **Instanz-DB**, der die Datenstruktur des Funktionsbausteins besitzt, dem er zugeordnet ist. Die Instanzdatenbausteine werden in einem gesonderten Kapitel zusammen mit den Funktionsbausteinen behandelt.

In diesem Kapitel soll der Globaldatenbaustein beschrieben werden.

Die Vorstellung des neuen Bausteintyps wird anhand eines Beispiels vorgenommen. Im Vorfeld sind allerdings noch ein paar Erläuterungen notwendig.

14.1 Aussehen der DB-Editoren

Wie schon erwähnt, enthält der DB nur Daten und keinen SPS-Code. Die Editoren von Datenbausteinen haben das Aussehen einer Parametertabelle, wie sie beispielsweise schon bei einer FC gezeigt wurde.

Für eine Variable kann ihr Name, ihr Datentyp und ihr Wert angegeben werden.

Nachfolgend sind die Editoren der einzelnen S7-Programmiersysteme zu sehen. Dabei besteht der DB nur aus einer einzelnen Variablen mit dem Datentyp INT.

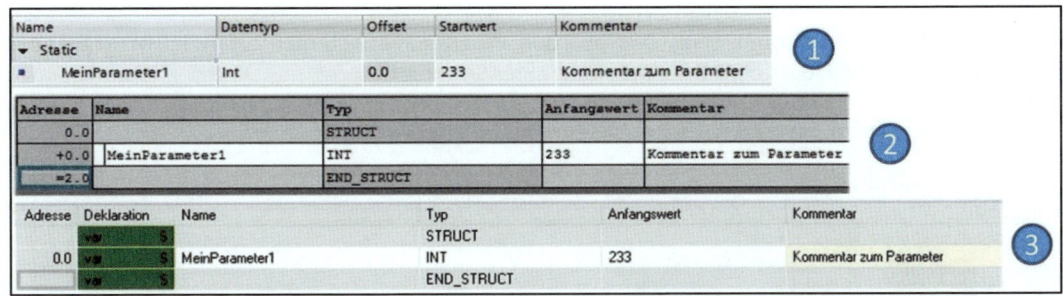

Bild: DB mit einer Variablen im TIA (1), SIMATIC®-Manager (2) und WinSPS-S7 (3)

Man erkennt bei den unteren beiden Tabellen, dass sich die Variable innerhalb einer sog. Struktur (Schlüsselwort „STRUCT") befindet. Im Prinzip ist dies auch im TIA-Portal® der Fall, allerdings werden dort der Anfang und das Ende der Struktur nicht explizit benannt.

Bisher wurde der Begriff der Struktur noch nicht erläutert. Dies soll nun geschehen.

14.2 Was ist eine Struktur?

Strukturen werden verwendet, um mehrere Komponenten in einem einzigen Überbegriff zusammenzufassen. Dabei können die Komponenten unterschiedliche Datentypen besitzen; dies ist das eigentlich Besondere.

Strukturen können verschachtelt werden, d.h. in einer Struktur kann eine weitere Struktur eingebettet sein. Bei S7 liegt die max. Schachtelungstiefe bei 6.

Der Bereich einer Struktur wird über die beiden Schlüsselwörter „STRUCT" und „END_STRUCT" angegeben. Alle Angaben innerhalb dieser Schlüsselwörter gehören zu der Struktur.

Beispiel

Es soll eine Struktur mit der Bezeichnung „MessDaten" erzeugt werden. Diese enthält drei Komponenten.

MessDaten	STRUCT	
Messwert_Pos1	INT	533
Messwert_Pos2	INT	610
MessZeitpunkt	TIME_OF_DAY	TOD#12:43:19.0
	END_STRUCT	

Bild: Struktur mit der Bezeichnung „MessDaten"

Diese Struktur besitzt drei Komponenten mit der Bezeichnung „Messwert_Pos1", „Messwert_Pos2" und „MessZeitpunkt". Die beiden ersten Komponenten sind vom Datentyp INT, die dritte ist vom Datentyp „TIME_OF_DAY" und kann somit eine Uhrzeit abbilden.

Alle drei Komponenten sind in der Struktur zusammengefasst und über deren Namen erreichbar.

Möchte man auf eine Komponente in einer Struktur zugreifen, so ist dies nur über die Bezeichnung der Struktur möglich. Der Zugriff erfolgt dabei mit Hilfe des **Punkt-Operators**.

Soll beispielsweise ein Zugriff auf die Komponente „Messwert_Pos2" erfolgen, so ist dieser wie folgt zu schreiben:

```
MessDaten.Messwert_Pos2
```

Damit ist der Begriff „Struktur" bekannt.

In der Abbildung der Editoren eines DBs aus den Programmiersystemen SIMATIC®-Manager und WinSPS-S7 ist zu sehen, dass ein DB zunächst aus einer Struktur besteht.

Adresse	Name	Typ	Anfangswert	Kommentar	
0.0		STRUCT			
+0.0	MeinParameter1	INT	233	Kommentar zum Parameter	②
=2.0		END_STRUCT			

Adresse	Deklaration	Name	Typ	Anfangswert	Kommentar	
	var		STRUCT			
0.0	var	MeinParameter1	INT	233	Kommentar zum Parameter	③
	var		END_STRUCT			

Bild: DB-Editor im SIMATIC®-Manager (2) und WinSPS-S7 (3)

Eigentlich ist der DB eine Struktur und zwar eine Struktur, welche die Bezeichnung des DBs besitzt. Im TIA-Portal® ist dies nicht so offensichtlich, es gilt aber das Gleiche.

Damit beantwortet sich auch die Frage, wie man auf den Inhalt eines DBs zugreifen kann. Der Zugriff erfolgt wie bei einer anderen Struktur über den Punkt-Operator.

```
[Bezeichnung des DBs].[Parametername]
```

Damit sind die notwendigen Voraussetzungen für ein erstes Beispiel vorhanden.

14.3 Beispiel zur Erläuterung von Globaldatenbausteinen

An einer Anlage werden im Drei-Schichtbetrieb Teile produziert. Dabei sollen in einem Datenbaustein folgende Daten pro Schicht abgelegt werden:

- Anzahl gefertigte Teile: Datentyp WORD
- Schicht-Start: Datentyp Time-of-Day (TOD)
- Schicht-Ende: Datentyp Time-of-Day (TOD)
- Arbeiterkennung: Datentyp (BYTE)

Die Daten sind in einer Struktur zu kapseln.

Für dieses Beispiel soll der Datenbaustein DB10 erstellt werden. Der DB erhält den Symbolik- bzw. Variablennamen „SchichtDaten".

Dazu erzeugt man zunächst ein neues Projekt. In diesem Projekt wird nun ein Baustein des Typs DB (Globaldatenbaustein) erzeugt. Als DB-Nummer wird 10 eingestellt und das Symbol „SchichtDaten" vergeben.

Nachfolgend ist dies in den einzelnen S7-Programmiersystemen zu sehen:

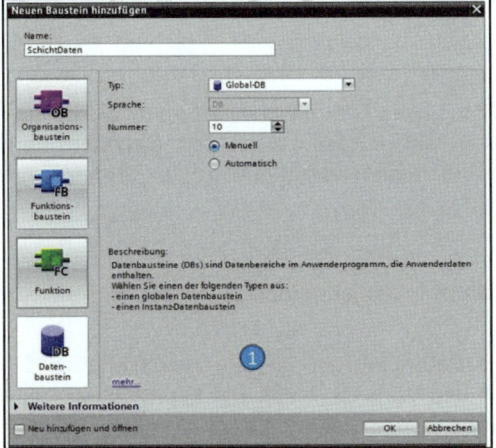

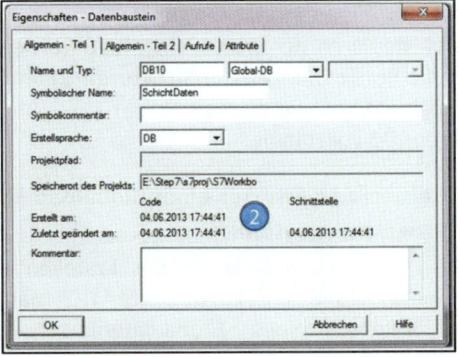

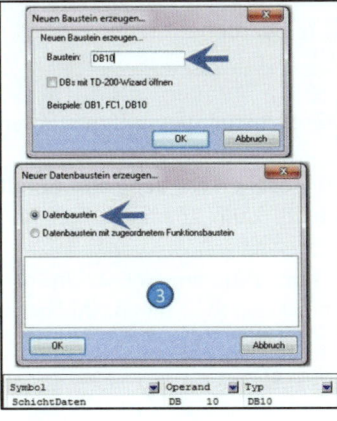

Bilder:
Erzeugen eines Globaldatenbausteins in

1. TIA-Portal®
2. SIMATIC®-Manager
3. WinSPS-S7

Anschließend ist der Editor des Datenbausteins auf dem Desktop und die Tabelle kann mit den für das Beispiel notwendigen Variablen versehen werden.

Adresse	Deklaration		Name	Typ	Anfangswert	Kommentar
	var	S		STRUCT		
0.0	var	S	Schicht_1	STRUCT		Daten der Schicht 1
+0.0	var	S	|Anzahl_Teile	|WORD	W#16#0000	Anzahl der Teile
+2.0	var	S	|Schicht_Start	|TIME_OF_DAY	TOD#0:0:0.0	Uhrzeit Schicht-Beginn
+6.0	var	S	|Schicht_Ende	|TIME_OF_DAY	TOD#0:0:0.0	Uhrzeit Schicht-Ende
+10.0	var	S	|Arbeiter_Kennung	|BYTE	B#16#01	
	var	S		END_STRUCT		
12.0	var	S	Schicht_2	STRUCT		Daten der Schicht 2
+0.0	var	S	|Anzahl_Teile	|WORD	W#16#0000	Anzahl der Teile
+2.0	var	S	|Schicht_Start	|TIME_OF_DAY	TOD#0:0:0.0	Uhrzeit Schicht-Beginn
+6.0	var	S	|Schicht_Ende	|TIME_OF_DAY	TOD#0:0:0.0	Uhrzeit Schicht-Ende
+10.0	var	S	|Arbeiter_Kennung	|BYTE	B#16#02	
	var	S		END_STRUCT		
24.0	var	S	Schicht_3	STRUCT		Daten der Schicht 3
+0.0	var	S	|Anzahl_Teile	|WORD	W#16#0000	Anzahl der Teile
+2.0	var	S	|Schicht_Start	|TIME_OF_DAY	TOD#0:0:0.0	Uhrzeit Schicht-Beginn
+6.0	var	S	|Schicht_Ende	|TIME_OF_DAY	TOD#0:0:0.0	Uhrzeit Schicht-Ende
+10.0	var	S	|Arbeiter_Kennung	|BYTE	B#16#03	
	var	S		END_STRUCT		
	var	S		END_STRUCT		

Bild: Datenbaustein DB10 für das Beispiel

In der obersten Zeile beginnt der DB mit der DB-Struktur. Darunter folgt die Struktur für die Daten der Schicht mit der Nummer 1. Diese hat vier Komponenten.

Die beiden folgenden Strukturen für die Schichten 2 und 3 haben das gleiche Aussehen. Sie können auch durch Kopieren der ersten eingefügt werden. Allerdings ist darauf zu achten, dass nach dem Einfügen die Bezeichnungen der Strukturen zu ändern sind, denn die Namen von Strukturen müssen innerhalb einer Ebene eindeutig sein.

Damit ist der DB vollständig.

14.3.1 Beispiel zum Erstellen eines Globaldatenbausteins in den einzelnen S7-Programmiersystemen

Im Anhang gibt es Beispiele für das Erstellen eines Datenbausteins in den verschiedenen S7-Programmiersystemen (TIA-Portal®, SIMATIC®-Manager und WinSPS-S7 V5). Die Kapitel tragen den Namen „Erstellen eines Globaldatenbausteins mit XY" wobei XY für das jeweilige Programmiersystem steht.

Nach der Bearbeitung dieses Kapitels kann das dortige Beispiel bearbeitet werden.

14.3.2 Zugriff auf Daten im DB

Bei der Erklärung von Strukturen wurde gezeigt, wie auf Daten in einer Struktur zugegriffen werden kann. Dabei kam der Punkt-Operator zum Einsatz.

Des Weiteren wurde bereits erwähnt, dass ein DB ebenfalls als Struktur gesehen werden kann. Somit sind die Variablen des DBs die Inhalte dieser Struktur. Auf diese Inhalte kann ebenfalls über den Punkt-Operator zugegriffen werden.

Mit diesem Wissen ist die Programmierung eines DB-Zugriffs kein Problem mehr. In der nachfolgenden Darstellung ist beispielhaft zu sehen, wie die produzierte Teileanzahl eines Schichtarbeiters im DB abgelegt wird.

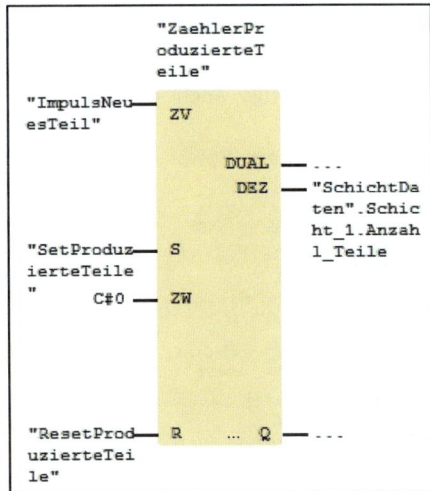

Bild: Zähler der produzierten Teile transferiert den Zählerstand in den DB

Der im Bild gezeigte Zähler wird immer dann erhöht, wenn ein neues Teil produziert wurde. Der interessante Teil befindet sich am Ausgang „DEZ" des Zählers. Dort ist die Variable des DBs angegeben, in der der Zählerstand des Schichtarbeiters 1 abzulegen ist. Die Angabe lautet:

„SchichtDaten".Schicht_1.Anzahl_Teile

Hierbei ist „SchichtDaten" das Symbol des DBs, „Schicht_1" der Name der Struktur für den Schichtarbeiter 1 und „Anzahl_Teile" das Strukturelement.
Es sind somit zwei Punkt-Operatoren für den Zugriff notwendig, da sich das Element „Anzahl_Teile" innerhalb der Struktur „Schicht_1" befindet und sich diese Struktur im DB „SchichtDaten" (also einer weiteren Struktur) befindet.

14.4 Zugriff auf DB-Daten über absolute Adressierung

In den bisherigen Ausführungen wurde auf den Inhalt eines Datenbausteins über Symbol- bzw. Variablennamen zugegriffen. Es ist allerdings auch möglich, über die DB-Adresse auf Inhalte zuzugreifen.

Nachfolgend ist nochmals der DB des vorherigen Beispiels zu sehen:

Bild: DB aus dem vorherigen Beispiel

Dabei fällt auf, dass bei den einzelnen Variablen eine Adressangabe vorhanden ist.

So besitzt z.B. die Struktur „Schicht_2" die Anfangsadresse 12.0. Das Element „Anzahl_Teile" dieser Struktur hat die gleiche Adresse, was man daran erkennt, dass in dessen Adressfeld die Angabe „+0.0" vorhanden ist. Dies bedeutet, dass zur Anfangsadresse der Struktur die Adresse 0.0 addiert werden muss. Das Element „Arbeiter_Kennung" besitzt die Adressangabe „+10.0", somit ist auf die Anfangsadresse der Struktur 10.0 zu addieren.

Soll also ein Zugriff auf das Element „Arbeiter_Kennung" der Struktur „Schicht_2" programmiert werden, dann hat dieser symbolisch folgendes Aussehen:

```
„SchichtDaten".Schicht_2.Arbeiter_Kennung
```

In absoluter Schreibweise erfolgt der Zugriff wie folgt:

```
„SchichtDaten".DBB22
```

bzw.

```
DB10.DBB22
```

wenn auch der Datenbaustein absolut, also ohne sein Symbol angegeben wird.

Der Ausdruck „DBB" wurde bereits im Kapitel „Operandenbereiche sowie Adressierung von Operanden in einer SPS" im Zusammenhang mit Byteoperanden erwähnt. Ausgeschrieben bedeutet DBB „**D**aten-**B**austein-**B**yte" – Byte deswegen, da das Element den Datentyp „BYTE" hat und deshalb 8 Bits lang ist. Auf das Element „Schicht_Start" in der gleichen Struktur würde mit folgender Operation zugegriffen werden:

```
DB10.DBD14
```

Die Adresse ergibt sich durch die Berechnung: 12.0 + 2.0 = 14.0
Das Kürzel „DBD" bedeutet „**D**aten-**B**austein-**D**oppelwort". Der Doppelwortzugriff ist notwendig, da der Datentyp „TIME_OF_DAY" eine Breite von 32-Bits (also ein Doppelwort) besitzt.
Auf diese Weise kann über die Absolutadresse einer Variablen in einem DB zugegriffen werden. Dabei sind Zugriffe auf Bit-, Byte, Wort- und Doppelwort-Variable möglich.
In der folgenden Tabelle sind die möglichen Absolutoperanden aufgelistet:

Operand	Beschreibung
DBX a.b	Zugriff auf ein Datenbit mit der Byteadresse a und der Bitadresse b
DBB a	Zugriff auf ein Datenbyte mit der Byteadresse a
DBW a	Zugriff auf ein Datenwort mit der Wortadresse a
DBD a	Zugriff auf ein Datendoppelwort mit der Doppelwortadresse a

Die einzelnen Operanden können wie Operanden der Bereiche Eingänge, Ausgänge und Merker in Bit-, Byte-, Wort- und Doppelwortoperationen verwendet werden. Dies wurde bereits im Kapitel „Operandenbereiche sowie Adressierung von Operanden in einer SPS" beschrieben.

14.5 Nachteile des absoluten Zugriffs auf DB-Variablen

Der absolute Zugriff auf Variable in Datenbausteinen sollte nur in Ausnahmefällen angewendet werden. Neben dem Nachteil der schlechteren Lesbarkeit des SPS-Codes gibt es einen weiteren schwerwiegenden Grund, weshalb man darauf verzichten sollte.
Beispiel

In einem SPS-Projekt sei folgender Datenbaustein DB20 „StueckZahl" vorhanden:

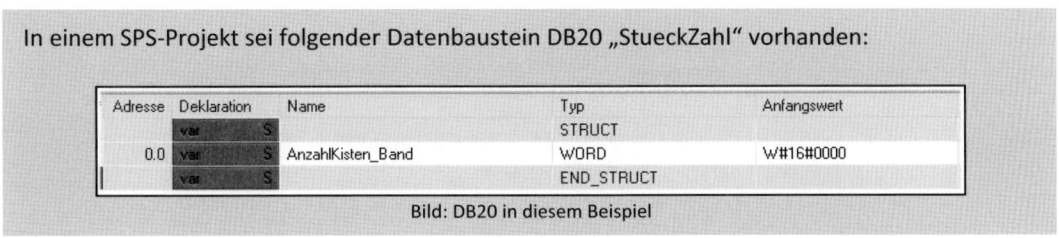

Bild: DB20 in diesem Beispiel

Der DB20 „StueckZahl" und dessen Variable „AnzahlKisten_Band" wird in der FC100 des SPS-Programms wie folgt verwendet:

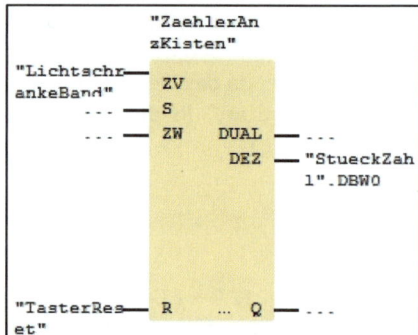

Bild: Verwendung der DB-Variablen

Die DB-Variable „AnzahlKisten_Band" ist über den Operanden DBW0 des DB20 erreichbar. Insofern ist der SPS-Code korrekt. Ein Problem tritt aber auf, wenn der Datenbaustein wie folgt erweitert wird:

Adresse	Deklaration	Name	Typ	Anfangswert
	var S		STRUCT	
0.0	var S	ZeitpunktLetzteKiste	TIME_OF_DAY	TOD#0:0:0.0
4.0	var S	AnzahlKisten_Band	WORD	W#16#0000
	var S		END_STRUCT	

Bild: DB mit eingefügter Variable

In den DB wurde eine Variable an erster Stelle eingefügt. Es sollte zwar generell vermieden werden neue Variable vor bestehenden Variablen einzufügen, dies lässt sich allerdings nicht immer vermeiden.

Das Fatale dabei ist, dass die im SPS-Code verwendete Adresse DBW0 nun nicht mehr mit der Variablen „AnzahlKisten_Band", sondern mit dem ersten Wort der Variablen „ZeitpunktLetzteKiste" belegt ist.

Das SPS-Programm funktioniert damit nicht mehr und muss manuell geändert werden.

Wäre anstatt der absoluten Adresse der Zugriff wie folgt programmiert:

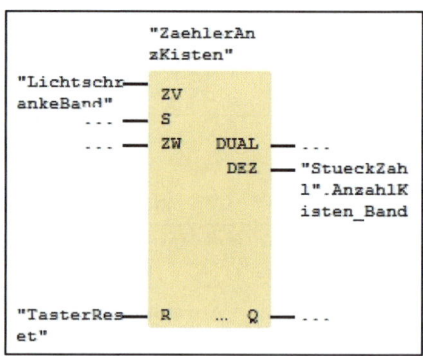

Bild: Rein symbolischer Zugriff auf das DB-Datum

dann würde ein neues Compilieren des Bausteins FC100 ausreichen, damit das SPS-Programm wieder korrekt funktioniert.

Das erneute Compilieren der FC100 muss allerdings auch beim symbolischen Zugriff durchgeführt werden!

14.6 Erklärung der Begriffe Anfangswert, Aktualwert, Startwert

Im Editor eines Datenbausteins können Werte für die Variablen eines DBs angegeben werden. Je nach verwendetem Programmiersystem werden dabei die Begrifflichkeiten Anfangswert (SIMATIC®-Manager, WinSPS-S7), Aktualwert (SIMATIC®-Manager, WinSPS-S7), Startwert und Defaultwert (TIA-Portal®) verwendet. In diesem Kapitel soll deren Bedeutung erläutert werden.

Aktualwerte:

Wird im SPS-Programm auf den Inhalt einer DB-Variablen zugegriffen, so erfolgt dieser Zugriff auf den Aktualwert der Variablen. Dies gilt sowohl für Schreib- als auch für Lesezugriffe. Die Aktualwerte sind also die für das SPS-Programm relevanten Werte einer DB-Variablen.

Anfangswert:

Wird eine neue Variable in den DB eingetragen, so kann in der Spalte „Anfangswert" (SIMATIC®-Manager und WinSPS-S7) ein Wert angegeben werden. Dieser Wert wird beim Speichern des DBs auch als Aktualwert für die neu angelegte Variable verwendet.

Wird allerdings der Anfangswert einer vorhandenen Variablen verändert und der DB gespeichert, so hat dies keine Auswirkungen auf den Aktualwert.

Sollen bei einem vorhandenen DB alle Aktualwerte der Variablen auf die Anfangswerte gesetzt werden, so ist dies über die Funktionen „Datenbaustein initialisieren" (SIMATIC®-Manager) bzw. „Aktualwerte auf Anfangswerte setzen" (WinSPS-S7) möglich.

Defaultwert:

Diese Bezeichnung ist nur im TIA-Portal® vorhanden. Beim Anlegen einer neuen Variablen wird dieser Wert je nach Datentyp mit Null vorbelegt bzw. mit dem Initialwert des Datentyps. Bei Instanz-DBs (Erklärung folgt im Kapitel über Funktionsbausteine) sind die Defaultwerte mit den Werten aus dem FB vorbelegt.

Der Wert ist nicht editierbar. Ist kein Startwert vom Programmierer angegeben, dann wird der Defaultwert als Startwert verwendet.

Startwert:

Im TIA-Portal® wird die Spalte für die Variablenvorbelegung mit „Startwert" bezeichnet. Hierbei handelt es sich im Prinzip um den Aktualwert der DB-Variablen. Der Startwert wird bei jedem Speichern und Compilieren des DBs in den Aktualwert geschrieben, unabhängig davon, ob es sich um eine vorhandene oder neue Variable handelt.

14.6.1 Beobachten eines DBs

Es ist nun bekannt, dass für die CPU bzw. das SPS-Programm nur die Aktualwerte eines DBs relevant sind. Wird ein DB beobachtet (DB-Status), dann wird zu jeder Variablen der Aktualwert angezeigt und entsprechend zyklisch aus der CPU geladen.

Dies ist in der folgenden Darstellung zu sehen, wobei der Aktualwert der DB-Variablen „AnzahlKisten_Band" im Beobachtenmodus (Statusbetrieb) angezeigt wird.

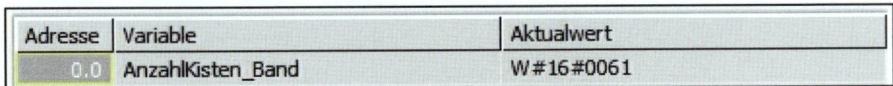

Bild: Anzeige des Aktualwertes beim Statusbetrieb eines DBs

Der Aktualwert wird in diesem Fall auch als Beobachtungswert bezeichnet.

14.7 Die CPU-Funktion „RAM nach ROM kopieren"

Der Speicher der aktuellen CPUs der Familien S7-300°/400 von Siemens ist in einen sog. Ladespeicher und Arbeitsspeicher aufgeteilt. Der Ladespeicher ist dabei über die MMC gesteckt.

Werden Bausteine von der Programmiersoftware in die CPU übertragen, so landen diese im Ladespeicher, werden dann übersetzt und in den Arbeitsspeicher der CPU übertragen.

Dies gilt auch für DBs.

In manchen Anlagen werden Werte aus der Anlage bei der Inbetriebnahme erfasst und in DBs abgelegt, die DBs werden also auf die Anlage eingelernt. Damit diese ermittelten Werte auch beim Urlöschen der CPU nicht verloren gehen, sollte einmalig die CPU-Funktion „RAM nach ROM kopieren" über die Programmiersoftware ausgeführt werden. Damit wird erreicht, dass die Aktualwerte der DBs aus dem Arbeitsspeicher in den Ladespeicher übernommen werden.

Handelt es sich um einen remanenten DB (per Default sind alle DBs remanent) dann kann dies auch durch Abschalten der Betriebsspannung der CPU erreicht werden. In diesem Fall werden ebenfalls die Aktualwerte des DBs auf der MMC und somit im Ladespeicher gesichert.

14.8 Handhabung von DBs in den einzelnen Programmiersystemen

Im Anhang gibt es Kapitel zu den Programmiersystemen TIA-Portal®, SIMATIC®-Manager und WinSPS-S7, in denen die Handhabung des DB-Editors erläutert wird.

14.9 Übungsaufgaben Übung ✔

a) Welchem Deklarationsbereich gehören die Variablen eines Globaldatenbausteins an?
b) Aus wie viel Zeichen darf die Bezeichnung einer DB-Variablen bestehen?
c) Wie ist die Syntax bei einem DB-Doppelbefehl (komplett adressierten Zugriff)?
d) Über welchen Befehl kann das DB-Register direkt verändert werden?
e) Innerhalb eines SPS-Programms wird schreibend auf eine DB-Variable zugegriffen. Wird dabei der Aktualwert oder der Anfangswert der DB-Variablen verändert?
f) Eine CPU ermöglicht die Adressierung von Datenbausteinen bis zur max. Nummer 255. Wie viele Datenbausteine können in dieser CPU max. programmiert werden?

15 Lade- und Transferoperationen

Da in den nachfolgenden Beispielen nicht nur Bitoperanden zum Einsatz kommen sollen, müssen zunächst die Operationen für die Handhabung von Byte-, Wort- und Doppelwortoperanden vorgestellt werden. Die Operanden mit einer Breite von mehr als einem Bit wurden bereits im Kapitel „Bit, Byte, Wort und Doppelwort" benannt. Die Operationen für ihre Handhabung werden als Lade- und Transferoperationen bezeichnet.

15.1 Laden von Bytes

Das Laden von Bytes soll anhand eines Beispiels erläutert werden.

Beispiel:

In einem Teil eines SPS-Programms soll der Zustand der Eingänge E1.0 bis E1.7 in die Merker M10.0 bis M10.7 übertragen werden.

Der Programmteil hat dabei folgendes Aussehen:

AWL	FUP	KOP
L EB 1· T MB 10·	MOVE EN OUT — MB10 EB1 — IN1 ENO	MOVE EN ENO EB1 — IN1 OUT — MB10

In der Tabelle sind die Operationen in den einzelnen Darstellungsarten zu sehen. Die interne Arbeitsweise der CPU ist am Besten in der Darstellungsart AWL zu erkennen. Aus diesem Grund sollen die beiden Operationen zunächst in AWL erläutert werden.

Erklärung des Vorgangs

Die AWL-Operationen beschreiben am besten den Vorgang, der sich innerhalb der CPU vollzieht. Mit dem Befehl „L EB 1" (Lade Eingangsbyte 1) wird die CPU veranlasst, den Zustand der Eingänge E1.0 bis E1.7 aus dem PAE einzulesen. Diese werden in einem sogenannten Akkumulator zwischengespeichert. Es gibt insgesamt zwei Akkumulatoren, Akku 1 und Akku 2. Diese werden als Zwischenspeicher verwendet, d.h., jede Lade- und Transferoperation wird über sie abgewickelt. Beide Akkumulatoren sind ein Doppelwort (32 Bit) breit und bestehen aus einem High-Wort- und einem Low-Wort-Teil. Ab den CPUs der Reihe S7-400® sind vier Akkus vorhanden, wobei diese Akkus ebenfalls jeweils ein Doppelwort (32 Bit) breit sind. Nachfolgend wird die Arbeitsweise der CPU dargestellt:

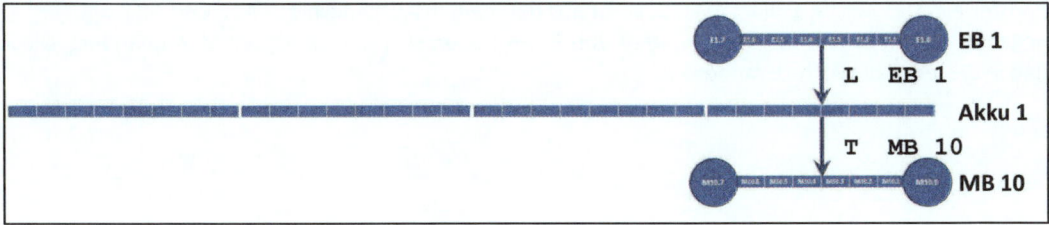

Bild: Arbeitsweise der CPU beim Laden und Transferieren eines Bytes

Beim Laden wird der Wert immer rechtsbündig in den Akku aufgenommen. Somit wird beim Laden eines Byte-Operanden nur das Low-Byte des Low-Wortes von Akku 1 benutzt.
Der Vollständigkeit wegen sei erwähnt, dass der vorige Inhalt von Akku 1 in Akku 2 verschoben wird. Der vorhergehende Inhalt des Akku 2 geht verloren.
Bei FUP/KOP wird ein MOVE-Block aus dem Katalog verwendet. Dabei wird der Operand, der als Datenquelle dient, am Eingang „IN1" angegeben, der Zieloperand am Ausgang mit der Bezeichnung „OUT". Der MOVE-Block führt dabei ebenfalls die beiden Operationen „Lade" und „Transfer" aus.

15.2 Laden von Wörtern

Das Laden von Wörtern funktioniert wie das Laden von Bytes. Auch hierzu ein kleines Beispiel.

Beispiel:

In einem Teil eines SPS-Programms soll der Zustand des Merkerwortes MW10 an das Ausgangswort AW0 transferiert werden.

Der Programmteil hat dabei folgendes Aussehen:

AWL	FUP	KOP
L MW 10· T AW 0·	 MOVE EN OUT — AW0 MW10 — IN1 ENO	 MOVE EN ENO MW10 — IN1 OUT — AW0

Nachfolgend die Arbeitsweise der CPU:

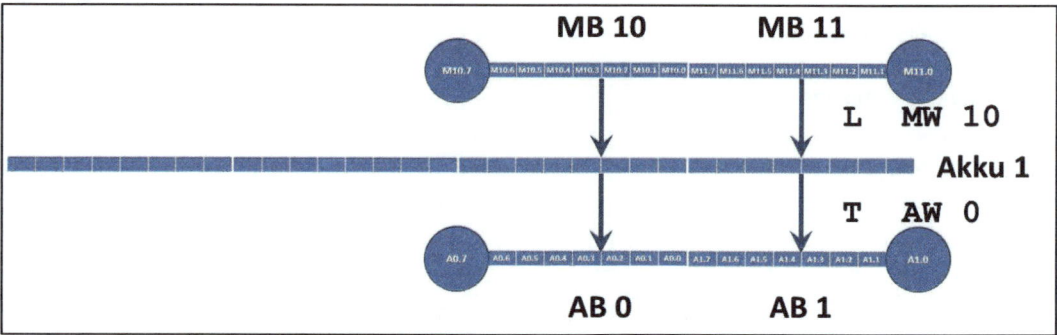

Bild: Arbeitsweise der CPU

Das Merkerwort MW10 besteht aus den beiden Merkerbytes MB10 und MB11. Diese werden in den Akku 1 geladen. Beim Befehl „T AW0" wird der Inhalt von Akku 1 in das Ausgangswort AW0 transferiert. Das Ausgangswort AW0 besteht aus den beiden Ausgangsbytes AB0 und AB1.
Gegenüber dem Laden und Transferieren von Bytes haben sich nur die Operanden geändert. Diese sind in diesem Fall Wortoperanden.

15.3 Laden von Doppelwörtern

Auch beim Laden und Transferieren von Doppelwörtern kommen die gleichen Operationen zum Einsatz.

Beispiel:

In einem Teil eines SPS-Programms soll der Zustand des Merkerdoppelwortes MD10 an das Ausgangsdoppelwort AD0 transferiert werden.

Der Programmteil hat dabei folgendes Aussehen

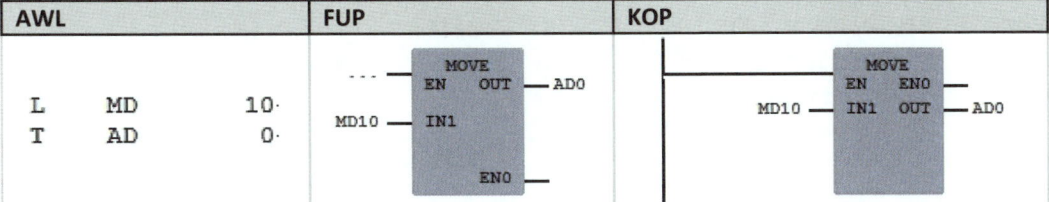

AWL	FUP	KOP

Nachfolgend die Darstellung der Arbeitsweise der CPU:

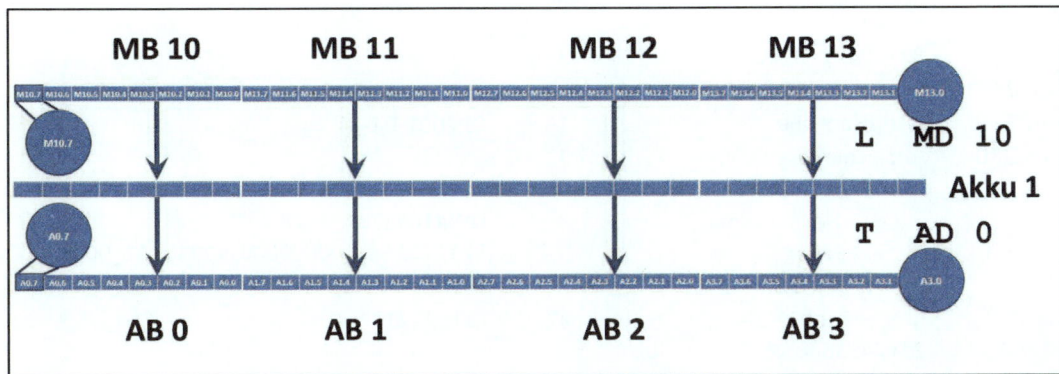

Bild: Arbeitsweise beim Laden und Transferieren von Doppelwörtern

Es wird die gesamte Breite des Akku 1 benötigt. Das Merkerdoppelwort MD10 besteht aus den Merkerbytes MB10, MB11, MB12 und MB13. Diese werden in den Akku 1 geladen. Beim Befehl „T AD0" wird der Inhalt des Akku 1 in das Ausgangsdoppelwort AD0 transferiert. Das Ausgangsdoppelwort AD0 besteht aus den Ausgangsbytes AB0, AB1, AB2 und AB3.

15.4 Elementare Datentypen

Elementare Datentypen haben eine maximale Länge von 32 Bit (Doppelwort). Diese Datentypen können als Ganzes mit Lade- und Transferoperationen angesprochen werden.

Die folgende Tabelle führt die elementaren Datentypen mit ihren Konstantenschreibweisen auf. Mit den angegebenen Konstanten können die Variablen des jeweiligen Typs vorbelegt werden.

Datentyp	Beschreibung	Bit-Breite	Beispiel
BOOL	Einzelnes Bit	1	FALSE, TRUE
BYTE	Hexadezimale Zahl	8	B#16#A3
CHAR	Einzelnes ASCII-Zeichen	8	'T'
WORD	Vorzeichenlose Zahl, darstellbar in den Formaten • Hexadezimal • Binär • Counter-Wert • 2 x 8 Bit	16	W#16#ABCD 2#01010101_11111111 C#233 B#(81, 54)
INT	Integer-Zahl Bereich -32768 bis +32767	16	-1234
S5TIME	Zeitwert im S5-Zeitformat	16	S5T#1h10m33s
DATE	Datumsangabe	16	D#2001-04-14
DWORD	Vorzeichenlose Zahl, darstellbar in den Formaten • Hexadezimal • Binär • 4 x 8 Bit	32	DW#16#1234_5678 2#11111111_00000000_11111111_00000000 B#(12, 13, 14, 15)
DINT	Integer-Zahl 32-Bit -2147483648 bis 2147483647	32	L#167321
REAL	Gleitpunktzahl	32	12.3 oder 1.230000e+01
TIME	IEC-Zeitformat	32	T#10d20h35m23s123ms
TOD	Tageszeit	32	TOD#19:24:33.141

15.5 Zusammengesetzte Datentypen

Zusammengesetzte Datentypen haben eine Länge, die 32 Bit überschreitet. Aus diesem Grund kann mit STEP®7-Befehlen nur auf Teile bzw. Komponenten dieser Datentypen zugegriffen werden. Diese Datentypen sind unten aufgeführt.

Datentyp	Beschreibung	Bit-Breite	Beispiel
DT	Date-and-Time Uhrzeit- und Datumsangabe	64	DT#2013-08-03-12:43:15.921
STRING	Angabe einer ASCII-Zeichenkette mit der max. Länge von 254 Zeichen	-	‚Dies ist ein String'
ARRAY	Zusammenfassung von Elementen (Feldern) des gleichen Typs, mit max. sechs Dimensionen	-	ARRAY [1..3, 1..5] of BYTE
STRUCT	Strukturen werden benutzt, um mehrere Komponenten in einem einzigen Überbegriff zusammenzufassen. Dabei können die Komponenten unterschiedlichen Datentypen angehören.	-	STRUCT Wert1: INT Wert2: REAL END_STRUCT

15.6 Laden von Konstanten

Bei der Vorstellung der elementaren Datentypen wurde angemerkt, dass die Konstanten der einzelnen Darstellungsarten direkt über Ladeoperationen geladen werden können. In der Tabelle wurden Beispiele der Konstantenschreibweise zu jedem elementaren Datentyp angegeben.

Nun soll nochmals auf die Konstanten der einzelnen Datentypen eingegangen werden. Dabei wird für jeden Datentyp ein kleines Beispiel gezeigt. Eine Ausnahme bildet der Datentyp BOOL, der nicht geladen werden kann, da er nur 1 Bit breit ist. Somit sind BOOL-Daten nur in Bitoperationen verwendbar.

BYTE

Der Datentyp BYTE besteht aus 8 Bits. In den nachfolgenden Operationen wird eine Byte-Konstante verwendet. Es wird dabei die hexadezimale Zahl ‚AA' geladen und in das Merkerbyte MB12 transferiert. Die Zeichen „B#16#" sind dabei die Kennung dafür, dass es sich um eine Hex-Zahl mit zwei Stellen handelt.

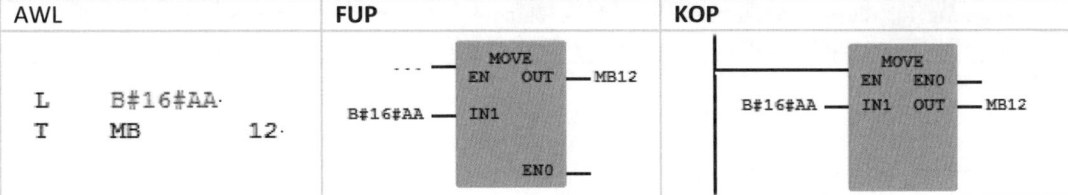

CHAR

Der Datentyp CHAR ist ebenfalls 8 Bit (1 Byte) breit. Mit diesem Datentyp kann ein einzelnes ASCII-Zeichen dargestellt werden. Es ist auch möglich, mehrere Zeichen gleichzeitig zu laden, wenn beispielsweise Wort- oder Doppelwortoperanden vorbelegt werden sollen.

AWL	FUP	KOP

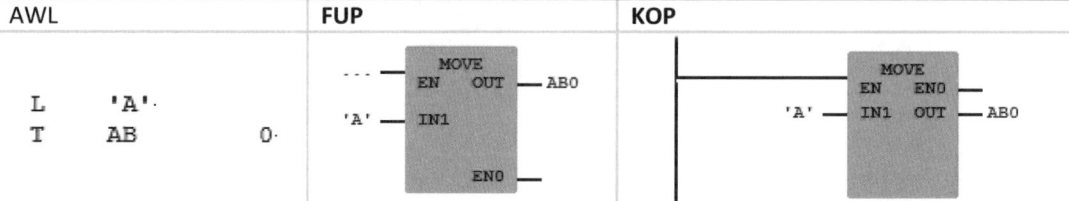

```
L    'A'
T    AB       0
```

INT

Der Datentyp INT ist 16 Bit (1 Wort) breit. Der Zahlenbereich erstreckt sich von -32768 bis 32767. In den nachfolgend gezeigten Befehlszeilen wird ein Wortoperand mit einer INT-Zahl vorbelegt.

AWL	FUP	KOP

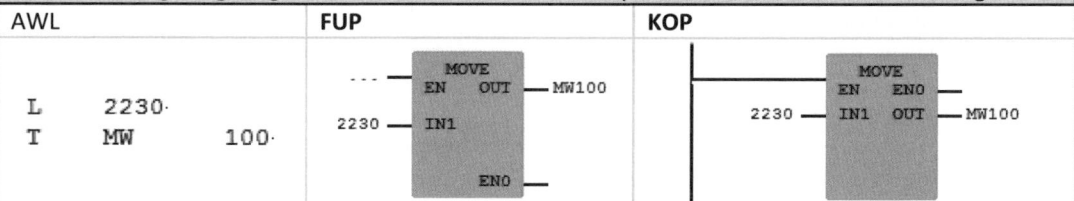

```
L    2230
T    MW      100
```

WORD

Der Datentyp WORD ist 16 Bit (1 Wort) breit. Nachfolgend wird eine Hex-Konstante geladen und in einen Wortoperanden transferiert. Die Zeichen „W#16#" sind die Kennung für eine 16-Bit-Konstante im hexadezimalen Zahlensystem.

AWL	FUP	KOP

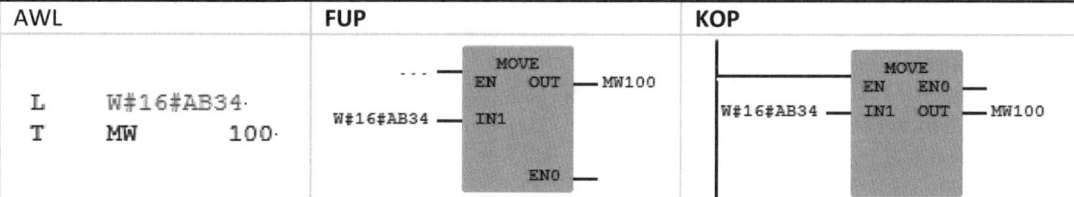

```
L    W#16#AB34
T    MW      100
```

DINT

Beim Datentyp DINT handelt es sich um einen 32 Bit breiten Typ. Der Zahlenbereich erstreckt sich von -2.147.483.648 bis 2.147.483.647.
Die Kennung für diesen Zahlenbereich sind die Zeichen „L#". In den nachfolgenden Befehlszeilen wird eine DINT-Konstante geladen und an einen Doppelwort-Operanden transferiert.

AWL	FUP	KOP

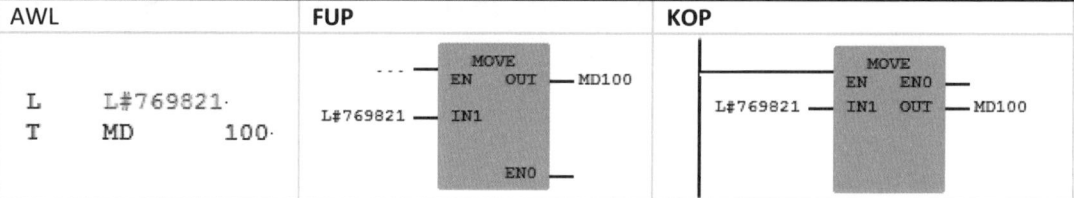

```
L    L#769821
T    MD      100
```

DWORD

Der Datentyp DWORD ist ebenfalls 32 Bit breit. Die Kennung für das Laden einer DWORD-Konstanten im Hex-Format lautet „DW#16#". In den folgenden Befehlszeilen wird eine solche Konstante geladen.

AWL	FUP	KOP

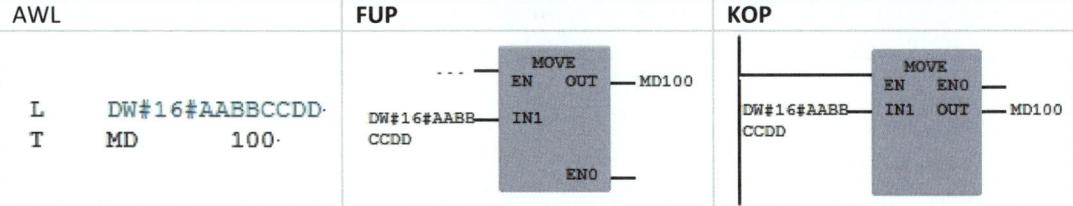

REAL

Beim Datentyp Real handelt es sich um eine Gleitpunktzahl, die 32 Bit breit ist. Eine Konstante dieses Typs kann als eine Dezimalzahl mit Kommastelle oder in exponentieller Darstellung eingegeben werden. Die Eingabe wird aber immer in die exponentielle Darstellung gewandelt.

AWL	FUP	KOP

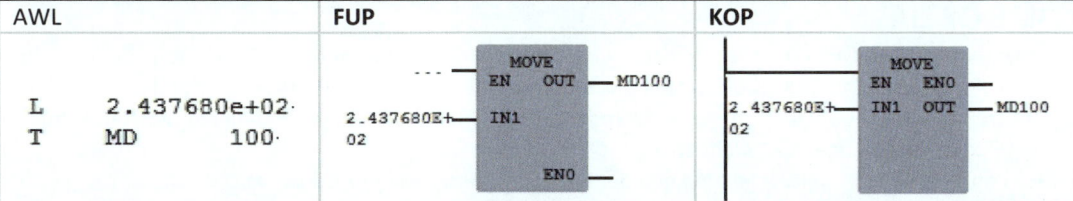

S5TIME

Mit Hilfe des Datentyps S5TIME kann ein Zeitwert im S5-Format geladen werden. Die Kennung dieses Datentyps besteht aus den Zeichen „S5T#" oder „S5TIME#". Der Datentyp ist 16 Bit breit und kann beispielsweise zum Setzen eines Timers auf einen konstanten Zeitwert verwendet werden. Nachfolgend wird eine S5TIME-Konstante in einen Wort-Operand transferiert.

AWL	FUP	KOP

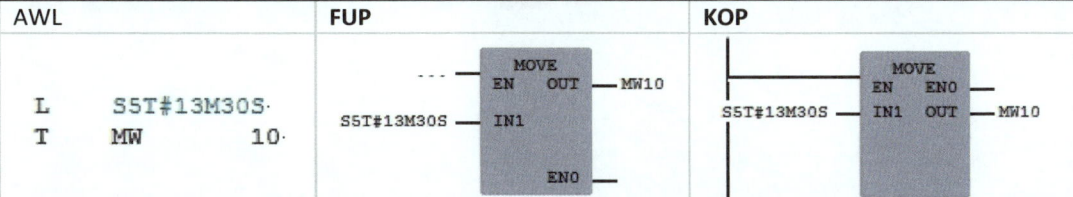

Eine Eingabe kann mit der Angabe von Stunden (H), Minuten (M), Sekunden (S) und Millisekunden (MS) erfolgen. Intern wird diese Angabe in eine Zeitbasis und einen Zeitfaktor gewandelt. Es gibt insgesamt vier Basisangaben mit den Werten: 10ms, 100ms, 1s und 10s

Dabei wandelt der Editor die vom Anwender angegebene Zeit automatisch in die bestmögliche Basis. Die max. Zeitangabe beträgt 2 Stunden 46 Minuten und 30 Sekunden.

TIME

Der Datentyp TIME stellt einen Zeitwert im IEC-Format dar. Der Datentyp ist 32 Bit breit. Die Eingabe erfolgt durch Angabe von Tagen (D), Stunden (H), Minuten (M), Sekunden (S) und Millisekunden (MS). Dabei müssen nicht alle Angaben erfolgen; es ist beispielsweise möglich, nur die Tage und Minuten anzugeben. Intern wird die Angabe in Millisekunden abgelegt und als vorzeichenbehaftete Integer-Zahl gewertet. Somit sind auch negative Angaben möglich.
Die Kennung für den Datentyp besteht aus den Zeichen „T#" oder „TIME#".

AWL	FUP	KOP

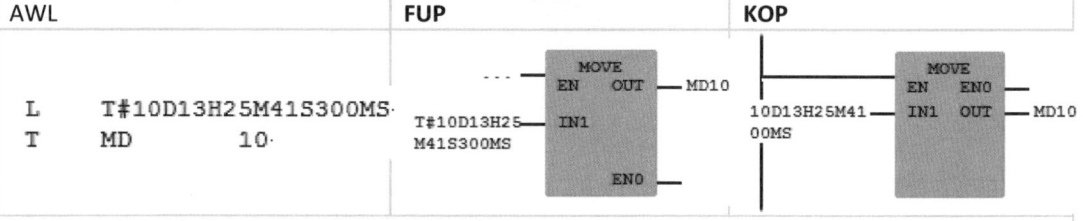

Der Wertebereich des Datentyps erstreckt sich von
T#-24D20H31M23S648MS bis T#24D20H31M23S647MS

TIME OF DAY

Der Datentyp TIME OF DAY ist die Angabe einer Tageszeit. Der Datentyp ist 32 Bit breit. Die Eingabe erfolgt durch eine Uhrzeitangabe, wobei die Stunden, Minuten, Sekunden jeweils durch das Zeichen „:" getrennt sind. Die Angabe der Millisekunden erfolgt hinter der Sekundenangabe, getrennt durch einen Punkt. Diese Angabe ist nicht zwingend.
Intern enthält das Doppelwort die Anzahl der Millisekunden seit dem Zeitpunkt 0:00 Uhr.
Die Kennung des Datentyps besteht aus den Zeichen „TOD#" oder „TIME_OF_DAY#".

AWL	FUP	KOP

```
    L    TOD#12:23:45.367
    T    MD        10
```

15.7 Bedingtes Laden und Transferieren

Lade- und Transferoperationen sind <u>nicht</u> VKE-abhängig. Dies bedeutet, die Operationen werden immer ausgeführt. Als Beispiel sei der folgende Programmteil gegeben:

```
U     E   10.0
L     B#16#12
T     MB 100
```

Die Lade- und Transferoperation wird <u>unabhängig</u> vom Status des E10.0 ausgeführt. Die binäre Abfrage hat also <u>keine</u> Auswirkungen auf die Ausführung.

In den Darstellungsarten FUP oder KOP wird der MOVE-Block für die Funktionalität des Ladens und Transferierens verwendet. Der MOVE-Block besitzt einen EN-Eingang. Über diesen ENABLE-Eingang kann gesteuert werden, ob die MOVE-Operation ausgeführt wird oder nicht.

Kommt man auf das obige AWL-Beispiel zurück, so wäre mit folgendem FUP-Code die gewünschte Funktion gegeben:

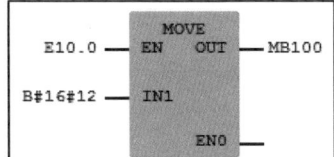

Bild: Bedingtes Ausführen der MOVE-Operation

Hier erfolgt das Schreiben der Konstanten „B#16#12" in das MB100 nur, wenn der Eingang E10.0 den Status ‚1' besitzt.

Eingangs des Kapitels wurde erwähnt, dass auch beim MOVE-Block die AWL-Operationen Lade und Transfer zum Einsatz kommen. Somit stellt sich natürlich die Frage, wie diese bedingte Ausführung erreicht wurde. Dies zu erfahren, ist sehr einfach – man schaltet die Darstellung in AWL um:

```
      U     E    10.0
      SPBNB _001              //Sprung wenn VKE=0
      L     B#16#12
      T     MB  100
_001 :NOP 0                   //Sprungziel
```

Im SPS-Code wird eine sog. Sprungoperation verwendet. Sprungbefehle werden in einem gesonderten Kapitel behandelt. Soviel vorweg: Damit kann man zu einem Sprungziel springen, wobei die übersprungenen Operationen <u>nicht</u> ausgeführt werden.

Im obigen Beispiel bedeutet dies: Wenn der Status des E10.0 = ‚0' ist, dann wird die Sprungoperation „SPBNB" ausgeführt, wobei die Angabe „_001" das Sprungziel definiert. Dieses Sprungziel befindet sich drei Zeilen darunter. Die beiden Operationen dazwischen, also das Laden und Transferieren, werden damit nicht ausgeführt.

Dies bedeutet: Programmiert man in der Darstellungsart AWL, dann erreicht man eine bedingte Ausführung von Lade- und Transferoperationen nur mit Hilfe von Sprungbefehlen.

15.8 Wiederholungsfragen Übung ✔

a) Wie viele Akkus sind in einer S7-CPU max. vorhanden?

b) Aus wie vielen Bits besteht ein Akku in S7?

c) Welches Wort des Akku 1 wird bei der Ladeoperation eines Byte-Operanden benutzt?

d) Was passiert bei einer Ladeoperation mit dem bisherigen Inhalt des Akku 1?

e) Nennen Sie 3 Operandenarten, die über Ladeoperationen angesprochen werden können.

f) Welche AWL-Befehlszeilen sind notwendig, um den Inhalt des MW20 in das AW10 zu schreiben?

g) Warum sollten bei der Verwendung von Wort-Operanden nur geradzahlige Adressen verwendet werden?

h) Aus welchen Bytes besteht das Eingangswort EW4?

i) Aus welchen Bytes besteht das Merkerdoppelwort MD32?

j) Wie wird der Block bezeichnet, mit dem in FUP/KOP eine Lade- und Transferoperation ausgeführt werden kann?

k) Sind Lade- und Transferoperationen vom VKE abhängig?

l) Wie lautet die Befehlszeile, wenn man das Eingangswort 12 direkt aus der Baugruppe laden möchte?

m) Wie wird verhindert, dass beim direkten Transfer in ein Peripherie-Ausgangsbyte ein Unterschied zwischen dem Prozessabbild und dem Status an der Baugruppe entsteht?

16 Register der CPU

Bei den Registern handelt es sich um interne Speicher der CPU, die bei der Bearbeitung des SPS-Programms benötigt werden. Einige davon wurden bereits erwähnt, z.B. die Akkus und das VKE. Nachfolgend sind alle für den SPS-Programmierer relevanten Register dargestellt:

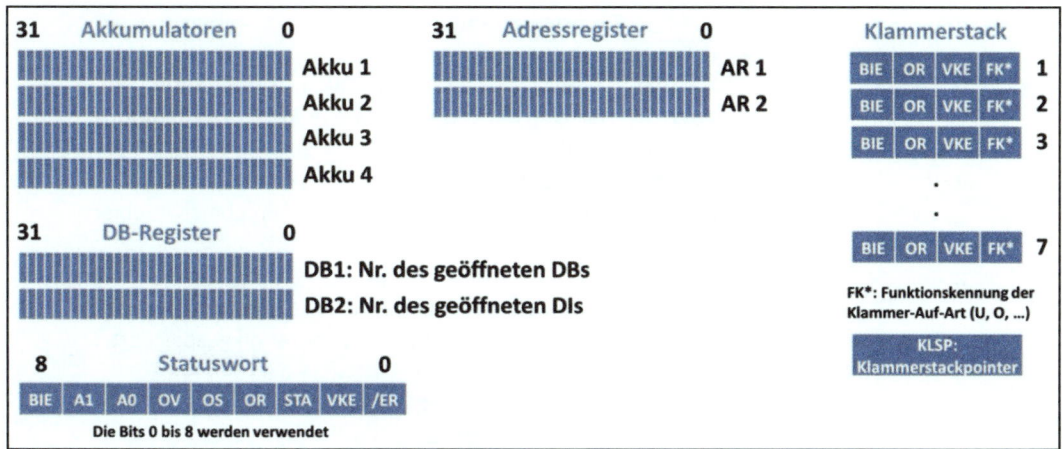

Bild: Register einer S7-CPU

16.1 Akkumulatoren

Die Akkus sind bereits bekannt. Sie werden z.B. bei Lade- und Transferoperationen verwendet und wurden in diesem Zusammenhang auch bereits angesprochen.
Beim Laden eines Operanden wird dessen Inhalt im Akku 1 abgelegt.
Ein Transferbefehl kopiert den Inhalt des Akku 1 in den angegebenen Operanden.
Bei Vergleichsoperationen wird Akku 1 mit Akku 2 verglichen. Vergleiche werden im weiteren Verlauf des Buches behandelt.

16.2 Adressregister

Die Adressregister finden ihre Anwendung bei der indirekten Adressierung. Die indirekte Adressierung ist nicht Bestandteil des Buches. Indirekte Adressierung bedeutet beispielsweise, dass der Operand eines SPS-Befehls erst zur Laufzeit des SPS-Programms festgelegt wird. Damit wird der Operand nicht direkt, sondern indirekt adressiert.

16.3 DB-Register

In den DB-Registern wird der geöffnete Global-Datenbaustein (z.B. DB1) bzw. der geöffnete Instanzdatenbaustein (z.B. DB2) gespeichert.
Globaldatenbausteine wurden bereits vorgestellt. Instanzdatenbausteine werden im Kapitel Funktionsbausteine erläutert.

16.4 Das Statuswort

Das Statuswort besteht aus einem **Wort**, wobei nur die Bits 0 bis 8 verwendet werden.
Die einzelnen Bits haben folgende Bedeutung:

Bit-Nr.	Bedeutung	Beschreibung
0	/ER	Erstverknüpfung Das „/"-Zeichen bedeutet, dass das Bit immer negiert dargestellt wird. Hat das Bit beispielsweise den Status ‚0', bedeutet dies, dass die nächste Verknüpfung wie eine Erstverknüpfung behandelt wird.
1	VKE	Verknüpfungsergebnis In diesem Bit wird das Ergebnis einer Verknüpfungsoperation gespeichert.
2	STA	Status-Bit In diesem Bit wird der Zustand des zuletzt verwendeten Bitoperanden in einer Verknüpfungsoperation gespeichert.
3	OR	ODER-Flag Dieses Bit wird verwendet, wenn UND-Blöcke mit dem Befehl „O" verknüpft werden. Es wird das Ergebnis der UND-Verknüpfung gespeichert.
4	OS	Overflow-Speichernd Dieses Bit wird mit dem Bit OV gesetzt. Es wird bei der nächsten Operation nicht auf ‚0' gesetzt – ist also speichernd. Das OS-Bit wird nur durch den Sprungbefehl „SPS" zurückgesetzt.
5	OV	Overflow (Überlauf) Dieses Bit zeigt einen Fehler bei einer arithmetischen Operation an.
6	A0	Anzeige-Bits A0 und A1 Diese beiden Bits informieren über folgende Ergebnisse: • Ergebnis einer Vergleichsoperation • Ergebnis einer Wortverknüpfung
7	A1	• Ergebnis über das hinausgeschobene Bit bei einer Schiebeoperation • Ergebnis einer arithmetischen Operation
8	BIE	Binärergebnis Mit Hilfe des Bits BIE kann das VKE zwischengespeichert und restauriert werden. Über dieses Bit wird in der FUP/KOP-Darstellung der Ausgang ENO eines Baustein-Blocks beeinflusst. Die Systemfunktionen (SFCs) und Systemfunktionsbausteine (SFBs) liefern im Binärergebnis ‚1', wenn der Aufruf erfolgreich war. Im Fehlerfall wird im Binärergebnis ‚0' geliefert.

16.5 Fazit

In diesem Kapitel wurden die Register einer S7-CPU benannt. Einige davon waren bereits bekannt, so z.B. die Akkumulatoren Akku 1 und Akku 2.

Weitere Register werden in den folgenden Kapiteln des Buches noch zur Sprache kommen.

17 Die Bausteinart FB

17.1 Eigenschaften eines Funktionsbausteins

Im Gegensatz zu Funktionen haben Funktionsbausteine die Möglichkeit, Daten zu speichern. Diese Fähigkeit wird durch einen Datenbaustein erreicht, der dem Aufruf eines Funktionsbausteins zugeordnet ist. Ein solcher Datenbaustein wird als Instanz-DB bezeichnet. Ein Instanz-DB besitzt dieselbe Datenstruktur wie der ihm zugeordnete FB, d.h., im Instanz-DB werden die Parameter des FBs abgelegt. Die Inhalte der Parameter sind somit bis zur nächsten Bearbeitung des FBs zwischengespeichert.

Das Versorgen von Formaloperanden mit Aktualparametern ist nicht zwingend. Ein nicht versorgter Eingangsparameter wird z.B. mit dem Wert im Instanz-DB vorbelegt. Ein Funktionsbaustein kann sog. statische Variablen besitzen, die innerhalb des FBs definiert werden können und ebenfalls im Instanz-DB abgelegt sind. Auf diese Werte kann dann wiederum beim nächsten Aufruf mit demselben Instanz-DB zugegriffen werden. Da ein Instanz-DB nur eine spezielle Form von Datenbaustein darstellt, ist es auch möglich, außerhalb des FBs auf seine Daten zuzugreifen.

17.2 Beispiel zu Funktionsbausteinen

Zur Einführung in die Thematik soll ein SPS-Programm mit einem Funktionsbaustein erstellt werden.

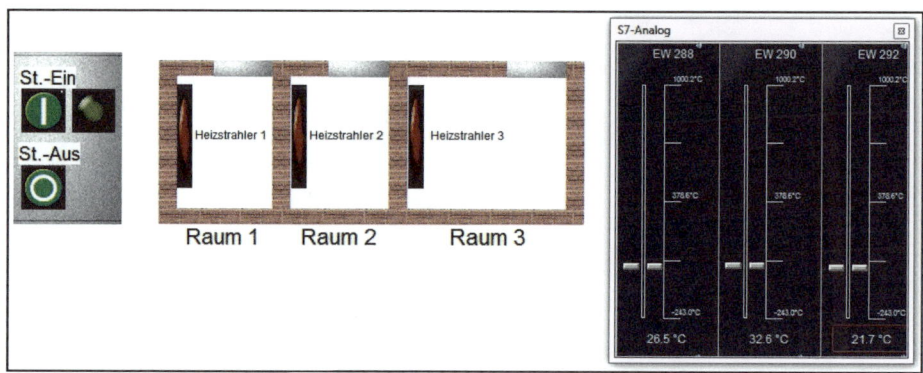

Technologieschema des Beispiels (Gewächshaus.VIS)

In drei Räumen eines Gewächshauses sind exotische Pflanzen untergebracht. Da es sich um verschiedene Pflanzenarten handelt, benötigen sie unterschiedliche Umgebungstemperaturen. Die Temperaturen der einzelnen Räume werden mit Hilfe von Pt100-Thermoelementen erfasst und über Analog-Eingangsbaugruppen digitalisiert.

Sobald die Temperatur eines Raumes unter einen bestimmten Wert sinkt, wird die Heizung eingeschaltet. Die Heizung bleibt solange eingeschaltet, bis wiederum eine bestimmte Temperatur erreicht wurde.

Nachfolgend sind die Temperaturen aufgeführt, bei denen die Heizung ein- bzw. ausgeschaltet werden soll.

	Heizstrahler einschalten	Heizstrahler ausschalten
Raum 1	<= 22°C	>= 32°C
Raum 2	<= 25°C	>= 38°C
Raum 3	<= 18°C	>= 24°C

Die Sensoren wandeln die gemessene Temperatur in einen dezimalen Wert um. Die Pt100-Elemente liefern dabei einen Wert, der dem Zehnfachen der Temperatur entspricht. So wird z.B. bei einer Temperatur von 25°C der dezimale Wert 250 geliefert.

17.2.1 Erstellen der Symbolik- bzw. Variablentabelle
Wie gewohnt, wird im ersten Schritt die Symbol- bzw. Variablentabelle erstellt.

...	Symbol	Operand		Typ	Symb.-Kommentar
1	TasterStEin	E	0.0	BOOL	
2	TasterStAus	E	0.1	BOOL	Öffner
3	HeizungRaum1	A	0.0	BOOL	
4	HeizungRaum2	A	0.1	BOOL	
5	HeizungRaum3	A	0.2	BOOL	
6	LampeStEin	A	0.3	BOOL	
7	MessfuehlerRaum1	PEW	288	WORD	
8	MessfuehlerRaum2	PEW	290	WORD	
9	MessfuehlerRaum3	PEW	292	WORD	
10	Heizung1DB	DB	1	DB1	
11	Heizung2DB	DB	2	DB2	
12	Heizung3DB	DB	3	DB3	

Bild: Symbole bzw. Variablen des Beispiels

Es ist darauf zu achten, dass die drei Messfühler den Datentyp INT besitzen.

17.2.2 Programmierung des Funktionsbausteins
Ein Teil des SPS-Programms ist in einem Funktionsbaustein mit der Nummer 1 (also FB1) und dem Symbol „Heizung" zu erstellen. Somit wird ein FB im Projekt erzeugt.

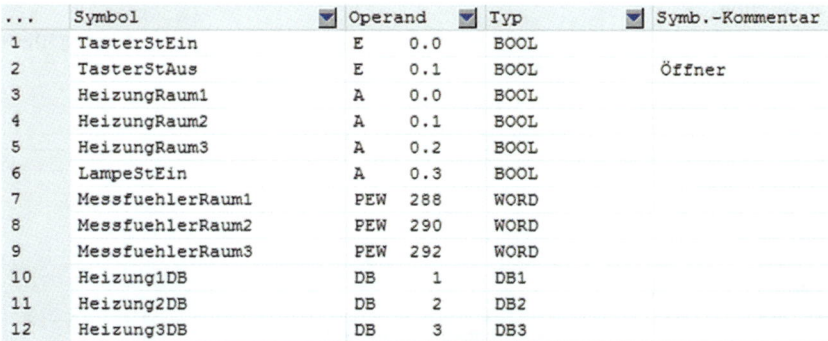

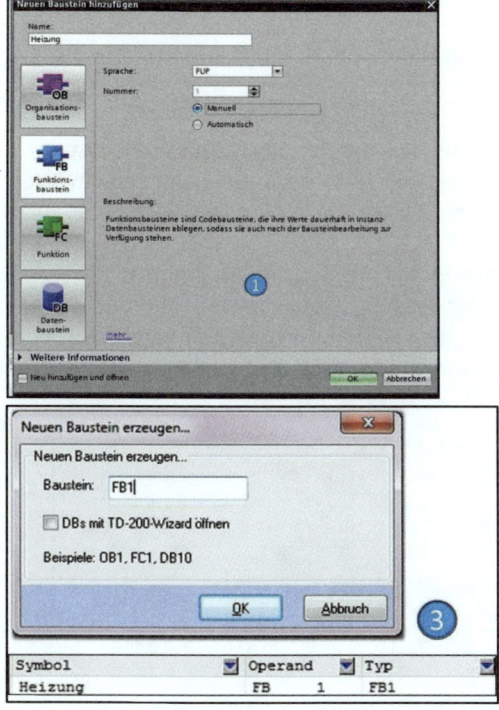

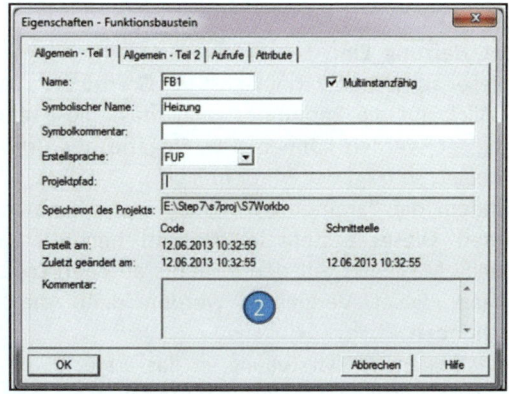

Bild: Erzeugen des FB1 mit Symbol im TIA (1), SIMATIC®-Manager (2) und WinSPS-S7 (3)

Im oberen Bereich des Editors ist die Parametertabelle des FBs vorhanden. Diese enthält gegenüber den bereits bekannten Deklarationsbereichen einen zusätzlichen Bereich mit der Bezeichnung „Static", „Stat" bzw. „Var". Alle drei Namen bezeichnen den Bereich statische Lokaldaten eines FBs.
In den statischen Lokaldaten können Variablen angelegt werden, deren Wert im Instanz-Datenbaustein des FBs gespeichert ist. Diese Daten gehen somit nach der Bearbeitung des Funktionsbausteins nicht verloren, sondern stehen beim nächsten Aufruf mit demselben Instanz-DB wieder zur Verfügung.
Für das Beispiel soll der Funktionsbaustein einen Eingangsparameter, zwei Ausgangsparameter und zwei Variablen in den statischen Lokaldaten besitzen.
Nachfolgend sind die Parameter des FBs dargestellt:

Adresse	Deklaration		Name	Typ	Anfangswert	Kommentar
0.0	in	-->	Messwert	INT	0	
2.0	out	<--	Heizung_Ein	BOOL	FALSE	
2.1	out	<--	Heizung_Aus	BOOL	FALSE	
	in_out	<-->				
4.0	var	S	Wert_Heizung_Ein	INT	0	
6.0	var	S	Wert_Heizung_Aus	INT	0	

Bild: Benötigte Parameter des FBs

Nachfolgend eine Beschreibung der einzelnen Parameter.

Messwert:
An diesen Eingangsparameter wird der momentane Messwert des Temperatursensors angelegt.
Heizung_Ein:
Dieser Rückgabeparameter ist TRUE, wenn die Heizung eingeschaltet werden muss.
Heizung_Aus:
Dieser Rückgabeparameter ist TRUE, wenn die Heizung ausgeschaltet werden muss.
Wert_Heizung_Ein:
In dieser statischen Variablen ist der Grenzwert abgelegt, bei dem die Heizung eingeschaltet werden muss.
Wert_Heizung_Ein:
In dieser statischen Variablen ist der Grenzwert abgelegt, ab dem die Heizung auszuschalten ist.
Ein Blick auf die Parameter zeigt, dass diese ebenso wie bei Datenbausteinen mit einem Wert vorbelegt werden können. Die Eingabe der Vorbelegung ist optional. Wird ein Parameter nicht vorbelegt, so trägt der Editor null ein.
Nachdem die Parameter festgelegt sind, kann mit der Erstellung des SPS-Programms begonnen werden. Dieses besteht im Wesentlichen aus zwei Vergleichen, wobei jeweils der übergebene aktuelle Messwert mit den in den statischen Lokaldaten abgelegten Grenzwerten verglichen wird. Anhand dieser Vergleiche werden dann die Parameter „Heizung_Ein" und „Heizung_Aus" beschrieben.

In der folgenden Darstellung ist das erste Netzwerk zu sehen, bei dem ermittelt wird, ob die Heizung einzuschalten ist.
Die Vergleicher befinden sich im FUP-Katalog innerhalb der Rubrik „Vergleicher" und sind mit „CMP" für „compare" bezeichnet. Sie wurden zwar bisher noch nicht besprochen, sind aber recht einfach zu verstehen.

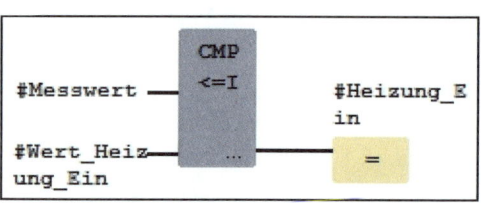

Bild: Programm im ersten Netzwerk des FB1

Ein Vergleicher vergleicht zwei Zahlenwerte gleichen Typs (INT, DINT oder REAL) miteinander.

Es gibt Vergleicher auf „gleich", „ungleich", „größer gleich" usw. Das Ergebnis des Vergleichs ist vom Typ BOOL und kann somit einem Bitoperanden zugewiesen werden.

Im Beispiel soll der Messwert des Temperatursensors mit dem Wert verglichen werden, bei dem die Heizung einzuschalten ist. Ist der Messwert „kleiner gleich" dem „Wert_Heizung_Ein", dann wird dem Parameter „Heizung_Ein" der Status ‚1' zugewiesen, anderenfalls der Status ‚0'.

Auch für das Ausschalten der Heizung wird ein Vergleicher verwendet. Dabei kommt ein Vergleicher auf „größer gleich" zum Einsatz. Sobald der Messwert „größer gleich" dem „Wert_Heizung_Aus" ist, wird dem Parameter „Heizung_Aus" der Status ‚1' zugewiesen, anderenfalls ist er ‚0'.

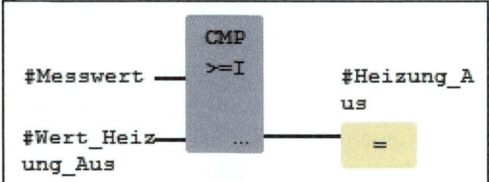

Bild: Programm im Netzwerk 2

Damit ist das Programm im FB bereits komplett, und er kann gespeichert werden.

17.2.3 Programmierung der Funktion

Im nächsten Schritt wird die Funktion FC1 erzeugt und ihr Editor geöffnet. In dieser Funktion sollen die Aufrufe des FBs für jeden Raum programmiert werden. Des Weiteren ist der Merker „Steuerung ein" notwendig.

Im Beispiel sollen auch Variablen in den temporären Lokaldaten der FC zum Einsatz kommen. Nachfolgend ist die Parametertabelle der FC zu sehen.

Adresse	Deklaration		Name	Typ	Anfangswert	Kommentar
	in	-->				
	out	<--				
	in_out	<-->				
0.0	temp	T	Heizung1_Ein	BOOL		
0.1	temp	T	Heizung2_Ein	BOOL		
0.2	temp	T	Heizung3_Ein	BOOL		
0.3	temp	T	Heizung1_Aus	BOOL		
0.4	temp	T	Heizung2_Aus	BOOL		
0.5	temp	T	Heizung3_Aus	BOOL		

Bild: Parameter der FC1

Im Netzwerk 1 der FC wird der M0.0 „MerkerStEin" programmiert.

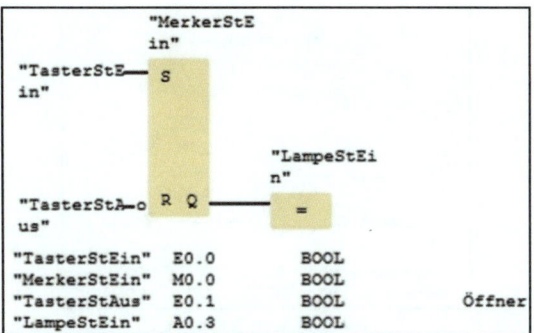

Bild: Netzwerk 1 der FC

Dieser wird gesetzt über den Taster „Steuerung Ein". Bei Betätigung des Tasters „Steuerung Aus" wird der Merker rückgesetzt. Da der Aus-Taster als Öffner ausgelegt ist, liefert er bei Betätigung ‚0', weshalb er negiert abzufragen ist.

Die Lampe „Steuerung Ein" am A0.3 „LampeStEin" wird direkt vom M0.0 „MerkerStEin" abhängig gemacht.

17.2.4 Erster Aufruf des FBs mit dem Instanz-DB 1

Im Netzwerk 2 der FC soll nun der erste Aufruf des FBs „Heizung" programmiert werden. Dazu wird dieser aus dem Katalog bzw. Projektbaum per Drag-and-Drop in das Netzwerk 2 eingefügt. Bei manchen Programmiersystemen erscheint dabei sofort ein Dialog, um den Namen des für den Aufruf zu verwendenden Instanz-DBs anzugeben. Im Beispiel ist der DB1 mit dem symbolischen Namen „Heizung1_DB" anzugeben.

Dort, wo diese Abfrage nicht erscheint, kann der zu verwendende Instanz-DB über dem Block des FBs angegeben werden.

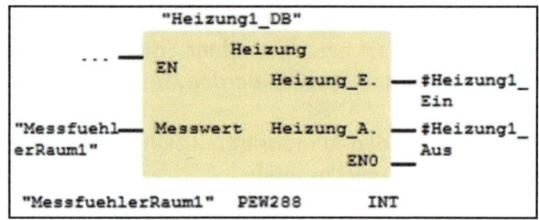

Bild: Aufruf des FB1 mit dem Instanz-DB DB1 „Heizung1_DB"

Als Aktualparameter ist zunächst das Peripherieeingangswort PEW288 „MessfuehlerRaum1" zu übergeben. An dieses ist das Thermoelement vom Raum 1 des Gewächshauses angeschlossen. Die beiden nachfolgenden Formalparameter werden mit den entsprechenden TEMP-Variablen versorgt.

Nach dem Aufruf des FB steckt in den beiden Variablen „Heizung1_Ein" und „Heizung1_Aus" die Information, ob die Heizung für den Raum 1 einzuschalten ist oder nicht. Diese Information wird dazu verwendet, den Ausgang A0.0 „HeizungRaum1" für die Heizung zu setzen bzw. rückzusetzen. Des Weiteren soll die Heizung nur eingeschaltet bleiben, wenn auch die Steuerung eingeschaltet ist. Aus diesem Grund wird der Merker M0.0 „MerkerStEin" negiert in die Rücksetzbedingung eingebunden. Das Netzwerk 3 hat somit folgendes Aussehen:

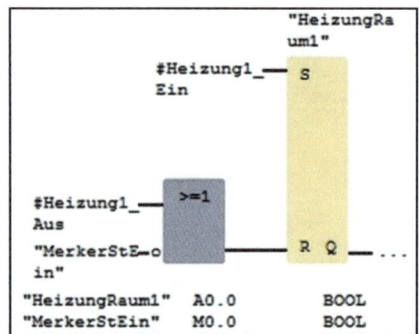

Bild: Netzwerk 3 der FC1

17.2.5 Zweiter Aufruf des FBs mit dem Instanz-DB 2

Der zweite Aufruf des FBs soll den Zustand der Heizung im zweiten Raum ermitteln. Die Vorgehensweise ist die Gleiche wie beim ersten Aufruf. Allerdings wird als Instanz-DB der DB2 mit dem Symbol „Heizung2_DB" angegeben. Als Messfühler wird der Sensor des Raumes 2 angegeben mit den entsprechenden temporären Variablen.

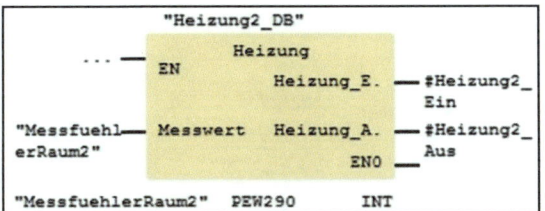

Bild: Aufruf des FB1 mit dem Instanz-DB DB2 im Netzwerk 4

Die Bedingung für den A0.1 „HeizungRaum2" ist ähnlich wie A0.0 „HeizungRaum1" in Netzwerk 3. Sie wird im nächsten Netzwerk definiert.

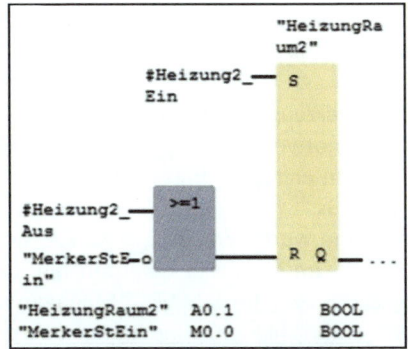

Bild: Bedingung für die Heizung im Raum 2 innerhalb des Netzwerkes 5

17.2.6 Dritter Aufruf des FBs mit dem Instanz-DB 3

Zuletzt der Programmteil für den Raum 3. Dieser birgt keine Überraschungen, er folgt dem Muster der beiden ersten Räume. Instanz-DB ist der DB3 „Heizung3_DB" mit den entsprechenden Operanden und Variablen des dritten Raumes.

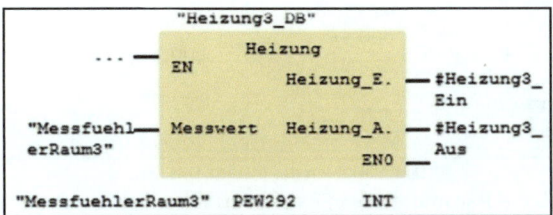

Bild: Aufruf des FBs für die Heizung des Raumes 3

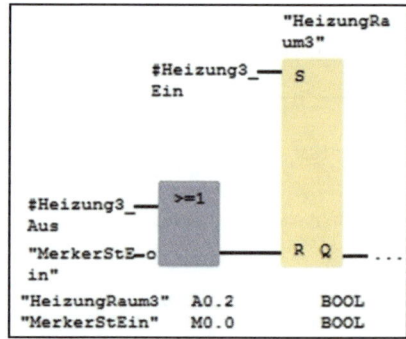

Bild: Bedingung für den A0.2 „HeizungRaum3"

17.2.7 Angabe der Grenzwerte in den Instanz-DBs

Der FB1 wird in der FC1 drei Mal aufgerufen, jeweils mit einem anderen Instanz-DB. Der Instanz-DB ist jeweils die Datenbasis der FBs. Somit hat jeder Aufruf eine andere Datenbasis, d.h. der FB arbeitet jeweils mit anderen Dateninhalten.

Die Instanz-DBs wurden automatisch erzeugt, es wurden auch keine Angaben über die Variablen in den DBs gemacht. Dies ist auch nicht notwendig, denn ein Instanz-DB setzt sich aus den Parametern zusammen, welche der FB besitzt, dem er zugeordnet ist. Die bedeutet, die Parameter des FBs sind die Variablen des jeweiligen Instanz-DBs.

Bei der Einführung der Datenbausteine wurde erwähnt, dass die für das SPS-Programm relevanten DB-Inhalte die sog. Aktualwerte sind. Im TIA-Portal® werden die Startwerte eines DBs bei jedem Speichern in die Aktualwerte geschrieben. Im SIMATIC®-Manager und WinSPS-S7 wird zwischen Anfangswerten und Aktualwerten unterschieden. Hier muss nach dem erstmaligen Anlegen einer DB-Variablen explizit der Aktualwert angegeben werden. Im SIMATIC®-Manager ist dazu in die sog. Datenansicht zu wechseln (Menüpunkt „Ansicht→Datenansicht" im Editor).

Im ersten Schritt sollen die Dateninhalte des DB1 „Heizung1_DB" verändert werden. Dazu wird der DB1 geöffnet.

Adresse	Deklaration		Name	Typ	Anfangswert
0.0	in	-->	Messwert	INT	0
2.0	out	<--	Heizung_Ein	BOOL	FALSE
2.1	out	<--	Heizung_Aus	BOOL	FALSE
	in_out	<-->			
4.0	var	S	Wert_Heizung_Ein	INT	0
6.0	var	S	Wert_Heizung_Aus	INT	0

Bild: Variablen des Instanz-DBs DB1

Man erkennt, dass der DB die Parameter des FBs als Variablen besitzt. Auch die Deklarationsbereiche (Input, Output usw.) sind mit angegeben. Dies ist ein weiterer Unterschied zu einem Globaldatenbaustein, dieser hat nur den Deklarationsbereich „VAR" oder „Static" er besitzt also nur statische Lokaldaten.

Die Variablennamen und Datentypen können nicht verändert werden. Gleiches gilt für die Anfangswerte (bei SIMATIC®-Manager und WinSPS-S7).

Nun zu den Grenzwerten, die an den Variablen „Wert_Heizung_Ein" und „Wert_Heizung_Aus" anzugeben sind. DB1 ist für den Raum 1 zuständig, und damit sind die Grenzwerte 22°C für das Einschalten und 32°C für das Ausschalten anzugeben. Zu Beginn des Beispiels wurde erwähnt, dass die Sensoren einen digitalen Wert liefern, der dem Zehnfachen der Temperatur entspricht. Somit sind die Temperaturen noch mit dem Faktor 10 zu multiplizieren.

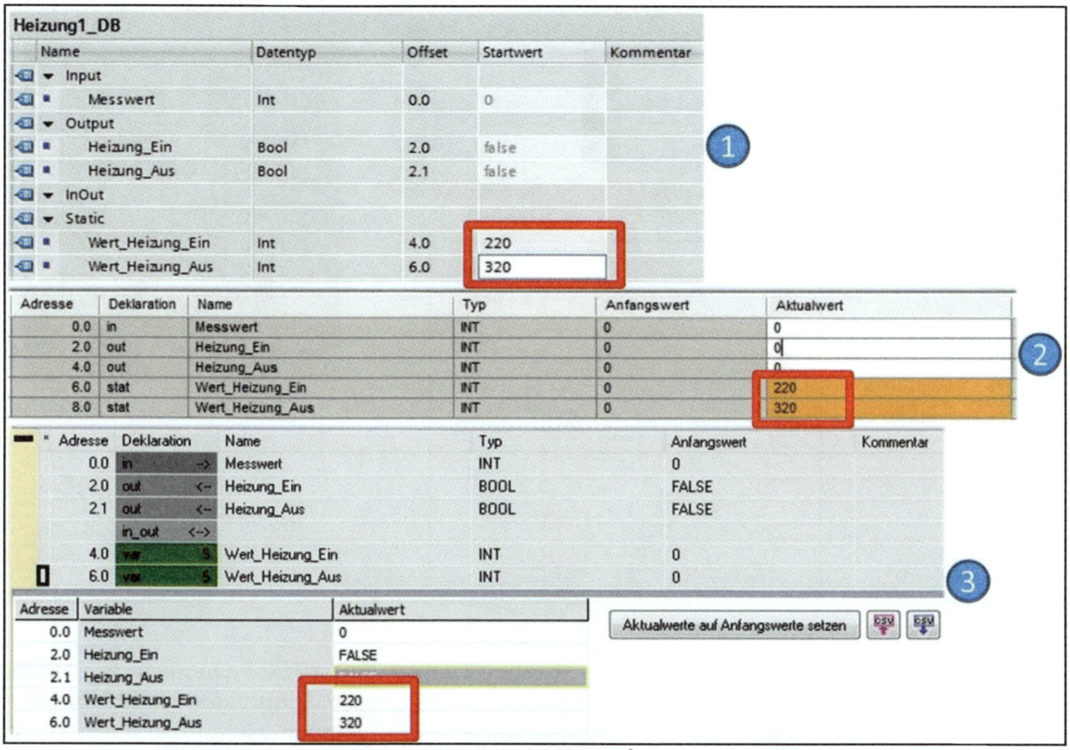

Heizung1_DB

Name		Datentyp	Offset	Startwert	Kommentar
▼ Input					
▪	Messwert	Int	0.0	0	
▼ Output					
▪	Heizung_Ein	Bool	2.0	false	
▪	Heizung_Aus	Bool	2.1	false	
▼ InOut					
▼ Static					
▪	Wert_Heizung_Ein	Int	4.0	220	
▪	Wert_Heizung_Aus	Int	6.0	320	

(1)

Adresse	Deklaration	Name	Typ	Anfangswert	Aktualwert
0.0		Messwert	INT	0	0
2.0	out	Heizung_Ein	INT	0	0
4.0	out	Heizung_Aus	INT	0	0
6.0	stat	Wert_Heizung_Ein	INT	0	220
8.0	stat	Wert_Heizung_Aus	INT	0	320

(2)

Adresse	Deklaration		Name	Typ	Anfangswert	Kommentar
0.0	in	→	Messwert	INT	0	
2.0	out	←	Heizung_Ein	BOOL	FALSE	
2.1	out	←	Heizung_Aus	BOOL	FALSE	
	in_out	←→				
4.0	var	S	Wert_Heizung_Ein	INT	0	
6.0	var	S	Wert_Heizung_Aus	INT	0	

(3)

Adresse	Variable	Aktualwert
0.0	Messwert	0
2.0	Heizung_Ein	FALSE
2.1	Heizung_Aus	FALSE
4.0	Wert_Heizung_Ein	220
6.0	Wert_Heizung_Aus	320

Aktualwerte auf Anfangswerte setzen

Bild: Eintragen der Grenzwerte im DB1. TIA(1), SIMATIC®-Manager(2) und WinSPS-S7 (3)

Nach der Aktion wird der DB1 gespeichert.

In gleicher Weise sind die Grenzwerte in die Instanz-DBs DB2 und DB3 einzutragen. Im DB2 sind dies die Werte 250 und 380, im DB3 die Werte 180 und 240.

17.2.8 Programmierung des OB1

Damit das SPS-Programm von der CPU bearbeitet wird, ist die FC1 im OB1 aufzurufen.

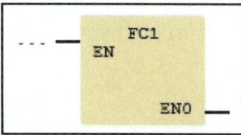

Bild: Aufruf der FC1 im OB1

17.2.9 Test des SPS-Programms

Zum Test des SPS-Programms wird die SPS-VISU-Anlage mit der Bezeichnung „Gewaechshaus" verwendet. Nach dem Start von SPS-VISU und dem Laden des Anlagenprojektes werden die Bausteine in die CPU übertragen. Die Simulation wird über die beiden RUN-Schalter in SPS-VISU gestartet und die S7-SoftSPS in RUN versetzt.

Nach dem Einschalten der Steuerung über den Taster „Steuerung Ein" kann mit Hilfe der drei analogen Schieberegler die Temperatur in den Räumen verändert werden. Die Beeinflussung der Schieberegler ist über die Maus oder über die Tastatur mit Hilfe der vertikalen Pfeiltasten möglich. Die horizontalen Pfeiltasten verändern den aktiven Regler. Die rote Umrandung um den physikalischen Wert identifiziert dabei den momentan aktiven Schieberegler.

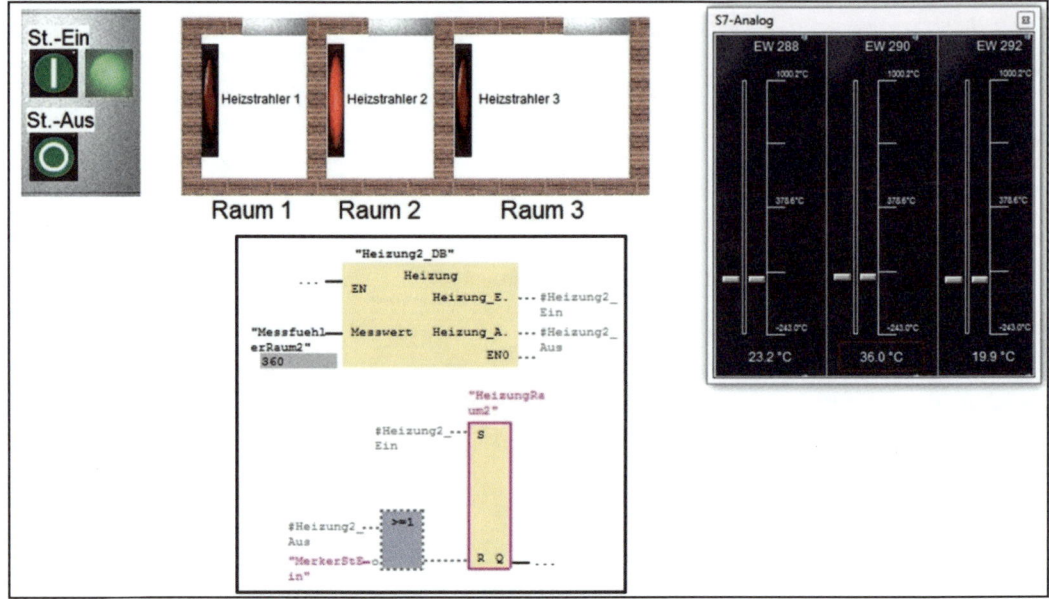

Bild: Test des SPS-Programms

In obiger Situation war die Temperatur des Raumes 2 unter 25°C gefallen, weshalb die Heizung eingeschaltet wurde. Danach stieg die Temperatur bis auf 36°C an. Im Statusbetrieb des Netzwerkes 4 und 5 der FC1 ist beim Aufruf des FB1 „Heizung" der Wert des Temperatursensors zu sehen. Dieser liefert die Zahl 360, was einer Temperatur von 36°C entspricht.

Steigt die Temperatur im Raum 2 über den Grenzwert 38°C, dann schaltet sich die Heizung ab.

Auf diese Weise können alle Grenzwerte der einzelnen Räume getestet und im Statusbetrieb das SPS-Programm beobachtet werden.

17.2.10 Fazit des Beispiels

Das Beispiel hat gezeigt, wie man einen Funktionsbaustein mehrmals in einem SPS-Programm aufruft, wobei jeweils andere Instanz-DBs angegeben werden. Dadurch ist es möglich, den FB mit unterschiedlichen Vorbelegungswerten arbeiten zu lassen. Des Weiteren können in den statischen Lokaldaten Werte abgelegt werden, die beim nächsten Aufruf des FBs mit dem gleichen Instanz-DB wiederum zur Verfügung stehen.

17.3 Aufruf eines Funktionsbausteines ohne Angabe von Aktualparametern

Wird eine Funktion (FC) im SPS-Programm aufgerufen und besitzt diese Funktion Parameter, so müssen beim Aufruf die Formalparameter mit Aktualparametern versorgt werden.

Bei einem Funktionsbaustein ist das Belegen der Formalparameter nicht zwingend, d.h., es wird dem Anwender überlassen, ob er einen Formalparameter mit einem Aktualparameter belegt.

Ein Aufruf des FB1 aus dem letzten Beispiel könnte somit auch wie folgt programmiert werden:

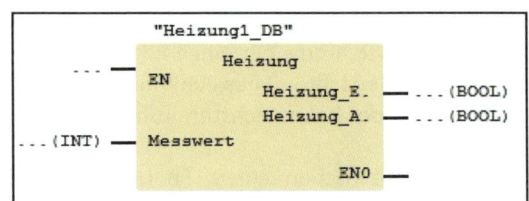

Bild: Aufruf des FB1 ohne Angabe von Aktualparametern

In diesem Fall wurde kein Aktualparameter angeben. Es ist ebenso möglich, nur teilweise Aktualparameter einzutragen.

Ist kein Aktualparameter vorhanden, so arbeitet der FB mit den vorhandenen Werten im Instanz-DB.

17.4 Unterschied Instanzdatenbaustein und Globaldatenbaustein

Globaldatenbausteine wurden bereits vorher erläutert. Im Zusammenhang mit Funktionsbausteinen sind nun die sog. Instanzdatenbausteine aufgetreten. Jetzt soll näher auf die Unterschiede zwischen Globaldatenbausteinen und Instanz-DBs eingegangen werden. Soviel vorweg: die Unterschiede sind nicht groß.

Der Hauptunterschied besteht darin, dass ein Instanz-DB die Datenstruktur eines FBs besitzt. Dies bedeutet, der Anwender kann die Struktur des Instanz-DBs nicht verändern, anders als beim Globaldatenbaustein, wo die Datenstruktur vom Programmierer im Deklarationsbereich des Datenbausteins festgelegt wird.

Weiterhin übernimmt der Instanz-DB die Anfangswerte (oder Startwerte) des Funktionsbausteins. Allerdings können die Aktualwerte (bzw. die Startwerte in TIA) ebenso verändert werden wie bei einem Globaldatenbaustein. Dies wurde bereits im ersten Beispiel mit einem Funktionsbaustein gezeigt.

Ein Instanz-DB erlaubt die gleichen Zugriffe auf seinen Inhalt (also seine Variablen) wie ein Globaldatenbaustein. Auf die Daten eines Instanz-DB kann auch außerhalb des Funktionsbausteins zugegriffen werden.

Somit wäre folgender Zugriff auf den Instanz-DB DB1 aus dem letzten Beispiel ohne Weiteres möglich. Der Zugriff wurde dabei im OB1 programmiert.

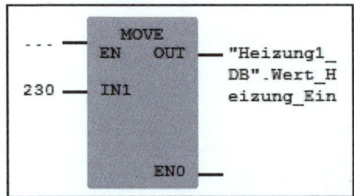

Bild: Zugriff auf eine Instanz-DB außerhalb des FBs

Im Beispiel wird der Wert ‚230' in die DB-Variable „Wert_Heizung_Ein" des DB1 „Heizung1_DB" geschrieben. Es wäre also durchaus denkbar, die Grenzwerte variabel zu gestalten und etwa dem

Anlagenbetreiber eine Einstellungsmöglichkeit von außen zu bieten. Die Veränderung würde dann z.B. mit Hilfe einer Visualisierung vorgenommen werden.

17.5 Der Parameterbereich statische Lokaldaten

Bei Einführung des Funktionsbausteins wurde zum ersten Mal der Deklarationsbereich „VAR" (bzw. „Static") in einem Codebaustein genannt. Es handelt sich dabei um die sog. statischen Lokaldaten. Dieser Deklarationsbereich ist nur in Funktionsbausteinen vorhanden.

Im Einführungsbeispiel für FBs wurden bereits Variablen in den statischen Lokaldaten verwendet. Diese wurden benutzt, um die Grenzwerte für die einzelnen Räume des Gewächshauses abzulegen.

Die statischen Lokaldaten können als „Gedächtnis" des Funktionsbausteins verwendet werden. Denn die darin abgelegten Werte stehen wieder beim nächsten Aufruf des FBs mit dem gleichen Instanz-DB zur Verfügung.

Dies macht den großen Unterschied zwischen einem FB und einer FC aus. In den statischen Lokaldaten kann man beispielsweise auch Variablen definieren, die innerhalb des FBs ähnlich wie Merker verwendet werden – allerdings mit dem großen Unterschied, dass ein solcher FB ohne weiteres in unterschiedlichen Projekten verwendet werden kann. Er ist also bibliotheksfähig.

Dies wird im Kapitel „Schrittkettenprogrammierung" anhand eines Beispiels gezeigt.

17.6 Übung und Wiederholungsfragen Übung ✔

a)   Wieso ist es möglich, dass ein FB über ein „Gedächtnis" verfügt?

b)   Welchen Aufbau besitzt ein Instanz-DB?

c)   Welcher Deklarationsbereich ist bei einem FB zusätzlich gegenüber einer FC vorhanden?

d)   Kann ein FB innerhalb eines SPS-Programms mehrmals aufgerufen werden, wobei immer unterschiedliche Instanz-DBs beim Aufruf angegeben werden?

e)   Können Instanz-DBs vom SPS-Programmierer verändert werden?

17.6.1 Übungsaufgabe „Treppenhausschaltung einer großen Wohnanlage"

Es soll das Treppenhaus-Licht-Programm für eine große Wohnanlage programmiert werden:
In einer Wohnanlage gibt es drei räumlich getrennte Treppenhäuser. Das Licht kann von jeweils drei Stellen eingeschaltet werden. Das Licht soll nach einer einstellbaren Verzögerung automatisch

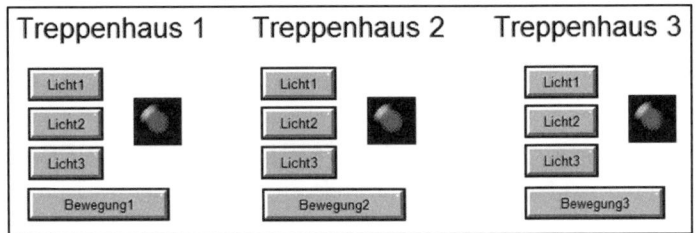

wieder ausgeschaltet werden, wenn vom jeweiligen Bewegungsmelder keine Bewegung mehr signalisiert wird. Folgende zeitliche Verzögerungen sollen beim Ausschalten des Lichts berücksichtigt werden:

- Treppenhaus 1: 5 Sekunden
- Treppenhaus 2: 10 Sekunden
- Treppenhaus 3: 15 Sekunden

Zuordnungsliste:

Betriebsmittel	Signal	Anschluss an die SPS:
Treppenhaus 1		
Taster „Licht1"	Liefert ‚1', wenn betätigt	E0.0
Taster „Licht2"	Liefert ‚1', wenn betätigt	E0.1
Taster „Licht3"	Liefert ‚1', wenn betätigt	E0.2
Bewegungsmelder1	Liefert ‚1' bei Bewegung	E2.0
Beleuchtung1	Licht ein bei Signal ‚1'	A0.0
Treppenhaus 2		
Taster „Licht1"	Liefert ‚1', wenn betätigt	E0.3
Taster „Licht2"	Liefert ‚1', wenn betätigt	E0.4
Taster „Licht3"	Liefert ‚1', wenn betätigt	E0.5
Bewegungsmelder2	Liefert ‚1' bei Bewegung	E2.1
Beleuchtung2	Licht ein bei Signal ‚1'	A0.1
Treppenhaus 3		
Taster „Licht1"	Liefert ‚1', wenn betätigt	E0.6
Taster „Licht2"	Liefert ‚1', wenn betätigt	E0.7
Taster „Licht3"	Liefert ‚1', wenn betätigt	E1.0
Bewegungsmelder3	Liefert ‚1' bei Bewegung	E2.2
Beleuchtung3	Licht ein bei Signal ‚1'	A0.2

Aufgabenstellung: Erstellen Sie einen bibliotheksfähigen FB für ein Treppenhaus. Verwenden Sie dann diesen FB drei Mal mit unterschiedlichen Instanzdatenbausteinen im OB1.
Überprüfen Sie Ihre Lösung mit SPS-VISU (Treppenhaus.VIS).

18 Schrittkettenprogrammierung

Schrittketten oder sog. Ablaufsteuerungen kommen dort zum Einsatz, wo eine feste und unter Umständen ständig wiederkehrende Ablaufstruktur besteht. Da dies bei sehr vielen Anlagen der Fall ist, hat diese Programmiertechnik in der SPS-Technik eine sehr große Bedeutung.
Das Prinzip einer Schrittkette wird anhand eines Beispiels erläutert.

18.1 Beispiel zur Schrittkettenprogrammierung

Es ist das SPS-Programm für folgende Anordnung zu entwickeln:

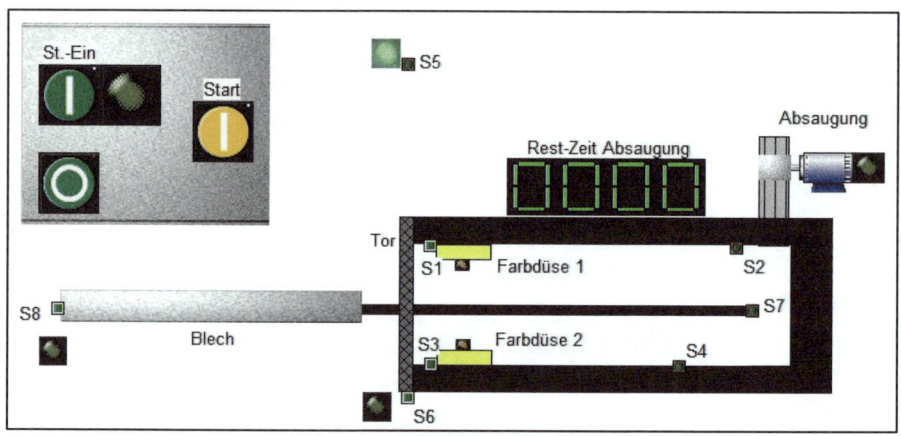

Bild: Technologieschema des Beispiels

Bei dieser Anlage sollen Bleche in einer Kammer lackiert werden. Der Vorgang stellt sich folgendermaßen dar:

1. Bei eingeschalteter Steuerung wird der Taster „Start" betätigt.
2. Das Tor öffnet sich und das Blech wird in die Kammer transportiert.
3. Befindet sich das Blech vollständig in der Kammer, wird das Tor geschlossen.
4. Nun bewegt sich die Farbdüse 1 von S1 nach S2 und wieder zurück.
5. Anschließend bewegt sich die Farbdüse 2 von S3 nach S4 und wieder zurück.
6. Jetzt wird die Absaugung eingeschaltet und läuft für 5 Sekunden.
7. Nachdem die Absaugung beendet ist, öffnet sich das Tor und das Blech wird nach draußen transportiert. Danach wird das Tor wieder geschlossen und der Vorgang kann von Neuem beginnen.

Wird die Steuerung abgeschaltet, so ist der Vorgang sofort zu stoppen.
Der normalerweise notwendige Handbetrieb ist nicht Gegenstand der Aufgabe.

18.1.1 Zerlegung des Gesamtablaufs in Einzelschritte

Eine große Hilfe bei der Erstellung von SPS-Programmen bietet die Zerlegung des Gesamtablaufs in einzelne Schritte. Durch diese Maßnahme wird das Gesamtproblem überschaubarer und etwaige Schwierigkeiten werden schon zu Beginn deutlich.

Ein weiterer Vorteil besteht darin, dass man später nur noch diese Arbeitsabfolge in ein SPS-Programm umzusetzen hat. Dies kommt meist einer Abschrift gleich, da das Diagramm große Ähnlichkeit mit der späteren Schrittkette (Ablaufsteuerung) hat.

Nachfolgend ist diese Zerlegung für die Aufgabenstellung zu sehen:

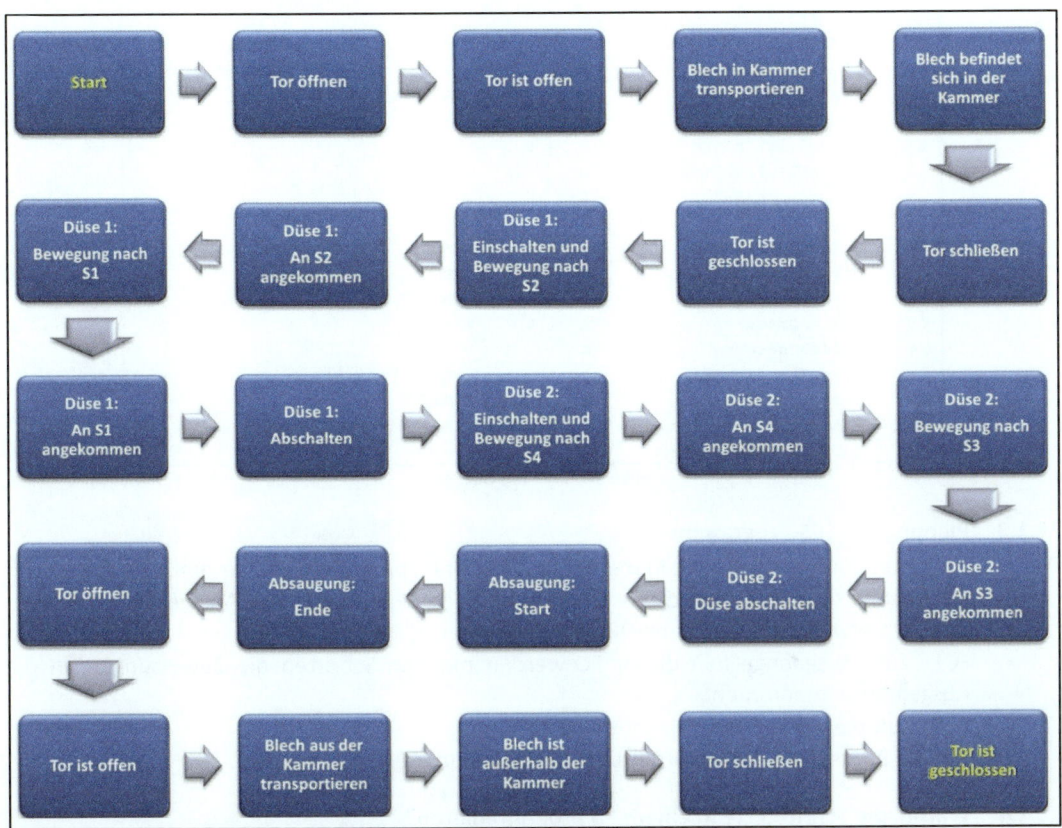

Bild: Zerlegung des Ablaufs in Einzelschritte

Beim Ermitteln der Einzelschritte tritt ein weiterer positiver Nebeneffekt auf: Man erkennt die notwendigen Sensoren in der Anlage, da ja z.B. Bewegungen zu begrenzen sind.

18.1.2 Erstellen der Symbolik- bzw. Variablentabelle

Nachfolgend die für die Anlage benötigten Symbole bzw. Variablen.

...	Symbol	Operand		Typ	Symb.-Kommentar
1	TasterStEin	E	0.0	BOOL	
2	TasterStAus	E	0.1	BOOL	Öffner
3	TasterStart	E	0.2	BOOL	
4	EndschalterS1	E	0.3	BOOL	Öffner
5	EndschalterS2	E	0.4	BOOL	Öffner
6	EndschalterS3	E	0.5	BOOL	Öffner
7	EndschalterS4	E	0.6	BOOL	Öffner
8	EndschalterS5	E	0.7	BOOL	Öffner
9	EndschalterS6	E	1.0	BOOL	Öffner
10	EndschalterS7	E	1.1	BOOL	Öffner
11	EndschalterS8	E	1.2	BOOL	Öffner
12	MotorBlechInKammer	A	0.0	BOOL	
13	MotorBlechAusKammer	A	0.1	BOOL	
14	MotorDuese1NachS2	A	0.2	BOOL	
15	MotorDuese1NachS1	A	0.3	BOOL	
16	MotorDuese2NachS4	A	0.4	BOOL	
17	MotorDuese2NachS3	A	0.5	BOOL	
18	Duese1Spruehen	A	0.6	BOOL	
19	Duese2Spruehen	A	0.7	BOOL	
20	MotorAbsaugung	A	1.0	BOOL	
21	LampeSteuerungEin	A	1.1	BOOL	
22	MotorTorOeffnen	A	1.2	BOOL	
23	MotorTorSchliessen	A	1.3	BOOL	
24	BCDAnzRestAbsaugZeit	AW	2	WORD	

Bild: Symbole des Beispiels

18.1.3 Planung des SPS-Programms

Das SPS-Programm für die Anlage soll in mehreren Bausteinen programmiert werden.
- FB1 „Schrittkette": Hier wird das Programm für die Schrittkette der Anlage programmiert. Der FB1 verwendet den Instanz-DB DB1 „Schrittkette_DB".
- FC1 „Zuw_Ausgaenge": In dieser FC werden mit den Schritten die Zuweisungen an die Ausgänge vorgenommen.
- OB1: Ruft die verwendeten Bausteine auf.
- OB100: Rücksetzen der Schrittkette beim Anlauf der CPU.

18.1.4 Warum die Schrittkette in einem FB programmieren?

Für die Programmierung der Schrittkette wird bewusst ein Funktionsbaustein verwendet.

Bei der Einführung der Bausteinart FB wurde erwähnt, dass diese über den Datenbereich der statischen Lokaldaten verfügen. In diesem Bereich können Variablen definiert werden, die ihren Status behalten.

Normalerweise könnte man eine Schrittkette mit Hilfe von Merkern aufbauen. Dies wäre nicht falsch, allerdings würde man dann direkt auf Operanden zugreifen. Dies würde bedeuten, dass die Schrittkette nicht ohne weiteres in einem anderen Projekt zum Einsatz kommen kann. Eine solche Schrittkette wäre nicht bibliotheksfähig.

Werden Variablen im Bereich der statischen Lokaldaten des FBs zum Aufbau der Schrittkette verwendet, dann ist dieser FB bibliotheksfähig (sofern nur noch mit seinen Parametern gearbeitet wird), da diese Variablen ja im Instanz-DB des FBs abgelegt werden. Als Instanz-DB kann in einem anderen Projekt jeder beliebige freie DB verwendet werden. Man muss nicht befürchten, dass Seiteneffekte mit etwaigen schon verwendeten Operanden der SPS entstehen.

Natürlich müssen alle Sensoren der Anlage als Parameter an den FB übergeben werden, denn es ist nicht davon auszugehen, dass z.B. die für die Sensoren verwendeten Eingänge in einem anderen Projekt identisch sind.

18.1.5 FB erzeugen und die Parameter festlegen

Nach dem Erzeugen bzw. Öffnen des Projektes wird die FB1 mit dem Symbol „Schrittkette" erzeugt. Die Programmierung soll in FUP erfolgen.

Im Editor des FBs sollen zunächst die Parameter und die Schrittketten-Variablen in den statischen Lokaldaten angelegt werden. Sind die Parameter und Variablen noch nicht alle bekannt (davon ist beim Beginn der Programmierung auszugehen), dann können sie auch im weiteren Verlauf der Programmierung des FBs hinzugefügt werden.

Nachfolgend sind die Parameter zu sehen:

Adresse	Deklaration		Name	Typ	Anfangswert
0.0	in	-->	MerkerStEin	BOOL	FALSE
0.1	in	-->	TasterStart	BOOL	FALSE
0.2	in	-->	EndschS1	BOOL	FALSE
0.3	in	-->	EndschS2	BOOL	FALSE
0.4	in	-->	EndschS3	BOOL	FALSE
0.5	in	-->	EndschS4	BOOL	FALSE
0.6	in	-->	EndschS5	BOOL	FALSE
0.7	in	-->	EndschS6	BOOL	FALSE
1.0	in	-->	EndschS7	BOOL	FALSE
1.1	in	-->	EndschS8	BOOL	FALSE
2.0	in	-->	TimerAbsaugZeit	TIMER	
4.0	out	<--	BCDAnzeigeAbsaugZeit	WORD	W#16#0000
	in_out	<-->			
6.0	var	S	Schritt_01	BOOL	FALSE
6.1	var	S	Schritt_02	BOOL	FALSE
6.2	var	S	Schritt_03	BOOL	FALSE
6.3	var	S	Schritt_04	BOOL	FALSE
6.4	var	S	Schritt_05	BOOL	FALSE
6.5	var	S	Schritt_06	BOOL	FALSE
6.6	var	S	Schritt_07	BOOL	FALSE
6.7	var	S	Schritt_08	BOOL	FALSE
7.0	var	S	Schritt_09	BOOL	FALSE
7.1	var	S	Schritt_10	BOOL	FALSE
7.2	var	S	Schritt_11	BOOL	FALSE
7.3	var	S	SchrittGesetzt	BOOL	FALSE

Bild: Parameter des FB1 „Schrittkette"

Wie man erkennt, werden alle im Programm des FBs benötigten Taster und Endschalter über Eingangsparameter übergeben. Ebenfalls benötigt werden der Merker „Steuerung Ein" und die Nummer des für die Absaugzeit zu verwendenden Timers.

Als einziger Ausgangsparameter ist die BCD-Anzeige für die Restzeit der Absaugung an den FB zu übergeben. Das Ausgangswort wird über den Timer im FB beeinflusst, womit es ein Ausgangsparameter sein muss.

Zuletzt folgen die Schrittmerker als Variablen innerhalb der statischen Lokaldaten. Hier wurden zunächst die Schritte „Schritt_01" bis „Schritt_11" angelegt. Bei Bedarf können weitere hinzugefügt werden.

Die Variable „SchrittGesetzt" soll den Status ‚1' haben, wenn einer der Schrittmerker gesetzt, die Schrittkette also aktiv ist. Diese Variable ist notwendig, um einen weiteren Eintritt in die Schrittkette zu verhindern.

18.1.6   Schritt 1

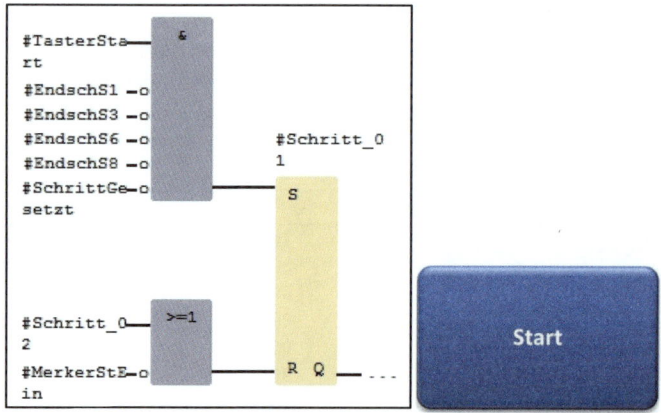

Bild: Schritt 1

Im Netzwerk 1 ist die erste Schrittvariable programmiert.

Für den ersten Schritt muss sich die Anlage in der Grundstellung befinden. Für die Grundstellung müssen folgende Bedingungen gegeben sein:

- Die Düse 1 muss den Endschalter S1 berühren.
- Die Düse 2 muss den Endschalter S3 berühren.
- Das Blech muss sich außerhalb der Kammer befinden und den Endschalter S8 belegen.
- Das Tor der Kammer muss geschlossen sein, d.h. der Endschalter S6 ist betätigt.

Da alle Endschalter als Öffner ausgelegt sind, werden sie negiert abgefragt, weil der jeweilige Endschalter bei Betätigung das Signal ‚0' an die Eingangsbaugruppe liefert.

Neben der Grundstellung führt die Betätigung des Tasters „Start" dazu, dass der Schritt 1 gesetzt wird. Als Reaktion darauf soll das Tor geöffnet werden. Dies wurde auch bei der Zerlegung des Gesamtablaufs so festgelegt.

Rückgesetzt wird Schritt 1, sobald die Steuerung abgeschaltet wird oder der Schrittmerker 2 den Status ‚1' hat.

18.1.7 Schritt 2

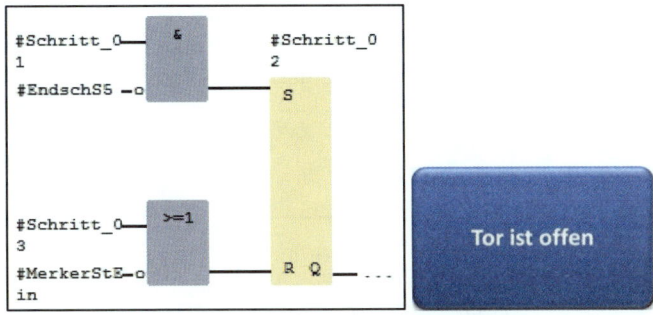

Bild: Bedingung für Schritt 2

Schritt 2 wird gesetzt, sobald das Tor den Endschalter S5 berührt und somit offen ist. Schritt 1 muss den Status ‚1' haben.

Über den Schritt 2 wird die Bewegung des Blechs in die Kammer ausgelöst, wobei diese Zuweisung in der Funktion FC1 vorgenommen wird.

Das Rücksetzen des Schrittes kann durch die Abschaltung der Steuerung ausgelöst werden oder durch den Status ‚1' des nachfolgenden Schrittes.

Mit diesen beiden Netzwerken lässt sich bereits das Schema bei der Schrittkettenprogrammierung erkennen:

- Zunächst wird die Bedingung für das Setzen eines Schrittes aufgestellt. Bei dieser Bedingung ist generell der vorhergehende Schritt vertreten. Damit wird verhindert, dass ein Schritt innerhalb der Schrittkette durch Seiteneffekte gesetzt wird.
- In der Rücksetzbedingung für einen Schritt ist generell der nachfolgende Schritt vorhanden, und zwar als ODER-Verknüpfung. Damit ist sichergestellt, dass nur ein Schritt in der Schrittkette gesetzt ist.

18.1.8 Schritt 3

Nach diesem System sind auch die nachfolgenden Netzwerke programmiert.

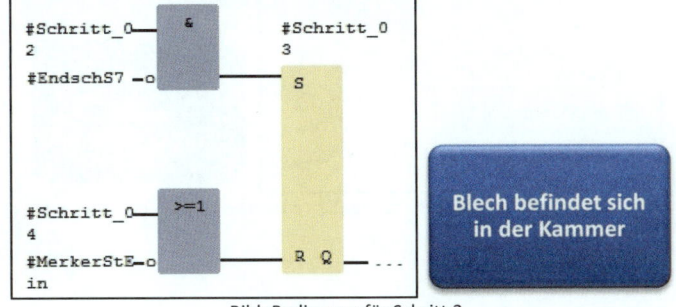

Bild: Bedingung für Schritt 3

18| Schrittkettenprogrammierung

Sobald das Blech in der Kammer angekommen ist, wird der Endschalter S7 betätigt, der daraufhin den Status ‚0' hat. Dies ist neben Schritt 2 die Bedingung für das Setzen von Schritt 3.

Schritt 3 löst das Schließen des Tores aus. Die Rücksetzbedingung erfolgt nach dem bereits erläuterten Schema: Neben dem Abschalten der Steuerung führt Status ‚1' des nachfolgenden Schrittes zum Rücksetzen.

18.1.9 Schritt 4

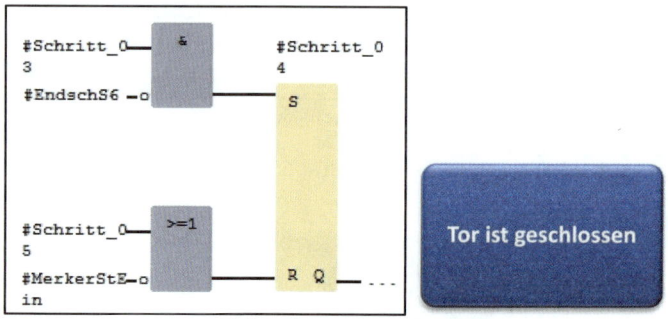

Bild: Bedingung für Schritt 4

Schritt 4 wird gesetzt, sobald der Endschalter S6 durch das Tor betätigt wird. Somit ist das Tor geschlossen.

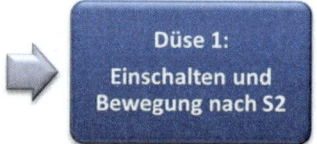

Schritt 4 bewirkt, dass das Sprühen der Düse 1 eingeschaltet wird und sich die Düse in Richtung des Endschalters S2 bewegt.

18.1.10 Schritt 5

Sobald die Düse 1 den Endschalter S2 erreicht hat, wird Schritt 5 gesetzt.

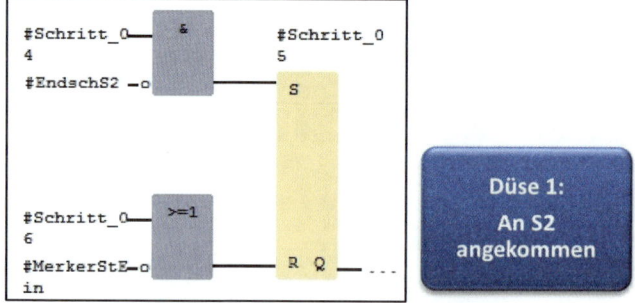

Bild: Bedingung für das Setzen des Schrittes 5

Signalisiert wird das Erreichen der Düse 1 am S2 durch den Status ,0' des S2, der als Öffner ausgelegt ist.

Über Schritt 5 wird Düse 1 veranlasst, sich wieder in Richtung S1 zu bewegen.

18.1.11 Schritt 6
Sobald die Düse 1 den Endschalter S1 erreicht hat, wird Schritt 6 gesetzt.

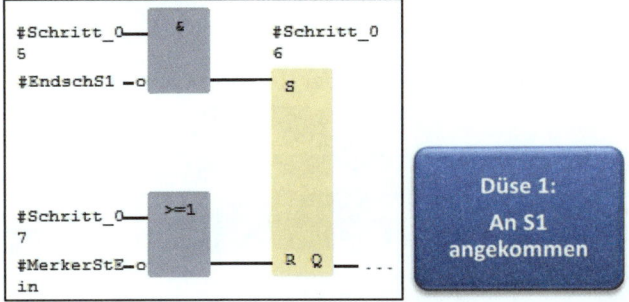

Über diesen Schritt wird die Bewegung der Düse 1 abgeschaltet.

Des Weiteren wird das Sprühen der Düse 2 aktiviert, die sich in Richtung des Endschalters S4 bewegen soll.

18.1.12 Schritt 7

Schritt 7 ist gesetzt, sobald die Düse 2 den Endschalter S4 erreicht hat.

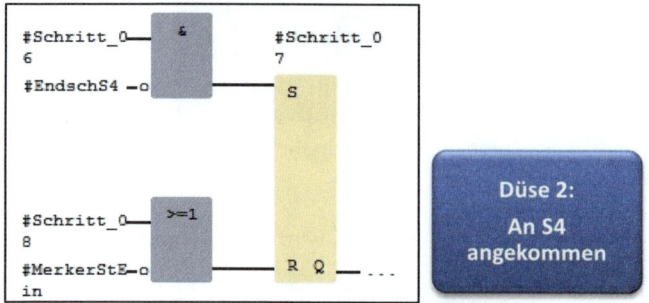

Bild: Bedingungen für den Schritt 7

Schritt 7 bewirkt, dass sich die Düse 2 von S4 wieder zurück in Richtung des Endschalters S3 bewegt.

18.1.13 Schritt 8

Sobald die Düse 2 den Endschalter S3 erreicht hat, ist die Setzbedingung für den Schrittmerker 8 gegeben.

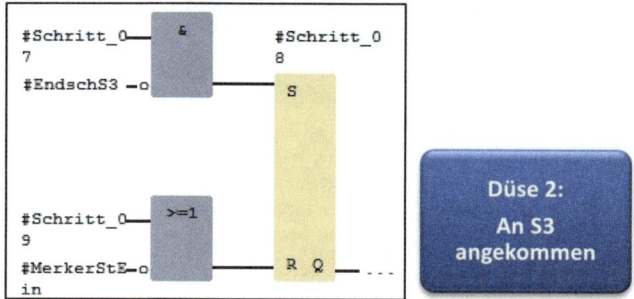

Bild: Bedingungen für den Schritt 8

Über Schritt 8 soll die Bewegung und das Sprühen der Düse 2 abgeschaltet werden. Außerdem ist die Absaugung einzuschalten.

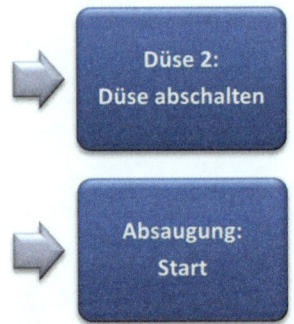

Die Absaugung soll für eine Zeitspanne von 5 Sekunden eingeschaltet sein. Für die Realisierung dieser Zeit wird ein SE-Timer verwendet, der im folgenden Netzwerk programmiert ist.

Die Zeit wird über den Schritt 8 gestartet. Sollte die Steuerung abgeschaltet werden, wird auch der Timer rückgesetzt. Der momentane Zeitwert wird BCD-codiert an den OUT-Parameter „BCDAnzeigeAbsaugzeit" weitergegeben. In diesem Wort ist somit die Restzeit für die Absaugung enthalten.

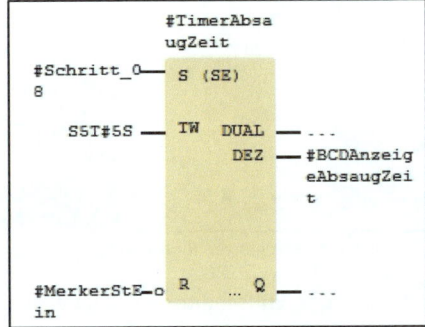

Bild: SE-Timer für die Absaugung

Der Timer wurde als Parameter an den FB übergeben, und so kann der Programmierer problemlos einen noch freien Timer übergeben. Damit sind Seiteneffekte durch doppelt verwendete Timer ausgeschlossen. **Der Baustein bleibt bibliotheksfähig.**

18.1.14 Schritt 9

Sobald die Absaugzeit abgelaufen ist, wird der Schrittmerker 9 gesetzt.

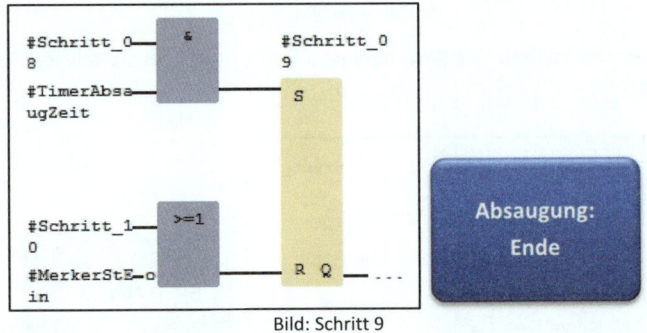

Bild: Schritt 9

Er schaltet die Absaugung aus und öffnet das Tor.

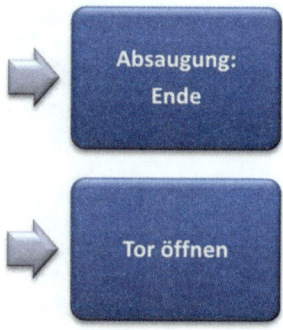

18.1.15 Schritt 10

Schritt 10 ist gesetzt, sobald das Tor geöffnet ist.

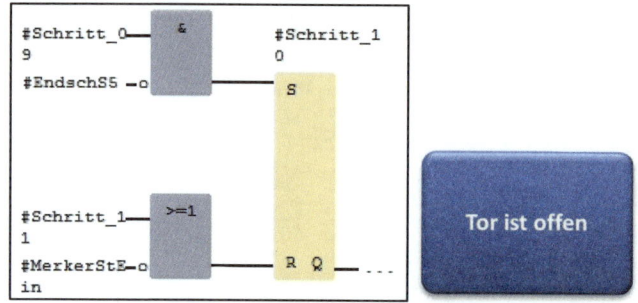

Bild: Die Bedingungen für den Schritt 10

Im geöffneten Zustand betätigt das Tor den Endschalter S5. Dieser ist als Öffner ausgelegt, sodass für den betätigten Zustand der Endschalter negiert eingebunden werden muss.

Ist der Schritt gesetzt, wird die Bewegung des Tors gestoppt und das Blech aus der Kammer transportiert.

18.1.16 Schritt 11

Befindet sich das Blech außerhalb der Kammer, was Endschalter S8 signalisiert, so ist die Bedingung für Schritt 11 gegeben.

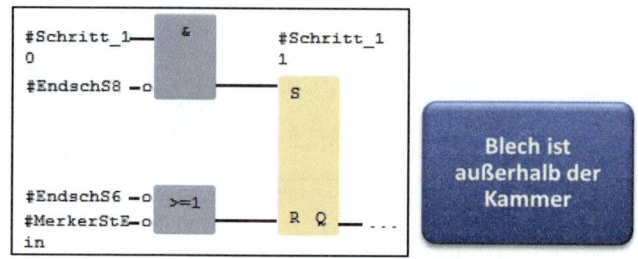

Bild: Bedingungen für Schritt 11

Mit dem Schritt 11 wird auch das Schließen des Tores veranlasst.

Damit ist der Vorgang komplett. Schritt 11 ist der letzte Schritt innerhalb der Schrittkette. Er kann somit nicht von einem nachfolgenden Schrittmerker rückgesetzt werden.

Hierbei wird der Endschalter S6 für das Rücksetzen der Variablen verwendet, denn er führt den Status ‚0', sobald das Tor geschlossen ist. Damit ist auch das Ende des Vorgangs erreicht und die Anlage befindet sich wieder in der Grundstellung.

18.1.17 Verhindern eines erneuten Starts der Schrittkette

Bei einer Schrittkette darf nur ein Schritt gesetzt sein. Erst wenn alle Schritte der Schrittkette durchlaufen wurden, ist ein erneuter Start erlaubt.

Es ist durchaus möglich, dass etwa die Bedingung für den ersten Schritt im Verlauf des Anlagenvorgangs wiederum erfüllt wird. Daher gilt es zu verhindern, dass in einem solchen Fall die Schrittkette erneut startet.

Aus diesem Grund werden im folgenden Netzwerk alle Schritte über eine ODER-Verknüpfung verknüpft und das Ergebnis einer Variablen mit der Bezeichnung „SchrittGesetzt" zugewiesen.

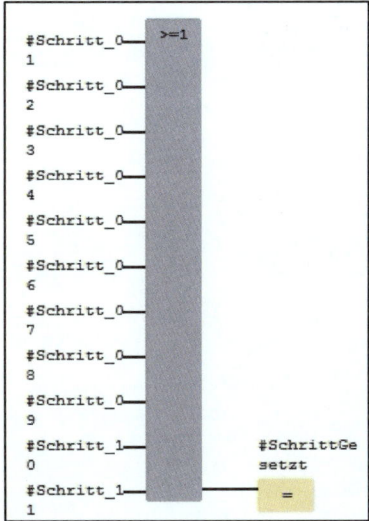

Bild: Ist die Schrittkette bereits gestartet

Die Variable „SchrittGesetzt" wurde im Netzwerk 1 innerhalb der Bedingung für Schritt 1 negiert eingebunden. Dies bedeutet: Solange ein Schritt innerhalb der Schrittkette gesetzt ist, kann die Schrittkette nicht neu gestartet werden.

Nachfolgend ist dies nochmals zu sehen:

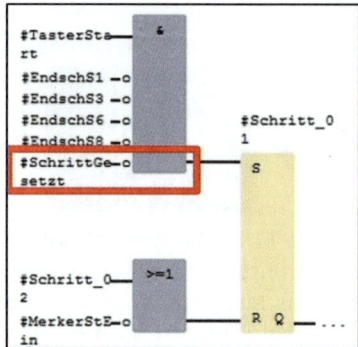

Bild: Einbindung der Variablen „SchrittGesetzt" in die S-Bedingung des Schritt 1

Damit ist das Programm innerhalb des FBs vollständig und kann gespeichert werden.

18.1.18 Programmierung der FC mit den Zuweisungen an die Ausgänge

Nun folgt die Programmierung der FC1 „Zuw_Ausgaenge". Sie ist zunächst zu erzeugen.
In dieser FC sollen die Ausgänge der Anlage gesetzt und rückgesetzt werden. Dazu werden die
Schritte der Schrittkette verwendet.

18.1.18.1 Parameter der FC

In der FC sollen nur Parameter und keine Operanden programmiert werden. Somit könnte dieser
Baustein auch in einem anderen Projekt mit anderen Eingangs- und Ausgangsoperanden verwendet
werden. Ebenso sind die Schritte an den Baustein zu übergeben. Damit ist es für den Baustein
irrelevant, in welchen Operanden die Schrittinformationen abgelegt sind.
Mit dieser Vorgabe ergibt sich folgende Parametertabelle für die FC „Zuw_Ausgaenge".

Adresse	Deklaration		Name	Typ
0.0	in	-->	MerkerStEin	BOOL
0.1	in	-->	EndschS6	BOOL
0.2	in	-->	Schritt_01	BOOL
0.3	in	-->	Schritt_02	BOOL
0.4	in	-->	Schritt_03	BOOL
0.5	in	-->	Schritt_04	BOOL
0.6	in	-->	Schritt_05	BOOL
0.7	in	-->	Schritt_06	BOOL
1.0	in	-->	Schritt_07	BOOL
1.1	in	-->	Schritt_08	BOOL
1.2	in	-->	Schritt_09	BOOL
1.3	in	-->	Schritt_10	BOOL
1.4	in	-->	Schritt_11	BOOL
	out	<--		
2.0	in_out	<-->	MotorBlechInKammer	BOOL
2.1	in_out	<-->	MotorBlechAusKammer	BOOL
2.2	in_out	<-->	MotorDuese1NachS2	BOOL
2.3	in_out	<-->	MotorDuese1NachS1	BOOL
2.4	in_out	<-->	MotorDuese2NachS4	BOOL
2.5	in_out	<-->	MotorDuese2NachS3	BOOL
2.6	in_out	<-->	Duese1Spruehen	BOOL
2.7	in_out	<-->	Duese2Spruehen	BOOL
3.0	in_out	<-->	MotorAbsaugung	BOOL
3.1	in_out	<-->	MotorTorOeffnen	BOOL
3.2	in_out	<-->	MotorTorSchliessen	BOOL

Bild: Parameter der FC

Die Parameter für die Informationen der Schritte sowie die Info über den Merker „Steuerung Ein"
und den Endschalter „S6" sind klassische Eingangsparameter. Diese werden in der FC nur gelesen.
Alle weiteren Parameter sind im Deklarationsbereich der Durchgangsparameter „IN_OUT" zu
deklarieren, denn sie müssen vor dem Aufruf der FC referenziert und nach der Bearbeitung der FC
wieder in den Aktualparameter zurückgeschrieben werden.

18.1.18.2 Tor öffnen und schließen

In den ersten beiden Netzwerken der FC ist das Öffnen und Schließen des Tores zu programmieren.
Das Öffnen kann über zwei Schritte aus der Schrittkette ausgelöst werden, nämlich Schritt 1 und 9.
Deswegen sind diese beiden Schritte in der Setzbedingung des Motors für das Öffnen des Tores
eingebunden.

In der Rücksetzbedingung befindet sich ebenfalls eine ODER-Verknüpfung: Die Schritte 2 und 10 setzen den Motor zurück; ebenso bewirkt das Abschalten der Steuerung ein Rücksetzen des Motors. Nachfolgend ist das Netzwerk zu sehen:

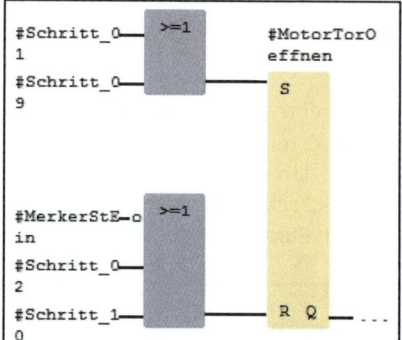

Bild: Bedingungen für das Öffnen des Tores

In gleicher Weise werden die Bedingungen für das Schließen des Tores aufgestellt, nur dass dabei andere Schritte aus der Schrittkette beteiligt sind.

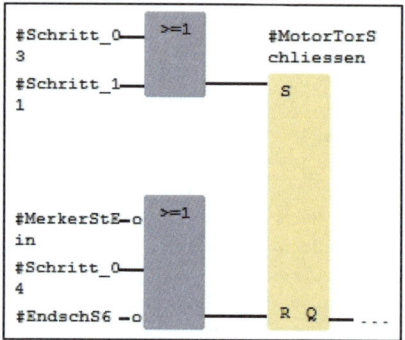

Bild: Bedingungen für das Schließen des Tores

Das Tor wird mit den Schritten 3 und 11 geschlossen. Schritt 4 beendet das Schließen ebenso wie die Betätigung des Endschalters S6. Dieser Endschalter muss direkt eingebunden werden, da Schritt 11 der letzte Schritt in der Schrittkette ist, der das Schließen auslöst.
Genau genommen könnte Schritt 4 in der Rücksetzbedingung entfallen, da natürlich auch beim Auslösen des Schließens über Schritt 3 das Rücksetzen über S6 erfolgt.

18.1.18.3 Blech transportieren

Die beiden Motoren zum Transport des Bleches in und aus der Kammer werden in den beiden folgenden Netzwerken programmiert.

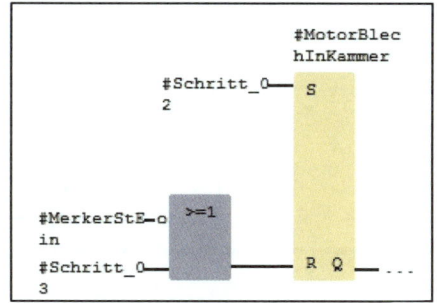

Bild: Bedingungen für den Blechtransport in die Kammer

Die Bedingungen sind sehr einfach. Schritt 2 löst den Transport des Bleches in die Kammer aus. Der Folgeschritt 3 beendet den Transport durch Rücksetzen des Motors; ebenso setzt das Abschalten der Steuerung den Motor zurück.

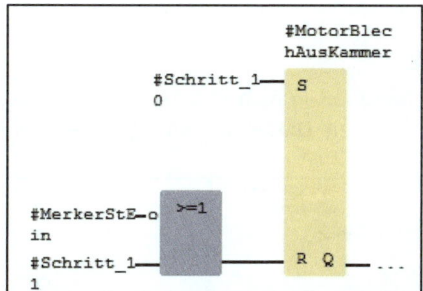

Bild: Blech aus der Kammer bewegen

Ähnlich verhält es sich bei dem Motor für den Blechtransport aus der Kammer heraus. Schritt 10 setzt den Motor. Das Rücksetzen erfolgt über Schritt 11 oder das Abschalten der Steuerung.

18.1.18.4 Ausgänge der Düse 1

Die Düse 1 bewegt sich vom Endschalter S1 in Richtung S2 und wieder zurück. Des Weiteren muss das Sprühen der Düse eingeschaltet werden. Dies ist in den folgenden Netzwerken programmiert:

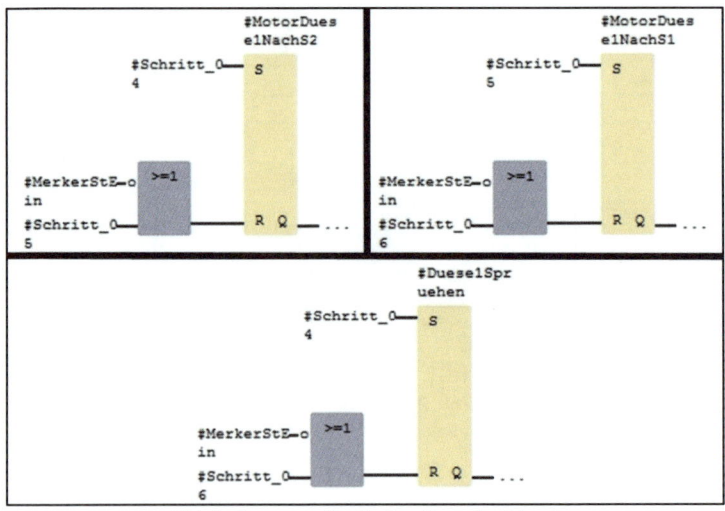

Bild: Bedingungen für die Ausgänge der Düse 1

18.1.18.5 Ausgänge der Düse 2

Düse 2 bewegt sich vom Endschalter S3 in Richtung S4 und wieder zurück. Des Weiteren muss das Sprühen der Düse eingeschaltet werden. Dies ist in den folgenden Netzwerken programmiert:

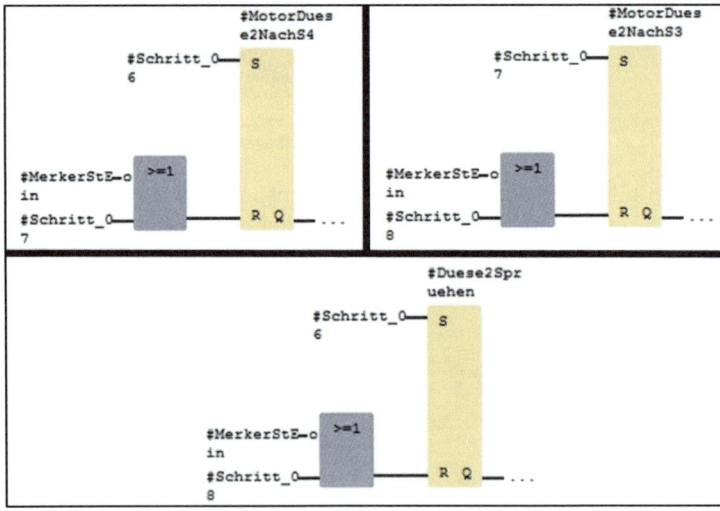

Bild: Bedingungen für die Ausgänge der Düse 2

18.1.18.6 Absaugung

Zuletzt die Bedingung für die Absaugung:

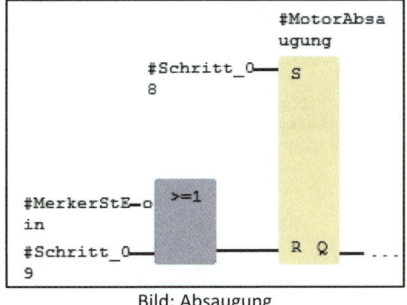

Bild: Absaugung

18.1.19 Programmierung des OB1

Im OB1 sind folgende Dinge zu erledigen:

- Programmierung des Merkers „Steuerung Ein"
- Aufruf des Schrittkettenbausteins FB1 „Schrittkette"
- Aufruf der FC1 „Zuw_Ausgaenge"

18.1.19.1 Programmierung des Merkers „Steuerung Ein"

Der Merker „Steuerung Ein" wird in gewohnter Weise programmiert. Der Taster „Steuerung Ein"
setzt den Merker M0.0 „MerkerStEin". Das Rücksetzen erfolgt über den Taster „Steuerung Aus", der
als Öffner ausgelegt ist.

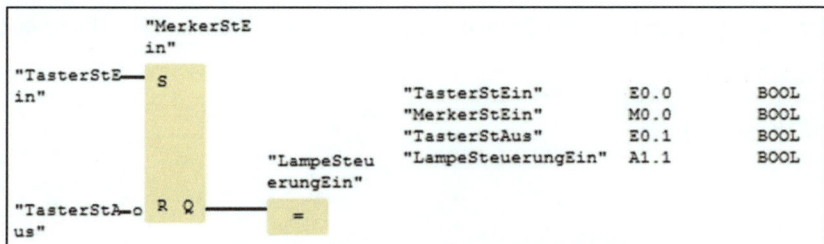

Bild: Programmierung des M0.0 „MerkerStEin"

18.1.19.2 Aufruf des FB1 „Schrittkette"

Nun ist der FB1 aufzurufen und zu parametrieren. Als Instanz-DB ist der DB1 „Schrittkette_DB" anzugeben.

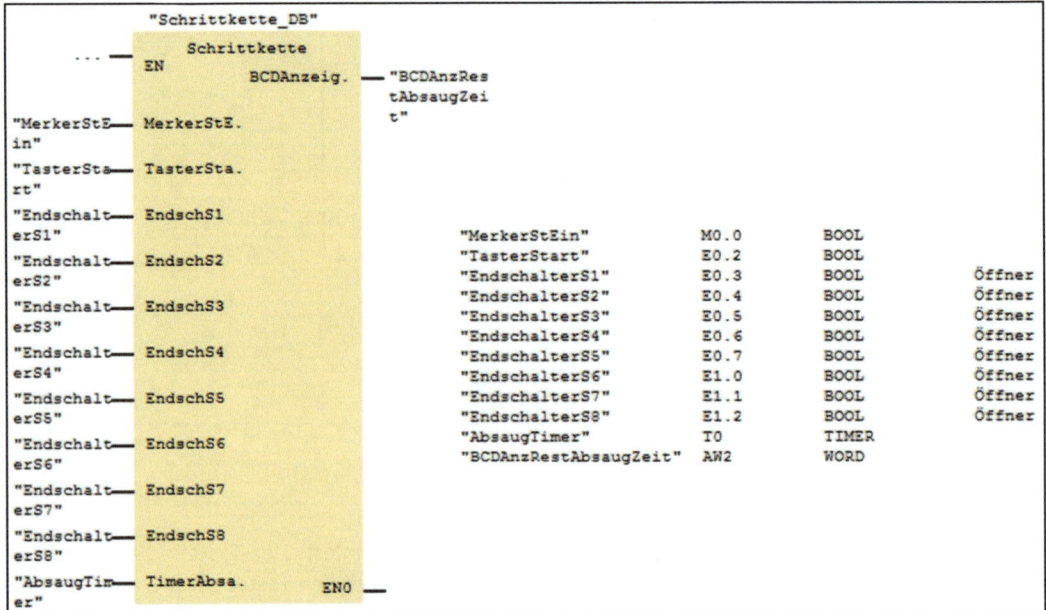

Bild: Aufruf des FB1 „Schrittkette" mit dem Instanz-DB 1 „Schrittkette_DB"

Als Aktualparameter werden an den Formalparametern des FBs die entsprechenden Operanden angegeben.

18.1.19.3 Aufruf der FC1 „Zuw_Ausgaenge"

```
              Zuw_Ausgaenge
      ... ──  EN

"MerkerStE── MerkerStE.
in"
"Endschalt── EndschS6
erS6"
DB1.Schrit── Schritt_01
t_01
DB1.Schrit── Schritt_02
t_02
DB1.Schrit── Schritt_03
t_03
DB1.Schrit── Schritt_04      "MerkerStEin"          M0.0      BOOL
t_04                         "EndschalterS6"        E1.0      BOOL        Öffner
DB1.Schrit── Schritt_05      "Schrittkette_DB|      DB1       DB
t_05                         DB1.Schritt_01
DB1.Schrit── Schritt_06      DB1.Schritt_02
t_06                         DB1.Schritt_03
DB1.Schrit── Schritt_07      DB1.Schritt_04
t_07                         DB1.Schritt_05
DB1.Schrit── Schritt_08      DB1.Schritt_06
t_08                         DB1.Schritt_07
DB1.Schrit── Schritt_09      DB1.Schritt_08
t_09                         DB1.Schritt_09
DB1.Schrit── Schritt_10      DB1.Schritt_10
t_10                         DB1.Schritt_11
DB1.Schrit── Schritt_11      "Zuw_Ausgaenge"        FC1       FC1
t_11                         "MotorBlechInKammer"   A0.0      BOOL
"MotorBlec── MotorBlec.      "MotorBlechAusKammer"  A0.1      BOOL
hInKammer"                   "MotorDuese1NachS2"    A0.2      BOOL
"MotorBlec── MotorBlec.      "MotorDuese1NachS1"    A0.3      BOOL
hAusKammer                   "MotorDuese2NachS4"    A0.4      BOOL
"                            "MotorDuese2NachS3"    A0.5      BOOL
"MotorDues── MotorDues.      "Duese1Spruehen"       A0.6      BOOL
e1NachS2"                    "Duese2Spruehen"       A0.7      BOOL
"MotorDues── MotorDues.      "MotorAbsaugung"       A1.0      BOOL
e1NachS1"                    "MotorTorOeffnen"      A1.2      BOOL
"MotorDues── MotorDues.      "MotorTorSchliessen"   A1.3      BOOL
e2NachS4"
"MotorDues── MotorDues.
e2NachS3"
"Duese1Spr── Duese1Spr.
uehen"
"Duese2Spr── Duese2Spr.
uehen"
"MotorAbsa── MotorAbsa.
ugung"
"MotorTorO── MotorTorO.
effnen"
"MotorTorS── MotorTorS.
chliessen"              ENO ──
```

Bild: Aufruf der FC1

Beim Aufruf der FC werden die Operanden entsprechend der Zugehörigkeit zu den Formalparametern der FC übergeben.

18.1.20 Rücksetzen der Schrittkette beim Anlauf der CPU

Wird die Steuerung spannungslos geschaltet und danach wieder zugeschaltet, dann ist es oftmals erwünscht, dass sich die Schrittkette im Grundzustand befindet.

Beim Anlauf der CPU werden ja bekanntlich die sog. Anlauf-OBs ausgeführt. Im System S7-300® von Siemens bedeutet dies, dass der Neustart-OB mit der Nummer 100 aufgerufen wird. Somit kann man im OB100 die entsprechenden Operationen zum Rücksetzen der Schritte programmieren.

```
CLR·
=       "Schrittkette_DB".Schritt_01·
=       "Schrittkette_DB".Schritt_02·
=       "Schrittkette_DB".Schritt_03·
=       "Schrittkette_DB".Schritt_04·
=       "Schrittkette_DB".Schritt_05·
=       "Schrittkette_DB".Schritt_06·
=       "Schrittkette_DB".Schritt_07·
=       "Schrittkette_DB".Schritt_08·
=       "Schrittkette_DB".Schritt_09·
=       "Schrittkette_DB".Schritt_10·
=       "Schrittkette_DB".Schritt_11·
```

Bild: Rücksetzen der Schritte im Instanz-DB

Mit Hilfe der Operation „CLR" wird das Verknüpfungsergebnis (VKE) auf den Status ‚0' gesetzt. Danach wird das VKE an die einzelnen Schritte im Instanz-DB weitergegeben. Da ein Instanz-DB außerhalb des FBs wie ein gewöhnlicher Globaldatenbaustein angesprochen werden kann, muss nichts Besonderes beim Zugriff beachtet werden.

18.1.21 Test des SPS-Programms

Zum Test des SPS-Programms wird die virtuelle Anlage „Lackieren" von SPS-VISU verwendet. Nach dem Laden des Anlagenprojektes und dem Übertragen der Bausteine in die S7-SoftSPS kann die Simulation gestartet werden. Parallel betrachtet man den Bausteinstatus des FB1 „Schrittkette". Hier kann nun nach dem Einschalten der Steuerung über den entsprechenden Taster und dem Start über den Taster „Start" das Setzen der einzelnen Schritte beobachtet werden.

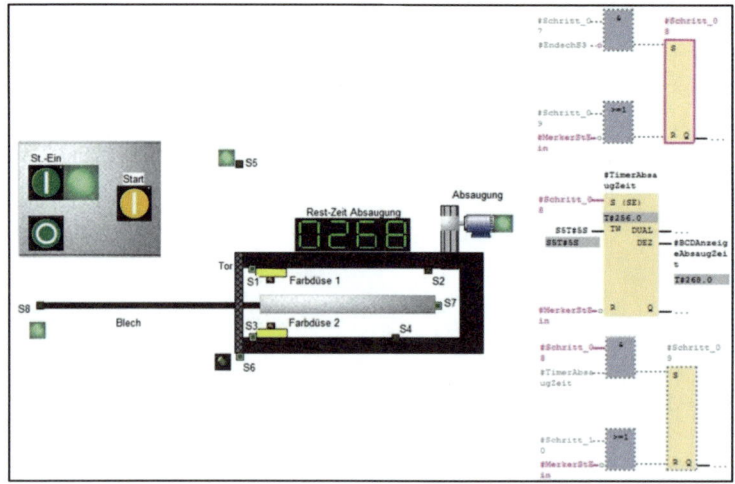

Bild: Test des SPS-Programms

Im Bild wird der Anlagenzustand dargestellt, bei dem die Absaugung aktiv ist. In der Schrittkette ist Schritt 8 gesetzt und die SE-Zeit läuft ab.

18.2 Regeln bei der Schrittkettenprogrammierung

Da nun eine Aufgabe mit Hilfe der Schrittkettenprogrammierung gelöst wurde, sollen die dabei gewonnenen Erkenntnisse zusammengefasst werden.

Jeder Schritt einer Schrittkette ist nach der gleichen Systematik programmiert. Zunächst wird die Bedingung aufgelistet, die zum Setzen des Schrittes führt. Bei dieser Bedingung ist generell der vorhergehende Schrittmerker vertreten. Damit wird verhindert, dass ein Schritt durch einen Seiteneffekt gesetzt wird.

Bei den Bedingungen, die zum Rücksetzen des Schrittes führen, ist generell auch der nächste Schritt durch eine ODER-Verknüpfung vertreten, da immer nur ein Schritt einer Schrittkette gesetzt sein darf. Eine Ausnahme bezüglich des Rücksetzens stellt der letzte Schritt dar, der nicht durch den nachfolgenden rückgesetzt werden kann. Er wird meist durch die wiedererlangte Grundstellung der Anlage rückgesetzt.

Da in einer Schrittkette immer nur ein Schritt gesetzt ist, wird auch der große Vorteil dieses Programmierverfahrens klar. Sollte eine Anlage mitten in einem Bearbeitungszyklus stehen bleiben, so kann die Stelle innerhalb des Zyklus genau bestimmt werden. Ebenso ist leicht herauszufinden, warum die Anlage an dieser Position zum Stillstand kam. Denn die Ursache dafür ist logischerweise die fehlende Bedingung zum Setzen des nächsten Schrittes.

Somit lassen sich folgende Regeln für das Programmieren einer Schrittkette aufstellen:

- Es ist immer nur ein Schritt in der Schrittkette gesetzt.
- Der vorhergehende Schritt ist immer durch eine UND-Verknüpfung bei der Setzbedingung des nachfolgenden Schrittes vertreten. Eine Ausnahme stellt hierbei der erste Schritt in der Schrittkette dar.
- Der nachfolgende Schrittmerker ist immer durch eine ODER-Verknüpfung bei der Rücksetzbedingung eines Schrittes vertreten. Eine Ausnahme stellt hierbei der letzte Schritt dar. Dieser wird oftmals durch die wiedererlangte Grundstellung der Anlage rückgesetzt.

Im Baustein, in dem die Schrittkette programmiert ist, sollte nicht die Anschaltung der Ausgänge programmiert sein.

Im Beispiel der Lackieranlage wurde die Ansteuerung der Ausgänge, also z.B. der Motoren, in der FC1 programmiert.

18.3 GRAFCET

GRAFCET ist eine grafische Entwurfssprache, mit deren Hilfe man fachübergreifend den Ablauf einer Steuerungsaufgabe beschreibt. GRAFCET ist in der Norm DIN EN 60848 definiert.

Bei GRAFCET werden Schritte definiert, die dann mit Hilfe von Wirkungslinien verbunden werden. Von einem Schritt zum nächsten gelangt man mit einer Transition (einem Übergang). In der Transition wird die Bedingung definiert, die zur Weiterschaltung notwendig ist.

Begonnen wird ein Ablaufplan mit einem Initialschritt (auch Startschritt). Wie der Name es andeutet, initiiert er den Ablauf. Wenn es sich bei dem Ablauf um ein wiederkehrendes Verhalten handelt, dann ist der GRAFCET-Plan als geschlossene Ablaufkette zu zeichnen.

Beispiel

Wird der Taster „Steuerung Ein" betätigt, dann soll die Lampe „LampeStEin" den Status ‚1' erhalten. Bei Betätigung des Tasters „Steuerung Aus" wird die Lampe wieder abgeschaltet. Der Aus-Taster ist als Öffner ausgelegt.

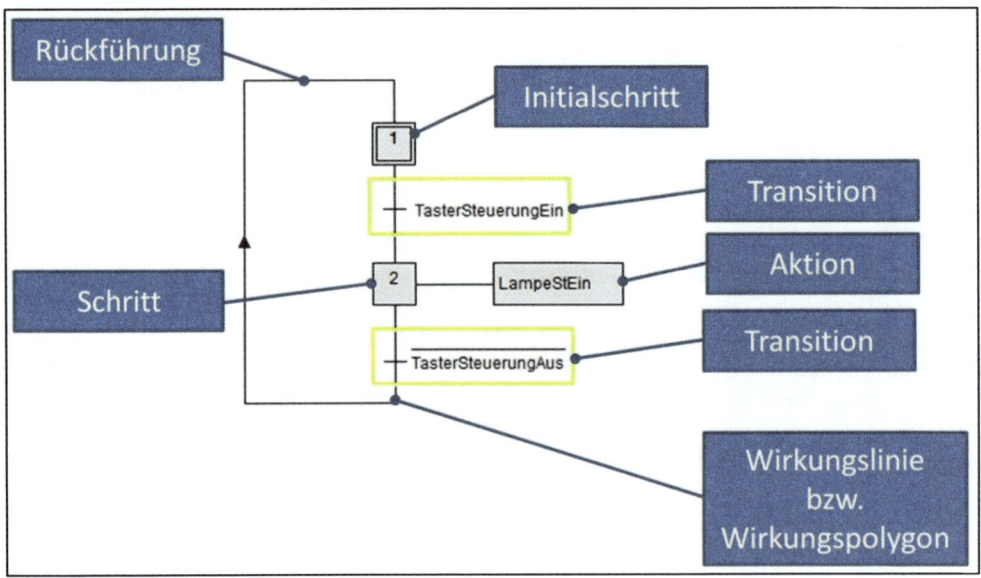

Bild: GRAFCET-Plan des Beispiels

Der GRAFCET-Plan beginnt mit dem Start- oder Initialschritt. Dieser ist über eine Wirkungslinie mit Schritt 2 verbunden. Der Übergang (bzw. die Transition) ist nur vom „TasterSteuerungEin" abhängig: Hat dieser den Status ‚1', dann wird Schritt 2 gesetzt.

An Schritt 2 ist eine Aktion angebracht, genauer gesagt: eine kontinuierlich wirkende Aktion. Diese wird ausgeführt, sobald Schritt 2 den Status ‚1' hat. Im Beispiel wird mit Schritt 2 „LampeSteuerungEin" auf den Status ‚1' gesetzt. Der Schritt 2 und die Aktion sind dabei ebenfalls über eine Wirkungslinie verbunden.

Vom unteren Ende des Schritts 2 erfolgt eine Rückführung auf den oberen Teil des Schritts 1. Diese Rückführung unterliegt ebenfalls einer Transition. Als Bedingung ist der Status ‚0', also der negierte Zustand des „TasterSteuerungAus" angegeben. Die Negation ist an der Linie über der Bezeichnung „TasterSteuerungAus" zu erkennen.

Hat „TasterSteuerungAus" den Status ‚0', was im betätigten Zustand der Fall ist, dann erfolgt die Weiterschaltung zu Schritt 1. Schritt 2 erhält wieder den Status ‚0'. Dies wirkt sich direkt auf die Aktion mit „LampeStEin" aus, denn diese erhält ebenfalls den Status ‚0'.

18.3.1 Erklärung einiger GRAFCET-Elemente

Bevor der Ablauf der Lackieranlage aus der Einführung der Schrittkettenprogrammierung mit Hilfe eines GRAFCET-Plans beschrieben werden soll, müssen einige GRAFCET-Elemente benannt und erläutert werden.

Anfangs- oder Initialschritt

Darstellung	Erklärung
1	Dieser Schritt wird mit Hilfe einer doppelten Umrandung dargestellt. Er ist gesetzt, sobald eine GRAFCET-Seite gestartet wird.

Schritt

Darstellung	Erklärung
2	Schritte werden mit einer einfachen Umrandung dargestellt. Schritte können aktiv (Status ‚1') oder inaktiv (Status ‚0') sein. Innerhalb des Schritts ist die Schrittnummer angegeben. Diese adressiert die Schrittvariable, die über das Präfix „X" angegeben wird. So kann z.B. über die Angabe „X2" eine Abfrage des Status von Schritt 2 erfolgen.

Transition

Darstellung	Erklärung
Horizontale Transition: TasterStart * LampeSteuerungEin **Vertikale Transition:** LampeSteuerungEin	Eine Transition bestimmt den Übergang zwischen zwei Schritten. Eine Transition kann eine Bedingung für den Übergang definieren, womit sie die Transitionsbedingung darstellt. Ist die Bedingung erfüllt, erfolgt der Übergang zum folgenden Schritt. Transitionsbedingung: Die Definition der Transitionsbedingung erfolgt mit booleschen Operatoren. Diese haben folgende Bedeutung: ➢ Zeichen ‚*': UND-Operator ➢ Zeichen ‚+': ODER-Operator ➢ Zeichen ‚-': XOR-Operator ➢ Zeichen ‚!': Negation ➢ Vergleicher mit den typischen Zeichen ‚>', ‚>=', ‚<', <=', ‚==', ‚!=' Ist eine Negation angegeben, so wird im Plan über dem Symbol der negierten Variablen eine Linie angezeigt. Anordnungsvarianten: Die Anordnung von Transitionen ist horizontal oder vertikal möglich. Sie kann somit der Lage der Wirkungslinien angepasst werden.

Zeitabhängige Transition:	Zeitabhängige Transition:
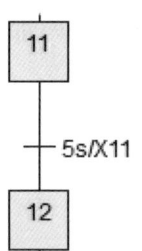	Transitionen sind auch zeitabhängig definierbar. Hier kommt oftmals die Schrittvariable mit dem Präfix „X" zum Einsatz (siehe die Erklärung zu „Schritt"). In der Beispieldarstellung wird der Schritt 12 fünf Sekunden nach dem Aktivieren des Schritts 11 aktiviert.

Aktion –allgemein–

Darstellung	Erklärung
Schritt mit kontinuierlich wirkender Aktion:	Aktionen werden Schritten zugeordnet. Die Aktivierung eines Schrittes löst dann diese Aktion aus.

Schritt mit mehreren kontinuierlich wirkenden Aktionen:	Kategorien von Aktionen: Im Groben lassen sich Aktionen in zwei Kategorien einteilen: 1. kontinuierlich wirkende Aktion 2. gespeichert wirkende Aktion
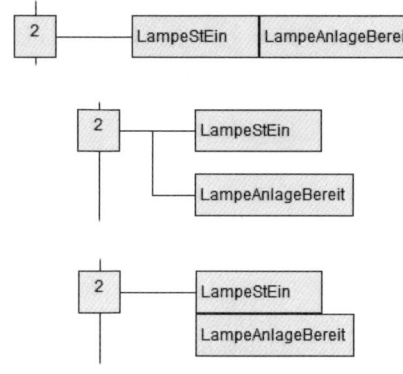	Mehrere Aktionen: Einem Schritt können mehrere Aktionen zugeordnet werden. Dabei sind verschiedene Darstellungen im Plan möglich.
Schritt mit Aktion und Zuweisungsbedingung:	Zuweisungsbedingungen: Aktionen können zusätzlich mit einer Zuweisungsbedingung versehen werden. Ist eine solche Bedingung definiert, dann muss sie zusätzlich zur Aktivierung des Schritts erfüllt sein, damit die Aktion zur Ausführung kommt. In der Beispieldarstellung wird H2 nur auf den Status ‚1' gesetzt, wenn zusätzlich zu Schritt 2 auch die beiden Variablen S3 und S4 den Status ‚1' besitzen.
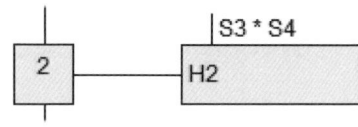	Zeitabhängige Zuweisungsbedingung: Über die Zuweisungsbedingungen sind Einschalt- und Ausschaltverzögerungen realisierbar. Je nachdem, an welcher Stelle die Zeitangabe steht, handelt es sich um eine Einschalt- oder Ausschaltverzögerung.

<table>
<tr>
<td>

Einschaltverzögert:

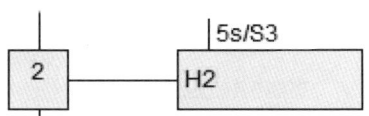

</td>
<td>

Einschaltverzögerung:
Zeitangabe vor der Zuweisungsbedingung.
Beispieldarstellung: Ist Schritt 2 aktiv, dann wird die Aktion 5 Sekunden nach der Betätigung von S3 ausgeführt

Ausschaltverzögerung:
Zeitangabe hinter der Zuweisungsbedingung.
Beispieldarstellung: Ist Schritt 2 aktiv und S3 betätigt, dann wird die Aktion sofort ausgeführt (Einschaltverzögerung 0 Sekunden). Hat S3 den Status ‚0', dann bleibt die Aktion noch 5 Sekunden gesetzt.

</td>
</tr>
<tr>
<td>

Ausschaltverzögert:

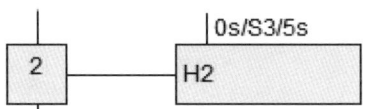

</td>
<td></td>
</tr>
<tr>
<td>

Zeitbegrenzung:

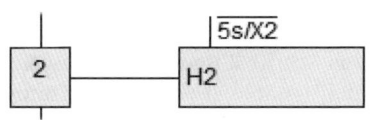

</td>
<td>

Zeitbegrenzung:
Eine Aktion kann zeitlich begrenzt werden. Dabei wird die Schrittvariable in der Zuweisungsbedingung angegeben und negiert.
Beispieldarstellung:
Die Zuweisungsbedingung lautet „!5s/X2".
Ist Schritt 2 aktiv, dann wird die Aktion für längstens 5 Sekunden ausgeführt. Ist der Schritt vor Ablauf der 5 Sekunden inaktiv, dann stoppt auch die Aktion.

</td>
</tr>
</table>

Aktion –speichernd- bei Aktivierung

<table>
<tr>
<td>

Setzen auf Status ‚1':

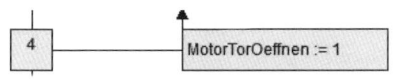

Setzen auf Status ‚0':

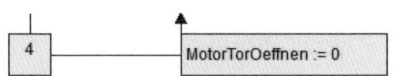

</td>
<td>

Sobald der Schritt **aktiviert** wird, führt die Aktion das Setzen der Variablen aus. Dabei wird eine BOOL-Variable auf den Status ‚0' oder ‚1' gesetzt.
Im Gegensatz zur kontinuierlich wirkenden Aktion bleibt die Variable auch nach Verlassen des Schritts auf diesen Status gesetzt.

Beispieldarstellung „Setzen auf ‚1' ":
Bei Aktivierung des Schritts 4 wird die Variable „MotorTorOeffnen" auf den Status ‚1' gesetzt. Beim Verlassen des Schritts **bleibt** dieser Status erhalten.

Beispieldarstellung „Setzen auf ‚0' ":
Bei Aktivierung des Schritts 4 wird die Variable „MotorTorOeffnen" auf den Status ‚0' gesetzt. Beim Verlassen des Schritts **bleibt** dieser Status erhalten.

</td>
</tr>
</table>

Aktion –speichernd- bei Deaktivierung

Setzen bei Deaktivierung auf Status ‚1':	Sobald der Schritt **verlassen** wird, führt die Aktion das Setzen der Variablen aus. Dabei wird eine BOOL-

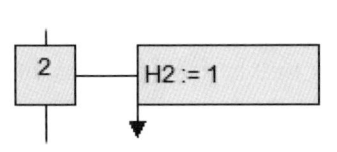

Variable auf den Status ‚0' oder ‚1' gesetzt.

Beispieldarstellung „Setzen auf ‚1' ":
Bei Deaktivierung des Schritts 4 wird die Variable „H2" auf den Status ‚1' gesetzt.

Setzen bei Deaktivierung auf Status ‚0':

Beispieldarstellung „Setzen auf ‚0' ":
Bei Deaktivierung des Schritts 4 wird die Variable „H2" auf den Status ‚0' gesetzt.

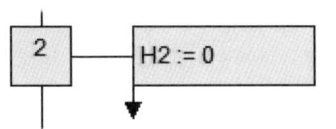

Aktion –speichernd- bei Ereignis

Setzen bei Aktivierung und Ereignis auf Status ‚1':

Sobald der Schritt **aktiviert** wird und das angegebene Ereignis stattgefunden hat (bzw. erfüllt ist), führt die Aktion das Setzen der Variablen aus. Dabei wird eine BOOL-Variable auf den Status ‚0' oder ‚1' gesetzt.

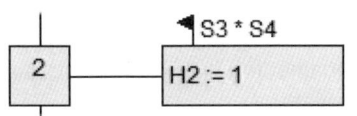

Beispieldarstellung „Setzen auf ‚1' ":
Bei Aktivierung von Schritt 2 und dem Status ‚1' von S3 und S4 wird die Variable „H2" auf den Status ‚1' gesetzt.
Beispieldarstellung „Setzen auf ‚0' ":
Bei Aktivierung von Schritt 2 und dem Status ‚1' von S3 und S4 wird die Variable „H2" auf den Status ‚0' gesetzt.

Setzen bei Aktivierung und Ereignis auf Status ‚0':

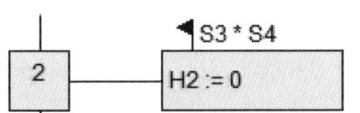

Verzögertes Setzen bei Aktivierung auf Status ‚1':

Verzögertes Ereignis:
Durch Angabe einer Zeit kann das Ereignis verzögert werden. Man erreicht somit ein verzögertes Setzen auf den Status ‚0' oder ‚1'.
Beispieldarstellung:
Bei Aktivierung des Schritts 2 wird 6 Sekunden danach die Variable H2 auf den Status ‚1' gesetzt.

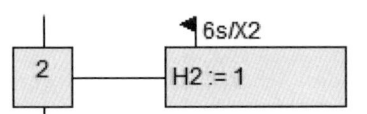

Teil-GRAFCET (Gruppierung)

Gruppieren eines GRAFCET-Plans: 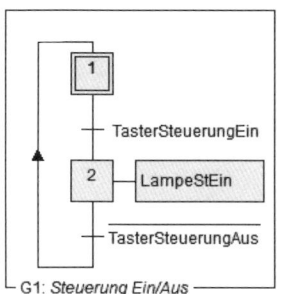 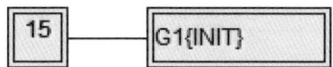	Über Teil-GRAFCETs können Gruppierungen innerhalb des Ablaufplans vorgenommen werden. Auf diese Gruppen kann dann mit Hilfe von zwangssteuernden Befehlen zugegriffen werden. Gruppen werden von 1 bis 999 nummeriert und können mit einem Symbol versehen werden. In der Beispieldarstellung wurde die Gruppe „G1" mit der Bezeichnung „Steuerung Ein/Aus" gebildet.

Zwangssteuernder Befehl

Zwangssteuernder Befehl: ┌─────┐ ┌─────────────┐ │ 15 ├──┤ G1{INIT} │ └─────┘ └─────────────┘	Mit Hilfe eines zwangssteuernden Befehls kann Einfluss auf eine Gruppierung genommen werden. Die Art der Beeinflussung wird dabei über den Befehl in geschweiften Klammern angegeben. Vor dieser Angabe wird die Gruppe benannt. Dabei sind folgende Beeinflussungen möglich: <ul><li>INIT: Die Gruppe wird auf den Anfangsschritt gesetzt. Beispiel-Syntax für die Gruppe 12 „G12{Init}"</li><li>Einfrieren: Die Gruppe wird in der momentan anstehenden Situation eingefroren, solange der zwangssteuernde Befehl aktiv ist. Beispiel-Syntax für die Gruppe 2 „G2{*}"</li><li>Reset: Die Gruppe mit allen Schritten wird resettet, kein Schritt ist mehr aktiv. Beispiel-Syntax für die Gruppe 5 „G5{}"</li><li>Setzen eines speziellen Schritts: Es wird ein einzelner Schritt der Gruppe gesetzt. Der Schritt wird über seine Nummer innerhalb der Klammern spezifiziert. Beispiel-Syntax für die Gruppe 9 „G9{4}"</li></ul>

18.3.2 Erstellen des GRAFCET-Plans für die Lackieranlage

Die Schrittkettenprogrammierung wurde anhand einer Lackieranlage erläutert. Für diese Anlage soll nun ein GRAFCET-Plan erstellt werden. Die Umsetzung erfolgt dabei ähnlich wie bei der Programmierung des SPS-Programms. Im folgenden Bild ist der Ablaufplan der Anlage zu sehen.

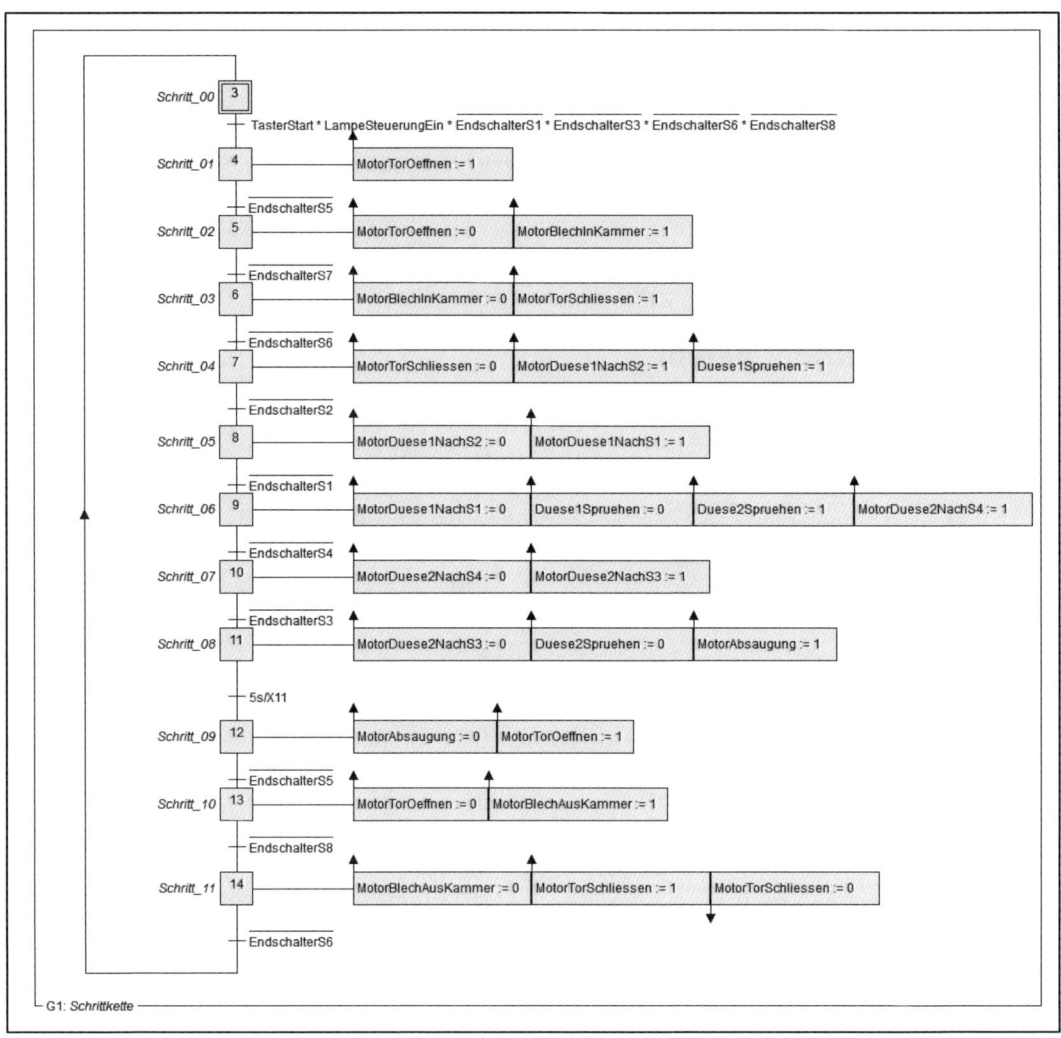

Bild: Ablaufplan der Lackieranlage

Innerhalb des GRAFCET-Plans wurden die gleichen Symbole wie im SPS-Programm verwendet, damit der direkte Vergleich besser möglich ist.

Man erkennt sofort die Analogien zur Schrittkette im SPS-Programm.

Schritt Nummer 3 ist der Anfangsschritt des Plans. Er hat das Symbol „Schritt_00". Der Anfangsschritt ist sofort beim Aktivieren des GRAFCET-Plans gesetzt.

Befindet sich die Anlage in Grundstellung und ist die Steuerung eingeschaltet (Abfrage erfolgt über „LampeSteuerungEin"), dann kann über „TasterStart" der Anlagenvorgang gestartet werden.

Mit Schritt 4 „Schritt_01" wird das Tor geöffnet. Sobald der Endschalter S5 betätigt ist (S5 ist ein Öffner, deshalb die Negation), erfolgt die Weiterschaltung zu Schritt 5 „Schritt_02". Dieser setzt den „MotorTorOeffnen" wieder auf den Status ‚0' und das Blech wird in die Kammer transportiert.

Auf diese Weise werden die Schritte durchlaufen, bis der Anlagenvorgang abgeschlossen ist und von vorne beginnen kann.

Allerdings ergibt sich hierbei ein Problem: Wie kann die Reaktion auf das Ausschalten der Steuerung mit in den Plan eingebracht werden? Im SPS-Programm wurden alle Schrittmerker sowie die Ausgänge rückgesetzt. Somit stoppte die Anlage sofort beim Abschalten der Steuerung.

Dieses Verhalten sollte auch im GRAFCET-Plan dargestellt werden.

Der erste Schritt zur Implementierung des Verhaltens ist die Gruppierung des dargestellten Plans. Die Gruppe hat die Nummer 1 (somit „G1") und das Symbol „Schrittkette".

Der Grund für die Gruppierung ist, dass ein zwangssteuernder Befehl zum Einsatz kommen soll. Mit diesem sollen die Schritte initialisiert und der Anfangsschritt gesetzt werden. Somit ist der zwangssteuernde Befehl „{Init}" zu verwenden.

Dies wird nachfolgend gezeigt:

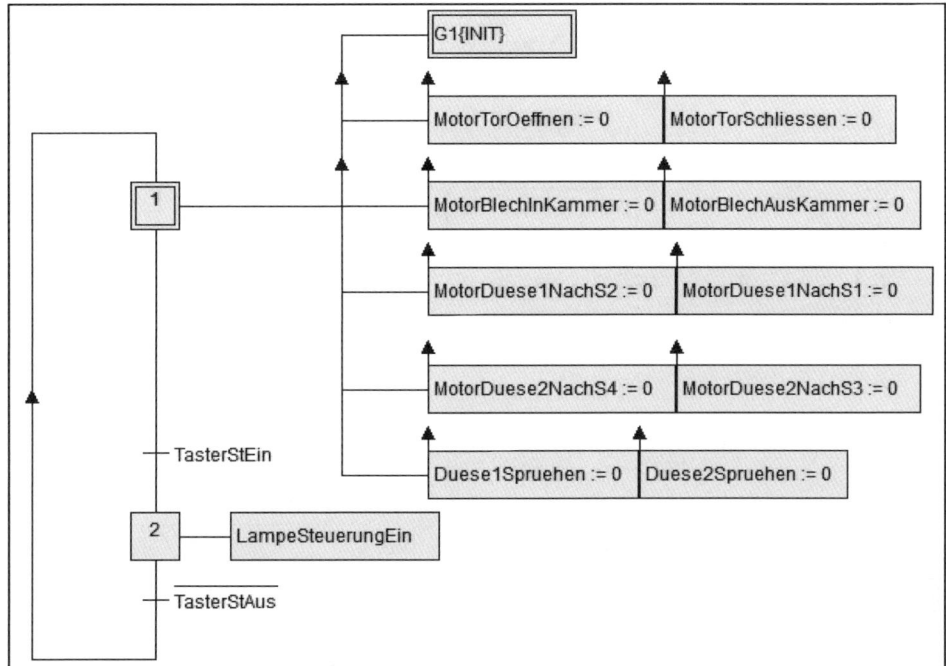

Bild: Plan für Steuerung Ein/Aus

Dabei ist der Plan für das Einschalten und Ausschalten der Steuerung zu sehen. Als Variable wird „LampeSteuerungEin" beeinflusst. Der Initialschritt 1 ist gesetzt, sobald der Plan aktiv ist. Wird der „TasterStEin" betätigt, so aktiviert dies Schritt 2, der die Variable „LampeSteuerungEin" auf den Status ‚1' setzt. Der „TasterStAus" ist als Öffner ausgelegt, womit sein Status ‚0' wiederum zur Aktivierung des Anfangsschritts führt.

In Abhängigkeit vom Anfangsschritt werden die Motoren und Düsen auf den Status ‚0' gesetzt sowie der zwangssteuernde Befehl für die Gruppe mit der Nummer 1 ausgeführt.

Somit wird die Schrittkette initialisiert und alle Motoren und Düsen rückgesetzt. Dies führt zu einem sofortigen Stillstand der Anlage, so wie es gefordert wurde.

18.3.3 Test des GRAFCET-Plans

Der Plan kann an der gleichen Anlage wie das SPS-Programm getestet werden. Dazu wird das Anlagenprojekt „Lackieren" in SPS-VISU geladen. Im nächsten Schritt startet man die Simulation im GRAFCET-Editor.

Nun wird die Anlage bedient und die Schritte im GRAFCET-Plan beobachtet:

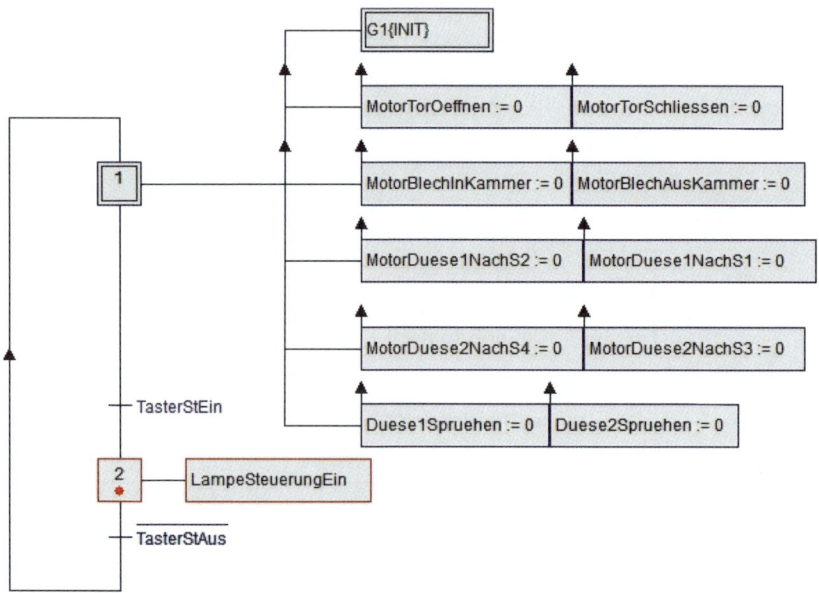

Das Anlagenbild:

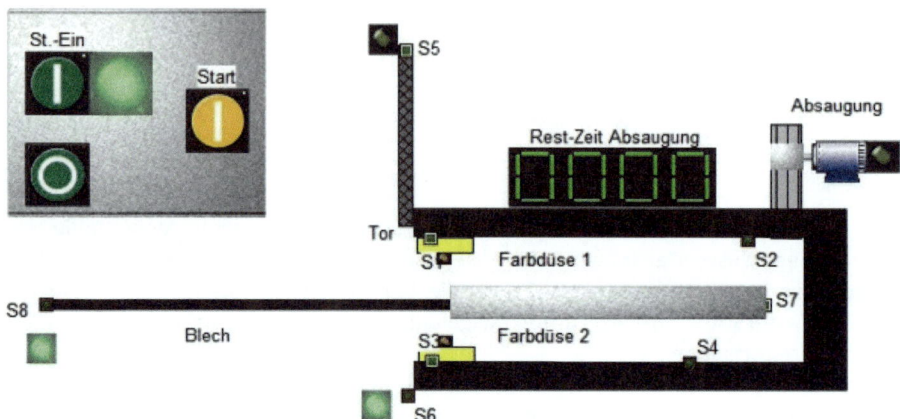

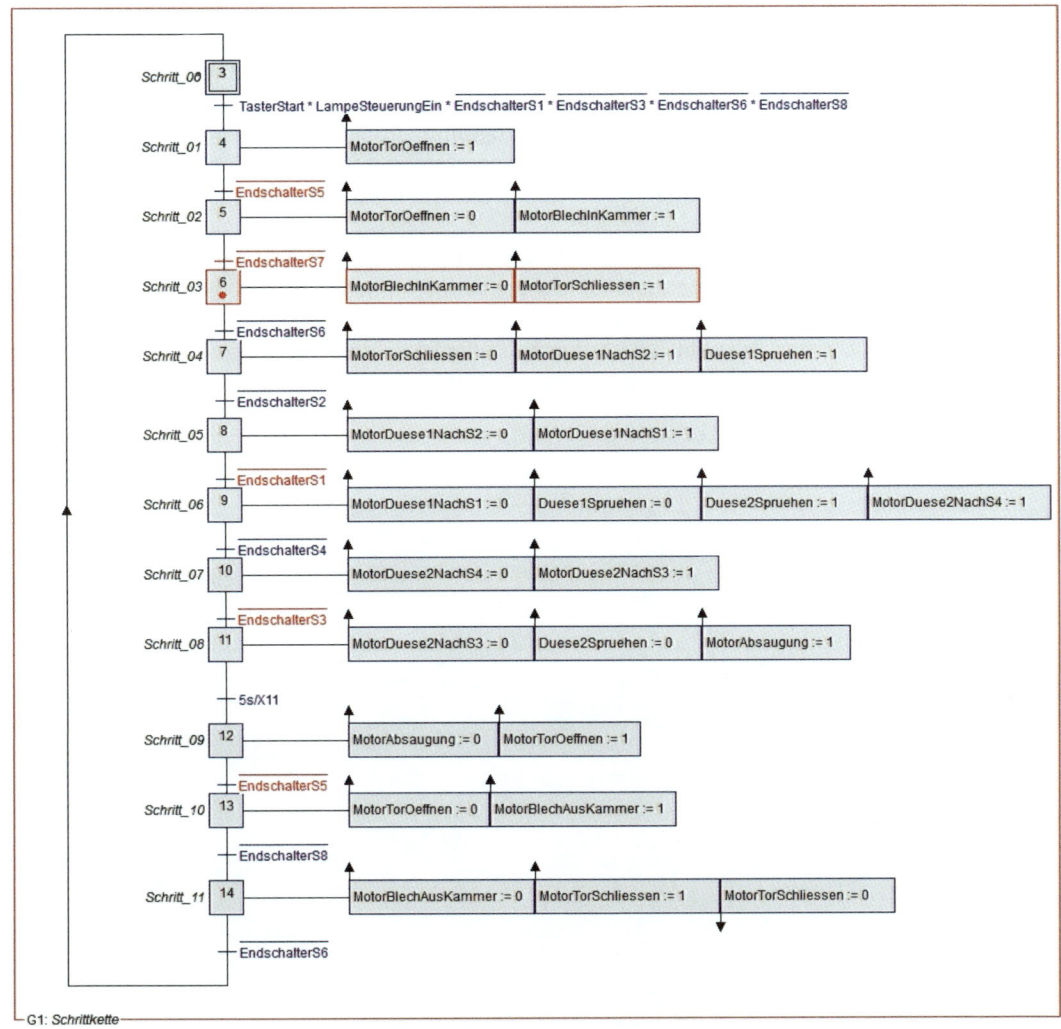

Bild: Test des GRAFCET-Plans an der Anlage

Im Bild ist die Situation zu sehen, bei der das Blech in die Kammer transportiert wird. Schritt 6 „Schritt_03" ist gesetzt. Somit wird der Motor für den Blechtransport in die Kammer abgeschaltet und der Motor für das Schließen des Tores gesetzt. Sobald das Tor geschlossen ist und dies über den Endschalter S6 signalisiert wurde, wird Schritt 7 „Schritt_04" gesetzt.

18.3.4 Fazit der Beschreibung des Ablaufs mit GRAFCET

Mit GRAFCET lassen sich hervorragend Abläufe beschreiben. Da GRAFCET fachübergreifend bekannt ist, gibt es damit eine Sprache, mit der sich beispielsweise Mechaniker und Elektriker „unterhalten" können.

So kann jemand, der keine Erfahrung in der SPS-Programmierung besitzt, den Ablauf einer Anlage über GRAFCET beschreiben und den Plan als Programmiervorlage an den SPS-Programmierer weitergeben. Dieser Plan stellt auch eine sehr gute Diskussionsgrundlage dar, um etwaige Probleme schon in der Planung auszuräumen.

Im Einführungsbeispiel „Lackieren" wurde der GRAFCET-Plan absichtlich nah am SPS-Programm erstellt. Dort wurden auch die Signalzustände der Sensoren mit in den Plan aufgenommen. Es war ja bereits bekannt, welche Endschalter beispielsweise als Öffner ausgelegt sind.

Dies muss aber nicht der Fall sein. Es ist durchaus denkbar, dass die genaue Spezifizierung der Sensoren und Aktoren bei der Erstellung des GRAFCET-Plans noch nicht bekannt ist. Es geht ja in erster Linie um den Ablauf.

18.4 Übung „Torfbefüllungsanlage" Übung ✔

Das SPS-Programm für folgende Anordnung soll erstellt werden:

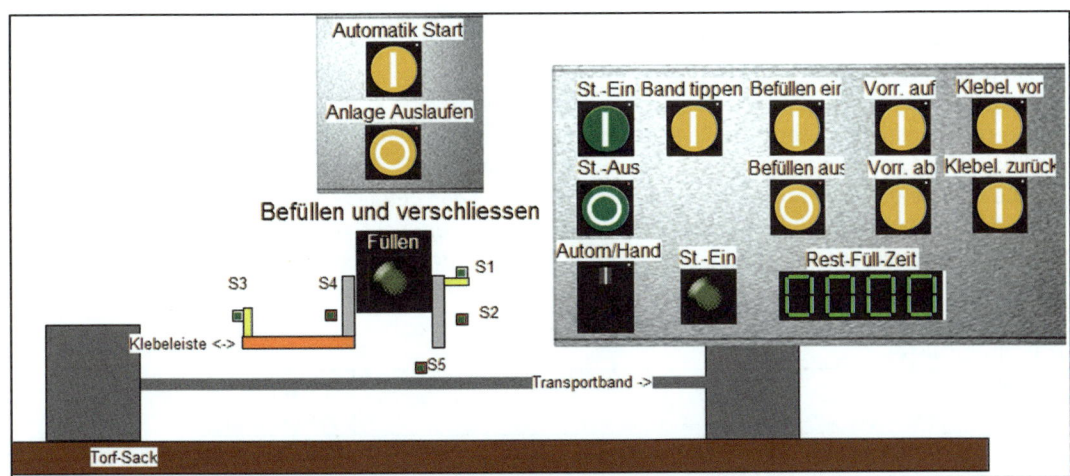

Bild: Torf.VIS

Es handelt sich dabei um eine Anlage, in der Torfsäcke befüllt werden. Die Säcke sind in einem Transportband eingehängt, mit dem sie bis zur Befüllvorrichtung transportiert werden. Der Ablauf stellt sich wie folgt dar:

1. Zunächst wird ein Sack über das Transportband an die Abfüll- und Klebevorrichtung transportiert.
2. Hat der Sack den Endschalter S5 erreicht, wird das Band gestoppt und die Vorrichtung fährt nach unten, bis sie den Endschalter S2 betätigt.
3. Nun beginnt der Abfüllvorgang, der 2 Sekunden andauert.
4. Nach dem Abfüllvorgang bewegt sich die Klebeleiste nach vorne, bis sie den Endschalter S4 betätigt. Anschließend fährt sie wieder in Richtung des Endschalters S3.
5. Hat die Klebeleiste den Endschalter S3 erreicht, hebt sich die gesamte Vorrichtung, bis der Endschalter S1 betätigt wird.
6. Wird der Endschalter S1 erreicht, schaltet sich das Band wieder ein und der Sack wird abtransportiert.

Dieser Vorgang soll im Automatikbetrieb andauernd ablaufen. Wird der Taster „Anlage Auslaufen" betätigt, so soll noch ein Befüllvorgang durchgeführt werden. Nach dem letzten Befüllen wird der Sack hinter den Endschalter S5 transportiert. Anschließend ist der Vorgang beendet. Über den Taster „Start" kann der Ablauf wieder gestartet werden. Über eine BCD-Anzeige soll die noch verbleibende Füllzeit angezeigt werden. Die Anlage ist auch manuell zu betreiben. Dazu muss der Schalter „Autom./Hand" in die Stellung „Hand" gebracht werden. Wird dies während des Automatikbetriebs durchgeführt, ist er augenblicklich zu stoppen.

Bedingungen für das manuelle Bedienen des Bandes:

Das Band kann manuell in einem Tippbetrieb gefahren werden, d.h. solange der Taster „Band tippen" betätigt ist, ist der Bandmotor eingeschaltet. Ist der Taster unbetätigt, so stoppt auch das Band. Das Band kann manuell nur eingeschaltet werden, wenn sich die Vorrichtung zum Befüllen in der oberen Endlage befindet.

Bedingungen für das manuelle Bedienen der Befüll-Vorrichtung:

Die Vorrichtung darf nur nach unten bewegt werden, wenn sich das Transportband nicht bewegt und die Bewegung nach oben noch nicht ausgelöst wurde. Außerdem muss sich die Klebeleiste in ihrer hinteren Endlage befinden. Die Bewegung wird über den Endschalter S2 begrenzt. Die Bewegung nach oben ist nur möglich, wenn sich die Klebeleiste in der hinteren Endlage befindet und das Befüllen nicht aktiv ist. Weiterhin darf der Ausgang für die Bewegung nach unten nicht aktiv sein. Die Bewegung wird über den Endschalter S1 begrenzt.

Bedingungen für das manuelle Befüllen:

Das manuelle Befüllen ist nur möglich, wenn sich ein Sack in der Abfüllposition befindet, die Füllvorrichtung in der unteren Endlage ist und die Klebeleiste den Endschalter S3 betätigt.

Bedingungen für das manuelle Bedienen der Klebeleiste:

Die Klebeleiste darf sich nur nach vorne bewegen, wenn das Befüllen nicht aktiv und der Bandmotor ausgeschaltet ist. Außerdem darf die Bewegung nach hinten nicht gesetzt sein. Die Bewegung wird über den Endschalter S4 begrenzt. In die hintere Endlage darf die Klebeleiste bewegt werden, wenn die Bewegung nach vorn nicht gesetzt ist. Die Bewegung wird über den Endschalter S3 begrenzt.

Zuordnungsliste:

Betriebsmittel	Signal	Anschluss an die SPS:
Taster „Steuerung ein"	Liefert ‚1', wenn betätigt	E0.0
Taster „Steuerung aus"	Liefert ‚0', wenn betätigt	E0.1
Taster „Start"	Liefert ‚1', wenn betätigt	E0.2
Taster „Band tippen"	Liefert ‚1', wenn betätigt	E0.3
Taster „Anlage auslaufen"	Liefert ‚0', wenn betätigt	E0.4
Schalter „Automatik/Hand"	Liefert ‚1' bei Handbetrieb	E0.5
Taster „Befüllen ein"	Liefert ‚1', wenn betätigt	E0.6
Taster „Befüllen aus"	Liefert ‚0', wenn betätigt	E0.7
Taster „Vorrichtung auf"	Liefert ‚1', wenn betätigt	E1.0
Taster „Vorrichtung ab"	Liefert ‚1', wenn betätigt	E1.1
Klebeleiste vor	Liefert ‚1', wenn betätigt	E1.2
Klebeleiste zurück	Liefert ‚1', wenn betätigt	E1.3
Endschalter S1	Liefert ‚0', wenn betätigt	E1.4
Endschalter S2	Liefert ‚0', wenn betätigt	E1.5
Endschalter S3	Liefert ‚0', wenn betätigt	E1.6
Endschalter S4	Liefert ‚0', wenn betätigt	E1.7
Endschalter S5	Liefert ‚0', wenn betätigt	E2.0
Motor Transportband	Ausgang	A4.0
Befüllen	Ausgang	A4.1
Lampe „Steuerung Ein"	Ausgang	A4.2
Vorrichtung abwärts	Ausgang	A4.3
Vorrichtung aufwärts	Ausgang	A4.4
Klebeleiste vor	Ausgang	A4.5
Klebeleiste zurück	Ausgang	A4.6
BCD-Anzeige	Ausgang	AW6

Aufgabe:

Erstellen Sie ein SPS-Programm für diese Anordnung und testen Sie Ihre Lösung mit SPS-VISU (Torf.VIS)

19 Zahlensysteme

19.1 Das Dezimalsystem

Wenn im täglichen Gebrauch etwas durch eine Zahl zum Ausdruck gebracht werden soll, z.B. ein Längenmaß, so verwendet jeder eine Zahl des dezimalen Zahlensystems.

Das dezimale Zahlensystem hat als Basiszahl die ‚10'. Das bedeutet, dass jede Zahl als Summe von Vielfachen einer Zehnerpotenz ausgedrückt wird.

Beispiel

Zerlegung der dezimalen Zahl 5349

5349			
= 5000 + 300 + 40 + 9			
$= 5 * 10^3 + 3 * 10^2 + 4 * 10^1 + 9 * 10^0$			
10^3	10^2	10^1	10^0
5	3	4	9

19.2 Das duale Zahlensystem

In der Digitaltechnik ist es nur möglich, eine ‚0' oder eine ‚1' zu unterscheiden und auch darzustellen. Deshalb wird in der Digitaltechnik das duale Zahlensystem verwendet. Bei diesem System stellt die Zahl ‚2' die Basis dar. Jede Zahl wird, ähnlich wie im Dezimalsystem, als Summe von Vielfachen einer Potenz von ‚2' ausgedrückt.

Beispiel

Es soll die dezimale Zahl 239 durch eine Dualzahl dargestellt werden.

Potenz	2^7	2^6	2^5	2^4	2^3	2^2	2^1	2^0
Wert dezimal	128	64	32	16	8	4	2	1
Duale Darstellung	1	1	1	0	1	1	1	1

Für die Darstellung der dezimalen Zahl 239 benötigt man acht Stellen im dualen Zahlensystem. Es ist unschwer zu erkennen, dass bei höherwertigen Zahlen die Stellenanzahl große Dimensionen annehmen kann.

19.3 Hexadezimalsystem

Ein weiteres in der SPS-Technik weit verbreitetes Zahlensystem ist das hexadezimale Zahlensystem (auch sedezimales Zahlensystem genannt). Dabei dient die Zahl 16 als Basis, d.h. alle Zahlen werden als Summe von Vielfachen von 16er-Potenzen dargestellt.

Beispiel

Es soll die Dezimalzahl 131 durch eine hexadezimale Zahl dargestellt werden.

Potenz	16^1	16^0
Hexadezimale Darstellung	8	3

$$8 * 16^1 + 3 * 16^0$$
$$= 8 * 16 + 3 * 1$$
$$= 131$$

Die Zahl 131 wird im hexadezimalen System durch die Zahl 83 Hex repräsentiert.

Beispiel

Es soll die Dezimalzahl 97 durch eine hexadezimale Zahl dargestellt werden.

Potenz	16^1	16^0
Hexadezimale Darstellung	6	1

$$6 * 16^1 + 1 * 16^0$$
$$= 6 * 16 + 1 * 1$$
$$= 97$$

Um eine Zahl im hexadezimalen System darstellen zu können, muss man jede Potenz von 16 mit maximal 15 multiplizieren können. Man steht nun vor dem Problem, einen Wert größer 9 mit nur einer Stelle darzustellen.

Hier behilft man sich mit den ersten sechs Buchstaben des Alphabets (A bis F), um die sechs noch verbleibenden Zahlen von 10 bis 15 mit einer Stelle auszudrücken:

Hexadezimale Darstellung	A	B	C	D	E	F
Wert dezimal	10	11	12	13	14	15

Beispiel

Es soll die dezimale Zahl 191 durch eine hexadezimale Zahl dargestellt werden.

Potenz	16^1	16^0
Hexadezimale Darstellung	B	F

$11 * 16^1 + 15 * 16^0$
$= 11 * 16 + 15 * 1$
$= 191$

Beispiel

Es soll die dezimale Zahl 2748 durch eine hexadezimale Zahl dargestellt werden.

Potenz	16^2	16^1	16^0
Hexadezimale Darstellung	A	B	C

$10 * 16^2 + 11 * 16^1 + 12 * 16^0$
$= 10 * 256 + 11 * 16 + 12 * 1$
$= 2748$

Vorgehensweise bei der Lösung:

Zunächst ermittelt man die höchste Stelle, die für die Darstellung der Zahl 2748 nötig ist. Die Stelle 16^3 hat die dezimale Wertigkeit 4096, ist also zu hoch. Somit besteht die hexadezimale Zahl aus drei Stellen. Nun errechnet man den Faktor der Stelle 16^2. Dies ist die Zahl 10, die in Hex mit ‚A' ausgedrückt wird. Damit hat man bereits die Wertigkeit 2560 (dezimal) ausgedrückt. Es bleibt ein Rest von 188 (2748 - 2560). Diese Wertigkeit muss mit den Stellen 16^1 und 16^0 erzielt werden. Der Faktor 12 an der Stelle 16^1 ist zu hoch, denn dies würde die Wertigkeit 192 (dezimal) ergeben. Also muss der Faktor 11 verwendet werden, der in Hex mit Hilfe des Buchstabens „B" dargestellt wird. Somit verbleibt ein Rest von 12 (188 - 11 * 16^1). Um diese dezimale Wertigkeit mit der Stelle 16^0 auszudrücken, benötigt man den Faktor 12, der in Hex mit dem Buchstaben ‚C' dargestellt wird. Somit erhält man die Hex-Zahl ‚ABC', die gleichwertig ist mit der dezimalen Zahl 2748.

Beispiel

Es soll die dezimale Zahl 5755 durch eine hexadezimale Zahl dargestellt werden.

1. Ermitteln der Stellenanzahl:

Die Stelle 16^4 hat die dezimale Wertigkeit 65536 ($1 * 16^4 = 65536$), ist also zu hoch. Die Stelle 16^3 hat die dezimale Wertigkeit 4096 ($1 * 16^3 = 4096$) und ist somit für die Darstellung geeignet. Der maximal mögliche Faktor der Stelle ist 1, denn der Faktor 2 übersteigt die Wertigkeit von 5755 ($2 * 16^3 > 5755$).

2. Rest ermitteln:

Als Rest verbleiben 5755 - 1 * 16^3 = 5755 − 4096 = 1659. Dieser Rest muss nun mit den verbleibenden Stellen ausgedrückt werden.

3. Ermitteln des Faktors für die Stelle 16^2:

Den Rest von 1659 teilt man durch den Wert 16^2. Das Ergebnis ist die dezimale Zahl 6,48. Die Zahl vor dem Komma verwenden wir als Faktor, also 6. Mit diesem Faktor erzielen wir eine Wertigkeit von 1536 (6 * 16^2).

4. Rest ermitteln:

Als Rest verbleiben 1659 − 1536 = 123. Dieser Rest muss nun mit den verbleibenden Stellen ausgedrückt werden.

5. Ermitteln des Faktors für die Stelle 16^1:

Den Rest dividiert man durch den Wert 16^1. Das Ergebnis ist die dezimale Zahl 7,68. Die Zahl vor dem Komma verwenden wir als Faktor, also 7. Mit diesem Faktor erzielen wir eine Wertigkeit von 112 (7 * 16^1).

6. Rest ermitteln:

Als Rest verbleiben 11. Somit benötigt die letzte Stelle 16^0 den Faktor 11, der durch den Buchstaben ‚B' ausgedrückt wird.

Die gesuchte Hex-Zahl lautet somit:

Potenz	16^3	16^2	16^1	16^0
Hexadezimale Darstellung	1	6	7	B

1 * 16^3 + 6 * 16^2 + 7 * 16^1 + 11 * 16^0
= 1 * 4096 + 6 * 256 + 7 * 16 + 11 * 1
= 5755

19.4 Umwandlung einer Dualzahl in eine Hexzahl

Wie kann man nun eine Zahl, die im dualen Zahlensystem dargestellt ist, in eine hexadezimale Zahl umwandeln, ohne hierfür große Rechenkünste anwenden zu müssen?

Ein Blick auf die folgende Darstellung zeigt, dass jeweils vier Potenzen des dualen Zahlensystems durch eine Potenz des hexadezimalen Systems darstellbar sind.

Potenz dual	2^7	2^6	2^5	2^4	2^3	2^2	2^1	2^0
Wert dezimal	128	64	32	16	8	4	2	1
Duale Darstellung	1	1	1	1	1	1	1	1
Summe der Potenzen	240				15			
Potenz hexadezimal	16^1				16^0			
Hexadezimale Darstellung	F				F			

Mit diesem Wissen stellt die Umwandlung einer dualen Zahl in eine hexadezimale Zahl keine große Schwierigkeit dar.

Beispiel

Es soll die dezimale Zahl 239 in eine duale und hexadezimale Zahl umgewandelt werden.

Potenz dual	2^7	2^6	2^5	2^4	2^3	2^2	2^1	2^0
Wert dezimal	128	64	32	16	8	4	2	1
Duale Darstellung	1	1	1	0	1	1	1	1
Summe der Potenzen	224				15			
Potenz hexadezimal	16^1				16^0			
Hexadezimale Darstellung	E				F			

19.5 Das BCD-Zahlensystem (binary coded decimal)

Meist ist es schwierig, einer höheren im dualen Zahlensystem dargestellten Zahl den Wert anzusehen. Es erfordert auch etwas Rechengeschick, die einzelnen Potenzen zu summieren, um die dezimale Zahl zu erhalten. Deshalb wird bei der „Schnittstelle" Mensch-Maschine oftmals der BCD-Code verwendet. Bei dieser Art der Darstellung wird eine Dezimalstelle durch die ersten vier Potenzen des Dual-Codes ausgedrückt.

Beispiel

Darstellung der dezimalen Zahl 239 im BCD-Code.

8	4	2	1	8	4	2	1	8	4	2	1
0	0	1	0	0	0	1	1	1	0	0	1
	2				3				9		
	100er				10er				1er		

Jeweils eine Zehnerpotenz (1er, 10er, 100er usw.) wird durch eine sogenannte Tetrade, d.h. die ersten vier Stellen 2^0, 2^1, 2^2 und 2^3 des dualen Systems ausgedrückt. Diese haben die dezimale Wertigkeit 1, 2, 4 und 8. Es ist einfacher, eine BCD-Zahl in eine dezimale Zahl umzuwandeln, als eine Zahl aus dem dualen Zahlensystem.

Beispiel

Darstellung der dezimalen Zahl 597 im BCD-Code.

8	4	2	1	8	4	2	1	8	4	2	1
0	1	0	1	1	0	0	1	0	1	1	1
	5				9				7		
	100er				10er				1er		

BCD-Ziffernschalter werden beispielsweise verwendet, um eine Parametereingabe durch einen Maschinenbediener zu ermöglichen. Dieser Parameter kann dann im SPS-Programm verarbeitet werden. Ebenso kommen BCD-Anzeige-Ziffern zur Anwendung, um Parameter (z.B. einen Zählerstand) des SPS-Programms nach außen zu geben.
Es gibt noch weitere in der Technik verwendete Zahlensysteme. Hierzu gehört auch das Oktalsystem, bei dem die Zahl 8 als Basis verwendet wird. Die Ziffern 0 – 7 dienen hierbei zur Zahlendarstellung. Jedes Zahlensystem „funktioniert" dabei nach dem gleichen, hier mehrfach erläuterten Prinzip.

19.6 Wiederholungsfragen Übung ✔

a) Nennen sie 3 verschiedene Zahlensysteme.
b) Welches Zahlensystem hat als Basis die Zahl 16?
c) Welche dezimale Wertigkeit hat die dritte Stelle im dualen Zahlensystem?
d) Wie wird die dezimale Zahl 23 im dualen Zahlensystem dargestellt?
e) Wie wird die dezimale Zahl 95 im dualen Zahlensystem dargestellt?
f) Wie wird die dezimale Zahl 233 im dualen Zahlensystem dargestellt?
g) Welche dezimale Wertigkeit hat die dritte Stelle des hexadezimalen Zahlensystems?
h) Wie wird die dezimale Zahl 71 im hexadezimalen Zahlensystem dargestellt?

20 Vergleicher

Vergleicher werden dazu verwendet, zwei Werte des gleichen Datentyps miteinander zu vergleichen. Die beiden Werte müssen sich dazu in den beiden Akkus Akku 1 und Akku 2 befinden. Entscheidend ist dabei, dass diese Zahlenwerte vom gleichen Datentyp sind, d.h. dem gleichen Zahlensystem angehören. Sollte dies nicht der Fall sein, dann muss dem SPS-Programmierer bewusst sein, dass Vergleiche unter Umständen nicht das korrekte Ergebnis liefern.

Folgende Datentypen können bei Vergleicheroperationen benutzt werden:

- INT
- DINT
- REAL

Vergleicher Datentyp INT

Vergleich auf gleich: „==I"

AWL	FUP	KOP
L MW 2 L MW 4 ==I = M 0.0		

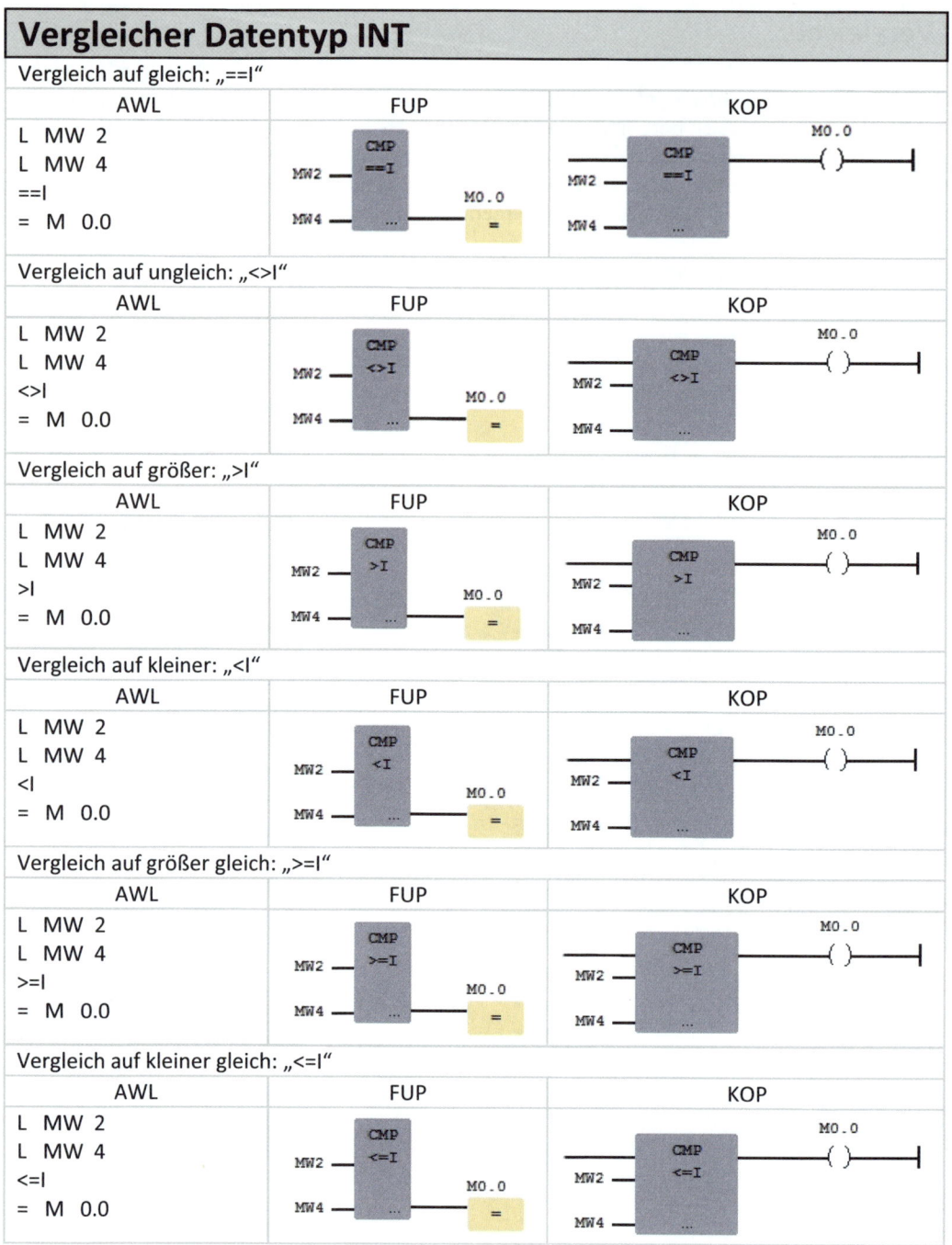

Vergleich auf ungleich: „<>I"

AWL	FUP	KOP
L MW 2 L MW 4 <>I = M 0.0		

Vergleich auf größer: „>I"

AWL	FUP	KOP
L MW 2 L MW 4 >I = M 0.0		

Vergleich auf kleiner: „<I"

AWL	FUP	KOP
L MW 2 L MW 4 <I = M 0.0		

Vergleich auf größer gleich: „>=I"

AWL	FUP	KOP
L MW 2 L MW 4 >=I = M 0.0		

Vergleich auf kleiner gleich: „<=I"

AWL	FUP	KOP
L MW 2 L MW 4 <=I = M 0.0		

Vergleicher Datentyp DINT

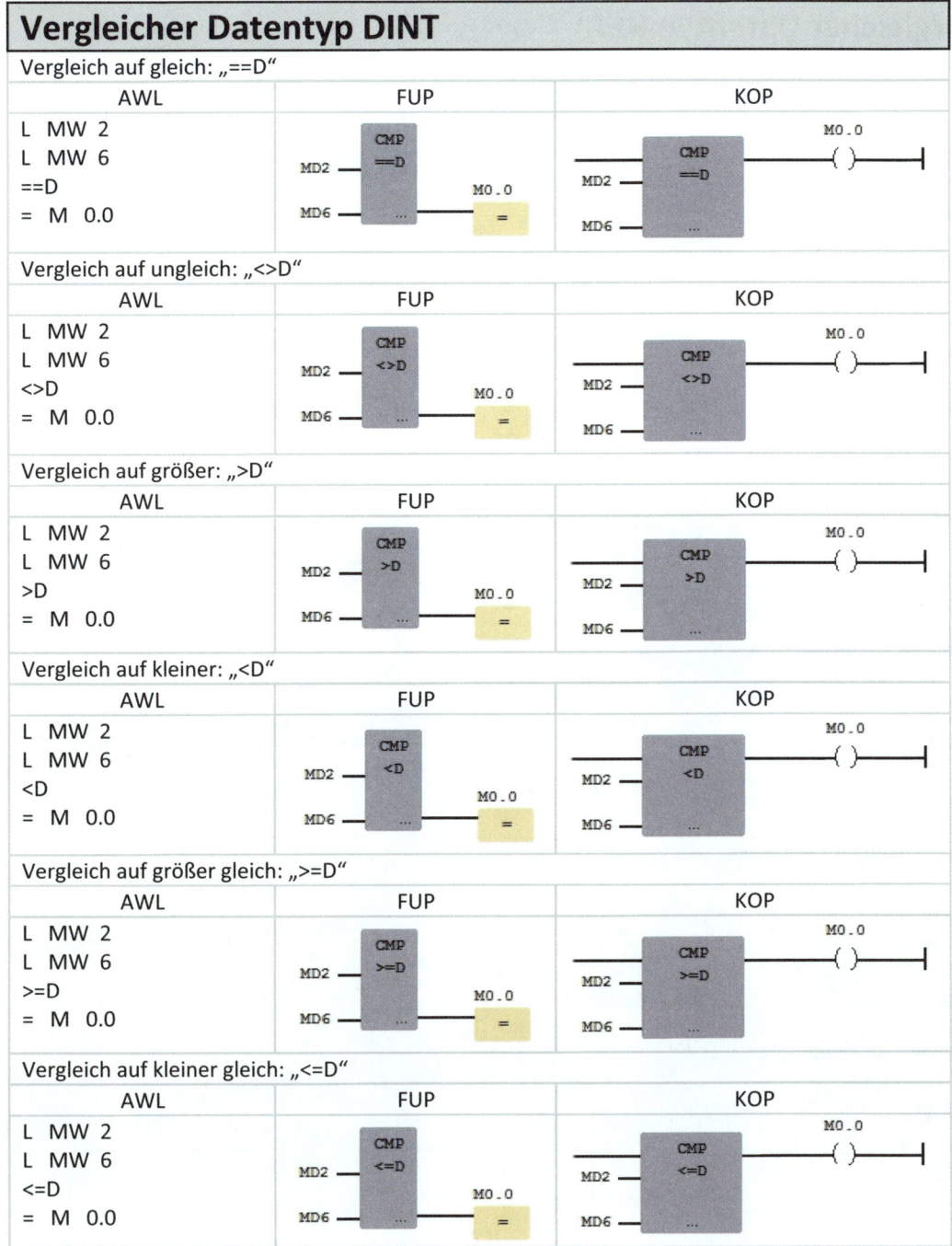

Vergleich auf gleich: „==D"

AWL	FUP	KOP
L MW 2 L MW 6 ==D = M 0.0		

Vergleich auf ungleich: „<>D"

AWL	FUP	KOP
L MW 2 L MW 6 <>D = M 0.0		

Vergleich auf größer: „>D"

AWL	FUP	KOP
L MW 2 L MW 6 >D = M 0.0		

Vergleich auf kleiner: „<D"

AWL	FUP	KOP
L MW 2 L MW 6 <D = M 0.0		

Vergleich auf größer gleich: „>=D"

AWL	FUP	KOP
L MW 2 L MW 6 >=D = M 0.0		

Vergleich auf kleiner gleich: „<=D"

AWL	FUP	KOP
L MW 2 L MW 6 <=D = M 0.0		

Vergleicher Datentyp REAL

Vergleich auf gleich: „==R"

AWL	FUP	KOP
L MW 2 L MW 6 ==R = M 0.0		

Vergleich auf ungleich: „<>R"

AWL	FUP	KOP
L MW 2 L MW 6 <>R = M 0.0		

Vergleich auf größer: „>R"

AWL	FUP	KOP
L MW 2 L MW 6 >R = M 0.0		

Vergleich auf kleiner: „<R"

AWL	FUP	KOP
L MW 2 L MW 6 <R = M 0.0		

Vergleich auf größer gleich: „>=R"

AWL	FUP	KOP
L MW 2 L MW 6 >=R = M 0.0		

Vergleich auf kleiner gleich: „<=R"

AWL	FUP	KOP
L MW 2 L MW 6 <=R = M 0.0		

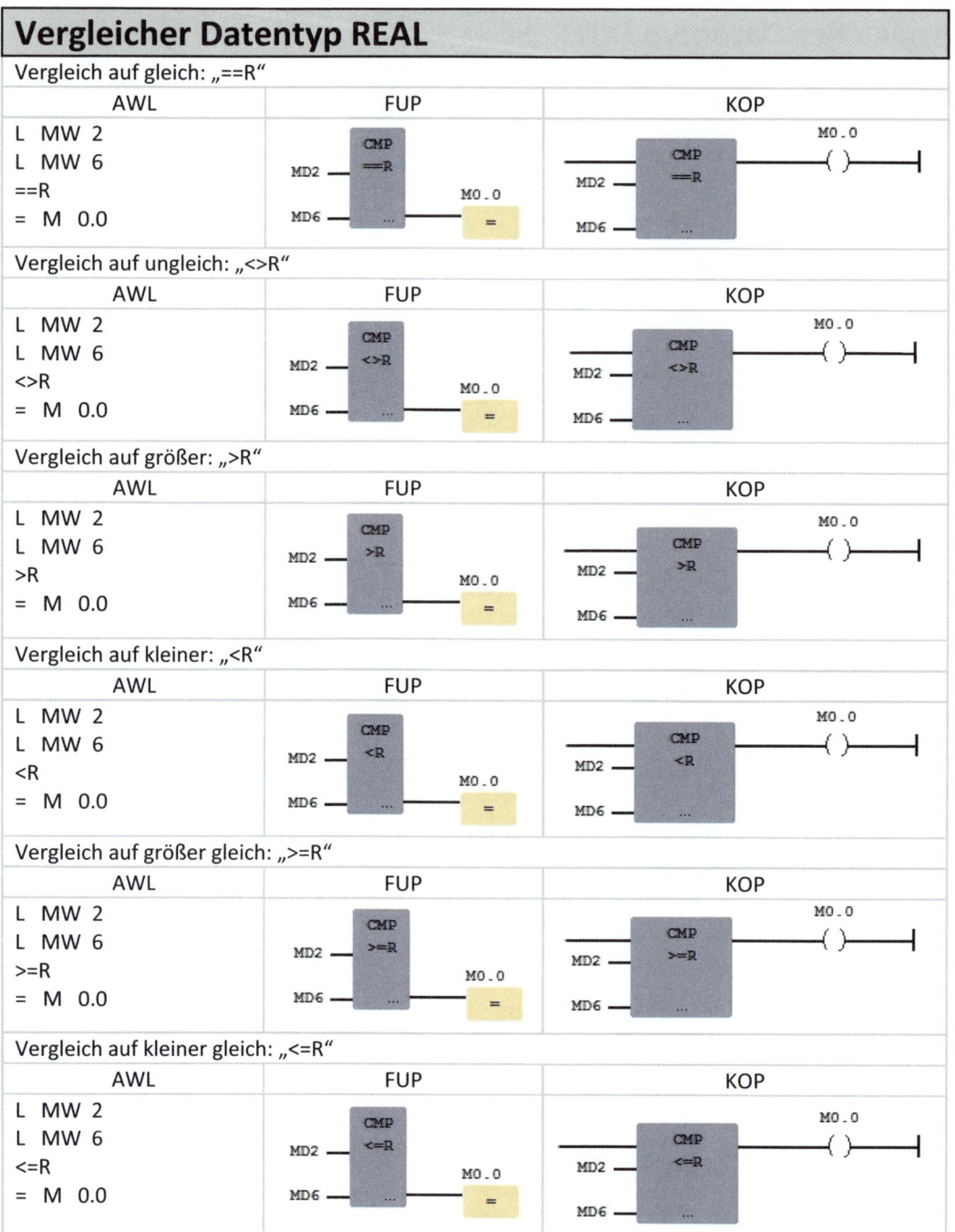

20.1 Auswertung der Vergleichsfunktionen

Vergleichsfunktionen beeinflussen sowohl das Verknüpfungsergebnis (VKE) als auch die Anzeigebits A0, A1, OV und OS. Das Anzeigebit OS wird dabei nur auf ,1' gesetzt, wenn bei einem REAL-Zahlen-Vergleich eine ungültige REAL-Zahl in einem der Akkus vorhanden ist.

Aufgrund dieser Eigenschaft bieten sich zwei Möglichkeiten an, einen Vergleich auszuwerten: zum einen mit Hilfe einer Binärverknüpfung (dabei wird das VKE verwendet), zum anderen über Sprungfunktionen, welche die Anzeigebits auswerten.

Nachfolgend wird die Auswertung von Vergleichern mit Hilfe von Binärfunktionen gezeigt.

20.2 Beispiel zu Vergleichern

Es soll das SPS-Programm für folgende Anordnung geschrieben werden:

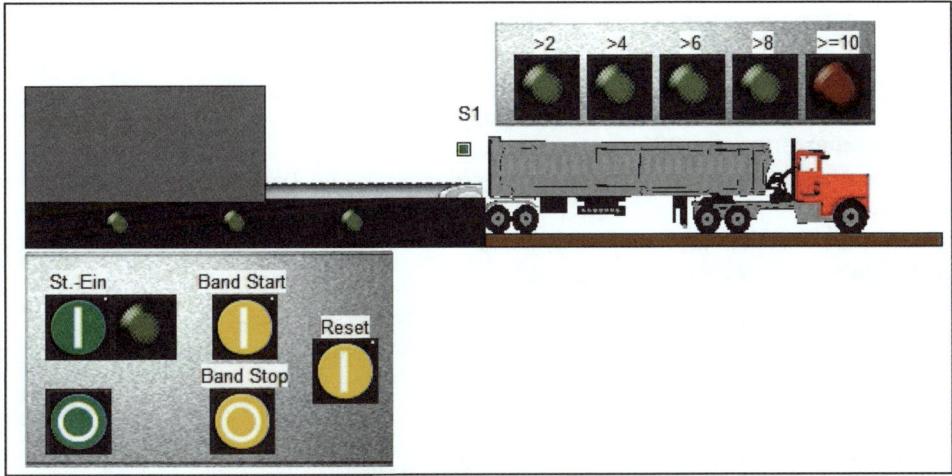

Bild: Technologieschema des Beispiels

An einer Beladestation können LKWs mit Kisten beladen werden. Ein Band transportiert dabei die Kisten zu einem LKW. Über Lampen soll angezeigt werden, wie viele Kisten bereits verladen wurden. Das Band schaltet sich nicht automatisch ab, sondern wird über Taster ein- und abgeschaltet. Der Taster „Reset" setzt die Anzeige über die Lampen zurück.

20.2.1 Erstellen der Symbolik- bzw. Variablentabelle

Wie gewohnt, wird im ersten Schritt die Symbol- bzw. Variablentabelle erstellt.

Symbol	Operand		Typ	Symb.-Kommentar
TasterStEin	E	0.0	BOOL	
TasterStAus	E	0.1	BOOL	Öffner
TasterBandStart	E	0.2	BOOL	
TasterBandStop	E	0.3	BOOL	Öffner
EndschalterS1	E	0.4	BOOL	
TasterReset	E	0.5	BOOL	
Bandmotor	A	0.0	BOOL	
LampeStEin	A	0.1	BOOL	
Lampe>2	A	0.2	BOOL	
Lampe>4	A	0.3	BOOL	
Lampe>6	A	0.4	BOOL	
Lampe>8	A	0.5	BOOL	
Lampe>=10	A	0.6	BOOL	
MerkerStEin	M	0.0	BOOL	
ZaehlerAnzKisten	Z	0	COUNTER	

Bild: Symbole bzw. Variablen

Als Symbole wurden bereits der M0.0 „MerkerStEin" und der Zähler Z0 „ZaehlerAnzKisten" definiert.

20.2.2 Programmierung des OB1

Das SPS-Programm soll in den OB1 geschrieben werden. Es soll die Darstellungsart „FUP" verwendet werden.
Im ersten Netzwerk ist das Programm für den M0.0 „MerkerStEin" programmiert. Es folgt dem schon mehrfach verwendeten Muster.

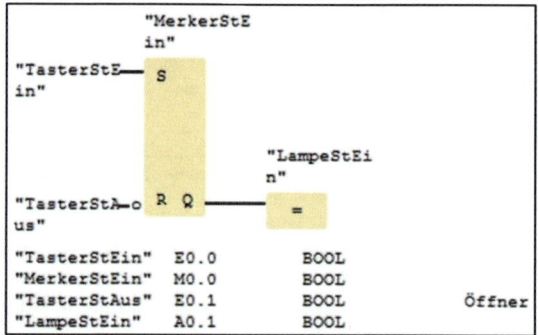

Bild: Programm im Netzwerk 1

Über den Taster „Steuerung Ein" wird der Merker gesetzt. Die Betätigung des Tasters „SteuerungAus" setzt ihn zurück. Da der Aus-Taster als Öffner ausgelegt ist, ist dessen Signal zu negieren. Die Lampe „Steuerung Ein" am A0.1 „LampeStEin" wird direkt vom Merker abhängig gemacht.
Nun zum Netzwerk 2, in dem der Bandmotor am A0.0 „Bandmotor" ausprogrammiert ist. Er kann über den Taster „Band Start" eingeschaltet werden. Die Abschaltung des Bands erfolgt über den Taster „Band Stop", der als Öffner ausgelegt ist. Das Abschalten der Steuerung soll ebenfalls zum Stopp des Bandes führen.

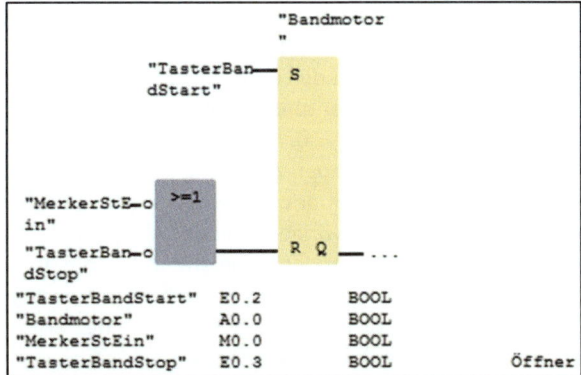

Bild: Programm für den Bandmotor

Im Netzwerk 3 befindet sich das Programm für den Zähler, mit dem die Anzahl der Kisten erfasst wird. Die Kisten passieren den Endschalter „S1", sodass dieser als Impuls für den Zähler verwendet werden kann. Der Zähler wird rückgesetzt, sobald die Steuerung abgeschaltet oder der Taster „Reset" betätigt wird.

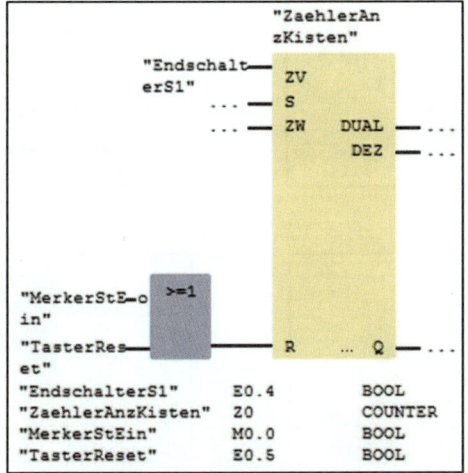

Bild: Vorwärtszähler zum Erfassen der Kistenanzahl

Im folgenden Netzwerk ist der erste Vergleich vorhanden. Da der Vergleich in FUP programmiert und somit ein CMP-Block verwendet wird, ist der Zahlenwert für den Akku 2 am oberen Anschluss anzugeben.

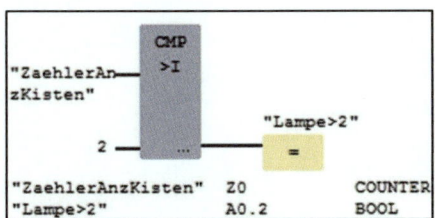

Bild: Vergleich des Zählerstandes auf > 2

Zu Beginn des Kapitels wurde erwähnt, dass bei einem Vergleich die beiden Zahlenwerte in den Akkus 1 und 2 verglichen werden. Dies bedeutet, dass die zu vergleichenden Zahlenwerte zunächst geladen werden müssen. Aus dem Kapitel „Lade- und Transferbefehle" wissen wir, dass bei einer Ladeoperation der Wert in den Akku 1 geladen und der bisherige Inhalt des Akku 1 in den Akku 2 verschoben wird.

Dies geschieht auch beim CMP-Block. Der am oberen Eingang angegebene Wert wird zunächst in den Akku 1 geladen. Anschließend folgt das Laden des Zahlenwertes am unteren Eingang. Auch dieser wird in den Akku 1 geladen, wodurch sich der vorige Inhalt des Akku 1 in den Akku 2 verschiebt.

In diesem Netzwerk soll verglichen werden, ob der Zählerstand des Zählers Z0 größer als die Zahl 2 ist. Der Vergleicher „>I" setzt das VKE auf den Status ‚1' (d.h. der Ausgang des Blocks liefert den Status ‚1'), sobald der Wert der Integer-Zahl im Akku 2 größer ist als der Wert im Akku 1.

Aus diesem Grund muss zunächst der Zählerstand geladen werden, damit sich dieser beim Ausführen der Vergleichsoperation im Akku 2 befindet.

Für alle FUP/KOP-CMP-Blöcke gilt somit: **[oberer Zahlenwert] Vergleichsoperation [Unterer Zahlenwert]**

Mit diesem Wissen sind die weiteren Netzwerke kein Problem mehr:

Netzwerk 5:

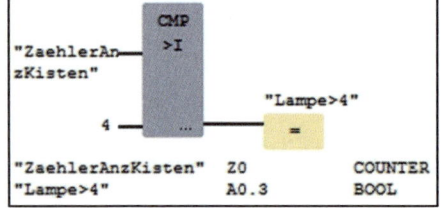

Netzwerk 6:

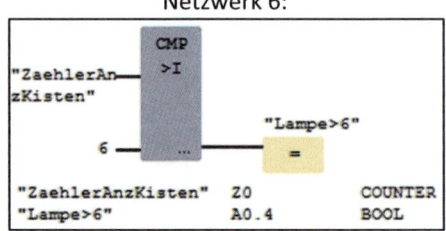

Netzwerk 7:

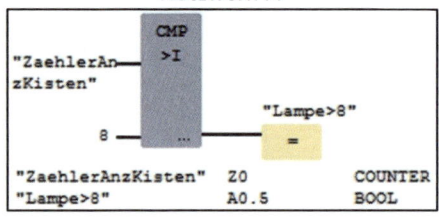

Netzwerk 8:

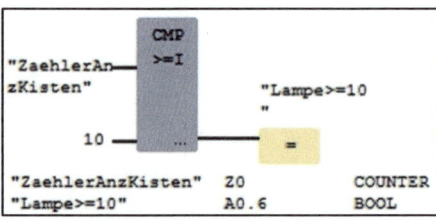

Damit sind alle Bereiche abgedeckt. Beim letzten Vergleich ist darauf zu achten, dass ein Vergleicher „>=I" zu verwenden ist. Denn die Lampe „Lampe>=10" soll schon ab der 10ten Kiste leuchten.

Das Programm ist vollständig und kann im nächsten Schritt an der Anlage getestet werden.

20.2.3 Test des SPS-Programms

Zum Test des SPS-Programms wird die SPS-VISU-Anlage mit der Bezeichnung „Beladen" verwendet. Nach dem Start von SPS-VISU und dem Laden des Anlagenprojektes wird der OB1 in die CPU übertragen, über die beiden RUN-Schalter in SPS-VISU die Simulation gestartet und die S7-SoftSPS in RUN versetzt.

Zunächst ist die Steuerung einzuschalten, was über die Lampe signalisiert wird. Dann startet man das Band über den Taster „Band Start". Daraufhin werden die Kisten über das Band in den LKW transportiert.

Sobald die Anzahl größer zwei ist, leuchtet die entsprechende Lampe. Wurden zehn Kisten verladen, so leuchten alle Lampen. Die Erhöhung des Zählerstandes und das Erfüllen der Vergleichsbedingungen kann im Bausteinstatus beobachtet werden.

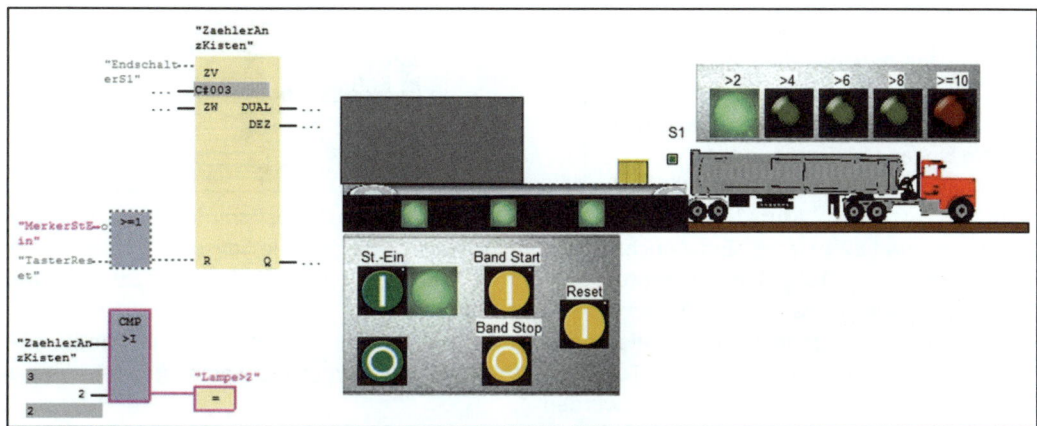

Bild: Beobachten des OB1 im laufenden Betrieb

20.3 Fazit

Vergleicher bieten eine einfache Möglichkeit, Zahlenwerte gleichen Datentyps miteinander zu vergleichen. Das Ergebnis des Vergleichs kann dabei mit binären Operationen ausgewertet und in Verknüpfungen eingebunden werden.

20.4 Wiederholungsfragen und Übungen Übung ✔

20.4.1 Wiederholungsfragen „Vergleicher"
a) Welche drei Datentypen werden bei den Vergleicher-Befehlen unterstützt?
b) Unter welchen Umständen kann ein Vergleicher ein falsches Ergebnis liefern?
c) Wie kann ein Vergleicher im SPS-Programm ausgewertet werden?

20.4.2 Übung „Absaugvorrichtung"

Es soll das SPS-Programm für eine Absaugvorrichtung erstellt werden. Im Inneren des Staubbehälters befinden sich Sensoren, die Auskunft darüber geben sollen, wie voll der Behälter ist. Die Sensoren sind dabei an die Eingänge E1.0 bis E1.5 angeschlossen. Der rechte Sensor ist mit dem Eingang E1.0, der linke Sensor mit dem Eingang E1.5 verbunden.

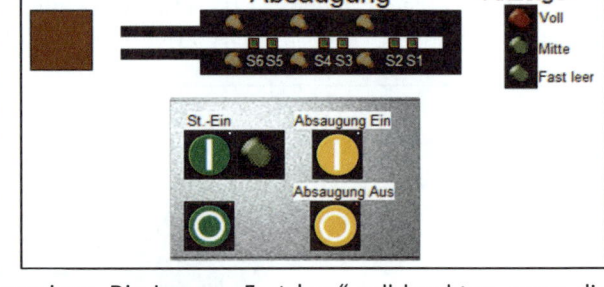

Als Anzeige dienen 3 Lampen, die die Zustände „Fast leer", „Mitte" und „Voll" anzeigen. Die Lampe „Fast leer" soll leuchten, wenn die Sensoren S1 und S2 betätigt sind. Leuchtet die Lampe „Mitte", so sind die Sensoren S3 und S4 von Teilchen umgeben. Sobald die Sensoren S5 und S6 betätigt sind, soll dies die Lampe „Voll" signalisieren, dabei muss auch der Saugmotor abgeschaltet werden.

Während des Saugvorgangs werden die Sensoren andauernd von Teilchen berührt. Damit dabei keine Anzeige durch vorbeifliegende Teilchen erfolgt, ist die Anzeige zu verzögern. Es soll eine Verzögerung von 2 Sekunden verwendet werden.

Die Absaugung kann über Taster ein- bzw. abgeschaltet werden. Das Einschalten soll dabei nicht mehr möglich sein, wenn der Staubbehälter voll ist. Die Aufgabe ist mit Hilfe von Vergleichern zu lösen. Dabei ist zu beachten, dass die Sensoren innerhalb eines Bytes liegen und dieses Byte je nach Betätigung der Sensoren einen bestimmten Zahlenwert hat. Der Zahlenwert ist dabei auszuwerten und mit seiner Hilfe sind die entsprechenden Lampen anzusteuern.

Zuordnungsliste:

Betriebsmittel	Signal	Anschluss an die SPS:
Taster „Steuerung ein"	Liefert ‚1', wenn betätigt	E0.0
Taster „Steuerung aus"	Liefert ‚0', wenn betätigt	E0.1
Taster „Absaugung Ein"	Liefert ‚1', wenn betätigt	E0.2
Taster „Absaugung Aus"	Liefert ‚0', wenn betätigt	E0.3
Sensor „S1" – „S6"	Liefert ‚0', wenn betätigt	E1.0-E1.5
Motor Absaugung	Motor	A4.0
Lampe „Steuerung Ein"	Lampe	A4.1
Lampe „Behälter fast leer"	Lampe	A4.2
Lampe „Behälter Mitte"	Lampe	A4.3
Lampe „Behälter voll"	Lampe	A4.4

Aufgabe:
Erstellen Sie ein SPS-Programm für diese Anlage und testen Sie Ihre Lösung
mit SPS-VISU (Sauger.VIS).

21 Arithmetische Operationen

In STEP®7 sind für drei verschiedene Zahlenformate Rechenoperationen vorhanden, ähnlich wie es auch bei Vergleicheroperationen der Fall ist. Dies sind die Formate:

- **INT**: Ganzzahl 16 Bit
- **DINT**: Ganzzahl 32 Bit
- **REAL**: Gleitpunktzahl 32 Bit

Alle Rechenoperationen funktionieren nach dem gleichen Prinzip: Das Ergebnis der Operation wird im Akku 1 abgelegt, und je nach Ergebnis werden die Bits A1, A0, OV und OS im Statuswort gesetzt. Diese Bits wurden bereits bei der Benennung der Register einer CPU angesprochen. Die Rechenoperationen sind <u>nicht</u> vom VKE abhängig – sie werden unabhängig von einer vorherigen Verknüpfung ausgeführt.

Nachfolgend sind die Operationen nach den Zahlenformaten sortiert aufgelistet.

Datentyp INT

Akku 1 und Akku 2 als Ganzzahl addieren: „+I" oder „ADD_I"

AWL	FUP/KOP
``` L MW 0 L MW 2 +I T MW 4 ```	

Akku 1 und Akku 2 als Ganzzahl subtrahieren: „-I" oder „SUB_I"

AWL	FUP/KOP
``` L MW 0 L MW 2 -I T MW 4 ```	

Akku 1 und Akku 2 als Ganzzahl multiplizieren: „*I" oder „MUL_I"

AWL	FUP/KOP
``` L MW 0 L MW 2 *I T MW 4 ```	

Akku 1 und Akku 2 als Ganzzahl dividieren: „/I" oder „DIV_I"

AWL	FUP/KOP
``` L MW 0 L MW 2 /I T MW 4 ```	

Datentyp DINT

Akku 1 und Akku 2 als Ganzzahl (32 Bit) addieren: „+D" oder „ADD_DI"

AWL	FUP/KOP
L MD 0 L MD 4 +D T MD 8	

Akku 1 und Akku 2 als Ganzzahl (32 Bit) subtrahieren: „-D" oder „SUB_DI"

AWL	FUP/KOP
L MD 0 L MD 4 -D T MD 8	

Akku 1 und Akku 2 als Ganzzahl (32 Bit) multiplizieren: „*D" oder „MUL_DI"

AWL	FUP/KOP
L MD 0 L MD 4 *D T MD 8	

Akku 1 und Akku 2 als Ganzzahl (32 Bit) dividieren: „/D" oder „DIV_DI"

AWL	FUP/KOP
L MD 0 L MD 4 /D T MD 8	

Der Rest einer Division wird im Akku 1 abgelegt: „MOD" oder „MOD_DI"

AWL	FUP/KOP
L MD 0 L MD 4 MOD T MD 8	

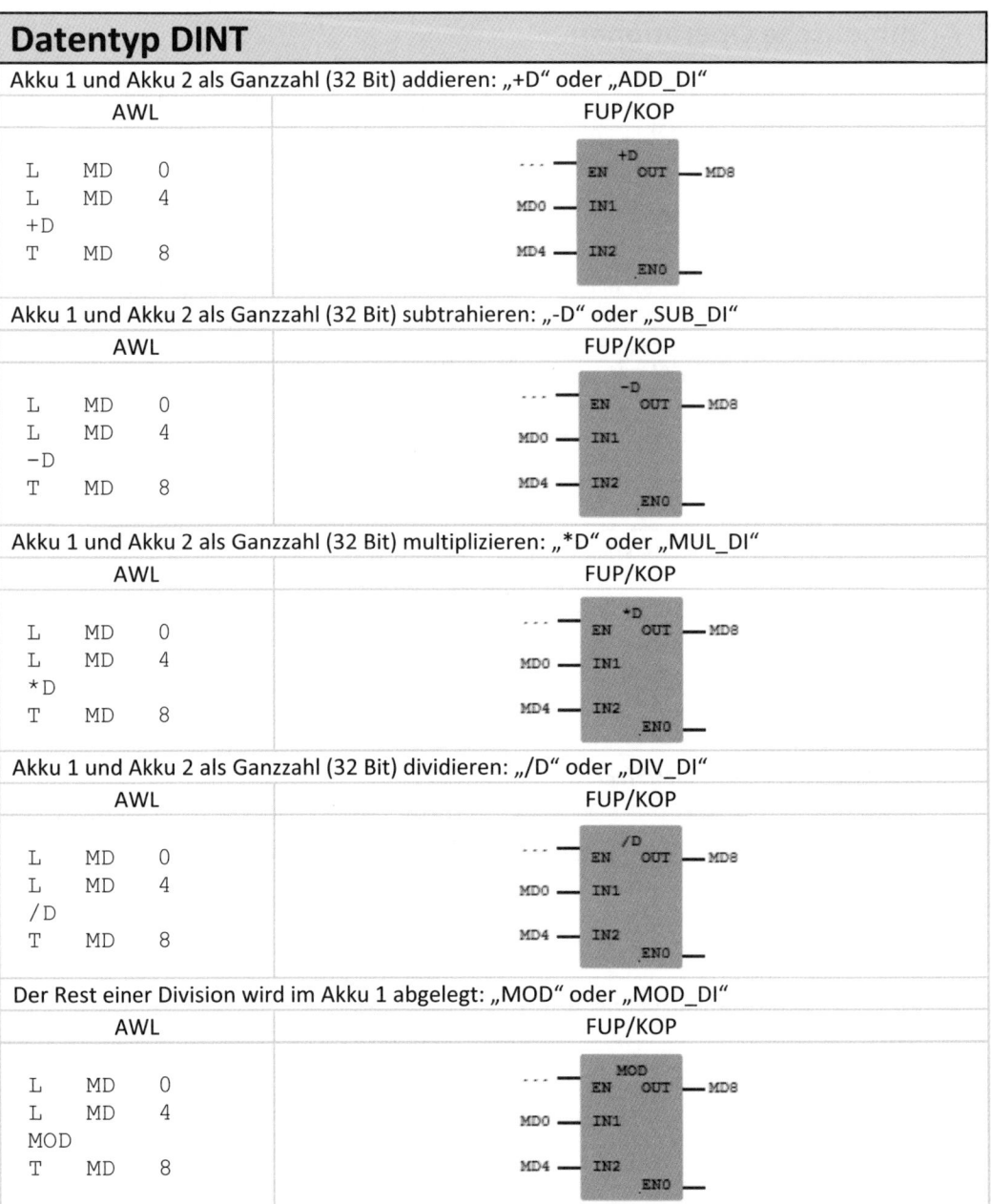

Datentyp REAL

Akku 1 und Akku 2 als Gleitpunktzahl (32 Bit) addieren: „+R" oder „ADD_R"

AWL	FUP/KOP

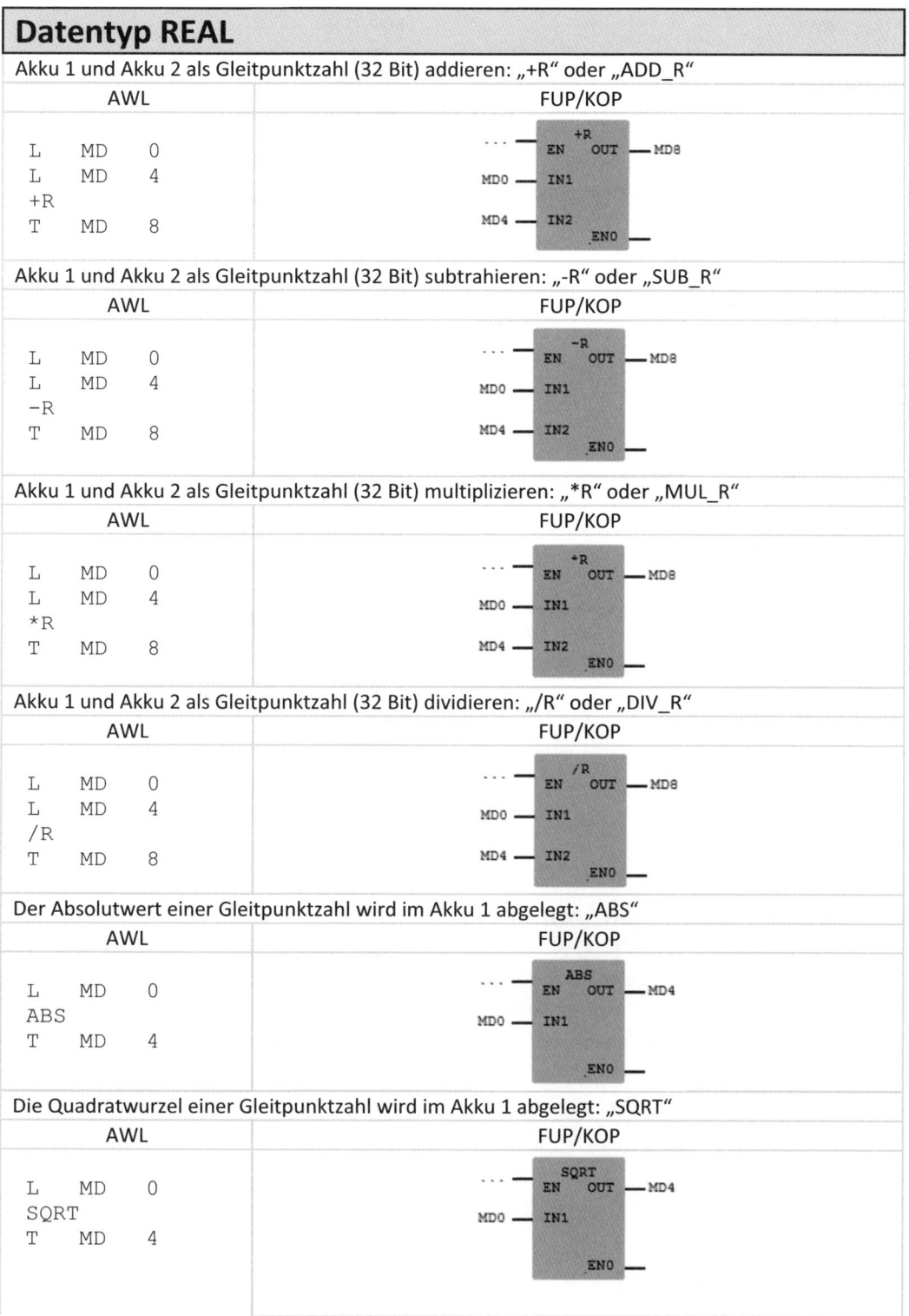

```
L    MD    0
L    MD    4
+R
T    MD    8
```

Akku 1 und Akku 2 als Gleitpunktzahl (32 Bit) subtrahieren: „-R" oder „SUB_R"

AWL	FUP/KOP

```
L    MD    0
L    MD    4
-R
T    MD    8
```

Akku 1 und Akku 2 als Gleitpunktzahl (32 Bit) multiplizieren: „*R" oder „MUL_R"

AWL	FUP/KOP

```
L    MD    0
L    MD    4
*R
T    MD    8
```

Akku 1 und Akku 2 als Gleitpunktzahl (32 Bit) dividieren: „/R" oder „DIV_R"

AWL	FUP/KOP

```
L    MD    0
L    MD    4
/R
T    MD    8
```

Der Absolutwert einer Gleitpunktzahl wird im Akku 1 abgelegt: „ABS"

AWL	FUP/KOP

```
L    MD    0
ABS
T    MD    4
```

Die Quadratwurzel einer Gleitpunktzahl wird im Akku 1 abgelegt: „SQRT"

AWL	FUP/KOP

```
L    MD    0
SQRT
T    MD    4
```

21| Arithmetische Operationen

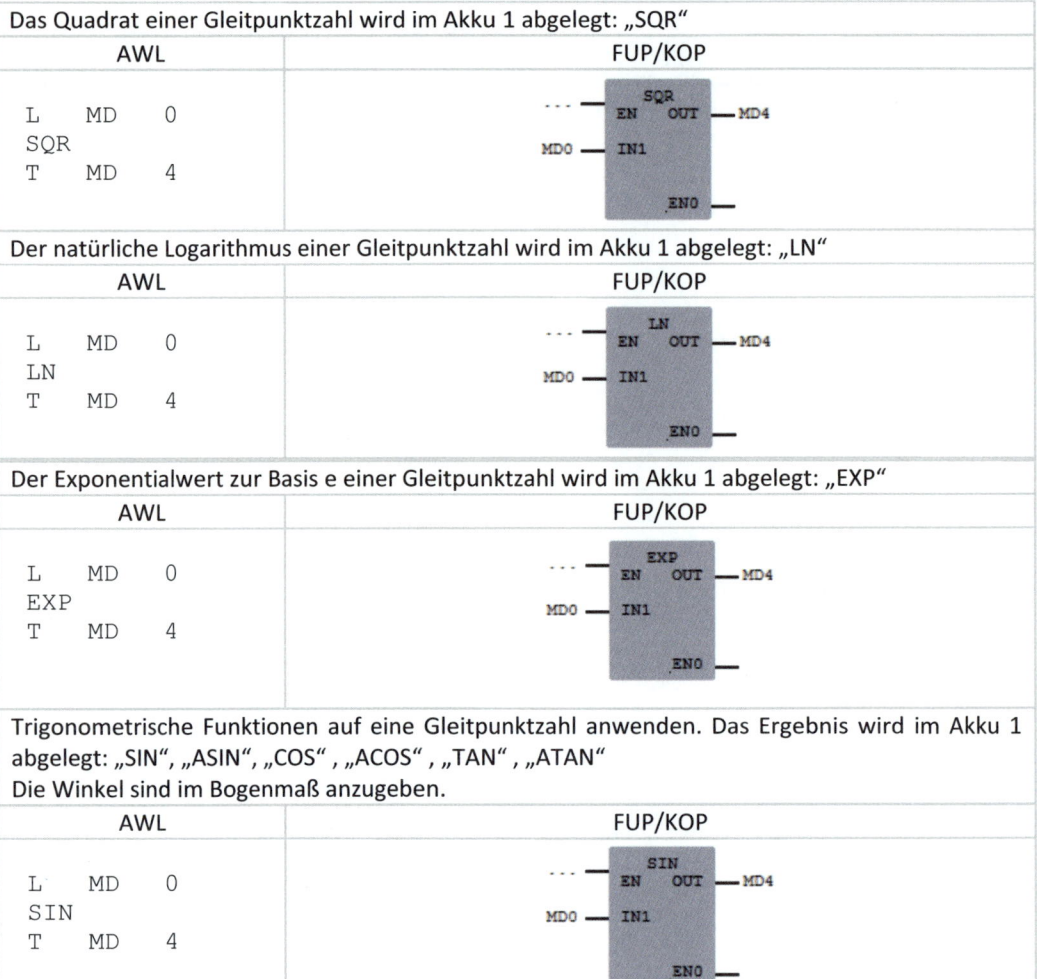

Das Quadrat einer Gleitpunktzahl wird im Akku 1 abgelegt: „SQR"	
AWL	FUP/KOP
L MD 0 SQR T MD 4	

Der natürliche Logarithmus einer Gleitpunktzahl wird im Akku 1 abgelegt: „LN"	
AWL	FUP/KOP
L MD 0 LN T MD 4	

Der Exponentialwert zur Basis e einer Gleitpunktzahl wird im Akku 1 abgelegt: „EXP"	
AWL	FUP/KOP
L MD 0 EXP T MD 4	

Trigonometrische Funktionen auf eine Gleitpunktzahl anwenden. Das Ergebnis wird im Akku 1 abgelegt: „SIN", „ASIN", „COS" , „ACOS" , „TAN" , „ATAN"
Die Winkel sind im Bogenmaß anzugeben.

AWL	FUP/KOP
L MD 0 SIN T MD 4	

21.1 Wiederholungsfragen „Arithmetik" Übung ✔

a) Wo wird das Ergebnis einer Rechenoperation abgelegt?

b) Wie heißt der Datentyp, in dem Gleitpunktzahlen gespeichert werden können?

c) Werden arithmetische Operationen immer ausgeführt oder sind sie vom VKE abhängig?

22 Sprungoperationen

In S7 sind Operationen vorhanden, deren Ausführung nicht vom VKE abhängig ist, z.B. Lade- und Transferoperationen. Sollen diese Befehle nicht ausgeführt werden, bedeutet dies, dass die Operationen von der CPU nicht bearbeitet werden dürfen.

Eine Möglichkeit, bestimmte Operationen von der CPU nicht bearbeiten zu lassen, besteht darin, sie zu überspringen.

S7 stellt eine Vielzahl von Sprungoperationen zur Verfügung. Nachfolgend ist eine Übersicht der vorhandenen Sprungoperationen zu sehen. In der linken Spalte ist dabei die Operationsbezeichnung und in der rechten Spalte eine kurze Beschreibung angegeben.

Befehl	Beschreibung
LOOP	Programmschleife
SPA	Springe absolut
SPB	Springe, wenn VKE = 1 Entspricht JMP bei FUP/KOP
SPBB	Springe, wenn VKE = 1, und rette VKE ins BIE
SPBI	Springe, wenn BIE = 1
SPBIN	Springe, wenn BIE = 0
SPBN	Springe, wenn VKE = 0 Entspricht JMPN bei FUP/KOP
SPBNB	Springe, wenn VKE = 0 und rette VKE ins BIE
SPL	Sprungleiste (Sprungverteiler)
SPM	Springe, wenn Ergebnis < 0
SPMZ	Springe, wenn Ergebnis <= 0
SPN	Springe, wenn Ergebnis <> 0
SPO	Springe, wenn OV = 1
SPP	Springe, wenn Ergebnis > 0
SPPZ	Springe, wenn Ergebnis >= 0
SPS	Springe, wenn OS = 1
SPU	Springe, wenn Ergebnis ungültig
SPZ	Springe, wenn Ergebnis = 0

Die Sprungoperationen können in allen S7-Befehlsbausteinen (OBs, FCs und FBs) programmiert werden.

Mit einigen Sprungoperationen (z.B. SPP) können die Ergebnisse arithmetischer oder Vergleichsoperationen ausgewertet werden. Dies liegt daran, dass arithmetische und Vergleichsoperationen die Anzeigebits je nach Ergebnis setzen. Diese Anzeigebits werden ihrerseits von den Sprungoperationen ausgewertet.

Nur in der Darstellungsart AWL stehen alle obigen Sprungoperationen zur Verfügung.

22.1 Beispiel zu Sprungoperationen

Es ist das SPS-Programm für folgenden Aufbau zu erstellen:

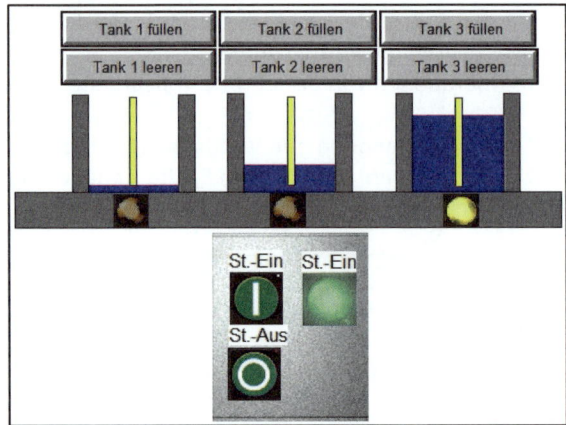

Bild: Technologieschema des Beispiels

Der Aufbau besteht aus drei Tanks, die über die Taster oberhalb der Tanks gefüllt bzw. entleert werden können. Das Füllen und Entleeren ist dabei nicht Bestandteil des SPS-Programms.
Unterhalb eines jeden Tanks befindet sich eine Lampe, die leuchtet, wenn der zugehörige Tank den höchsten Füllstand aller drei Tanks aufweist. Die Füllstände werden über Sensoren erfasst, wobei diese einen INT-Wert liefern, der ein Maß für den Füllstand darstellt.

22.1.1 Erstellen der Symbolik- bzw. Variablentabelle

Der nachfolgenden Symbolik- bzw. Variablentabelle kann die Belegung der Operanden entnommen werden.

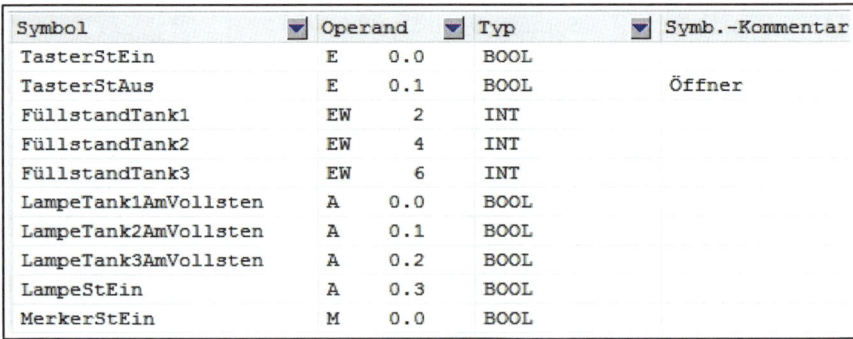

Symbol	Operand		Typ	Symb.-Kommentar
TasterStEin	E	0.0	BOOL	
TasterStAus	E	0.1	BOOL	Öffner
FüllstandTank1	EW	2	INT	
FüllstandTank2	EW	4	INT	
FüllstandTank3	EW	6	INT	
LampeTank1AmVollsten	A	0.0	BOOL	
LampeTank2AmVollsten	A	0.1	BOOL	
LampeTank3AmVollsten	A	0.2	BOOL	
LampeStEin	A	0.3	BOOL	
MerkerStEin	M	0.0	BOOL	

Symbole bzw. Variablen des Beispiels

22.1.2 Programmierung der FC1

Das Hauptprogramm soll in die FC1 geschrieben werden. Für die Programmierung wird die Darstellungsart AWL verwendet.
Im folgenden Netzwerk 1 der FC ist der Füllstand des Tanks 1 mit dem des Tanks 2 zu vergleichen. Dazu wird ein Vergleicher für den Datentyp INT verwendet.

Ist der Füllstand von Tank 1 größer oder gleich dem Füllstand von Tank 2, so wird das VKE auf den Zustand ‚1' gesetzt, anderenfalls auf den Wert ‚0'.

```
L     "FüllstandTank1"·
L     "FüllstandTank2"·
>=I·
SPB   St1·

"FüllstandTank1"   EW2           INT
"FüllstandTank2"   EW4           INT
```
Bild: Vergleich der Füllstände
Tank 1 und Tank 2

Hinter der Vergleichsoperation befindet sich die Operation „SPB" (Springe bedingt), bei der es sich um einen bedingten Sprung handelt, d.h. der Sprung ist vom Zustand des VKE abhängig.

Als Sprungziel wird die Zeichenkette „St1" angegeben. Das Sprungziel wird dabei auch als **Marke** oder **Label** bezeichnet.

Für ein Sprungziel (Label oder Marke) gelten folgende Vorgaben:
- Das Sprungziel kann sich sowohl vor als auch hinter der Sprungoperation befinden.
- Das Sprungziel muss in dem Baustein vorhanden sein, ansonsten wird beim Speichern des Bausteins eine Fehlermeldung ausgegeben.
- Die Marke darf maximal vier Zeichen lang sein, wobei das erste Zeichen ein Buchstabe sein muss. Groß- und Kleinschreibung wird dabei unterschieden.

Hat Tank 1 einen höheren Füllstand als Tank 2 oder sind die Füllstände identisch, wird der Sprung zur Marke „St1" ausgeführt. Die Marke „St1" wird im weiteren Verlauf programmiert.

Nun zum nächsten Netzwerk, in dem die Füllstände der Tanks 2 und 3 verglichen werden. Ist der Füllstand des Tanks 2 größer oder gleich dem Füllstand von Tank 3, dann wird zur Marke „St2" gesprungen. Anderenfalls wird der Sprung nicht ausgeführt.

```
L     "FüllstandTank2"·
L     "FüllstandTank3"·
>=I·
SPB   St2·

"FüllstandTank2"   EW4           INT
"FüllstandTank3"   EW6           INT
```
Bild: Vergleich der Tanks 2 und 3

Im Netzwerk 3 wird nun das erste Sprungziel programmiert. Das Sprungziel wird mit dem Zeichen „St3" bezeichnet.

```
St3:  NOP   1·
      SET·
      =     "LampeTank3AmVollsten"·
      SPA   Ende·

"LampeTank3AmVollsten"  A0.2    BOOL
```
Bild: Das Sprungziel „St3"

In der obigen Darstellung kann man die Syntax für die Eingabe des Sprungziels in AWL erkennen. Zunächst wird die Bezeichnung für das Sprungziel angegeben, im Beispiel „St3", dahinter folgt ein Doppelpunkt. Bestätigt man nun die Befehlszeile, wird die Null-Operation „NOP 1" automatisch vom Editor eingefügt. Diese Null-Operation hat in der CPU keine Auswirkungen.

Es ist zwingend erforderlich, dass sich an einem Sprungziel auch eine Operation befindet. Wird vom Programmierer keine Operation angegeben, wird standardmäßig eine NOP-Operation (ein Platzhalter) eingetragen.

Kommt es zur Ausführung eines Sprungs zur Marke „St3", wird die Bearbeitung der Befehle an der Marke im Netzwerk 3 fortgesetzt.

Hinter der Marke befindet sich die Operation „SET". Diese setzt das VKE zwingend auf den Zustand ‚1'. Anschließend wird das VKE dem Ausgang A0.2 „LampeTank3AmVollsten" zugewiesen, er wird also zwingend auf den Zustand ‚1' gesetzt.

Jetzt folgt ein neuer Sprungbefehl mit der Bezeichnung „SPA". Dabei handelt es sich um einen absoluten (unbedingten) Sprung. Der absolute Sprung ist nicht vom VKE abhängig – er wird immer ausgeführt. Die Syntax ist wie beim bedingten Sprung SPB: Hinter der Sprungoperation ist die Marke angegeben, an der die CPU mit der Befehlsbearbeitung fortfahren soll. Im Beispiel ist dies die Marke „Ende".

Im folgenden Netzwerk mit der Nummer 4 befindet sich das Sprungziel „St1". Dieses wird vom Netzwerk 1 aus angesprungen, sobald Tank 1 einen höheren Füllstand aufweist als Tank 2.

```
St1:      NOP   1·
          L     "FüllstandTank1"·
          L     "FüllstandTank3"·
          <I·
          SPB   St3·
          SET·
          =     "LampeTank1AmVollsten"
          SPA   Ende·

"FüllstandTank1"         EW2        INT
"FüllstandTank3"         EW6        INT
"LampeTank1AmVollsten"   A0.0       BOOL
```

Bild: Das Sprungziel „St1" mit den Operationen

Zunächst wird überprüft, ob der Füllstand von Tank 3 höher ist als der von Tank 1. Sollte dies der Fall sein, wird an die Marke „St3" gesprungen.

Zu beachten ist dabei, dass diese Marke vor dem Sprung liegt, es wird also ein Sprung zurück ausgeführt.

Ist die Bedingung für den Sprung nach „St3" nicht gegeben, dann setzt der Befehl „SET" das VKE auf den Zustand ‚1' und dieses wird dann dem Ausgang A0.0 „LampeTank1AmVollsten" zugewiesen. Somit wird angezeigt, dass Tank 1 den höchsten Füllstand besitzt.

Nach der Bearbeitung der Zuweisung wird absolut an die Marke „Ende" gesprungen.

Nun zum Netzwerk 5:

Im Netzwerk 5 befindet sich die Marke „St2". An diese wird gesprungen, sobald der Tank 2 als der vollste ermittelt wurde. Über „SET" wird das VKE auf den Zustand ‚1' gesetzt und an den Ausgang A0.1 „LampeTank2AmVollsten" weitergegeben. Anschließend folgt ein absoluter Sprung zur Marke „Ende".

```
St2:      NOP   1·
          SET·
          =     "LampeTank2AmVollsten"·
          SPA   Ende·

"LampeTank2AmVollsten"  A0.1       BOOL
```

Bild: Operationen am Label „St2"

Somit wäre die Funktion fast komplett, es fehlt nur noch die Marke „Ende". Wie der Name es vermuten lässt, befindet sie sich am Ende der Funktion, wobei der Name, wie bei den anderen Marken auch, frei wählbar ist. Im nachfolgenden Netzwerk 7 ist diese Marke zu sehen.

```
Ende:   NOP   1·
```

Bild: Letztes Netzwerk der FC1

Hinter der Marke befinden sich keine weiteren Operationen.

22.1.3 Programmierung des OB1

Im OB1 ist zunächst das Programm für den Merker „Steuerung Ein" zu erstellen.

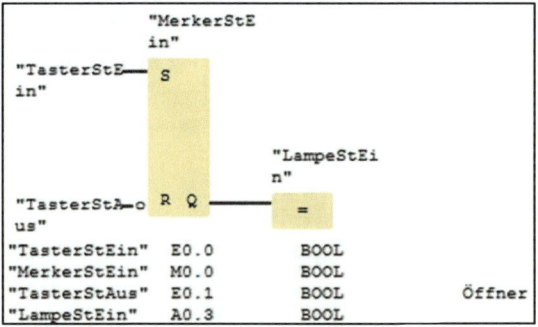

Bild: Netzwerk 1 des OB1

Im folgenden Netzwerk werden die Ausgänge der drei Lampen auf den Status ‚0' gesetzt.

```
CLR·
=       "LampeTank1AmVollsten"·
=       "LampeTank2AmVollsten"·
=       "LampeTank3AmVollsten"·
"LampeTank1AmVollsten"   A0.0        BOOL
"LampeTank2AmVollsten"   A0.1        BOOL
"LampeTank3AmVollsten"   A0.2        BOOL
```

Bild: Resetten der Lampen-Ausgänge

Im Netzwerk 3 erfolgt der Aufruf der FC1. Dieser wird bedingt programmiert.

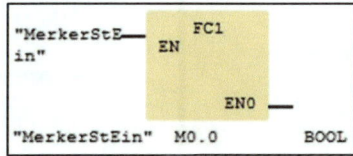

Bild: Bedingter Aufruf der FC1

Der Aufruf ist bedingt, denn die Anzeige des vollsten Tanks soll nur erfolgen, wenn die Steuerung eingeschaltet ist. Aus diesem Grund wird der Aufruf der Funktion vom Merker M0.0 „MerkerStEin" abhängig gemacht.

Damit ist auch der OB1 komplett.

22.1.4 Test und Analyse des SPS-Programms

Zum Test des SPS-Programms wird die virtuelle Anlage „Tank_1_bis_3" von SPS-VISU verwendet. Nach dem Laden des Anlagenprojektes und dem Übertragen der Bausteine in die S7-SoftSPS kann die Simulation gestartet werden. Als erste Bedienhandlung wird die Steuerung eingeschaltet.
Die Anlage in SPS-VISU hat nach diesen Aktionen folgendes Aussehen:

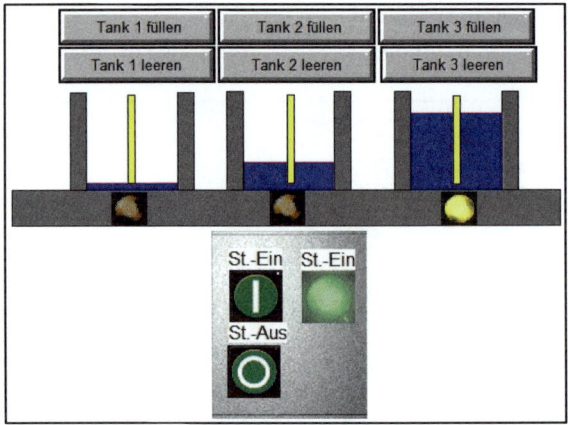

Bild: Situation nach dem Einschalten der Steuerung

Man erkennt, dass Tank 3 den höchsten Füllstand aufweist. Dies wird auch über die Lampe am Tank angezeigt.

Bei dieser Anlagenkonstellation soll nun der Bausteinstatus der FC1 betrachtet werden.

In den Netzwerken 1, 2 und 3 zeigt sich der Bausteinstatus in der gewohnten Weise. Schaut man sich das Netzwerk 4 an, fällt auf, dass dort keine Angaben in der Statustabelle vorhanden sind.

Der Grund dafür ist einfach, denn die Operationen innerhalb dieses Netzwerks werden nicht bearbeitet.

Die folgende Darstellung zeigt den Grund dafür.

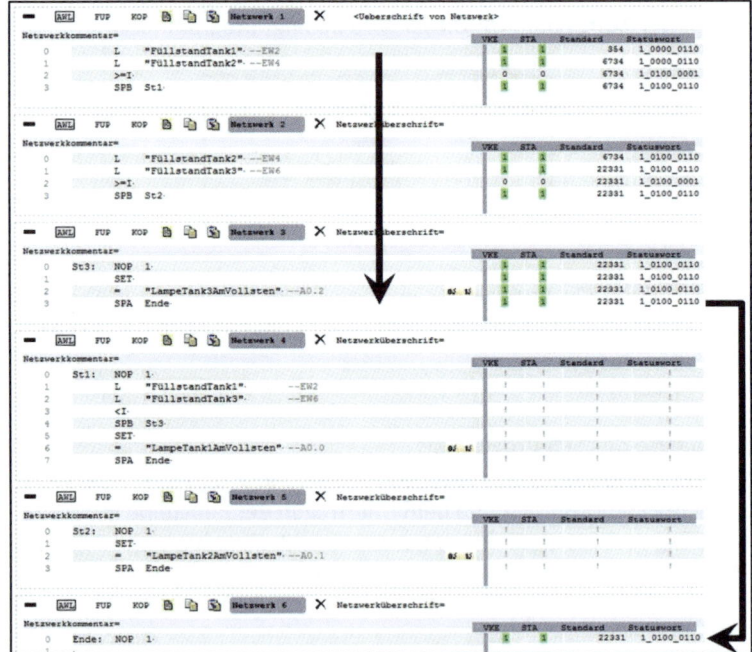

Bild: Arbeitsweise der CPU

Die Pfeile verdeutlichen die Bearbeitung der einzelnen Befehlszeilen. Die Netzwerke 1, 2 und 3 werden normal abgearbeitet.

Da Tank 3 den höchsten Füllstand aufweist, trifft die CPU auf den Sprungbefehl „SPA Ende" im Netzwerk 3. Dieser hat zur Folge, dass zur Marke „Ende" gesprungen wird.

Dies bedeutet, die Befehle innerhalb der Netzwerke 4 und 5 werden von der CPU nicht bearbeitet.

Deshalb können von diesen Zeilen auch keine Statusinformationen empfangen werden. In den Spalten der Statustabelle wird in einem solchen Fall das Zeichen „!" angezeigt. Dies ist ein Symbol dafür, dass die Befehlszeile von der CPU nicht ausgeführt wird.

In SPS-VISU wird nun über den Taster „Tank 1 füllen" der Tank 1 vollständig gefüllt. Dies ist nachfolgend zu sehen.

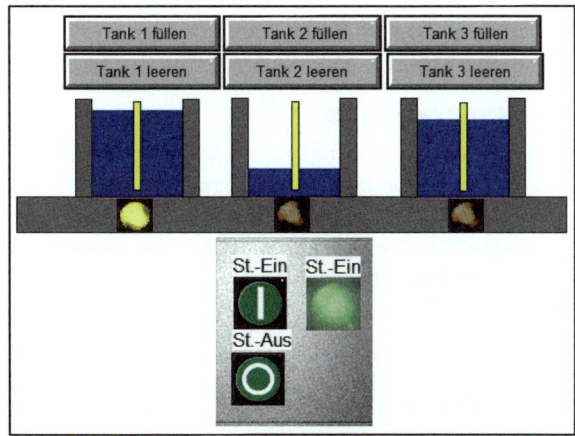

Bild: Füllen des Tanks mit der Nummer 1

In der FC1 präsentiert sich daraufhin der Bausteinstatus wie folgt:

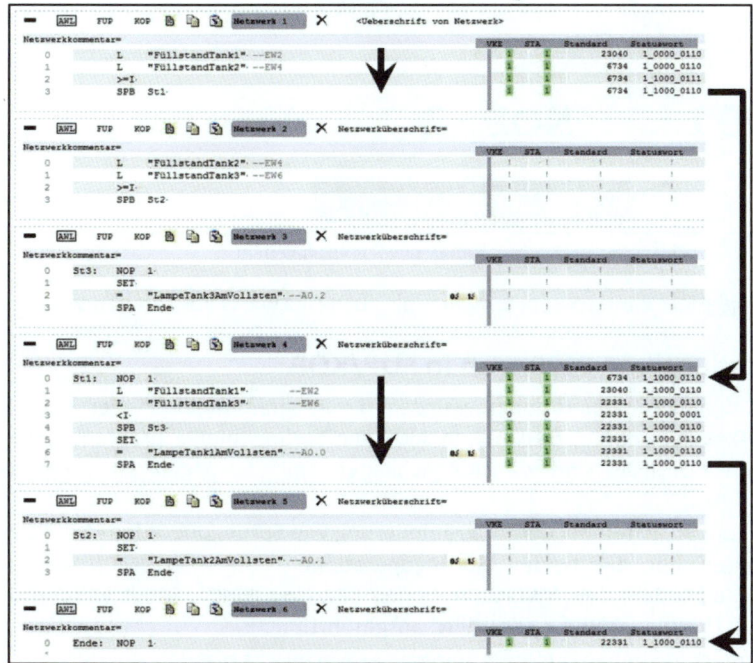

Bild: Statusbetrieb mit neuer Konstellation

Im Netzwerk 1 wird der Vergleich der beiden Füllstände von Tank 1 und Tank 2 durchgeführt. Dieser Vergleich liefert das VKE = ‚1'. Somit wird der bedingte Sprung zur Marke „St1" ausgeführt. Diese Marke befindet sich im Netzwerk 4, weswegen die CPU dort mit der Bearbeitung der Befehle fortfährt.

Da der Füllstand von Tank 1 auch höher als der Füllstand von Tank 3 ist, liefert der Vergleich zu Beginn des Netzwerks 4 das VKE = ‚0'.

Dies hat zur Folge, dass der bedingte Sprung zur Marke „St3" nicht ausgeführt wird. Die Bearbeitung der Befehle im Netzwerk 4 wird also fortgeführt.

Am Ende von Netzwerk 4 befindet sich ein absoluter Sprung zur Marke „Ende". Somit werden die Befehle im Netzwerk 5 von der CPU nicht bearbeitet. Dies kann man auch an der Statustabelle erkennen: dort wird ausschließlich das Zeichen „!" angezeigt.

22.2 Syntax der Sprungoperationen

Ein Sprungbefehl besteht immer aus dem Sprungbefehl und dem Sprungziel (Label oder Marke).

Das Sprungziel wird an zwei Stellen angegeben: direkt beim Sprungbefehl und als Kennzeichnung des Sprungziels.

Die Sprungmarke darf maximal 4 Zeichen lang sein, wobei das erste Zeichen ein Buchstabe sein muss. Groß-/Kleinschreibung wird dabei unterschieden.

Nachfolgend ist dies am Beispiel eines absoluten Sprungs dargestellt.

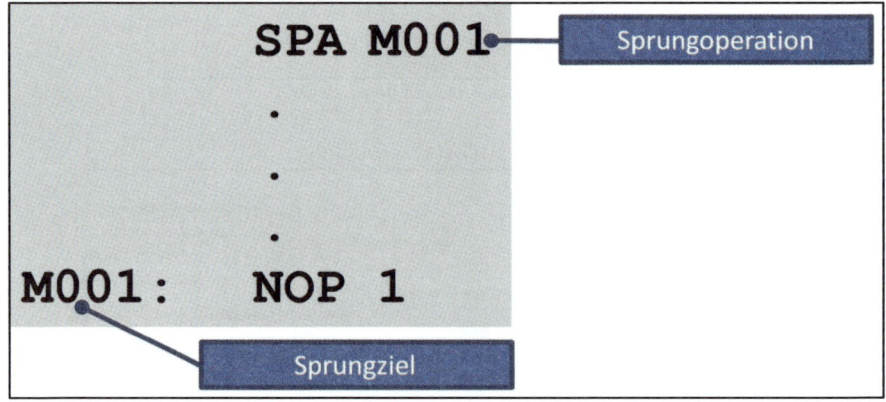

Bild: Syntax einer Sprungoperation

Mit einem Sprungbefehl kann sowohl vorwärts als auch rückwärts gesprungen werden.

22.3 Verwendung von Sprüngen in FUP/KOP

Im Beispiel zu den Sprungoperationen wurden die Programmteile in der Darstellungsart AWL programmiert. Dies liegt daran, dass nur in AWL alle Sprungbefehle programmierbar sind. In den Darstellungsarten FUP/KOP sind die Möglichkeiten, mit Sprüngen zu programmieren, stark eingeschränkt.

Folgende Restriktionen gelten bei der Programmierung von Sprungoperationen in FUP/KOP:
- Es können nur die beiden Sprungoperationen JMP und JMPN verwendet werden. Diese entsprechen den AWL-Operationen SPB bzw. SPBN. Somit werden die Sprünge bei VKE = ‚1' (JMP) oder VKE = ‚0' (JMPN) ausgeführt.
- Sprungmarken können nur am Anfang eines Netzwerks platziert werden.

Sämtliche anderen Sprungoperationen können in FUP/KOP nicht dargestellt werden. Hier ist es unumgänglich, die Netzwerke in AWL zu erstellen. Dies ist einer der Gründe dafür, warum größere SPS-Programme meist gemischt programmiert sind, d.h. ein Teil in AWL und andere Teile in FUP/KOP.

Für einen SPS-Programmierer bedeutet dies, dass er sich nach Möglichkeit auch in der Darstellungsart AWL „heimisch" fühlen sollte, denn bei schwierigeren Automatisierungsaufgaben wird er zwangsläufig mit der AWL in Berührung kommen.

Die Sprungoperationen für FUP/KOP befinden sich im Katalog innerhalb der Rubrik „Programmsteuerung" (TIA-Portal®) oder „Sprünge" (SIMATIC®-Manager, WinSPS-S7). Wegen der schon erwähnten Einschränkungen von FUP/KOP sind nur die Operationen „JMP" und „JMPN" vorhanden. Der Block „LABEL" dient zum Setzen des Sprungziels.

Dies ist in der folgenden Darstellung zu sehen:

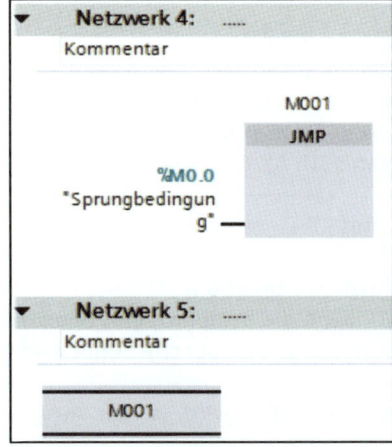

Bild: JMP-Operation zum Sprungziel „M001"

22.4 Probleme beim Überspringen von Operationen

Sprungoperationen sind sehr nützlich und werden insbesondere von AWL-Programmierern häufig eingesetzt. Allerdings bergen sie auch Risiken. Ein kleines Beispiel soll dies verdeutlichen.

Beispiel:
In einem SPS-Projekt sind folgende Zeilen programmiert:

```
1:        U    E      0.0
2:        SPB  M001
3:        U    E      0.1
4:        =    A      0.0
5:M001:   NOP 1
```

Die Operanden wechseln ihren Status wie folgt:
1. E0.0 hat den Status ‚0', der Sprung in Zeile 2 wird nicht ausgeführt.
2. Somit werden die beiden Operationen in den Zeilen 3 und 4 bearbeitet.
3. E0.1 hat den Status ‚1'. In der Folge erhält auch der A0.0 den Status ‚1'.
4. E0.0 wechselt auf den Status ‚1'. Als Folge wird der Sprung ausgeführt und die Zeilen 3 und 4 <u>nicht</u> mehr bearbeitet.
5. E0.1 wechselt auf den Status ‚0'.

<u>Welchen Status hat nun der A0.0 in dieser Situation?</u>
Der Ausgang behält den Status ‚1', denn die beiden Operationen in den Zeilen 3 und 4 werden von der CPU nicht bearbeitet (sie werden ja übersprungen). Somit erfolgt auch nicht die Zuweisung des Status ‚0' an den Ausgang A0.0.
Erst wenn der Sprung nicht mehr ausgeführt wird, ist der Ausgang A0.0 wieder direkt vom E0.1 abhängig.
Das Beispiel zeigt, dass Sprünge teilweise nicht einfach zu erklärende Verhalten provozieren. Dazu gehört eben auch, dass übersprungene Operanden ihren Zustand behalten.
Solche Dinge muss der Programmierer im Hinterkopf behalten.

22.4.1 Vorsicht beim Überspringen von Timern

Der Start eines Timers ist bekanntlich von einer Flanke abhängig. Wenn ein Timer übersprungen wird, kann der Timer u.U. nicht mehr die Flanke erkennen, da immer nur Signal ‚1' oder Signal ‚0' am Starteingang ansteht.
Dies kann zu unerklärlichem Verhalten des SPS-Programms führen.

22.4.2 Vorsicht bei Flankenoperationen

Flankenoperationen „funktionieren" nur deshalb, weil die CPU in einem Flankenmerker den jeweils letzten Status der Operation speichert und somit über einen Vergleich eine steigende oder fallende Flanke erkennt. Werden Flankenbefehle übersprungen, dann kann die CPU den Flankenmerker nicht mehr korrekt mitprotokollieren. Eine korrekte Erkennung der Flanke ist somit nicht mehr möglich. Unter Umständen wird eine Flanke erkannt, sobald die Flankenoperationen wieder von der CPU bearbeitet werden; das eigentliche Ereignis liegt aber schon einige Zyklen zurück.

22.5 Fazit

In diesem Kapitel wurden die verschiedenen Sprungoperationen vorgestellt. Sprünge kommen hauptsächlich dann zum Einsatz, wenn VKE-unabhängige Operationen (z.B. Lade- und Transferoperationen) bedingt auszuführen sind. In diesem Fall muss man verhindern, dass diese Operationen von der CPU bearbeitet werden.

Ein weiteres Einsatzgebiet ist das Auswerten von Vergleichsoperationen oder arithmetischen Operationen. Dabei erfolgt eine Auswertung der Anzeigebits A0 und A1. Diese Anzeigebits werden von der verwendeten Vergleichsoperation gesetzt bzw. eingestellt. Somit besteht die Möglichkeit, z.B. bei einem Vergleich auf Gleichheit anschließend einen Sprung ausführen zu lassen, sobald Wert 1 größer ist als Wert 2.

Weiterhin wurde die Problematik angesprochen, dass übersprungene Operanden unter Umständen ihren Zustand beibehalten. Wichtig dabei ist, dass man dieses Verhalten im Hinterkopf behält und falls nötig mit Hilfe von definiertem Rücksetzen der Operanden verhindert.

Auch wurden die Einschränkungen der Darstellungsarten FUP/KOP im Zusammenhang mit den Sprungoperationen benannt. Diese haben zur Folge, dass bei einigen Problemstellungen nicht auf die Darstellungsart AWL verzichtet werden kann.

22.6 Übungen und Wiederholungsfragen Übung ✔

22.6.1 Wiederholungsfragen

a) Welche Vorgaben gelten bei der Programmierung von Sprungzielen (Marken)?

b) Aus welchen Angaben setzt sich eine Sprungoperation zusammen?

c) In einem SPS-Programm wurde die Operation „SPB M001" eingegeben. Zehn Operationen dahinter befindet sich die Marke mit der Bezeichnung „m001". Wird diese über die angegebene Sprungoperation erreicht? Begründung!

d) Wie lautet die Syntax für die Angabe einer Sprungmarke (Sprungziel) in AWL?

e) Was passiert, wenn der SPS-Programmierer an einer Sprungmarke keine Operation angibt?

f) Kann ein Sprungziel an mehreren Stellen innerhalb eines Bausteins angegeben werden?

g) Darf eine Marke von mehreren Sprungoperationen eines Bausteins angesprungen werden?

h) Welche Sprungoperation wird immer ausgeführt, sobald die CPU auf sie trifft?

22.6.2 Übung „Sprungbefehle 1"

Es ist eine Funktion zu programmieren, die folgende Anforderungen erfüllt:
An die Funktion werden zwei Eingangsparameter vom Typ INT und drei Ausgangsparameter vom Typ
BOOL übergeben. Innerhalb der Funktion werden die beiden Werte verglichen. Je nach Ergebnis des
Vergleichs sollen die Ausgangsparameter „W1GrW2" (Wert 1 größer als Wert 2), „W1KlW2" (Wert 1
kleiner als Wert 2) und „W1GlW2" (Wert 1 gleich Wert 2) den Zustand ‚1' bzw. ‚0' haben.
Zum Test des SPS-Programms kann folgende Anordnung verwendet werden:

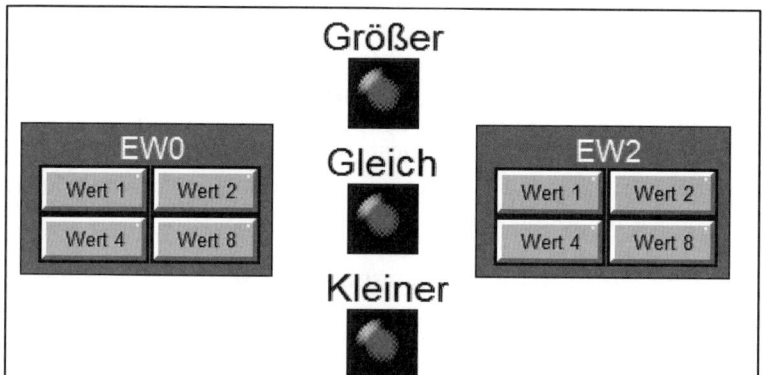

Bild: Technologieschema

Zuordnungstabelle:

Betriebsmittel	Signal	Anschluss
Wert1	Zahl	EW0
Wert2	Zahl	EW2
Lampe „Größer"	Lampe leuchtet bei Signal ‚1'	A4.0
Lampe „Gleich"	Lampe leuchtet bei Signal ‚1'	A4.1
Lampe „Kleiner	Lampe leuchtet bei Signal ‚1'	A4.2

Aufgabenbeschreibung:

Erstellen Sie die Funktion (FC) für die Logik des SPS-Programms und rufen Sie diese Funktion im OB1
auf. Testen Sie Ihre Lösung mit der SPS-VISU-Anlage „Sprung1.VIS".

22.6.3 Übung „Sprungbefehle 2"

Das SPS-Programm für folgende Testanordnung soll erstellt werden:

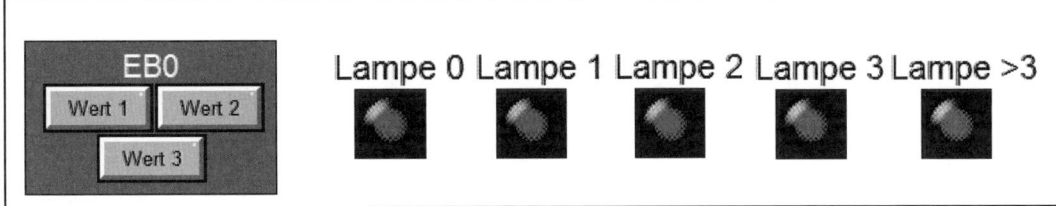

Bild: SPS-VISU-Anlage „Sprung2.VIS"

Über drei Schalter kann der Wert des Eingangsbytes EB0 verändert werden.
Über Lampen ist anzuzeigen, welcher Wert im Eingangsbyte momentan eingestellt ist.
Dabei sind die Werte 0, 1, 2 und 3 zu signalisieren.
Bei einem Wert größer 3 soll die Lampe „>3" leuchten.

Zuordnungsliste:

Betriebsmittel	Signal	Anschluss
Wert1	Zahl	E0.0
Wert2	Zahl	E0.1
Wert3	Zahl	E0.2
Lampe 0	Lampe leuchtet bei Signal ‚1'	A4.0
Lampe 1	Lampe leuchtet bei Signal ‚1'	A4.1
Lampe 2	Lampe leuchtet bei Signal ‚1'	A4.2
Lampe 3	Lampe leuchtet bei Signal ‚1'	A4.3
Lampe >3	Lampe leuchtet bei Signal ‚1'	A4.4

Aufgabenstellung:

Erstellen Sie das Programm für diese Aufgabe und prüfen Sie Ihr Ergebnis mit SPS-VISU (Sprung2.VIS)

23 Praktische Programmiertipps

23.1 Verwaltungsfunktionen für das SPS-Programm

SPS-Programme für Anlagen können relativ große Ausmaße annehmen. Anlagen mit über hundert Bausteinen und mehreren hundert Ein-/Ausgängen sind keine Seltenheit.

Aus diesem Grund muss der SPS-Programmierer auf Verwaltungsfunktionen in den Programmiersystemen zurückgreifen, die ihn bei der täglichen Arbeit unterstützen. Nachfolgend werden die Wichtigsten davon benannt.

23.1.1 Der Belegungsplan

Im Belegungsplan werden die im SPS-Programm verwendeten Operanden der Bereiche Eingänge, Ausgänge, Merker, Timer und Zähler dargestellt.

Dabei können folgende Informationen entnommen werden:

- Wird ein bestimmter Operand bereits im SPS-Programm verwendet?
- Bei Bit-, Byte-, Wort- und Doppelwortoperanden: Mit welcher Operandenbreite wird ein Operand verwendet? Ist er in einer Bit-, Byte-, Wort- oder Doppelwortoperation eingebunden oder sogar in Operationen mit unterschiedlicher Zugriffbreite (z.B. in einer Bit- und Wort-Operation)?
- Welche Operandenlücken sind noch vorhanden?

Nachfolgend ist eine beispielhafte Ausgabe eines Belegungsplans zu sehen:

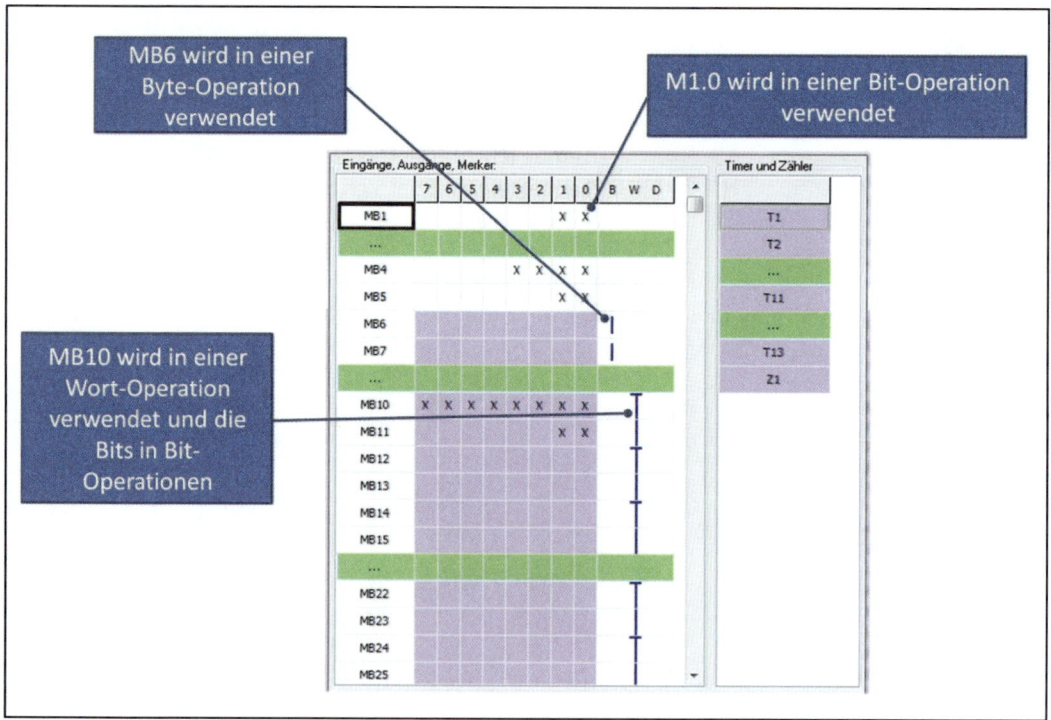

Bild: Ausgabe eines Belegungsplans

Im Bild ist zu erkennen, dass die Bits M1.0 und M1.1 in Bitoperationen eingebunden sind. Dies wird durch das Zeichen „X" in der jeweiligen Spalte des Bits verdeutlicht.

Das Merkerbyte MB6 ist über eine Byteoperation im Programm eingebunden. Hier sind alle Bits des Bytes farbig hinterlegt und in der Spalte „B" (für BYTE) ist eine vertikale Linie angegeben.

Das Merkerbyte MB10 wird in einer Wortoperation verwendet (Linie in der Spalte „W"). Zusätzlich sind die einzelnen Bits in Bitoperationen eingebunden.

Über die grünen Zeilen werden Lücken in den Operandenadressen dargestellt. Im Beispiel werden die Merkerbytes MB2 und MB3 nicht verwendet. Will man das Programm erweitern, so können Operanden aus diesem Bereich verwendet werden. Gleiches gilt für die Merkerbytes MB8 und MB9 sowie MB16 bis MB21.

23.1.2 Die Querverweisliste

In der Querverweisliste wird die Verwendung von Operanden und Variablen im SPS-Projekt angezeigt. Es ist einstellbar, welche Operanden in den Querverweis einzubeziehen sind.

Folgende Informationen können der Querverweisliste entnommen werden:

- Wo wird ein Operand verwendet?
- Wie erfolgt der Zugriff auf den Operanden (lesend, schreibend oder Übergabe bei einem Bausteinaufruf)?

Darüber hinaus ist es möglich, direkt aus der Querverweistabelle in den SPS-Code zu navigieren. Nachfolgend ist das Beispiel einer Ausgabe zu sehen:

Operand	Baustein	Netzwerk	Zeile	Art	Code		
EINGAENGE							
E0.0	OB1	001	0000	R	U	E	0.0
E0.1	OB1	001	0002	R	UN	E	0.1
E0.2	FB1	001	0005	R	O	E0.2	
	FB1	002	0005	R	O	E0.2	
	FB1	003	0005	R	O	E0.2	
	FB1	004	0004	R	O	E0.2	
	FB1	005	0005	R	O	E0.2	
	FB1	006	0005	R	O	E0.2	
	FB1	007	0004	R	O	E0.2	
	FB1	008	0004	R	O	E0.2	
	FB1	011	0014	R	O	E0.2	
	FB1	012	0005	R	O	E0.2	
	FB1	013	0005	R	O	E0.2	
	FC2	001	0000	R	U	E0.2	
E1.4	FB1	001	0000	R	U	E1.4	
E2.0	FB1	004	0001	R	U	E2.0	
	FC2	006	0005	R	O	E2.0	
E2.1	FB1	003	0001	R	UN	E2.1	
	FB1	013	0004	R	ON	E2.1	
	FC2	004	0004	R	ON	E2.1	
E2.2	FB1	009	0002	R	U	E2.2	
E2.3	FB1	011	0003	R	UN	E2.3	
E2.4	FB1	011	0006	R	UN	E2.4	
E2.5	FB1	011	0009	R	UN	E2.5	
E2.6	FB1	002	0001	R	UN	E2.6	
	FB1	008	0001	R	UN	E2.6	
	FB1	013	0001	R	UN	E2.6	

Bild: Querverweistabelle

Zum Operanden E0.2 sind die verwendenden Stellen im SPS-Programm aufgelistet. Jede Stelle ist spezifiziert mit dem Baustein und dem Netzwerk. Des Weiteren wird die Zugriffsart in der Spalte „Art" angegeben. Unterschieden wird dabei in „R" (read), „W" (write) und „C" (Verwendung in einem Call, also Bausteinaufruf). Selektiert man eine Zeile, kann über Doppelklick zur entsprechenden Stelle gesprungen werden. Im TIA-Portal® wird die Zeile über die Betätigung eines Links in der Spalte „Verwendungsstelle" angesprungen.

23.1.3 Programm- oder Aufrufstruktur

In dieser Ansicht wird der strukturelle Aufbau des Programms mit Hilfe einer baumähnlichen Anzeige visualisiert. Der Programmierer erkennt daran, wo welche Bausteine aufgerufen werden.

Diese Ansicht eignet sich auch sehr gut, um sich einen Überblick über fremde Programme zu verschaffen. Da von den einzelnen Knotenpunkten zu den Codestellen oder den Bausteinen gesprungen werden kann, ist diese Ansicht auch hervorragend zum Navigieren durch das SPS-Programm geeignet.

Folgende Infos können der Programmstruktur entnommen werden:

- Aufgerufene Funktionen FCs
- Aufgerufene Funktionsbausteine mit den jeweils verwendeten Instanz-DBs
- Verwendete Datenbausteine
- Programmierte Organisationsbausteine
- Nicht aufgerufene, aber im Projekt vorhandene Bausteine der unterschiedlichen Typen

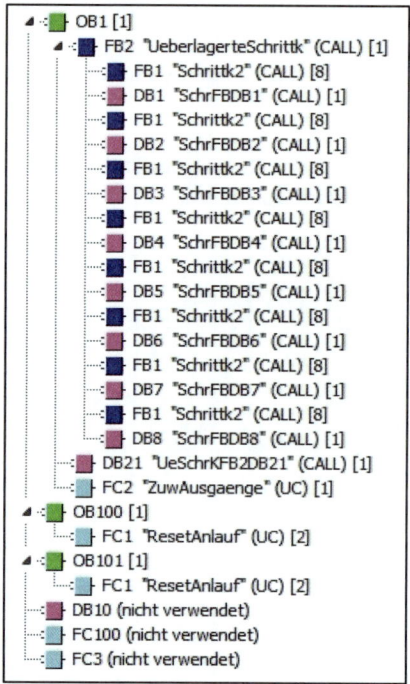

Bild: Programm- oder Aufrufstruktur

In der obigen Beispielansicht erkennt man, dass im OB1 der Baustein FB2 aufgerufen wird. Dieser wiederum verzweigt in den FB1, der acht Mal mit unterschiedlichen Instanz-DBs aufgerufen wird. Des Weiteren wird aus dem OB1 in die FC1 verzweigt.

Im Programm sind die Anlauf-OBs OB100 und OB101 programmiert.

Die Bausteine DB10, FC100 und FC3 sind zwar im Projekt vorhanden, werden aber nicht im Programm aufgerufen. Dies kann bedeuten, dass sie vergessen wurden oder aber dass sie gelöscht werden können.

23.1.4 Inkonsistentes SPS-Programm

Ein inkonsistentes SPS-Programm kann entstehen, wenn die Parameter eines Bausteins verändert werden, nachdem die Aufrufe des Bausteins schon programmiert waren.

Beispiel

In einem SPS-Projekt ist die FC10 vorhanden. Diese FC besitzt zwei Eingangsparameter mit dem Datentyp BOOL. Die FC10 wird im OB1 aufgerufen.

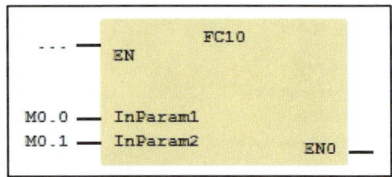

Bild: Aufruf der FC10 im OB1

Wegen einer Erweiterung des Programms in der FC10 muss ein zusätzlicher Eingangsparameter hinzugefügt werden. Dieser hat ebenfalls den Datentyp BOOL.

Werden die Parameter bei einem bestehenden Baustein verändert, so erscheint bei einigen Programmiersystemen (SIMATIC®-Manager, WinSPS-S7) eine Meldung, dass dadurch sog. Schnittstellen- oder Zeitstempelkonflikte auftreten können. Diese Meldung soll den Programmierer darauf aufmerksam machen, dass die Aufrufe des geänderten Bausteins nach dem Speichern nicht mehr korrekt sind: Das Programm ist inkonsistent.

Im Beispiel hat die Parametertabelle nach der Änderung folgendes Aussehen:

Adresse	Deklaration	Name	Typ
0.0	in -->	InParam1	BOOL
0.1	in -->	InParam2	BOOL
0.2	in -->	InParam3	BOOL

Bild: FC10 mit drittem Parameter

Der hinzugekommene Parameter „InParam3" wird beim Aufruf im OB1 nicht mit einem Aktualparameter versorgt. Würde das Programm so in die CPU übertragen, dann wäre das Verhalten nicht vorhersehbar.

Im SIMATIC®-Manager und in WinSPS-S7 werden solche Probleme über die sog. Konsistenzprüfung erkannt. Initiiert wird die Untersuchung über folgende Menüpunkte:

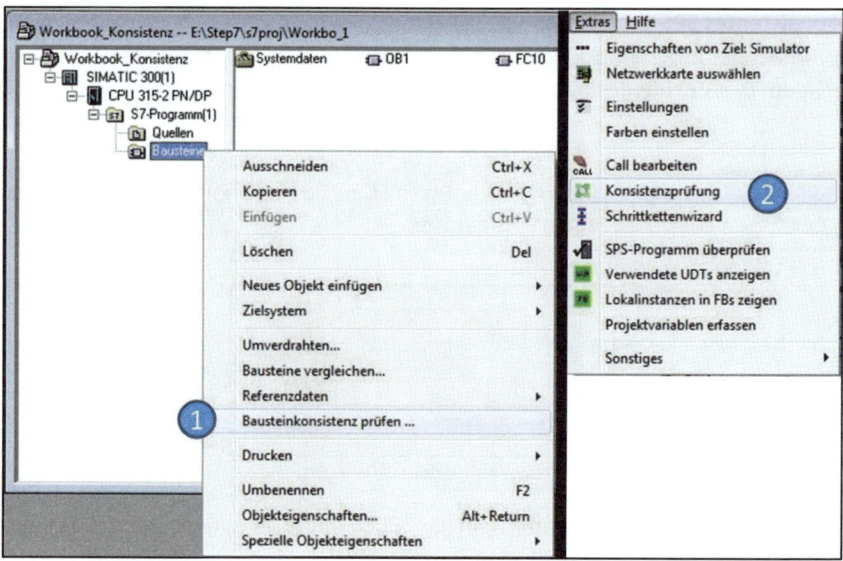

Bild: Aufruf der Konsistenzprüfung im SIMATIC®-Manager (1) und WinSPS-S7 (2)

Das TIA-Portal® beginnt eine solche Untersuchung beim Übersetzen aller Bausteine:

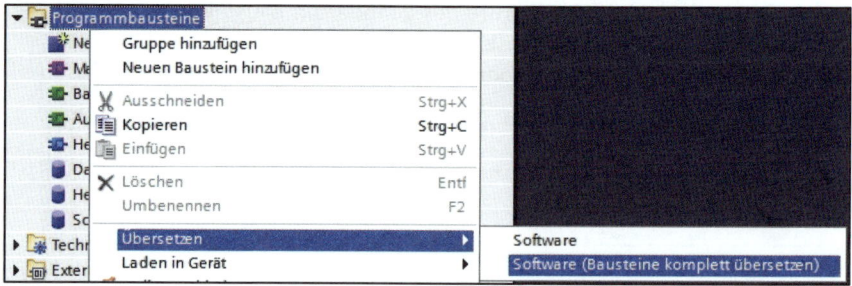

Bild: Bausteine komplett übersetzen im TIA-Portal®

Wird im Beispiel nach der Änderung der FC10 die Überprüfung bzw. das Übersetzen der Bausteine durchgeführt, dann erfolgt eine Fehlermeldung, die auf den Aufruf der FC10 im OB1 hindeutet.

Fehlerbeseitigung TIA-Portal®:

Im TIA-Portal® öffnet man den OB1 und betätigt im oberen Bereich des Editors den Mausbutton „Inkonsistente Bausteinaufrufe aktualisieren".

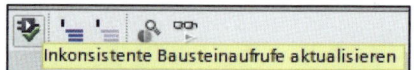

Bild: Mausbutton im oberen Bereich des OB1-Editors im TIA-Portal®

Nach Betätigung wird der zusätzliche Parameter beim Aufruf der FC10 angezeigt und der gewünschte Aktualparameter kann angegeben werden.

Fehlerbeseitigung SIMATIC®-Manager:

Man öffnet den Editor des OB1 und navigiert zum Netzwerk mit dem Aufruf der FC10. Der Block der FC10 wird rot umrandet. Über dem Block betätigt man die rechte Maustaste zum Aufruf des Kontextmenüs.

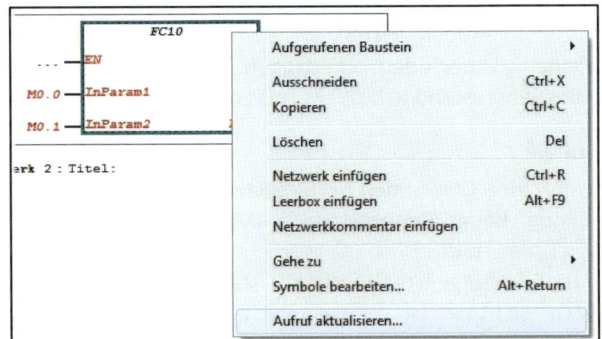

Bild: Kontextmenü mit Menüpunkt „Aufruf aktualisieren" im SIMATIC®-Manager

Nach Betätigung erscheint ein Dialog, auf dem der neue Aufruf zu sehen ist. Wird er bestätigt, dann ist der neue Parameter beim Aufruf der FC10 zu sehen und kann versorgt werden.

Fehlerbeseitigung WinSPS-S7:
Nachdem der Fehler in der Konsistenzprüfung angezeigt wird, wählt man ihn aus und betätigt den Button „Problem beheben". In der nachfolgenden Tabelle wird dann das Feld mit der Aufschrift „beheben" selektiert.
Daraufhin erscheint ein Dialog, auf dem der neu hinzugekommene Parameter angezeigt wird.

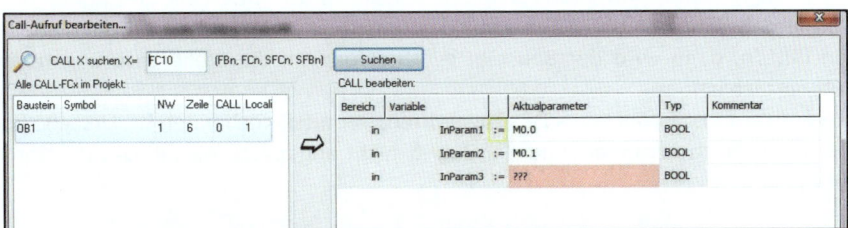

Bild: Dialog zum Hinzufügen des neuen Parameters in WinSPS-S7

Nach Bestätigung des Dialogs wird der Aufruf im OB1 automatisch erneuert.

23.1.5   Ursachen für Konsistenzfehler

Häufige Ursachen für ein inkonsistentes SPS-Programm sind:
- Verändern der Bausteinparameter eines FBs oder einer FC
- Einfügen von DB-Variablen in bestehende Variable
- Nicht angepasste Instanz-DBs nach Parameteränderungen in einer FB

Abhilfe: Konsistenzprüfung bei SIMATIC®-Manager bzw. WinSPS-S7 oder Bausteine komplett übersetzen (TIA-Portal®)

23.2 Fehlersuche im SPS-Programm

Es ist nicht selten, dass eine CPU nach dem Übertragen des SPS-Programms in den Betriebszustand STOP wechselt und den Betriebszustand RUN nicht zulässt.

23.2.1 Der Diagnosepuffer

Die erste Anlaufstelle, wenn eine CPU in den STOP-Zustand wechselt, ist der Diagnosepuffer. Dieser befindet sich auf dem Dialog „Baugruppenzustand" (SIMATIC®-Manager, WinSPS-S7) oder innerhalb von „Online & Diagnose" (TIA-Portal®).

Hier sind die Ereignisse der CPU aufgelistet. In dieser Liste ist auch die Ursache für den Übergang des Betriebszustandes zu STOP sichtbar. Ist die Ursache ein Programmierfehler, dann ist mit hoher Wahrscheinlichkeit auch der Baustein angegeben, der den Fehler verursacht hat.

Nachfolgend ist ein Beispiel für einen solchen Eintrag zu sehen:

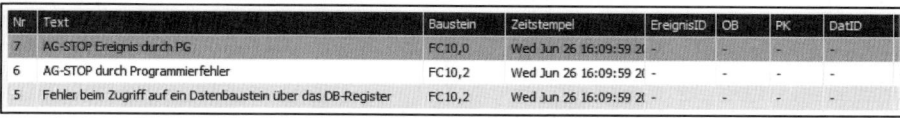

Nr	Text	Baustein	Zeitstempel	EreignisID	OB	PK	DatID
7	AG-STOP Ereignis durch PG	FC10,0	Wed Jun 26 16:09:59 2(	-	-	-	-
6	AG-STOP durch Programmierfehler	FC10,2	Wed Jun 26 16:09:59 2(	-	-	-	-
5	Fehler beim Zugriff auf ein Datenbaustein über das DB-Register	FC10,2	Wed Jun 26 16:09:59 2(	-	-	-	-

Bild: Auszug aus dem Diagnosepuffer

Die Einträge Nummer 5 und 6 deuten auf den Fehler hin. Und auch der Baustein ist angegeben, im Beispiel die FC10.

Unterhalb der Diagnosepufferausgaben befindet sich ein Button, der mit „Im Editor öffnen" oder „Baustein öffnen" beschriftet ist. Wählt man das entsprechende Ereignis in der Tabelle aus und betätigt den Button, dann wird der Baustein geöffnet und an die Stelle gesprungen, die für den Fehler verantwortlich ist.

Im Beispiel wurde auf den Inhalt eines DBs zugegriffen, der nicht vorhanden ist. Ursache könnte sein, dass der DB nachträglich verändert und der Zugriff nicht angepasst wurde. Das Programm ist also inkonsistent.

23.2.2 Der Baustein-Stack (B-Stack)

Im Baustein-Stack (B-Stack) ist die Liste der zuletzt von der CPU bearbeiteten Bausteine zu sehen. Diese Liste ist insbesondere dann wichtig, wenn die Informationen im Diagnosepuffer nicht zum Ermitteln der Fehlerstelle geeignet sind. In der folgenden Darstellung ist eine B-Stack-Ausgabe zu sehen:

Baustein	DB1-Reg	DB2-Reg
OB001	---	---
FC001	---	---
FC002	DB 1	---

Bild: B-Stack-Beispiel

Die obige B-Stack-Ausgabe enthält folgende Informationen:

- Im OB1 wurde die FC1 aufgerufen.
- Innerhalb der FC1 erfolgte ein Aufruf der FC2.
- Die FC2 wurde zuletzt bearbeitet, wobei das DB-Register auf den Datenbaustein DB1 eingestellt war.

Befindet sich die CPU im Betriebszustand STOP, dann kann man davon ausgehen, dass der Programmierfehler in der FC2 zu suchen ist.

In den Programmiersystemen SIMATIC®-Manager und WinSPS-S7 befinden sich die B-Stack-Informationen auf dem Dialog „Baugruppenzustand". Im TIA-Portal® ist die Aufrufhierarchie nur bei eingeschaltetem Bausteinstatus innerhalb der Register-Card „Testen" zu sehen.

23.2.3 Der Unterbrechungs-Stack (U-Stack)

Mit dem B-Stack hat man zwar die Information, in welchem Baustein der Fehler aufgetreten ist, allerdings ist die für den Fehler verantwortliche Operation noch unbekannt. Hier kann im SIMATIC®-Manager und WinSPS-S7 der sog. U-Stack zur Analyse verwendet werden. Der U-Stack befindet sich ebenfalls auf dem Dialog „Baugruppenzustand". Hier werden die Inhalte der CPU-Register (Akkus, DB-Register, Adressregister usw.) beim Auftreten des Fehler angezeigt.

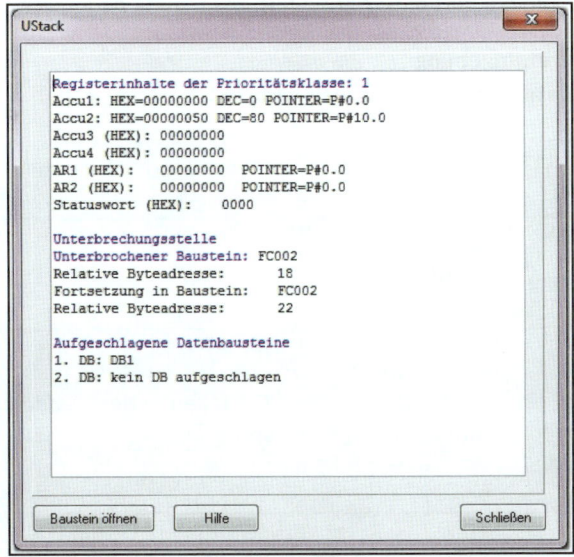

Bild: U-Stack-Ausgabe

Mit diesen Informationen ist es nun möglich, die fehlerverursachende Operation ausfindig zu machen. Es wird die Stelle in der FC2 spezifiziert (relative Byteadresse) und es kann auch zu dieser Stelle gesprungen werden. Des Weiteren sind die oftmals wichtigen Inhalte der Akkus und der Adressregister angegeben.

Diese Infos sind insbesondere dann interessant, wenn indirekt (über Zeiger) auf Operanden zugegriffen wird. Die indirekte Adressierung ist allerdings nicht Gegenstand dieses Buches.

23.3 Aufrufumgebung

Im Buch wurde schon mehrfach von bibliotheksfähigen Bausteinen gesprochen. Solche Bausteine sind so programmiert, dass sie projektübergreifend verwendbar sind. Eine Voraussetzung dafür ist, dass innerhalb der Bausteine nicht auf Absolutoperanden wie z.B. M10.3 zugegriffen wird.
Solche Bausteine können durchaus mehrmals in einem SPS-Programm aufgerufen werden.
Im Kapitel „Bausteinparameter" wurde dies praktiziert. Die Hauptfunktion wurde zwei Mal im SPS-Programm aufgerufen, zunächst für den Anlagenteil 1, danach nochmals für den Anlagenteil 2.
Eine Problematik wurde zu diesem Zeitpunkt verschwiegen:
<u>Wie kann man beim Beobachten des Bausteins (also dem Statusbetrieb) bestimmen, ob der Status für den ersten, zweiten oder x-ten Aufruf des Bausteins darzustellen ist?</u>
Die Lösung für dieses Problem liefert dieser Abschnitt. Die Lösung nennt sich „Aufrufumgebung".

23.3.1   Beispiel zur Aufrufumgebung

Die Aufrufumgebung wird anhand eines Beispiels erläutert.

In einem SPS-Programm ist die FC10 mit folgenden Parametern vorhanden:

Adresse	Deklaration	Name	Typ
0.0	in -->	Wert1	INT
2.0	in -->	Wert2	INT
4.0	out <--	Summe	INT

Bild: Parameter der FC10

Die beiden Eingangsparameter „Wert1" und „Wert2" sollen in der FC addiert und das Ergebnis an den Ausgangsparameter „Summe" übergeben werden.
Somit stellt sich der Code in der FC10 wie folgt dar:

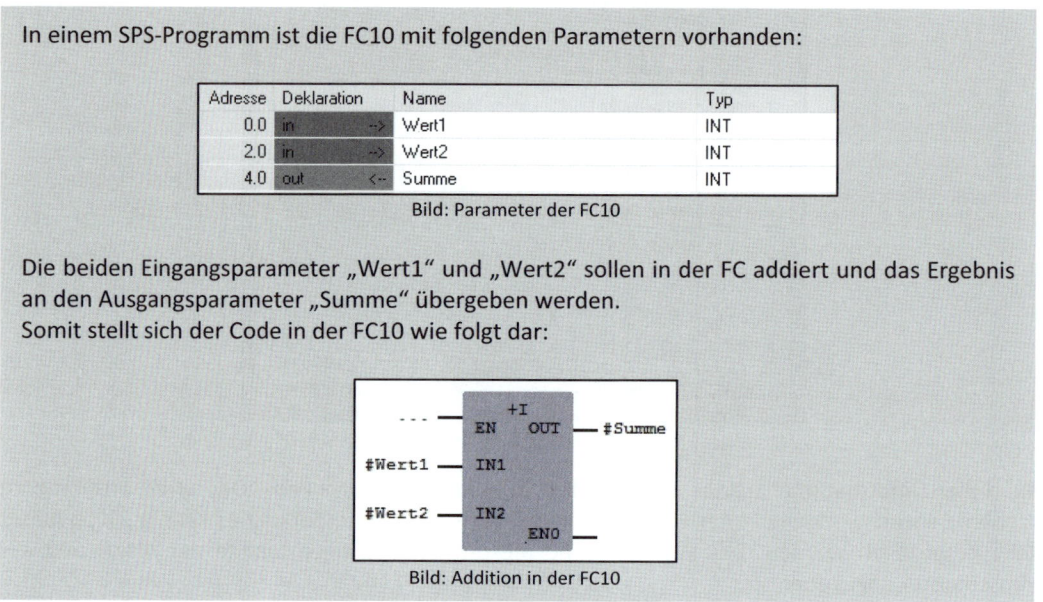

Bild: Addition in der FC10

Diese FC10 wird im OB1 drei Mal mit unterschiedlichen Aktualparametern aufgerufen.

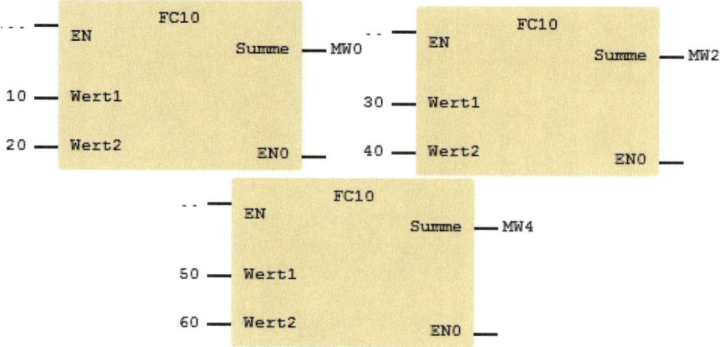

Bild: Aufrufe der FC10 in verschiedenen Netzwerken des OB1

Beobachtet man die FC10 im Statusbetrieb, dann zeigt sich folgendes Bild:

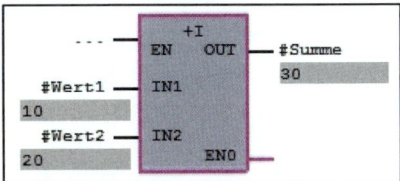

Bild: Beobachten der FC10

Offensichtlich wird hier der erste Aufruf der FC10 im Status angezeigt. Man erkennt dies an den Werten der Parameter „Wert1" und „Wert2", die den Werten des ersten Aufrufs entsprechen (10 und 20).
Möchte man den Statusbetrieb für den zweiten oder dritten Aufruf der FC10 beobachten, dann ist dies zunächst nicht möglich.
Hier kommt nun die sog. Aufrufumgebung ins Spiel. Mit ihrer Hilfe kann bestimmt werden, welche Instanz des Bausteins man im Statusbetrieb betrachten möchte.

23.3.1.1   Vorgehensweise im SIMATIC®-Manager
Im folgenden Bild sind die ersten Schritte im SIMATIC®-Manager zu sehen:

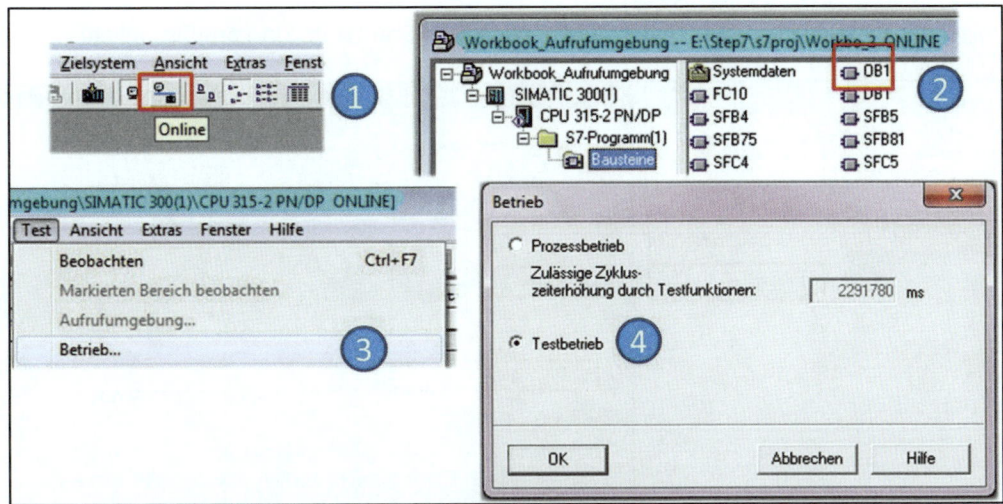

Bild: Erste Schritte im SIMATIC®-Manager

1.   Im Hauptfenster wird bei geöffnetem Projekt der Button „Online" betätigt, damit die Online-Ansicht des Projektes angezeigt wird.
2.   In der Online-Ansicht wird der Baustein OB1 geöffnet. Daraufhin wird der Editor des OB1 angezeigt.
3.   Im Editor wird der Menüpunkt „Test→Betrieb" ausgeführt.
4.   Auf dem erscheinenden Dialog ist als Betrieb „Testbetrieb" zu selektieren. Der Dialog wird über OK bestätigt.

Damit sind die Voraussetzungen für die Aufrufumgebung geschaffen. Nun kann im Editor des OB1 der gewünschte Aufruf der FC10 ausgewählt und über das Kontextmenü (rechte Maustaste) folgender Menüpunkt selektiert werden:

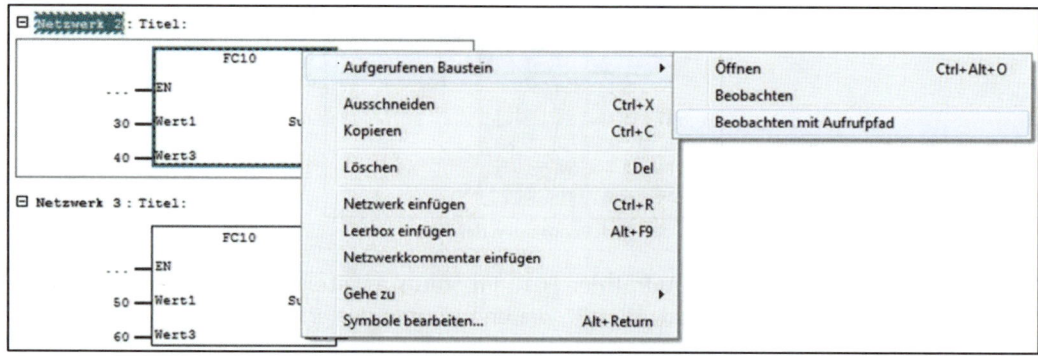

Bild: Menüpunkt „Beobachten mit Aufrufpfad"

Im Bild wurde der zweite Aufruf der FC10 selektiert. Nach Ausführung des Menüpunktes „Beobachten mit Aufrufpfad" öffnet sich der Editor der FC10 und es wird der Status für diesen Aufruf angezeigt.
Anmerkung zum Testbetrieb:
Im Testbetrieb kann sich die Zykluszeit der CPU erhöhen.

23.3.1.2 Vorgehensweise im TIA-Portal®

Im folgenden Bild sind die für den Aufrufpfad notwendigen Schritte im TIA-Portal® zu sehen:

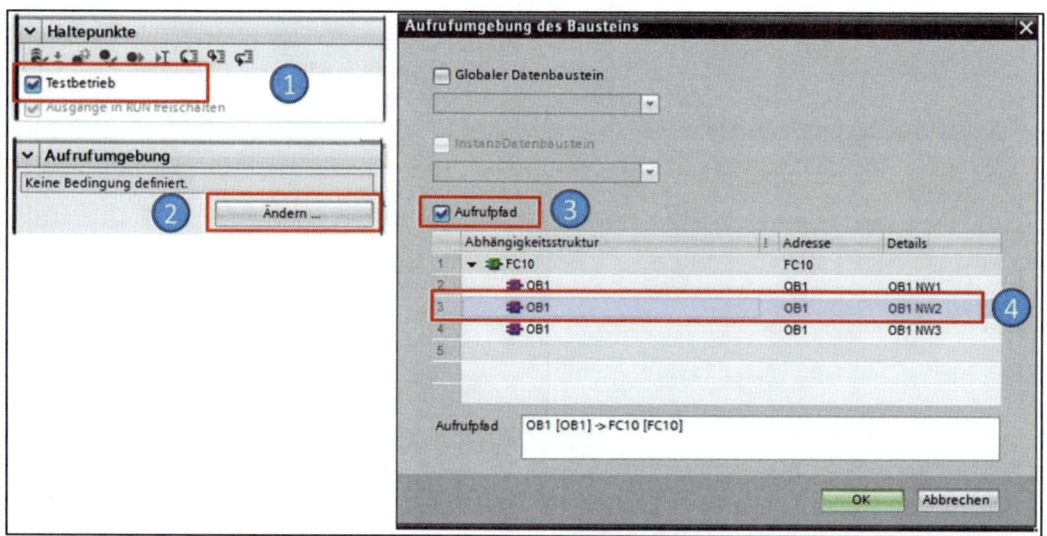

Bild: Schritte im TIA-Portal®

1. In der Task Card „Testen" wird innerhalb der Palette „Haltepunkte" der Testbetrieb aktiviert.
2. Nun öffnet man die FC10 und betätigt innerhalb der Task Card „Testen" und der Palette „Aufrufumgebung" den Button „Ändern".
3. Im erscheinenden Dialog wird die Option „Aufrufpfad" selektiert und der gewünschte Aufruf der FC10 im OB1 ausgewählt. Anschließend wird der Dialog über OK verlassen.
4. Nun startet man den Beobachten-Modus, der von dem zuvor selektierten Aufruf ermittelt wird.

23.3.1.3 Vorgehensweise in WinSPS-S7

In WinSPS-S7 wird der OB1 mit den Aufrufen der FC10 geöffnet. Nun selektiert man im Editor den gewünschten Aufruf und betätigt die rechte Maustaste für das Kontextmenü. Im Kontextmenü wird der Menüpunkt „FC10 beobachten über Aufrufpfad" ausgewählt. Siehe dazu folgendes Bild:

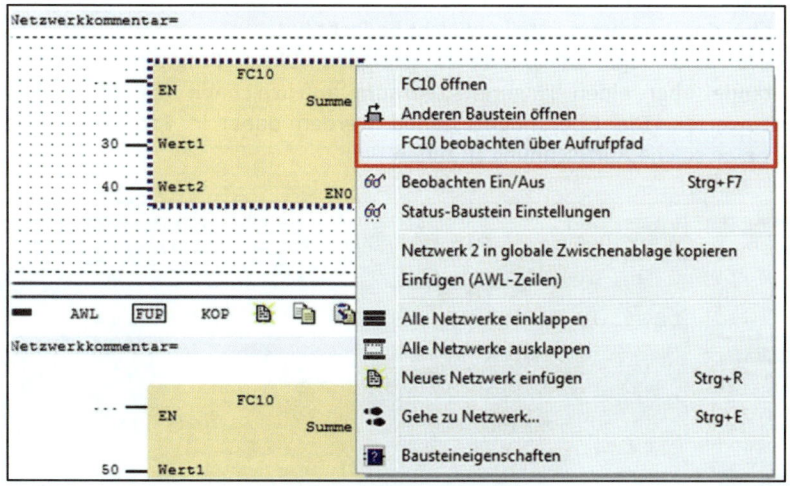

Bild: Aufrufumgebung in WinSPS-S7

Daraufhin öffnet sich der Editor der FC10 und es werden die Werte dieses Aufrufs angezeigt.
Stellt man im verwendeten S7-Programmiersystem den Aufrufpfad auf den zweiten Aufruf der FC10 ein, dann erfolgt die im nächsten Bild gezeigte Anzeige:

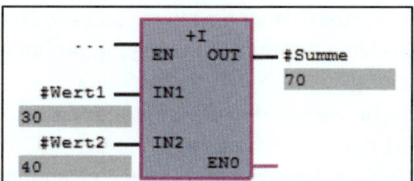

Bild: Statusanzeige des zweiten Aufrufs der FC10

Man erkennt, dass die übergebenen Werte denen des zweiten Aufrufs entsprechen.
Auf diese Weise kann genau spezifiziert werden, von welchem Aufruf man den Status eines Bausteins betrachten möchte.
Die Aufrufumgebung ist ein wichtiges Instrument beim Test von SPS-Programmen, insbesondere wenn Bausteine bibliotheksfähig erstellt sind und somit auch mehrfach in einem Projekt verwendet werden können.

23.4 Auffinden von sporadischen Fehlern im SPS-Programm

Das Beobachten von Bausteinen im Statusbetrieb ist ein gutes Hilfsmittel für die Fehlersuche in einem SPS-Programm. Treten allerdings sporadische Fehler (z.B. einmal täglich oder wöchentlich) im Programm auf, dann ist der Bausteinstatus kein geeignetes Hilfsmittel.

Diese Art von Fehlern ist oftmals dadurch bedingt, dass in einer Anlage Zustände auftreten, die der Programmierer bei der Programmerstellung nicht bedacht hat.

Für solche Fälle sind sog. Analyzer-Tools geeignet. Diese Programme sind in der Lage, Operandenzustände über einen längeren Zeitraum aufzuzeichnen (zu protokollieren) und im Nachgang auszuwerten. Die Operandenzustände werden dabei in Form von Linien angezeigt. Nachfolgend ist eine solche Aufzeichnung zu sehen:

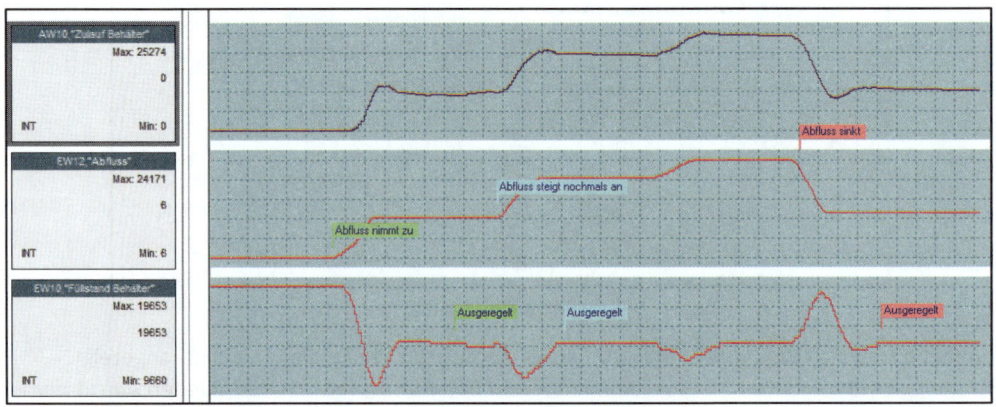

Bild: Aufzeichnung mit einem Analyzer-Tool

Mit Hilfe dieser grafischen Verläufe sind die Zusammenhänge besser zu erkennen. Die Tools bieten des Weiteren Möglichkeiten, die Aufzeichnungen zu durchsuchen, Zeitmessung vorzunehmen uvm. Für die Aufzeichnung stehen verschieden Modi zur Verfügung. Anbei eine Übersicht:

- Abtastgenaue Aufzeichnung:

  Bei dieser Art der Aufzeichnung werden die Operanden so schnell als möglich aus der CPU gelesen. Somit ist die Art der Verbindung zwischen dem PC und der CPU ausschlaggebend für die Abtastgeschwindigkeit. Über eine Ethernet-Verbindung sind die besten Performancewerte zu erzielen. Hierbei sind Abtastraten von 20ms möglich, abhängig auch von der Anzahl der erfassten Operanden.

- Zyklusgenaue Aufzeichnung:

  Bei dieser Art der Aufzeichnung wird in der CPU ein Ringspeicher angelegt. Ein in die CPU eingefügtes Programm schreibt die gewünschten Daten in diesen Ringspeicher, der von der Analyzer-Software ausgelesen und geleert wird. Mit dieser Methode können Änderungen von Operanden erfasst werden, die beispielsweise nur einen Zyklus andauern. Der Analyzer bleibt immer mit der CPU verbunden, damit der Ringspeicher ausgelesen wird. Ist die Anzahl der zu erfassenden Signale zu groß, dann läuft dieser Speicher über. Je schneller die Kommunikationsverbindung zwischen PC und CPU ist, desto mehr Daten können zyklusgenau erfasst werden.

- Offline-Aufzeichnung:

  Diese Aufzeichnungsart kommt zum Einsatz, wenn der PC nicht dauerhaft mit der CPU verbunden bleiben kann, beispielsweise weil der Fehler sehr selten auftritt oder dies die Umstände an der Anlage nicht erlauben.

  Dabei werden Bedingungen definiert, welche die Aufzeichnung starten sollen. Bei der Aufzeichnung selbst wird ein Speicher in der CPU gefüllt. Sobald dieser Speicher voll ist, wird die Aufzeichnung beendet.

Ist die Bedingung eingetreten, dann verbindet man den Analyzer mit der CPU, der den Speicher ausliest und die Aufzeichnung grafisch darstellt.

Neben dem Auffinden von sporadischen Fehlern werden Analyzer auch für die Optimierung von Prozessen eingesetzt. Auch dabei ist die Darstellung und Auswertemöglichkeit der Daten eine große Hilfe.

Analyzer sind somit Ergänzungen zu den Programmiersystemen, die bei speziellen Anwendungsfällen zum Einsatz kommen.

23.5 Fazit

SPS-Programme können sehr umfangreich sein. Umso wichtiger ist es für den Programmierer, dass er die vorhandenen Verwaltungsfunktionen nutzt, um sich einen Überblick zu verschaffen. Die Querverweisliste, der Belegungsplan und die Programm- bzw. Aufrufstruktur sind hierbei unverzichtbare Helfer. Sie können vor langwierigen Fehlersuchen bewahren, die beispielsweise bei doppelter Verwendung von Operanden entstehen.

Sind Inkonsistenzen im SPS-Programm vorhanden, so sind die daraus resultierenden Fehler nicht vorhersehbar. Immer wenn die Parameter eines bereits verwendeten Bausteins verändert oder auch Variablen in einen DB eingefügt werden, sind die Folgen zu bedenken. Das komplette Compilieren des Projektes bzw. die Ausführung der Konsistenzprüfung zur Auflistung der Fehler ist immer mal wieder auszuführen.

Die Aufrufumgebung stellt ein weiteres wichtiges Hilfsmittel beim Test des SPS-Programms dar. Ihre Verwendung ist ab dem Zeitpunkt notwendig, wo Bausteine mehrmals im Programm aufgerufen werden. Dies ist bei den meisten SPS-Projekten der Fall, da man bestrebt ist, bibliotheksfähige Bausteine zu schreiben und zu verwenden.

23.6 Übungen und Wiederholungsfragen Übung ✔

a) Wie heißt das Werkzeug bzw. der Menüpunkt, mit dem man herausfinden kann, wo bestimmte Operanden im SPS-Programm verwendet werden?

b) Wie heißt das Werkzeug bzw. der Menüpunkt, mit dem man ermitteln kann, welche Operanden im SPS-Programm verwendet werden?

c) Wann treten Inkonsistenzen im SPS-Programm auf?

d) Wie kann man die Fehlerursache (z.B. AG-STOP) in einem SPS-Programm ermitteln?

e) In welchen Fällen muss man die Aufrufumgebung benutzen, um einen Baustein zu beobachten?

24 Analogwertverarbeitung

Im bisherigen Verlauf des Buches wurden hauptsächlich binäre Signale behandelt. Die Signale konnten also den Status ‚0' oder ‚1' annehmen. Oftmals müssen in einer Anlage aber auch analoge Signale, z.B. ein Strom- oder Spannungswert, erfasst bzw. verarbeitet werden.

In diesem Kapitel werden die Möglichkeiten der Analogwertverarbeitung vorgestellt. Dabei werden die Möglichkeiten besprochen, einen analogen Wert zu erfassen und im SPS-Programm zu verarbeiten als auch einen analogen Wert auszugeben.

Im Kapitel „Funktionsbausteine" wurde ein Beispiel vorgeführt, bei dem Pt100-Sensoren zum Einsatz kamen. Dabei war es nicht notwendig, den von der analogen Eingangsbaugruppe gelieferten Wert zu skalieren, da 1°C dem digitalen Wert 10 entsprach. Dies ist eher eine Ausnahme; meistens sind die von den Baugruppen gelieferten Werte nicht so eindeutig dem physikalischen Wert zuzuordnen. In diesem Fall muss man den gelieferten Wert skalieren. Auch dies wird im Kapitel gezeigt.

24.1 Erstes Beispiel zur Analogwertverarbeitung

Es ist der Füllstand eines Behälters zu erfassen. Der aktuelle Füllstand ist dabei als BCD-Zahl an der Schaltschranktür auszugeben. Zu diesem Zweck sollen BCD-Ziffernanzeigen verwendet werden. Der Füllstand des Behälters kann von 0m bis 3m variieren. Der für die Messung im Behälter verwendete Sensor liefert einen Stromwert von 0 bis 20mA.

Nachfolgend das Technologieschema des Aufbaus:

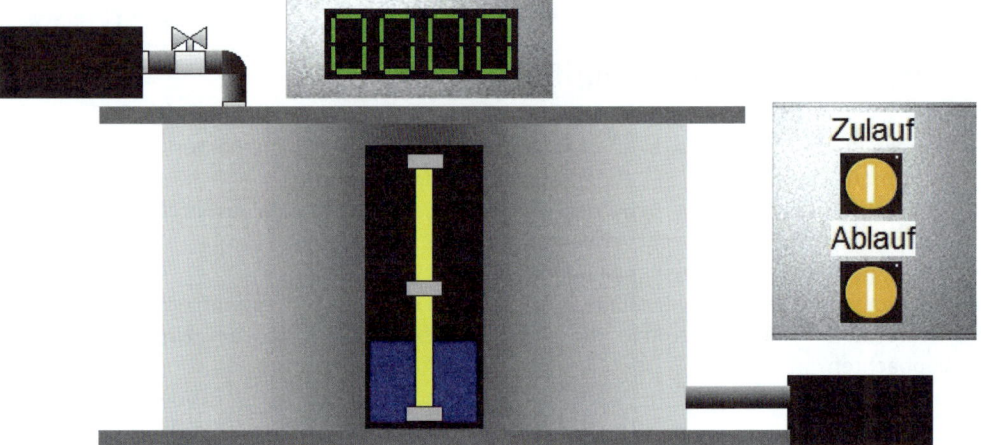

Bild: Aufbau der Anlage

24.1.1 Erstellen der Symbolik- bzw. Variablentabelle

Der nachfolgenden Symbolik- bzw. Variablentabelle kann die Belegung der Operanden entnommen werden.

Symbol	Operand	Typ	Symb.-Kommentar
AnalogWertSensor	PEW 272	INT	
BCD-Anzeige	AW 0	WORD	
ScaleError	MW 0	WORD	
SkalierterWert	MD 2	REAL	
SkalierterWertDint	MD 6	REAL	
BCD_DWord	MD 10	REAL	
BCD_LoWord	MW 12	WORD	

Bild: Variablen des Projektes

In der Tabelle ist der Operand PEW272 angegeben, bei dem sich um ein Peripherieeingangswort handelt, mit dem auf die Peripherie zugegriffen wird. Weil nicht sicher ist, ob die verwendete CPU ein Prozessabbild von mehr als 256 Bytes unterstützt, ist der direkte Zugriff auf die Peripherie notwendig.

Die Merkerdoppelwörter und Merkerwörter werden für die Wandlungen zwischen den einzelnen Zahlenbereichen benötigt. Ihre Verwendung wird bei den entsprechenden Codestellen erläutert.

24.1.2 Programmierung des OB1

Das SPS-Programm soll in den OB1 geschrieben werden. Das Programm hat dabei folgende Aufgaben zu lösen:

- Erfassen des analogen Eingangswerts und Skalieren dieses Werts auf den Bereich 0 bis 300
- Wandeln des skalierten Werts in eine BCD-Zahl
- Ausgeben der BCD-Zahl an den BCD-Ziffernanzeigen

Das Wandeln des analogen Werts ist notwendig, weil der analoge Eingang einen Bereich von 0 bis 27648 im Nennbereich liefert. Dies bedeutet, beim Wert 0 fließen 0mA, bei 27648 fließen 20mA. Diesen Werten kann man den eigentlichen Füllstand nicht „ansehen".

Aus diesem Grund wird der Bereich 0 bis 27648 auf den Bereich 0 bis 300 skaliert. Man hat also eine Auflösung im cm-Bereich. Entsteht beispielsweise nach dem Skalieren ein Wert von 118, so entspricht dies einem Füllstand von 118cm (1,18m).

Den Skalierungsbaustein muss man nicht selbst programmieren. Er ist bereits in einer Bibliothek vorhanden.

- TIA-Portal®: Innerhalb der Task Card „Anweisungen" in der Rubrik „Einfache Anweisungen", Unterrubrik „Umwandler". Hier ist der Eintrag „SCALE" zu verwenden.
- SIMATIC®-Manager: Innerhalb des Operationskatalogs wählt man die Rubrik „Bibliotheken" und die Unterrubrik „TI-S7 Converting Blocks", dort dann den Eintrag „FC105 SCALE CONVERT".
- WinSPS-S7: Im Katalog innerhalb der Rubrik „Standard Bibliothek" und der Unterrubrik „Analog" wählt man den Eintrag „FC105".

Als Darstellungsart wird FUP selektiert.

Platziert man die FC105 „SCALE" im Netzwerk, so stellt sich der Block wie folgt dar:

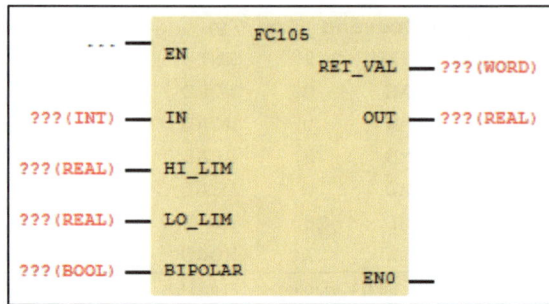

Bild: FC105 „SCALE"

Die FC besitzt vier Eingangs- und zwei Ausgangsparameter. Nachfolgend eine Beschreibung der Parameter.

- IN:
  Eingangswert, der in den nachfolgend anzugebenden Grenzen skaliert werden soll. Hier wird z.B. das Peripherieeingangswort angegeben, das vom analogen Kanal beschrieben wird. Der Parameter hat den Datentyp INT.
- HI_LIM:
  Hier wird der obere Grenzwert für die Skalierung angegeben. Der Parameter hat den Datentyp REAL.
- LO_LIM:
  Parameter für den unteren Skalierungsgrenzwert. Der Parameter hat den Datentyp REAL.
- BIPOLAR:
  Dieser Parameter muss TRUE sein, wenn es sich beim IN-Parameter um einen bipolaren Wert handelt, er also sowohl positiv als auch negativ sein kann.
- OUT:
  Skalierter Ausgangswert der Funktion im Datenformat REAL.
- RET_VAL:
  Beim Auftreten eines Fehlers ist der Rückgabewert ungleich W#16#0000. In diesem Fall entspricht der gelieferte Wert einer Fehlernummer.

Da jetzt die Bedeutung der Parameter bekannt ist, können sie mit den notwendigen Aktualparametern belegt werden. Dies ist nachfolgend zu sehen:

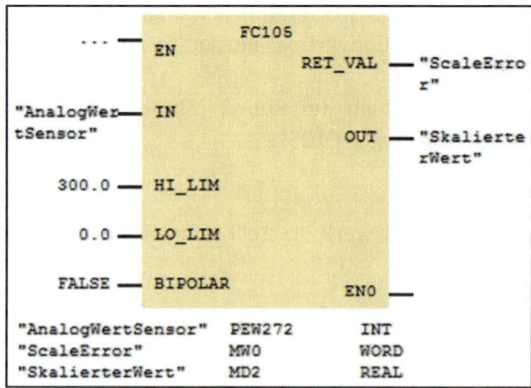

Bild: Versorgung der Parameter der FC105 „SCALE"

Der Kanal 0 der Eingangsbaugruppe, an dem der Sensor angeschlossen ist, beschreibt das Eingangswort EW272. Somit wird dem Parameter „IN" das Peripherieeingangswort PEW272 übergeben.

Die Skalierung des Werts soll im Bereich 0 bis 300 erfolgen. Aus diesem Grund wird „300.0" als HI_LIM und „0.0" als LO_LIM übergeben.

Da sicher nur ein unipolarer Wert zu skalieren ist (der Bereich des Sensors ist 0–20mA), wird dem Eingangsparameter „BIPOLAR" der Wert FALSE übergeben.

Einen möglichen Errorcode nimmt das MW0 „ScaleError" entgegen.

Der skalierte Wert wird im MD2 „SkalierterWert" abgelegt. Dies ist der Wert, der im weiteren Verlauf des SPS-Programms benötigt wird.

Der Inhalt von MD2 soll an den BCD-Anzeigen ausgegeben werden. Dazu muss der Wert einige Wandlungen durchlaufen. Da in STEP®7 keine Wandlungsoperation von REAL nach BCD vorhanden ist, wird zunächst eine Wandlung nach DINT vorgenommen. Hierfür wird die Operation **„ROUND"** bzw. **„RND"** verwendet, die sich im Befehlskatalog innerhalb der Rubrik „Umwandler" befindet.

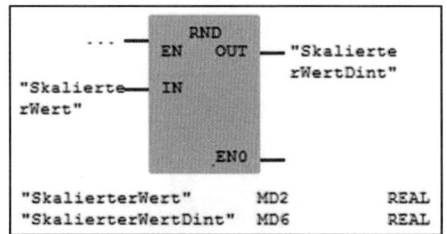

Bild: Wandeln von REAL zu DINT

Den DINT-Wert nimmt das Doppelwort MD6 „SkalierterWertDint" auf.

Im nächsten Schritt erfolgt eine weitere Wandlung in den BCD-Code. Auch hierfür kann eine Wandlungsoperation angewendet werden.

- TIA-Portal®:
  Es wird der Block „CONVERT" aus der Rubrik „Umwandler" selektiert und die beiden Zahlenformate „DInt" und „Bcd32" eingestellt.

- SIMATIC®-Manager und WinSPS-S7:
  Der Block „DI_BCD" aus der Rubrik „Umwandler" ist zu selektieren.

Der Block wird wie folgt beschaltet:

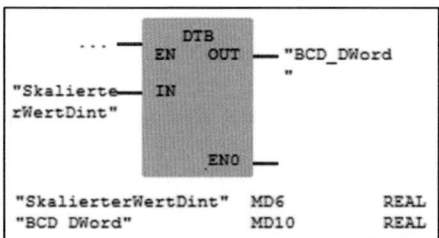

Bild: Wandlung von DINT nach BCD-32Bit

Damit befindet sich im MD10 „BCD DWord" die 32-bittige BCD-Zahl. Die BCD-Anzeige der Anlage besteht allerdings nur aus vier Stellen und ist an ein Ausgangswort angeschlossen. Es werden auch nur 16 Bits benötigt, da als Zahlenwert max. „300" darzustellen ist. Somit kann das HiWord des MD10 unberücksichtigt bleiben; interessant ist nur das LoWord MW12. Es genügt es in das AW0 „BCDAnzeige" zu transferieren. Dazu kommt der bekannte MOVE-Block zum Einsatz.

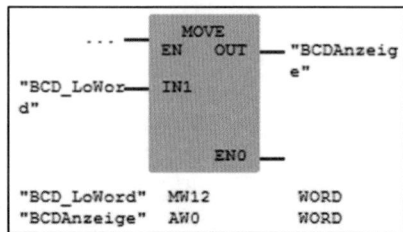

Bild: Transfer des MW12 „BCD_LoWord" in das AW0 „BCDAnzeige".

Damit ist das SPS-Programm komplett und es deckt die zu Beginn des Beispiels aufgestellten Aufgaben ab.

24.1.3   Test des SPS-Programms

Zum Test des SPS-Programms wird die virtuelle Anlage „Fuellstand_Behaelter" von SPS-VISU verwendet. Nach dem Laden des Anlagenprojektes und dem Übertragen der Bausteine in die S7-SoftSPS kann die Simulation gestartet werden.

Für den Test werden die beiden Taster „Zulauf" und „Ablauf" betätigt. Dadurch ändert sich der Füllstand des Behälters und somit die BCD-Anzeige. Im Statusbetrieb des OB1 kann man parallel dazu betrachten, wie der skalierte Wert aus dem FC105 „SCALE" verarbeitet wird.

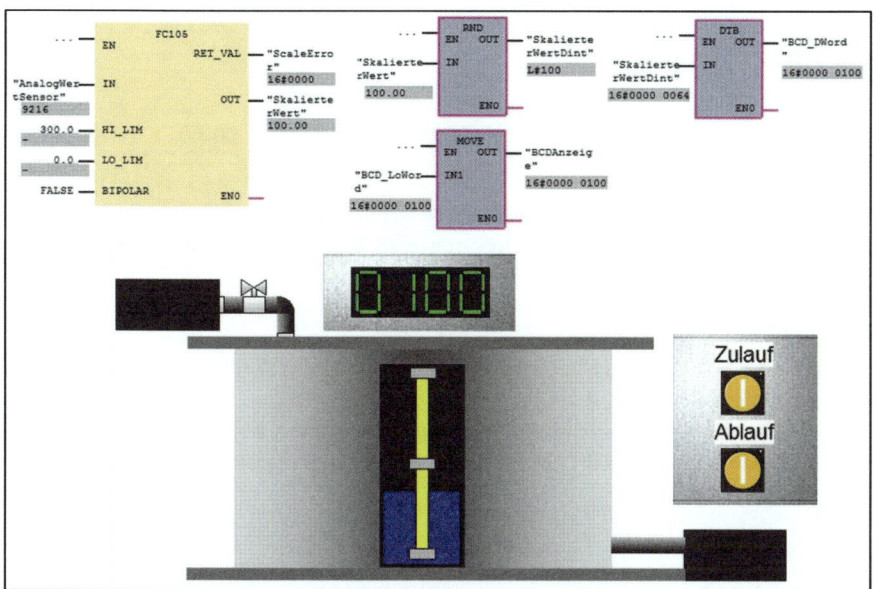

Bild: Test des SPS-Programms

Im Bild ist zu sehen, dass das PEW272 „AnalogWertSensor" den INT-Wert „9216" besitzt. Bei der Definition der Aufgabe wurde gesagt, dass der analoge Sensor einen Stromwert von 0 bis 20mA liefert. Dieser analoge Wert wird von der analogen Eingangskarte in ein digitales Signal gewandelt. Dabei setzt die Karte das Signal in einen Bereich von 0 bis 27648 um:

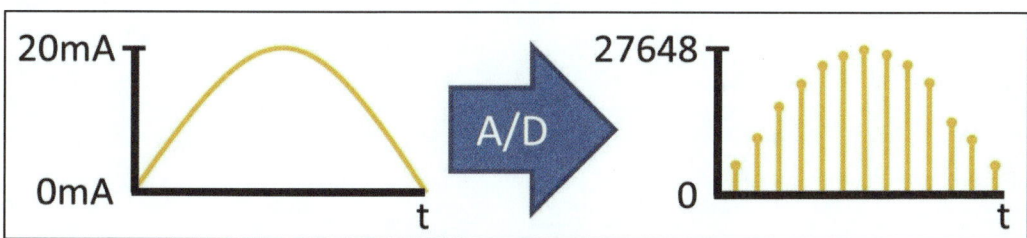

Bild: Arbeitsweise der analogen Eingangsbaugruppe

Die FC105 „SCALE" skaliert nun den Wert auf den gewünschten Bereich 0 bis 300. Im Status ist zu sehen, dass dabei für einen Eingangswert von 9216 der skalierte Wert 100 ausgegeben wird. Die Formel, mit der die FC die Skalierung ausführt, ist nachfolgend zu sehen:

$$OUT = \left[\frac{(IN - Kon_1)}{(Kon_2 - Kon_1)} * (HI\_LIM - LO\_LIM) \right] + LO\_LIM$$

Die Konstanten Kon1 und Kon2 haben unterschiedliche Werte, je nachdem, ob es sich um einen bipolaren oder unipolaren Eingangsbereich handelt.

- Bipolar:
  Kon_1 = -27648.0
  Kon_2 = +27648.0
- Unipolar:
  Kon_1 = 0.0
  Kon_2 = +27648.0

Damit ergibt sich für obige Konstellation:

$$\left[\frac{(9216.0 - 0.0)}{(27648 - 0)} * (300.0 - 0.0)\right] + 0.0 = 100.0$$

Dieser Wert wird auch von der FC105 „SCALE" am Ausgang ausgegeben.
Anschließend folgen die Wandlungen in DINT sowie in BCD und der Transfer des LoWords in das AW0 „BCDAnzeige".

24.1.4   Fazit des Beispiels

Im Beispiel wurde die FC105 „SCALE" vorgestellt. Dieser Baustein skaliert einen Wert, der von einem analogen Kanal geliefert wird.

Den skalierten Wert kann man so wählen, dass er einen direkten Bezug zur Messgröße darstellt. Es ist dann einfacher für den Programmierer, Grenzwertreaktionen im SPS-Programm zu implementieren.

24.2 Zweites Beispiel zur Analogwertverarbeitung

Es soll die Drehzahl eines Bandmotors im Tippbetrieb erhöht bzw. verringert werden. Dabei stehen fünf Geschwindigkeitsstufen zur Verfügung. Die Drehzahl des Bandmotors wird über einen analogen Ausgangskanal mit einer Spannung von 0 bis 10V angesteuert. Jede Geschwindigkeitsstufe soll dabei den Spannungswert um 2V erhöhen. Die momentan eingestellte Geschwindigkeitsstufe ist mit Hilfe von fünf Lampen anzuzeigen.

Nachfolgend das Technologieschema des Beispiels:

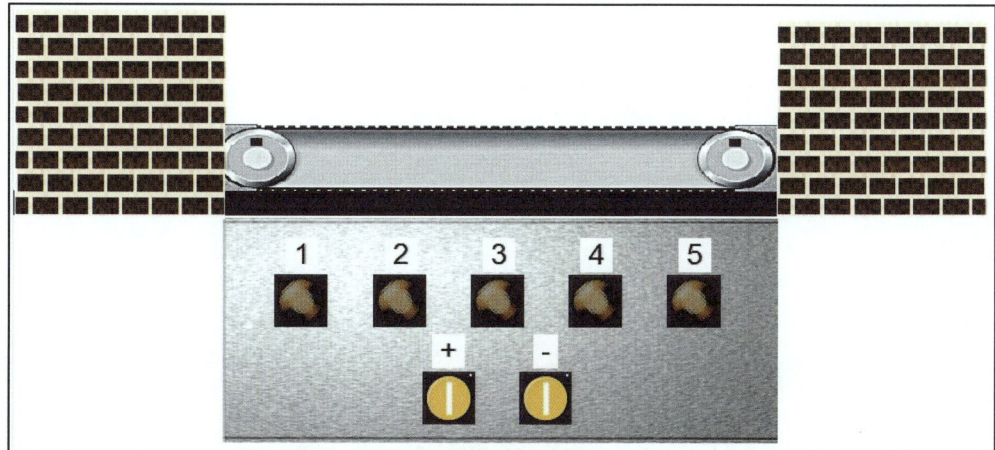

Bild: Technologieschema

24.2.1 Erstellen der Symbolik- bzw. Variablentabelle

Der Symbolik- bzw. Variablentabelle kann die Belegung der Operanden entnommen werden.

Symbol	Operand		Typ	Symb.-Kommentar
LampeStufe1	A	0.0	BOOL	
LampeStufe2	A	0.1	BOOL	
LampeStufe3	A	0.2	BOOL	
LampeStufe4	A	0.3	BOOL	
LampeStufe5	A	0.4	BOOL	
BandMotor	A	0.5	BOOL	
TasterGeschw+	E	0.0	BOOL	
TasterGeschw-	E	0.1	BOOL	
FlankenBit1	M	100.0	BOOL	
FlankenBit2	M	100.1	BOOL	
StufeWert	MD	2	DWORD	
EingestellteStufe	MW	0	WORD	
ErrorCodeFC106	MW	10	WORD	

Bild: Symbole bzw. Variablen

24.2.2 Programmierung der FC1

Die FC1 beinhaltet den Programmteil, der die Lampen für die eingestellten Stufen ansteuert und den Ausgabewert für den analogen Kanal je nach eingestellter Stufe ermittelt. Die Programmierung erfolgt in AWL.

```
CLR·
=       "LampeStufe1"· --A0.0
=       "LampeStufe2"· --A0.1
=       "LampeStufe3"· --A0.2
=       "LampeStufe4"· --A0.3
=       "LampeStufe5"· --A0.4
```

Bild: Netzwerk 1 der FC1

Im Netzwerk 1 werden alle Ausgänge der Lampen auf den Status ‚0' gesetzt.

```
//Stufe 1 ·
        L       "EingestellteStufe"· --MW0
        L       1·
        ==I·
        =       "LampeStufe1"·          --A0.0
        SPB     U_1·
//Stufe 2 ·
        L       "EingestellteStufe"· --MW0
        L       2·
        ==I·
        =       "LampeStufe2"·          --A0.1
        SPB     U_2·
//Stufe 3 ·
        L       "EingestellteStufe"· --MW0
        L       3·
        ==I·
        =       "LampeStufe3"·          --A0.2
        SPB     U_3·
//Stufe 4 ·
        L       "EingestellteStufe"· --MW0
        L       4·
        ==I·
        =       "LampeStufe4"·          --A0.3
        SPB     U_4·
//Stufe 5 ·
        L       "EingestellteStufe"· --MW0
        L       5·
        ==I·
        =       "LampeStufe5"·          --A0.4
        SPB     U_5·
// ·
        SPA     U_0·
```

Bild: Netzwerk 2 der FC1

Die momentan eingestellte Stufe ist als INT-Wert im MW0 „EingestellteStufe" abgelegt. Durch Vergleicher wird ermittelt, welche Lampe zur Anzeige auf den Status ‚1' zu setzen ist. Des Weiteren wird zu einer Marke gesprungen, bei welcher der Ausgabewert für den analogen Kanal eingestellt wird.

```
//Stufe 1
U_1:   L     2.000000e+00
       T     "StufeWert"   --MD2
       SPA   Ende
//Stufe 2
U_2:   L     4.000000e+00
       T     "StufeWert"   --MD2
       SPA   Ende
//Stufe 3
U_3:   L     6.000000e+00
       T     "StufeWert"   --MD2
       SPA   Ende
//Stufe 4
U_4:   L     8.000000e+00
       T     "StufeWert"   --MD2
       SPA   Ende
//Stufe 5
U_5:   L     1.000000e+01
       T     "StufeWert"   --MD2
       SPA   Ende
//Stufe 0
U_0:   L     0.000000e+00
       T     "StufeWert"   --MD2
       SPA   Ende
//Ende
Ende:  NOP   0
```

Bild: Netzwerk 3 der FC1

Je nach Stufe wird im Netzwerk 3 der Wert 0.0 bis 10.0 in das MD2 „StufeWert" eingetragen.
Damit ist das Programm in der FC1 vollständig. Die weiteren Programmteile werden im OB1 programmiert.

24.2.3   Programmierung des OB1

Der OB1 soll in der Darstellungsart FUP erstellt werden.
Im ersten Netzwerk befindet sich der SPS-Code für die Erhöhung der Geschwindigkeitsstufe.

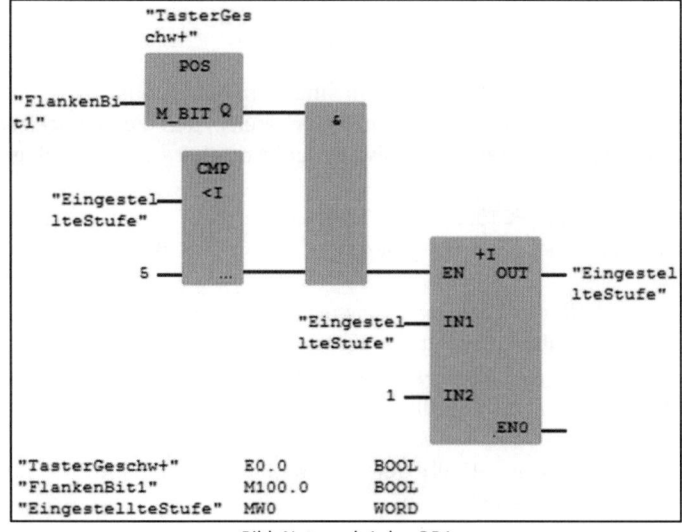

Bild: Netzwerk 1 des OB1

Eine positive Flanke des Tasters zum Erhöhen der Geschwindigkeit addiert zur momentan eingestellten Stufe den Wert ‚1', sofern die eingestellte Stufe kleiner als das Maximum 5 ist.
Nachfolgend das Verringern der Stufe:

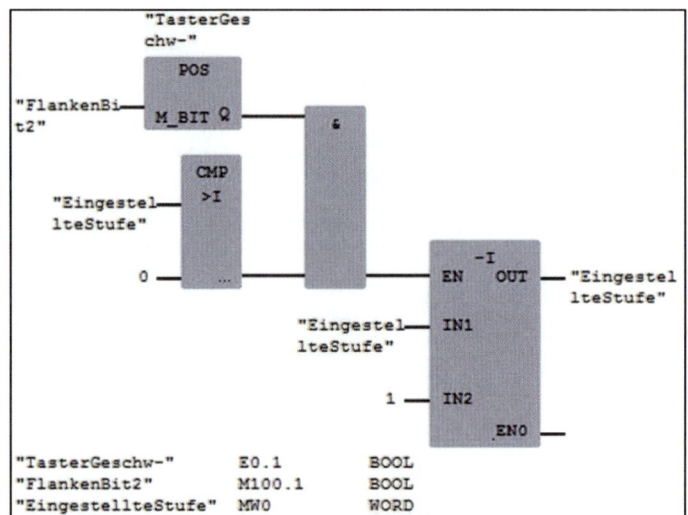

Bild: Netzwerk 2 des OB1

Eine positive Flanke des Tasters zum Verringern der Geschwindigkeit subtrahiert von der momentan eingestellten Stufe den Wert ‚1', sofern der Wert größer als ‚0' ist.
Das Verändern der Stufen wird somit erfasst. Nun kann die FC1 aufgerufen werden, um die Lampen anzusteuern und den Wert für den analogen Kanal zu bestimmen. Dies ist im Netzwerk 3 programmiert:

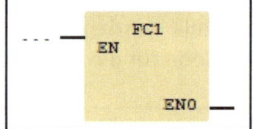

Bild: Aufruf der FC1 im Netzwerk 3

Nach der FC1 ist im MD2 „StufeWert" der am analogen Kanal auszugebende Wert enthalten. Allerdings befindet sich dieser Wert nicht in dem Wertebereich, den die analoge Ausgangsbaugruppe erwartet. Somit muss dieser Wert deskaliert, also in den Wertebereich der analogen Karte überführt werden.
Im letzten Beispiel wurde die FC105 „SCALE" verwendet, um einen Wert aus einer analogen Eingangskarte zu skalieren. Auch zum Deskalieren ist ein solcher Baustein vorhanden, nämlich die FC106 „UNSCALE".

- TIA-Portal®: Innerhalb der Task Card „Anweisungen" in der Rubrik „Einfache Anweisungen", Unterrubrik „Umwandler". Dort ist der Eintrag „UNSCALE" zu verwenden.
- SIMATIC®-Manager: Innerhalb des Operations-Katalogs in der Rubrik „Bibliotheken" die Unterrubrik „TI-S7 Converting Blocks". Dort den Eintrag „FC106 UNSCALE CONVERT" selektieren.
- WinSPS-S7: Im Katalog innerhalb der Rubrik „Standard Bibliothek" und der Unterrubrik „Analog" den Eintrag „FC106".

Nachfolgend ist der beschaltete Aufruf der FC zu sehen:

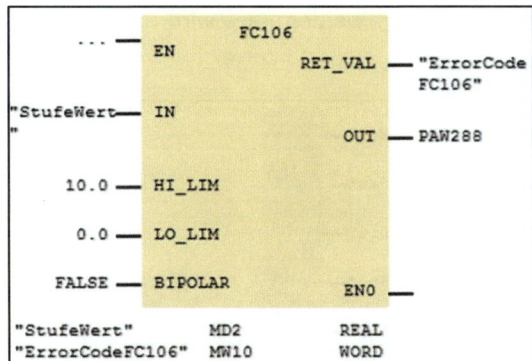

Bild: Aufruf der FC106 „UNSCALE"

Die Funktion hat vier Eingangs- und zwei Ausgangsparameter. Diese haben folgende Bedeutung:

- IN:
  Wert der deskaliert werden soll. Datentyp REAL.
- HI_LIM:
  Oberer Grenzwert. Datentyp REAL.
- LO_LIM:
  Unterer Grenzwert. Datentyp REAL.
- BIPOLAR:
  Hier ist TRUE zu übergeben, wenn der IN-Wert bipolar ist. Anderenfalls ist BIPOLAR mit FALSE zu belegen. Datentyp BOOL.
- RET_VAL:
  Beim Auftreten eines Fehlers wird hierbei die Fehlernummer geliefert. Datentyp WORD.
- OUT:
  Der Ergebniswert der Deskalierung. Dieser kann in die analoge Ausgangsbaugruppe transferiert werden. Datentyp INT.

Im Beispiel wird der Inhalt des MD2 „StufeWert" als zu deskalierender Wert übergeben. Die Werte innerhalb des MD2 bewegen sich im Bereich von 0 bis 10, weshalb die Grenzwerte entsprechend zu übergeben sind. Da die Werte nur im positiven Bereich liegen, wird dem Parameter „BIPOLAR" der Wert FALSE übergeben.

Ein möglicher Errorcode der FC wird in das MW10 „ErrorCodeFC106" eingetragen.

Den deskalierten Wert kann man direkt an den Kanal der analogen Ausgangsbaugruppe weitergeben. Dieser Kanal liegt an der Ausgangsadresse AW288, weshalb man das PAW288 als Adresse angibt.

Zuletzt ist der Ausgang für den Motor anzusteuern. Bei Aktivierung einer der Stufen 1 bis 5 muss auch der Motor mit Spannung versorgt werden. Dies wird über eine einfache ODER-Verknüpfung erreicht.

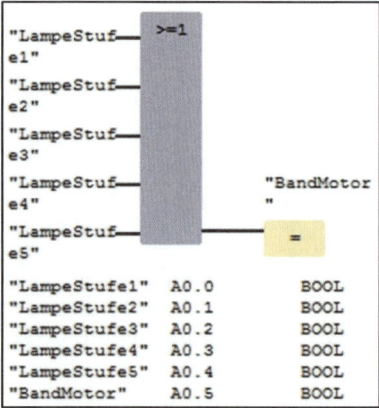

Bild: Netzwerk 5 des OB1

Damit ist das SPS-Programm komplett.

24.2.4 Test des SPS-Programms

Zum Test des SPS-Programms wird die virtuelle Anlage „DrehzahlMotor" von SPS-VISU verwendet. Nach dem Laden des Anlagenprojektes und dem Übertragen der Bausteine in die S7-SoftSPS kann die Simulation gestartet werden.

Für den Test wird über die beiden Taster „+" und „–" die Geschwindigkeitsstufe des Bandes verändert. Die Lampen zeigen die momentane Stufe an. Die Geschwindigkeit kann an den durch das Band transportierten Kisten und den Punkten an seinen Umlegrollen erkannt werden.

Parallel betrachtet man sich den Status des OB1.

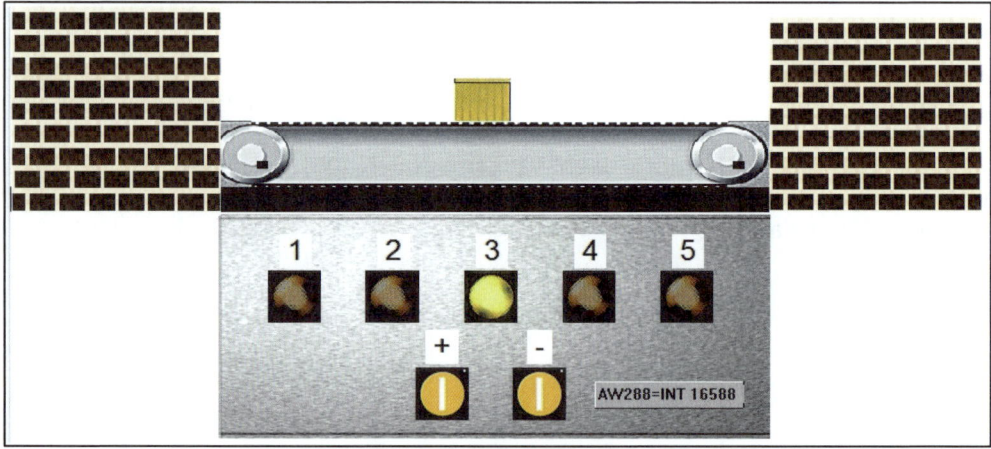

Bild: Test des SPS-Programms

Neben dem Taster zum Verringern der Geschwindigkeitsstufe, wird der Status des PAW288 angezeigt. In der Stufe 3 ist dabei der Wert „16588" zu sehen. Dies bedeutet, die FC106 „UNSCALE" bildet aus dem Wert „6" diesen Wert, der für eine Spannung von 6V am analogen Kanal notwendig ist. Die FC verwendet dabei folgende Formel:

$$OUT = \left[\frac{(IN - LO\_LIM)}{(HI\_LIM - LO\_LIM)} * (Kon_2 - Kon_1) \right] + Kon_1$$

Die Konstanten Kon1 und Kon2 haben unterschiedliche Werte, je nachdem, ob es sich um einen bipolaren oder unipolaren Eingangsbereich handelt.

- Bipolar:
  Kon_1 = -27648.0
  Kon_2 = +27648.0
- Unipolar:
  Kon_1 = 0.0
  Kon_2 = +27648.0

Damit ergibt sich für obige Konstellation:

$$\left[\frac{(6 - 0)}{(10 - 0)} * (27648 - 0) \right] + 0 = 16588$$

Das ist auch der Wert, der im Status-Objekt für das AW288 in SPS-VISU angezeigt wird.

Dieser Wert wird dem analogen Kanal übergeben. Die Analogkarte wandelt den digitalen Wert je nach eingestelltem Ausgangsbereich in den entsprechenden physikalischen Wert um. Es wird somit der umgekehrte Weg des letzten Beispiels beschritten: Ein digitaler Wert wird in einen analogen Wert gewandelt.

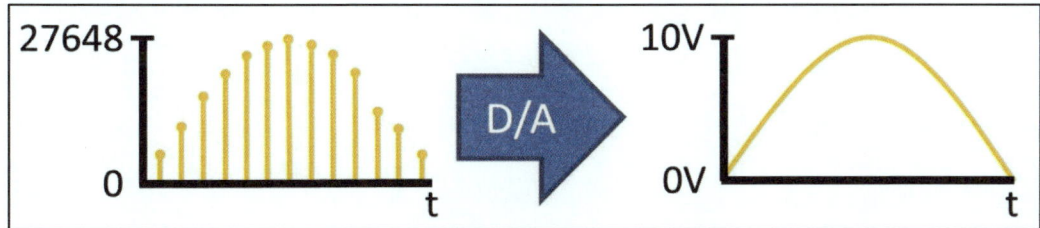

Bild: Grafische Veranschaulichung des Vorgangs

Im Beispiel bedeutet dies, der Zahlenwert wird in einen Spannungswert gewandelt.

24.3 Fazit

Im letzten Beispiel wurde die Verwendung einer analogen Ausgangsbaugruppe gezeigt.

Hierbei kam die FC106 „UNSCALE" zum Einsatz. Sie ist das Gegenstück zur FC105 „SCALE", denn die FC106 deskaliert einen Wert. Dies bedeutet, der Wert wird in die Digits der analogen Ausgangsbaugruppe übersetzt, die charakteristisch den Nennbereich 0 bis +27648 bzw. -27648 bis +27648 überstreichen. Die Möglichkeit der Deskalierung macht es dem SPS-Programmierer einfacher, innerhalb des SPS-Programms das Grenzwertverhalten zu programmieren, da er sich z.B. den physikalischen Wert als Bereich auswählen kann.

24.4 Wiederholungsfragen Übung ✔

a) Was ist der Unterschied zwischen einem digitalen Wert und einem analogen Wert?

b) Wie viele Bytes muss ein Operand haben, damit darin ein analoger Wert, der von einer Baugruppe stammt, gespeichert werden kann?

c) Warum sollte ein analoger Wert, der von einer Baugruppe stammt, normiert werden?

d) Welche Hilfswerkzeuge stehen für die Normierung zur Verfügung?

e) Was ist ein „bipolarer" Wert?

f) Was ist ein „unipolarer" Wert?

25 Zweipunktregler

Bei einem Zweipunktregler kann die Stellgröße zwei Zustände annehmen, z.B. „Ein" oder „Aus". Ein Thermostat funktioniert nach diesem Prinzip, sofern die Heizung nicht über eine variabel zuschaltbare Heizleistung verfügt.

25.1 Beispiel zu Zweipunktregler

Im folgenden Beispiel wird der Füllstand eines Behälters geregelt. Der Sollwert kann dabei mit Hilfe von BCD-Ziffernstellern variabel vorgegeben werden.

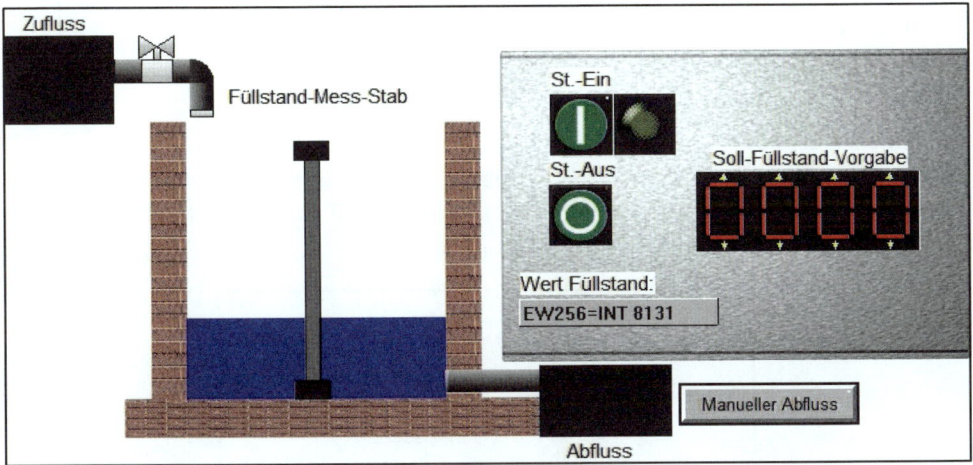

Bild: Technologieschema

Der Sollfüllstand ist im Bereich 0 bis 99 über die BCD-Ziffernsteller einstellbar. Der Abfluss erfolgt manuell, der Zufluss ist entsprechend zu steuern.
Im Behälter befindet sich ein Sensor, der die momentane Füllhöhe ermittelt. Der Sensor liefert dabei einen analogen Wert von 0 bis 20mA. Das Regeln des Füllstands soll nur vorgenommen werden, wenn die Steuerung eingeschaltet ist.

25.1.1 Erstellen der Symbolik- bzw. Variablentabelle

Der nachfolgenden Symbolik- bzw. Variablentabelle kann die Belegung der Operanden entnommen werden.
Diese beinhaltet auch bereits die im weiteren Verlauf der Programmierung notwendigen Variablen für die Zwischenergebnisse.

Symbol	Operand		Typ	Symb.-Kommentar
TasterStEin	E	0.0	BOOL	
TasterStAus	E	0.1	BOOL	Öffner
SollFuellHoehe	EW	2	WORD	
FuellstandSensor	PEW	256	INT	
LampeStEin	A	0.0	BOOL	
Zufluss	A	0.1	BOOL	
MerkerStEin	M	0.0	BOOL	
ErrorCodeFC105	MW	2	WORD	
SkalierterWertReal	MD	4	DWORD	
SollFuellHoeheDWord	MD	8	DWORD	
SollFuellHoeheDInt	MD	12	DINT	
SollFuellHoeheReal	MD	16	REAL	
SollFuellHoeheMaskiert	MW	20	INT	

Bild: Variablen des Programms

25.1.2 Erstellen der FC1

Das Programm soll in der Darstellungsart FUP in der FC1 erstellt werden.

Im ersten Netzwerk befindet sich das Programm für den M0.0 „MerkerStEin". Dieser wird in der gewohnten Weise programmiert.

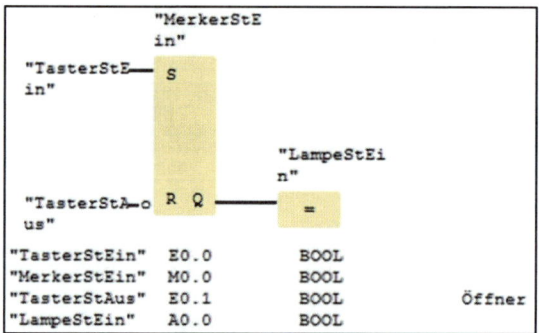

Bild: Programm im Netzwerk 1 der FC1

Der Status des M0.0 „MerkerStEin" wird direkt an den A0.0 „LampeStEin" weitergegeben.

Im Netzwerk 2 erfolgt der Aufruf der FC105 „SCALE". Diese soll den vom analogen Füllstandsensor gelieferten Wert skalieren. Als Skalierungsbereich wird 0.0 bis 100.0 angegeben.

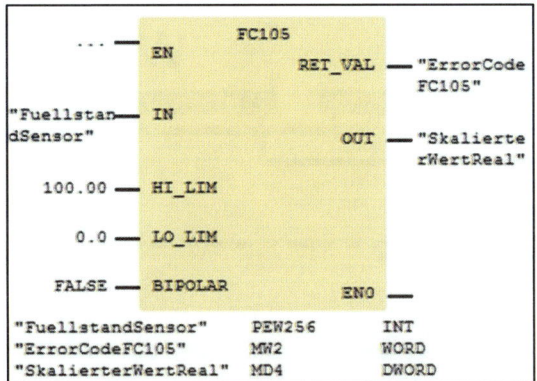

Bild: Skalierung des analogen Werts mit Hilfe der FC105 „SCALE"

Nach der Bearbeitung der FC105 „SCALE" ist der skalierte Wert als REAL im MD4 „SkalierterWertReal" enthalten.

Im nächsten Schritt erfolgt die Auswertung des am BCD-Ziffernsteller eingestellten Wertes. Da nur die Werte 0 bis 99 möglich sein sollen und der Ziffernsteller vierstellig ist, sollen die oberen beiden Stellen ausmaskiert werden. Für das Ausmaskieren ist eine Operation zu verwenden, welche die einzelnen Bits eines Wortes miteinander UND-verknüpft. Diese Operation befindet sich im FUP/KOP-Katalog innerhalb der Rubrik „Wortverknüpfungen" und hat die Bezeichnung „AND" bzw. „W_AND_W". Nachfolgend ist die Beschaltung zu sehen.

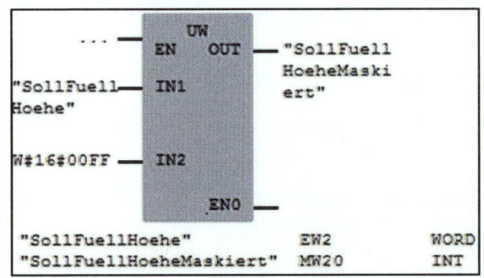

Bild: Ausmaskieren der oberen 8 Bits aus dem EW2 „SollFuellHoehe"

Das EW2 „SollFuellHoehe" wird dabei mit der hexadezimalen Zahl 0x00FF bitweise UND-verknüpft.

Da die obersten 8 Bits der Zahl 0x00FF den Status ‚0' besitzen, kann eine UND-Verknüpfung mit ihnen niemals das Ergebnis ‚1' haben. Dagegen wird der Inhalt der unteren 8 Bits des EW2 im Ergebnis beibehalten, da diese Bits innerhalb der Hex-Zahl den Status ‚1' besitzen.

Damit werden die oberen 8 Bits des EW2 ausmaskiert, denn sie haben im Ergebnis sicher den Status ‚0'. In der obigen Verwendung bedeutet dies, dass im Ergebnis nur die beiden ersten Stellen des BCD-Ziffernstellers noch vorhanden sind.

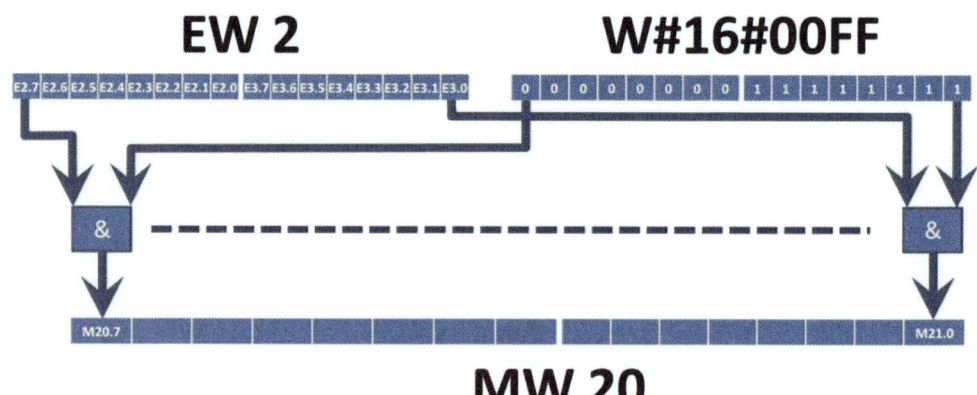

Bild: Veranschaulichung der UND-Wort-Verknüpfung im Beispiel

Der eingestellte Wert der Soll-Füllhöhe liegt nun BCD-codiert im MW20. Die FC105 „SCALE" liefert die Ist-Füllhöhe im REAL-Format.

Aus diesem Grund muss die BCD-Zahl in eine REAL-Zahl gewandelt werden. Anderenfalls wäre ein Vergleich der beiden Werte nicht möglich.

Diese Wandlung ist nicht mit einer Operation möglich. Folgende Schritte sind dazu notwendig:

1. Die Soll-Füllhöhe muss in ein Doppelwort transferiert werden.
2. Die BCD-Zahl im Doppelwort wird in das DINT-Format konvertiert.
3. Die DINT-Zahl wird in das REAL-Format konvertiert.

Nachfolgend die S7-Operationen zu den Schritten:

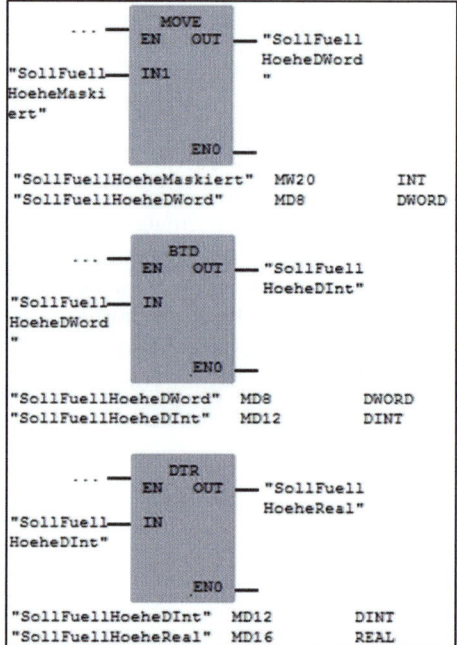

Bild: Schrittweise Wandlung der BCD-Zahl im MW20 „SollFuellHoeheMaskiert" in eine REAL-Zahl

Nun befindet sich die Soll-Füllhöhe im MD16 „SollFuellHoeheReal" und besitzt das REAL-Format. Somit kann der Wert mit dem skalierten Wert der FC105 „SCALE" verglichen werden.

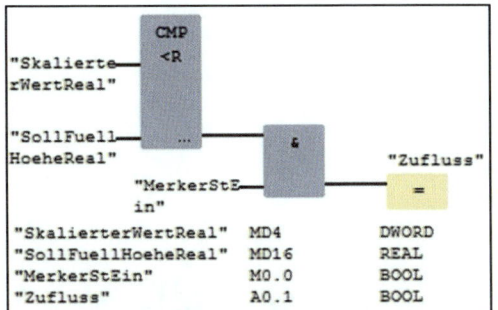

Bild: Vergleich der Soll- und Ist-Füllhöhe des Behälters

Die Ist-Füllhöhe befindet sich im MD4 „SkalierterWertReal". Sofern sie kleiner ist als die Soll-Füllhöhe und sich die Steuerung im eingeschalteten Zustand befindet, wird der A0.1 „Zufluss" mit dem Status ‚1' beaufschlagt. Anderenfalls erfolgt kein Zufluss in den Behälter.

Damit ist das Programm in der FC vollständig. Zuletzt ist die FC im OB1 aufzurufen.

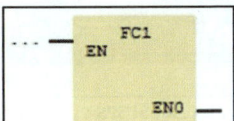

Bild: Aufruf der FC1 im OB1

25.1.3 Test des SPS-Programms

Zum Test des SPS-Programms wird die virtuelle Anlage „ZweiPunktRegler" von SPS-VISU verwendet. Nach dem Laden des Anlagenprojektes und dem Übertragen der Bausteine in die S7-SoftSPS kann die Simulation gestartet werden.

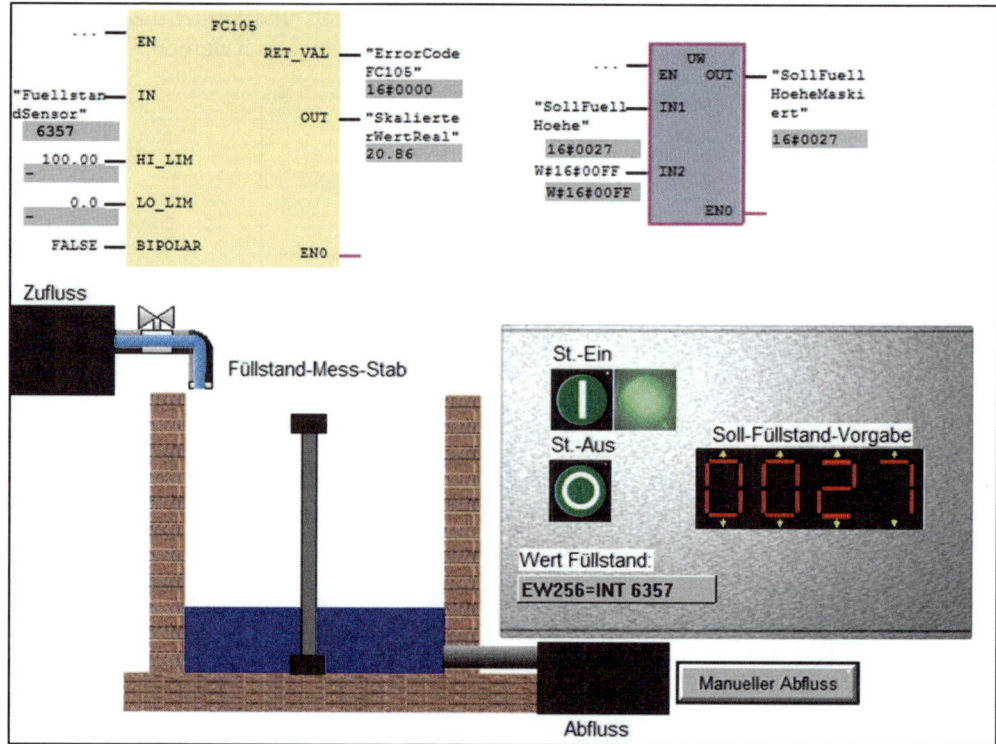

Bild: Test des SPS-Programms

In obiger Situation wurde der Soll-Füllstand auf den Wert „27" erhöht. Die Ist-Füllhöhe ergibt den skalierten Wert „20.86". Somit ist der Füllstand zu erhöhen, weshalb ein Zufluss stattfindet.

25.2 Fazit

In diesem Kapitel wurde einer der einfachsten Regler mit Hilfe eines SPS-Programms realisiert. Da ein Zweipunktregler nur die Zustände „Ein" und „Aus" kennt, genügt im SPS-Programm ein einfacher Vergleich, um einen binären Ausgang mit dem Stellglied anzusteuern.
Die Hauptarbeit besteht darin, den Ist-Wert über einen analogen Sensor zu erfassen und den Soll-Wert entsprechend in das gleiche Zahlenformat zu wandeln. Erst dann kann der Vergleich ausgeführt werden.

26 Bussysteme

Bussysteme werden in der Automatisierungstechnik hauptsächlich eingesetzt, um den Verdrahtungsaufwand zwischen den Sensoren an der Anlage und der Steuerung mit ihren Eingangs- und Ausgangsbaugruppen zu verringern. Ohne ein Bussystem müssen die einzelnen Eingänge und Ausgänge einer SPS direkt mit Sensoren und Aktoren elektrisch verbunden werden, was meist einen hohen Verkabelungsaufwand bedeutet. Diese Verkabelung ist zum einen aufwändig und zum anderen fehleranfällig. Mit einem Bussystem sinkt der Verkabelungsaufwand enorm, da zwischen dem Schaltschrank mit der SPS und dem Unterschrank für die Sensorik ein einzelnes Buskabel als Verbindung ausreichend ist.

Mit immer höherem Automatisierungsgrad der Anlagen ist auch der Funktionsumfang der Sensoren und Aktoren gewachsen. Um diese Funktionalität nutzen zu können, sind meist vielfältige Parameter einzustellen. Diese Einstellungen sollten im Idealfall mit einem Konfigurationstool zugänglich sein, um nicht eine andere Software von jedem Hersteller einsetzen zu müssen.
In diesem Kapitel sollen einige der in der S7-Welt verbreiteten Bussysteme benannt und kurz erläutert werden.

26.1 Kommunikationsebenen

Die Bussysteme gehören einer bestimmten Automatisierungshierarchie an, wobei die Übergänge immer fließender werden. Dies liegt daran, dass sich die Bussysteme der Automatisierungstechnik und der IT-Technik immer mehr annähern. Als Beispiel seien PROFINET und Ethernet genannt.

Die Hierarchien werden meist in Form einer Pyramide dargestellt:

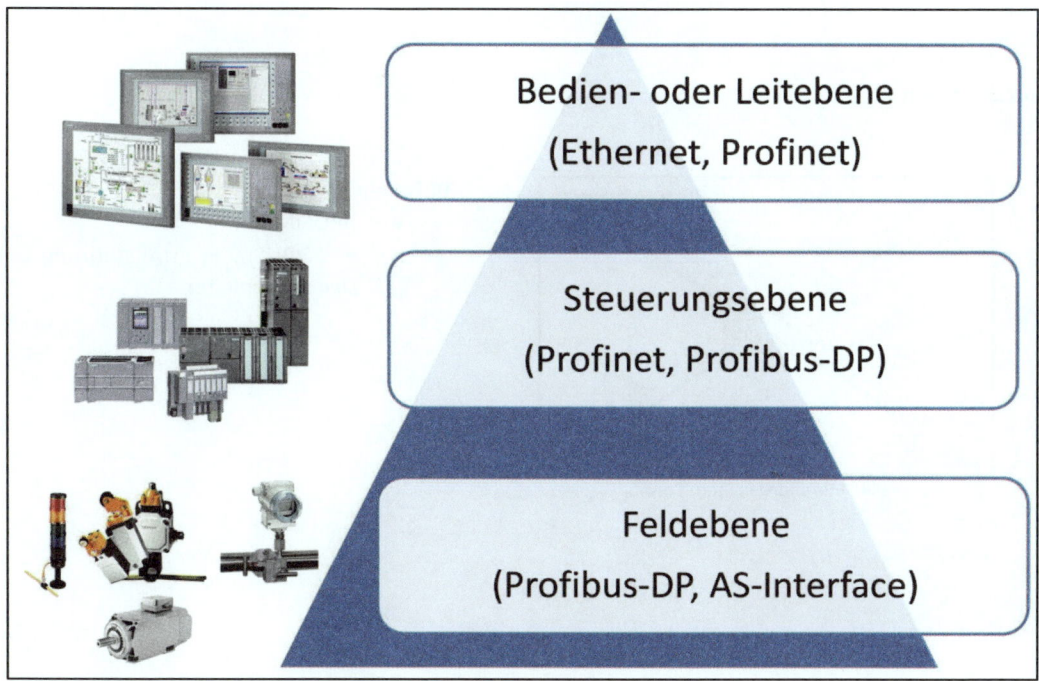

Bild: Hierarchien

26.2 Bus-Topologien

Die Topologie eines Bussystems beschreibt die Art und Weise (die Struktur), wie die Busteilnehmer miteinander verbunden sind. Nachfolgend sind einige der in der S7-Welt vorkommenden Topologien dargestellt.

26.2.1 Baum

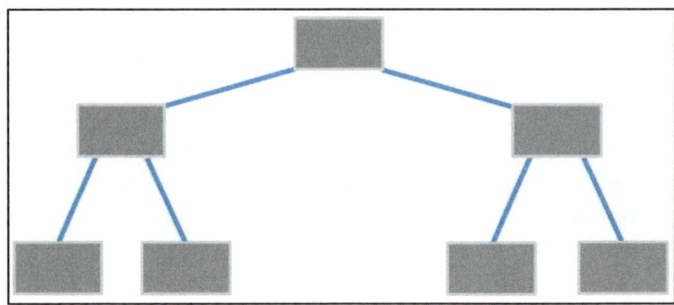

Bild: Baum-Anordnung

Beispiele:
- AS-Interface
- PROFINET

26.2.2 Linie

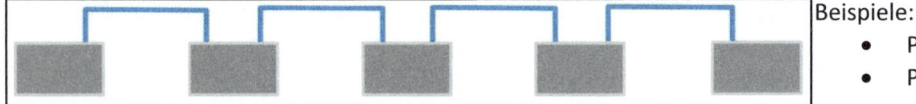

Bild: Linien-Anordnung

Beispiele:
- PROFIBUS-DP
- PROFINET

26.2.3 Stern

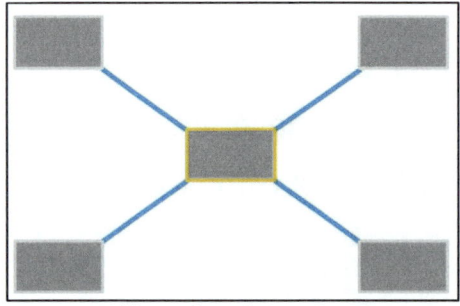

Bild: Anordnung in Stern-Form

Beispiele:
- PROFINET
- PROFIBUS, z.B. in Ausführung mit Lichtwellenleiter

26.2.4 Ring

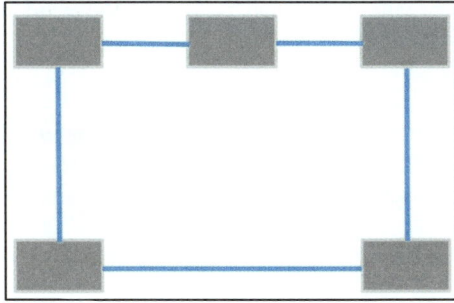

Bild: Ring Anordnung

Beispiele:

- PROFINET
- PROFIBUS, z.B. in Ausführung mit Lichtwellenleiter

26.3 PROFIBUS-DP

Der PROFIBUS ist ein offener Feldbus, der seit 1.1.2000 über die IEC 61158 genormt ist.

Das Kürzel DP steht für Decentralized Peripherals. Ein PROFIBUS kommt zum Einsatz, sobald ein schneller Prozessdatenaustausch notwendig ist. Dies ist z.B. bei der Kommunikation zwischen einer SPS-Steuerung und Sensoren notwendig, wenn die Daten zyklisch aus dem Prozess abgefragt werden müssen, um im SPS-Programm auf Zustände reagieren zu können.

An dieser Stelle soll keine tiefergehende Einführung in die PROFIBUS-Technik gegeben werden. Ziel ist es vielmehr, grundlegende Begrifflichkeiten zu erläutern. Für einen tieferen Einstieg sei an dieser Stelle auf die Schriften der Profibusnutzerorganisation (PNO) und die dort erhältlichen Bücher verwiesen.

26.3.1 Gerätedefinitionen

Im Spektrum von PROFIBUS-DP sind drei Arten von Gerätetypen definiert.

- DP-Master Klasse 1:
  Dieses Gerät ist normalerweise die SPS, die zyklisch (z.B. beim Einlesen des PAE und bei der Ausgabe des PAA) Daten mit den dezentralen Geräten (z.B. den Slaves) austauscht.
- DP-Master Klasse 2:
  Das Programmiergerät bzw. der PC mit Programmiersoftware ist ein typischer Vertreter dieses Gerätetyps. Dieser Typ kann aktiv auf den Bus zugreifen, um z.B. Daten aus einem Master Klasse 1 zu lesen oder in ihn zu schreiben. Ein Master Klasse 2 muss nicht permanent am Bus vorhanden sein. Ein PC mit Programmiersoftware ist ja z.B. nur bei der Inbetriebnahme oder zu Servicezwecken am Bus vertreten.
- Slave:
  Ein Slave empfängt Signale aus einem Prozess oder gibt Signale an den Prozess weiter. Die empfangenen Signale werden bei Anfrage z.B. an einen Master Klasse 1 weitergegeben. Ebenso werden die auszugebenden Signale von einem Master empfangen. Ein Slave ist somit ein passiver Busteilnehmer, der nur auf entsprechende Anfragen reagiert.

26.3.2 Gerätestammdatei (GSD)

Jeder Hersteller eines PROFIBUS-Slave muss eine sog. Gerätestammdatei (GSD) zu seinem Gerät liefern. In dieser Datei wird die Funktionalität des Slaves am PROFIBUS beschrieben ebenso wie die

Konfigurationsparameter, die der Slave bietet. Über die GSD bezieht die Konfigurationssoftware die einstellbaren Parameter, die Grenzwerte, die eventuell verwendbaren Module usw.

Ist die GSD eines Slaves nicht im Konfigurationstool vorhanden, so muss sie vor der Verwendung des Slaves installiert bzw. importiert werden.

26.3.3   Netz-Aufbau

Die Geräte werden z.B. in einer Linienstruktur miteinander verbunden. Die Verbindung wird dabei über eine sog. Profibusleitung hergestellt. Bei dieser Leitung handelt es sich um eine verdrillte Zwei-Drahtleitung (meist in der Farbe Lila). Den Abschluss bilden sog. Profibusstecker mit Abschlusswiderständen.

Diese Abschlusswiderstände sind jeweils am ersten und letzten Busteilnehmer zu aktivieren.

In einem Profibussegment können max. 32 Teilnehmer (Master und Slaves) verschaltet werden. Sollte eine größere Anzahl an Teilnehmer notwendig sein, dann sind mehrere Segmente notwendig. Dabei werden die Segmente über Verstärker (sog. Repeater) miteinander verbunden.

PROFIBUS bietet verschiedene Kommunikationsgeschwindigkeiten, die Einfluss auf die Buszykluszeiten und somit die Reaktionszeiten des Busses haben. Die verwendbaren Baudraten sind je nach Ausdehnung eines Segments begrenzt.

In der nachfolgenden Tabelle sind die max. Segmentlängen für einige gängige Baudraten angegeben.

Übertragungsgeschwindigkeit	Segmentlänge
19,2 KBaud	1000m
187,5 KBaud	1000m
1500 KBaud (1,5 MBaud)	200m
3000 KBaud (3 MBaud)	100m
6000 KBaud (6 MBaud)	100m
12000 KBaud (12 MBaud)	100m

Häufig wird die Übertragungsgeschwindigkeit 1,5 MBaud gewählt. Sie bietet einen guten Kompromiss zwischen Geschwindigkeit und Übertragungssicherheit.

26.3.4   Adressierung der Busteilnehmer

Jeder Busteilnehmer, egal ob Master oder Slave, erhält eine eindeutige PROFIBUS-Adresse im Bereich von 1 bis 125. Diese Adresse wird bei der Hardwarekonfiguration der S7-CPUs festgelegt. Bei vielen DP-Slave-Stationen ist diese Adresse über Mikro-Schalter einzustellen. Die dort eingestellte Adresse muss mit der in der Hardwarekonfiguration verwendeten Adresse übereinstimmen.

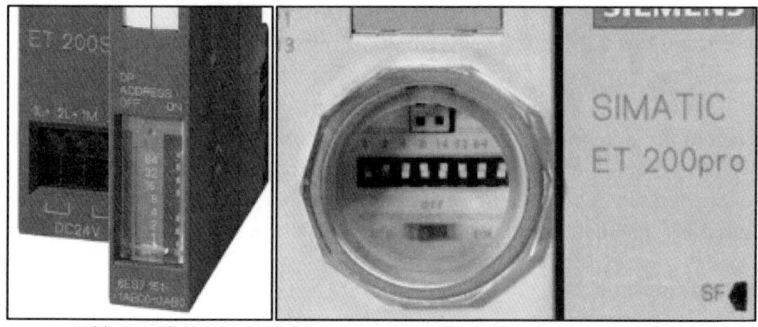

Bild: Einstellung der DP-Adresse an den DP-Slaves über Hardwareschalter

Bei den CPUs, die als Master oder als intelligenter Slave verwendet werden, wird die DP-Adresse über die Hardwarekonfiguration eingestellt. An ihrer Hardware sind keine Einstellungen in Form von Mikroschaltern vorzunehmen.

26.3.5 Beispiel einer PROFIBUS-DP-Konfiguration

Im Beispiel wird eine CPU der Familie S7-300® von Siemens als DP-Master konfiguriert. Neben der CPU sind zwei DP-Slaves im Netz vorhanden.
Die CPU besitzt lokal eine digitale Eingangsbaugruppe mit 16 Eingängen und eine digitale Ausgangsbaugruppe mit ebenfalls 16 Ausgängen. Die CPU hat die DP-Adresse 1.

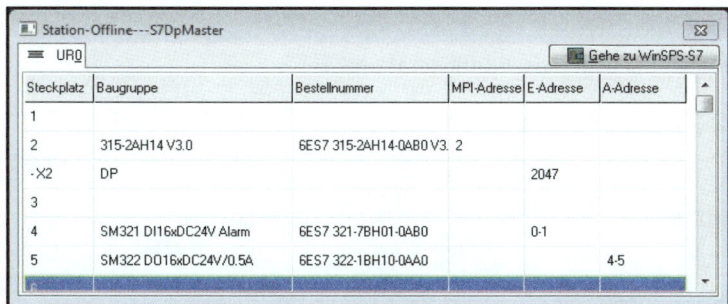

Bild: Station der CPU mit den lokalen Baugruppen

Im Bild ist zu sehen, dass die Eingänge der lokalen, digitalen Baugruppe die Adressen EB0 und EB1 besitzen. Die Ausgänge liegen an den Adressen AB4 und AB5.

Beim ersten DP-Slave mit der DP-Adresse 2 handelt es sich um eine ET200M von Siemens. Auch sie ist mit einer Eingangs- und Ausgangsbaugruppe bestückt.

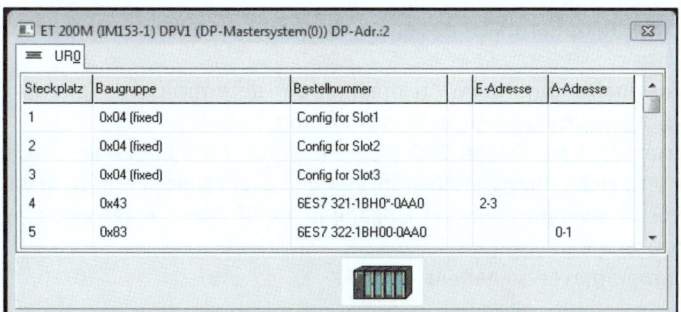

Bild: DP-Slave ET200M mit der DP-Adresse 2

Man erkennt, dass die digitale Eingangsbaugruppe die Adressen EB2 und EB3 besitzt. Die digitale Ausgangsbaugruppe wurde auf die Adressen AB0 und AB1 konfiguriert.

Der zweite DP-Slave besitzt die DP-Adresse 3 und gehört der Familie ET200S von Siemens an. Die Bestückung besteht aus einer digitalen Eingangs- und Ausgangsbaugruppe.

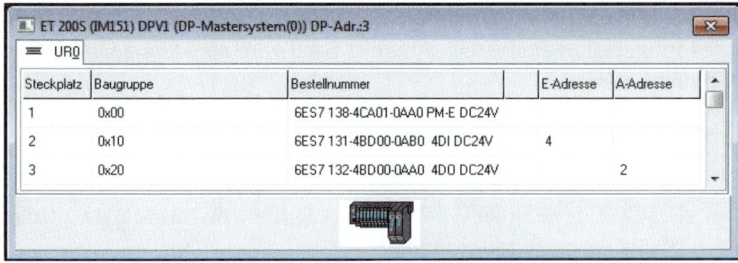

Bild: DP-Slave ET200S mit der DP-Adresse 3

Die Eingangsbaugruppe belegt das Byte mit der Adresse 4 (EB4), die Ausgangsbaugruppe den Adressbereich AB2.

Nachfolgend die Netzübersicht dieser Konfiguration:

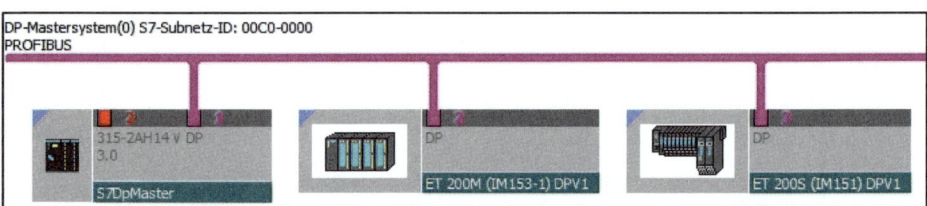

Bild: Netzübersicht

26.3.5.1 Ansprechen der dezentralen Peripherie innerhalb des SPS-Programms

Im Beispiel wurde zentrale Peripherie auf dem Rack der S7-CPU verwendet. Ebenso kommen digitale Ein- und Ausgangsbaugruppen auf den DP-Slaves zum Einsatz, die als dezentrale Peripherie bezeichnet werden. Bei der Konfiguration wurden Adressen für die Operanden dieser Baugruppen festgelegt. Betrachtet man diese Adressen, so fällt auf, dass dabei keine Unterscheidung zwischen lokaler und dezentraler Peripherie vorhanden ist. Der Adressbereich der CPU wird linear verwendet.

Dies legt den Schluss nahe, dass beim Ansprechen der dezentralen Peripherie innerhalb des SPS-Programms ebenso keine Unterschiede zu beachten sind.
Diese Schlussfolgerung ist korrekt. Der SPS-Programmierer muss bei einer CPU mit integrierter DP-Schnittstelle keine Unterscheidung zwischen lokaler und dezentraler Peripherie vornehmen.
Wird also in der Beispielkonfiguration ein Eingang eines DP-Slave abgefragt, dann ist dies der SPS-Operation nicht anzusehen.
Folgendes Beispielprogramm sei gegeben:

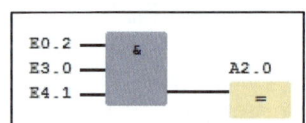

Bild: Programm bei dieser Konfiguration

Der Eingang E0.2 stammt von der lokalen Eingangsbaugruppe, E3.0 ist der Eingangsbaugruppe des DP-Slave mit der DP-Adresse 2 zugeordnet. Die Adresse E4.1 befindet sich auf dem DP-Slave mit der DP-Adresse 3. Zuletzt der Ausgang A2.0, der auf dem DP-Slave mit der DP-Adresse 3 vorhanden ist.

Der SPS-Programmierer muss sich also bei einer CPU mit integrierter DP-Schnittstelle keine Gedanken darüber machen, wo sich die SPS-Operanden befinden. Diese Arbeit wird ihm vom Betriebssystem der CPU abgenommen. Gleiches gilt für das zyklische Einlesen des PAE und die Ausgabe des PAA.

26.3.5.2 Sonderfall: Verwendung eines Kommunikationsprozessors als DP-Master

Verfügt die S7-CPU nicht über eine DP-Schnittstelle und kommt deshalb ein Kommunikationsprozessor (CP) zum Einsatz, dann ist das Prozessabbild des CPs und der CPU getrennt. In diesem Fall müssen mit Hilfe von Funktionen (werden von Siemens zur Verfügung gestellt) die Eingänge der CPU an den CP gesandt und die Ausgänge des CPs gelesen werden.

26.4 PROFINET

PROFINET ist ein offener Standard auf Basis von Industrial Ethernet. Dabei werden TCP/IP und weitere IT-Standards verwendet. Die Namensverwandtschaft von PROFIBUS und PROFINET kommt nicht von ungefähr, denn auch für PROFINET zeigt sich die Profibusnutzerorganisation (PNO) verantwortlich.
Die Endung „Net" bei „PROFINET" soll verdeutlichen, dass der Bus mit Ethernet in Verbindung steht.

PROFINET soll PROFIBUS nicht ersetzen, sondern ergänzen. Beide Bussysteme werden wohl noch geraume Zeit nebeneinander koexistieren.

Wird PROFINET zur Anbindung von dezentraler Peripherie eingesetzt, so spricht man von **PROFINET IO**.

Für weiterführende Informationen empfiehlt sich das Studium der Bücher und Web-Publikationen der Profibusnutzerorganisation (PNO).

26.4.1 Gerätedefinitionen

Im Spektrum von PROFINET sind drei Arten von Gerätetypen definiert.
- IO-Supervisor:
  Hierbei handelt es sich z.B. um das Konfigurationstool auf dem PC, das den IO-Devices (Slaves) symbolische Namen vergibt. Vergleichbar mit dem DP-Master Klasse 2.
- IO-Controller:
  Dieses Gerät ist z.B. die SPS, die zyklisch (z.B. beim Einlesen des PAE und bei der Ausgabe des PAA) Daten mit den dezentralen Geräten (z.B. den IO-Devices) austauscht. Vergleichbar mit dem DP-Master Klasse 1.
- IO-Device:
  Ein IO-Device (ähnlich einem Slave bei PROFIBUS-DP) empfängt Signale aus einem Prozess oder gibt Signale an den Prozess weiter. Die empfangenen Signale werden bei Anfrage z.B. an den IO-Controller weitergegeben.

26.4.2 Gerätestammdatei (GSD)

Jeder Hersteller eines PROFINET-IO-Devices muss eine sog. Gerätestammdatei (GSD) zu seinem Gerät liefern. In dieser Datei wird die Funktionalität des Devices beschrieben ebenso wie die Konfigurationsparameter, die das Gerät bietet.
Über die GSD bezieht die Konfigurationssoftware die einstellbaren Parameter, die Grenzwerte, die eventuell verwendbaren Module usw.

Ist die GSD eines IO-Devices im Konfigurationstool nicht vorhanden, so muss sie vor dessen Verwendung installiert bzw. importiert werden.

Die Beschreibungssprache innerhalb der GSD-Dateien von PROFINET ist GSDML (General Station Description Markup Language). Die Dateien basieren auf XML.
Im Gegensatz zur GSD-Datei bei PROFIBUS-DP kann in einer GSD-Datei zu PROFINET eine gesamte Gerätefamilie mit allen vorhandenen Kopfbaugruppen und Modulen beschrieben werden.

26.4.3   Netz-Aufbau

In den Anfängen von PROFINET wurden IO-Devices angeboten, die nur über eine Ethernet-Schnittstelle verfügten. Dadurch war die in der Automatisierungstechnik vielfach angewandte Linienstruktur nur über Zusatzkomponenten (z.B. Switches) möglich bzw. es wurde eine Sterntopologie aufgebaut.

Inzwischen finden sich in vielen Geräten eingebaute Switches, d.h. die Geräte verfügen über mehrere (nicht unabhängige) Ethernet-Schnittstellen, was eine Linienstruktur ohne Zusatzgeräte möglich macht.

Bild: Doppelte Ethernet-Ports bei einer ET200S-PN von Siemens

Als Übertragungstechnik kommen beispielsweise Leitungen und Stecker zum Einsatz, die dem Fast-Ethernet-Standard entsprechen.

26.4.4   Adressierung

Im Auslieferungszustand besitzt ein IO-Device eine eindeutige MAC-Adresse. Diese „Media Access Control"-Adresse hat eine Länge von 6 Bytes. Dabei sind drei Bytes für die Herstellerkennung vorgesehen. Die verbleibenden Bytes werden vom Hersteller genutzt, um das Gerät eindeutig zu identifizieren. Mit anderen Worten ist (sollte) die MAC-Adresse für jedes Gerät weltweit eindeutig (sein).
Im Rahmen von PROFINET bedeutet dies, dass die MAC-Adresse ein sicheres Unterscheidungsmerkmal der einzelnen vorhandenen Teilnehmer im Netz ist.

Jedes PROFINET-IO-Gerät muss darüber hinaus über die Möglichkeit verfügen, einen sog. Gerätenamen remanent zu speichern. Dieser Gerätename wird bei der Projektierung vergeben und muss im Netz eindeutig sein. Der Gerätename ist vergleichbar mit der Profibusadresse bei PROFIBUS-DP.

Dem Netz wird ein IP-Nummernband (über die Netzwerk-ID und die Subnetzmaske) zur Verfügung gestellt. Dieses Nummernband nutzt der IO-Controller, um den IO-Devices beim Hochlauf eine IP-Adresse zu vergeben. Der IO-Controller weist somit einem Gerätenamen eine IP-Adresse zu. Die Konstante ist dabei der Gerätename.

26.4.5 Beispiel einer PROFINET-Konfiguration

Im Beispiel wird eine CPU der Familie S7-300® von Siemens als IO-Controller konfiguriert. Die CPU besitzt lokal eine digitale Eingangsbaugruppe mit 16 Eingängen und eine digitale Ausgangsbaugruppe mit ebenfalls 16 Ausgängen. Die CPU besitzt innerhalb von PROFINET-IO den Gerätenamen „PN-IO". Im PROFINET sind zusätzlich zwei IO-Devices vorhanden.

Steckplatz	Baugruppe	Bestellnummer	Firmware	MPI-Adresse	E-Adresse	A-Adresse
1						
2	CPU 315-2 PN/DP	6ES7 315-2EH14-0AB0	V3.2	2		
X1	MPI/DP			2	2047*	
X2	PN-IO				2046*	
X2 P1 R	Port 1				2045*	
X2 P2 R	Port 2				2044*	
3						
4	DI16xDC24V	6ES7 321-1BH00-0AA0			0...1	
5	DO16xDC24V/0.5A	6ES7 322-1BH00-0AA0				4...5

Bild: Konfiguration des IO-Controllers mit zwei zentralen Baugruppen

Im Bild ist zu erkennen, dass die Eingänge der lokalen digitalen Baugruppe die Adressen EB0 und EB1 besitzen. Die Ausgänge liegen an den Adressen AB4 und AB5.

Beim ersten IO-Device mit dem Gerätenamen „Station-1-ET200M" handelt es sich um eine ET200M von Siemens. Auch sie ist mit einer Eingangs- und Ausgangsbaugruppe bestückt.

Steckplatz	Baugruppe	Bestellnummer	E-Adresse	A-Adresse	Diagnoseadresse
0	Station-1-ET200M	6ES7 153-4BA00-0XB0			2042*
X1	PN-IO				2041*
X1 P1 R	Port 1				2040*
X1 P2 R	Port 2				2039*
1	SM 321 DI16xDC24V	6ES7 321-1BH02-0AA0	2...3		
2	SM 322 DO16xDC24V/0.5A	6ES7 322-1BH01-0AA0		0...1	
3					

Bild: Konfiguration des ersten IO-Device „Station-1-ET200M" mit zwei Modulen

Im Bild ist zu sehen, dass die digitale Eingangsbaugruppe die Adressen EB2 und EB3 besitzt. Die digitale Ausgangsbaugruppe wurde auf die Adressen AB0 und AB1 konfiguriert.

Das zweite IO-Device hat den Gerätenamen „Station-2-ET200S" und gehört der Familie ET200S von Siemens an. Die Bestückung besteht aus einer digitalen Eingangs- und Ausgangsbaugruppe.

Steckplatz	Baugruppe	Bestellnummer	E-Adresse	A-Adresse	Diagnoseadresse
0	Station-2-ET200S	6ES7 151-3AA23-0AB0			2038*
X1	PN-IO				2037*
X1 P1 R	Port 1				2036*
X1 P2 R	Port 2				2035*
1	PM-E DC24V	6ES7 138-4CA01-0AA0			2034*
2	4DI DC24V ST	6ES7 131-4BD01-0AA0	4		
3	4DO DC24V/0.5A ST	6ES7 132-4BD02-0AA0		2	

Bild: Konfiguration des zweiten IO-Device „Station-2-ET200S" und zwei Modulen

Die Eingangsbaugruppe belegt das Byte mit der Adresse 4 (EB4), die Ausgangsbaugruppe den Adressbereich AB2.

Nachfolgend die Netzübersicht dieser Konfiguration:

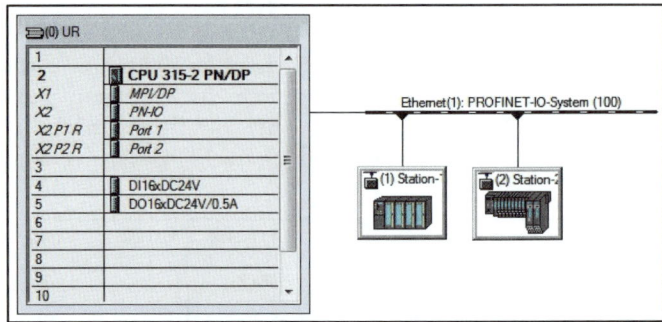

Bild: Netzansicht des Konfigurationsbeispiels

26.4.5.1 Ansprechen der dezentralen Peripherie innerhalb des SPS-Programms

Im Beispiel wurde zentrale Peripherie auf dem Rack der S7-CPU verwendet. Ebenso kommen digitale Ein- und Ausgangsbaugruppen auf den IO-Devices zum Einsatz, die als dezentrale Peripherie bezeichnet werden. Bei der Konfiguration wurden Adressen für die Operanden dieser Baugruppen festgelegt. Betrachtet man die Adressen, so fällt auf, dass hierbei keine Unterscheidung zwischen lokaler und dezentraler Peripherie vorhanden ist. Der Adressbereich der CPU wird linear verwendet.

Dies legt den Schluss nahe, dass beim Ansprechen der dezentralen Peripherie innerhalb des SPS-Programms ebenso keine Unterschiede zu beachten sind.
Diese Schlussfolgerung ist korrekt. Der SPS-Programmierer muss bei einer CPU mit integrierter PN-Schnittstelle keine Unterscheidung zwischen lokaler und dezentraler Peripherie vornehmen.
Wird also in der Beispielkonfiguration ein Eingang eines IO-Device abgefragt, dann ist dies der SPS-Operation nicht anzusehen.

Folgendes Beispielprogramm sei gegeben:

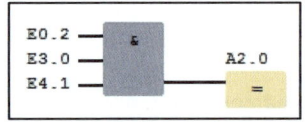

Bild: Programm bei dieser Konfiguration

Der Eingang E0.2 stammt von der lokalen Eingangsbaugruppe, der E3.0 ist der Eingangsbaugruppe des IO-Device „Station-1-ET200M" zugeordnet. Die Adresse E4.1 befindet sich auf dem IO-Device mit der Bezeichnung „Station-2-ET200S". Zuletzt der Ausgang A2.0, der ebenfalls auf dem IO-Device „Station-2-ET200S" vorhanden ist.

Der SPS-Programmierer muss sich also bei einer CPU mit integrierter PN-Schnittstelle keine Gedanken darüber machen, wo sich die SPS-Operanden befinden. Diese Arbeit wird ihm vom Betriebssystem der CPU abgenommen. Gleiches gilt für das zyklische Einlesen des PAE und die Ausgabe des PAA.

26.4.5.2 Sonderfall: Verwendung eines Kommunikationsprozessors als IO-Controller

Verfügt die S7-CPU nicht über eine PN-Schnittstelle und kommt deshalb ein Kommunikationsprozessor (CP) zum Einsatz, dann ist das Prozessabbild des CPs und der CPU getrennt. In diesem Fall müssen mit Hilfe von Funktionen (werden von Siemens zur Verfügung gestellt) die Eingänge der CPU an den CP gesandt und die Ausgänge des CPs gelesen werden.

26.5 AS-Interface

„AS" bei AS-Interface steht für Aktor-Sensor. Bei diesem Bus handelt es sich um einen einfach aufgebauten Bus, der in der untersten Hierarchie der Automatisierungstechnik angesiedelt ist.

Die in dieser Hierarchie zu verarbeitenden Signale sind meist Bitsignale. Die Intention für den Einsatz dieses Busses besteht darin, den Verdrahtungsaufwand der Sensoren und Aktoren zu minimieren. Dies wird auch dadurch erreicht, dass die verwendete zweiadrige Busleitung sowohl für den Transport der Daten als auch für die Spannungsversorgung genutzt wird.

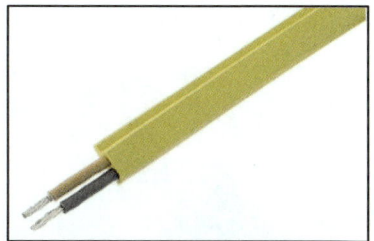

Bild: Bei AS-Interface verwendete Busleitung

26.5.1 Gerätedefinitionen

Im Spektrum von AS-Interface sind zwei Arten von Gerätetypen definiert.

- Master:
  Der Master tauscht zyklisch die Eingangs- und Ausgangsdaten mit den Slaves aus. Pro Kreis ist ein Master möglich.
- Slave:
  Ein Kreis besteht aus max. 62 Teilnehmern (früher 31). Der maximale Ausbau eines Slaves beträgt 4 digitale Eingänge und 4 digitale Ausgänge (ab Spezifikation V3.0).

26.5.2 Netz-Aufbau

Der Anschluss der Sensoren und Aktoren am Bus erfolgt über die sog. Durchdringungstechnik. Dies bedeutet, ein Sensor oder Aktor durchdringt mit Metallspitzen die Isolation des Kabels.

Bild: Busklemme

Mit dieser Technik ist der Verdrahtungsaufwand gering.

Bild: Anwendung der Durchdringungstechnik

26.5.3 Adressierung der Busteilnehmer

Bei AS-Interface besitzt der Master keine Adresse. Die Slaves besitzen im fabrikneuen Zustand die Adresse 0, weshalb diese Adresse als Slaveadresse nicht zulässig ist. Der zulässige Adressbereich beginnt ab der Adresse 1.

Die Adressvergabe kann über ein Adressiergerät vorgenommen werden (siehe Bild).

Eine weitere Möglichkeit der Adressvergabe besteht darin, Sonderfunktionen des AS-Interface-Masters zu nutzen.
Damit kann dem Slave eine Adresse aus dem SPS-Programm heraus durch Verwendung eines Bibliotheksbausteins zugewiesen werden.

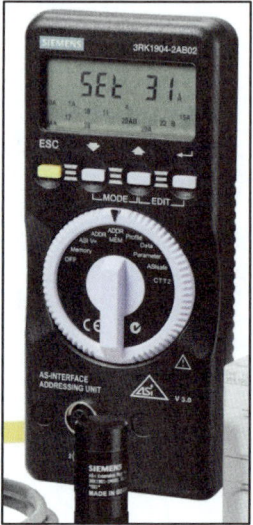

26.5.4 Verwendung von AS-Interface-Geräten im S7-Umfeld

Die Systemfamilien S7-300®/400 von Siemens bieten keine CPU mit integrierter AS-Interface-Master-Schnittstelle. Eine solche Schnittstelle muss in Form einer CP-Baugruppe (Baugruppe mit Kommunikationsprozessor) nachgerüstet werden.

In der Hardwarekonfiguration wird der CP-Baugruppe eine Eingangs- und Ausgangsadresse zugewiesen. Der Eingangs- und Ausgangsbereich beginnen an der gleichen Adresse.
Für jeden AS-Interface-Slave werden 4 Bits reserviert. Die Stelle der Bits im Adressbereich der CP-Baugruppe wird über die Teilnehmernummer des AS-Interface-Slave festgelegt.

Weitere Informationen finden sich im Handbuch der verwendeten CP-Baugruppe.

26.6 Fazit

In diesem Kapitel wurden exemplarisch drei im S7-Umfeld relevante Bussysteme vorgestellt. In den meisten aktuell konzipierten Anlagen kommen ab einer gewissen räumlichen Ausdehnung Bussysteme zum Einsatz. Dadurch sinkt die Anzahl der zentral notwendigen Baugruppen und der Haupt-Schaltschrank muss nicht so groß ausgelegt werden. Auch die Kabelwege zwischen den Nebenschränken und den Sensoren/Aktoren werden sehr gering gehalten. Dies erleichtert beispielsweise die Instandhaltung.
Kommen CPUs mit integrierten PROFIBUS-DP- oder PROFINET-IO-Schnittstellen zum Einsatz, dann ist die Handhabung der dezentralen Ein- und Ausgänge innerhalb des SPS-Programms von den zentralen nicht zu unterscheiden. Nur beim Einsatz von CP-Baugruppen sind einige Besonderheiten zu beachten.

26.7 Wiederholungsfragen Übung ✔

a) Warum werden Bussysteme in der Automatisierungstechnik eingesetzt?

b) Nennen Sie die drei Automatisierungshierarchien

c) Nennen Sie vier Bus-Topologien

d) Nennen Sie mindestens zwei Bussysteme, die in der Automatisierungstechnik eingesetzt werden.

e) Nennen Sie die drei Gerätetypen und jeweils ein Beispiel dazu, die bei PROFIBUS-DP definiert sind.

f) Nennen Sie die drei Gerätetypen und jeweils ein Beispiel dazu, die bei PROFINET definiert sind.

g) Was muss der Hersteller eines PROFINET-Slaves mitliefern, damit das Gerät in ein PROFINET-Netzwerk integriert werden kann?

ANHANG

A. Einführungsbeispiel TIA-Portal®

In diesem Kapitel werden die grundlegenden Schritte beim Erzeugen eines neuen SPS-Projektes erläutert. Dazu gehören:
- Erzeugen eines neuen Projektes für eine S7-300® von Siemens
- Hardwarekonfiguration einer CPU (PROFINET-CPU) und Einstellung der IP-Adresse für die Kommunikation mit SPS-VISU
- Erstellen der Variablentabelle (Symbolik)
- Erzeugen und Erstellen eines Bausteins
- Übertragen des Bausteins in die S7-SoftSPS von SPS-VISU
- Test des Programms über den Bausteinstatus

A.1 Begriffserklärung

In der Hilfe des TIA-Portals und auch in diesem Buch werden die Begriffe „Task Card" und „Palette" verwendet, um den Ort innerhalb der Software zu definieren, an dem sich eine bestimmte Funktion befindet. Grund genug, diese beiden Begrifflichkeiten zunächst einmal zu definieren. In der folgenden Darstellung sind die „Task Card" und die „Paletten" zu sehen. Die Task Card ist in der Grundeinstellung am rechten Rand des Programmfensters angedockt.

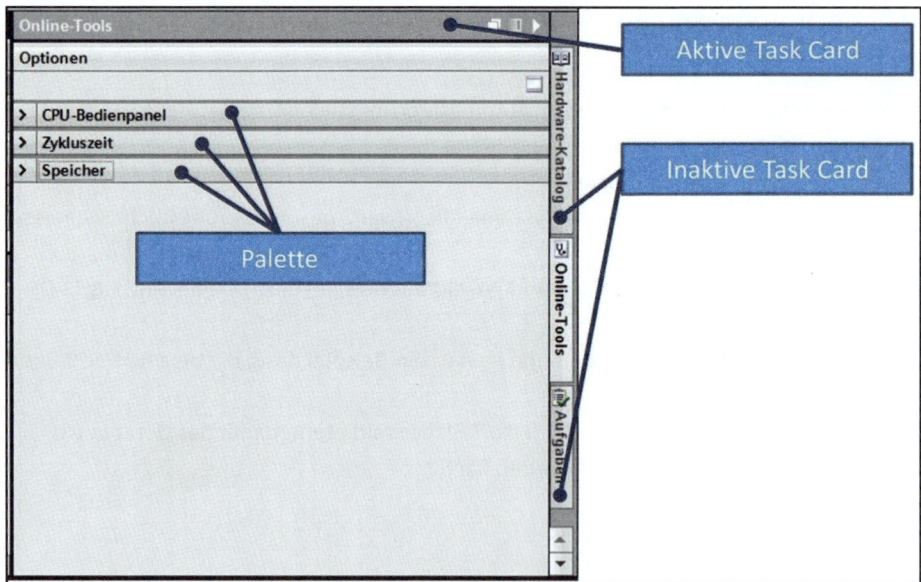

Bild: Begriffe „Task Card" und „Palette"

In der Grundeinstellung ist auf der linken Seite die Projektnavigation zu finden. In der Mitte befindet sich der sog. Arbeitsbereich.

A.2 Aufgabenstellung

Es ist das SPS-Projekt für folgende Aufgabenstellung zu entwickeln:

> Die Steuerung für eine Lampe mit Dämmerungsschalter und Bewegungsmelder ist zu programmieren. Sobald der Dämmerungsschalter den Status ‚1' meldet, soll die Lampe auf den Bewegungsmelder reagieren, d.h. sich einschalten. Solange der Bewegungsmelder ‚1' ist, soll die Lampe eingeschaltet bleiben. Des Weiteren ist ein Schalter vorhanden, über den die Lampe unabhängig vom Dämmerungsschalter und Bewegungsmelder eingeschaltet werden kann.

Betriebsmittel	Adresse
Schalter „Lampe Ein"	E0.0
Dämmerungsschalter	E0.1
Bewegungsmelder	E0.2
Lampe	A0.0

A.3 Start des TIA-Portals von Siemens

Das TIA-Portal® wird über das Icon auf dem Desktop von Windows gestartet. In der Portalansicht kann nun selektiert werden, ob ein vorhandenes Projekt geöffnet oder ein neues Projekt erzeugt wird. Im Beispiel wird ein neues Projekt erstellt.

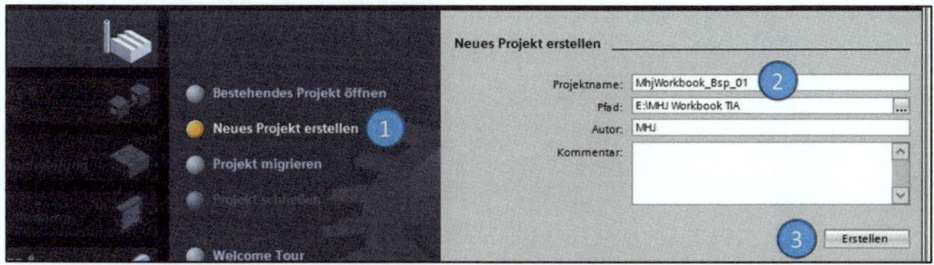

Bild: Erstellen eines neuen Projektes

Nr.	Aktion	Beschreibung
1	● **Neues Projekt erstellen**	Selektion der Einstellung „Neues Projekt erstellen"
2	Projektname: MhjWorkbook_Bsp_01	Angabe des Projektnamens und Selektion des Ablageordners. Der Name „MhjWorkbook_Bsp_01" ist nur als Beispiel zu sehen. Die Bezeichnung kann frei gewählt werden.
3	Erstellen	Betätigung des Buttons „Erstellen"

A.4 Gerät konfigurieren

Im nächsten Schritt wird ein Gerät konfiguriert, in unserem Fall die CPU.

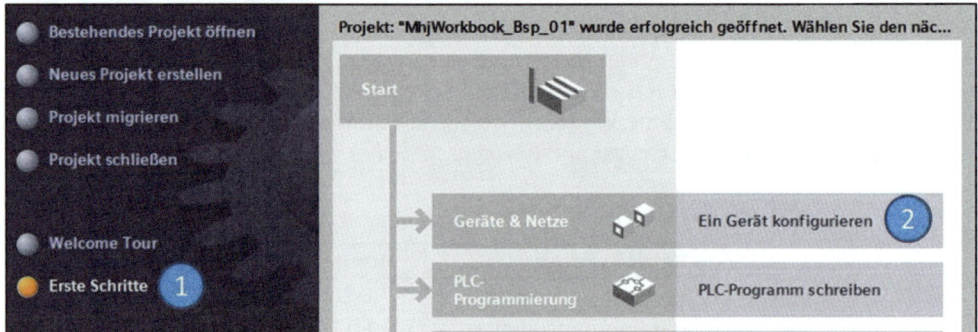

Bild: Gerät konfigurieren

1. Auswahl der Option „Erste Schritte" (sie ist normalerweise vorselektiert)
2. Selektion von „Ein Gerät konfigurieren"

A.4.1   Hinzufügen der CPU

Über die nachfolgend abgebildete Ansicht wird die CPU zum Projekt hinzugefügt.

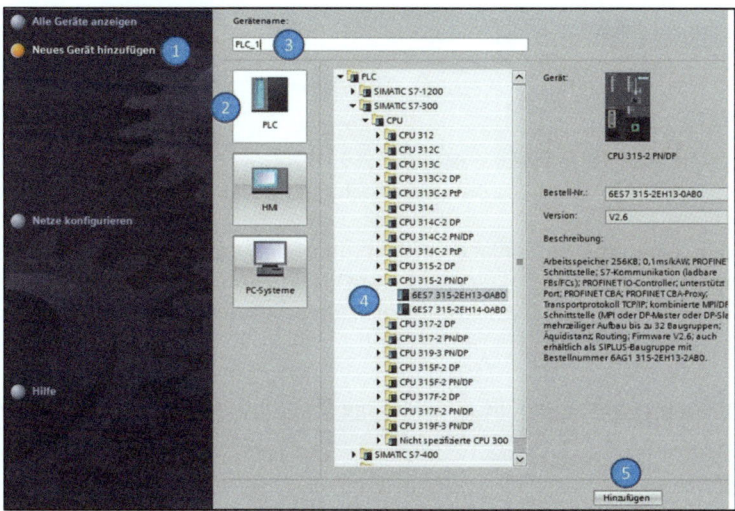

Bild: CPU wird dem Projekt hinzugefügt

Nr.	Aktion	Beschreibung
1	Neues Gerät hinzufügen	Anwählen der Option „Neues Gerät hinzufügen"
2	PLC	Eine PLC (also SPS) als Gerätefamilie selektieren
3	PLC_1	Die Bezeichnung für das neue Gerät angeben
4	CPU 315-2 PN/DP 6ES7 315-2EH13-0AB0 6ES7 315-2EH14-0AB0	Als CPU wird eine 315er CPU mit Ethernet-Schnittstelle ausgewählt. Diese hat die Bestellnummer „315-2EH13-0AB0".
5	Hinzufügen	Über den Button „Hinzufügen" wird die CPU in das Projekt eingefügt.

A.5   IP-Adresse in der CPU einstellen

A.5.1   Auf welche IP-Adresse ist die CPU einzustellen, um mit SPS-VISU zusammenzuarbeiten?

In der folgenden Darstellung ist ein Dialog in SPS-VISU zu sehen, der anzeigt, auf welche IP-Adresse die S7-SoftSPS von SPS-VISU eingestellt ist. Auf eben diese IP-Adresse wird auch die CPU im TIA-Portal® konfiguriert.

Bild: Dialog der S7-SoftSPS in SPS-VISU

Der Dialog wird bei geöffnetem Anlagenprojekt über den Menüpunkt „Software-SPS→WinPLC-Engine Einstellungen" erreicht. Bei Aktivierung der Option „Kommunikation über TCP/IP aktivieren" wird die für den Zugriff optimale IP-Adresse innerhalb von „TCP/IP-Daten für Zugriff auf S7-SoftSPS" dargestellt.

 Dies ist die IP-Adresse, auf die ebenfalls die Ethernet-Schnittstelle der CPU einzustellen ist.

A.5.2 IP-Adresse der CPU in der Hardwarekonfiguration einstellen

Im nächsten Schritt ist die IP-Adresse für die Ethernet-Schnittstelle der CPU einzustellen. Damit wird die Voraussetzung zur Kommunikation mit der Prozess-Simulation SPS-VISU geschaffen. Als IP-Adresse ist die Adresse zu verwenden, auf welche die S7-SoftSPS von SPS-VISU eingestellt ist.

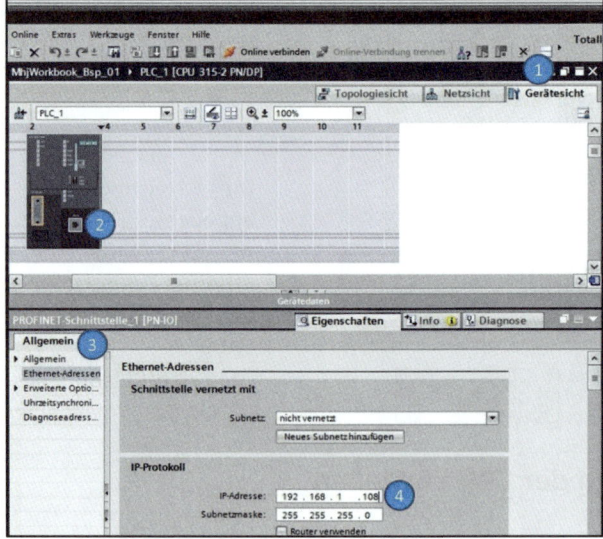

Bild: Einstellen der IP-Adresse

Nr.	Aktion	Beschreibung
1	Gerätesicht	Gerätesicht selektieren
2		Doppelklick auf die Ethernet/Profinet-Schnittstelle der grafisch dargestellten CPU
3	**Allgemein** ▶ Allgemein Ethernet-Adressen ▶ Erweiterte Optio...	Im Register „Allgemein" ist somit die Rubrik „Ethernet-Adressen" eingestellt.
4	IP-Adresse: 192 . 168 . 1 . 108 Subnetzmaske: 255 . 255 . 255 . 0 ☐ Router verwenden	Als IP-Adresse wird die Adresse angegeben, auf welche die S7-SoftSPS von SPS-VISU eingestellt ist. Im Beispiel ist dies „192.168.1.108". An dieser Adresse erwartet nun die Programmiersoftware die SPS. Des Weiteren ist die für die IP-Adresse passende Subnetzmaske anzugeben.

Nach der Eingabe der IP-Adresse wird die Tastenkombination [STRG] + [S] zum Speichern betätigt.

A.6 Übersetzen der CPU-Konfiguration

Damit sind die Einstellungen zur Hardware getätigt und die Konfiguration kann übersetzt werden.

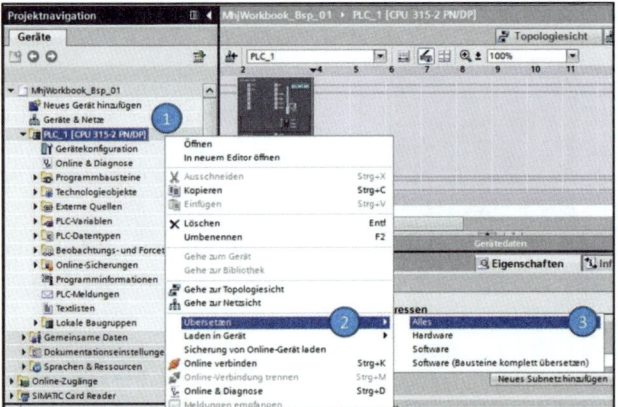

Bild: Übersetzen der Hardwarekonfiguration

Nr.	Aktion	Beschreibung
1	⛭ Geräte & Netze ▼ 🗂 PLC_1 [CPU 315-2 PN/DP] 📄 Gerätekonfiguration	In der Projektnavigation wird die Station „PLC_1" ausgewählt und die rechte Maustaste betätigt. Daraufhin ist ein Kontextmenü zu sehen.
2	⛭ Gehe zur Netzsicht Übersetzen Laden in Gerät	In diesem Menü wird „Übersetzen" selektiert, was ein weiteres Untermenü zur Ansicht bringt.
3	Alles Hardware Software	Hier wird nun „Alles" selektiert und damit der Vorgang des Übersetzens ausgelöst.

A.7 Erstellen der Variablentabelle (Symbolik)

Als Nächstes wird die Variablentabelle erstellt. Dies sollte immer der erste Schritt bei der Entwicklung des SPS-Programms sein. Die benötigten Betriebsmittel wurden bereits bei der Aufgabenstellung angegeben. Hier nochmals die Tabelle:

Betriebsmittel	Adresse
Schalter „Lampe Ein"	E0.0
Dämmerungsschalter	E0.1
Bewegungsmelder	E0.2
Lampe	A0.0

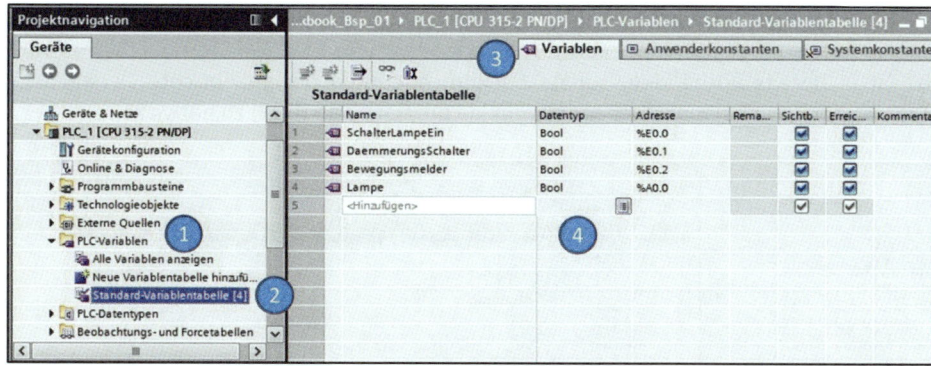

Bild: Erstellen der Variablentabelle (Symbole)

Nr.	Aktion	Beschreibung
1	▼ 📁 PLC-Variablen	In der Projektnavigation wird innerhalb der Station der Eintrag „PLC-Variablen" ausgewählt und die darin befindlichen Unterpunkte sichtbar gemacht.
2	Standard-Variablentabelle [4]	In diesen Unterpunkten führt man einen Doppelklick auf „Standard-Variablentabelle" aus.
3	🔲 Variablen ▣ Anwe	Daraufhin wird im Arbeitsbereich das Register „Variablen" mit der Standard-Variablentabelle aktiviert.

Die Variablentabelle ist wie folgt auszufüllen:

Standard-Variablentabelle			
	Name	Datentyp	Adresse
1	SchalterLampeEin	Bool	%E0.0
2	DaemmerungsSchalter	Bool	%E0.1
3	Bewegungsmelder	Bool	%E0.2
4	Lampe	Bool	%A0.0
5	<Hinzufügen>		

Bild: Variablentabelle mit den Variablennamen (Symbolen) der Absolutoperanden

Damit sind die Voraussetzungen für die Erstellung des SPS-Programms gegeben. Nach Fertigstellung der Variablentabelle wird das Zwischenergebnis über die Tastenkombination [STRG] + [S] gespeichert.

A.8 Erzeugen eines Bausteins und Einstellen der Darstellungsart

Das SPS-Programm soll in den OB1 geschrieben werden. Dieser ist standardmäßig in einem neu erzeugten Projekt vorhanden. Er ist in der Projektnavigation und in der Station in der Rubrik „Programmbausteine" zu finden.

Würde man einen neuen Baustein erzeugen, so wäre der Eintrag „Neuen Baustein hinzufügen" zu selektieren. Der daraufhin erscheinende Dialog erlaubt das Erzeugen aller Bausteinarten (OBs, FCs,

FBs und DBs). Die gewünschte Nummer des Bausteins kann dabei selbst festgelegt oder vom Programmiersystem vorgegeben werden.

Der OB1 ist ja bereits vorhanden, sodass bei ihm nur noch die gewünschte Darstellungsart zu selektieren ist. Im Beispiel ist das SPS-Programm in Funktionsplan (FUP) zu entwickeln.

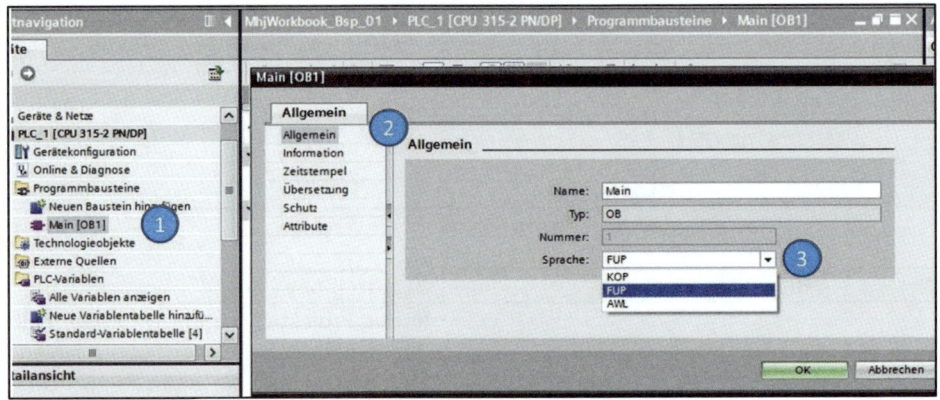

Bild: Einstellung der Darstellungsart eines Bausteins

Nr.	Aktion	Beschreibung
1	▼ 🗂 Programmbausteine 📝 Neuen Baustein hinzufügen 🟰 Main [OB1]	In der Rubrik „Programmbausteine" wird der OB1 angewählt und die Tastenkombination [ALT] + [RETURN] betätigt.
2	**Allgemein** Allgemein **Allgemei**	Daraufhin ist der Eigenschaften-Dialog des Bausteins sichtbar. Hier wird das Register „Allgemein" und die Rubrik „Allgemein" selektiert.
3	Sprache: FUP ▼ KOP FUP AWL	Im nächsten Schritt kann nun die im Baustein zu verwendende Darstellungsart selektiert werden. Der Button „OK" bestätigt die Auswahl.

A.9 Erstellen des SPS-Programms

Jetzt kann man mit der Erstellung des SPS-Programms beginnen. Nachfolgend sind die Schritte zu sehen.

-1-	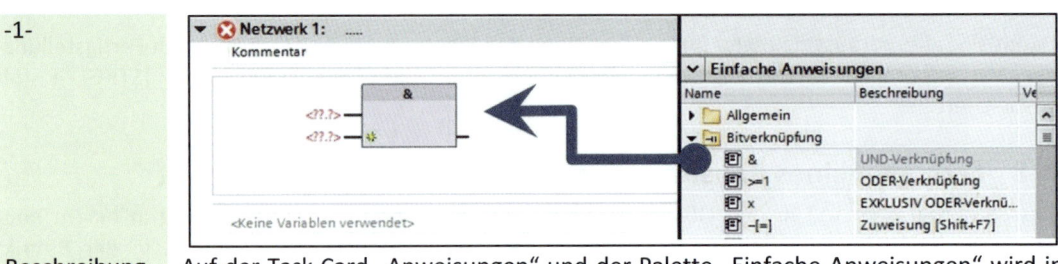
Beschreibung	Auf der Task Card „Anweisungen" und der Palette „Einfache Anweisungen" wird in der Rubrik „Bitverknüpfungen" eine UND-Verknüpfung selektiert und per Drag-and-Drop (oder einem Doppelklick) in das Netzwerk 1 des OB1 eingefügt.

-2-

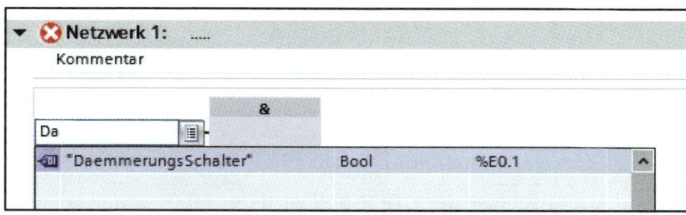

Beschreibung Der oberste Anschluss der UND-Box wird mit dem Dämmerungsschalter belegt. Werden die ersten Buchstaben eingegeben, so erscheint eine Auswahl, in welcher der Eintrag selektiert werden kann. Die Taste [RETURN] bestätigt die Angabe und macht den nächsten Anschluss der UND-Box aktiv.

-3-

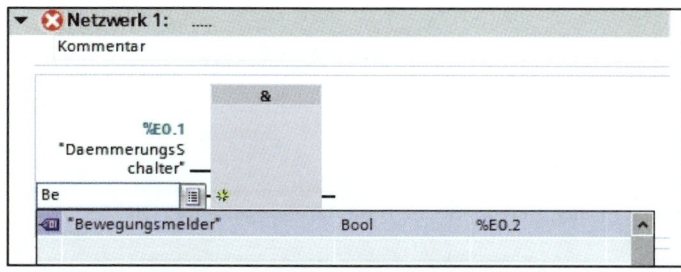

Beschreibung Am zweiten Anschluss wird der Bewegungsmelder angegeben. Nach den ersten Buchstaben erscheint eine Auswahl mit diesem Operanden. Dieser wird ebenfalls selektiert und über [RETURN] bestätigt.

-4-

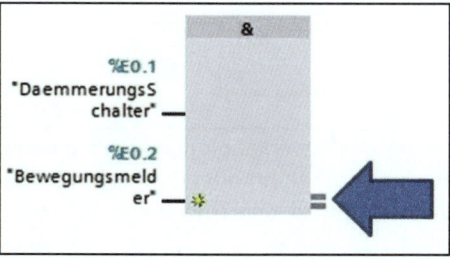

Beschreibung Der UND-Block ist nun fertig beschaltet. Der Ausgang der Box wird angeklickt und somit selektiert. Damit kann der nächste Block direkt durch einen Doppelklick an diese Position gesetzt werden.

-5-

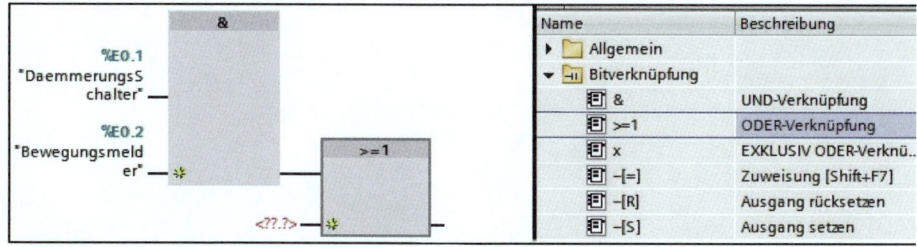

Beschreibung Aus den Bitverknüpfungen wird über einen Doppelklick die ODER-Verknüpfung an den selektierten Ausgang der UND-Box angefügt.

-6-

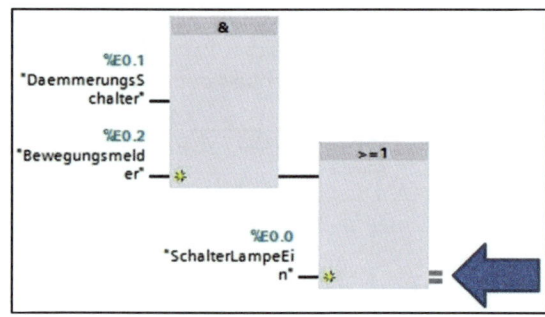

Beschreibung   Am Anschluss der ODER-Box wird der E0.0 „SchalterLampeEin" angegeben.

-7-

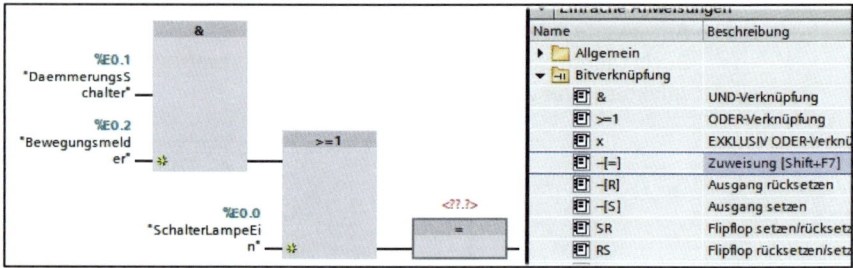

Beschreibung   Daraufhin selektiert man den Ausgang der ODER-Box.

-8-

Name	Beschreibung
▶ 📁 Allgemein	
▼ ⌐🔳 Bitverknüpfung	
🔢 &	UND-Verknüpfung
🔢 >=1	ODER-Verknüpfung
🔢 x	EXKLUSIV ODER-Verknü
🔢 –[=]	Zuweisung [Shift+F7]
🔢 –[R]	Ausgang rücksetzen
🔢 –[S]	Ausgang setzen
🔢 SR	Flipflop setzen/rücksetz
🔢 RS	Flipflop rücksetzen/setz

Beschreibung   Innerhalb der Bitverknüpfungen wird eine Zuweisung ausgewählt. Dabei kann ein Doppelklick ausgeführt oder die Tastenkombination [Shift] + [F7] betätigt werden. In beiden Fällen wird eine Zuweisungs-Box am vorselektierten Ausgang der ODER-Box platziert.

-9-

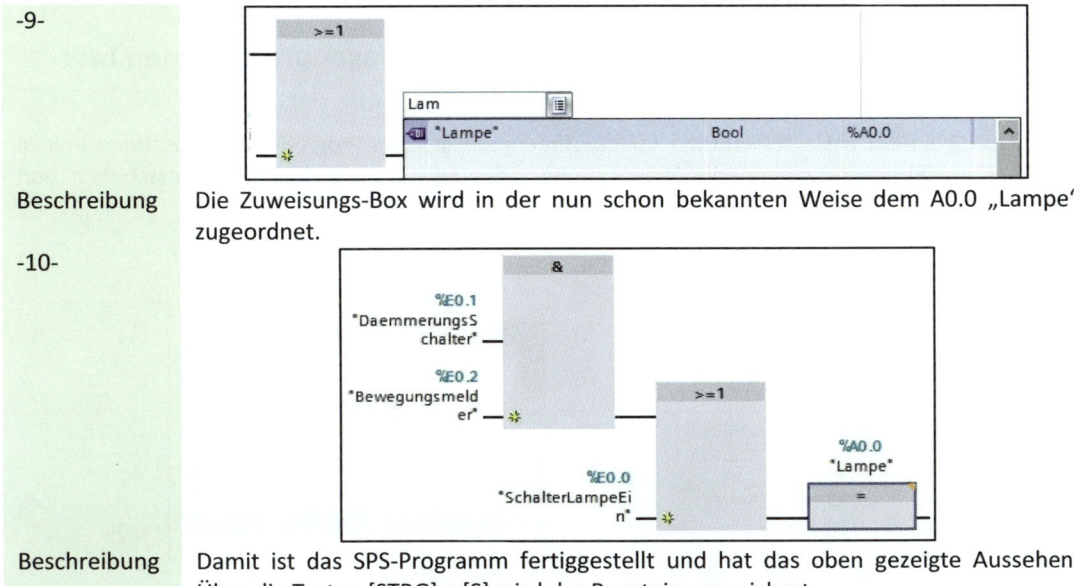

Beschreibung   Die Zuweisungs-Box wird in der nun schon bekannten Weise dem A0.0 „Lampe"
zugeordnet.

-10-

Beschreibung   Damit ist das SPS-Programm fertiggestellt und hat das oben gezeigte Aussehen.
Über die Tasten [STRG] + [S] wird der Baustein gespeichert.

A.10 Bausteine übersetzen

Innerhalb der Projektnavigation wird die Rubrik der SPS (im Beispiel „PLC_1") aufgeschlagen und die
Unterrubrik „Programmbausteine" angeklickt. Über die rechte Maustaste ist das Kontextmenü
aufzurufen.

Bild: SPS-Bausteine übersetzen

Nr.	Aktion	Beschreibung
1	▼ 📁 Programmbausteine	Rubrik „Programmbausteine" wählen und die rechte Maustaste betätigen
2	Übersetzen	Im erscheinenden Kontextmenü den Menüpunkt „Übersetzen" auswählen
3	Software (Bausteine komplett übersetzen)	Schließlich wird der Menüpunkt „Software (Bausteine komplett übersetzen)" ausgeführt.

A.11 Prozess-Simulation SPS-VISU starten und Anlagenprojekt laden bzw. erzeugen

Nun kann SPS-VISU gestartet und die für die Simulation des SPS-Programms vorgesehene Anlage geöffnet werden. Im Beispiel hat die Anlage die Bezeichnung „LampeMitDaemmerungsschalter" und folgendes Aussehen:

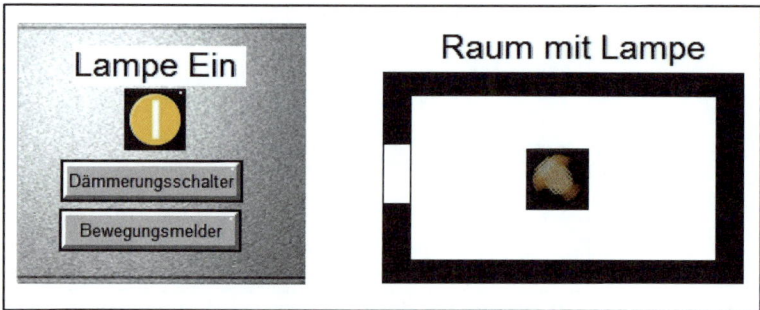

Bild: Anlage für dieses Beispiel in SPS-VISU

Wichtig dabei ist, dass im Anlagenprojekt von SPS-VISU die TCP/IP-Funktionalität der S7-SoftSPS eingeschaltet ist. Dies wurde bereits oben bei der Konfiguration der IP-Adresse der CPU erwähnt. Hier nochmals der Dialog, der über den Menüpunkt „Software-SPS→WinPLC-Engine Einstellungen" zu erreichen ist.

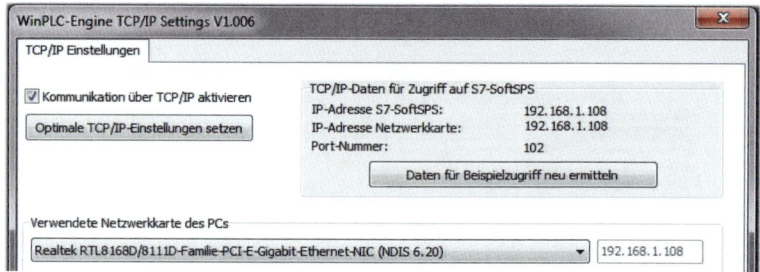

Bild: Dialog der S7-SoftSPS in SPS-VISU

Im Feld „TCP/IP-Daten für Zugriff auf S7-SoftSPS" kann die IP-Adresse der S7-SoftSPS von SPS-VISU abgelesen werden. Auf diese wurde im Beispiel auch die IP-Adresse der Ethernet-Schnittstelle der S7-CPU in der Hardwarekonfiguration im TIA-Portal® eingestellt.
Der Dialog wird nach dem Zuschalten der Option „Kommunikation über TCP/IP aktivieren" über den Button „OK" verlassen.

Damit sind die Vorbereitungen für das Übertragen des SPS-Programms aus dem TIA-Portal® abgeschlossen.

A.12 SPS-Programm in SPS übertragen

Um das SPS-Programm zu übertragen, wird innerhalb der Projektnavigation in der Gruppe der CPU (im Beispiel „PLC_1") die Rubrik „Programbausteine" angewählt.

Bild: SPS-Bausteine in die CPU übertragen

Nr.	Aktion	Beschreibung
1	▼ Programmbausteine	Rubrik „Programmbausteine" wählen und die rechte Maustaste betätigen
2	Laden in Gerät ▶	Im erscheinenden Kontextmenü den Menüpunkt „Laden in Gerät" auswählen
3	Software (alle Bausteine)	Schließlich wird der Menüpunkt „Software (alle Bausteine)" ausgeführt.

Nach der Ausführung wird der Dialog „Erweitertes Laden" angezeigt.

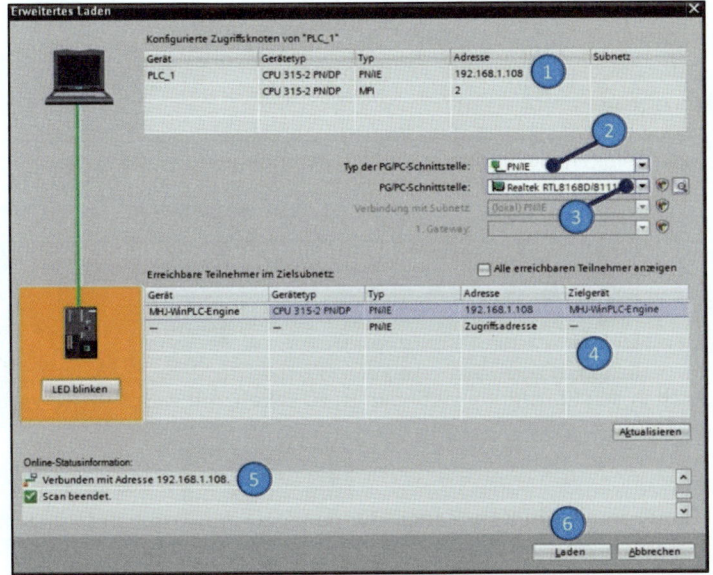

Bild: Dialog „Erweitertes Laden"

-1-

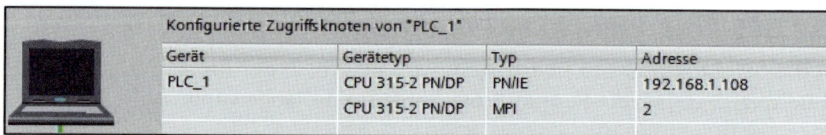

Beschreibung   Im oberen Bereich des Dialogs sind die Konfigurationsdaten für den Zugriff zu sehen. Im Beispiel erfolgt der Zugriff auf die IP-Adresse „192.168.1.108".

-2-

Beschreibung   Im Dialog ist der Typ der PG/PC-Schnittstelle einzustellen, die für den Zugriff auf die SPS verwendet wird. Dabei ist „PN/IE" zu selektieren. Dieses Kürzel steht für „PROFINET" und „Industrial Ethernet".

-3-

Beschreibung   Nun folgt die Selektion der eigentlichen Schnittstelle im PC. Hier muss die Netzwerkkarte eingestellt werden, die auch im Projekt von SPS-VISU verwendet wurde, im Beispiel die in der Liste aufgeführte „Realtek RTL81 ...".

-4-

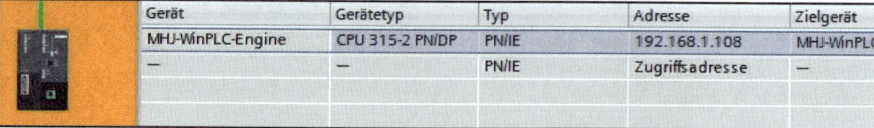

Beschreibung   Nach einigen Sekunden wird die gefundene S7-SoftSPS von SPS-VISU wie oben dargestellt.

-5-

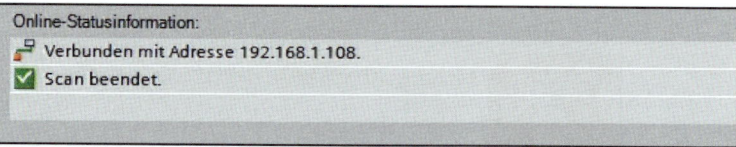

Beschreibung   Auch in den Statusinformationen ist zu sehen, mit welcher CPU verbunden wurde.

-6-

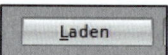

Beschreibung   Somit kann der Button „Laden" für den Start der Aktion betätigt werden.

Nachfolgend ist der nun erscheinende Dialog zu sehen.

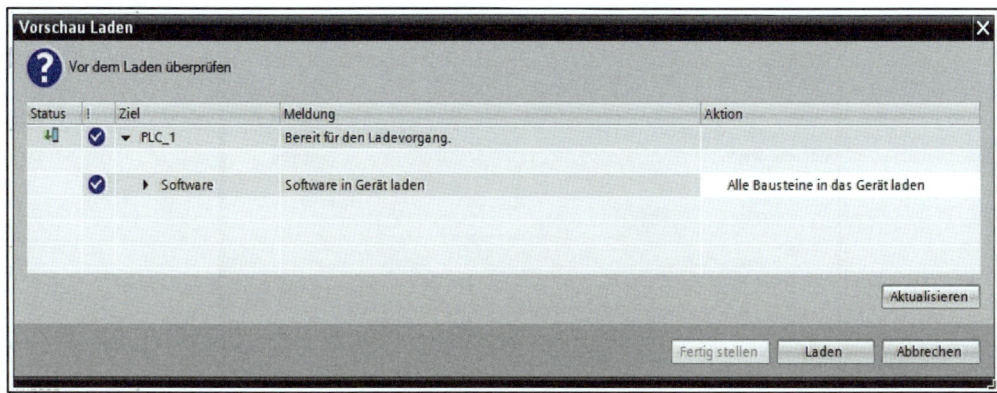

Bild: Dialog „Vorschau Laden"

Auf diesem wird der Button „Laden" betätigt.

Nach dem Ladevorgang ist der Dialog „Ergebnisse Laden" sichtbar. Über diesen kann auch die CPU in den RUN-Zustand versetzt werden. Dafür ist die Option „Alle starten" zu selektieren.

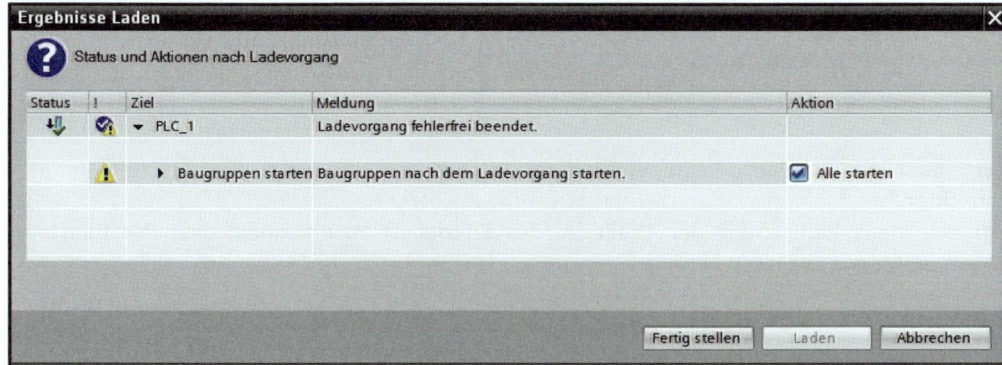

Bild: Dialog „Ergebnisse Laden"

Der Button „Fertig stellen" schließt die Aktion ab.

A.13 Bausteine beobachten über den Bausteinstatus

Die Bausteine (hier nur der OB1) befinden sich in der CPU und werden von ihr bearbeitet.

Um die Funktion des SPS-Programms zu testen, soll der Bausteinstatus bzw. das Beobachten aktiviert werden. Dazu ist der zu beobachtende Baustein (OB1) zu öffnen.

Über dem Editor befindet sich der Mausbutton „Beobachten ein/aus":

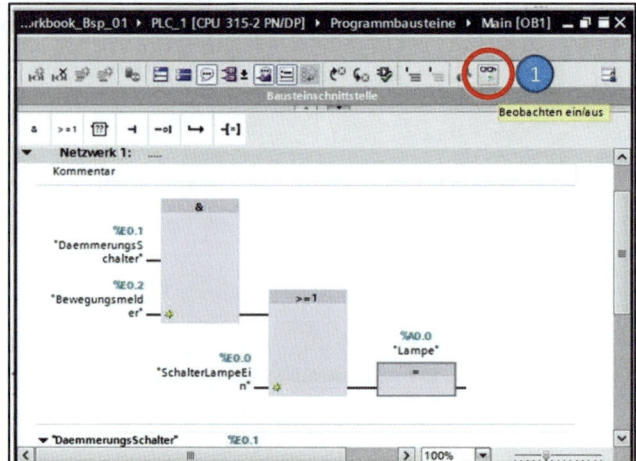

Bild: Mausbutton für das Ein- und Ausschalten des Beobachtens bzw. des Bausteinstatus

Nr.	Aktion	Beschreibung
1	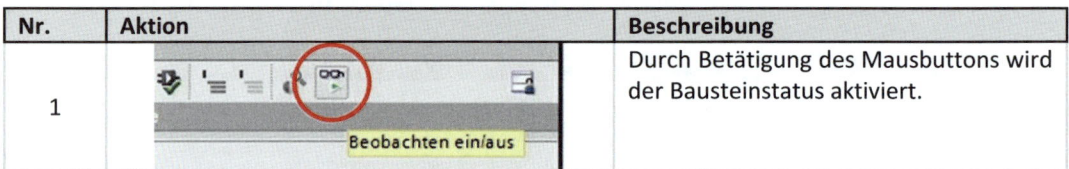	Durch Betätigung des Mausbuttons wird der Bausteinstatus aktiviert.

Danach baut das TIA-Portal® eine Verbindung zur SPS auf und zeigt den Baustein im Modus „Beobachten" an.

Durch eine neue Farbgebung der Titelleiste des Editors ist zu erkennen, dass der Baustein im Beobachten-Modus angezeigt wird.

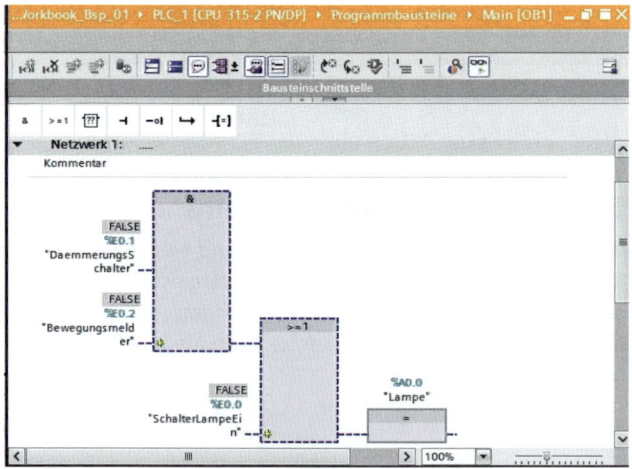

Bild: Baustein OB1 im Modus „Beobachten" mit geänderter Farbdarstellung im Titel des Fensters

Die UND- und ODER-Blöcke werden in obiger Darstellung mit gestrichelten Linien umrandet. Dies als Zeichen dafür, dass ihr Verknüpfungsergebnis den Status ‚0' hat.

A.14 Test des SPS-Programms mit SPS-VISU

Jetzt sollen in SPS-VISU die Zustände der Anlage verändert werden. Dazu wird zu SPS-VISU gewechselt und die Prozess-Simulation in RUN geschaltet (linker RUN-Button). Auch der rechte RUN-Button für die S7-SoftSPS ist in die Stellung RUN (gedrückt) zu versetzen. Somit wird das SPS-Programm in der SPS bearbeitet.

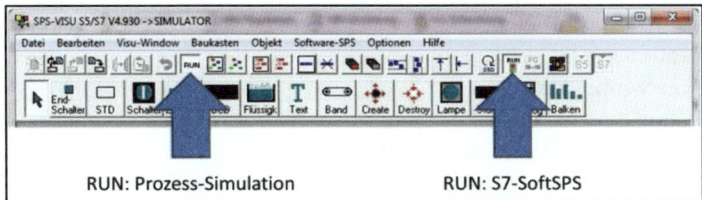

RUN: Prozess-Simulation   RUN: S7-SoftSPS

Bild: Linker RUN-Button für Prozess-Simulation, rechter RUN-Button für S7-SoftSPS

Nun können die Schalter „Lampe Ein", „Dämmerungsschalter" und „Bewegungsmelder" betätigt und die Auswirkungen im SPS-Programm beobachtet werden.

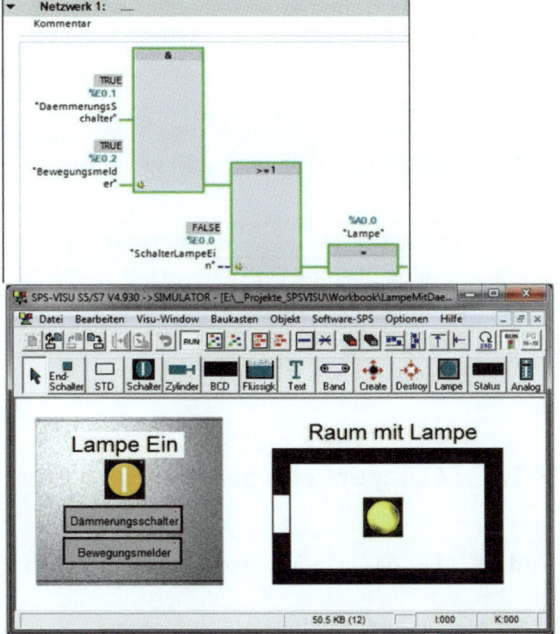

Bild: Betätigung der Betriebsmittel in SPS-VISU und Auswirkungen im SPS-Programm

B. Einführungsbeispiel SIMATIC®-Manager

In diesem Kapitel werden die grundlegenden Schritte beim Erzeugen eines neuen SPS-Projektes erläutert.
Dazu gehören:

- Erzeugen eines neuen Projektes für eine S7-300® von Siemens
- Hardwarekonfiguration einer CPU (PROFINET-CPU) und Einstellung der IP-Adresse für die Kommunikation mit SPS-VISU
- Erstellen der Symboliktabelle
- Erzeugen und Erstellen eines Bausteins
- Übertragen des Bausteins in die S7-SoftSPS von SPS-VISU
- Test des Programms über den Bausteinstatus.

B.1 Aufgabenstellung

Folgende Aufgabenstellung sei gegeben:

Die Steuerung für eine Lampe mit Dämmerungsschalter und Bewegungsmelder ist zu programmieren. Sobald der Dämmerungsschalter den Status ‚1' meldet, soll die Lampe auf den Bewegungsmelder reagieren, d.h. sich einschalten. Solange der Bewegungsmelder ‚1' ist, soll die Lampe eingeschaltet bleiben.
Des Weiteren ist ein Schalter vorhanden, über den die Lampe unabhängig vom Dämmerungsschalter und Bewegungsmelder eingeschaltet werden kann.

Betriebsmittel	Adresse
Schalter „Lampe Ein"	E0.0
Dämmerungsschalter	E0.1
Bewegungsmelder	E0.2
Lampe	A0.0

B.2 Start des SIMATIC®-Managers von Siemens und Erzeugen eines Projektes

Der SIMATIC®-Manager wird z.B. über das Icon auf dem Desktop von Windows gestartet. (Erscheint ein Assistent-Fenster, so wird es geschlossen.)
Im Programmfenster wird der Menüpunkt „Datei→Neu" ausgeführt.

Bild: Erzeugen eines neuen Projektes

Über den ebenfalls zu sehenden Menüpunkt „Öffnen" würde ein bereits vorhandenes Projekt geöffnet.

Bei Ausführung des Menüpunktes „Neu" erscheint der Dialog „Neues Projekt". Auf diesem kann der Ablageort und der Name des neuen Projektes festgelegt werden. Im Beispiel wird die Bezeichnung „MhjWorkbook_Bsp_01" angegeben.

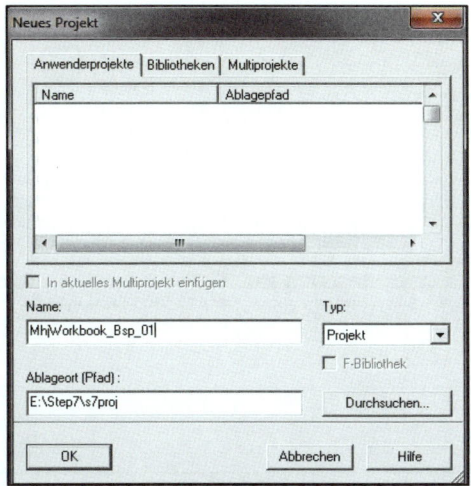

Bild: Dialog „Neues Projekt"

Der Button „OK" bestätigt die Eingabe. Als Folge ist ein Projektfenster im SIMATIC®-Manager vorhanden.

B.3   Neue Station 300 einfügen

Als SPS-System soll eine CPU aus dem Spektrum der S7-300® von Siemens zum Einsatz kommen. Aus diesem Grund wird eine „SIMATIC®300-Station" in das neue Projekt eingefügt.

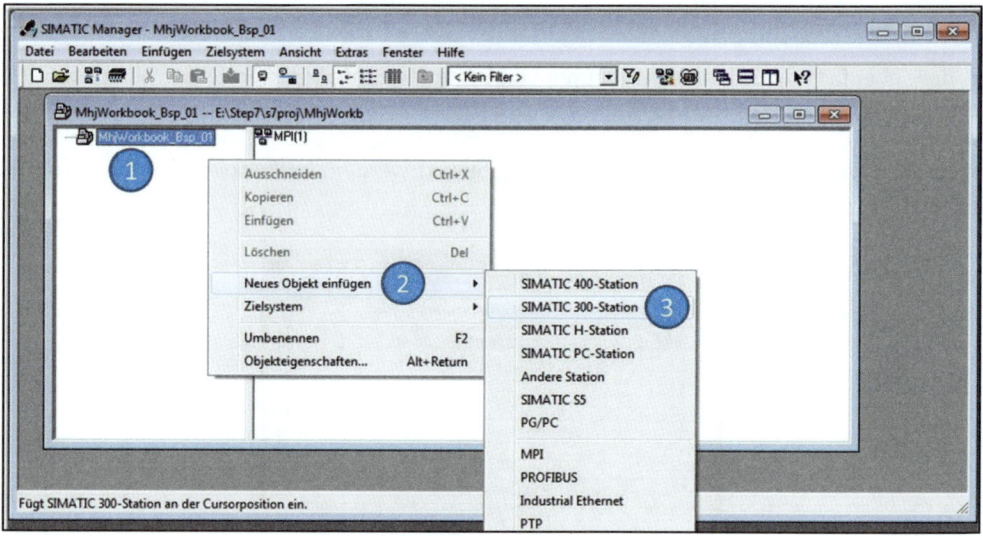

Bild: Einfügen einer „SIMATIC® 300-Station"

Nr.	Aktion	Beschreibung
1	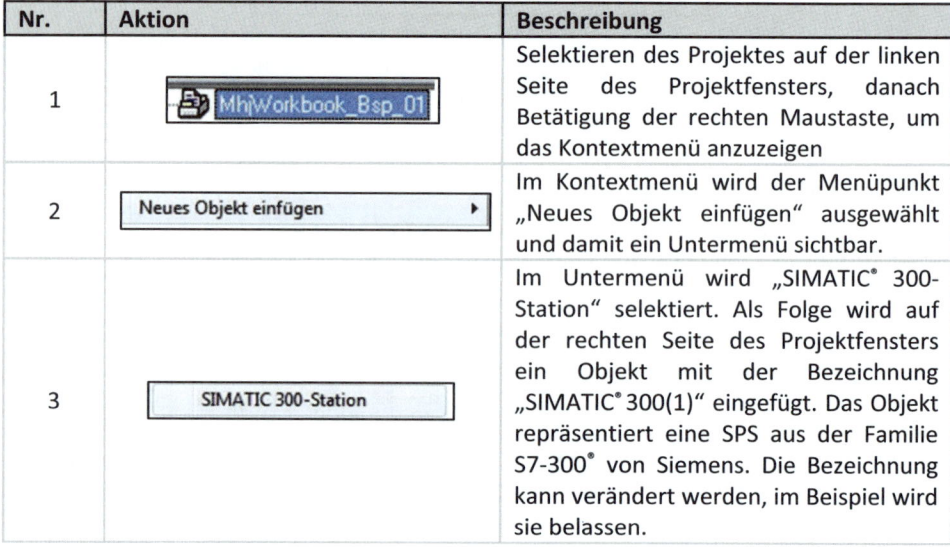 MhjWorkbook_Bsp_01	Selektieren des Projektes auf der linken Seite des Projektfensters, danach Betätigung der rechten Maustaste, um das Kontextmenü anzuzeigen
2	Neues Objekt einfügen ▶	Im Kontextmenü wird der Menüpunkt „Neues Objekt einfügen" ausgewählt und damit ein Untermenü sichtbar.
3	SIMATIC 300-Station	Im Untermenü wird „SIMATIC® 300-Station" selektiert. Als Folge wird auf der rechten Seite des Projektfensters ein Objekt mit der Bezeichnung „SIMATIC® 300(1)" eingefügt. Das Objekt repräsentiert eine SPS aus der Familie S7-300® von Siemens. Die Bezeichnung kann verändert werden, im Beispiel wird sie belassen.

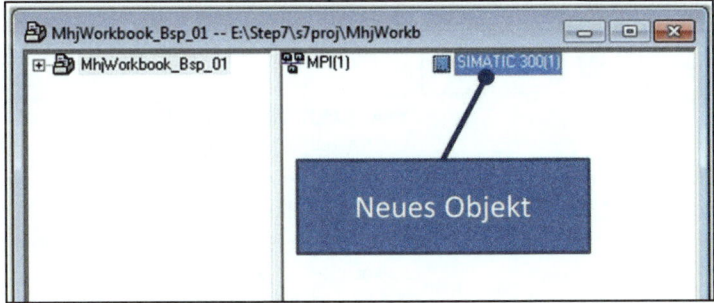

Bild: Neu erzeugte „Station 300"

Ein Doppelklick auf das neue Objekt öffnet es und auf der rechten Seite des Projektfensters ist das Objekt „Hardware" zu sehen.

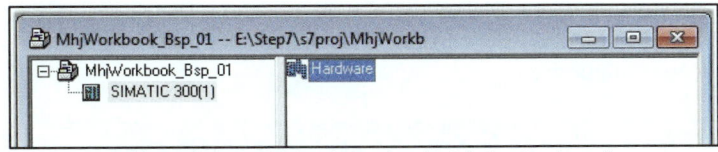

Bild: Geöffnetes Objekt mit Anzeige des Inhalts „Hardware"

B.4 Hardwarekonfiguration der S7-CPU

Ein Doppelklick auf das Objekt „Hardware" öffnet den Hardwarekonfigurator des SIMATIC®-Managers.

Das Fenster trägt den Titel „HW Konfig". Auf der rechten Seite befindet sich der Katalog mit den Hardwarekomponenten. Da eine S7-300® von Siemens zu konfigurieren ist, sind nur die Komponenten in der Rubrik „SIMATIC® 300" interessant. Öffnet man diese Rubrik im Katalog, so sind die verschiedenen Baugruppenarten innerhalb der Systemfamilie zu sehen, also die CPUs, die Signalmodule (SM-300) usw.

B.4.1 Profilschiene einfügen

Im ersten Schritt ist die Profilschiene aus der Rubrik „Rack-300" auszuwählen.

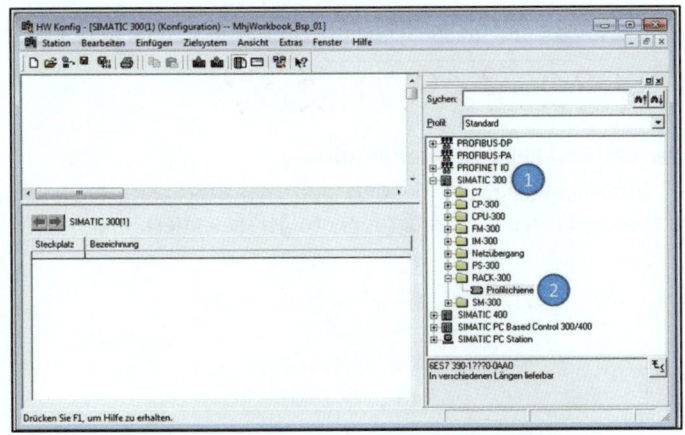

Bild: Profilschiene innerhalb der Rubrik „Rack-300"

Nr.	Aktion	Beschreibung
1	SIMATIC 300	Aufklappen der Rubrik „SIMATIC® 300"
2	RACK-300 Profilschiene	Auswahl und aufklappen der Rubrik „RACK-300". Die darin befindliche Profilschiene wird über einen Doppelklick selektiert. Als Folge ist in den linken Fenstern eine Tabelle vorhanden, welche die Steckplätze symbolisiert.

B.4.2 Auf welche IP-Adresse ist die CPU einzustellen, um mit SPS-VISU zusammenzuarbeiten

In der Hardwarekonfiguration ist die nachfolgend zu selektierende CPU auf eine IP-Adresse einzustellen. Es soll nun zunächst geklärt werden, wie der Wert für diese IP-Adresse zu ermitteln ist.
In der folgenden Darstellung ist ein Dialog in SPS-VISU zu sehen. Dieser Dialog zeigt an, auf welche IP-Adresse die S7-SoftSPS von SPS-VISU eingestellt ist. Auf exakt diese IP-Adresse ist auch die CPU im SIMATIC®-Manager zu konfigurieren.

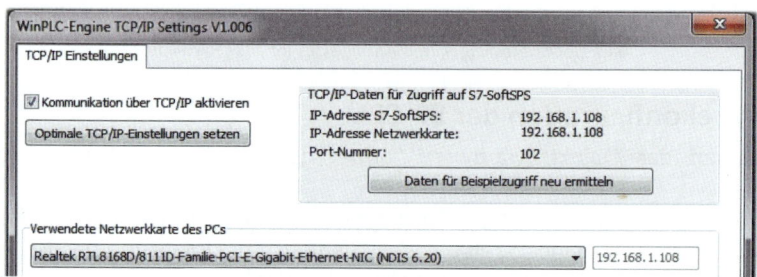
Bild: Dialog der S7-SoftSPS in SPS-VISU

Der Dialog wird bei geöffnetem Anlagenprojekt über den Menüpunkt „Software-SPS→WinPLC-Engine Einstellungen" erreicht. Bei Aktivierung der Option „Kommunikation über TCP/IP aktivieren" wird die für den Zugriff optimale IP-Adresse innerhalb von „TCP/IP-Daten für Zugriff auf S7-SoftSPS" dargestellt.

 Dies ist die IP-Adresse, auf die auch die Ethernet-Schnittstelle der CPU einzustellen ist.

$$192.168.0.207$$

B.4.3 Einfügen der CPU und Einstellen der IP-Adresse

Im System S7-300® von Siemens muss die CPU auf dem Steckplatz 2 platziert werden. Dieser Steckplatz wird auf dem Rack (bzw. dem Baugruppenträger) selektiert.

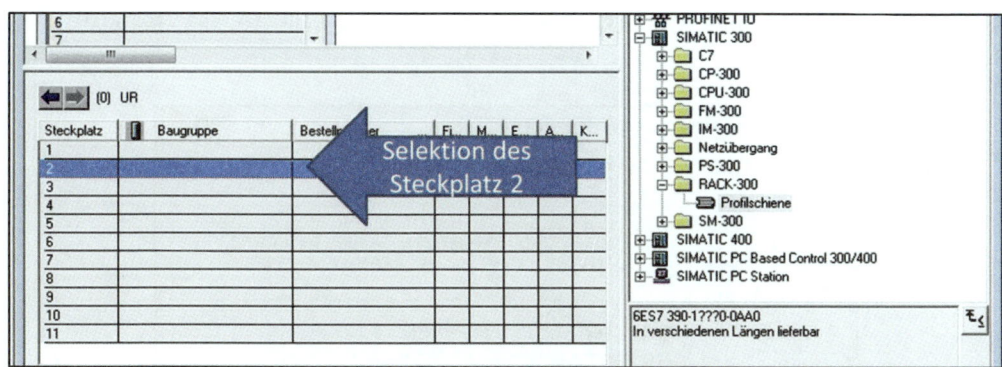

Bild: Selektion des Steckplatzes 2 für die CPU

Nun kann aus der Rubrik „CPU-300" die zu verwendende CPU ausgesucht werden. Im Beispiel wird eine PN-CPU ausgewählt, also eine CPU mit Ethernet-Schnittstelle.

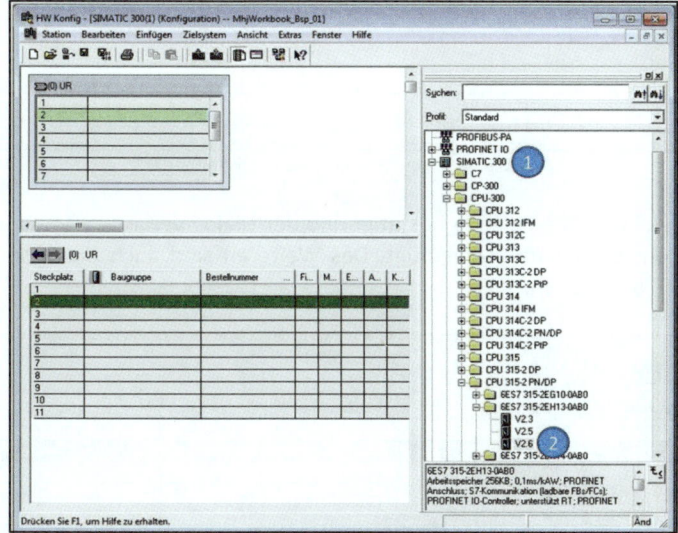

Bild| Einfügen der 315PN

Nr.	Aktion	Beschreibung
1	⊟☐ CPU-300	Aufklappen der Rubrik „CPU-300"
2	⊟☐ CPU 315-2 PN/DP 　⊞☐ 6ES7 315-2EG10-0AB0 　⊟☐ 6ES7 315-2EH13-0AB0 　　⬛ V2.3 　　⬛ V2.5 　　⬛ V2.6	Selektion der CPU „6ES7 315 2EH13-0AB0" in der Firmware Version „V2.6" Die CPU wird über einen Doppelklick in den vorselektierten Steckplatz eingefügt. Das Einfügen kann auch über Drag-and-Drop ausgeführt werden.

Da es sich um eine CPU mit Ethernet-Schnittstelle (genauer gesagt PROFINET-Schnittstelle) handelt, erscheint der Dialog „Eigenschaften Ethernet Schnittstelle".
Auf diesem kann die IP-Adresse der CPU angegeben werden. Damit wird die Voraussetzung zur Kommunikation mit der Prozess-Simulation SPS-VISU geschaffen. Als IP-Adresse ist die Adresse zu

verwenden, auf welche die S7-SoftSPS von SPS-VISU eingestellt ist. Im Beispiel ist dies „192.168.1.108".

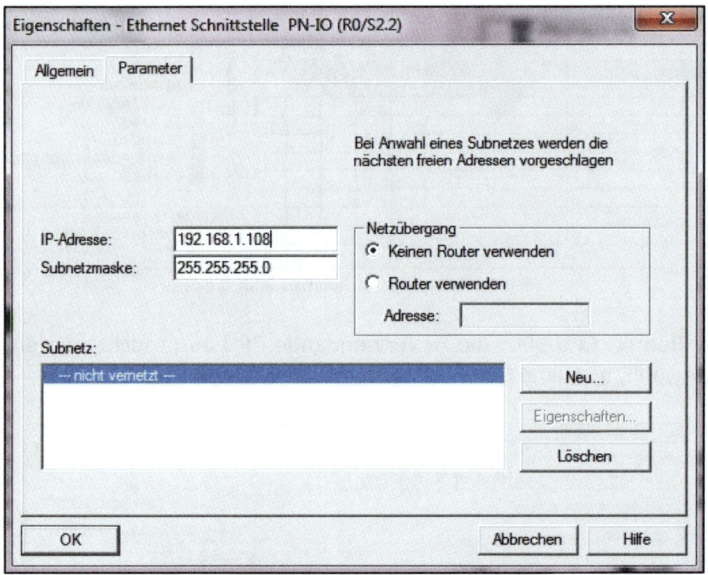

Bild: Dialog „Eigenschaften Ethernet Schnittstelle"

Über den Button „OK" wird die Eingabe bestätigt und der Dialog verlassen. Im Baugruppenträger ist nun die CPU auf dem Steckplatz 2 eingefügt. Des Weiteren sind auch die Schnittstellen der CPU („MPI/DP" und „PN") angegeben.

Steckplatz		Baugruppe	Bestellnummer	Firm...	M...	E...	A...	K...
1								
2		CPU 315-2 PN/DP	6ES7 315-2EH13-0AB0	V2.6	2			
X1		MPI/DP			2	2047		
X2		PN-IO				2046		
X2 P1		Port 1				2045		
3								

Bild: Rack-300 mit eingefügter CPU

Man kann auch zu einem späteren Zeitpunkt die IP-Adresse der CPU verändern, indem man einen Doppelklick auf der Zeile „PN-IO" ausführt.

Die Konfiguration ist damit fertiggestellt und wird über die Tasten [STRG] + [S] gespeichert. Anschließend kann man den Hardwarekonfigurator schließen.

B.5   Erzeugen eines Bausteins und Einstellen der Darstellungsart

Nach dem Schließen des Hardwarekonfigurators wird wieder zum Hauptfenster des SIMATIC®-Managers gewechselt.
Auf der linken Seite des Projektfensters ist innerhalb von „SIMATIC® 300" die konfigurierte CPU als Eintrag vorhanden. Wenn man diesen Eintrag ebenfalls aufklappt, so befindet sich darunter der Eintrag „S7-Programm". Wie der Name vermuten lässt, kapselt dieser die SPS-Bausteine, in denen sich das SPS-Programm befindet.

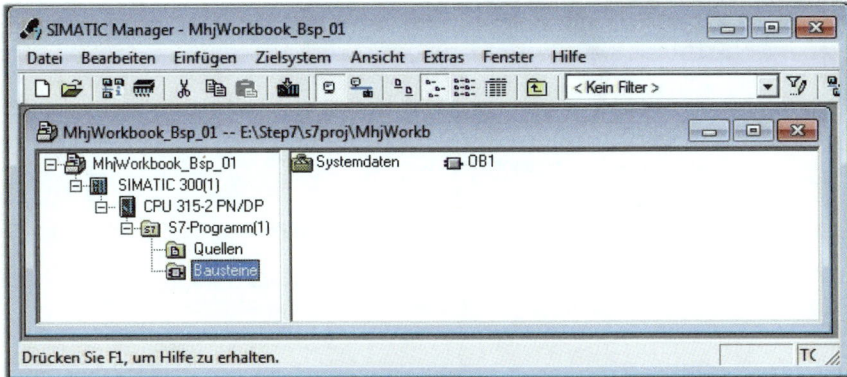

Bild: Bausteine des Projektes

Wählt man die Rubrik „Bausteine" aus, so sind auf der rechten Seite die in der Station bereits vorhandenen Bausteine zu sehen. Da noch keine erzeugt wurden, ist nur der OB1 zu sehen. Hinter dem Objekt „Systemdaten" befinden sich die Bausteine für die Hardwarekonfiguration.

Soll ein neuer Baustein erzeugt werden, so betätigt man auf der rechten Seite die rechte Maustaste für das Kontextmenü.

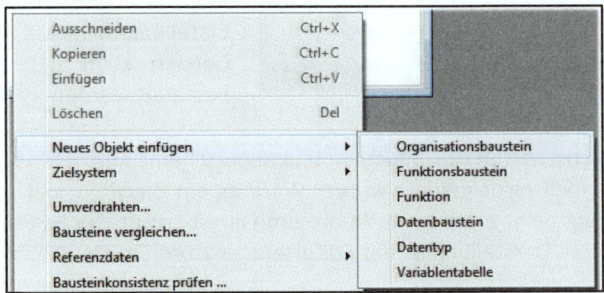

Bild: Kontextmenü zum Erzeugen von neuen Bausteinen

Über „Neues Objekt einfügen" wird ein Untermenü sichtbar, in dem die zu erzeugende Bausteinart auszuwählen ist.

Da im Beispiel das SPS-Programm in den bereits vorhandenen OB1 zu schreiben ist, wird ein Doppelklick auf dem Objekt „OB1" ausgeführt.

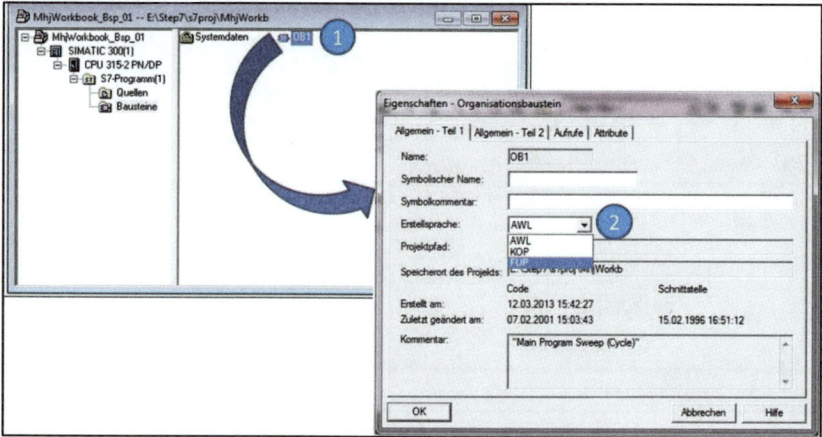

Bild: Doppelklick auf OB1

Nr.	Aktion	Beschreibung
1	OB1	Doppelklick auf dem Objekt „OB1" ausführen
2	Erstellsprache: AWL ▼ / Projektpfad: AWL KOP FUP	Auf dem erscheinenden Dialog im Register „Allgemein Teil 1" die Erstellersprache auf „FUP" einstellen. Danach kann der Dialog über „OK" bestätigt werden.

Der Dialog mit den Eigenschaften des Bausteinobjektes erscheint nur, weil es sich um einen neuen Baustein handelt, der noch nicht editiert wurde. Wäre es ein Baustein, der schon einmal geöffnet war, so würde der Dialog nicht erscheinen. In diesem Fall ist sofort das Editorfenster des Bausteins zu sehen. In der folgenden Darstellung ist das Editorfenster zu sehen:

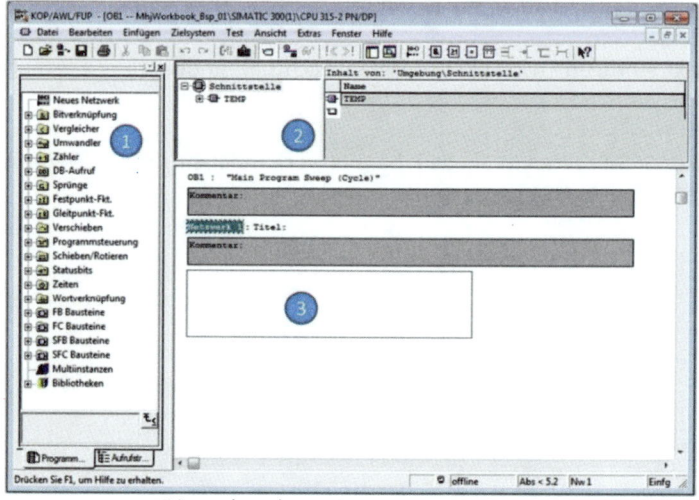

Bild: KOP/AWL/FUP-Editor mit geöffnetem OB1

1. Auf der linken Seite befindet sich der Katalog mit den FUP/KOP-Operationen.
2. Rechts daneben ist im oberen Bereich die Parametertabelle des Bausteins angeordnet.
3. Darunter befindet sich der Codebereich des Bausteins, in dem später auch die SPS-Operationen abgesetzt werden.

B.6   Erstellen der Symboliktabelle

Als Nächstes wird die Symboliktabelle erstellt. Dies sollte immer der erste Schritt bei der Erstellung des SPS-Programms sein. Die benötigten Betriebsmittel wurden bereits bei der Aufgabenstellung angegeben. Hier nochmals die Tabelle:

Betriebsmittel	Adresse
Schalter „Lampe Ein"	E0.0
Dämmerungsschalter	E0.1
Bewegungsmelder	E0.2
Lampe	A0.0

Zur Anzeige der Symboliktabelle ist der Menüpunkt „Extras→Symboltabelle" auszuführen.

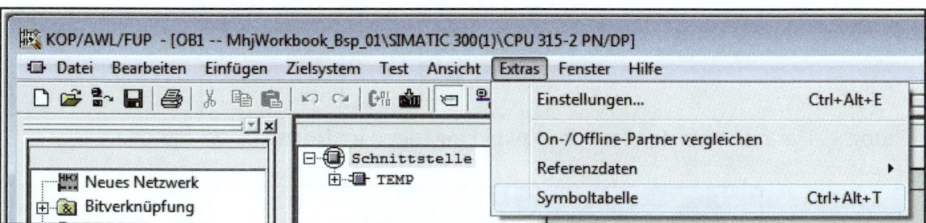

Bild: Aufruf der Symboltabelle

Danach öffnet sich ein neues Fenster mit der Tabelle, in der die Symbole den Operanden zugewiesen werden.

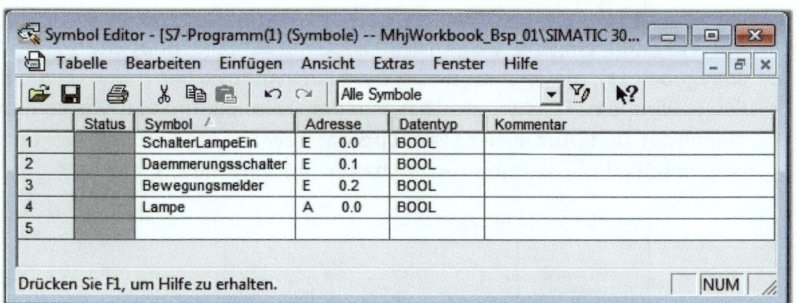

Bild: Symboltabelle mit den im Beispiel verwendeten Operanden

Über die Tastenkombination [STRG] + [S] wird die Tabelle gespeichert und das Fenster kann geschlossen werden.

B.7 Erstellen des SPS-Programms

Damit sind die Vorbereitungen für das Erstellen des SPS-Programms abgeschlossen.
Es wird zum Fenster „KOP/AWL/FUP" gewechselt, in dem der OB1 bereits geöffnet ist.

-1-

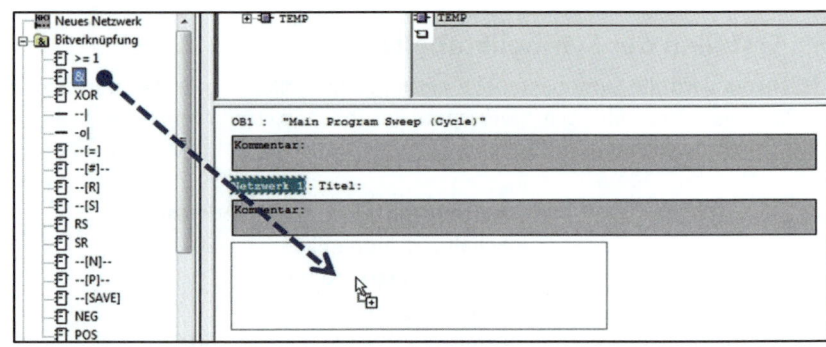

Beschreibung | Im Katalog wird aus der Rubrik „Bitverknüpfungen" ein UND-Block (Symbol „&")
selektiert. Die Operation kann über Drag-and-Drop in das Netzwerk 1 eingefügt
werden.

-2-

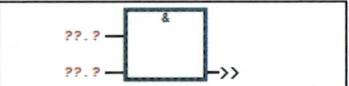

Beschreibung | Daraufhin ist der Block mit zwei Eingängen im Netzwerk vorhanden.

-3-

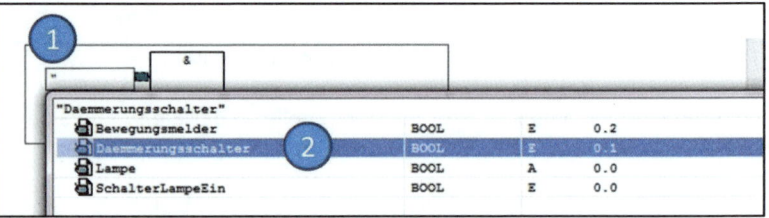

Beschreibung | Am obersten Eingang des UND-Blocks werden die doppelten Anführungsstriche
angegeben (1), als Zeichen dafür, dass ein symbolischer Name angegeben wird. Als
Folge wird ein Fenster sichtbar, in dem die im Projekt vorhandenen Symbole
aufgelistet sind. Aus dieser Liste wird das gewünschte Symbol selektiert. Im Beispiel
wird das Symbol „Daemmerungsschalter" ausgewählt (2).

-4-

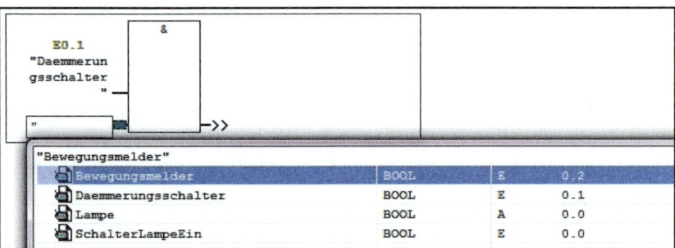

Beschreibung | Am zweiten Eingang des UND-Blocks ist in der gleichen Weise der Bewegungsmelder
anzugeben.

-5-

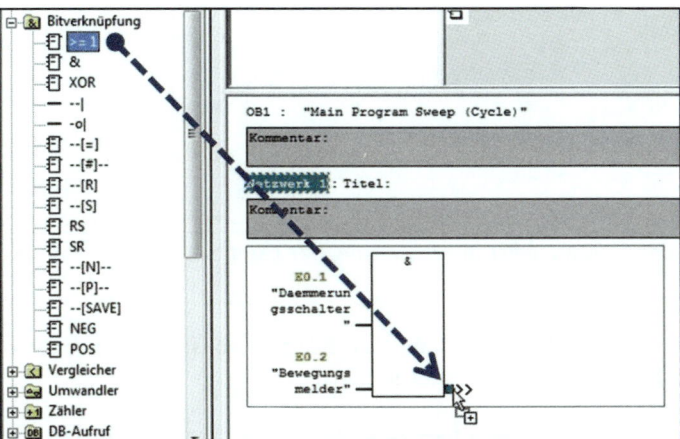

Beschreibung | Am Ausgang des UND-Blocks wird ein ODER-Block benötigt. Diesen kann man aus dem Katalog per Drag-and-Drop an den Ausgang der UND-Box platzieren. Im Katalog hat die ODER-Operation die Bezeichnung „>=1".

-6-

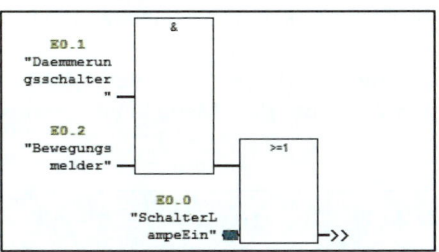

Beschreibung | Am Eingang des ODER-Blocks wird der „SchalterLampeEin" angegeben.

-7-

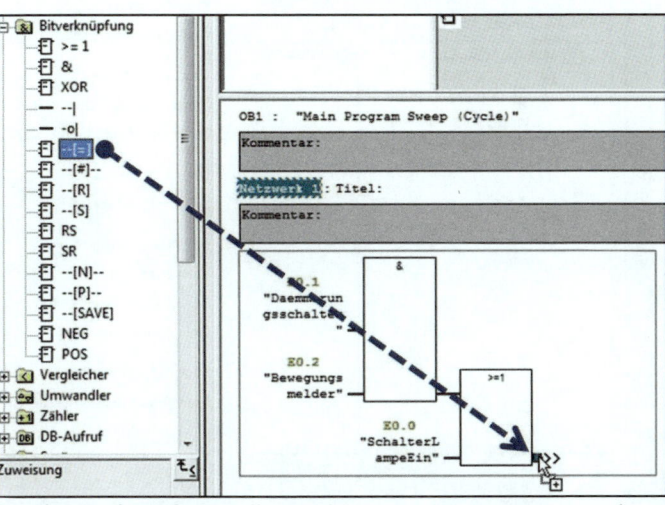

Beschreibung | Das Ergebnis der Verknüpfung soll nun der Lampe zugewiesen werden. Dazu wird aus den Bitverknüpfungen des Katalogs eine Zuweisung per Drag-and-Drop an den Ausgang der ODER-Box platziert.

-8-

Beschreibung | Man weist die Zuweisung der Lampe zu, indem man das Symbol „Lampe" am Block angibt.

Damit ist das SPS-Programm für das Beispiel vollständig. Der Baustein OB1 wird über die Tastenkombination [STRG] + [S] gespeichert.

B.8 Einstellen der PG/PC-Schnittstelle des SIMATIC®-Managers

Im nächsten Schritt ist im SIMATIC®-Manager einzustellen, über welche Schnittstelle er versucht, auf die SPS (genauer gesagt auf die CPU) zuzugreifen. Dabei handelt es sich um eine projektübergreifende Einstellung. Die Einstellung wird also nicht dem gerade offenen Projekt zugeordnet, sondern bleibt auch beim Öffnen eines anderen Projektes von Bestand.

Für diese Einstellung wird zum Hauptfenster des SIMATIC®-Managers mit dem Titel „SIMATIC® Manager" gewechselt. Dort ist der Menüpunkt „Extras→PG/PC-Schnittstelle einstellen" zu selektieren.

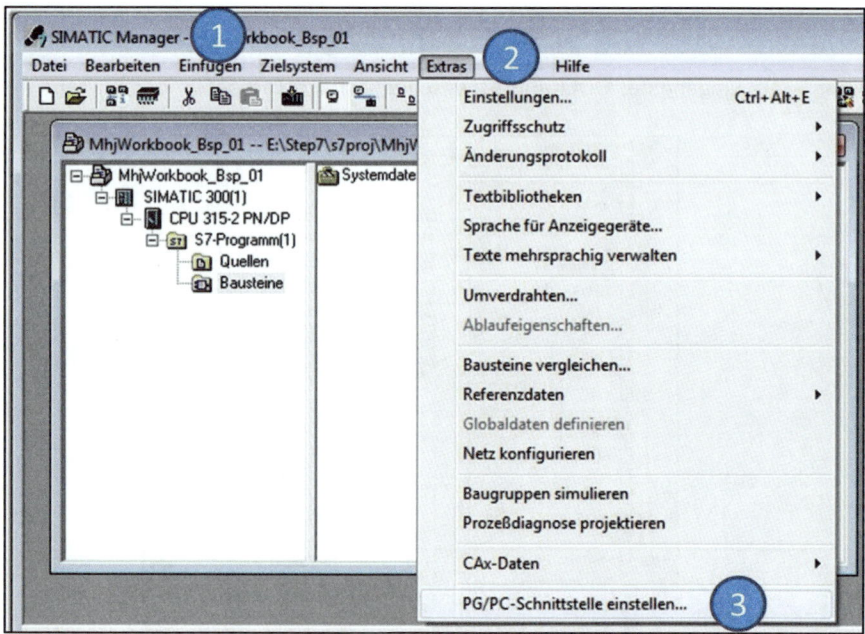

Bild: Aufruf des Dialogs „PG/PC-Schnittstelle einstellen"

Aktion Nr.	Aktion	Beschreibung
1	SIMATIC Manager - MhjWorkbook_Bs	Wechsel zum Hauptfenster des SIMATIC®- Managers
2	Extras Fenster Hilfe	Aufruf des Menüs „Extras"
3	PG/PC-Schnittstelle einstellen...	Auswahl des Menüpunktes „PG/PC-Schnittstelle einstellen..."

Danach ist der namensgleiche Dialog sichtbar.

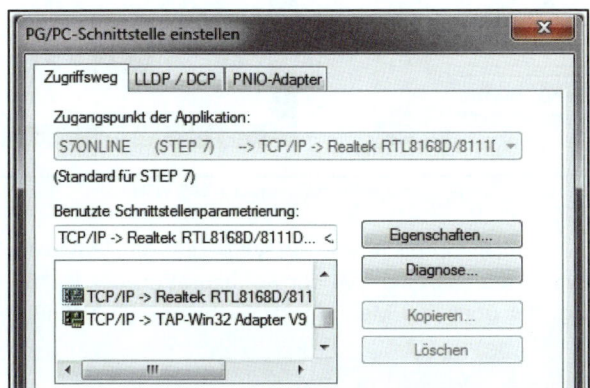

Bild: Dialog „PG/PC-Schnittstelle einstellen"

Auf dem Dialog ist in der Auswahl „Benutzte Schnittstellenparametrierung" die Auswahl „TCP/IP -> ..." zu selektieren, wobei hinter „TCP/IP ->" der Name der im PC vorhandenen Netzwerkkarte erscheint. Über diese Netzwerkkarte kommuniziert der SIMATIC®-Manager mit der CPU.

Achtung: Es darf nicht der Eintrag mit „TCP/IP (Auto) -> ...." verwendet werden!

Im Beispiel ist die Netzwerkkarte „Realtek RTL86168D..." im PC verbaut. Diese wird somit ausgewählt und der Dialog über OK verlassen.

B.9 Prozess-Simulation SPS-VISU starten und Anlagen-Projekt laden bzw. erzeugen

Nun kann SPS-VISU gestartet und die für die Simulation des SPS-Programms vorgesehene Anlage geöffnet werden. Im Beispiel hat die Anlage die Bezeichnung „LampeMitDaemmerungsschalter" und folgendes Aussehen:

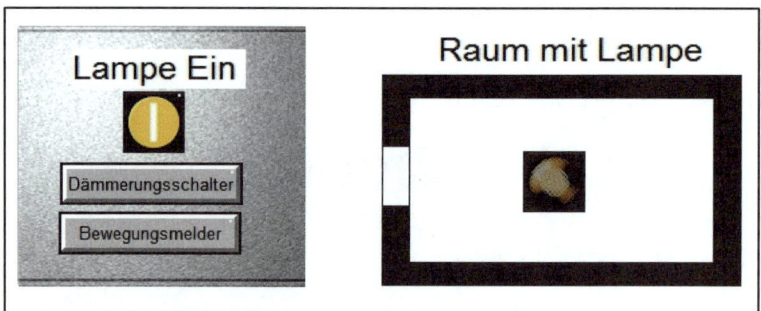

Bild: Anlage für das Beispiel in SPS-VISU

Wichtig dabei ist, dass im Anlagenprojekt von SPS-VISU die TCP/IP-Funktionalität der S7-SoftSPS eingeschaltet ist. Dies wurde bereits oben bei der Konfiguration der IP-Adresse der CPU erwähnt. Hier nochmals der Dialog, der über den Menüpunkt „Software-SPS→WinPLC-Engine Einstellungen" zu erreichen ist.

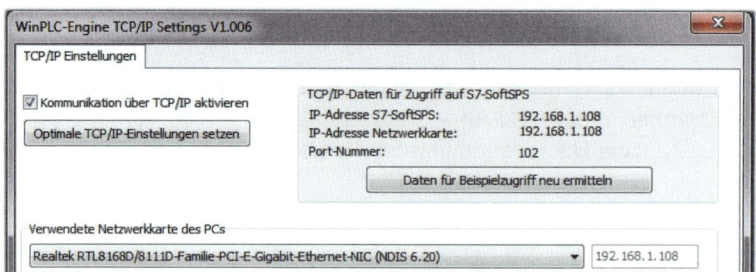

Bild: Dialog der S7-SoftSPS in SPS-VISU

Im Feld „TCP/IP-Daten für Zugriff auf S7-SoftSPS" kann die IP-Adresse der S7-SoftSPS von SPS-VISU abgelesen werden. Auf diese wurde im Beispiel auch die IP-Adresse der Ethernet-Schnittstelle der S7-CPU in der Hardwarekonfiguration im TIA-Portal® eingestellt.
Der Dialog wird nach dem Zuschalten der Option „Kommunikation über TCP/IP aktivieren" über den Button „OK" verlassen.

Damit sind die Vorbereitungen für das Übertragen des SPS-Programms aus dem SIMATIC®-Manager abgeschlossen.

B.10 Übertragen der Bausteine in die CPU

Das Übertragen der Bausteine kann aus dem Hauptfenster des SIMATIC®-Managers heraus durchgeführt werden.

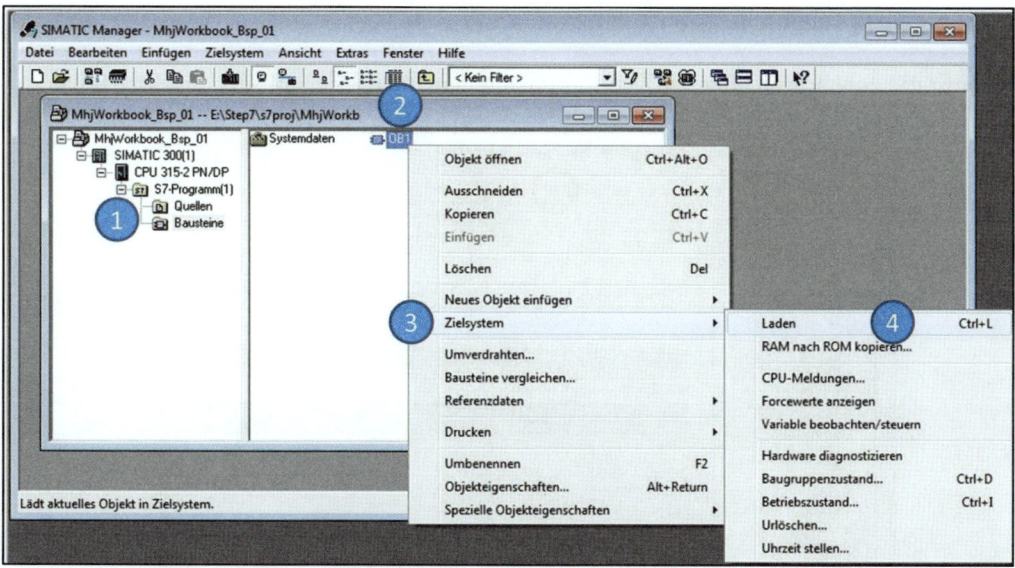

Bild: Selektieren und Übertragen der Bausteine

Nr.	Aktion	Beschreibung

1	⊟ 🗐 MhjWorkbook_Bsp_01
	    ⊟ 🏢 SIMATIC 300(1)
	      ⊟ 🗍 CPU 315-2 PN/DP
	        ⊟ 🗐 S7-Programm(1)
	          ⊢ 🗐 Quellen
	          ⊢ 🗐 Bausteine
		Selektion der Rubrik „Bausteine" im linken Teil des Projektfensters

2	🗗 OB1 Objekt öffnen	Selektion aller zu übertragenden Bausteine, in unserem Beispiel nur der OB1. Die Selektion ist über einen Einfach-Klick mit der Maus auszuführen. Danach wird das Kontextmenü über Betätigung der rechten Maustaste aufgerufen.
3	Zielsystem	Im Kontextmenü den Menüpunkt „Zielsystem" auswählen
4	Laden	Nun kann über den Menüpunkt „Laden" die Aktion ausgelöst werden.

Wäre ein Baustein bereits in der CPU vorhanden, so würde eine Abfrage bzgl. des Überschreibens erfolgen. Diese ist dann entsprechend vom Programmierer zu bestätigen.

B.11 Baustein beobachten über den Bausteinstatus

Die Bausteine (hier nur der OB1) befinden sich in der CPU. Um die Funktion des SPS-Programms zu testen, soll der Bausteinstatus bzw. das Beobachten aktiviert werden.

Dazu ist der Baustein OB1 zu öffnen. Sollte der Editor „KOP/AWL/FUP" nicht mehr offen sein, so wird der OB1 über einen Doppelklick vom Hauptfenster aus geöffnet.

Im Editor ist das Beobachten über den Mausbutton mit dem Brillen-Symbol ein- und abschaltbar.

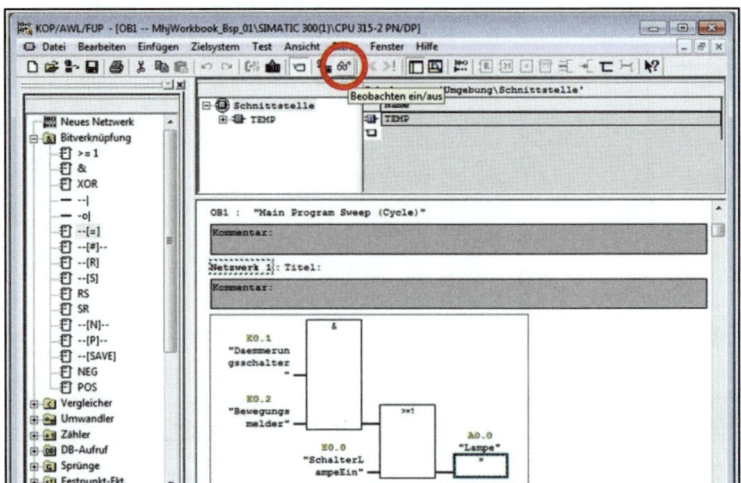

Bild: Bausteinstatus ein- und abschalten

Nr.	Aktion	Beschreibung
1		Der Maus-Button mit dem Brillen-Symbol schaltet den Bausteinstatus ein bzw. aus. Diese Funktion kann auch über die Tastenkombination [STRG] + [F7] ausgelöst werden.

Nach dem Einschalten des Bausteinstatus verändert sich das Aussehen der Blöcke im OB1: Sie werden mit gestrichelten Linien umrandet. Des Weiteren ist der Fenstertitel hellgrün hinterlegt. Dies als Zeichen dafür, dass der Baustein in der CPU angezeigt wird.

Sollte sich die CPU im STOP-Zustand befinden, dann wird dies am unteren Rand des Fensters angezeigt.

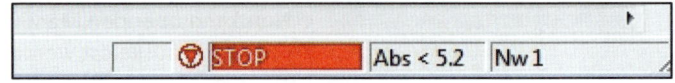

Bild: Anzeige des STOP-Zustands der CPU

Befindet sich die CPU in RUN, so wird dies an gleicher Stelle über ein grünes Feld mit der Beschriftung RUN gekennzeichnet.

B.11.1 Betriebszustand der CPU in RUN schalten

Sollte sich die CPU in STOP befinden, so muss der Betriebszustand zu RUN umgeschaltet werden.
Dies wird über den Menüpunkt „Zielsysteme→Betriebszustand" erreicht.

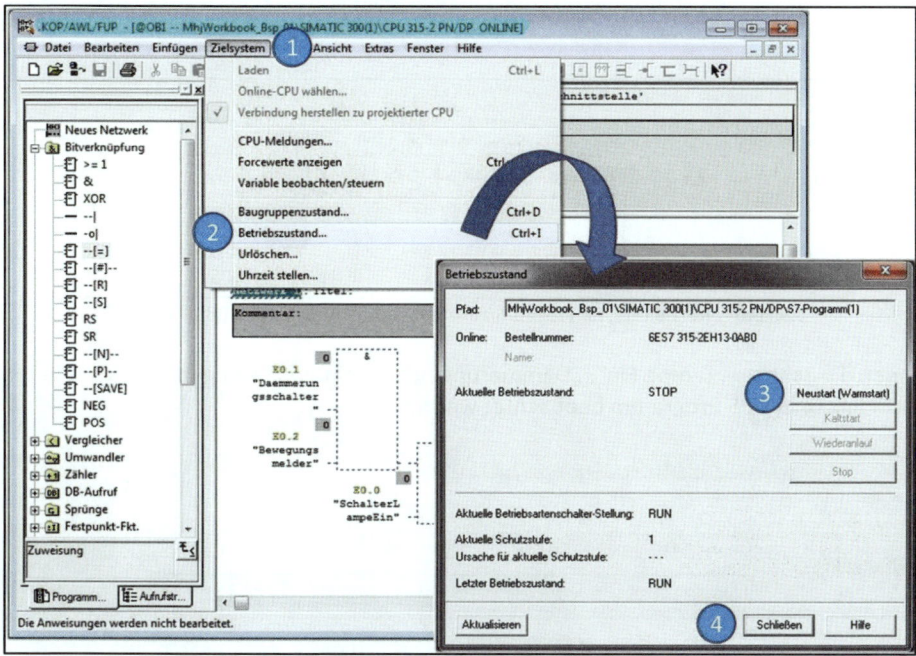

Bild: Ändern des Betriebszustandes der CPU

Nr.	Aktion	Beschreibung
1	Zielsystem Test	Selektion des Menüpunktes „Zielsystem"
2	Baugruppenzustand...	Ausführen des Menüpunktes „Betriebszustand". Als Folge wird der Dialog „Betriebszustand" sichtbar.
3	Neustart (Warmstart)	Betätigung des Buttons „Neustart" auf dem Dialog
4	Schließen	Schließen des Dialogs über den Button „Schließen"

Nach diesen Aktionen sollte im unteren Teil des Fensters „KOP/AWL/FUP" der Betriebszustand mit RUN symbolisiert werden.

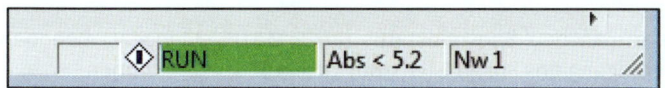

Bild: Anzeige des Betriebszustandes

B.12 Test des SPS-Programms mit SPS-VISU

Zur Kontrolle des SPS-Programms sind in SPS-VISU die Zustände der Anlage zu verändern. Dazu wird zu SPS-VISU gewechselt und die Prozess-Simulation in RUN geschaltet (linker RUN-Button). Auch der rechte RUN-Button für die S7-SoftSPS muss sich in der Stellung RUN (gedrückt) befinden. Damit wird das SPS-Programm in der SPS bearbeitet.

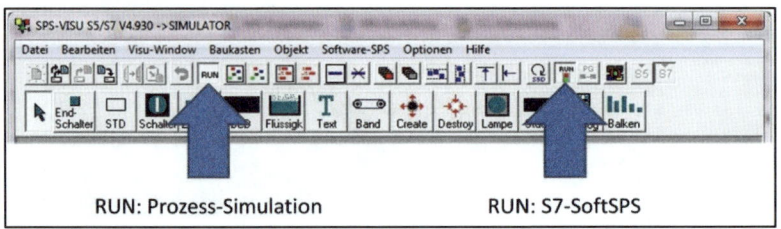

Bild: Linker RUN-Button für Prozess-Simulation, rechter RUN-Button für S7-SoftSPS

Nun können die Schalter „Lampe Ein", „Dämmerungsschalter" und „Bewegungsmelder" betätigt und die Auswirkungen im SPS-Programm beobachtet werden.

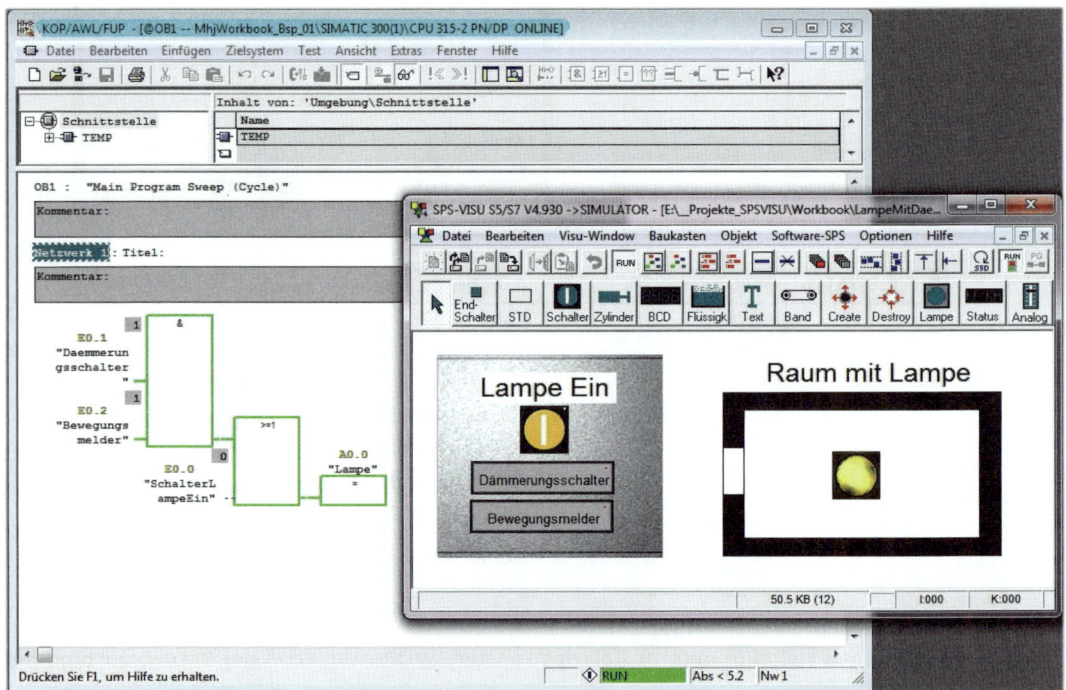

Bild: Betätigung der Betriebsmittel in SPS-VISU und Auswirkungen im SPS-Programm

Nach dem Test kann man den Bausteinstatus (im SIMATIC®-Manager) beenden und die Prozess-Simulation durch Betätigung des linken Maus-Buttons in SPS-VISU stoppen.

C. Einführungsbeispiel WinSPS-S7 V5

In diesem Kapitel werden die grundlegenden Schritte beim Erzeugen eines neuen SPS-Projektes erläutert.

Dazu gehören:

- Erzeugen eines neuen Projektes
- Erstellen der Symboliktabelle
- Erzeugen und Erstellen eines Bausteins
- Übertragen des Bausteins in die S7-SoftSPS von SPS-VISU
- Test des Programms über den Bausteinstatus

C.1 Aufgabenstellung

Folgende Aufgabenstellung sei gegeben:

> Die Steuerung für eine Lampe mit Dämmerungsschalter und Bewegungsmelder ist zu programmieren.
> Sobald der Dämmerungsschalter den Status ‚1' meldet, soll die Lampe auf den Bewegungsmelder reagieren, d.h. sich einschalten. Solange der Bewegungsmelder ‚1' ist, soll die Lampe eingeschaltet bleiben.
> Des Weiteren ist ein Schalter vorhanden, über den die Lampe unabhängig vom Dämmerungsschalter und Bewegungsmelder eingeschaltet werden kann.

Betriebsmittel	Adresse
Schalter „Lampe Ein"	E0.0
Dämmerungsschalter	E0.1
Bewegungsmelder	E0.2
Lampe	A0.0

C.2 Start von WinSPS-S7 und Öffnen der Standard-Projektmappe

WinSPS-S7 V5 wird z.B. über den Icon auf dem Desktop von Windows gestartet. Auf dem Start-Bildschirm (oder auch Home-Bildschirm) von WinSPS-S7 wird die Schaltfläche „Standard-Projektmappe öffnen" betätigt.

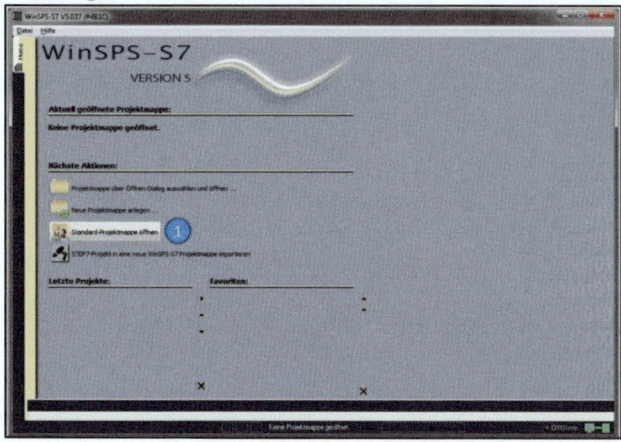

Bild: Home-Bildschirm von WinSPS-S7

Aktion Nr.	Aktion	Beschreibung
1	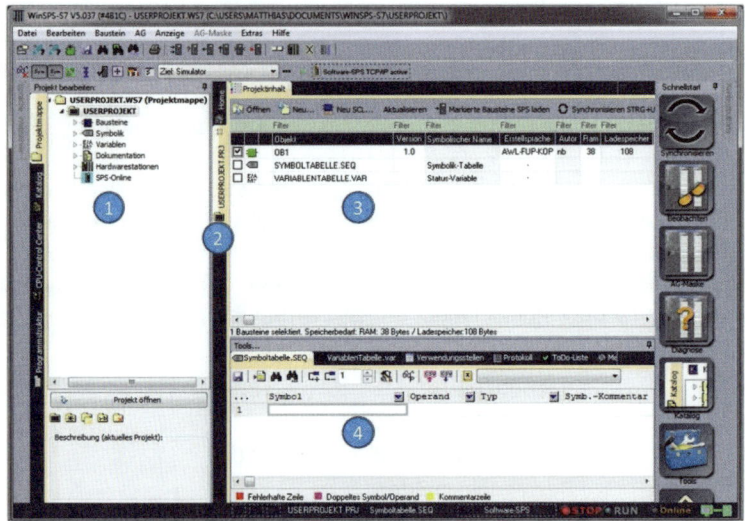 Standard-Projektmappe öffnen	Auswahl der Schaltfläche „Standard-Projektmappe öffnen". Die dahinterliegende Projektmappe ist bei jeder Installation von WinSPS-S7 vorhanden. Sie befindet sich in den „Eigenen Dateien" des jeweiligen Benutzers.

Wurde die Standard-Projektmappe geöffnet, so hat der Bildschirm das folgende Aussehen:

Bild: WinSPS-S7 bei geöffneter Projektmappe

Aktion Nr.	Aktion	Beschreibung
1	USERPROJEKT.WS7 (Projektmappe) / USERPROJEKT / ▷ Bausteine / ▷ Symbolik / ▷ Variablen / ▷ Dokumentation / ▷ Hardwarestationen / SPS-Online	In der **Projektmappe** sind alle Projekte aufgeführt. Jedes Projekt ist eine SPS mit entsprechendem SPS-Programm. Wählt man ein Projekt an (z.B. das „USERPROJEKT" im Beispiel), dann kann über die rechte Maustaste ein Kontextmenü aufgerufen werden. Über dieses Kontextmenü wird dann das Projekt geöffnet, ein neues Projekt erzeugt oder andere Verwaltungsaufgaben gestartet.
2	USERPROJEKT.PRJ	Die vertikal angeordnete Registerkarte zeigt ein **geöffnetes Projekt**. Es können mehrere Projekte gleichzeitig offen sein, allerdings ist immer nur eines aktiv. Durch Anklicken einer Registerkarte wird das entsprechende Projekt aktiv.
3	Projektinhalt / Öffnen / Neu... / Neu SCL... / Ak / Filter / Objekt / ☑ OB1 / ☐ SYMBOLTABELLE.SEQ / ☐ VARIABLENTABELLE.VAR	Im **Projektinhalt** werden die Bausteine des momentan aktiven Projektes angezeigt. Neben den Bausteinen sind in der Tabelle auch die Symbolikdatei, die Variablentabelle und etwaige Dokumente des Projektes aufgeführt. Über den Projektinhalt können Bausteine erzeugt (Button „Neu"), geöffnet, kopiert und umbenannt werden. Wird ein Baustein geöffnet, so wird der **Bausteineditor** im Bereich des Projektinhaltes angezeigt. Dabei ist eine neue Registerkarte neben dem Projektinhalt vorhanden.
4	Symboltabelle.SEQ / VariablenTabelle.var / 1 / ... Symbol / 1	Unterhalb des Projektinhaltes und der Editoren sind die **Tool-Fenster** angeordnet. Zu diesen gehört unter anderem die **Symboliktabelle**.

C.3 Erstellen der Symboliktabelle

Als Nächstes wird die Symboliktabelle erstellt. Dies sollte immer der erste Schritt bei der Erstellung des SPS-Programms sein. Die benötigten Betriebsmittel wurden bereits bei der Aufgabenstellung angegeben. Hier nochmals die Tabelle:

Betriebsmittel	Adresse
Schalter „Lampe Ein"	E0.0
Dämmerungsschalter	E0.1
Bewegungsmelder	E0.2
Lampe	A0.0

Die Symboliktabelle befindet sich, wie schon erwähnt, unterhalb des Projektinhaltes. Sie wird wie folgt ausgefüllt.

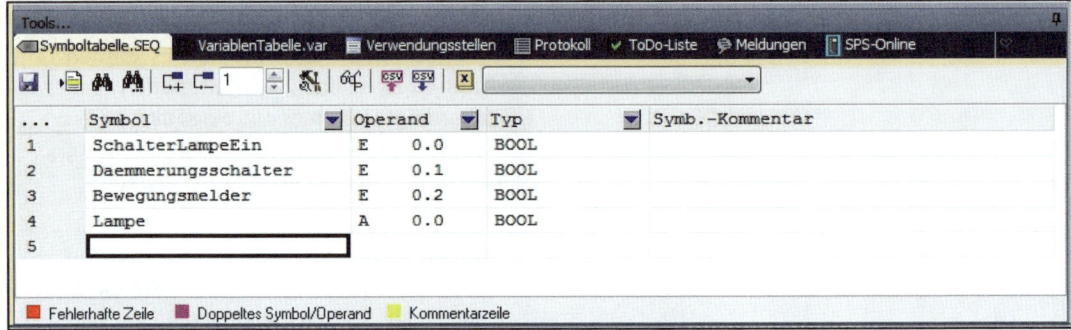

Bild: Symboliktabelle für dieses Beispiel

Wurde ein Symbol angegeben, so kann mit Hilfe der Taste [TAB] zur nächsten Zelle gesprungen werden. Den voreingetragenen Operand kann man überschreiben oder belassen. Eine weitere Betätigung von [TAB] bewirkt einen Sprung zum Datentyp, der belassen oder aus einer Auswahl selektiert werden kann. Mit erneutem [TAB] gelangt man zum Kommentar und in die nächste Zeile.

Nach der Angabe der Symbole wird die Tabelle über die Tastenkombination [STRG] + [S] gespeichert.

C.4 Öffnen des Bausteins OB1

Im nächsten Schritt öffnet man den OB1 und aktiviert den Katalog für die SPS-Operationen. Dabei geht man wie folgt vor:

Bild: Katalog mit SPS-Operationen aktivieren und Baustein öffnen

Nr.	Aktion	Beschreibung
1 + 2	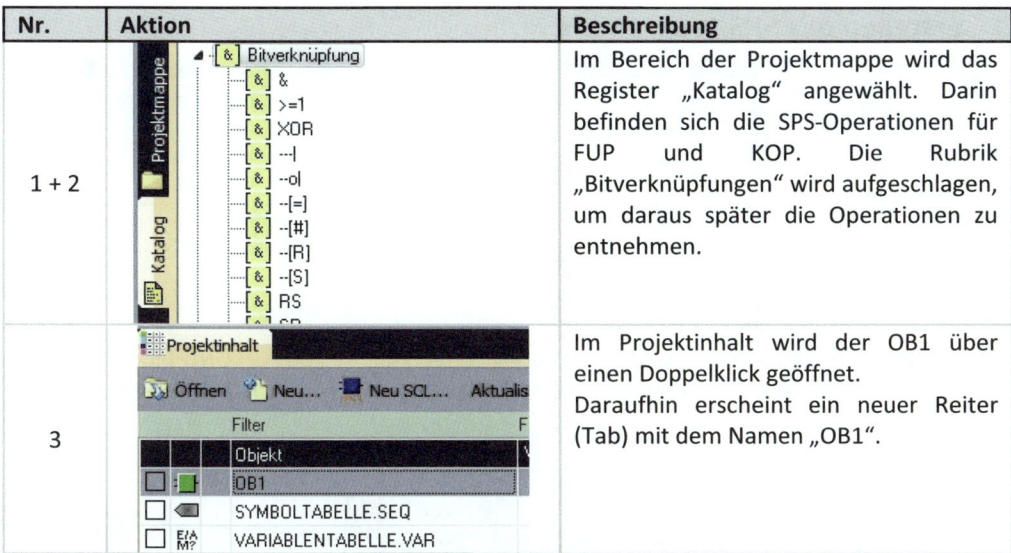	Im Bereich der Projektmappe wird das Register „Katalog" angewählt. Darin befinden sich die SPS-Operationen für FUP und KOP. Die Rubrik „Bitverknüpfungen" wird aufgeschlagen, um daraus später die Operationen zu entnehmen.
3	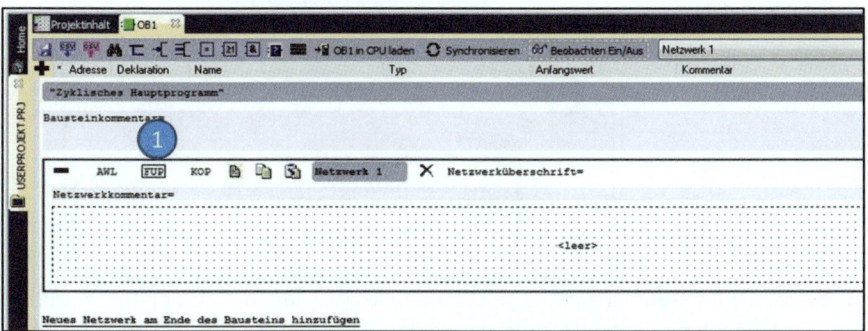	Im Projektinhalt wird der OB1 über einen Doppelklick geöffnet. Daraufhin erscheint ein neuer Reiter (Tab) mit dem Namen „OB1".

Bild: Editor des OB1 mit dem Netzwerk 1

Nr.	Aktion	Beschreibung
1	AWL FUP KOP	Das SPS-Programm wird in FUP programmiert, was im oberen Bereich des Netzwerkes eingestellt wird. In WinSPS-S7 kann in jedem Netzwerk getrennt die Darstellungsart eingestellt werden.

C.5 Erstellen des SPS-Programms

-1-

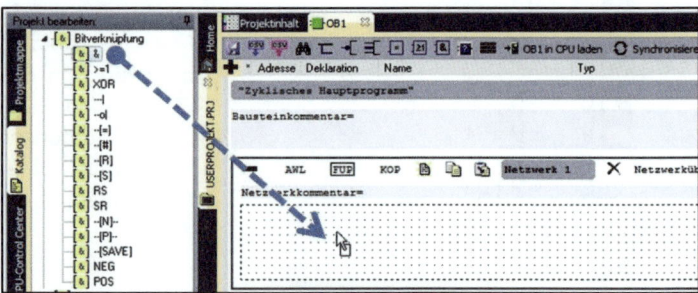

Beschreibung Aus dem Katalog wird in der Rubrik „Bitverknüpfungen" ein UND-Block (Symbol „&") selektiert. Die Operation kann über Drag-and-Drop in das Netzwerk 1 eingefügt werden.

-2-

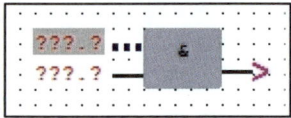

Beschreibung Daraufhin ist der UND-Block mit zwei Eingängen im Netzwerk vorhanden.

-3-

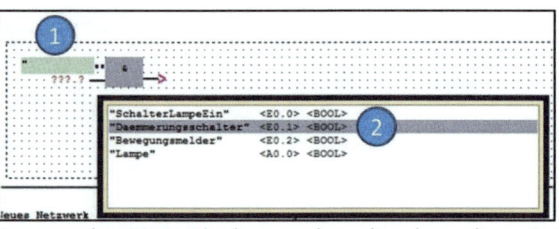

Beschreibung Am obersten Eingang des UND-Blocks werden die doppelten Anführungsstriche angegeben (1), als Zeichen dafür, dass ein symbolischer Name angegeben wird. Als Folge wird ein Fenster sichtbar, in dem die im Projekt vorhandenen Symbole aufgelistet sind. Aus dieser Liste wird das gewünschte Symbol selektiert. Im Beispiel wird das Symbol „Daemmerungsschalter" ausgewählt (2). Die Auswahl kann über die Maus oder Tastatur erfolgen.

-4-

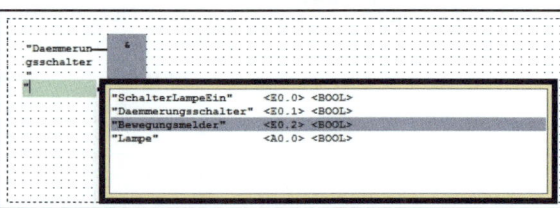

Beschreibung Am zweiten Eingang des UND-Blocks ist in der gleichen Weise der Bewegungsmelder anzugeben.

-5-

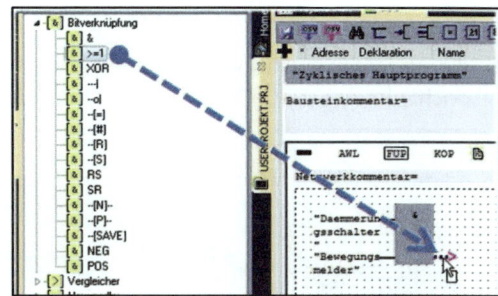

Beschreibung | Am Ausgang des UND-Blocks wird ein ODER-Block benötigt. Dieser ist aus dem Katalog per Drag-and-Drop an den Ausgang der UND-Box zu platzieren. Im Katalog hat die ODER-Operation die Bezeichnung „>=1".

-6-

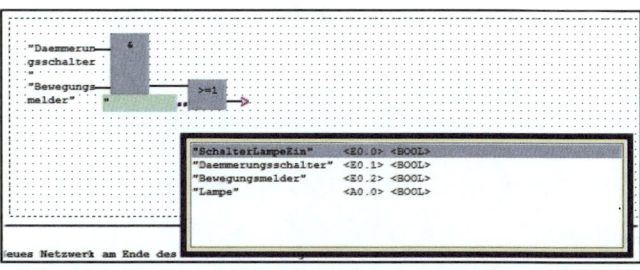

Beschreibung | Am Eingang des ODER-Blocks wird der „SchalterLampeEin" angegeben.

-7-

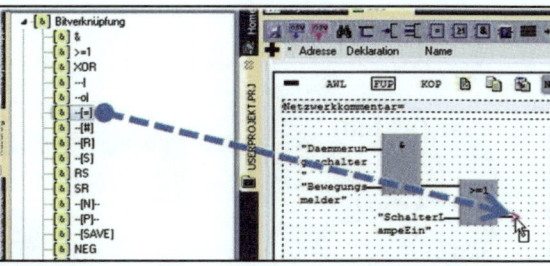

Beschreibung | Das Ergebnis der Verknüpfung soll nun der Lampe zugewiesen werden. Dazu wird aus den Bitverknüpfungen des Katalogs eine Zuweisung per Drag-and-Drop an den Ausgang der ODER-Box platziert.

-8-

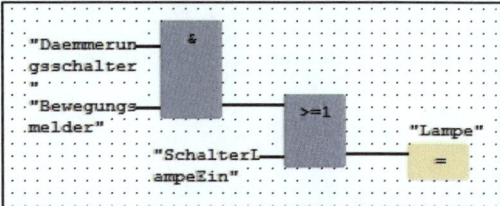

Beschreibung | Die Zuweisung wird der Lampe zugewiesen, indem man das Symbol „Lampe" am Block angibt.

Damit ist das SPS-Programm für das Beispiel vollständig. Der Baustein OB1 wird über die Tastenkombination [STRG] + [S] gespeichert.

C.6 Einstellen des Ziels in WinSPS-S7 V5

WinSPS-S7 V5 und die Prozess-Simulation SPS-VISU verwenden die gleiche S7-SoftSPS. Damit WinSPS-S7 diese anspricht, ist das Ziel auf „Ziel: Simulator" einzustellen. Dies ist nachfolgend zu sehen:

Bild: Ziel-Einstellung „Simulator" in WinSPS-S7

Damit beziehen sich alle CPU-Funktionen auf den Simulator. Weitere Einstellungen sind nicht notwendig.

C.7 Prozess-Simulation SPS-VISU starten und Anlagen-Projekt laden bzw. erzeugen

Nun kann SPS-VISU gestartet und die für die Simulation des SPS-Programms vorgesehene Anlage geöffnet werden. Im Beispiel hat die Anlage die Bezeichnung „LampeMitDaemmerungsschalter" und folgendes Aussehen:

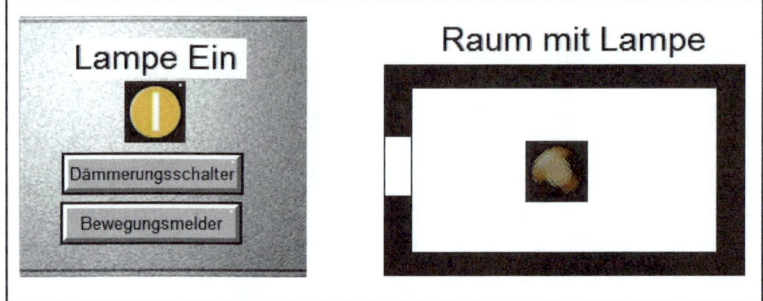

Bild: Anlage für dieses Beispiel in SPS-VISU

Damit sind die Vorbereitungen für das Übertragen des SPS-Programms aus WinSPS-S7 abgeschlossen.

C.8 Übertragen der Bausteine in die CPU

Das Übertragen der Bausteine von WinSPS-S7 in eine CPU ist sehr einfach. Hierzu wird die Funktion „Synchronisieren" ausgeführt.

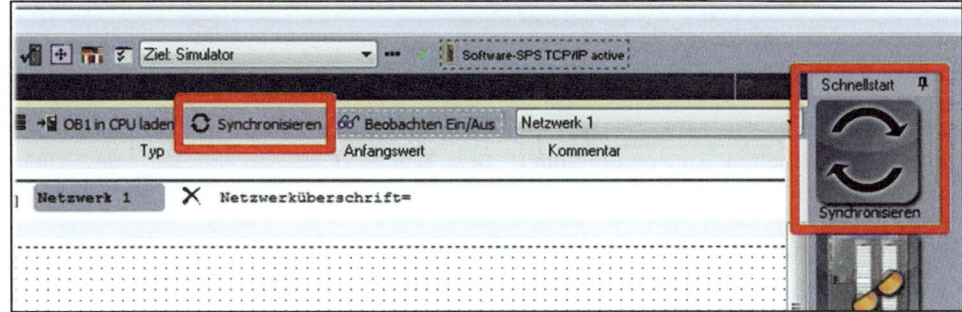

Bild: Synchronisieren in WinSPS-S7

Die Funktion „Synchronisieren" kann über das Betätigen einer der beiden im Bild hervorgehobenen Schaltflächen ausgelöst werden. Dabei werden automatisch alle geänderten Bausteine in die CPU übertragen.
Die erscheinende Abfrage ist über den Button „Ja" zu bestätigen.

C.9 Baustein beobachten über den Bausteinstatus

Die Bausteine (im Beispiel nur der OB1) befinden sich in der CPU. Um die Funktion des SPS-Programms zu testen, soll der Bausteinstatus bzw. das Beobachten aktiviert werden. Dazu ist der zu beobachtende Baustein zu öffnen, im Beispiel also der OB1. Sollte der OB1 nicht mehr offen sein, so wird er über einen Doppelklick im Projektinhalt geöffnet.

Im Editor ist das Beobachten über den Mausbutton mit dem Brillen-Symbol ein- und abschaltbar.

Bild: Beobachten des Bausteins (Bausteinstatus) ein- bzw. ausschalten

Nr.	Aktion	Beschreibung
1	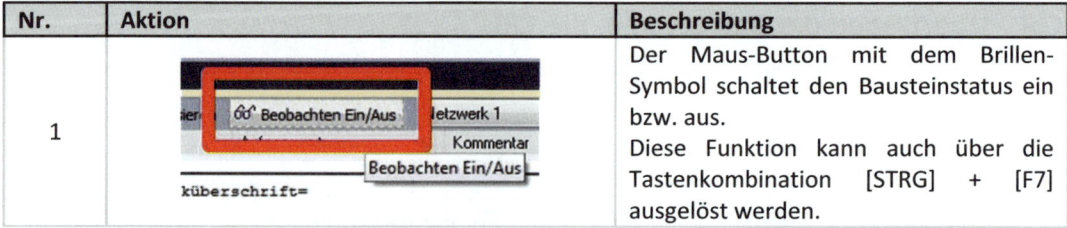	Der Maus-Button mit dem Brillen-Symbol schaltet den Bausteinstatus ein bzw. aus. Diese Funktion kann auch über die Tastenkombination [STRG] + [F7] ausgelöst werden.

Nach dem Einschalten des Bausteinstatus verändert sich das Aussehen der Blöcke im OB1. Sie werden mit gestrichelten Linien umrandet. Des Weiteren ist im Register des OB1 eine Bewegungsanimation zu sehen

C.9.1   Betriebszustand der CPU in RUN schalten

Sollte sich die CPU im STOP-Zustand befinden, dann ist dies an zwei Stellen zu erkennen.

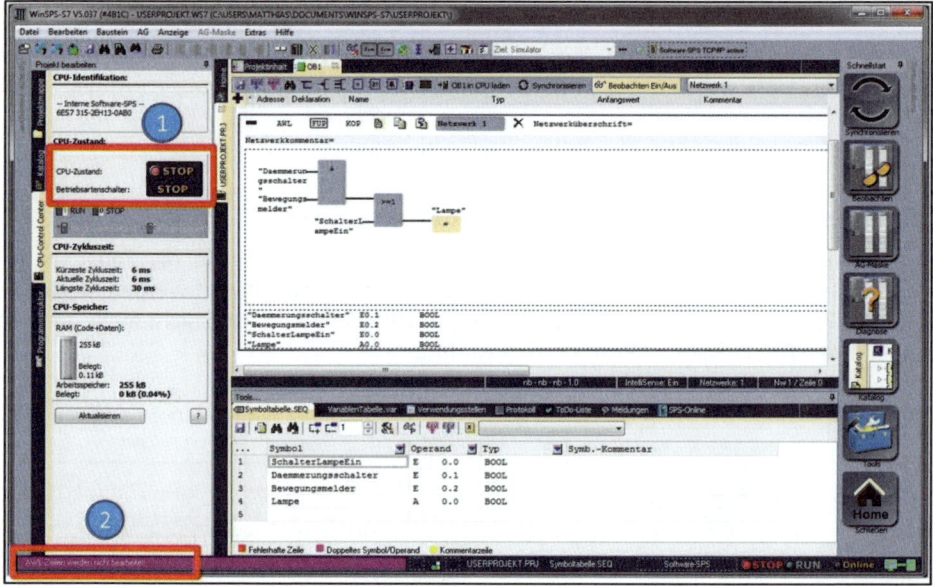

Bild: Anzeichen, dass sich die CPU im Betriebszustand „STOP" befindet

Nr.	Aktion	Beschreibung
1		Im „CPU-Control Center" von WinSPS-S7 wird der CPU-Zustand angezeigt. Hier ist im Beispiel zu sehen, dass sich die CPU in STOP befindet.
2		In der Status-Zeile von WinSPS-S7 wird angezeigt, dass die SPS-Operationen nicht bearbeitet werden.

Über das „CPU-Control Center" kann die CPU in RUN geschaltet werden. Dazu wird die Grafik mit der Bezeichnung „RUN" angeklickt.

Bild: SPS in RUN schalten über CPU-Control Center

War die Umschaltung erfolgreich, dann ist dies sogleich sichtbar.

Bild: CPU befindet sich im Betriebszustand „RUN"

C.10 Test des SPS-Programms mit SPS-VISU

Zur Kontrolle des SPS-Programms sind in SPS-VISU die Zustände der Anlage zu verändern. Dazu wird zu SPS-VISU gewechselt und die Prozess-Simulation in RUN geschaltet (linker RUN-Button). Auch der rechte RUN-Button für die S7-SoftSPS muss sich in der Stellung RUN (gedrückt) befinden. Somit wird das SPS-Programm in der SPS bearbeitet.

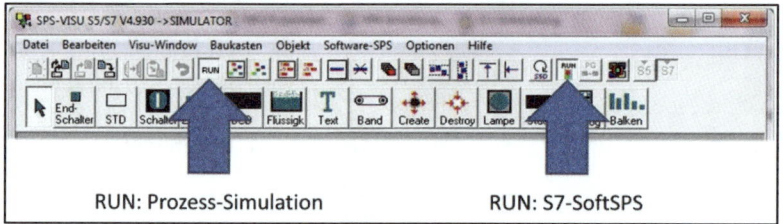

RUN: Prozess-Simulation   RUN: S7-SoftSPS

Bild: Linker RUN-Button für Prozess-Simulation, rechter RUN-Button für S7-SoftSPS

Nun können die Schalter „Lampe Ein", „Dämmerungsschalter" und „Bewegungsmelder" betätigt und die Auswirkungen im SPS-Programm beobachtet werden.

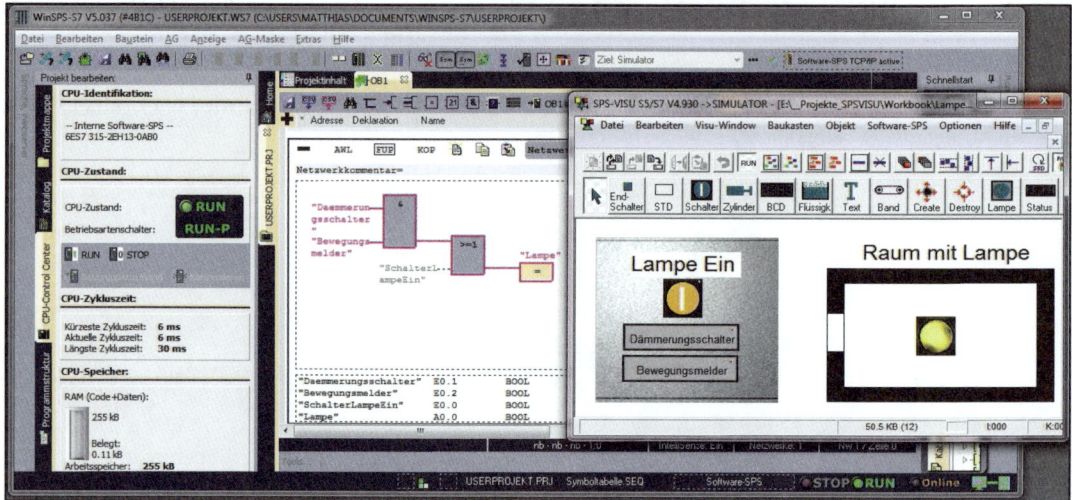

Bild: Betätigung der Betriebsmittel in SPS-VISU und Auswirkungen im SPS-Programm

Nach dem Test wird der Bausteinstatus beendet (Betätigung einer der Schaltflächen mit dem Brillensymbol) und die Prozess-Simulation durch Betätigung des linken Maus-Buttons in SPS-VISU gestoppt.

C.11 Ansprechen einer externen CPU mit WinSPS-S7 V5

Im obigen Beispiel wurde gezeigt, wie WinSPS-S7 für das Ansprechen der internen S7-SoftSPS einzustellen ist. Dabei wurde die Ziel-Einstellung „Ziel: Simulator" ausgewählt. Weitere Einstellungen waren nicht notwendig.

Soll WinSPS-S7 mit einer externen CPU kommunizieren, so ist über die Ziel-Einstellung zu selektieren, wie die CPU mit WinSPS-S7 verbunden ist.

Beispiel

> WinSPS-S7 soll mit einer CPU kommunizieren, die über Ethernet mit dem PC verbunden ist. Die CPU hat dabei die IP-Adresse „192.168.1.191".

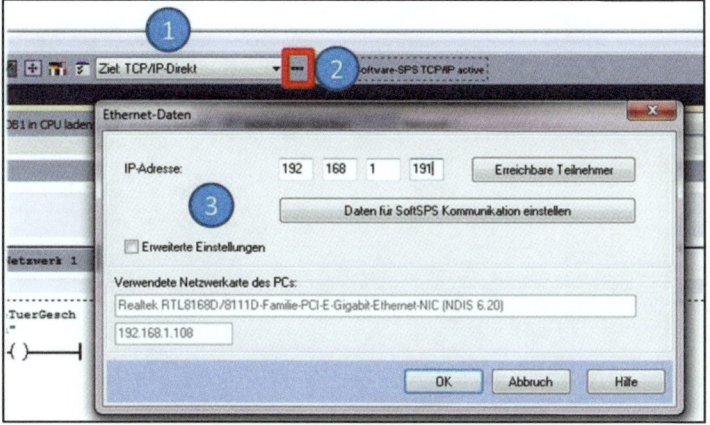

Bild: Ziel-Einstellung „TCP/IP-Direkt" für das Beispiel

Nr.	Aktion	Beschreibung
1	Ziel: TCP/IP-Direkt ▼	Auswahl des Ziels Aus der Liste wird ausgewählt, wie der PC mit der CPU verbunden ist. Im Beispiel besitzt die CPU eine Ethernet- (oder PROFINET-) Schnittstelle. Deshalb wird „TCP/IP-Direkt" selektiert.
2	...	Für weitere Einstellungen des selektierten Zieles wird die Schaltfläche mit den drei Punkten rechts neben der Zielauswahl betätigt. Ebenso kann man den Menüpunkt „Extras→Eigenschaften von Ziel" ausführen.
3	192 168 1 191	Auf dem erscheinenden Eigenschaften-Dialog des Ziels können nun nähere Angaben zur CPU gemacht werden, z.B. die IP-Adresse der CPU, die im Beispiel den Wert „192.168.1.191" hat. Wurden die Einstellungen getätigt, so wird der Dialog über OK verlassen.

WinSPS-S7 benutzt immer den in der Zieleinstellung konfigurierten Verbindungsweg, um auf eine SPS zuzugreifen.

Über die Einstellung „TCP/IP-Direkt" und Angabe der entsprechenden IP-Adresse könnte auch die S7-SoftSPS von SPS-VISU angesprochen werden. Dies ist aber meist nicht notwendig, da über die Einstellung „Ziel: Simulator" der Zugriff ohne das Einstellen einer IP-Adresse möglich ist.

D. Die Beobachtungstabelle (Status-Variable) im TIA-Portal®

Im TIA-Portal® ist das Projekt mit der anzusprechenden CPU zu öffnen. Wie ein solches Projekt zu erzeugen ist, wurde bereits im Kapitel „Einführungsbeispiel TIA-Portal®" beschrieben.
Nach dem Öffnen des Projektes sind folgende Schritte auszuführen.

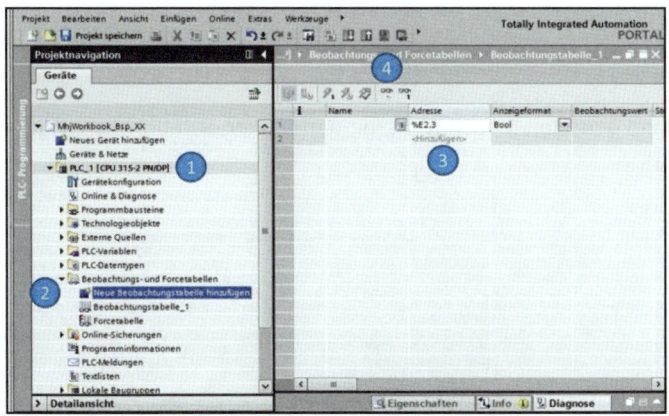

Bild: Beobachtungstabelle im TIA-Portal®

Nr.	Aktion	Beschreibung
1	 ▼ ☐ PLC_1 [CPU 315-2 PN/DP]	Aufschlagen des Projektes innerhalb der Projektnavigation
2	 ▼ 📖 Beobachtungs- und Forcetabellen ✳ Neue Beobachtungstabelle hinzufügen	In der Rubrik „Beobachtungs- und Forcetabellen" den Eintrag „Neue Beobachtungstabelle hinzufügen" doppelklicken
3	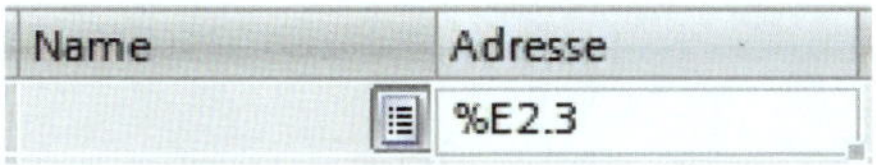 Name / Adresse / %E2.3	Daraufhin öffnet sich auf der rechten Seite (im Arbeitsbereich) eine neue Beobachtungstabelle. Darin können die zu beobachtenden Operanden angegeben werden. Hat ein Operand bereits ein Symbol, so ist die Angabe des Variablennamen im Feld „Name" möglich. Ebenso kann die Operandenadresse in der Spalte „Adresse" eingetragen werden, im Beispiel „E2.3".
4	 ◔◔ ◔◔ ▶ 1	Start des Beobachten-Modus über den linken Mausbutton mit dem Brillensymbol. Der Mausbutton rechts daneben mit dem gleichen Symbol und einer „1" in der Grafik ermittelt den Status der Operanden nur einmalig und nicht kontinuierlich.

D| Die Beobachtungstabelle (Status-Variable) im TIA-Portal®

Nach dem Start des Beobachten-Modus wird der Status der Operanden in der Tabelle angezeigt. Im folgenden Bild hat der Eingang E2.3 den Status ‚1', also ‚TRUE'.

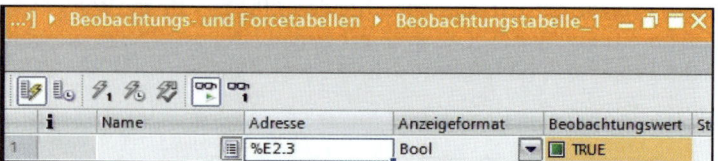

Bild: Status des Operanden wird ermittelt und dargestellt.

Der Statusbetrieb kann über den Mausbutton mit dem Brillen-Symbol auch wieder beendet werden.

E. Die Variablentabelle (Status-Variable) in WinSPS-S7 V5

In WinSPS-S7 ist ein Projekt zu öffnen. Wie ein solches Projekt zu erzeugen ist, wurde bereits im Kapitel „Einführungsbeispiel WinSPS-S7" beschrieben. Nach dem Öffnen wird über die Ziel-Einstellung selektiert, wie die CPU mit WinSPS-S7 verbunden ist (z.B. über TCP/IP). Möchte man mit der internen S7-SoftSPS kommunizieren, so wird einfach „Ziel: Simulator" ausgewählt.

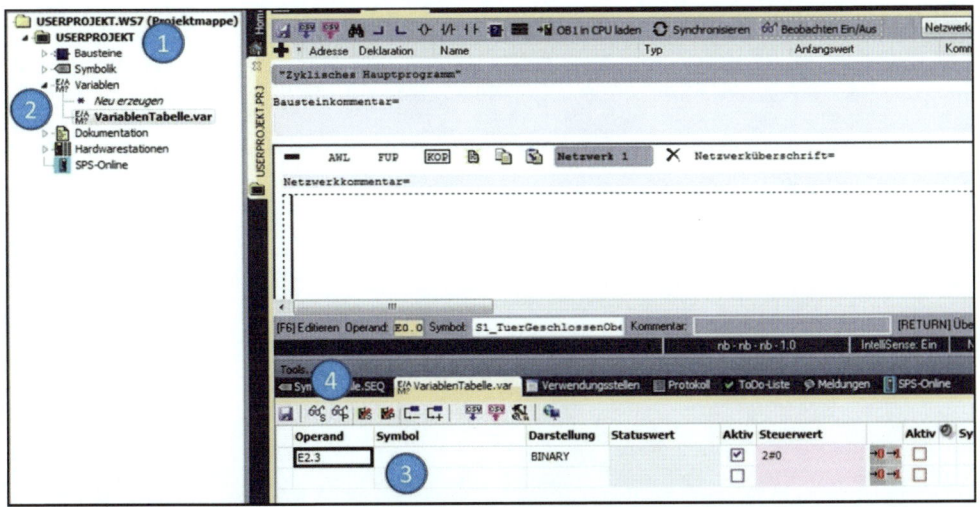

Bild: Variablen- bzw. Status-Tabelle in WinSPS-S7

Nr.	Aktion	Beschreibung
1	Projekt bearbeiten: USERPROJEKT.WS7 (Projektmappe) USERPROJEKT Bausteine	Auswahl und Öffnen des Projektes in der Projektmappe
2	E/A M? Variablen * Neu erzeugen E/A M? VariablenTabelle.var	In der Rubrik „Variablen" öffnet man durch einen Doppelklick eine Variablentabelle. Ein Doppelklick auf „Neu erzeugen" erzeugt eine neue Variablentabelle.
3	Operand Symbol E2.3	Angabe des Operanden oder des Symbols in der Variablen-Tabelle. Bestätigung der Eingabe über die Taste [RETURN].
4	6ᵍₛ 6ᵍₚ	Klicken Sie auf das Brillensymbol mit dem „P" für den permanenten Statusbetrieb (der Status wird ermittelt, bis der Statusbetrieb wieder beendet wird). Beim linken Mausbutton wird einmalig der Status der Operanden ermittelt.

E| Die Variablentabelle (Status-Variable) in WinSPS-S7 V5

Nach dem Start des Beobachten-Modus wird der Status der Operanden in der Tabelle angezeigt. Im folgenden Bild hat der Eingang E2.3 den Status ‚1', also ‚TRUE'.

Bild: Status des Operanden wird ermittelt und dargestellt.

Über den Mausbutton mit dem Brillen-Symbol kann der Statusbetrieb auch wieder beendet werden.

F. Die Variablentabelle (Status-Variable) des SIMATIC®-Managers

Im SIMATIC®-Manager ist das Projekt mit der anzusprechenden CPU zu öffnen. Wie ein solches Projekt zu erzeugen ist, wurde bereits im Kapitel „Einführungsbeispiel SIMATIC®-Manager" beschrieben.
Nach dem Öffnen des Projektes sind folgende Schritte auszuführen:

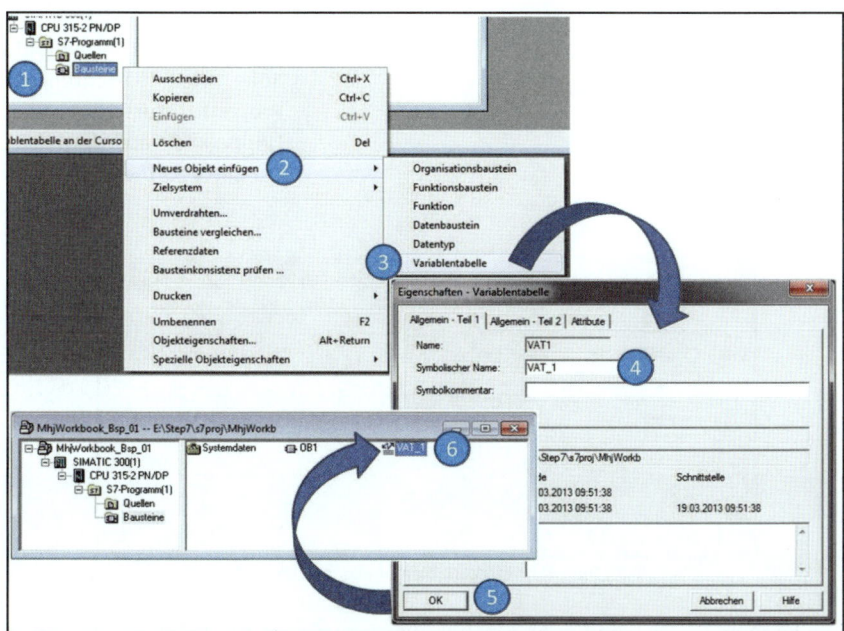

Bild: Erzeugen einer Variablentabelle im SIMATIC®-Manager

Nr.	Aktion	Beschreibung
1	S7-Programm(1) Quellen Bausteine	Im Projekt wird die Station mit der CPU aufgeschlagen und innerhalb des Eintrags „S7-Programm" der Eintrag „Bausteine" ausgewählt. Über die rechte Maustaste wird das Kontextmenü geöffnet.
2	Neues Objekt einfügen	Im Kontextmenü ist der Menüpunkt „Neues Objekt einfügen" zu selektieren.
3	Variablentabelle	Als einzufügendes Objekt wird eine Variablentabelle ausgewählt.

Nr.	Aktion	Beschreibung
4	Symbolischer Name: VAT_1	Es erscheint der Dialog „Eigenschaften Variablentabelle", auf dem unter anderem die Bezeichnung für die Tabelle angegeben werden kann.
5	OK	Der Button „OK" bestätigt und schließt den Dialog.
6	OB1 VAT_1	Das Objekt der Variablentabelle ist nun auf der rechten Seite des Projektfensters vorhanden. Über einen Doppelklick auf dem Objekt wird die Tabelle geöffnet.

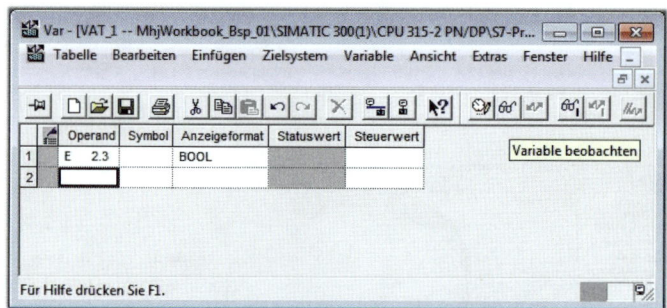

Bild: Die geöffnete Variablentabelle mit Operanden

In der Tabelle können die Operanden angegeben werden, für die der aktuelle Zustand zu ermitteln ist, im Beispiel der Eingang „E2.3". Ebenso kann man das Symbol des Operanden für die Eingabe verwenden

Der Mausbutton mit dem bereits bekannten Brillen-Symbol startet den Statusbetrieb.

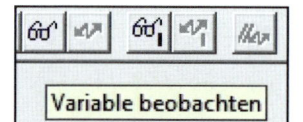

Bild: Start des permanenten Statusbetriebs
über den linken Mausbutton

Der linke Mausbutton mit dem Brillensymbol startet den permanenten (oder auch zyklischen) Statusbetrieb. Beim rechten Mausbutton wird der Status nur einmalig geholt.
Das nachfolgende Bild zeigt die Tabelle, während der Status läuft.

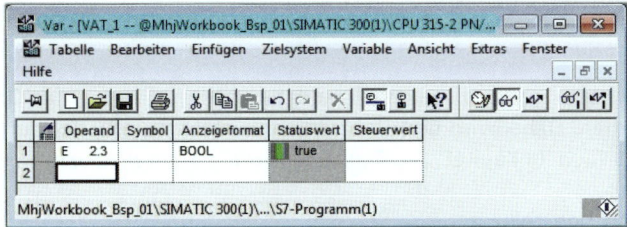

Bild: Variablentabelle im Statusbetrieb

Man erkennt, dass der Eingang E2.3 den Status ‚1', also „TRUE" besitzt.
Durch ein erneutes Betätigen des Mausbuttons kann der Statusbetrieb beendet werden.

G. Erstellen eines Globaldatenbausteins mit dem TIA-Portal®

In diesem Kapitel soll das Erzeugen eines Globaldatenbausteins nebst der Definition einiger DB-Variablen gezeigt werden. Dabei wird der Globaldatenbaustein erstellt, der auch bei der Einführung von Globaldatenbausteinen im Kapitel „Die Bausteinart DB" zu erstellen war.

Hier nochmals die Aufgabenstellung:

An einer Anlage werden im Drei-Schichtbetrieb Teile produziert. Dabei sollen in einem Datenbaustein folgende Daten pro Schicht abgelegt werden:
- Anzahl gefertigte Teile: Datentyp WORD
- Schicht-Start: Datentyp Time-of-Day (TOD)
- Schicht-Ende: Datentyp Time-of-Day (TOD)
- Arbeiterkennung: Datentyp (BYTE)

Die Daten sind in einer Struktur zu kapseln.

G.1 Erzeugen eines neuen Globaldatenbausteins

Im TIA-Portal® ist ein neues Projekt zu erzeugen. Wie ein solches Projekt zu erzeugen ist, wurde bereits im Kapitel „Einführungsbeispiel TIA-Portal®" beschrieben.
Bei offenem Projekt sind folgende Schritte auszuführen.

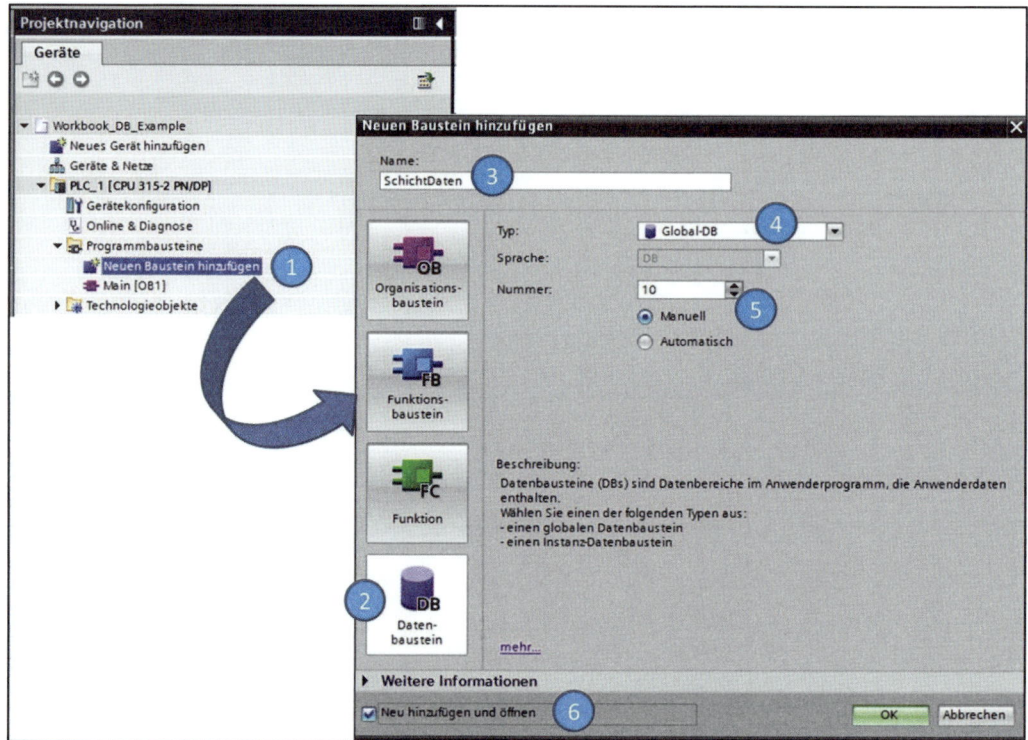

Bild: Erste Schritte zum Erzeugen eines neuen Globaldatenbausteins

Nr.	Aktion	Beschreibung
1	▼ 🗃 Programmbausteine 　　🔹 Neuen Baustein hinzufügen	In der Projektnavigation wird der Eintrag der CPU aufgeschlagen und darin die Rubrik „Programmbausteine". Danach ist auf dem Eintrag „Neuen Baustein hinzufügen" ein Doppelklick auszuführen.
2	**DB** Daten-baustein	Als zu erzeugende Bausteinart ist DB zu selektieren.
3	Name: SchichtDaten	Die Bezeichnung „SchichtDaten" wird als symbolischer Name des DBs angegeben.
4	🔹 Global-DB　▼	Als Typ des DBs ist „Global-DB" zu selektieren, denn der Aufbau des DBs soll von uns festgelegt und nicht von einem FB (wie bei einem Instanz-DB) vorgegeben werden.
5	10 ⬍ ⦿ Manuell ○ Automatisch	Im Beispiel wird die Nummer des DBs manuell eingestellt. Dies ist nicht zwingend erforderlich. Man kann die DB-Nummer auch vom Programmiersystem vorgeben lassen. In diesem Fall wird dann die nächste freie Nummer gewählt.
6	☑ Neu hinzufügen und öffnen	Mit dieser Option kann bestimmt werden, dass der DB nach dem Erzeugen gleich geöffnet wird. Anderenfalls ist er innerhalb der Projektnavigation durch Doppelklick explizit zu öffnen.

Über den Button „OK" wird der Dialog geschlossen und der DB geöffnet. Der Editor des DBs ist im Arbeitsbereich zu sehen.

G.2 Der DB-Editor

Der Editor des DBs im Arbeitsbereich des TIA-Portals hat das Aussehen einer Tabelle.

Bild: Editor eines leeren Globaldatenbausteins

Die anzuzeigenden Spalten können eingestellt werden. Dazu betätigt man über einer Spaltenüberschrift die rechte Maustaste. Im erscheinenden Kontextmenü ist daraufhin der Menüpunkt „Spalten ein-/ausblenden" zu selektieren und die verschiedenen Spalten an- oder abzuwählen.

G.2.1   Erläuterung der Spalten innerhalb des DB-Editors

Name:	Spalte zur Angabe der Variablenbezeichnung. Dabei können z.B. Buchstaben und Ziffern verwendet werden. Groß-/Kleinschreibung wird dabei <u>nicht</u> unterschieden.
Datentyp:	Hier erfolgt die Selektion des Datentyps für die Variable. Dieser kann wahlweise aus einer Liste selektiert oder auch direkt editiert werden.
Offset:	Angabe der Adresse der Variablen innerhalb des DBs. Diese Adresse wird beispielsweise bei einem Absolutzugriff auf eine DB-Variable benötigt. Die Adresse steht erst nach dem Übersetzen des Bausteins zur Verfügung.
Defaultwert:	Beim Anlegen einer neuen Variablen wird dieser Wert je nach Datentyp mit Null vorbelegt bzw. mit dem Initialwert des Datentyps. Bei Instanz-DBs sind die Defaultwerte mit den Werten aus dem FB vorbelegt. Der Wert ist nicht editierbar. Ist kein Startwert vom Programmierer angegeben, dann wird der Defaultwert als Startwert verwendet.
Startwert:	Hierbei handelt es sich im Prinzip um den Aktualwert der DB-Variablen. Der Startwert wird bei jedem Speichern und Compilieren des DBs in den Aktualwert geschrieben, unabhängig davon, ob es sich um eine vorhandene oder neue Variable handelt. Der Startwert ist somit der für die CPU ausschlaggebende Wert, der durch das SPS-Programm verarbeitet wird.
Momentaufnahme:	Wird der Status des DBs ermittelt, so kann man eine Momentaufnahme der Statuswerte anfertigen. Die dabei vorhandenen Statuswerte werden in der Spalte „Momentaufnahme" abgelegt.
Beobachtungswert:	Im Statusbetrieb (Beobachtenmodus, gekennzeichnet mit dem Brillensymbol) wird in dieser Spalte der Status der Variablen angezeigt.
Remanenz:	Im System S7-300®/400 von Siemens können nur gesamte DBs als remanent oder nicht remanent selektiert werden.
Sichtbar in HMI:	Wird in dem Projekt auch ein HMI-Gerät programmiert, dann kann über diese Selektion bestimmt werden, ob die Variable im HMI-Projekt sichtbar ist

	oder nicht.
Erreichbar in HMI:	Im System S7-300®/400 von Siemens nicht verfügbar
Kommentar:	In dieser Spalte kann der Kommentar für eine DB-Variable angegeben werden.

G.2.2   Eingabe der DB-Variablen

Nun, da die Bedeutung der einzelnen Spalten bekannt ist, wird mit der Eingabe der Variablen begonnen. Innerhalb des DBs werden drei Strukturen benötigt. Jede dieser Strukturen besteht dabei aus vier Komponenten.
Begonnen wird mit der ersten Struktur, die mit dem Variablennamen „Schicht_1" zu bezeichnen ist.

-1-

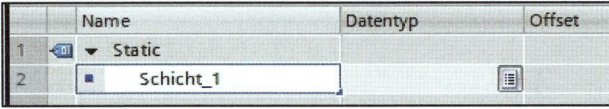

Beschreibung   Die Angabe „Static" wird aufgeklappt und darunter der Name für die Struktur angegeben.

-2-

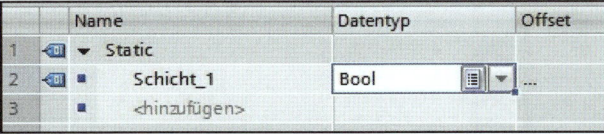

Beschreibung   Beim Verlassen der Zelle über [TAB] wird ein Datentyp voreingestellt. Dieser ist nun in „Struct" zu verändern.

-3-

Beschreibung   Der Datentyp kann editiert oder aus einer Auswahlliste selektiert werden. Nach der Eingabe bzw. Auswahl und der Bestätigung gelangt man z.B. über [TAB] bis in die Kommentarzeile.

-4-

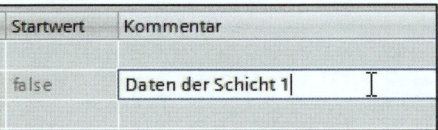

Beschreibung   Als Kommentar wird der oben sichtbare Text angegeben.

-5-

Beschreibung   In gleicher Weise ist nun die erste Komponente der Struktur einzugeben. Diese hat den Datentyp „WORD". Es ist darauf zu achten, dass eine Zeile für die Komponenten der Struktur verwendet wird; diese sind gegenüber dem Strukturnamen etwas nach rechts eingerückt.

-6-

		Name	Datentyp	Offset	Defaultwert	Startwert	Kommentar
1		▼ Static					
2		▼ Schicht_1	Struct	...		false	Daten der Schicht 1
3		Anzahl_Teile	Word	...	0	0	Anzahl der Teile
4		Schicht_Start	Time_Of_Day	...	TOD#0:0:0.0	TOD#0:0:0.0	Uhrzeit Schicht-Beginn
5		Schicht_Ende	Time_Of_Day	...	TOD#0:0:0.0	TOD#0:0:0.0	Uhrzeit Schicht-Ende
6		Arbeiter_Kennung	Byte	...	0	0	Kennung-ID des Arbeiters
7		<hinzufügen>					
8		<hinzufügen>					

Beschreibung Damit können alle Komponenten der ersten Struktur programmiert werden. Diese hat anschließend das obige Aussehen.
Für die Eingabe der **nächsten Struktur** ist darauf zu achten, dass diese in der obigen Darstellung in **Zeile 8** hinzugefügt wird. Denn die Struktur soll ja keine Komponente der bereits vorhandenen Struktur sein.

-7-

		Name	Datentyp	Offset	Defaultwert	Startwert	Kommentar
1		▼ Static					
2		▼ Schicht_1	Struct	...		false	Daten der Schicht 1
3		Anzahl_Teile	Word	...	0	0	Anzahl der Teile
4		Schicht_Start	Time_Of_Day	...	TOD#0:0:0.0	TOD#0:0:0.0	Uhrzeit Schicht-Beginn
5		Schicht_Ende	Time_Of_Day	...	TOD#0:0:0.0	TOD#0:0:0.0	Uhrzeit Schicht-Ende
6		Arbeiter_Kennung	Byte	...	0	0	Kennung-ID des Arbeiters
7		▼ Schicht_2	Struct	...			Daten der Schicht 2
8		Anzahl_Teile	Word	...	0	0	Anzahl der Teile
9		Schicht_Start	Time_Of_Day	...	TOD#0:0:0.0	TOD#0:0:0.0	Uhrzeit Schicht-Beginn
10		Schicht_Ende	Time_Of_Day	...	TOD#0:0:0.0	TOD#0:0:0.0	Uhrzeit Schicht-Ende
11		Arbeiter_Kennung	Byte	...	0	0	Kennung-ID des Arbeiters
12		<hinzufügen>					

Beschreibung Die Struktur „Schicht_2" ist von Hand editierbar oder aber durch Kopieren und Einfügen der ersten Struktur zu erzeugen. Beim Kopieren ist darauf zu achten, dass alle Komponenten der ersten Struktur markiert sind.
Das Einfügen der neuen Struktur muss, wie schon erwähnt, in der Zeile erfolgen, welche die gleiche Einrückung besitzt wie die Struktur „Schicht_1".

-8-

		Name	Datentyp	Offset	Defaultwert	Startwert	Kommentar
1		▼ Static					
2		▼ Schicht_1	Struct	...		false	Daten der Schicht 1
3		Anzahl_Teile	Word	...	0	0	Anzahl der Teile
4		Schicht_Start	Time_Of_Day	...	TOD#0:0:0.0	TOD#0:0:0.0	Uhrzeit Schicht-Beginn
5		Schicht_Ende	Time_Of_Day	...	TOD#0:0:0.0	TOD#0:0:0.0	Uhrzeit Schicht-Ende
6		Arbeiter_Kennung	Byte	...	0	0	Kennung-ID des Arbeiters
7		▼ Schicht_2	Struct	...			Daten der Schicht 2
8		Anzahl_Teile	Word	...	0	0	Anzahl der Teile
9		Schicht_Start	Time_Of_Day	...	TOD#0:0:0.0	TOD#0:0:0.0	Uhrzeit Schicht-Beginn
10		Schicht_Ende	Time_Of_Day	...	TOD#0:0:0.0	TOD#0:0:0.0	Uhrzeit Schicht-Ende
11		Arbeiter_Kennung	Byte	...	0	0	Kennung-ID des Arbeiters
12		▼ Schicht_3	Struct	...			Daten der Schicht 2
13		Anzahl_Teile	Word	...	0	0	Anzahl der Teile
14		Schicht_Start	Time_Of_Day	...	TOD#0:0:0.0	TOD#0:0:0.0	Uhrzeit Schicht-Beginn
15		Schicht_Ende	Time_Of_Day	...	TOD#0:0:0.0	TOD#0:0:0.0	Uhrzeit Schicht-Ende
16		Arbeiter_Kennung	Byte	...	0	0	Kennung-ID des Arbeiters
17		<hinzufügen>					

Beschreibung Mit dem Einfügen der dritten Struktur „Schicht_3" und deren Komponenten ist der DB komplett.
Er wird über [STRG] + [S] gespeichert. Dies führt allerdings noch nicht zum Übersetzen des Bausteins.

-9-

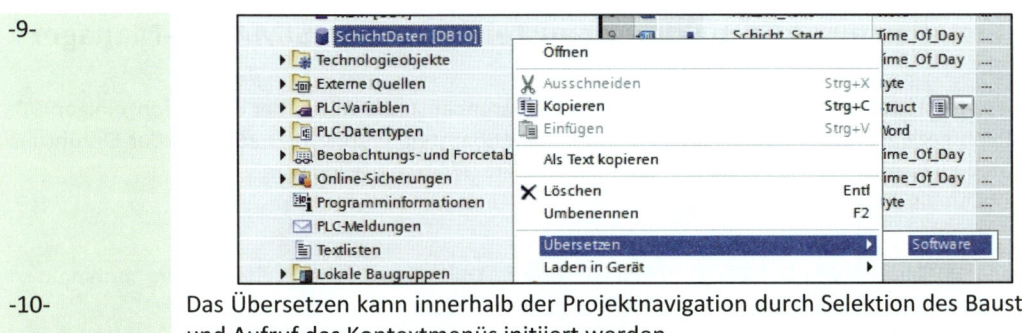

-10- Das Übersetzen kann innerhalb der Projektnavigation durch Selektion des Bausteins und Aufruf des Kontextmenüs initiiert werden.

Als Folge sind dann auch die Adressen in der Spalte „Offset" der DB-Tabelle zu sehen.

G.3 Zugriff auf den DB

Auf den DB „SchichtDaten" kann nun von SPS-Programmbausteinen aus zugegriffen werden. Nachfolgend ist ein Netzwerk mit einem Beispielzugriff zu sehen:

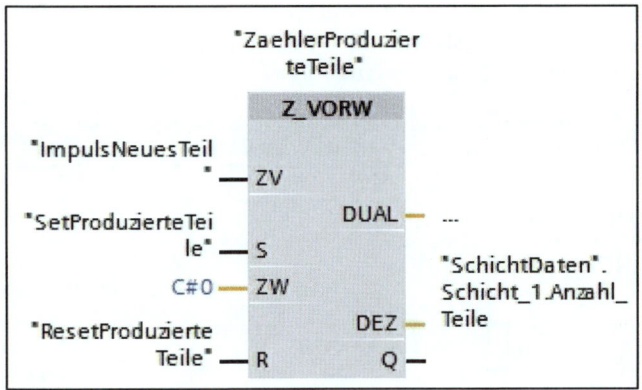

Bild: Verwendung des DBs

Dabei wird der Wert eines Zählers (Ausgang „DEZ") in die Variable „Anzahl_Teile" der Struktur „Schicht_1" des DBs geschrieben.

H. Erstellen eines Globaldatenbausteins mit dem SIMATIC®-Manager

In diesem Kapitel soll das Erzeugen eines Globaldatenbausteins nebst der Definition einiger DB-Variablen gezeigt werden. Dabei wird der Globaldatenbaustein erstellt, der auch bei der Einführung von Globaldatenbausteinen im Kapitel „Die Bausteinart DB" zu erstellen war.
Hier nochmals die Aufgabenstellung:

> An einer Anlage werden im Drei-Schichtbetrieb Teile produziert. Dabei sollen in einem Datenbaustein folgende Daten pro Schicht abgelegt werden:
> - Anzahl gefertigte Teile: Datentyp WORD
> - Schicht-Start: Datentyp Time-of-Day (TOD)
> - Schicht-Ende: Datentyp Time-of-Day (TOD)
> - Arbeiterkennung: Datentyp (BYTE)
>
> Die Daten sind in einer Struktur zu kapseln.

H.1 Erzeugen eines neuen Globaldatenbausteins

Im SIMATIC®-Manager ist ein neues Projekt zu erzeugen. Wie ein solches Projekt zu erzeugen ist, wurde bereits im Kapitel „Einführungsbeispiel SIMATIC®-Manager" beschrieben.
Bei offenem Projekt sind folgende Schritte auszuführen.

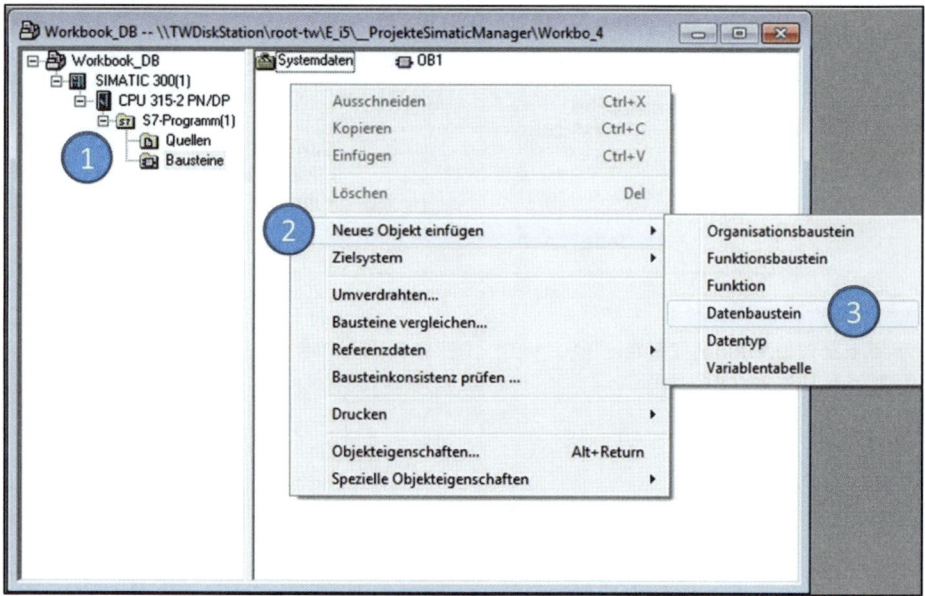

Bild: Erzeugen eines neuen DBs

In der Baumansicht des Projektes wird der Ordner „Bausteine" (1) angewählt. Daraufhin werden auf der rechten Seite die vorhandenen Bausteine der SPS-Station angezeigt. Wäre der Baustein bereits vorhanden, dann könnte er über einen Doppelklick geöffnet werden. Im Beispiel ist der Baustein neu zu erzeugen, wofür man über der rechten Fläche die rechte Maustaste für das Kontextmenü betätigt.

Im Kontextmenü ist der Menüpunkt „Neues Objekt einfügen" (2) und darunter der Punkt „Datenbaustein" (3) zu selektieren. Als Folge wird der Dialog „Eigenschaften - Datenbaustein" sichtbar.

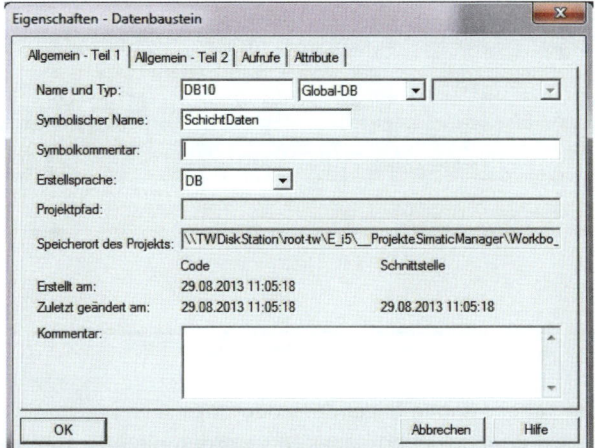

Bild: Dialog für DB-Angaben

Im Beispiel wird „DB10" als zu erzeugender DB angegeben. Bei dem DB soll es sich um einen „Global-DB" handeln, dem das Symbol „SchichtDaten" zugeordnet wird.

Über „OK" werden die Einstellungen übernommen und der DB erzeugt. Dieser wird daraufhin in den vorhandenen Bausteinen der Station mit aufgelistet.

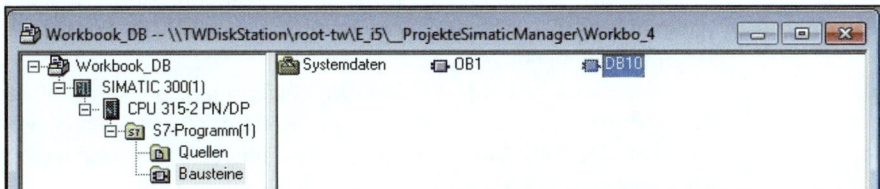

Bild: DB10 innerhalb der Bausteine der Station

Ein Doppelklick öffnet den Editor des DBs in einem Extra-Fenster mit der Bezeichnung „KOP/AWL/FUP".

H.2 Der DB-Editor

Der DB-Editor hat die Form einer Tabelle:

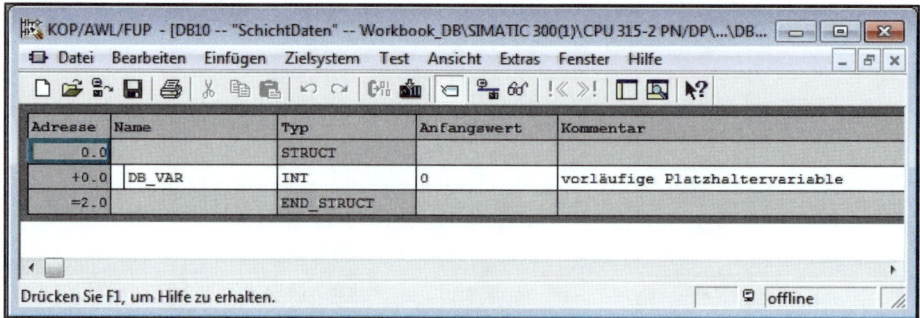

Bild: DB in der Datenansicht

Die Spalten innerhalb der Tabelle haben folgende Bedeutung:

Adresse:	Nach dem Speichern eines DBs werden die Adressen der Variablen innerhalb des DBs ermittelt. Diese sind beispielsweise bei einem absoluten Zugriff auf eine DB-Variable notwendig.
Name:	In dieser Spalte wird die Bezeichnung der Variablen eingegeben, die beispielsweise aus Buchstaben und Ziffern bestehen kann. Groß- und Kleinschreibung wird dabei nicht unterschieden. Der Name ist auf 24 Zeichen begrenzt.
Typ:	Hier wird der Datentyp der Variablen angegeben. Der Typ kann explizit eingegeben oder in einer Auswahl selektiert werden. Die Auswahl wird über das Kontextmenü der Zelle sichtbar.
Anfangswert:	Wird eine neue Variable in den DB eingetragen, so kann in der Spalte „Anfangswert" ein Wert angegeben werden. Dieser Wert wird beim Speichern des DBs auch als Aktualwert für die neu angelegte Variable verwendet. Wird allerdings bei einer vorhandenen Variablen der Anfangswert verändert und der DB gespeichert, so hat dies keine Auswirkungen auf den Aktualwert. Sollen bei einem vorhandenen DB alle Aktualwerte der Variablen auf die Anfangswerte gesetzt werden, so ist dies über die Funktionen „Datenbaustein initialisieren" im Menü „Bearbeiten" möglich.
Aktualwert (nur in der sog. Datensicht vorhanden):	Über den Menüpunkt „Ansicht→Datensicht" ist die Ansicht der Tabelle veränderbar. In der Datensicht ist zusätzlich die Spalte „Aktualwert" vorhanden. Die anderen Zellen sind in dieser Ansicht nicht mehr editierbar. In der Datensicht ist der für die SPS relevante Wert der DB-Variablen einstellbar. Wird im SPS-Programm auf den Inhalt einer DB-Variablen zugegriffen, so erfolgt dieser Zugriff auf den Aktualwert der Variablen. Dies gilt sowohl für Schreib- als auch für Lesezugriffe. Der Aktualwert wird bei neuen Variablen auf den Anfangswert gesetzt.
Kommentar:	In dieser Spalte kann ein Kommentar für die Variable angegeben werden. Die Anzahl der Zeichen ist auf 80 begrenzt.

H.2.1 Eingabe der DB-Variablen

Nun, da die Bedeutung der einzelnen Spalten bekannt ist, wird mit der Eingabe der Variablen begonnen. Innerhalb des DBs werden drei Strukturen benötigt. Jede dieser Strukturen besteht dabei aus vier Komponenten. Damit die Variablen editierbar sind, muss sich der DB-Editor im Modus „Deklarationssicht" befinden. Sollte dies nicht der Fall sein, so ist der Menüpunkt „Ansicht→Deklarationssicht" auszuführen.

Begonnen wird mit der ersten Struktur, die mit dem Variablennamen „Schicht_1" zu bezeichnen ist.

-1-

Adresse	Name	Typ	Anfangswert	Kommentar
0.0		STRUCT		
	Schicht_1			
=0.0		END_STRUCT		

Beschreibung In der ersten editierbaren Zeile hinter der Angabe „STRUCT" wird der Name der einzufügenden Struktur angegeben.
Die nicht editierbare Struktur „STRUCT" ist die Hülle des DBs, denn dieser ist ja auch eine Art Struktur. Die Variablen des DBs sind somit seine Komponenten.

-2-

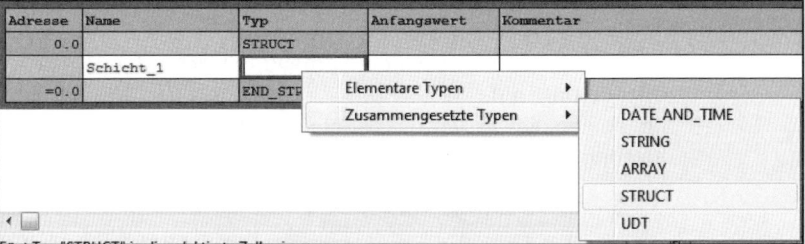

Beschreibung Über [RETURN] oder [TAB] wird zur nächsten Zelle gesprungen, in welcher der Datentyp anzugeben ist. Dieser kann editiert werden. Möchte man den Datentyp aus einer Liste auswählen, so betätigt man die rechte Maustaste für das Kontextmenü und wählt im Beispiel aus der Rubrik „Zusammengesetzte Typen" den Typ „STRUCT" aus.
Die Eingabe wird jeweils wieder über die Taste [RETURN] bestätigt.

-3-

Adresse	Name	Typ	Anfangswert	Kommentar
0.0		STRUCT		
+0.0	Schicht_1	STRUCT		Daten der Schicht 1
=0.0		END_STRUCT		
=0.0		END_STRUCT		

Beschreibung In der Zelle für den Kommentar ist der obige Kommentar anzugeben und über [RETURN] zu bestätigen. Daraufhin werden Leerzeilen in die Tabelle eingefügt. In die Zeile direkt unterhalb des Beginns der Struktur wird im Anschluss die erste Komponente eingefügt.

-4-

Adresse	Name	Typ	Anfangswert	Kommentar
0.0		STRUCT		
+0.0	Schicht_1	STRUCT		Daten der Schicht 1
+0.0	Anzahl_Teile	WORD	W#16#0	Anzahl der Teile
=2.0		END_STRUCT		
=2.0		END_STRUCT		

Beschreibung Die Variable hat den Datentyp „WORD". Man erkennt beim Abschluss der Zeile, dass die Variable etwas nach rechts eingerückt ist. Dies als Zeichen dafür, dass die Variable eine Komponente der Struktur „Schicht_1" ist.

-5-

Adresse	Name	Typ	Anfangswert	Kommentar
0.0		STRUCT		
+0.0	Schicht_1	STRUCT		Daten der Schicht 1
+0.0	Anzahl_Teile	WORD	W#16#0	Anzahl der Teile
+2.0	Schicht_Start	TIME_OF_DAY	TOD#0:0:0.000	Uhrzeit Schicht-Beginn
+6.0	Schicht_Ende	TIME_OF_DAY	TOD#0:0:0.000	Uhrzeit Schicht-Ende
+10.0	Arbeiter_Kennur	BYTE	B#16#0	Kennungs-ID des Arbeiters
=12.0		END_STRUCT		
=12.0		END_STRUCT		

Beschreibung   Auf diese Weise werden alle vier Komponenten der Struktur angegeben.

-6-

+10.0	Arbeiter_Kennur	BYTE	B#16#0	Kennungs-ID des Arbeiters
=12.0		END_STRUCT		
=12.0		END_STRUCT		

Einfügen	Ctrl+V
Deklarationszeile vor Markierung	
Deklarationszeile nach Markierung	
Objekteigenschaften	Alt+Return

Beschreibung   Um hinter der bestehenden Struktur eine freie Deklarationszeile für die nächste Struktur zu erhalten, wählt man die obige Zelle aus und betätigt entweder die Taste [RETURN] oder ruft das Kontextmenü mit dem Menüpunkt „Deklarationszeile nach Markierung" auf.
In beiden Fällen wird eine neue Zeile eingefügt, in der die nächste Struktur begonnen werden kann.

-7-

Adresse	Name	Typ	Anfangswert	Kommentar
0.0		STRUCT		
+0.0	Schicht_1	STRUCT		Daten der Schicht 1
+0.0	Anzahl_Teile	WORD	W#16#0	Anzahl der Teile
+2.0	Schicht_Start	TIME_OF_DAY	TOD#0:0:0.000	Uhrzeit Schicht-Beginn
+6.0	Schicht_Ende	TIME_OF_DAY	TOD#0:0:0.000	Uhrzeit Schicht-Ende
+10.0	Arbeiter_Kennur	BYTE	B#16#0	Kennungs-ID des Arbeiters
=12.0		END_STRUCT		
+12.0	Schicht_2	STRUCT		Daten der Schicht 2
+0.0	Anzahl_Teile	WORD	W#16#0	Anzahl der Teile
+2.0	Schicht_Start	TIME_OF_DAY	TOD#0:0:0.000	Uhrzeit Schicht-Beginn
+6.0	Schicht_Ende	TIME_OF_DAY	TOD#0:0:0.000	Uhrzeit Schicht-Ende
+10.0	Arbeiter_Kennur	BYTE	B#16#0	Kennungs-ID des Arbeiters
=12.0		END_STRUCT		
=24.0		END_STRUCT		

Beschreibung   Die Struktur „Schicht_2" kann von Hand eingegeben oder aber als Kopie der ersten Struktur eingefügt werden. Will man eine Kopie der ersten Struktur erzeugen, dann muss die gesamte Struktur „Schicht_1" markiert sein. Dies erreicht man am einfachsten durch einen Klick auf die Adress-Zelle am Anfang der Struktur mit dem Inhalt „+0.0".

-8-

Adresse	Name	Typ	Anfangswert	Kommentar
0.0		STRUCT		
+0.0	Schicht_1	STRUCT		Daten der Schicht 1
+0.0	Anzahl_Teile	WORD	W#16#0	Anzahl der Teile
+2.0	Schicht_Start	TIME_OF_DAY	TOD#0:0:0.000	Uhrzeit Schicht-Beginn
+6.0	Schicht_Ende	TIME_OF_DAY	TOD#0:0:0.000	Uhrzeit Schicht-Ende
+10.0	Arbeiter_Kennur	BYTE	B#16#0	Kennungs-ID des Arbeiters
=12.0		END_STRUCT		
+12.0	Schicht_2	STRUCT		Daten der Schicht 2
+0.0	Anzahl_Teile	WORD	W#16#0	Anzahl der Teile
+2.0	Schicht_Start	TIME_OF_DAY	TOD#0:0:0.000	Uhrzeit Schicht-Beginn
+6.0	Schicht_Ende	TIME_OF_DAY	TOD#0:0:0.000	Uhrzeit Schicht-Ende
+10.0	Arbeiter_Kennur	BYTE	B#16#0	Kennungs-ID des Arbeiters
=12.0		END_STRUCT		
+24.0	Schicht_3	STRUCT		Daten der Schicht 3
+0.0	Anzahl_Teile	WORD	W#16#0	Anzahl der Teile
+2.0	Schicht_Start	TIME_OF_DAY	TOD#0:0:0.000	Uhrzeit Schicht-Beginn
+6.0	Schicht_Ende	TIME_OF_DAY	TOD#0:0:0.000	Uhrzeit Schicht-Ende
+10.0	Arbeiter_Kennur	BYTE	B#16#0	Kennungs-ID des Arbeiters
=12.0		END_STRUCT		
=36.0		END_STRUCT		

Beschreibung   Somit stellt auch die Eingabe der dritten Struktur kein Problem mehr dar. Anschließend ist der DB vollständig und kann über [STRG] + [S] gespeichert werden.

H.3   Zugriff auf den DB

Von SPS-Codebausteinen (OB, FC oder FB) aus ist nun der Zugriff auf Variablen des DB „SchichtDaten" möglich. Nachfolgend ist ein Netzwerk mit einem Beispielzugriff zu sehen:

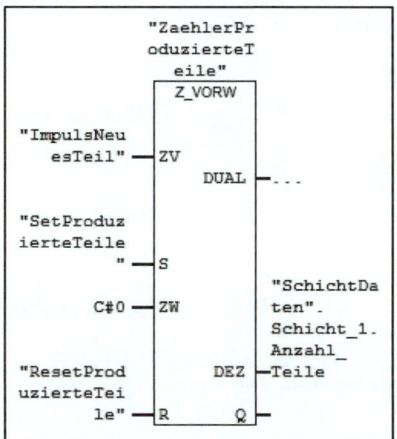

Bild: Verwendung des DBs

Dabei wird der Wert eines Zählers (Ausgang „DEZ") in die Variable „Anzahl_Teile" der Struktur „Schicht_1" des DBs geschrieben.

I. Erstellen eines Globaldatenbausteins mit WinSPS-S7 V5

In diesem Kapitel soll das Erzeugen eines Globaldatenbausteins nebst der Definition einiger DB-Variablen gezeigt werden. Dabei wird der Globaldatenbaustein erstellt, der auch bei der Einführung von Globaldatenbausteinen im Kapitel „Die Bausteinart DB" zu erstellen war.
Hier nochmals die Aufgabenstellung:

An einer Anlage werden im Drei-Schichtbetrieb Teile produziert. Dabei sollen in einem Datenbaustein folgende Daten pro Schicht abgelegt werden:
- Anzahl gefertigte Teile: Datentyp WORD
- Schicht-Start: Datentyp Time-of-Day (TOD)
- Schicht-Ende: Datentyp Time-of-Day (TOD)
- Arbeiterkennung: Datentyp (BYTE)

Die Daten sind in einer Struktur zu kapseln.

I.1 Erzeugen eines neuen Globaldatenbausteins

In WinSPS-S7 V5 ist ein neues Projekt zu erzeugen. Wie ein solches Projekt zu erzeugen ist, wurde bereits im Kapitel „Einführungsbeispiel WinSPS-S7 V5" beschrieben.
Bei offenem Projekt sind folgende Schritte auszuführen.

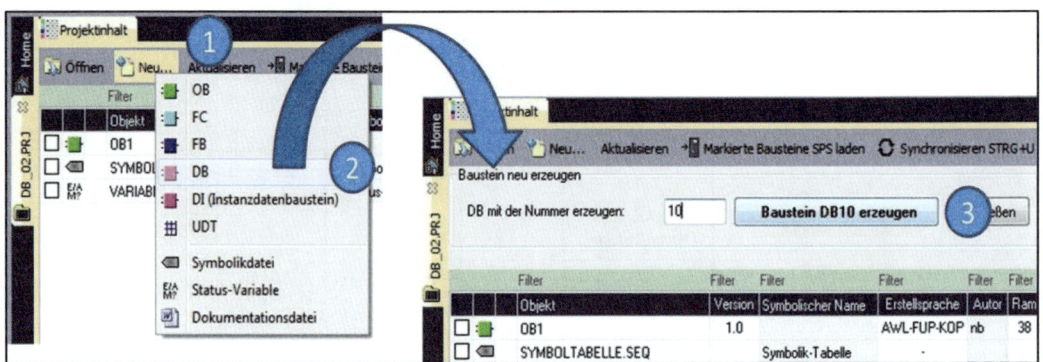

Bild: Erzeugen eines neuen Bausteins vom Typ DB (Globaldatenbaustein)

Nr.	Aktion	Beschreibung
1	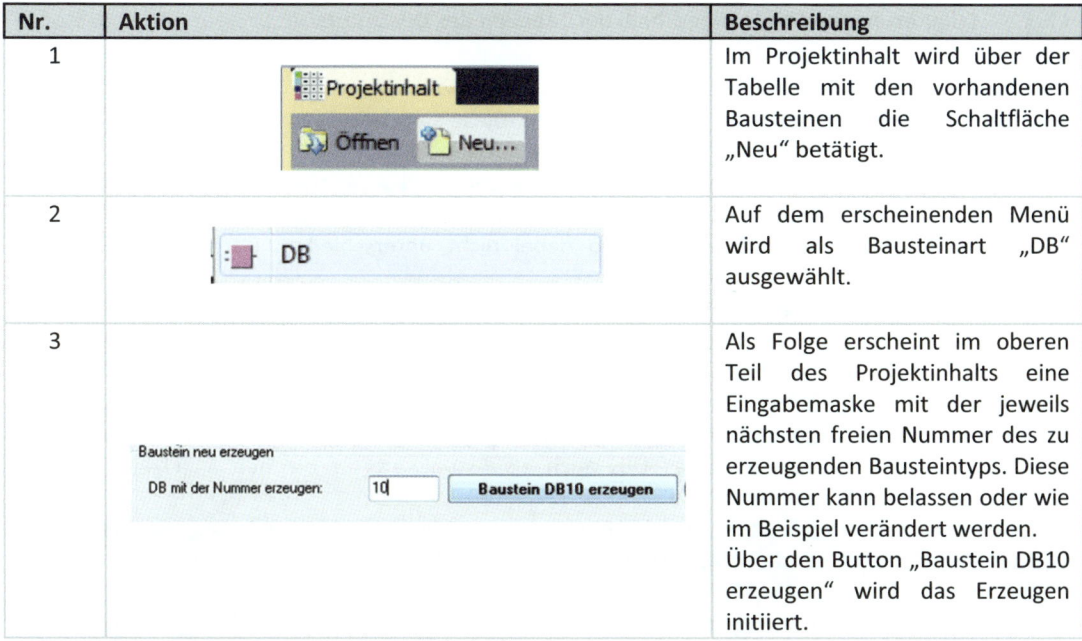	Im Projektinhalt wird über der Tabelle mit den vorhandenen Bausteinen die Schaltfläche „Neu" betätigt.
2		Auf dem erscheinenden Menü wird als Bausteinart „DB" ausgewählt.
3		Als Folge erscheint im oberen Teil des Projektinhalts eine Eingabemaske mit der jeweils nächsten freien Nummer des zu erzeugenden Bausteintyps. Diese Nummer kann belassen oder wie im Beispiel verändert werden. Über den Button „Baustein DB10 erzeugen" wird das Erzeugen initiiert.

Daraufhin ist der Editor des DBs im Editorbereich von WinSPS-S7 V5 geöffnet.

I.2   Der DB-Editor

Nachfolgend ist der Editor des erzeugten DBs in WinSPS-S7 V5 zu sehen:

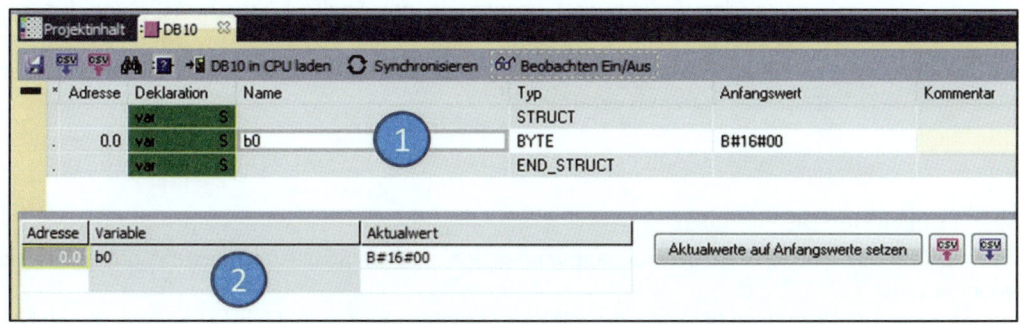

Bild: Editor des DBs in WinSPS-S7 V5

Der Editor des DBs ist horizontal unterteilt. Im oberen Bereich (1) können die Variablen des DBs eingegeben werden. In der unteren Tabelle (2) sind die Aktualwerte der Variablen sichtbar und editierbar.
Die Größe der beiden Fensterhälften kann über die horizontale Trennlinie mit der Maus variiert werden.

I.2.1   Erläuterung der Spalten innerhalb der Tabellen des DB-Editors

Adresse:	Nach dem Speichern eines DBs werden die Adressen der Variablen innerhalb des DBs ermittelt. Diese sind beispielsweise bei einem absoluten Zugriff auf eine DB-Variable notwendig.
Name:	In dieser Spalte wird die Bezeichnung der Variablen eingegeben. Diese kann beispielsweise aus Buchstaben und Ziffern bestehen. Groß- und Kleinschreibung wird dabei nicht unterschieden. Der Name ist auf 24 Zeichen begrenzt.
Typ:	Hier wird der Datentyp der Variablen eingegeben. Der Typ kann explizit eingegeben oder in einer Auswahl selektiert werden. Die Auswahlliste wird sichtbar, wenn die Zelle leer ist und die Taste [RETURN] betätigt wird.
Anfangswert:	Wird eine neue Variable in den DB eingetragen, so kann in der Spalte „Anfangswert" ein Wert angegeben werden. Dieser Wert wird beim Speichern des DBs auch als Aktualwert für die neu angelegte Variable verwendet. Wird allerdings bei einer vorhandenen Variablen der Anfangswert verändert und der DB gespeichert, so hat dies <u>keine</u> Auswirkungen auf den Aktualwert. Sollen bei einem vorhandenen DB alle Aktualwerte der Variablen auf die Anfangswerte gesetzt werden, so ist dies über den Button „Aktualwerte auf Anfangswerte setzen" möglich.
Kommentar:	In dieser Spalte kann ein Kommentar für die Variable angegeben werden, der auf 80 Zeichen begrenzt ist.
Aktualwert (im unteren Bereich des Editors):	Wird im SPS-Programm auf den Inhalt einer DB-Variablen zugegriffen, so erfolgt dieser Zugriff auf den Aktualwert der Variablen. Dies gilt sowohl für Schreib- als auch für Lesezugriffe. Der Aktualwert wird bei neuen Variablen auf den Anfangswert gesetzt. In der Spalte „Aktualwert" kann für jede Variable der gewünschte Aktualwert eingestellt werden. Nach dem Speichern und Übertragen des DBs in die CPU wird dann dieser Wert vom SPS-Programm verarbeitet.

I.2.2   Eingabe der DB-Variablen

Innerhalb des DBs sind drei Strukturen notwendig. Jede dieser Strukturen besteht dabei aus vier Komponenten.
Begonnen wird mit der ersten Struktur, die mit dem Variablennamen „Schicht_1" zu bezeichnen ist.

-1-

* Adresse	Deklaration		Name	Typ	Anfangswert
	var	S		STRUCT	
0.0	var	S	Schicht_1|	BYTE	B#16#00
	var	S		END_STRUCT	

Beschreibung   Bei der Eingabe der ersten Variablen wird die beim Erzeugen des DBs vorhandene Standardvariable überschrieben.
Nach der Eingabe des Namens betätigt man die Taste [TAB], bis man sich in der Spalte „Typ" befindet.

-2-

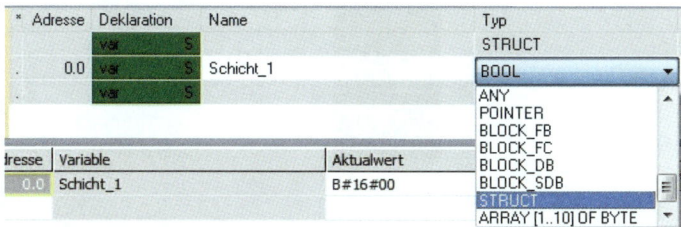

*	Adresse	Deklaration		Name	Typ
		var	S		STRUCT
.	0.0	var	S	Schicht_1	BOOL ▼
.		var	S		

			ANY
			POINTER
			BLOCK_FB
			BLOCK_FC
			BLOCK_DB
			BLOCK_SDB
			STRUCT
			ARRAY [1..10] OF BYTE

dresse	Variable	Aktualwert
0.0	Schicht_1	B#16#00

Beschreibung

Der Datentyp kann nun eingetippt oder aus einer Auswahl selektiert werden. Um die Auswahl anzuzeigen, löscht man alle Zeichen aus der Zelle und betätigt die Taste [RETURN]. Daraufhin erscheint die Auswahl und es kann im Beispiel der Typ „STRUCT" selektiert werden. Über [TAB] wird die Eingabe bestätigt und man gelangt zur Spalte „Kommentar".

-3-

*	Adresse	Deklaration		Name	Typ	Anfangswert	Kommentar
		var	S		STRUCT		
.	0.0	var	S	Schicht_1	STRUCT		Daten der Schicht 1
.:		var	S				

Beschreibung

Nach der Eingabe des Kommentars gelangt man über [TAB] in die nächste Zeile und kann mit der Eingabe der ersten Komponente der Struktur beginnen.

-4-

*	Adresse	Deklaration		Name	Typ	Anfangswert	Kommentar
		var	S		STRUCT		
.	0.0	var	S	Schicht_1	STRUCT		Daten der Schicht 1
.:	+0.0	var	S	Anzahl_Teile	WORD	W#16#0000	Anzahl der Teile
.:		var	S				
.:		var	S		END_STRUCT		
.		var	S		END_STRUCT		

Beschreibung

Wichtig dabei ist, dass jede Komponente der Struktur sich innerhalb von STRUCT und END_STRUCT befindet. Nach der Eingabe einer STRUCT-Komponente ist zu sehen, dass sie etwas nach rechts eingerückt ist. So wird die Zugehörigkeit zur Struktur visualisiert.

-5-

*	Adresse	Deklaration		Name	Typ	Anfangswert	Kommentar
		var	S		STRUCT		
.	0.0	var	S	Schicht_1	STRUCT		Daten der Schicht 1
.:	+0.0	var	S	Anzahl_Teile	WORD	W#16#0000	Anzahl der Teile
.:	+2.0	var	S	Schicht_Start	TIME_OF_	TOD#0:0:0.0	Uhrzeit-Schicht-Beginn
.:	+6.0	var	S	Schicht_Ende	TIME_OF_	TOD#0:0:0.0	Uhrzeit-Schicht-Ende
.:	+10.0	var	S	Arbeiter_Kennung	BYTE	B#16#00	Kennungs-ID des Arbeiters
.:		var	S				
.:		var	S		END_STRUCT		
.		var	S		END_STRUCT		

Beschreibung

In dieser Weise werden auch die anderen Komponenten der Struktur eingetragen.

-6-

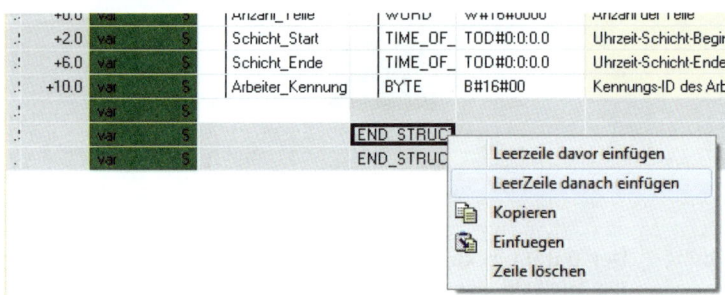

Beschreibung Um hinter der bestehenden Struktur eine freie Deklarationszeile für die nächste Struktur zu erhalten, wählt man die obige Zelle aus und betätigt entweder die Taste [EINFG] oder ruft das Kontextmenü mit dem Menüpunkt „Leerzeile danach einfügen" auf.
In beiden Fällen wird eine neue Zeile eingefügt, in der mit der nächsten Struktur begonnen werden kann.

-7-

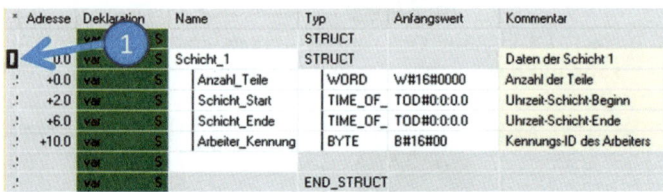

Betätigung der Umschalttaste und dem Pfeil nach unten

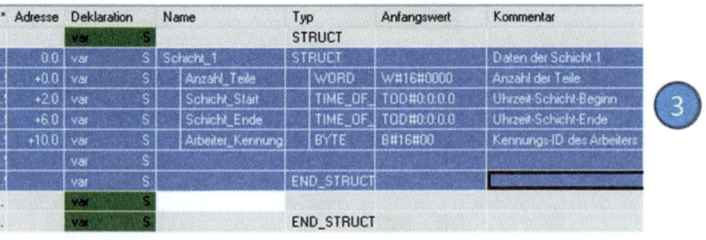

Beschreibung Das Markieren aller Elemente einer Struktur geht am besten wie folgt:
1. Selektion einer Zelle in der Zeile des Beginns einer Struktur.
2. Betätigung der Umschalttaste und dem Pfeil nach unten auf der Tastatur.
3. Damit ist die gesamte Struktur markiert und kann über das Kontextmenü oder [STRG] + [C] in die Zwischenablage kopiert werden.
Zum Einfügen wählt man eine leere Zeile.
Nach dem Einfügen kann der Name der eingefügten Struktur abgeändert werden.

-8-

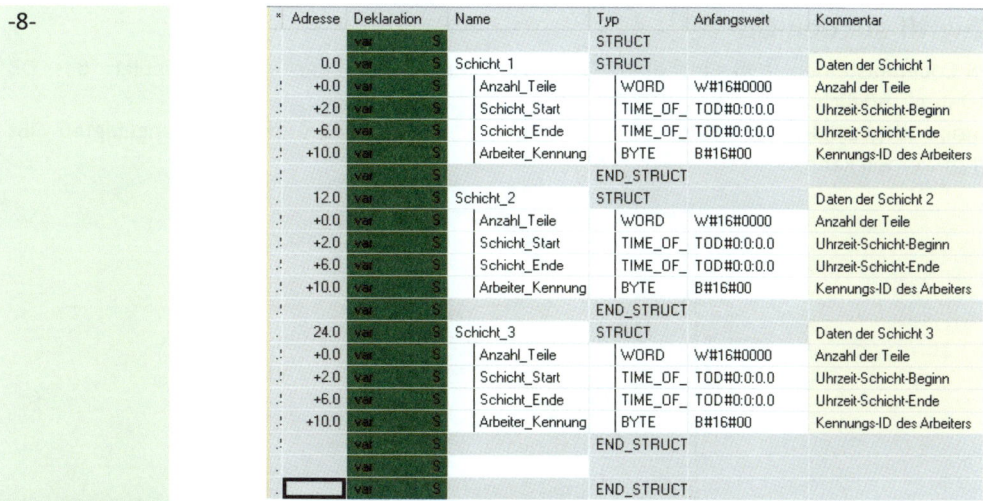

*	Adresse	Deklaration		Name	Typ	Anfangswert	Kommentar
		var	S		STRUCT		
.	0.0	var	S	Schicht_1	STRUCT		Daten der Schicht 1
.!	+0.0	var	S	Anzahl_Teile	WORD	W#16#0000	Anzahl der Teile
.!	+2.0	var	S	Schicht_Start	TIME_OF_	TOD#0:0:0.0	Uhrzeit-Schicht-Beginn
.!	+6.0	var	S	Schicht_Ende	TIME_OF_	TOD#0:0:0.0	Uhrzeit-Schicht-Ende
.!	+10.0	var	S	Arbeiter_Kennung	BYTE	B#16#00	Kennungs-ID des Arbeiters
.!		var	S		END_STRUCT		
.	12.0	var	S	Schicht_2	STRUCT		Daten der Schicht 2
.!	+0.0	var	S	Anzahl_Teile	WORD	W#16#0000	Anzahl der Teile
.!	+2.0	var	S	Schicht_Start	TIME_OF_	TOD#0:0:0.0	Uhrzeit-Schicht-Beginn
.!	+6.0	var	S	Schicht_Ende	TIME_OF_	TOD#0:0:0.0	Uhrzeit-Schicht-Ende
.!	+10.0	var	S	Arbeiter_Kennung	BYTE	B#16#00	Kennungs-ID des Arbeiters
.!		var	S		END_STRUCT		
.	24.0	var	S	Schicht_3	STRUCT		Daten der Schicht 3
.!	+0.0	var	S	Anzahl_Teile	WORD	W#16#0000	Anzahl der Teile
.!	+2.0	var	S	Schicht_Start	TIME_OF_	TOD#0:0:0.0	Uhrzeit-Schicht-Beginn
.!	+6.0	var	S	Schicht_Ende	TIME_OF_	TOD#0:0:0.0	Uhrzeit-Schicht-Ende
.!	+10.0	var	S	Arbeiter_Kennung	BYTE	B#16#00	Kennungs-ID des Arbeiters
.!		var	S		END_STRUCT		
		var	S		END_STRUCT		
		var			END_STRUCT		

Beschreibung Auf diese Weise ist die zweite Struktur sehr schnell eingefügt und auch die dritte Struktur stellt kein Problem mehr dar.

Der DB ist damit vollständig und kann über die Tasten [STRG] + [S] gespeichert werden.

Im Symbolikeditor des Projekts wird zuletzt das Symbol „SchichtDaten" für den DB10 angelegt.

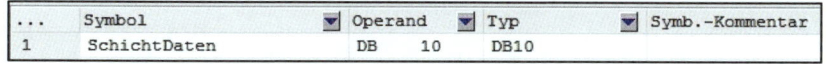

...	Symbol	▼	Operand	▼	Typ	▼	Symb.-Kommentar
1	SchichtDaten		DB 10		DB10		

Bild: Symbol für den DB festlegen

I.3   Zugriff auf den DB

Von SPS-Codebausteinen (OB, FC oder FB) aus ist nun der Zugriff auf Variablen des DB „SchichtDaten" möglich.

Im nachfolgend gezeigten Netzwerk ist zu sehen, wie auf die Daten des zuvor angelegten DBs zugegriffen werden kann.

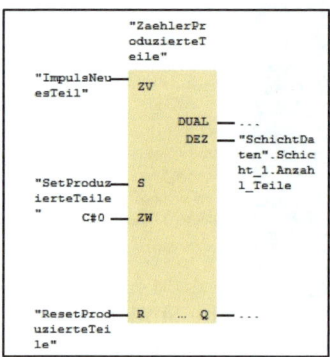

Bild: Verwendung des DBs

Dabei wird der Wert eines Zählers (Ausgang „DEZ") in die Variable „Anzahl_Teile" der Struktur „Schicht_1" des DBs geschrieben.

J. Index

A0 212
A1 212
Abschlusswiderstände 332
Absolutadresse 51
Abtastgenaue Aufzeichnung 306
Adressbereich 49
Adressierung 37, 336
Adressregister 211
Akkumulatoren 211
Aktoren 42
Aktor-Sensor 339
Aktualoperanden 102
Aktualparameter 214
Aktualwert 199
Alarmgesteuerte Programmbearbeitung ... 120
Analogwertverarbeitung 308
Anfangswert 199
ANLAUF-Betrieb 113
Anordnung von Hi-Byte und Lo-Byte 40
Anwenderbausteine 103
Arithmetische Operationen 277
AS-Interface 339
AS-Interface-Geräten 341
Aufrufstruktur 296
Aufrufumgebung 302
Ausgangsbaugruppen 20
Ausgangsoperanden 34
Ausgangsparameter 137
Auswahlkriterien 20, 25
AWL 59
Baugruppenträger 19, 25
Baum 330
Baustein-Stack
   B Stack 300
Bausteinstatus 76
BCD-Zahlensystem 266
BCD-Ziffernsteller 166
BE 107
BEA 107
Bearbeitung eines SPS-Programms 112
BEB 107
Belegungsplan 294
Beobachtungstabelle 78
Betriebszustand 80
Bibliotheksfähige Bausteine 149
BIE 212
Binäre Abfrage einer Zeit 153

Binäre Grundverknüpfungen 59
bipolaren 313
Bit 36
Blinktakt 169
Buskabel 329
Bussysteme 329
Bus-Topologien 330
Byte 36
BYTE 205
byteorientiert 41
CALL FC 103
CC FC 103
CHAR 206
CPU-Baugruppe 19
CPU-Funktionen 76
Darstellungsarten 59
Daten 34
Datenbaustein 102
Datenbausteins 34
DB 102
DB beobachten 199
DB, absolute Adressierung 196
DB, absoluter Zugriff, Nachteil 197
DB-Bausteinart 191
DB-Editor 191
DB-Register 211
Deklarationsbereiche 136
dezentrale Peripherie 21
Dezimalsystem 261
Diagnose 79
Diagnosepuffer 79, 300
DIN EN 60848 248
DINT 206
Doppelwort 36
Downloadseite 14
DP-Master Klasse 1 331
DP-Master Klasse 2 331
DP-Slave 333
duale Zahlensystem 261
Durchgangsparameter 137
DWORD 207
Eingangs 34
Eingangsbaugruppen 19
Eingangsparameter 136
Elementare Datentypen 204
FB 102, 214
FC101

FC105 .... 309, 313
FC106 318
Fehlersuche... 300
Fernzugriff... 23
Flankenauswertung................................. 126
Flankenerkennung 130
Flankenmerker.. 130
Formalparameter..................................... 102
Funktion 101
Funktionsbaustein........................... 102, 214
FUP 59
Gerätedefinitionen............................ 331, 335
Gerätestammdatei (GSD)................... 331, 335
Geschwindigkeit....................................... 21
Globaldatenbaustein............................... 223
Globaldatenbausteinen 193
GRAFCET 248
Grundverknüpfungen................................ 63
GSDML 336
HALT-Betrieb.. 113
Hardwarekonfiguration............................. 27
Hexadezimalsystem 262
HMI-Gerät.. 23
Impulsmerker... 130
Inkonsistenz 297
Instanzdatenbaustein 223
Instanz-DB 214
INT... 206
IO-Controller 335
IO-Device... 335
IO-Supervisor 335
Klammerbefehle 69
Kommunikation.. 79
Kommunikationsebenen........................... 329
Komprimieren 80
KOP.. 59
Lade- und Transferoperationen 201
Laden und Transferieren, bedingt............. 209
Laden von Bytes..................................... 201
Laden von Doppelwörtern 203
Laden von Konstanten 205
Laden von Wörtern 202
Lern-Videos 14
Lichtschranke 32
Lineare Programmierung 96
Linie... 330
Lokaldaten... 100
Lokaloperanden 34
LOOP 281

Master 339
Merker.. 41
Merkeroperanden 34
MMC... 26
N_TRIG 130
negative Flanke......................................126
Netz-Aufbau 332, 336
Netzteil... 19
NICHT... 64
NOR 65
OB1..101
OB10...101
OB100..101
OB121..101
OB122..101
OB20...101
OB32...101
OB40...101
OB55...101
OB61...101
OB80...101
ODER 63
ODER-NICHT 65
Offline-Aufzeichnung 306
Operandenbereiche 34
Operandenübersicht.................................. 35
OR...212
Organisationsbaustein 100
OS...212
OV...212
P_TRIG 130
PAA...116
PAE...116
Palette...342
Peripherieausgänge.................................. 35
Peripherieeingänge 35
positive Flanke..126
PROFIBUS-DP20, 21, 22, 23, 29, 330, 331, 333,
   335, 336, 341
PROFINET 335
Programmbearbeitung............................... 96
Programmiertipps 294
Programmstruktur.................................... 96
Prozessabbild 119
Prozessabbilder 112
Prozessalarme 120
Querverweisliste 295
RAM nach ROM kopieren..........................200
Reaktionszeit..117

REAL 207
Regeln Schrittkettenprogrammierung 247
Register der CPU 211
Remanenz 48
Ring 331
RS-Speicher 85
Rücksetzbefehl 81
Rücksetzdominanz 83
Rückwärtszähler 179
RUN-Betrieb 113
S5TIME 207
S7-GRAPH 62
SCALE 309
Schrittkette 228
Schrittkettenprogrammierung 226
Schützschaltung 60
Schütztechnik 16, 17
SCL 62
SDB 103
Sensoren 42
sequentiell 99
Setzbefehl 81
Setzdominanz 83
SFB 102
SFC 102
Signalmodule 23
Slave 331, 339
Sonderbaugruppen 20
Sondermodule 24
SPA 281
SPB 281
SPBB 281
SPBI 281
SPBIN 281
SPBN 281
SPBNB 281
Speicher 21, 79
Speicherfunktionen 81
speicherprogrammiert 17
SPL 281
SPM 281
SPMZ 281
SPN 281
SPO 281
sporadischen Fehlern 306
SPP 281
SPPZ 281
Sprungoperationen 281
SPS 16, 281

SPU 281
SPZ 281
SR-Speicher 85
STA 212
Startwert 199
statische Lokaldaten 224
Statische Lokaldaten 138
Statuswort 212
Steckplatzorientierte 46
Stern 330
Steuerstromkreis 18
STOP-Betrieb 113
Struktur 191
Strukturierte Programmierung 100
Symbolik 52
Symbolische Programmierung 51
Systemdatenbausteine 103
Systemfunktionen 102
Systemfunktionsbausteine 102
Taktmerkerbyte 170
Task Card 342
Temporäre Lokaldaten 137
TIME 208
TIME OF DAY 208
Timer 35
Touchpanel 23
Transition 249
Überschneidung von Operanden 40
UC FC 103
Uhrzeitalarme 120
UND 63
UND-NICHT (NAND) 65
unipolaren 313
Unterbrechungs-Stack 301
Variablentabelle 52, 57, 78
verbindungsprogrammierten Steuerung 16
Vergleicher 267
Verknüpfungsergebnis 66
Verwaltungsfunktionen 294
Verzögerungsalarme 120
VKE 66, 212
VKE-begrenzende Operationen 67
VKE-Begrenzung 66
Vorwärtszähler 179
Weckalarme 120
WORD 206
Wort 36
www.STEP7-Workbook.de 14
XOR 64

Zahlensysteme 261
Zähler 35, 176
Zähler abfragen 177
Zähler auslesen 177
Zähler setzen, rücksetzen 176
Zähler vorbelegen 178
Zähler, Darstellungsarten 183
Zählern 47
Zeitart SA 158
Zeitart SE 155
Zeitart SI 154
Zeitart SS 157

Zeitart SV 155
Zeitarten 150
Zeitbasis 152
Zeiten 47
Zeitfaktor 152
Zerlegung des Gesamtablaufs 227
Zusammengesetzte Datentypen 205
Zwangssteuernder Befehl 253
Zweipunktregler 323
Zyklusgenaue Aufzeichnung 306
zyklusgetriggert 100